AF792995

Kuno Fladt / Arnold Baur

Analytische Geometrie spezieller Flächen und Raumkurven

Mit 142 Bildern

Friedr. Vieweg & Sohn
Braunschweig

Herrn Professor Dr. B. L. van der Waerden, Zürich,
in Verehrung zugeeignet

Sammlung Vieweg

Band 136
Herausgeber: Prof. Dr. Hermann Ebert

Verfasser:

Oberstudiendirektor i. R. Dr. Kuno Fladt, Tübingen,
Honorarprofessor an der Universität Freiburg i. Br.

Oberstudiendirektor Arnold Baur, Lübeck

1975

Alle Rechte vorbehalten
© by Friedr. Vieweg & Sohn Verlagsgesellschaft mbH, Braunschweig 1975
Softcover reprint of the hardcover 1st edition 1975
No part of this publication may be reproduced, stored in a retrieval system or transmitted mechanical, photocopying recording or otherwise, without permission of the copyright holder.

Buchbinderische Verarbeitung: W. Langelüddecke, Braunschweig
Umschlagentwurf: Peter Kohlhase, Lübeck

ISBN 978-3-528-08278-9 ISBN 978-3-322-85365-3 (eBook)
DOI 10.1007/978-3-322-85365-3

Vorwort

Die Freude an der Gestalt ist es, welche den Geometer macht.
Alfred Clebsch
in „Zum Gedächtnis an Julius Plücker".

Dieses Buch ist in jeder Beziehung ein Wagnis, aus drei Hauptgründen:

1. wächst beim Übergang von zwei zu drei Dimensionen, von den ebenen Kurven zu den Flächen und zu den Raumkurven, die Zahl der zu behandelnden Gebilde sofort ins Uferlose;
2. übersteigen die mathematischen Mittel der Stoffbehandlung viel früher und in viel größerem Umfange den elementaren mathematischen Ausbildungsgrad[1]):
3. setzt der zu behandelnde Stoff, auch wenn er „elementar" ist, doch sehr viel an „allgemeinen" geometrischen Kenntnissen voraus, die (im Gegensatz zum Kurvenbuch[2])) dem Leser nicht gegenwärtig sind und auch gar nicht gegenwärtig sein können.

Der Schwierigkeiten 2. und 3. suchten wir auf folgende Weise wenigstens einigermaßen Herr zu werden: Mit der letzten, 3., so, daß wir drei Kapitel „Aus der Koordinaten-, der algebraischen und der Differentialgeometrie" vorausschickten, in denen wir auf möglichst elementare Weise den Stoff darzulegen versuchten, der die mathematischen Kenntnisse des Gymnasiums überschreitet bzw. der in den Anfängervorlesungen zwar behandelt wird, dort aber nicht zusammenhängend, wie es für uns wichtig ist, sondern an vielen Stellen zerstreut, weil mit vielem anderen Stoff vermengt.

Es entsteht bei diesem Vorgehen hinsichtlich 3. aus der Not sogar eine Tugend, indem zahlreiche spezielle Flächen und Raumkurven (z.B. alle Raumkurven 3. Ordnung und 4. Ordnung 1. Spezies, die Böschungs- und die Schraubenflächen u.a.) schon in den drei ersten Kapiteln auftreten und sogleich „erledigt" werden können – zur Entlastung der späteren Kapitel.

Mit der Schwierigkeit 2. aber konnten wir nur so fertig werden, daß wir (vgl. z.B. die Einleitung zur 2. Abteilung) über manche Dinge einfach ohne Beweise berichteten.

Gegenüber der Schwierigkeit 1. aber waren wir einfach machtlos, wollten wir nicht ein mehrbändiges Werk schreiben. Konnte der Verfasser des Kurvenbuchs die einzelnen speziellen Kurvenfamilien noch leidlich vollständig behandeln, so ist das bei den Flächen auch bei speziellen Familien einfach unmöglich; so haben wir z.B. auf die *Kummersche Fläche* ganz verzichtet.

Der Leser wird mit Recht fragen, ob das Buch denn nicht doch ein bloßer Torso sei, und worauf denn eigentlich die Verfasser das Recht gründen wollen, es erscheinen zu lassen. Wir meinen: *Auf die ausdrückliche Betonung des anschaulichen Moments.* Gerade weil die Methoden der Behandlung der Geometrie immer allgemeiner und zugleich *abstrakter* geworden sind, womit z.B. die fast restlose theoretische Beherrschung der Flächen- und Kurvensingularitäten erreicht werden konnte, ist es einmal notwendig, auf die *anschauliche* Erfassung dieser und anderer geometrischer Gebilde besonderen Wert zu legen. Deshalb sind die axonometrischen Bilder der Flächen und der Raumkurven ein besonders wichtiger und eigenständiger Teil unseres Buches. Wir glauben behaupten zu dürfen, daß viele dieser Bilder hier zum ersten Male im Druck erscheinen, wie überhaupt ein Buch über spezielle Flächen und Raumkurven auch in dem hier gebotenen bescheidenen Umfang noch nicht zu existieren scheint. Die Verfasser haben indessen aus der von *H. Daniel* im Sommersemester 1924 an der Universität Münster in Westfalen gehaltenen Vorlesung über spezielle Flächen Anregungen zur Gestaltung einiger Abschnitte erhalten.

---

[1]) D.h. nach *Felix Klein* den ohne Spezialkenntnisse, etwa nur mit den auf dem Gymnasium oder in den Anfangssemestern der Hochschule zu erwerbenden Grad.

[2]) *K. Fladt,* Analytische Geometrie spezieller ebener Kurven, Frankfurt a.M. 1962. (Zitiert als „KB".)

G. Polya sagt im zweiten Band seines Buches „Mathematik und plausibles Schließen" auf S. 12: „... in keinem Buche kann es genug Figuren und Formeln geben." Die Verfasser glauben, in dieser Hinsicht das äußerste erreicht zu haben, was überhaupt möglich ist.

Die Erkenntnis, daß ein spezielles Teilgebiet der Geometrie jeweils einem gewissen Gebiet der Algebra isomorph ist, hat in der letzten Zeit auch als methodisches Prinzip eine noch immer wachsende Bedeutung erhalten. Unsere Darstellung soll dagegen zeigen, daß das Wesen der Geometrie durch die erwähnte Tatsache der Isomorphie mit der Algebra noch nicht vollständig und erschöpfend charakterisiert ist. In der Tat gehört zum Wesen der Geometrie doch noch etwas mehr, und zwar auch gerade die Berücksichtigung des anschaulichen Gesichtspunkts.

Aus dem hier vorgelegten Figurenmaterial ergibt sich, daß ein und dasselbe geometrische Gebilde auf verschiedene Weise dargestellt werden kann. Das ist z.B. bei den beiden Bildern 85a, b desselben Konoids, den Bildern 114a bis d der Regelfläche vierten Grades oder auch den Bildern 119 bis 128 der verschiedenen Zykliden der Fall.

Aus dem Gesagten geht schon hervor, daß im Gegensatz zum Kurvenbuch von der *allgemeinen* Theorie insbesondere der algebraischen Flächen und Raumkurven nur in geringem Maße die Rede sein kann. Wie die Theorie der ebenen Kurven dritten Grades ist ja auch die Theorie der Flächen dritten Grades zu hoher Vollkommenheit entwickelt worden, während sich bei den Flächen vierten Grades schon ein Abgrund auftut. Aber schon um des Umfangs unseres Buches willen war es ganz unmöglich, auf diese Dinge einzugehen. So bleibt als der *allgemeinen Theorie* gewidmet nur der VII. Abschnitt „Algebraische Flächen: Allgemeines" übrig, der wenigstens einigermaßen über die bei den algebraischen Flächen möglichen „einfachen" Singularitäten mit Beweisen berichtet etwa in dem Umfang, in dem die analytische Behandlung auch noch der anschaulichen Darstellung zugänglich erscheint. Über die Singularitäten der Raumkurven berichtet entsprechend der VI. Abschnitt. Transzendente Flächen und Kurven treten schon im III. Abschnitt auf, z.B. Minimalflächen, Böschungsflächen und Schraubenflächen, sonst nur noch sporadisch. Als zusammenhängende Flächenfamilien konnten z.B. die *Konoide* im IV. Abschnitt, die *Zykliden* im VI. Abschnitt und die *Steinersche Römerfläche* im VIII. Abschnitt dargestellt werden.

Damit der Leser trotz der sehr wenig systematischen Darstellung den Pfad durch die Wildnis finden möge, ist als Anhang II ein Verzeichnis aller behandelten wesentlichen speziellen Gebilde zusammengestellt. Anhang I bringt die Literatur, soweit sie für unser Thema in Betracht kommt.

Calw–Lübeck, im Herbst 1965 *Kuno Fladt, Arnold Baur*

Soweit das Vorwort der beiden Verfasser. Inzwischen ist am 12. Mai 1966 Arnold Baur unterwartet einem Herzschlag erlegen. Ohne ihn und seine Konstruier- und Zeichenkunst wäre das Buch nicht zustandegekommen. Daher sei dem Heimgegangenen hier mein besonderer Dank nachgerufen. Er war ein echter Geometer!

Weiter aber ist hier noch der Ort, wo ich meinem unermüdlichen Mitleser der Korrekturen, Herrn Oberstudienrat Dr. Johannes Berger, Bad Cannstatt, meinen besonders herzlichen Dank für seine Hilfe, und dem Verlag für den hervorragenden Druck, insbesondere die wundervolle Wiedergabe der Figuren, ausdrücken kann.

Schließlich betrachte ich es als meine Pflicht, der Deutschen Forschungsgemeinschaft für die gewährte Druckbeihilfe ergebenst zu danken.

Tübingen, im August 1974 *Kuno Fladt*

Inhaltsverzeichnis

Ein * bedeutet, daß der betr. § schon spezielle Flächen oder Kurven enthält.
Ein ° bedeutet, daß der betr. § beim ersten Studium überschlagen werden kann, an bestimmten Stellen des Buches aber vorausgesetzt wird.

3. Abschnitt. Aus der Differentialgeometrie

2. Abteilung. Spezielle Flächen und Raumkurven

4. Abschnitt. Algebraische Flächen: Allgemeines

1

1. Abteilung. Wichtiges aus der allgemeinen Geometrie

1. Abschnitt. Aus der Koordinatengeometrie[1)]

1. Kapitel. Ebene, Gerade, Kugel, Kreis

§ 1. Ebene und Gerade: Aufgaben der Lage. Nr. 1–4

1. Das schiefwinkelige oder rechtwinkelige Koordinatensystem des Raumes ist die Verallgemeinerung des ebenen. Die Koordinaten x|y|z eines Punktes P (Bild 1) sind seine mit Vorzeichen versehenen parallel zu den drei Schnittlinien der drei Koordinatenebenen, der x-, y- und z-Achse, gemessenen schiefen oder

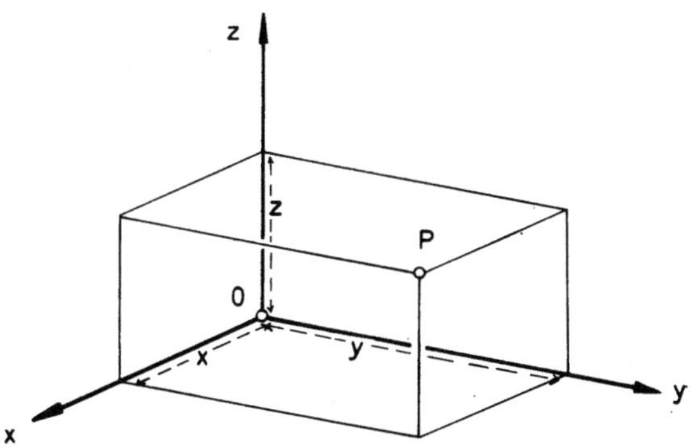

Bild 1

1) Die Überschriften des Buches und seiner drei ersten Abschnitte sollen keine logische, sondern eine praktische Gliederung darstellen. "Analytische" Geometrie bedeutet einfach "rechnerische" Geometrie, "Koordinaten"geometrie die auf Koordinaten bezogene, nur die Grundlagen enthaltende "analytische" Geometrie bis zu den Flächen 2. Grades einschließlich (ohne die Fokaleigenschaften), "algebraische" Geometrie die das Allgemeine aus der algebraischen Theorie der Flächen, Raumkurven und Liniengebilde einschließlich der Raumkurven 3. Ordnung und 4. Ordnung 1. Spezies ("spezielle" Gebilde der Geometrie in den Titel des Buches aufzunehmen hätten das Gleichgewicht doch zu sehr gesprengt; sie treten bei den speziellen Kurven und Flächen auf). "Differential"geometrie hat den noch immer gebräuchlichen Sinn. Obgleich naturgemäß das Rechnen mit Koordinaten das Rückgrat des Buches bildet und bilden muß, ist z.B. im 3. Abschnitt mit voller Absicht die Vektorrechnung verwendet.

senkrechten Abstände von den drei Koordinatenebenen, der yz-, zx- und xy-Ebene. Dabei seien die Achsen so bezeichnet, daß sie im Sinne einer Rechtsschraube aufeinander folgen.

Die analytische, oder wie wir hier lieber sagen, die Koordinatengeometrie des Raumes hat nun zunächst die Aufgabe, Gleichungen zwischen den $x|y|z$ eines veränderlichen Punktes geometrisch zu deuten.

2. Wir stellen zunächst fest, daß
$x = 0$, $y = 0$, $z = 0$ die Gleichungen der yz-, zx-, xy-Ebene,
$x = a$, $y = b$, $z = c$ solche von Ebenen parallel zu diesen sind,
$Ax + By + D = 0$, $By + Cz + D = 0$ bzw. $Ax + Cz + D = 0$,
$A \neq 0$, $B \neq 0$, $C \neq 0$ eine (schief oder senkrecht) horizontal-, vertikal- bzw. seitenprojizierende Ebene darstellen. Doch auch die Gleichung

$$Ax + By + Cz + D = 0 \quad , \quad A\ B\ C \neq 0 \tag{Ia}$$

stellt eine Ebene dar. Denn z.B. die Schnitte $z = \text{const} = z_1$ sind parallele Geraden, und diese Geraden treffen die zx-Ebene $y = 0$ in einer Geraden $Ax + Cz + D = 0$.
Aber auch umgekehrt wird jede Ebene durch eine Gleichung (Ia) mit $A\ B\ C \neq 0$ oder $A\ B\ C = 0$ dargestellt und damit lösen wir die zweite Aufgabe der analytischen Geometrie des Raumes in ihrem einfachsten Fall, nämlich für ein geometrisches Gebilde eine (oder mehrere) bestimmende Gleichung(en) aufzustellen.
Der Satz ist für die Koordinatenebenen, die Ebenen parallel zu ihnen und die projizierenden Ebenen richtig. Dann bleiben noch die Ebenen übrig, die alle drei Koordinatenachsen schneiden. (Ia) stellt eine solche dar:

1. Fall. $D \neq 0$. Dann stellt $\frac{x}{a} + \frac{y}{b} + \frac{z}{c} = 1$ die eine Ebene mit den Achsenabschnitten a,b,c dar.

2. Fall. $D = 0$. Wir verschieben die xy-Ebene parallel um die Einheit, so daß $z = \bar{z} + 1$ wird und erhalten den 1. Fall.
Wann sind die Ebenen $Ax + By + Cz + D = 0$ und $A'x + B'y + C'z + D' = 0$ parallel? Sie müssen parallele Spurlinien in den Koordinatenebenen haben, z.B. müssen für $z = 0$ $Ax + By + D = 0$ und $A'x + B'y + D' = 0$ Parallelen sein. Das gibt die Bedingung

$$A : B : C = A' : B' : C' \tag{II}$$

Die Ebene durch den Punkt $x_1|y_1|z_1$ parallel zur Ebene (Ia) ist dann 1)

$$A(x - x_1) + B(y - y_1) + C(z - z_1) = 0 \quad . \qquad \text{(III)}$$

3. Zwei Gleichungen von der Form

$$\begin{cases} Ax + By + Cz + D = 0 \\ A'x + B'y + C'z + D = 0 \end{cases} \text{kurz} \begin{cases} E = 0 \\ E' = 0 \end{cases}, \text{ wo} \qquad \text{(IVa)}$$

$$A : B : C \neq A' : B' : C'$$

stellen den Schnitt zweier nicht paralleler Ebenen, d.h. eine Gerade g dar. Man kann nun sofort die Gleichungen beliebig vieler weiterer Ebenen durch g angeben. Man multipliziere die Gleichungen (IVa) mit λ und λ' und addiere sie.

$$\lambda E + \lambda' E' = 0 \qquad \text{(Va)}$$

stellt sicher eine Ebene dar, die durch alle Punkte geht, für die gleichzeitig $E = 0$ und $E' = 0$ ist, d.h. durch die Gerade g. Ist $\lambda : \lambda'$ veränderlich, so stellt (IIa) das Ebenenbüschel durch g dar. $\lambda' = 0$ und $\lambda = 0$ liefern die Ebenen $E = 0$ und $E' = 0$ selbst. Wählt man $\lambda : \lambda'$ so, daß die Gleichung (Va) kein Glied mit z bzw. x, bzw. y enthält, so erhält man die Gleichung der horizontal-, vertikal- und seitenprojizierenden Ebene durch g und damit, wenn man noch die Gleichung $z = 0$ bzw. $x = 0$, bzw. $y = 0$ hinzufügt die zwei Gleichungen der Horizontal-, Vertikal- und Seitenprojektion der Geraden, durch die sie im Falle rechtwinkeliger Koordinaten darstellend- geometrisch bestimmt ist. Anders ausgedrückt: Man erhält, wenn man (IVa) nach y und z auflöst, die zweite Gestalt der Gleichung einer Geraden

$$\begin{cases} y = mx + b \\ z = nx + c \end{cases} \quad . \qquad \text{(IVa)}_1$$

Dazu muß die Auflösung möglich, d.h. $B : C \neq B' : C'$ sein. Andernfalls, d.h. wenn $B : C = B' : C'$ ist, lassen sich wegen $A : B \neq A' : B'$ – die Ebenen $E = 0$ und $E' = 0$ sollen nicht

1) Statt "ist dargestellt durch die Gleichung" sagen wir stets kurz "ist".

parallel sein – aus (IVa) zwei Gleichungen $x = a$, $By + Cz + D = 0$ gewinnen, aus denen, je nachdem $C \neq 0$ oder $C = 0$ ist, die Gleichungen

$$\begin{cases} x = a \\ z = ny + c \end{cases} \quad (\text{IVa})_2 \qquad \text{oder} \qquad \begin{cases} x = a \\ y = b \end{cases} \quad (\text{IVa})_3$$

folgen. Ist eine Gerade nicht durch die "allgemeinen" Gleichungen (IVa) gegeben, so hat man neben $(\text{IVa})_1$ stets auch $(\text{IVa})_2$ und $(\text{IVa})_3$ in Betracht zu ziehen.

4. Eine Gerade durch den Punkt $x_1\ y_1\ z_1$ hat also die Gleichungen

$$\begin{matrix} y-y_1 = m(x-x_1) \\ z-z_1 = n(x-x_1) \end{matrix} \quad \text{oder} \quad \begin{matrix} x = x_1 \\ z-z_1 = n(y-y_1) \end{matrix} \quad \text{oder} \quad \begin{matrix} x = x_1 \\ y = y_1 \end{matrix} \ .$$

Die Verbindungsgerade der beiden Punkte $x_1|y_1|z_1$ und $x_2|y_2|z_2$ besitzt die Gleichungen

$$\frac{y - y_1}{x - x_1} = \frac{y_2 - y_1}{x_2 - x_1} \ , \qquad \frac{z - z_1}{x - x_1} = \frac{z_2 - z_1}{x_2 - x_1} \ ,$$

wobei allerdings $x \neq x_1$ sein muß, oder

$$(x-x_1):(y-y_1):(z-z_1) = (x_2-x_1):(y_2-y_1):(z_2-z_1) \ . \qquad (\text{VIa})$$

Dafür könnte man auch

$$(x-x_1):(y-y_1):(z-z_1) = (x_2-x):(y_2-y):(z_2-z)$$

oder

$$\frac{x - x_1}{x_2 - x} = \frac{y - y_1}{y_2 - y} = \frac{z - z_1}{z_2 - z} = \lambda \qquad (*)$$

schreiben. Das liefert sofort die <u>Parameterdarstellung</u>

$$x = \frac{x_1+\lambda x_2}{1+\lambda} \ , \quad y = \frac{y_1+\lambda y_2}{1+\lambda} \ , \quad z = \frac{z_1+\lambda z_2}{1+\lambda} \ . \qquad (\text{VIIa})$$

Aus (*) folgt, daß der Punkt $x|y|z$ die Verbindungsstrecke der Punkte $x_1|y_1|z_1$ und $x_2|y_2|z_2$ im Verhältnis λ teilt, innerlich, wenn $\lambda > 0$, äußerlich, wenn $\lambda < 0$, aber $\neq -1$ ist. $\lambda = +1$ liefert die Streckenmitte

$$x = \frac{x_1 + x_2}{2} \ , \quad y = \frac{y_1 + y_2}{2} \ , \quad z = \frac{z_1 + z_2}{2} \ .$$

Die Gleichungen gelten stets, auch wenn $x_2 = x_1$ oder $y_2 = y_1$ oder $z_2 = z_1$ oder zwei dieser Gleichungen stattfinden, während (VIa) und (✱) dann nicht gelten.

§ 2. Ebene und Gerade: Aufgaben des Maßes. Nr. 5–7

5. Die Verbindungsstrecke des Punktes $x|y|z$ mit dem festen Punkt $x_1|y_1|z_1$ habe die Länge r und bilde mit den nunmehr aufeinander senkrechten gewählten Koordinatenachsen die $\sphericalangle \alpha, \beta, \gamma$ (Bild 2). Dann ist

$$x=x_1+r\cos\alpha \quad , \quad y=y_1+r\cos\beta \quad , \quad z=z_1+r\cos\gamma \qquad (\mathrm{VIII}_1)$$

eine neue Parameterdarstellung für die Gerade durch den Punkt $x_1|y_1|z_1$. Elimination von r liefern die Gleichungen

$$\frac{x-x_1}{\cos\alpha} = \frac{y-y_1}{\cos\beta} = \frac{z-z_1}{\cos\gamma} \quad . \qquad (\mathrm{VIII}_2)$$

Zweimalige Anwendung des Lehrsatzes von Pythagoras gibt

$$r^2 = (x-x_1)^2 + (y-y_1)^2 + (z-z_1)^2 \qquad (\mathrm{IX}_1)$$

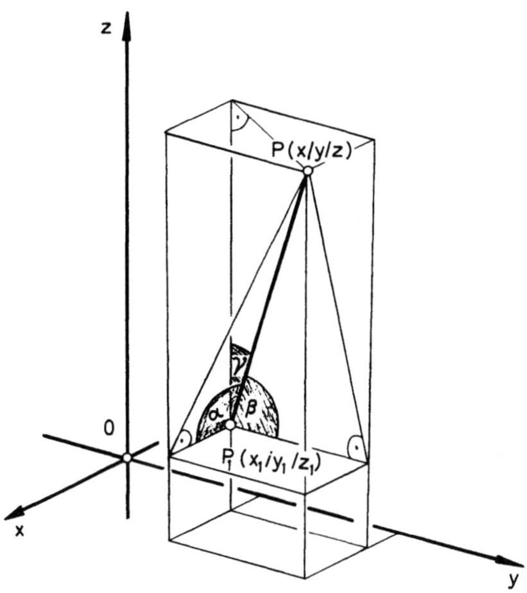

Bild 2

und damit

$$\cos^2\alpha + \cos^2\beta + \cos^2\gamma = 1 \quad . \qquad (IX_2)$$

Wir fragen weiter nach dem Winkel der Geraden (VIII_1) und

$$x = x_1 + r\cos\alpha', \; y = y_1 + r\cos\beta', \; z = z_1 + r\cos\gamma' \quad .$$

Wir tragen auf beiden Geraden von $x_1|y_1|z_1$ aus die Längeneinheit $r = 1$ ab. Die Endpunkte sind dann

$$x_2|y_2|z_2 \equiv x_1 + \cos\alpha | y_1 + \cos\beta | z_1 + \cos\gamma$$

und

$$x_3|y_3|z_3 \equiv x_1 + \cos\alpha' | y_1 + \cos\beta' | z_1 + \cos\gamma' \quad .$$

Nach dem Cosinussatz der ebenen Trigonometrie ist

$$\begin{aligned}(x_2-x_3)^2+(y_2-y_3)^2+(z_2-z_3)^2 &= (\cos\alpha - \cos\alpha')^2 + (\cos\beta - \cos\beta')^2 \\ &\quad + (\cos\gamma - \cos\gamma')^2 \\ &= 1+1-2(\cos\alpha\cos\alpha' + \cos\beta\cos\beta' \\ &\quad + \cos\gamma\cos\gamma') \\ &= 1^2 + 1^2 - 2.1.1.\cos\varphi \quad ,\end{aligned}$$

d.h.

$$\cos\varphi = \cos\alpha\cos\alpha' + \cos\beta\cos\beta' + \cos\gamma\cos\gamma' \qquad (X_1)$$

und

$$\sin^2\varphi = \begin{vmatrix}\cos\beta & \cos\gamma \\ \cos\beta' & \cos\gamma'\end{vmatrix}^2 + \begin{vmatrix}\cos\gamma & \cos\alpha \\ \cos\gamma' & \cos\alpha'\end{vmatrix}^2 + \begin{vmatrix}\cos\alpha & \cos\beta \\ \cos\alpha' & \cos\beta'\end{vmatrix}^2 \quad . \qquad (X_2)$$

Die beiden Geraden stehen senkrecht aufeinander, wenn

$$\cos\alpha\cos\alpha' + \cos\beta\cos\beta' + \cos\gamma\cos\gamma' = 0 \qquad (\times\times)$$

ist.

6. Eine Ebene kann bestimmt werden durch die Länge p und die "Richtung" $\cos\alpha|\cos\beta|\cos\gamma$ ihres Abstands vom Ursprung. Sein Endpunkt D hat die Koordinaten $p\cos\alpha | p\cos\beta | p\cos\gamma$. Ein Punkt $P(x|y|z)$ liegt in der Ebene dann und nur dann, wenn DP auf DO senkrecht steht. DP hat die Richtungsfaktoren

$$\frac{x - p\cos\alpha}{DP} \;\Big|\; \frac{y - p\cos\beta}{DP} \;\Big|\; \frac{z - p\cos\gamma}{DP} \quad .$$

Die Bedingung (xx) der Nr. 5 gibt die Gleichung

$$(x-p\cos\alpha)\cos\alpha+(y-p\cos\beta)\cos\beta+(z-p\cos\gamma)\cos\gamma=0$$

oder die sogenannte Hessesche Normalform der Ebenengleichung

$$x\cos\alpha+y\cos\beta+z\cos\gamma-p=0\quad. \tag{XI}$$

Dabei wollen wir in vielleicht altmodischer, aber für unsere Zwecke hinreichender Weise $p>0$ voraussetzen und damit diejenige "Seite" der Ebene bevorzugen, auf welcher der Ursprung O liegt. Dann sind die Vorzeichen von $\cos\alpha|\cos\beta|\cos\gamma$ eindeutig bestimmt, falls $p\neq 0$ ist. Die Richtung von OD gilt dann als positive Normalrichtung der Ebene. Ist $p<0$, so kann $\alpha|\beta|\gamma$ durch $\pi-\alpha|\pi-\beta|\pi-\gamma$ ersetzt, d.h. die beiden Seiten der Ebenen können vertauscht werden.
Eine Ebene parallel zur Ebene (XI) hat die Gleichung $x\cos\alpha+y\cos\beta+z\cos\gamma-p'=0$. Der Abstand der beiden Ebenen ist $p'-p$. Diese Differenz ist $\gtrless 0$, je nachdem der Ursprung O und die Parallelebene von der gegebenen Ebene getrennt werden oder nicht. Liegt der Punkt $x_1|y_1|z_1$ auf der Parallelebene, so ist $p'=x_1\cos\alpha+y_1\cos\beta+z_1\cos\gamma$. Der Abstand l des Punktes $x_1|y_1|z_1$ von der gegebenen Ebene ist ebenfalls $p'-p$, d.h. es ist

$$l=x_1\cos\alpha+y_1\cos\beta+z_1\cos\gamma-p\quad. \tag{XII}$$

Für die Ebene (Ia) der Nr. 2 liefert der Vergleich mit (XI)

$$\cos\alpha=\frac{A}{\varepsilon\omega}\,,\quad \cos\beta=\frac{B}{\varepsilon\omega}\,,\quad \cos\gamma=\frac{C}{\varepsilon\omega}\,,\quad p=-\frac{D}{\varepsilon\omega}\,, \tag{xxx}$$

wo $\omega^2=A^2+B^2+C^2$, $\varepsilon^2=1$ ist. Im Falle $D\neq 0$ ist $\varepsilon=\pm 1$ so zu wählen, daß $p>0$ wird.
Zwei Ebenen $Ax+By+Cz+D=0$ und $A'x+B'y+C'z+D'=0$ stehen nach (xxx) und (xx) der Nr. 5 senkrecht aufeinander, wenn

$$AA'+BB'+CC'=0 \tag{XIII}$$

ist.

7. Nun fehlt noch (a.) der Abstand l eines Punktes $x_1|y_1|z_1$ von einer Geraden der Form (VIII_2) in Nr. 5 mit $x_2|y_2|z_2$ statt $x_1|y_1|z_1$ und (b.) Länge, Richtung sowie Fußpunkt des kürzesten Abstands zweier windschiefer Geraden.

(a.) Die Gleichung der Ebene durch $x_1|y_1|z_1$ senkrecht zur Geraden

$$x = x_2 + r\cos\alpha \quad , \quad y = y_2 + r\cos\beta \quad , \quad z = z_2 + r\cos\gamma \quad (o)$$

ist

$$(x-x_1)\cos\alpha + (y-y_1)\cos\beta + (z-z_1)\cos\gamma = 0 \quad .$$

Die Koordinaten des Schnittpunktes von Gerade und Ebene werden mit

$r = (x_1-x_2)\cos\alpha + (y_1-y_2)\cos\beta + (z_1-z_2)\cos\gamma$ aus (o) erhalten,

das Abstandsquadrat aber wird

$$l^2 = (x_2-x_1)^2+(y_2-y_1)^2+(z_2-z_1)^2 - \left[(x_2-x_1)\cos\alpha+(y_2-y_1)\cos\beta+(z_2-z_1)\cdot\cos\gamma\right]^2$$

$$= \begin{pmatrix} y_2-y_1 & \cos\beta \\ z_2-z_1 & \cos\gamma \end{pmatrix}^2 + \begin{pmatrix} z_2-z_1 & \cos\gamma \\ x_2-x_1 & \cos\alpha \end{pmatrix}^2 + \begin{pmatrix} x_2-x_1 & \cos\alpha \\ y_2-y_1 & \cos\beta \end{pmatrix}^2 \quad .$$

(b.) Bei der Lösung dieser Aufgabe zeigt sich die große Überlegenheit der Vektorrechnung. Wir verschieben sie daher auf Nr. 67.

§ 3. Kugel und Kreis. Nr. 8 und 9

8. Die Gleichung der Kugel um den Mittelpunkt $x_m|y_m|z_m$ mit Radius R hat nach (IX_1) der Nr. 5 die Form

$$(x-x_m)^2 + (y-y_m)^2 + (z-z_m)^2 = R^2 \quad . \qquad (XIV_1)$$

Umgekehrt stellt die Gleichung

$$x^2 + y^2 + z^2 + 2Dx + 2Ey + 2Fz + G = 0 \qquad (XIV_2)$$

eine $\left\{\begin{matrix}\text{nullteilige}\\ \text{punktförmige}\\ \text{einteilige}\end{matrix}\right\}$ Kugel mit Mittelpunkt $-D|-E|-F$ und Radiusquadrat $R^2 = D^2 + E^2 + F^2 - G$ dar, je nachdem $R^2 \lesseqgtr 0$ ist.

Ein Kreis ist der Schnitt einer Kugel mit einer Ebene. Nimmt man an, sein Mittelpunkt falle mit dem der Kugel zusammen, so sind seine Gleichungen

$$\begin{cases} (x-x_m)^2 + (y-y_m)^2 + (z-z_m)^2 = R^2 \\ A(x-x_m) + B(y-y_m) + C(z-z_m) = 0 \quad . \end{cases} \qquad (XV)$$

Darin sind 6 wesentliche Konstanten x_m, y_m, z_m, R und A : B : C enthalten: (XV) sind also die Gleichungen irgend eines Kreises mit Mittelpunkt x_m y_m z_m und Radius R.

9. Die Gerade (VIIa) der Nr. 4 trifft die Kugel (XIV_1) in zwei Punkten, für die

$$\left\{(x_1-x_m)^2 + (y_1-y_m)^2 + (z_1-z_m)^2 - R^2\right\} \qquad (o)$$
$$+ 2\left\{(x_1-x_m)(x_2-x_m)+(y_1-y_m)(y_2-y_m)+(z_1-z_m)(z_2-z_m)-R^2\right\}\lambda$$
$$+ \left\{(x_2-x_m)^2 + (y_2-y_m)^2 + (z_2-z_m)^2 - R^2\right\}\lambda^2 = 0$$

ist. Die Gerade berührt, wenn die Diskriminante der Gleichung (o) verschwindet, also der veränderliche Punkt

$$x_2 = x \quad , \quad y_2 = y \quad , \quad z_2 = z$$

auf dem Berührkegel

$$\left\{(x_1-x_m)^2+(y_1-y_m)^2+(z_1-z_m)^2-R^2\right\}\left\{(x-x_m)^2+(y-y_m)^2+(z-z_m)^2-R^2\right\}$$
$$-\left\{(x_1-x_m)(x-x_m)+(y_1-y_m)(y-y_m)+(z_1-z_m)(z-z_m)-R^2\right\}^2 = 0 \qquad (oo)$$

der Kugel mit der Spitze $x_1 | y_1 | z_1$ liegt. Liegt diese auf der Kugel, so wird aus (oo) die Berührebene

$$(x_1-x_m)(x-x_m)+(y_1-y_m)(y-y_m)+(z_1-z_m)(z-z_m) = R^2 \qquad (XVI)$$

der Kugel im Punkt x_1 y_1 z_1, für den

$$(x_1-x_m)^2 + (y_1-y_m)^2 + (z_1-z_m)^2 = R^2$$

ist.

2. Kapitel. Die Flächen zweiten Grades

§ 1. Die Flächengleichung ohne xy-, xz-, und yz-Glied. Nr. 10

10. Die allgemeine Gleichung zweiten Grades in drei nicht homogenen Veränderlichen x, y, z lautet

$$a_{11}x^2+2a_{12}xy+2a_{13}xz+2a_{14}x+a_{22}y^2+2a_{23}yz+2a_{24}y+a_{33}z^2+$$
$$+2a_{34}z + a_{44} = 0 \quad . \qquad (I)$$

Man kann nun zeigen 1), daß sie keine anderen geometrischen Gebilde darstellt, als die Gleichung ohne xy-, xz- und yz-Glied, die wir in der Form

$$Ax^2 + By^2 + Cz^2 + 2Dx + 2Ey + 2Fz + G = 0 \qquad \text{(II)}$$

schreiben und deren Diskussion sich folgendermaßen aufs einfachste erledigt

I. Hauptfall : $A \neq 0,\ B \neq 0,\ C \neq 0.$

Durch Parallelverschiebung des Koordinatensystems (quadratische Ergänzung bei den drei Veränderlichen x, y, z) geht aus (II) eine Gleichung

$$Ax^2 + By^2 + Cz^2 + G' = 0 \qquad \text{hervor.} \qquad (\times)$$

1. Fall : $G' \neq 0$, daher gleich -1 wählbar.

Den Vorzeichenkombinationen der drei ersten Glieder entsprechend gibt es vier wesentlich verschiedene Möglichkeiten, als deren Normalformen wir folgende nehmen, wobei wir sogleich die Namen der Flächen beifügen:

$$\frac{x^2}{a^2} + \frac{y^2}{b^2} + \frac{z^2}{c^2} = 1 \qquad \text{(Einteiliges) Ellipsoid (Bild 3),} \qquad (1)$$

$$\frac{x^2}{a^2} + \frac{y^2}{b^2} - \frac{z^2}{c^2} = 1 \qquad \text{Einschaliges Hyperboloid (Bild 4),} \qquad (2)$$

$$\frac{x^2}{a^2} - \frac{y^2}{b^2} - \frac{z^2}{c^2} = 1 \qquad \text{Zweischaliges Hyperboloid (Bild 5),} \qquad (3)$$

$$-\frac{x^2}{a^2} - \frac{y^2}{b^2} - \frac{z^2}{c^2} = 1 \qquad \text{Nullteiliges Ellipsoid.} \qquad (4)$$

2. Fall : $G' = 0$

Hier gibt es nur zwei wesentlich verschiedene Möglichkeiten, nämlich

$$\frac{x^2}{a^2} + \frac{y^2}{b^2} - \frac{z^2}{c^2} = 0 \qquad \text{(Einteiliger) Kegel zweiten Grades (Bild 6),} \qquad (5)$$

$$\frac{x^2}{a^2} + \frac{y^2}{b^2} + \frac{z^2}{c^2} = 0 \qquad \text{Nullteiliger Kegel zweiten Grades.} \qquad (6)$$

---

1) Vgl. z.B. O.Staude, Analytische Geometrie des Punktepaares, des Kegelschnittes und der Fläche zweiter Ordnung, Bd. I, Leipzig 1910, S. 482 ff.

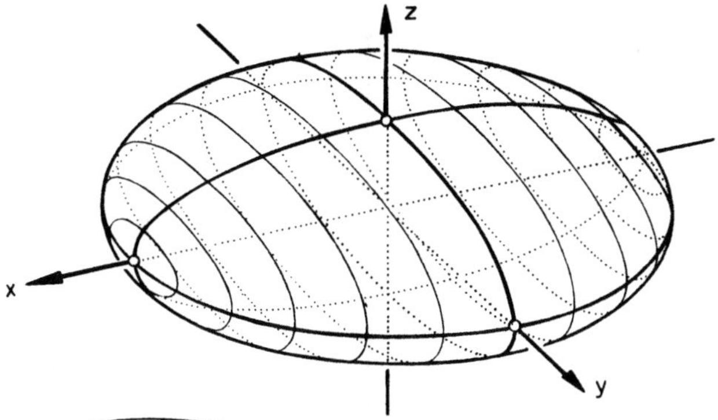

Bild 3

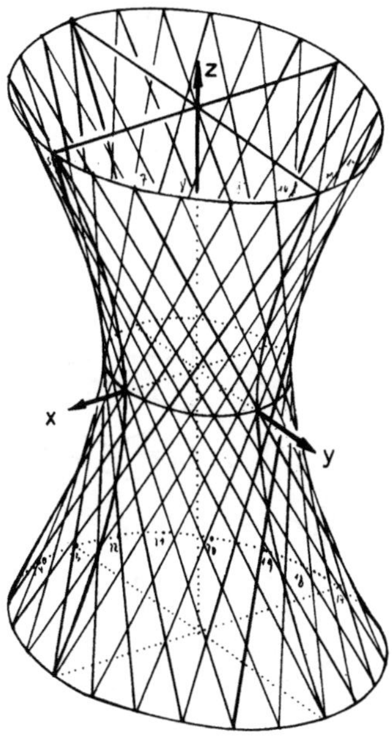

Bild 4

II. H a u p t f a l l : $A \neq 0$, $B \neq 0$, $C = 0$, $F \neq 0$.

Durch Parallelverschiebung ergibt sich eine Gleichung von der Form

$$Ax^2 + By^2 + 2Fz = 0 \quad . \qquad (\times\times)$$

Es kommen die zwei wesentlich verschiedenen Möglichkeiten:

$$\frac{x^2}{a^2} + \frac{y^2}{b^2} = \frac{2z}{c}$$ Elliptisches Paraboloid (Bild 7), (7)

$$-\frac{x^2}{a^2} + \frac{y^2}{b^2} = \frac{2z}{c}$$ Hyperbolisches Paraboloid (Bild 8) [1] . (8)

1) Der Leser bestimme die in den Bildern 3, 4, 5, 6, 7, 8 eingezeichneten Schnitte selbst.

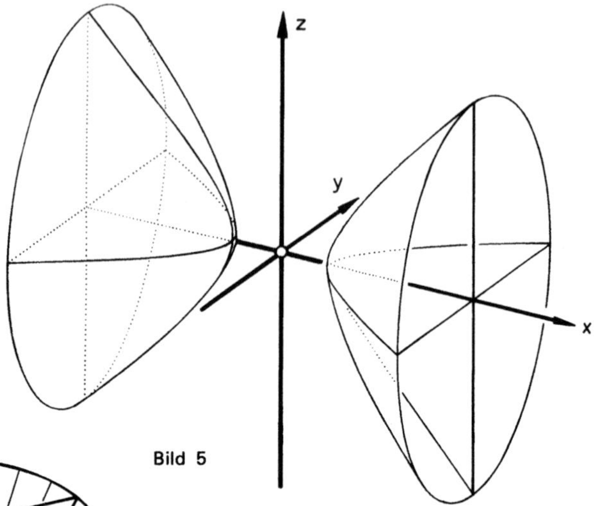

Bild 5

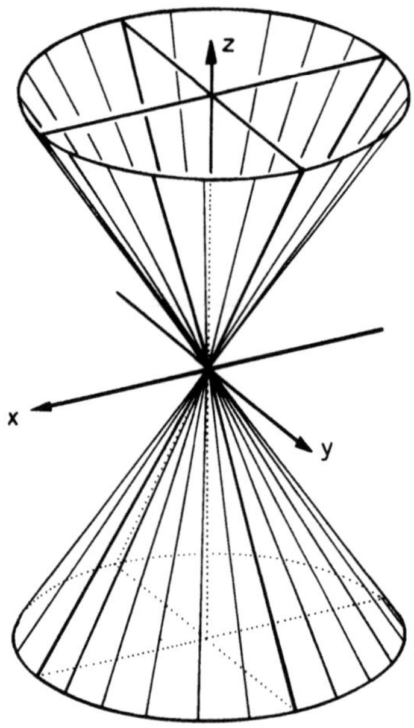

Bild 6

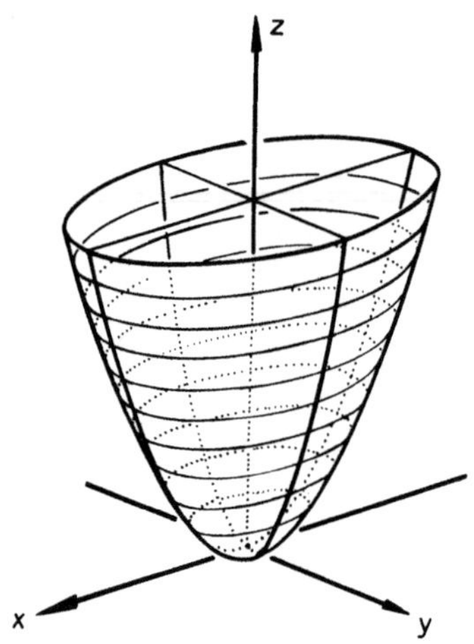

Bild 7

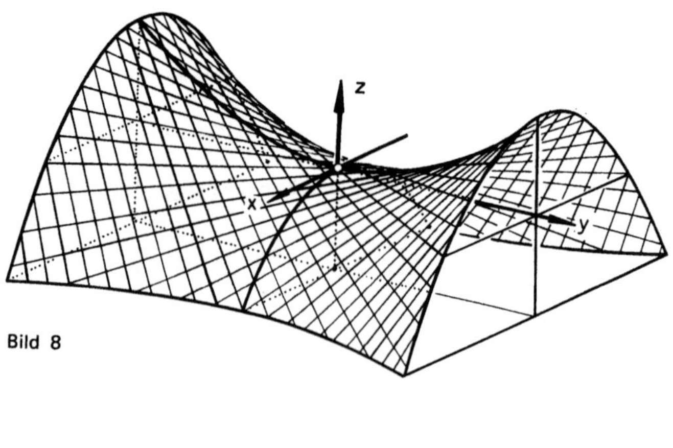

Bild 8

III. Hauptfall : A $\neq$ 0, B $\neq$ 0, C = 0, F = 0.

Durch Parallelverschiebung ergibt sich eine Gleichung von der Form

$$Ax^2 + By^2 + G' = 0 \quad . \qquad (xxx)$$

1. Fall : G' $\neq$ 0, also gleich -1 wählbar.

Es kommen drei wesentlich verschiedene Möglichkeiten:

$$\frac{x^2}{a^2} + \frac{y^2}{b^2} = 1$$ (Einteiliger) elliptischer Zylinder [1], (9)

$$\frac{x^2}{a^2} - \frac{y^2}{b^2} = 1$$ Hyperbolischer Zylinder [1], (10)

$$-\frac{x^2}{a^2} - \frac{y^2}{b^2} = 1$$ Nullteiliger Zylinder zweiten Grades. (11)

2. Fall : G' = 0.

Es gibt zwei wesentlich verschiedene Möglichkeiten:

$$\frac{x^2}{a^2} - \frac{y^2}{b^2} = 0$$ Zwei reelle Ebenen, (12)

$$\frac{x^2}{a^2} + \frac{y^2}{b^2} = 0$$ Zwei imaginäre Ebenen. (13)

IV. Hauptfall : A = 0, B $\neq$ 0, C = 0.

Durch Parallelverschiebung ergibt sich eine Gleichung von der Form

$$By^2 + 2Dx + 2Fz + G' = 0 \quad . \qquad (xxxx)$$

1. Fall : D oder F $\neq$ 0.

Eine Parallelverschiebung (nach einer etwaigen Drehung um die y-Achse) gibt die Gleichung:

$$y^2 = 2\,px$$ Parabolischer Zylinder. (14)

---

1) Der Leser zeichne selbst die Figuren.

2. Fall : D und F = 0.

$y^2 - b^2 = 0$	Zwei reelle parallele Ebenen,	(15)
$y^2 + b^2 = 0$	Zwei imaginäre parallele Ebenen,	(16)
$y^2 = 0$	Doppeltzählende Ebene.	(17)

Eigentliche Flächen 2. Grades sind (1) bis (4), (7) und (8), sogenannte einfach zerfallende Flächen 2. Grades (Kegel oder Zylinder) sind (5), (6), (9) bis (11), (14).
Die übrigen sind doppelt zerfallende Flächen 2. Grades. Von den letzteren werden wir im folgenden stets absehen.

§ 2. Die Scheitelgleichung. Nr. 11 und 12

11. Man kann die erhaltenen Gleichungen in Nr. 10 mit Ausnahme derjenigen, die nullteilige Gebilde darstellen[1), wiederum in eine einfache Gleichung zusammenfassen.
Durch eine Parallelverschiebung $x \rightarrow x - a$ gehen die Gleichungen (1) bis (3) über in

$$\frac{x^2}{a^2} \pm \frac{y^2}{b^2} \pm \frac{z^2}{c^2} - \frac{2x}{a} = 0 \quad . \qquad (o)$$

Die Gleichungen (9) und (10) aber in

$$\frac{x^2}{a^2} \pm \frac{y^2}{b^2} - \frac{2x}{a} = 0 \quad . \qquad (oo)$$

Vertauscht man in (7) und (8) die x- und z-Achse, so kommen zwei Gleichungen

$$\frac{y^2}{b^2} \pm \frac{z^2}{c^2} - \frac{2x}{a} = 0 \quad . \qquad (ooo)$$

Vertauscht man in (15) und (17) die x- und y-Achse, so gibt eine geeignete Parallelverschiebung

$$\frac{x^2}{a^2} - \frac{2x}{a} = 0 \quad . \qquad (oooo)$$

Jetzt erkennt man sofort, daß alle Gleichungen (o) bis (oooo) mit den Gleichungen (5), (6), (12), (13) und (17), diese mit x statt y in der Form

$$Ax^2 + By^2 + Cz^2 + 2Dx = 0 \qquad (III)$$

1) Bis auf zwei Ausnahmen!

enthalten sind. Man nennt sie die Scheitelgleichung der Flächen zweiten Grades, da der Ursprung Scheitel der Fläche ist (vgl. §3).

12. Umgekehrt gestaltet sich die Diskussion der Gleichung (III) folgendermaßen:

I. Hauptfall: $ABC \neq 0$

1. Fall: $D \neq 0$

$A > 0$,	$B > 0$,	$C > 0$	Ellipsoid	(1)
$A > 0$,	$B > 0$,	$C < 0$	Einschaliges Hyperboloid	(2)
$A > 0$,	$B < 0$,	$C < 0$	Zweischaliges Hyperboloid	(3)

2. Fall: $D = 0$

$A > 0$,	$B > 0$,	$C < 0$	Kegel zweiten Grades	(5)
$A > 0$,	$B > 0$,	$C > 0$	Nullteiliger Kegel zweiten Grades	(6)

II. Hauptfall: $A = 0$, $BC \neq 0$, $D \neq 0$

$B > 0$,	$C > 0$	Elliptisches Paraboloid	(7)
$B > 0$,	$C < 0$	Hyperbolisches Paraboloid	(8)

III. Hauptfall: $AB \neq 0$, $C = 0$

1. Fall: $D \neq 0$

$A > 0$,	$B > 0$	Elliptischer Zylinder	(9)
$A > 0$,	$B < 0$	Hyperbolischer Zylinder	(10)

2. Fall: $D = 0$

$A > 0$,	$B < 0$	Zwei reelle Ebenen	(12)
$A > 0$,	$B > 0$	Zwei imaginäre Ebenen	(13)

IV. Hauptfall:

1. Fall: $A = 0$, $B \neq 0$, $C = 0$, $D \neq 0$ Parabolischer Zylinder

2. Fall: $A \neq 0$, $B = 0$, $C = 0$, $D \neq 0$ oder $= 0$

Zwei reelle parallele Ebenen (15)

Doppelebene (16)

§ 3. Die Flächen 2. Grades als Rückungsflächen. Ihre Kreisschnitte und Geraden. Nr. 13–16

13. Um rasch ein Bild der Flächen 2. Grades (1) bis (3), (5), (7) und (8) der Nr. 10 zu gewinnen [1], erzeugen wir sie als

1) Daß (4) und (11) keine reellen Punkte, (6) den Ursprung als einzigen reellen Punkt enthält, ist wohl klar, ebenso die Gestalt der Zylinder (9), (10) und (14).

Rückungsflächen. Um einheitlich vorzugehen, wählen wir dabei statt (3) unter Vertauschung der x- und z-Achse die Gleichung

$$-\frac{x^2}{a^2} - \frac{y^2}{b^2} + \frac{z^2}{c^2} = 1 \qquad (3')$$

und schneiden dann alle Flächen außer (8) mit den Ebenen $z = \text{const} = z_o$. Die Schnitte sind dann die Scharen ähnlicher Ellipsen

$$\frac{x^2}{a^2(1 - \frac{z_o^2}{c^2})} + \frac{y^2}{b^2(1 - \frac{z_o^2}{c^2})} = 1 \quad , \qquad (\bar{1})$$

$$\frac{x^2}{a^2(1 + \frac{z_o^2}{c^2})} + \frac{y^2}{b^2(1 + \frac{z_o^2}{c^2})} = 1 \quad , \qquad (\bar{2})$$

$$\frac{x^2}{a^2(\frac{z_o^2}{c^2} - 1)} + \frac{y^2}{b^2(\frac{z_o^2}{c^2} - 1)} = 1 \quad , \qquad (\bar{3})$$

$$\frac{x^2}{\frac{a^2 z_o^2}{c^2}} + \frac{y^2}{\frac{b^2 z_o^2}{c^2}} = 1 \quad , \quad (\bar{5}) \qquad \frac{x^2}{\frac{2a^2 z_o}{c}} + \frac{y^2}{\frac{2b^2 z_o}{c}} = 1 \qquad (7)$$

mit dem Achsenverhältnis a : b.
Schneidet man die Flächen noch mit der xz-Ebene $y = 0$, so erhält man die Kegelschnitte

$$\frac{x^2}{a^2} + \frac{z^2}{c^2} = 1 \quad , \ (\bar{\bar{1}}) \qquad \frac{x^2}{a^2} - \frac{z^2}{c^2} = 1 \quad , (\bar{\bar{2}})$$

$$-\frac{x^2}{a^2} + \frac{z^2}{c^2} = 1 \ , \ (\bar{\bar{3}}) \qquad z = \pm \frac{c}{a} x \quad , (\bar{\bar{5}})$$

$$\frac{x^2}{a^2} = \frac{2}{c} z \qquad (\bar{\bar{7}})$$

Damit hat man die Erzeugung der Flächen außer (8) durch Fortrücken einer veränderlichen, zu der festen Ausgangsellipse $z_o = 0$ oder $z_o = c$ stets ähnlich bleibenden Ellipse längs der aufgezählten Kegelschnitte, während bei (8) die Schnitte $y = \text{const} = y_o$ zum parallelen Fortrücken der kongruenten Parabeln

$$x^2 = \frac{2a^2}{c}(z + \frac{c y_o^2}{2b^2}) \qquad (8)$$

längs der Parabel

$$y^2 = -\frac{2b^2}{c}z \qquad (9)$$

führt. Der Leser entwerfe selbst die Bilder 4 bis 8 und fertige Kartenmodelle von ihnen.

14. Kartenmodelle der verschiedenen Flächen 2. Grades ließen sich noch leichter herstellen, wenn die fortrückenden Ellipsen Kreise wären [1]. Daß dies - außer im Falle (8) - möglich ist, ergibt sich so:

Wir schneiden die Mittelpunktsfläche

$$\frac{x^2}{A} + \frac{y^2}{B} + \frac{z^2}{C} = 1 \qquad (1)$$

wo A, B, C $\neq 0$ verschieden seien, mit der Kugel

$$\frac{x^2 + y^2 + z^2}{r^2} = 1 \qquad (2)$$

Durch die Schnittkurve von (1) und (2) geht auch der Kegel

$$\left(\frac{1}{A} - \frac{1}{r^2}\right) x^2 + \left(\frac{1}{B} - \frac{1}{r^2}\right) y^2 + \left(\frac{1}{C} - \frac{1}{r^2}\right) z^2 = 0 \qquad (3)$$

Er zerfällt, wenn entweder $r^2 = A$ oder B oder C ist und zwar in die Kreisschnittebenen.

$$\frac{y}{z} = \pm\sqrt{\frac{B(C - A)}{C(A - B)}}, \qquad (4_1) \qquad \frac{z}{x} = \pm\sqrt{\frac{C(A - B)}{A(B - C)}}, \qquad (4_2)$$

$$\frac{x}{y} = \pm\sqrt{\frac{A(B - C)}{B(C - A)}}. \qquad (4_3)$$

Hinsichtlich der Realität der Schnittkreise gilt

1. Fall : Ellipsoid

$A = a^2 > 0$, $B = b^2 > 0$, $C = c^2 > 0$, $A > B \gtrless C$

Reell nur (4_2)

2. Fall : Einschaliges Hyperboloid

$A = a^2 > 0$, $B = b^2 > 0$, $C = -c^2 < 0$, $A > B$

Auf einen Beweis der Formeln (2), (4) und (5) können wir nicht eingehen [2].

---

1) Wir sehen dabei von den Drehflächen 2. Grades ab: Nr. 10, (1), (5), (7) und (9) für $a = b$, (3) für $b = c$.

2) Vgl. dazu Salmon Fiedler Kommerell, Analytische Geometrie des Raumes, Leipzig 1922, S. 222ff.

Reell nur (4_2)

3. Fall : Zweischaliges Hyperboloid

$$A = -a^2 < 0 \quad , \quad B = -b^2 < 0 \quad , \quad C = c^2 > 0 \quad , \quad A < B$$

Reell nur (4_2)

Im 3. Fall ist r nicht reell.

Es gilt aber in allen Fällen der Satz, daß auch alle Ebenen parallel zu den Ebenen (4) die Fläche in Kreisen treffen. Wir beweisen ihn nur für den Fall reeller Ebenen (4_2). Dann sind

$$z - p = \pm\sqrt{\frac{C(A-B)}{A(B-C)}}\, x \tag{5}$$

die parallelen Ebenen, woraus

$$\left(-\frac{1}{C} + \frac{1}{B}\right)(z^2 - 2\,pz + p^2) + \left(-\frac{1}{A} + \frac{1}{B}\right)x^2 = 0 \tag{x}$$

Addiert man (1), so kommt die Kugelgleichung

$$x^2 + y^2 + \left(z + \frac{B-C}{C}\,p\right)^2 = \frac{B(B-C)}{C^2}\,p^2 + B \tag{xx}$$

d.h. die Schnitte sind Kreise.
Die Lote vom Kugelmittelpunkt auf die Kreisschnittebene (4_2) haben die Gleichungen

$$y = 0 \quad , \quad z + \frac{B-C}{C}\,p = \pm\sqrt{\frac{A(B-C)}{C(A-B)}}\; x \tag{6}$$

Der Ort der Schnittpunkte von (6) mit den Kreisschnittebenen (4_2) d.h. der Ort der Mittelpunkte der Kreisschnitte ergibt sich durch Elimination von p aus (5) und (6). Man erhält

$$y = 0 \quad , \quad \frac{z}{x} = \pm\sqrt{\frac{C(B-C)}{A(A-B)}} \tag{7}$$

Diese Geraden sind nichts anderes als die zu (4_2) konjugierten Durchmesser des Kegelschnittes

$$y = 0 \quad , \quad \frac{x^2}{A} + \frac{z^2}{C} = 1 \tag{o}$$

Sie treffen die Fläche (1) in ihren Kreis- oder Nabelpunkten, den Mittelpunkten der Nullkreise mit den Koordinaten

$$\pm\sqrt{\frac{A(A-B)}{A-C}}\;\Big|\; 0 \;\Big|\; \pm\sqrt{\frac{C(B-C)}{A-C}} \tag{oo}$$

Beim einschaligen Hyperboloid sind sie imaginär.

A u f g a b e. Untersuche im einzelnen die Realität der Kreise (5).

15. Im Falle der Paraboloide

$$\frac{y^2}{B} + \frac{z^2}{C} = 2x \tag{8}$$

schneiden wir mit der Kugel

$$\frac{x^2 + y^2 + z^2}{r} = 2x \tag{9}$$

erhalten den Kegel

$$-\frac{x^2}{r} + \left(\frac{1}{B} - \frac{1}{r}\right)y^2 + \left(\frac{1}{C} - \frac{1}{r}\right)z^2 = 0 \tag{10}$$

und die Zerfallsbedingungen $r \to \infty$ oder $r = B$ oder $r = C$. Die erste gibt das Ebenenpaar

$$y = \pm\sqrt{-\frac{B}{C}}\, z \quad , \tag{11$_1$}$$

das nur für das hyperbolische Paraboloid, z.B. $B > 0$, $C < 0$ reell ist und samt den Parallelebenen die Geraden, d.h. die "Kreise" der Fläche mit unendlich großem Radius liefert (Bild 8). Im 2. und 3. Fall folgt

$$\frac{z}{x} = \pm\sqrt{\frac{C}{B - C}} \quad , \qquad (11_2) \qquad \frac{y}{x} = \pm\sqrt{\frac{B}{C - B}} \quad . \qquad (11_3)$$

Hier müssen B und C gleiche Vorzeichen haben, damit z.B. für $B > C$ (11_2) reell wird. Man hat die Kreisschnitte des elliptischen Paraboloids mit den Kreispunkten $\frac{1}{2}(B - C) \mid 0 \mid \pm\sqrt{C(B-C)}$ und dem Ort $z = \pm\sqrt{C(B-C)}$, $y = 0$ der Mittelpunkte der Kreisschnitte. Mittels dieser Kreisschnitte hat einst Professor A l e x a n d e r v o n B r i l l (1842 - 1935, 1886 - 1935 in Tübingen) im Verlage seines Bruders, der späteren Firma Martin Schilling in Leipzig, wundervolle Modelle der Flächen 2. Ordnung herstellen lassen.

16. Wir sahen eben, daß das hyperbolische Paraboloid statt Kreise Geraden enthält. Von den andern eigentlichen Flächen 2. Grades enthält nur das einschalige Hyperboloid reelle Geraden.

Bei allen andern sind die Geraden imaginär. Die Geraden auf jenen (Bild 4) erhält man am schnellsten so: Die Gleichung (2) der Nr. 10 läßt sich in

$$\left(\frac{y}{b} + \frac{z}{c}\right)\left(\frac{y}{b} - \frac{z}{c}\right) = \left(1 + \frac{x}{a}\right)\left(1 - \frac{x}{a}\right) \tag{o}$$

zerlegen und diese Gleichung läßt sich in die beiden linearen Gleichungen

$$\frac{y}{b} + \frac{z}{c} = \lambda(1 \pm \frac{x}{a})$$
$$\frac{y}{b} - \frac{z}{c} = \frac{1}{\lambda}(1 \mp \frac{x}{a}) \qquad (12)$$

zerspalten, die bei veränderlichem λ zwei Geradenscharen darstellen.
Ähnlich zerlegen wir die Gleichung (8) der Nr. 10 in

$$(\frac{x}{a} + \frac{y}{b})(\frac{x}{a} - \frac{y}{b}) = - \frac{2z}{c}$$

und damit in die beiden linearen Gleichungen

$$\frac{x}{a} \pm \frac{y}{b} = \lambda$$
$$\frac{x}{a} \mp \frac{y}{b} = - \frac{2z}{c\lambda} \qquad (13)$$

Der Leser beweise selbst den Hauptsatz über diese Geradenscharen.

Satz 1: Je zwei Geraden derselben Schar sind windschief; jede Gerade der einen Schar trifft jede der andern.
Beim hyperbolischen Paraboloid ist überdies jede Geradenschar parallel zu einer festen Ebene $\frac{x}{a} \pm \frac{y}{b} = 0$, es ist ein sogenanntes Konoid (s. V. Abschnitt)
Es gilt umgekehrt der seinem Wesen nach der projektiven Geometrie angehörige

Satz 2: Der geometrische Ort aller Geraden, die drei feste Gerade treffen, ist ein hyperbolisches Paraboloid oder ein einschaliges Hyperboloid, je nachdem die drei Geraden zu einer festen Ebene parallel sind oder nicht.
Unsere kurze Herleitung läßt nicht erkennen, ob die erhaltenen Geraden die einzigen der Fläche sind. Doch können wir auf den Beweis hier nicht eingehen.

3. Kapitel. Der gruppentheoretische Aufbau der Geometrie. Die räumlichen Koordinaten

§ 1. Die projektive, affine und euklidische Geometrie. Nr. 17

17. Wir verweisen den Leser zunächst auf das in den Nrn. 20 und 21 des KB Gesagte und verallgemeinern die Gleichungen der

Nr. 21 auf den Raum. Ohne Beweis schreiben wir die Kollineationsgleichungen an, die den Punkt $x|y|z$ in den Punkt $\bar{x}|\bar{y}|\bar{z}$ überführen.

$$\bar{x} = \frac{A_1x + B_1y + C_1z + D_1}{A_4x + B_4y + C_4z + D_4} \quad , \quad \bar{y} = \frac{A_2x + B_2y + C_2z + D_2}{A_4x + B_4y + C_4z + D_4} \quad ,$$
$$\bar{z} = \frac{A_3x + B_3y + C_3z + D_3}{A_4x + B_4y + C_4z + D_4} \tag{I}$$

und ebenso die Affinitätsgleichungen

$$\bar{x}=A_1x+B_1y+C_1z+D_1 \quad , \quad \bar{y}=A_2x+B_2y+C_2z+D_2 \quad , \quad \bar{z}=A_3x+B_3y+C_3z+D_3 \tag{II}$$

Etwas näher gehen wir auf die Dehnungsgleichungen ein. Man kennzeichnet eine Dehnung am einfachsten als diejenige Affinität, die eine Kugel in eine Kugel überführt. Die Kugelgleichung

$$\bar{x}^2 + \bar{y}^2 + \bar{z}^2 + 2D\bar{x} + 2E\bar{y} + 2F\bar{z} + G = 0 \tag{T}$$

muß also aus der Kugelgleichung

$$(A_1x+B_1y+C_1z+D_1)^2+(A_2x+B_2y+C_2z+D_2)^2+(A_3x+B_3y+C_3z+D_3)^2+2D(A_1x+$$
$$+B_1y+C_1z+D_1)+2E(A_2x+B_2y+C_2z+D_2)+2F(A_3x+B_3y+C_3z+D_3)+G = 0 \tag{1}$$

hervorgehen. Das liefert für die Koeffizienten

$$A_i = m\,\alpha_i \quad , \quad B_i = m\,\beta_i \quad , \quad C_i = m\,\gamma_i \quad i=1,2,3 \tag{2}$$

die Bedingungen

$$\begin{aligned} \alpha_1^2 + \alpha_2^2 + \alpha_3^2 &= 1 & \beta_1\gamma_1 + \beta_2\gamma_2 + \beta_3\gamma_3 &= 0 \\ \beta_1^2 + \beta_2^2 + \beta_3^2 &= 1 & \gamma_1\alpha_1 + \gamma_2\alpha_2 + \gamma_3\alpha_3 &= 0 \\ \gamma_1^2 + \gamma_2^2 + \gamma_3^2 &= 1 & \alpha_1\beta_1 + \alpha_2\beta_2 + \alpha_3\beta_3 &= 0 \end{aligned} \tag{3}$$

Die $\alpha_i\ \beta_i\ \gamma_i$ bilden eine sogenannte orthogonale Substitution. Ist

$$\begin{vmatrix} \alpha_1 & \beta_1 & \gamma_1 \\ \alpha_2 & \beta_2 & \gamma_2 \\ \alpha_3 & \beta_3 & \gamma_3 \end{vmatrix} = +1 \quad , \tag{4_1}$$

so stellt die orthogonale Substitution eine <u>Drehung</u> um eine durch den Ursprung gehende Achse dar [1].

Ist aber

$$\begin{vmatrix} \alpha_1 & \beta_1 & \gamma_1 \\ \alpha_2 & \beta_2 & \gamma_2 \\ \alpha_3 & \beta_3 & \gamma_3 \end{vmatrix} = -1 \quad ,$$

so kommt zur Drehung noch eine Spiegelung an einer Koordinatenebene hinzu. Versteht man unter (3) eine Drehung, so erhält die <u>Dehnung</u> die Gestalt

$$\begin{aligned} &\bar{x}=m(\alpha_1x+\beta_1y+\gamma_1z)+D_1 \quad , \quad \bar{y}=m(\alpha_2x+\beta_2y+\gamma_2z)+D_2 \quad , \\ &\bar{z}=\varepsilon m(\alpha_3x+\beta_3y+\gamma_3z)+D_3 \quad , \qquad \varepsilon = \pm 1 \quad . \end{aligned} \tag{III}$$

Sie setzt sich aus der genannten <u>Drehung</u>, der <u>Punktstreckung</u> $\bar{x} = mx$, $\bar{y} = my$, $\bar{z} = mz$, der <u>Schiebung</u> $\bar{x} = x+D_1$, $\bar{y} = y+D_2$, $\bar{z} = z+D_3$ und für $\varepsilon = -1$ der <u>Spiegelung</u> $\bar{x} = x$, $\bar{y} = y$, $\bar{z} = -z$ an der xy-Ebene zusammen.

§ 2. Die homogenen Koordinaten eines Punktes. Nr. 18

18. Um die unendlich fernen Punkte $x = \infty$, $y = \infty$, $z = \infty$ der Rechnung zugänglich zu machen, führt man auch im Raume <u>homogene Koordinaten</u> ein. Sind r, α, β, γ Länge und Richtungswinkel des Fahrstrahls $\overrightarrow{OP}$, der zum Punkt $P(x|y|z)$ gehört (Bild 2), so führen wir für ihn neue Koordinaten

$$\cos\alpha | \cos\beta | \cos\gamma | \frac{1}{r} \equiv \frac{x}{r} \Big| \frac{y}{r} \Big| \frac{z}{r} \Big| \frac{1}{r} \tag{o}$$

ein, oder besser mit diesen proportionale Größen

$$x_1 = \varrho\cos\alpha \quad , \quad x_2 = \varrho\cos\beta \quad , \quad x_3 = \varrho\cos\gamma \quad , \quad x_4 = \frac{\varrho}{r} \quad , \tag{oo}$$

woraus umgekehrt

$$x = \frac{x_1}{x_4} \quad , \quad y = \frac{x_2}{x_4} \quad , \quad z = \frac{x_3}{x_4} \tag{1}$$

folgt. Damit werden nun alle Gleichungen <u>homogen</u> in $x_1\ x_2\ x_3\ x_4$ z.B. geht die Ebenengleichung (Ia) der Nr. 3 in

$$Ax_1 + Bx_2 + Cx_3 + Dx_4 = 0 \quad , \tag{2}$$

1) s. z.B. das in Anmerkung 1 der Nr. 10 genannte Buch.

die Mittelpunktsflächengleichung der Fläche 2. Grades in

$$Ax_1^2 + Bx_2^2 + Cx_3^2 - x_4^2 = 0 \quad , \tag{3}$$

die der Paraboloide in

$$Bx_2^2 + Cx_3^2 = 2Dx_1x_4 \tag{4}$$

Wir haben bisher keinen Punkt bestimmt, für den $x_4 = 0$ ist. Man sieht aber, daß der Punkt $\varrho\cos\alpha \mid \varrho\cos\beta \mid \varrho\cos\gamma \mid \frac{\varrho}{r}$ für $\lim r \to \infty$ in einen "Punkt" $x_1 \mid x_2 \mid x_3 \mid 0$ übergeht, und umgekehrt ein Punkt, für den $x_4 = 0$ ist, auch nur für $\lim r \to \infty$ erhalten werden kann [1].

Also stellt $x_1 \mid x_2 \mid x_3 \mid 0$ einen unendlich fernen Punkt, uneigentlichen Punkt, kurz Fernpunkt dar. Für alle Fernpunkte des Raumes gilt $x_4 = 0$. Das ist selbst eine Gleichung von der Form einer Ebenengleichung (2). Wir definieren sie als Gleichung der Fernebene, die also alle Fernpunkte des Raumes enthält.

Eine Ebene (2) enthält die Fernpunkte $\{x_4 = 0,\ Ax_1+Bx_2+Cx_3=0\}$. Da dies die Form der Gleichungen einer Geraden ist, so sagen wir, daß die Fernpunkte einer Ebene auf deren Ferngeraden liegen. Parallele Ebenen - s. (II) in Nr. 3 - haben ersichtlich eine gemeinsame Ferngerade. Da man ihnen dieselbe Stellung zuschreibt, so sind die Begriffe Ferngerade und Stellung gleichbedeutend. Zwei Parallelen durch die Punkte $a_1 \mid a_2 \mid a_3 \mid a_4$ und $b_1 \mid b_2 \mid b_3 \mid b_4$ haben die Gleichungen

$$\frac{a_4x_1-a_1x_4}{\cos\alpha} = \frac{a_4x_2-a_2x_4}{\cos\beta} = \frac{a_4x_3-a_3x_4}{\cos\gamma} \qquad \text{und}$$

$$\frac{b_4x_1-b_1x_4}{\cos\alpha} = \frac{b_4x_2-b_2x_4}{\cos\beta} = \frac{b_4x_3-b_3x_4}{\cos\gamma}$$

Sie haben ersichtlich denselben Fernpunkt

$$\frac{x_1}{\cos\alpha} = \frac{x_2}{\cos\beta} = \frac{x_3}{\cos\gamma} \quad , \qquad x_4 = 0$$

oder $\cos\alpha \mid \cos\beta \mid \cos\gamma \mid 0$. Daher sind wie in der Ebene die Begriffe Fernpunkt und Richtung gleichbedeutend.

Aufgabe. Verallgemeinere den Inhalt der Nr.24 des KB auf den Raum. Zeige, daß den Gleichungen (5_1) dort nur die vierte Gleichung $\varrho x_4 = p_4 + \lambda q_4$ hinzugefügt werden muß und daß sie wieder in der einen Gleichung (5_2) zusammengefaßt werden können.

---

1) Beachte, daß von vornherein α, β, γ einzeln oder zu zweit gleich $\frac{\pi}{2}$ sein können.

§ 3. Nichthomogene und homogene Ebenenkoordinaten. Das Dualitätsprinzip. Nr. 19–21

19. Die Gleichung einer nicht durch den Ursprung gehenden Ebene läßt sich in der Gestalt

$$ux + vy + wz + 1 = 0 \qquad (1a)$$

schreiben. Die Größen u, v, w sind die negativen reziproken Werte der Achsenabschnitte der Ebene. Man nennt sie die Koordinaten der Ebene, kurz Ebenenkoordinaten.

Die Gleichung (1a) drückt die vereinigte Lage oder Inzidenz der Ebene $u|v|w$ und des Punktes $x|y|z$ aus. Hält man die Größen $u|v|w$ fest und läßt die Größen $x|y|z$ alle die Gleichung (1a) erfüllenden Werte durchlaufen, so stellt (1a) die Gleichung der Ebene $u|v|w$ in laufenden Punktkoordinaten, nämlich alle (endlichen) Punkte $x|y|z$ der Ebene $u|v|w$ dar. Hält man aber die Größen $x|y|z$ fest und läßt die Größen $u|v|w$ alle die Gleichung (1a) erfüllenden Werte durchlaufen, so stellt die Gleichung

$$xu + yv + zw + 1 = 0 \qquad (1b)$$

die Gleichung des Punktes $x|y|z$ in laufenden Ebenenkoordinaten $u|v|w$ dar, nämlich alle Ebenen $u|v|w$ durch die Punkte $x|y|z$. Was aber stellt die Gleichung

$$xu + yv + zw = 0 \qquad (2b)$$

dar, wenn $x|y|z$ ein fester Punkt ist?
Die Gleichung (1a) stellt die Ebene $u|v|w$ in laufenden Punktkoordinaten dar, die Gleichung

$$ux + vy + wz = 0 \qquad (2a)$$

eine Ebene parallel zur Ebene (1a) in laufenden Punktkoordinaten. Diese Ebene geht durch den Ursprung $\mathcal{O}(0|0|0)$ und den Punkt $P(x|y|z)$, den wir als fest betrachten. Alle Wertsysteme $u|v|w$, die (2a) und damit (2b) erfüllen, bestimmen daher Ebenen (1b) der Form $x_1u + x_2v + x_3w + x_4 = 0$ mit $x_1 = x$, $x_2 = y$, $x_3 = z$, $x_4 = 0$, d.h. den Punkt $x|y|z|0$ oder den Fernpunkt von OP. Sie sind parallel zu OP. So ist $u = 0$ der Fernpunkt der x-Achse, $v = 0$ derjenige der y-Achse, $w = 0$ derjenige der z-Achse.

Klarer, ja selbstverständlicher wird der Sachverhalt, wenn wir homogene Punkt- und Ebenenkoordinaten einführen. Sind $x|y|z$

die Koordinaten eines Punktes, u|v|w die einer Ebene,so führen wir

$$x = \frac{x_1}{x_4}\ , \quad y = \frac{x_2}{x_4}\ , \quad z = \frac{x_3}{x_4}\ , \tag{3a}$$

$$u = \frac{u_1}{u_4}\ , \quad v = \frac{u_2}{u_4}\ , \quad w = \frac{u_3}{u_4} \tag{3b}$$

als <u>homogene</u> <u>Koordinaten</u> ein. Gleichung (1a) geht dann über in

$$u_1x_1 + u_2x_2 + u_3x_3 + u_4x_4 \equiv (ux) = 0 \tag{IV}$$

Sind hier $u_1|u_2|u_3|u_4$ fest, so hat man die Gleichung der Ebene $u_1|u_2|u_3|u_4$,kurz die <u>Ebene u</u> in laufenden Koordinaten $x_1|x_2|x_3|x_4$. Insbesondere bestimmen die Koordinaten $u_1|u_2|u_3|0$ die Gleichung $u_1x_1 + u_2x_2 + u_3x_3 = 0$ einer Ebene durch den Urspung. Sind aber $x_1|x_2|x_3|x_4$ fest, so hat man die Gleichung des Punktes $x_1|x_2|x_3|x_4$, kurz des <u>Punktes x</u> in laufenden Ebenenkoordinaten $u_1|u_2|u_3|u_4$. Insbesondere bestimmen die Koordinaten $x_1|x_2|x_3|0$ eines Fernpunktes, nämlich des Fernpunktes der Richtung $x_1 : x_2 : x_3$ die Gleichung $x_1u_1 + x_2u_2 + x_3u_3 = 0$ dieses Punktes in Ebenenkoordinaten (s.O.)

20. Die <u>zwei</u> Gleichungen

$$(yu) = 0 \quad , \quad (zu) = 0 \tag{Vb}$$

stellen die <u>Verbindungsgerade</u> der beiden <u>Punkte</u> y und z dar, die <u>zwei</u> Gleichungen

$$(vx) = 0 \quad , \quad (wx) = 0 \tag{Va}$$

die <u>Schnittgerade</u> der beiden Ebenen u und v.

Diese kann andrerseits in der <u>Parameterform</u>

$$u = \lambda v + \mu w \tag{VIb}$$

geschrieben werden, die der <u>Parameterform</u>

$$x = \lambda y + \mu z \tag{VIa}$$

von (Vb) entspricht (vgl. die Aufgabe in Nr. 19, in der man $\frac{1}{\varrho}$ durch λ , $\frac{\lambda}{\varrho}$ durch μ ersetzt).
Insbesondere stellen die Gleichungen

$$y_1u_1 + y_2u_2 + y_3u_3 = 0$$
$$z_1u_1 + z_2u_2 + z_3u_3 = 0$$

eine Ferngerade dar, diejenige der Ebene durch $0|0|0$, $y_1|y_2|y_3$, $z_1|z_2|z_3$.
Die Gleichungen

$$\begin{aligned} y_1u_1 + y_2u_2 + y_3u_3 &= 0 \\ u_4 &= 0 \end{aligned}$$

stellen die Verbindungsgerade des Punktes $y_1|y_2|y_3$ mit dem Ursprung dar.
Die drei Gleichungen $(yu) = 0$, $(zu) = 0$, $(tu) = 0$ stellen die Verbindungsebene der drei Punkte y, z, t dar,
die drei Gleichungen $(vx) = 0$, $(wx) = 0$, $(sx) = 0$ den Schnittpunkt der drei Ebenen v, w, s.

21. Aus den letzten Gleichungen geht hervor, daß im Raum eine Dualität zwischen Punkt und Ebene besteht. Analytisch kann dieses sogenannte Dualitätsprinzip auf eine feste Grundlage gestellt werden durch die einfachen Verwandtschaftsgleichungen

$$\begin{aligned} &u_1=x_1\,,\quad u_2=x_2\,,\quad u_3=x_3\,,\quad u_4=x_4\,,\ \text{kurz } u=x \\ &x_1=u_1\,,\quad x_2=u_2\,,\quad x_3=u_3\,,\quad x_4=u_4\,,\ \text{kurz } x=u \end{aligned}\quad, \qquad \text{(VII)}$$

die jedem Punkt eine Ebene und umgekehrt jeder Ebene einen Punkt zuordnen. Dem Punkt $x = a$, $y = b$, $z = c$ entspricht die Ebene $u = a$, $v = b$, $w = c$, der Ebene $Ax + By + Cz + D = 0$ der Punkt $Au + Bv + Cw + D = 0$, wenn wir nichthomogene Koordinaten verwenden.
Liegt ein Punkt in einer Ebene, so geht die entsprechende Ebene durch den entsprechenden Punkt. Denn hat der Punkt die Koordinaten $x_1|y_1|z_1$, die Ebene die Koordinaten $u_1|v_1|w_1$, so ist $u_1x_1 + v_1y_1 + w_1z_1 + 1 = 0$. Entspricht dem Punkt die Ebene $u_2 = x_1$, $v_2 = y_1$, $w_2 = z_1$, der Ebene der Punkt $x_2 = u_1$, $y_2 = v_1$, $z_2 = w_1$, so ist $x_2u_2 + y_2v_2 + z_2w_2 + 1 = 0$ q.e.d.
Daraus folgt weiter

Den ∞^2 Ebenen durch einen Punkt oder einem Ebenenbündel	entsprechen	die ∞^2 Punkte in einer Ebene oder ein Punktfeld.
Den ∞^1 Ebenen durch zwei Punkte (einem Ebenenbüschel) oder der Verbindungsgeraden zweier Punkte	entsprechen	die ∞^1 Punkte in zwei Ebenen (eine Punktreihe) oder die Schnittgerade zweier Ebenen.

Die Gerade ist also als Element sich selbst zugeordnet. Jedem Satz über Punkt, Gerade, Ebene, der eine Lagebeziehung enthält,

entspricht ein dualer Satz über Ebene, Gerade, Punkt. Dabei vertauschen sich allerdings endliche Elemente u. U. mit Fernelementen. Das Dualitätsprinzip kommt zur vollen Wirkung also nur durch und nach Einführung der Fernelemente. Z.B. entspricht der yz-Ebene $x = 0$ der Fernpunkt $u = 0$ der x-Achse, der x-Achse $y = 0$, $z = 0$ die Ferngerade $v = 0$, $w = 0$ der yz-Ebene.
Die drei Koordinatenebenen bilden mit der Fernebene ein Tetraeder, in dem jeder Ecke die Gegenebene, jeder Kante die Gegenkante entspricht. Einer Ferngeraden entspricht ein Strahl durch den Ursprung, der Fernebene der Ursprung. Dem Einheitspunkt $x = 1$, $y = 1$, $z = 1$ ist die Einheitsebene $u = 1$, $v = 1$, $w = 1$, d.h. die Ebene mit den Achsenabschnitten $a = -1$, $b = -1$, $c = -1$ zugeordnet.
Es fragt sich, ob es möglich ist, daß ein Punkt $x_1|x_2|x_3|x_4$ in der ihm entsprechenden Ebene $u_1 = x_1$, $u_2 = x_2$, $u_3 = x_3$, $u_4 = x_4$ liegt. Dann muß $(ux) = 0$ für $u = x$ erfüllt, d.h.

$$x_1^2 + x_2^2 + x_3^2 + x_4^2 = 0$$

sein. Ein solcher Punkt liegt also auf der nullteiligen Kugel um den Ursprung als Mittelpunkt mit Radius $i = \sqrt{-1}$. Trotzdem läßt sich die dem Punkt $x|y|z$ entsprechende Ebene $u = x$, $v = y$, $w = z$ sehr einfach konstruieren. Der Punkt $P(x|y|z)$ hat vom Ursprung O den Abstand $\sqrt{x^2 + y^2 + z^2} = r$. Man bestimme auf $\overrightarrow{PO}$ den Punkt Q so, daß $|\overrightarrow{PO}| \cdot |\overrightarrow{OQ}| = 1^2$, also $\overline{OQ} = \frac{1}{r}$ ist. P und Q werden durch O getrennt, OQ hat also die Richtungskosinusse

$$-\frac{x}{r}\Big|-\frac{y}{r}\Big|-\frac{z}{r}$$

Die Lotebene in Q auf OQ die Hessesche Gleichung

$$-\frac{xX + yY + zZ}{r} - \frac{1}{r} = 0 \quad \text{oder} \quad xX + yY + zZ + 1 = 0$$

in laufenden Koordinaten $X|Y|Z$. Ihre Ebenenkoordinaten sind also $u = x$, $v = y$, $w = z$.
Aufgabe. Führe die Betrachtungen der Nr. 19 bis 21 für den einfacheren Fall der Ebene durch, in der Punkt und Gerade duale Elemente sind. (Dies konnte im KB wegbleiben, ist aber für das Folgende nützlich).

§ 4. Plückersche Geradenkoordinaten (Linienkoordinaten). Nr. 22 und 23

22. Die Gleichungen einer Geraden sind nach (IVa_1) der Nr. 4

$$y = mx + b \quad , \quad z = nx + c \qquad (\times)$$

Sie ist also durch vier Koordinaten m, n, b, c bestimmt: es gibt ∞^4 Geraden im Raum oder die Geraden des dreidimensionalen Raumes bilden eine vierdimensionale Mannigfaltigkeit.
Es war einer der schöpferischen Gedanken Julius Plückers (1801 - 68), nach den weniger als vierdimensionalen Mannigfaltigkeiten von Geraden des Raumes zu fragen, deren Koordinaten also eine, zwei oder drei Gleichungen erfüllen. Während die an letzter Stelle genannten keine anderen als die sogenannten Regelflächen sind (vgl. die Nrn. 113 ff.), sind die andern ganz anders geartete Gebilde. Plücker nannte die erstgenannten Komplexe, die zweitgenannten Kongruenzen.
Ehe wir im 5. Kapitel näher auf sie eingehen können, müssen wir die "Koordinaten" der Geraden noch verbessern. Die Größen m, n, b, c sind wegen ihrer Unsymmetrie nicht brauchbar. Bestimmen wir die Gerade durch zwei ihrer Punkte, $x_1|y_1|z_1$ und $x_2|y_2|z_2$, so haben m, n, b, c die Werte

$$\frac{y_1 - y_2}{x_1 - x_2}\ ,\quad \frac{z_1 - z_2}{x_1 - x_2}\ ,\quad \frac{x_1y_2 - x_2y_1}{x_1 - x_2}\ ,\quad -\frac{z_1x_2 - z_2x_1}{x_1 - x_2}$$

Hier treten einerseits die Differenzen $x_1 - x_2|y_1 - y_2|z_1 - z_2$, andererseits die Differenzen $z_1x_2 - z_2x_1|x_1y_2 - x_2y_1$ auf, zu denen aber der Symmetrie wegen noch als erste $y_1z_2 - y_2z_1$ gehört. Diese sechs Differenzen sind dann aber nicht unabhängig voneinander, sondern es besteht zwischen Ihnen die identische Gleichung

$$(x_1-x_2)(y_1z_2-y_2z_1)+(y_1-y_2)(z_1x_2-z_2x_1)+(z_1-z_2)(x_1y_2-x_2y_1)=0 \quad (o)$$

Außerdem kommt es nicht auf die Differenzen selbst, sondern nur auf ihre Verhältnisse an, d.h. alle sechs Differenzen können noch mit einem beliebigen Proportionalitätsfaktor multipliziert werden. Man wählt nun sechs zu den Differenzen proportionale Größen als homogene Geradenkoordinaten im Raume oder, wie man zur Unterscheidung von den ganz andersartigen homogenen Geradenkoordinaten in der Ebene kürzer sagt, als homogene Linienkoordinaten, nämlich

$$\begin{array}{ll} \varrho p_1 = x_1 - x_2 & \varrho p_4 = y_1z_2 - y_2z_1 \\ \varrho p_2 = y_1 - y_2 & \varrho p_5 = z_1x_2 - z_2x_1 \\ \varrho p_3 = z_1 - z_2 & \varrho p_6 = x_1y_2 - x_2y_1 \end{array} \qquad (\mathrm{VIIIa}_1)$$

Dann besteht zwischen ihnen die Identität

$$p_1p_4 + p_2p_5 + p_3p_6 = 0 \qquad (\mathrm{VIIIa}_2)$$

Deutet man die homogenen Linienkoordinaten als homogene Punktkoordinaten eines fünfdimensionalen Raumes, so bilden die ihnen entsprechenden Punkte wegen ($VIIIa_2$) eine quadratische Hyperfläche. Daß die Linienkoordinaten von der Wahl der Punkte $x_1|y_1|z_1$ und $x_2|y_2|z_2$ auf der Geraden nicht abhängen, zeigt man so: Ersetzt man die Punkte durch zwei andere

$$x_\mu = \frac{x_1 + \mu x_2}{1 + \mu} \text{ und zykl} \quad , \quad x_\lambda = \frac{x_1 + \lambda x_2}{1 + \lambda} \text{ und zykl}$$

derselben Geraden, so ändert sich $p_1, p_2, p_3, p_4, p_5, p_6$ nur um einen Proportionalitätsfaktor. Nach (×) lauten die Gleichungen einer Geraden $p_1|p_2|p_3|p_4|p_5|p_6$ in Punktkoordinaten

$$-p_3 x + p_1 z + p_5 = 0 \quad , \quad p_2 x - p_1 y + p_6 = 0$$

neben die als gleichberechtigt noch zwei weitere treten, so daß die Gerade in Punktkoordinaten durch zwei der vier Gleichungen

$$\left.\begin{array}{l} \cdot + p_3 y - p_2 z + p_4 = 0 \\ - p_3 x + \cdot + p_1 z + p_5 = 0 \\ p_2 x - p_1 y - \cdot + p_6 = 0 \\ - p_4 x - p_5 y - p_6 z + \cdot = 0 \end{array}\right\} \qquad \text{(IXa)}$$

bestimmt ist.
Vermöge (VIIIa) lassen sich jeweils die beiden andern sofort bestimmen.

Was ist die Bedingung, daß sich die Geraden $p_1|p_2|p_3|p_4|p_5|p_6$ kurz p und $q_1|q_2|q_3|q_4|q_5|q_6$ kurz q schneiden? Für die Geraden (×) und $\begin{cases} y = m'x + b' \\ z = n'x + c' \end{cases}$ lautet sie

$$\frac{b' - b}{m - m'} = \frac{c' - c}{n - n'} \qquad \text{oder}$$

$$\frac{\dfrac{p_6}{p_1} - \dfrac{q_6}{q_1}}{\dfrac{p_2}{p_1} - \dfrac{q_2}{q_1}} = \frac{-\dfrac{p_5}{p_1} + \dfrac{q_5}{q_1}}{\dfrac{p_3}{p_1} - \dfrac{q_3}{q_1}}$$

oder

$$\frac{p_2 p_5 + p_3 p_6}{p_1^2} - \frac{p_2 q_5 + p_5 q_2 + p_3 q_6 + p_6 q_3}{p_1 q_1} + \frac{q_2 q_5 + q_3 q_6}{q_1^2} = 0$$

oder wegen (VIIIa)

$$\frac{p_4}{p_1} + \frac{q_4}{q_1} + \frac{p_2q_5+p_5q_2+p_3q_6+p_6q_3}{p_1q_1} = 0 \quad ,$$

d.h.

$$p_1q_4 + p_2q_5 + p_3q_6 + p_4q_1 + p_5q_2 + p_6q_3 = 0 \qquad \text{(Xa)}$$

23. Die bisher betrachteten Linienkoordinaten **sind die sogenannten** <u>**Strahlkoordinaten**</u>**. Ihnen zur Seite treten die dazu** <u>**dualen Achsenkoordinaten**</u>**. Dabei ist eine Gerade statt durch zwei Punkte $x_1|y_1|z_1$ und $x_2|y_2|z_2$ durch zwei Ebenen $u_1|v_1|w_1$ und $u_2|v_2|w_2$ bestimmt. Wir schreiben die dualen Gleichungen an und überlassen es dem Leser, sie durchzudenken.**

$$\begin{aligned} \rho\pi_1 &= u_1u_2 & \rho\pi_4 &= v_1w_2 - v_2w_1 \\ \rho\pi_2 &= v_1v_2 & \rho\pi_5 &= w_1u_2 - w_2u_1 \\ \rho\pi_3 &= w_1w_2 & \rho\pi_6 &= u_1v_2 - u_2v_1 \end{aligned} \qquad \text{(VIIIb}_1\text{)}$$

$$\pi_1\pi_4 + \pi_2\pi_5 + \pi_3\pi_6 = 0 \qquad \text{(VIIIb}_2\text{)}$$

$$\begin{aligned} \cdot + \pi_3 v - \pi_2 w + \pi_4 &= 0 & \pi_2 u - \pi_1 v + \cdot + \pi_6 &= 0 \\ -\pi_3 u + \cdot + \pi_1 w + \pi_5 &= 0 & -\pi_4 u - \pi_5 v - \pi_6 w + \cdot &= 0 \end{aligned} \qquad \text{(IXb)}$$

$$\pi_1k_4 + \pi_2k_5 + \pi_3k_6 + \pi_4k_1 + \pi_5k_2 + \pi_6k_3 = 0 \qquad \text{(Xb)}$$

Der Zusammenhang zwischen Strahl- und Achsenkoordinaten ist sehr einfach, so einfach, daß man sich gewöhnlich mit den Strahlkoordinaten begnügt. Es ist nämlich

$$p_1 : p_2 : p_3 : p_4 : p_5 : p_6 = \pi_4 : \pi_5 : \pi_6 : \pi_1 : \pi_2 : \pi_3 \qquad \text{(XI)}$$

<u>**Beweis**</u>**:** Ist die Verbindungsgerade von $x_1|y_1|z_1$ und $x_2|y_2|z_2$ dieselbe wie die Schnittgerade von $u_1|v_1|w_1$ und $u_2|v_2|w_2$, so gelten die Gleichungen

$$\begin{aligned} u_1x_1+v_1y_1+w_1z_1+1&=0 & u_2x_1+v_2y_1+w_2z_1+1&=0 \\ u_1x_2+v_1y_2+w_1z_2+1&=0 & u_2x_2+v_2y_2+w_2z_2+1&=0 \end{aligned} \qquad (\times)$$

woraus

$$\begin{aligned} (u_1-u_2)x_1+(v_1-v_2)y_1+(w_1-w_2)z_1 &= 0 \\ (u_1-u_2)x_2+(v_1-v_2)y_2+(w_1-w_2)z_2 &= 0 \end{aligned}$$

so daß

$$(u_1-u_2) : (v_1-v_2) : (w_1-w_2) = (y_1z_2-y_2z_1):(z_1x_2-z_2x_1):(x_1y_2-x_2y_1)$$

d.h.

$$\pi_1 : \pi_2 : \pi_3 = p_4 : p_5 : p_6 \qquad (o)$$

ist. Ähnlich folgt

$$p_1 : p_2 : p_3 = \pi_4 : \pi_5 : \pi_6 \qquad (oo)$$

Weiter ergibt sich aus (x) durch Elimination von x_1 bzw. x_2

$$(u_1v_2-u_2v_1)y_1 + (w_1u_2-w_2u_1)z_1 + (u_1-u_2) = 0$$

und

$$(u_1v_2-u_2v_1)y_2 + (w_1u_2-w_2u_1)z_2 + (u_1-u_2) = 0$$

und daraus durch Elimination von $w_1u_2 - w_2u_1$

$$\frac{u_1 - u_2}{u_1v_2 - u_2v_1} = \frac{y_1z_2 - y_2z_1}{z_1 - z_2} \qquad \frac{\pi_1}{\pi_6} = \frac{p_4}{p_3} \qquad (ooo)$$

Aus (o) bis (ooo) folgt sofort (XI).
Wählt man auch für die Punkt- und Ebenenkoordinaten <u>homogene</u> Koordinaten,

$$x_1 \to \frac{x_1}{x_4}, \quad y_1 \to \frac{x_2}{x_4}, \quad z_1 \to \frac{x_3}{x_4}, \quad u_1 \to \frac{u_1}{u_4}, \quad v_1 \to \frac{u_2}{u_4}, \quad w_1 \to \frac{u_3}{u_4}$$

$$x_2 \to \frac{y_1}{y_4}, \quad y_2 \to \frac{y_2}{y_4}, \quad z_2 \to \frac{y_3}{y_4}, \quad u_2 \to \frac{v_1}{v_4}, \quad v_2 \to \frac{v_2}{v_4}, \quad w_2 \to \frac{v_3}{v_4}$$

so treten anstelle der Gleichungen ($VIIIa_1$) und ($VIIIb_1$) die anderen

$$\begin{aligned}
\rho p_1 &= \rho p_{14} = -\rho p_{41} = x_1y_4 - x_4y_1 & \qquad \rho\pi_1 &= \rho\pi_{14} = -\rho\pi_{41} = u_1v_4 - u_4v_1\\
\rho p_2 &= \rho p_{24} = -\rho p_{42} = x_2y_4 - x_4y_2 & \rho\pi_2 &= \rho\pi_{24} = -\rho\pi_{42} = u_2v_4 - u_4v_2\\
\rho p_3 &= \rho p_{34} = -\rho p_{43} = x_3y_4 - x_4y_3 & \rho\pi_3 &= \rho\pi_{34} = -\rho\pi_{43} = u_3v_4 - u_4v_3\\
\rho p_4 &= \rho p_{23} = -\rho p_{32} = x_2y_3 - x_3y_2 & \rho\pi_4 &= \rho\pi_{23} = -\rho\pi_{32} = u_2v_3 - u_3v_2\\
\rho p_5 &= \rho p_{31} = -\rho p_{13} = x_3y_1 - x_1y_3 & \rho\pi_5 &= \rho\pi_{31} = -\rho\pi_{13} = u_3v_1 - u_1v_3\\
\rho p_6 &= \rho p_{12} = -\rho p_{21} = x_1y_2 - x_2y_1 & \rho\pi_6 &= \rho\pi_{12} = -\rho\pi_{21} = u_1v_2 - u_2v_1
\end{aligned}$$

Die den Gleichungen (VIIa$_2$), (VIIIb$_2$), (Xa), (Xb) und (XI) entsprechenden schreibe der Leser selbst an.

§ 5. Tetraederkoordinaten. Nr. 24

24. Die ebenen homogenen Koordinaten $x_1|x_2|x_3$ waren Dreieckskoordinaten in bezug auf das von den Koordinatenachsen und der Ferngeraden gebildete Dreieck, die räumlichen homogenen Koordinaten $x_1|x_2|x_3|x_4$ sind Tetraederkoordinaten in bezug auf das von den Koordinatenebenen und der Fernebene gebildete Tetraeder. Den in den Nrn. 26ff des KB eingeführten allgemeinen Dreieckskoordinaten treten im Raum die allgemeinen Tetraederkoordinaten zur Seite. Von ihnen benötigen wir aber nur die einfachsten, die sogenannten Normalkoordinaten. Die Koordinaten $x_1|x_2|x_3|x_4$ eines Punktes sind dann proportional zu seinen Abständen $p_1|p_2|p_3|p_4$ von den Tetraederebenen

$$\varrho x_1 = p_1 \quad , \quad \varrho x_2 = p_2 \quad , \quad \varrho x_3 = p_3 \quad , \quad \varrho x_4 = p_4 \tag{1}$$

wobei

$$\frac{p_1}{h_1} + \frac{p_2}{h_2} + \frac{p_3}{h_3} + \frac{p_4}{h_4} = 1 \tag{2}$$

ist und h_1, h_2, h_3, h_4 die Tetraederhöhen sind. Die Koordinaten $X_1|X_2|X_3|X_4$ einer Ebene sind proportional zu ihren Abständen von den Tetraederecken

$$\varrho X_1 = E_1 \quad , \quad \varrho X_2 = E_2 \quad , \quad \varrho X_3 = E_3 \quad , \quad \varrho X_4 = E_4 \; . \tag{3}$$

Wobei

$$\sum_{i=1}^{4} \frac{E_i^2}{h_i^2} - 2\sum_{k,l} \frac{E_k E_l}{h_k h_l} \cos(k,l) = 0 \tag{4}$$

k, l = 2,3; 3,1; 1,2; 1,4; 2,4; 3,4 und (k,l) der Winkel zwischen den Ebenen $x_k = 0$ und $x_l = 0$ ist.
Die Inzidenzbedingung zwischen Punkt $x_1|x_2|x_3|x_4$ und Ebene $X_1|X_2|X_3|X_4$ lautet

$$\frac{x_1X_1}{h_1} + \frac{x_2X_2}{h_2} + \frac{x_3X_3}{h_3} + \frac{x_4X_4}{h_4} = 0 \tag{5}$$

sie stellt also bei veränderlichen x_i die Gleichung der festen Ebene X_i und veränderlichen X_i die Gleichung des festen Punktes x_i dar.

2. Abschnitt. Aus der algebraischen Geometrie

4. Kapitel. Allgemeines über Flächen und Raumkurven

§ 1. Flächen und Raumkurven. Nr. 25 und 26

25. In Nr. 1 sagten wir, die analytische Geometrie des Raumes habe zunächst die Aufgabe, Gleichungen zwischen den Koordinaten $x|y|z$ eines veränderlichen Punktes geometrisch zu deuten. Beginnen wir mit einer Gleichung, die wir entweder in der expliziten oder aufgelösten Form ($1a_1$) $z = f(x,y)$ oder in der impliziten oder unaufgelösten Form ($1a_2$) $F(x,y,z) = 0$ annehmen können. Bei der Gleichung ($1a_1$) setzen wir im Sinne der Analysis z als eindeutige Funktion von x und y voraus, während die Gleichung ($1a_2$) z (oder auch x oder y) i.a. als mehrdeutige Funktion von x und y, besser ausgedrückt als mehrere Zweige von eindeutigen Funktionen von x und y bestimmt. Für x und y können dabei möglicherweise alle möglichen Werte, u. U. aber nur die Werte eines bestimmten Bereiches angenommen werden. Errichten wir in jedem Punkt $x|y$ des Bereichs das Lot auf der xy-Ebene oder ziehen wir durch den Punkt die Parallele zur z-Achse und tragen darauf den einen oder die verschiedenen Werte von z als Strecken ab, so bilden die Endpunkte ein oder mehrere Flächenstücke, die sich auch zu einer oder mehr geschlossenen Flächen zusammenschließen können, die wir aber dann als nur eine Fläche betrachten (Vgl. die Flächen 2. Grades).
So ergibt sich

S 1 Eine Gleichung ($1a_1$) oder ($1a_2$) zwischen den Koordinaten eines laufenden Punktes $x|y|z$ stellt i.a. eine Fläche dar.

Das gilt auch noch, wenn die Gleichungen eine Koordinate weniger enthalten, also z.B.

$$(2a_1)\ y = f(x) \qquad \text{oder} \qquad (2a_2)\ F(x,y) = 0$$

lauten. Jetzt kann man nur eine Koordinate, in ($2a_1$) nur x, in ($2a_2$) x oder y beliebig annehmen, so daß sich eine Kurve in der xy-Ebene ergibt. Dafür kann man z jetzt jeden beliebigen Wert erteilen. So entsteht eine Zylinderfläche, deren Mantellinien parallel zur z-Achse laufen, in rechtwinkligen Koordinaten ein sog. horizontal projizierender Zylinder oder Grundrißzylinder.
Um die durch die Gleichungen (1a) dargestellte Fläche rasch überblicken zu können, wird man sie etwa aus Schnitten parallel

zu den Koordinatenachsen aufzubauen suchen. Setzt man z.B. $x = const = x_1$, so ist durch diese Gleichung eine Parallelebene zur yz-Ebene bestimmt und in ihr die Kurve $z = f(x_1, y)$ oder $F(x_1, y, z) = 0$ zu zeichnen. Macht man dies für hinreichend rasch aufeinanderfolgende Werte x_1 von x, so erhält man aufeinanderfolgende Schnitte, deren Zusammenhang dann meist am einfachsten ein einziger Schnitt y = const oder z = const, oft einfach y = 0 oder z = 0 liefert (Bild 3, 7 und 8).

Beispiel $z = x^2 + y^2$. Die Schnitte $z = const = z_1$ sind Kreise mit den Radien $\sqrt{z_1}$, so daß $z_1 \geq 0$ sein muß. Diese Schnitte hängen am einfachsten vermöge des Schnittes y = 0, d.h. der Parabel $z = x^2$ in der xz-Ebene zusammen. Man erkennt, daß die Fläche ein Drehparaboloid ist, das durch Drehung einer Parabel um die z-Achse entsteht.

Aufgaben

1, $z = x^2 - y^2$, $y^2 = x - z$, $xy = z^2$,
$y = z^2$, $xz = 1$

2. $z = xy^2$, $xz^2 = y^2$, $xyz = 1$
$x^3 = y^2 z$, $xy^2 = 1$.

Wie in den Aufgaben betrachten wir im folgenden fast immer algebraische Flächen, d.h. solche, deren Gleichung sich stets in eine solche Gestalt ($1a_2$) bringen läßt, deren linke Seite eine in x, y, z ganze rationale Funktion darstellt
Sind die Glieder höchster Potenz in x, y, z zusammen vom Grade n, so heißt die Fläche von der n. Ordnung.[1)]
Es gilt

S 2 Eine Fläche n. Ordnung wird von einer Geraden in n Punkten geschnitten, von einer Ebene in einer Kurve n. Ordnung.
Beweis:
1. Eine Gerade $\begin{cases} y = mx + b \\ z = nx + c \end{cases}$ oder $\begin{cases} z = ny + c \\ x = a \end{cases}$ oder $\begin{cases} x = a \\ y = b \end{cases}$ trifft die Fläche ($1a_2$) in Punkten, deren Koordinaten x oder y oder z der Gleichung n. Grades $F(x, mx+b, nx+c) = 0$, $F(a, y, ny+c) = 0$, $F(a, b, z) = 0$ genügen, die i.a. vom n. Grade ist.
2. Eine durch $y = mx + b$ in der Ebene $Ax + By + Cz + D = 0$ dargestellte Gerade trifft die Fläche und damit die Schnittkurve der Ebene mit der Fläche in n Punkten.

---

1) Grad und Ordnung bedeuten also v e r s c h i e d e n e Sachverhalte.

26. Zwei Gleichungen in x, y, z in der nicht aufgelösten Form

$$\begin{Bmatrix} F(x,y,z) = 0 \\ G(x,y,z) = 0 \end{Bmatrix} \qquad (3a_1)$$

oder aufgelösten Form

$$\begin{Bmatrix} y = f(x) \\ z = g(x) \end{Bmatrix} \qquad (3a_2)$$

stellen die gemeinsamen Punktmengen zweier Flächen, im Falle $(3a_2)$ insbesondere eines <u>Grundriß-</u> und <u>Aufrißzylinders</u> dar, d.h. i.a. eine <u>Raumkurve</u> oder <u>gewundene Kurve</u> dar, wenn nicht eine der Gleichungen $(3a_1)$ oder $(3a_2)$ eine Ebenengleichung ist oder aus ihnen nicht eine solche eindeutig hergeleitet werden kann. Man erkennt sofort, daß zwar zwei Gleichungen eine bestimmte Raumkurve darstellen, nicht aber umgekehrt deren beide Gleichungen eindeutig bestimmt sind. Denn an Stelle von $(3a_1)$ können z.B. die Gleichungen

$$\begin{Bmatrix} F + \lambda G = 0 \\ F + \mu G = 0 \end{Bmatrix}$$

treten, wo λ und μ zwei verschiedene Konstanten sind, und unzählige andere Paare. Die einfachste, wenn überhaupt mögliche Art der Bestimmung einer Raumkurve ist die der <u>Darstellenden Geometrie</u> entsprechende $(3a_2)$. Durch den <u>Grundriß</u> $y = f(x)$ in der xy-Ebene und den <u>Aufriß</u> $z = g(x)$ in der zx-Ebene, falls man (nicht wie z.B. in Bild 1)
die + x-Achse nach rechts und die + y-Achse nach vorn wählt, oder genauer, da ja jede Kurve mindestens durch zwei Gleichungen bestimmt werden muß, durch den <u>Grundriß</u>

$$\begin{Bmatrix} y = f(x) \\ z = 0 \end{Bmatrix} \quad \text{und den Aufriß} \quad \begin{Bmatrix} z = g(x) \\ y = 0 \end{Bmatrix}$$

Allgemein gilt

<u>S 3</u> Eliminiert man aus den Gleichungen $(3a_1)\begin{Bmatrix} F(x,y,z) = 0 \\ G(x,y,z) = 0 \end{Bmatrix}$ z.B. die Koordinate z, so ergibt sich die Gleichung $f(x,y) = 0$ des Grundzylinders der Raumkurve. Ihr Grundriß selbst hat die Gleichungen

$$\begin{Bmatrix} f(x,y) = 0 \\ z = 0 \end{Bmatrix} .$$

Entsprechendes gilt für die anderen Koordinatenebenen.

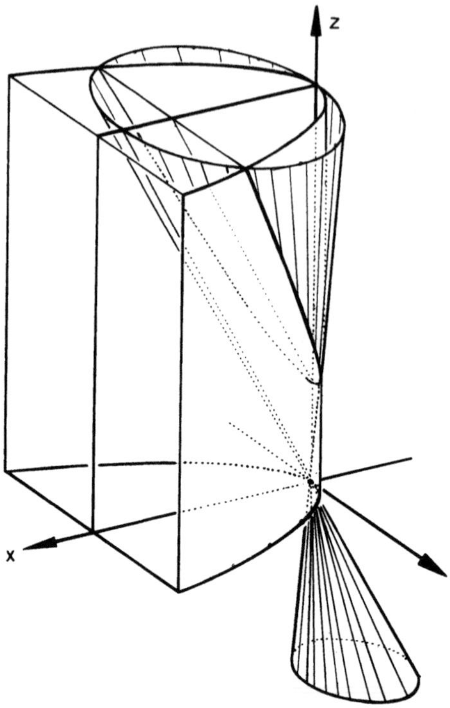

Bild 9

Beispiel (Bild 9) Die Kurve

$$\begin{Bmatrix} y^2 = x \\ x^2 + y^2 = 2\,xz \end{Bmatrix}$$

ist der Schnitt des parabolischen Grundrißzylinders $y^2 = x$ und wie sich durch Schnitte $z = \text{const}$ ergibt, des schiefen Kreiskegels mit Spitze im Ursprung und Grundkreis

$$\begin{Bmatrix} z = 1 \\ (x-1)^2 + y^2 = 1 \end{Bmatrix}$$

Ihr Aufriß ergibt sich durch Elimination von y. Man erhält

$$\begin{Bmatrix} x(x - 2z + 1) = 0 \\ y = 0 \end{Bmatrix}$$

Er zerfällt also in die z-Achse

$$\begin{Bmatrix} x = 0 \\ y = 0 \end{Bmatrix}$$

und die Gerade

$$\begin{cases} x - 2z + 1 = 0 \\ y = 0 \end{cases}$$

Die Ebene schneidet aber den gegebenen Zylinder (oder Kegel) nach einer Parabel. Die Raumkurve zerfällt also in die z-Achse und diese Parabel. Das bestätigt die <u>Seitenprojektion</u>, die man durch Elimination von x erhält, nämlich

$$\begin{cases} y^2(y^2 - 2z + 1) = 0 \\ x = 0 \end{cases}$$

Sie zerfällt in die doppelzählende z-Achse

$$\begin{cases} y^2 = 0 \\ x = 0 \end{cases}$$

und die Parabel $\begin{cases} y^2 = 2(z - \frac{1}{2}) \\ x = 0 \end{cases}$

<u>Aufgaben</u> 1. Fertige bei dem vorigen Beispiel eine Zeichnung im Grundriß, Aufriß, Seitenriß und Schrägbild an (Bild 9)

2. $\begin{cases} x = z \\ y^2 = x \end{cases}$, $\begin{cases} (x - z)^2 + y^2 = 1 \\ y^2 + z^2 = 1 \end{cases}$

3. $\begin{cases} xy = 1 \\ z = x^2 \end{cases}$, $\begin{cases} xy = 1 \\ x = z^2 \end{cases}$, $\begin{cases} x^2 + y^2 = z^2 \\ z^2 = 2x \end{cases}$

4. $\begin{cases} \frac{y^2}{x^2} + z^2 = 4 \\ y^2 = x^3 \end{cases}$, $\begin{cases} \frac{y^2}{x^2} + z^2 = 4 \\ x^2 + z^2 = 4 \end{cases}$

5. $\begin{cases} x(y^2 + r^2) = 4y \\ y^2 + z^2 = 1 \end{cases}$, $\begin{cases} y^2 + z^2 = 6x \\ x^2 + z^2 = 16 \end{cases}$

6. $\begin{cases} x^2 + y^2 - 6x = 0 \\ z^2 = 6x + 9 \end{cases}$

7. $\begin{cases} x^2 + y^2 = 1 \\ z = 2x + y \end{cases}$

Wie in den Beispielen betrachten wir im folgenden fast immer algebraische Kurven, d.h. die Schnitte algebraischer Flächen. Wir verstehen unter der Ordnung einer algebraischen Raumkurve die Anzahl ihrer Schnittpunkte mit einer beliebigen Ebene. Sind die beiden Flächen in ($3a_1$) von den Graden m und n, so ist die Ordnung der Raumkurve m.n. Denn jene Flächen werden von einer Ebene in zwei Kurven m. und n. Ordnung geschnitten und diese treffen sich in m.n Punkten.
Auf wichtige Ausnahmen werden wir bald stoßen.
Es kann z.B. vorkommen, daß eine geometrisch definierte Raumkurve nur den teilweisen Schnitt zweier Flächen bildet. Dann bedarf es zu ihrer Darstellung mindestens dreier Flächengleichungen, wobei die betreffenden Flächen dann aber zu je zwei außer der Raumkurve immer noch andere Punktmengen gemeinsam haben können. Statt durch zwei Gleichungen in x, y, z kann man eine Raumkurve auch vermöge einer Parameterdarstellung

$$x = \varphi(\lambda) \quad , \quad y = \psi(\lambda) \quad , \quad z = \chi(\lambda) \qquad (3a_3)$$

bestimmen, wovon ($3a_2$) für $\varphi(\lambda) = \lambda = x$ ein besonderer Fall ist.
Beispiel

$$x = \lambda \quad , \quad y = \lambda^2 \quad , \quad z = \lambda^3 \quad , \text{ d.h. } y = x^2, \; z = x^3$$

(Bild 11a, Nr. 50)

§ 2. Flächengleichungen in homogenen Koordinaten. Nr. 27

27. Führt man $\frac{x_1}{x_4} \Big| \frac{x_2}{x_4} \Big| \frac{x_3}{x_4}$ statt $x|y|z$ in die Gleichung $F(x,y,z) = 0$ einer Fläche n. Ordnung ein, so erhält man nach Multiplikation mit x_4^n eine in $x_1|x_2|x_3|x_4$ homogene Gleichung

$$F(x_1|x_2|x_3|x_4) = 0 \qquad (1a_2)'$$

vom n. Grade. Setzt man hier gemäß (VIa) in Nr. 20

$$x = \lambda y + \mu z \quad , \qquad (o)$$

wo y und z zwei gegebene Punkte sind, $\lambda : \mu$ ein beliebiges Parameterverhältnis ist, so bedeutet dies geometrisch, daß man die gegebene Fläche mit der Verbindungsgeraden der beiden Punkte y und z schneidet. Statt (o) kann man auch

$$\varrho x = y + \lambda z \qquad (oo)$$

wählen. Führt man (oo) in $(1a_2)'$ ein, so kommt

$$F(y_1 + \lambda z_1 | y_2 + \lambda z_2 | y_3 + \lambda z_3 | y_4 + \lambda z_4) = 0 \qquad (ooo)$$

oder, indem man nach dem Taylorschen Satz für Polynome entwickelt

$$F(y) + \frac{\lambda}{1!}\left(\frac{\partial F(y)}{\partial y_1} z_1 + \frac{\partial F(y)}{\partial y_2} z_2 + \frac{\partial F(y)}{\partial y_3} z_3 + \frac{\partial F(y)}{\partial y_4} z_4\right) + \\ + \frac{\lambda^2}{2!} \sum_{i,k}^{1 \text{ bis } 4} \frac{\partial^2 F(y)}{\partial y_i \partial y_k} z_i z_k + \ldots \lambda^n F(z) = 0$$

Liegt y auf der Fläche, so ist $F(y) = 0$, also ein Wert $\lambda = 0$. Ist auch noch

$$\sum_{i=1}^{4} \frac{\partial F(y)}{\partial y_i} z_i = 0 \quad , \qquad (\times)$$

so hat die Gerade mit der Fläche zwei in y zusammenfallende Punkte gemein, ist also <u>Flächentangente</u>. Betrachtet man z als laufenden Punkt und schreibt a anstatt y, x statt z, so ergibt sich als Ort der Flächentangenten im Flächenpunkt a die <u>Ebene</u>

$$\frac{\partial F(a)}{\partial a_1} x_1 + \frac{\partial F(a)}{\partial a_2} x_2 + \frac{\partial F(a)}{\partial a_3} x_3 + \frac{\partial F(a)}{\partial a_4} x_4 = 0 \quad , \quad F(a) = 0 \qquad (4a)$$

Die Flächentangenten liegen also alle in einer Ebene, der <u>Berührebene</u> im Punkte a mit der Gleichung (4a), vorausgesetzt, daß die vier partiellen Ableitungen

$$\frac{\partial F}{\partial y_1} \;,\; \frac{\partial F}{\partial y_2} \;,\; \frac{\partial F}{\partial y_3} \;,\; \frac{\partial F}{\partial y_4}$$

nicht gleichzeitig verschwinden. Ist aber

$$F(y) = 0 \;,\; \frac{\partial F}{\partial y_1} = 0 \;,\; \frac{\partial F}{\partial y_2} = 0 \;,\; \frac{\partial F}{\partial y_3} = 0 \;,\; \frac{\partial F}{\partial y_4} = 0$$

so ist $y_1 | y_2 | y_3 | y_4$ ein sogenannter <u>singulärer Punkt</u> der Fläche. Dann hat jede Gerade (oo) durch y mit der Fläche zwei Punkte gemein und die Geraden, für die auch noch

$$\sum_{i,k}^{1 \text{ bis } 4} \frac{\partial^2 F}{\partial y_i \partial y_k} z_i z_k = 0 \qquad (\times\times)$$

ist, haben deren drei mit der Fläche gemein. Die Punkte x, für die

$$\sum_{i,k}^{1 \text{ bis } 4} \frac{\partial^2 F(a)}{\partial a_i \partial a_k} x_i x_k = 0 \qquad (5a)$$

ist, erfüllen einen Berührkegel 2. Grades mit Spitze a, falls die linke Seite von (5a) nicht in zwei Linearfaktoren zerfällt, was wir zunächst voraussetzen, Der Punkt a ist dann ein reeller Knoten oder Einsiedler, je nachdem der Kegel (5a) einteilig oder nullteilig ist.

Beispiel

$$4a^2(x_1^2 + x_2^2 \mp x_3^2) \pm x_3^4 = 0$$

Drehfläche der Achterkurve bzw. Kampyla des Eudoxus um die x -Achse (KB Nr. 203 und 206).

Auf die singulären Punkte werden wir im 4.Abschnitt zurückkommen. Vorläufig genügt das über den einfachsten von ihnen, den Knoten Gesagte.

Da nach dem Eulerschen Satz über homogene Funktionen [1)]

$$\frac{\partial F}{\partial a_1}a_1 + \frac{\partial F}{\partial a_2}a_2 + \frac{\partial F}{\partial a_3}a_3 + \frac{\partial F}{\partial a_4}a_4 = n\,F$$

ist, so kann an Stelle von (4a) für nicht homogene Koordinaten $x_4 = a_4 = 1$ auch die Gleichung

$$\frac{\partial F}{\partial a_1}(x_1 - a_1) + \frac{\partial F}{\partial a_2}(x_2 - a_2) + \frac{\partial F}{\partial a_3}(x_3 - a_3) = 0 \qquad (4a)'$$

treten.

Die durch den Schnitt der beiden Flächen

$$\begin{matrix} F(x_1|x_2|x_3|x_4) = 0 \\ G(x_1|x_2|x_3|x_4) = 0 \end{matrix} \qquad (3a_1)'$$

dargestellte Raumkurve hat im nichtsingulären Punkt a die Tangente mit den Gleichungen

$$\left\{\begin{matrix} \left[\frac{\partial F}{\partial a_1}x_1 + \frac{\partial F}{\partial a_2}x_2 + \frac{\partial F}{\partial a_3}x_3 + \frac{\partial F}{\partial a_4}x_4 = 0\right] & , & \left[F(a) = 0\right] \\ \left[\frac{\partial G}{\partial a_1}x_1 + \frac{\partial G}{\partial a_2}x_2 + \frac{\partial G}{\partial a_3}x_3 + \frac{\partial G}{\partial a_4}x_4 = 0\right] & , & \left[G(a) = 0\right] \end{matrix}\right\} \qquad (6a)$$

§ 3. Die geometrische Deutung einer und zweier Gleichungen in Ebenenkoordinaten. Nr. 28–30, Nr. 31–37

28. Die Gleichung

$$\phi(u, v, w) = 0 \qquad (1b)_2$$

1) Im Falle der Ebene ist er in KB Nr. 51 bewiesen.

n. Grades in $u|v|w$ stellt ∞^2 Ebenen dar, wie die Gleichung $(1a)_2$ $F(x,y,z) = 0$ ∞^2 Punkte darstellte. Verbindet man einen Punkt von $(1a)_2$ mit den "unendlich benachbarten" Punkten - diese Ausdrucksweise sei hier erlaubt - so erhält man Geraden (Tangenten), die i.a. in einer Ebene liegen, der Berührebene. Schneidet man, dem Dualitätsprinzip entsprechend, eine Ebene $u|v|w$ von $(1b)_2$ mit den "unendlich benachbarten" Ebenen, so erhält man Geraden, die durch einen Punkt, den Berührpunkt der Ebene $u|v|w$ gehen. Macht man das mit allen Ebenen, die $(1b)_2$ erfüllen, so erhält man ∞^2 Berührpunkte, die eine Fläche erfüllen, die von allen Ebenen $(1b)_2$ berührt wird.

Stellt $(1a)_2$ eine Fläche dar als Gesamtheit ihrer Punkte, so stellt $(1b)_2$ eine solche dar als Gesamtheit ihrer Berührebenen. Der Gleichung $(1b)_2$ in nicht homogenen Koordinaten tritt diejenige in homogenen Ebenenkoordinaten $u_1|u_2|u_3|u_4$ zur Seite

$$\phi(u_1|u_2|u_3|u_4) = 0 \qquad (1b_2)'$$

Setzt man nun gemäß Gleichung (VIb) in Nr. 20

$$u = \lambda v + \mu w \quad (o) \qquad \text{oder auch} \qquad \varrho u = v + \lambda w \quad (oo)$$

in $(1b_2)'$ ein, so erhält man eine Gleichung n. Grades in λ, die alle diejenigen Ebenen des Ebenenbüschels (oo) liefert, welche $(1b_2)'$ berühren oder auch: durch die Gerade, die durch die beiden festen Ebenen u und v bestimmt ist, gehen i.a. n Berührebenen an die Fläche $(1b_2)'$. Diese Fläche nennt man daher eine Fläche n. Klasse, wenn das Polynom $\phi(u)$ vom n. Grade ist [1]

Der Gleichung (4a) der Nr. 27 der Berührebenen tritt dual zur Seite die Gleichung

$$\frac{\partial\phi(r)}{\partial r_1}u_1 + \frac{\partial\phi(r)}{\partial r_2}u_2 + \frac{\partial\phi(r)}{\partial r_3}u_3 + \frac{\partial\phi(r)}{\partial r_4}u_4 = 0 \quad \phi(r) = 0 \qquad (4b)$$

des Berührpunktes der Ebene r der Fläche $\phi = 0$.

29. Nun ergibt sich die Frage: Wie lautet die Gleichung der Fläche $(1a)_2$ $F(x,y,z) = 0$ in Ebenenkoordinaten u, v, w und umgekehrt die Gleichung der Fläche $(1b)_2$ $\phi(u,v,w) = 0$ in Punktkoordinaten x, y, z?

1) Grad und Klasse bedeuten also verschiedene Sachverhalte.

Schreibt man vorübergehend X, Y, Z für die laufenden Punktkoordinaten, so ist die Gleichung der Berührebene in x, y, z von $(1a)_2$

$$\frac{\partial F}{\partial x}X + \frac{\partial F}{\partial y}Y + \frac{\partial F}{\partial z}Z - \left(\frac{\partial F}{\partial x}x + \frac{\partial F}{\partial y}y + \frac{\partial F}{\partial z}z\right) = 0$$

Der Vergleich mit $uX + vY + wZ + 1 = 0$
liefert die Ebenenkoordinaten

$$\varrho u = \frac{\partial F}{\partial x} \quad , \quad \varrho v = \frac{\partial F}{\partial y} \quad , \quad \varrho w = \frac{\partial F}{\partial z} \quad , \qquad (7)$$

wobei

$$\varrho = -\left(\frac{\partial F}{\partial x}x + \frac{\partial F}{\partial y}y + \frac{\partial F}{\partial z}z\right)$$

ist.
Aus diesen Gleichungen und $F = 0$ hat man x, y, z, ϱ zu eliminieren, um die Klassengleichung von F in u, v, w zu erhalten.
Noch eleganter wird die Darstellung in homogenen Koordinaten.
Dann treten an Stelle von (7) die Gleichungen

$$\varrho u_1 = \frac{\partial F}{\partial x_1} \quad , \quad \varrho u_2 = \frac{\partial F}{\partial x_2} \quad , \quad \varrho u_3 = \frac{\partial F}{\partial x_3} \quad , \quad \varrho u_4 = \frac{\partial F}{\partial x_4} \qquad (7')$$

Die Elimination von $x_1|x_2|x_3|x_4$ aus diesen und $F = 0$ ergibt die Klassengleichung [1])

Beispiele

1. $F = z(x^2 + y^2) - h(x^2 - y^2) = 0$ [2])

es ist

$$\varrho u = \frac{\partial F}{\partial x} = 2(z - h)x \quad , \quad \varrho v = \frac{\partial F}{\partial y} = 2(z + h)y \ , \quad \varrho w = \frac{\partial F}{\partial z} = x^2 + y^2$$

$\varrho = \text{(wegen } F = 0) \ -h(x^2 - y^2)$ daraus folgt, da $x^2 + y^2 = \varrho w$,

$$x^2 - y^2 = -\frac{\varrho}{h} \quad , \quad x^2 = \frac{\varrho(hw-1)}{2h} \quad , \quad y^2 = \frac{\varrho(hw+1)}{2h} \quad ,$$

es ist

$$\varrho ux + \varrho vy = 2F = 0 \quad , \quad \text{also} \quad \frac{u}{v} = -\frac{y}{x} \quad \text{und } wz = -1 \quad .$$

Sowie

$$\frac{u}{v} = \frac{(z-h)x}{(z+h)y} = \frac{\left(\frac{1}{w} + h\right)v}{\left(-\frac{1}{w} + h\right)u} \qquad \text{oder} \quad \begin{array}{l} u^2(hw-1) - v^2(hw+1) = 0 \\ \underline{u^2 + v^2 - hw(u^2-v^2) = 0} \end{array}$$

---

1) Ein anderes Verfahren s. Nr. 145ff

2) Diese Gleichung stellt das sog. Plückersche Konoid dar (Nr. 175ff)

$$\varrho u^2 = \frac{2(z-h)^2(hw-1)}{h} ,$$

$$\varrho v^2 = \frac{2(z+h)^2(hw+1)}{h} , \quad wz = -1 ,$$

2. $F \equiv \frac{1}{x_1} + \frac{1}{x_2} + \frac{1}{x_3} + \frac{1}{x_4} = 0$ [1]

$$\varrho u_i = \frac{\partial F}{\partial x_i} = -\frac{1}{x_i^2} , \quad x_i = \frac{\sigma}{\sqrt{u_i}} , \quad \underline{\sqrt{u_1} + \sqrt{u_2} + \sqrt{u_3} + \sqrt{u_4} = 0}$$

<u>Aufgaben</u>

1. Wie bestimmt man die Ordnungsgleichung von $\phi(u,v,w) = 0$ bzw. $\phi(u_1|u_2|u_3|u_4) = 0$?
2. Bestimme die Klassengleichung der folgenden Flächen:
a. $Ax^2 + By^2 + Cz^2 + 2Dx + 2Ey + 2Fz + G = 0$,
b. $z = xy^2$,
c. $xz^2 = y^2$,
d. $xyz = 1$.

30. Was stellen nun <u>zwei</u> Gleichungen

$$\begin{aligned} \phi(u,v,w) &= 0 \\ \chi(u,v,w) &= 0 \end{aligned} \qquad (3b)_1$$

in Ebenenkoordinaten $u|v|w$ vor? Offenbar das zu einer <u>Raumkurve</u>

$$\left\{\begin{aligned} F(x,y,z) &= 0 \\ G(x,y,z) &= 0 \end{aligned}\right\} \qquad (3a)_1$$

duale Gebilde.

Ersteres ist eine Folge von ∞^1 Punkten, letzteres also eine solche von ∞^1 Ebenen. Diese bildet eine <u>abwickelbare</u> Fläche, eine <u>Developpable</u> oder <u>Torse.</u> Sie ist eine <u>Regelfläche</u>, d.h. aus Geraden erzeugte Fläche, deren aufeinanderfolgende Erzeugende einander schneiden. Denn schneidet die Ebene E_1 der Ebenenfolge $(3b)_1$ ihre Nachbarebene E_2 in g_1 und die Ebene E_2 ihre Nachbarebene E_3 in g_2, so schneiden sich g_1 und g_2, da beide in E_2 liegen. Dreht man dann E_2 um g_1 bis E_2 auf E_1 fällt und E_3 um g_2, bis E_3 ebenfalls auf E_1 fällt u.s.f., so ist die Abwicklung in die <u>eine</u> Ebene E_1 bewerkstelligt. Nun schneiden sich g_1 und g_2 im Schnittpunkt P_1 der drei Ebenen E_1, E_2, E_3, g_2 und g_3 im Schnittpunkt P_2 der drei Ebenen E_2, E_3

1) Dies ist die Gleichung der Steinerschen Fläche in ihrer einfachsten Form (Nr. 251ff)

E_4, u.s.f. Die Schnittpunkte dreier aufeinanderfolgender Ebenen oder zweier aufeinanderfolgender Geraden (Erzeugenden) bilden eine Kurve, die sogenannte Rückkehrkante oder Gratlinie der Torse. Die Berührebenen E_1, E_2, E_3 der Fläche enthalten je drei aufeinanderfolgende Punkte der Kurve, z.B. die Punkte P_1, P_2, P_3. Sie heißen die Schmiegebenen der Raumkurve.
Die Dualität zwischen Raumkurve und Torse geht aus folgender Gegenüberstellung hervor:

Eine Raumkurve ist eine stetige Folge von ∞^1 Punkten.	Eine Torse ist eine stetige Folge von ∞^1 Ebenen.
Die Verbindungsgerade zweier Nachbarpunkte der Raumkurve ist eine Tangente	Die Schnittgerade zweier Nachbarebenen der Torse bildet eine Erzeugende der Fläche
Die Ebene durch zwei Nachbartangenten der Kurve ist eine Schmiegebene	Der Schnittpunkt zweier Nachbargeraden der Fläche ist ein Punkt der Rückkehrkante.
Die Folge der Schmiegebenen der Kurve ist eine Torse	Die Folge dieser Schnittpunkte ist eine Raumkurve, die Rückkehrkante.

31. Die Torse ($3b_1$) ist die Gesamtheit der gemeinsamen Berührebenen der beiden Flächen mit den Klassengleichungen

$$\phi(u,v,w) = 0 \qquad \text{und} \qquad \chi(u,v,w) = 0 \quad .$$

Sind diese aber durch ihre Ordnungsgleichungen gegeben, so entsteht die Aufgabe, die eine (!) Gleichung $H(x,y,z) = 0$ der gemeinsamen Berührtorse der beiden Flächen zu finden: denn als Ordnungsfläche hat die Torse in Punktkoordinaten natürlich nur eine Gleichung.
Diese Aufgabe kann man auf zwei Arten lösen:
(1.) Sind die homogenen Ordnungsgleichungen der beiden Flächen

$$F(x_1|x_2|x_3|x_4) = 0 \quad , \quad G(x_1|x_2|x_3|x_4) = 0 \tag{3a}$$

gegeben und ist y der Berührpunkt einer Erzeugenden der Torse auf der 1. Fläche, z ihr Berührpunkt auf der 2. Fläche, so ist

$$F(y) = 0 \quad , \quad G(z) = 0 \tag{x}$$

Die Gleichungen der Berührebenen im Berührpunkt der 1. und 2. Fläche sind

$$\begin{aligned} &\frac{\partial F}{\partial y_1}x_1 + \frac{\partial F}{\partial y_2}x_2 + \frac{\partial F}{\partial y_3}x_3 + \frac{\partial F}{\partial y_4}x_4 = 0 \\ &\qquad\qquad\qquad \text{und} \\ &\frac{\partial G}{\partial z_1}x_1 + \frac{\partial G}{\partial z_2}x_2 + \frac{\partial G}{\partial z_3}x_3 + \frac{\partial G}{\partial z_4}x_4 = 0 \end{aligned} \tag{xx}$$

Diese Berührebenen müssen identisch sein. Das gibt die Gleichungen

$$\frac{\partial F}{\partial y_1} = \varrho\frac{\partial G}{\partial z_1}\ ,\quad \frac{\partial F}{\partial y_2} = \varrho\frac{\partial G}{\partial z_2}\ ,\quad \frac{\partial F}{\partial y_3} = \varrho\frac{\partial G}{\partial z_3}\ ,\quad \frac{\partial F}{\partial y_4} = \varrho\frac{\partial G}{\partial z_4} \qquad (\times\times\times)$$

Ein beliebiger Punkt der Erzeugenden ist nun

$$\sigma x_1 = y_1 + \lambda z_1\ ,\ \sigma x_2 = y_2 + \lambda z_2\ ,\ \sigma x_3 = y_3 + \lambda z_3\ ,\ \sigma x_4 = y_4 + \lambda z_4 \qquad (\times\times\times\times)$$

Die Gleichung der Torse ergibt sich, indem man die 10 Größen $y_1, y_2, y_3, y_4;\ z_1, z_2, z_3, z_4,\ \varrho,\ \lambda$ aus den 11 Gleichungen $(\times)$, $(\times\times)$, $(\times\times\times\times)$ eliminiert.

(2.) Sind aber die Klassengleichungen der beiden Flächen

$$\phi(u_1|u_2|u_3|u_4) = 0\quad ,\quad \chi(u_1|u_2|u_3|u_4) = 0 \qquad (3b)_1'$$

gegeben, so hat der Berührpunkt einer Erzeugenden der Torse auf der 1. Fläche die Gleichung

$$\frac{\partial\phi}{\partial r_1}u_1 + \frac{\partial\phi}{\partial r_2}u_2 + \frac{\partial\phi}{\partial r_3}u_3 + \frac{\partial\phi}{\partial r_4}u_4 = 0\quad , \qquad (o)$$

der auf der 2. Fläche aber

$$\frac{\partial\chi}{\partial r_1}u_1 + \frac{\partial\chi}{\partial r_2}u_2 + \frac{\partial\chi}{\partial r_3}u_3 + \frac{\partial\chi}{\partial r_4}u_4 = 0 \qquad (oo)$$

Ein beliebiger Punkt der Erzeugenden selber hat also die Gleichung

$$\left(\frac{\partial\phi}{\partial r_1} + \lambda\frac{\partial\chi}{\partial r_1}\right)u_1 + \left(\frac{\partial\phi}{\partial r_2} + \lambda\frac{\partial\chi}{\partial r_2}\right)u_2 + \left(\frac{\partial\phi}{\partial r_3} + \lambda\frac{\partial\chi}{\partial r_3}\right)u_3 + \left(\frac{\partial\phi}{\partial r_4} + \lambda\frac{\partial\chi}{\partial r_4}\right)u_4 = 0 \quad (ooo)$$

also die Koordinaten

$$\varrho x_1 = \frac{\partial\phi}{\partial r_1} + \lambda\frac{\partial\chi}{\partial r_1},\ \varrho x_2 = \frac{\partial\phi}{\partial r_2} + \lambda\frac{\partial\chi}{\partial r_2},\ \varrho x_3 = \frac{\partial\phi}{\partial r_3} + \lambda\frac{\partial\chi}{\partial r_3},\ \varrho x_4 = \frac{\partial\phi}{\partial r_4} + \lambda\frac{\partial\chi}{\partial r_4} \qquad (oooo)$$

Die Gleichung der Torse ergibt sich durch Elimination der 5 Größen r_1, r_2, r_3, r_4, λ aus den 6 Gleichungen (oooo) und $(3b)_1$ für $u = r$.

32. Wie eine abwickelbare Fläche eine einzige Ordnungsgleichung, aber zwei Klassengleichungen besitzt, hat eine Raumkurve zwei Ordnungsgleichungen und eine Klassengleichung. Man berechnet sie dual zu dem Verfahren der Nr. 31 (2).

Beispiele

(1.) $y = x^2$, $z = x^3$ oder $x_1^2 - x_2x_4 = 0$, $x_1^3 - x_3x_4^2 = 0$

$$\varrho u_1 = 2x_1 + 3\lambda x_1^2 \quad , \quad \varrho u_2 = -x_4 \quad , \quad \varrho u_3 = -\lambda x_4^2 \quad ,$$

$$\varrho u_4 = -x_2 - 2\lambda x_3 x_4 = -\frac{x_1^2}{x_4} - 2\lambda\frac{x_1^3}{x_4}$$

$$\frac{u_1}{u_2} = -2\frac{x_1}{x_4} - 3\lambda\frac{x_1^2}{x_4} \quad , \quad \frac{u_3}{u_2} = \lambda x_4 \quad , \quad \frac{u_4}{u_2} = \frac{x_1^2}{x_4^2} + 2\lambda\frac{x_1^3}{x_4^2} \quad \lambda = \frac{u_3}{u_2x_4}$$

$$\frac{u_1}{u_2} = -2\frac{x_1}{x_4} - 3\,\frac{u_3}{u_2}\left(\frac{x_1}{x_4}\right)^2 \quad , \quad \frac{u_4}{u_2} = \left(\frac{x_1}{x_4}\right)^2 + 2\,\frac{u_3}{u_2}\left(\frac{x_1}{x_4}\right)^3$$

und daraus durch Elimination von $\frac{x_1}{x_4}$ nach Abscheiden des Faktors u_1

$$\Delta(u) = -4u_1^3u_3 + u_1^2u_2^2 + 18u_1u_2u_3u_4 - 4u_2^3u_4 - 27u_3^2u_4^2 = 0 \qquad (\times)$$

Die linke Seite von $(\times)$ ist nichts anderes als die Diskriminante der Gleichung 3. Grades $u_4 + u_1\lambda + u_2\lambda^2 + u_3\lambda^3 = 0$.
Daß dies richtig ist, sieht man so: Die Kurve hat die Parameterdarstellung $\varrho x_1 = \lambda$, $\varrho x_2 = \lambda^2$, $\varrho x_3 = \lambda^3$, $\varrho x_4 = 1$, ihre Tangente im Punkt "λ" die Parameterdarstellung

$$\varrho x_1 = \lambda + \mu \quad , \quad \varrho x_2 = \lambda^2 + 2\lambda\mu \quad , \quad \varrho x_3 = \lambda^3 + 3\lambda^2\mu, \ \varrho x_4 = 1$$

Diese Tangente liegt in der Ebene $(ux) = 0$, wenn für jeden Wert von μ $u_4 + u_1\lambda + u_2\lambda^2 + u_3\lambda^3 + \mu(u_1 + 2u_2\lambda + 3u_3\lambda^2) = 0$,
d.h. $u_4 + u_1\lambda + u_2\lambda^2 + u_3\lambda^3 = 0$ und $u_1 + 2u_2\lambda + 3u_3\lambda^2 = 0$
Durch Elimination von λ folgt daraus aber $\Delta(u) = 0$

(2.) Auch eine ebene Kurve hat eine Klassengleichung, z.B.

$$\left.\begin{cases} x_1^2 + x_2^2 - r^2x_4^2 = 0 \\ x_3 = 0 \end{cases}\right\} \text{die Klassengleichung } r^2(u_1^2+u_2^2) - u_4^2 = 0$$

33. Eine Raumkurve hat eine Klassengleichung. Zwei Raumkurven haben also zwei Klassengleichungen, deren jede eine Kurve, keine Fläche darstellt. Nach genau demselben Verfahren wie bei zwei Klassengleichungen, die Flächen darstellen, kann man auch hier die gemeinsame Torse, die Hüllfläche der gemeinsamen Berührebenen bestimmen, die eine Ordnungsgleichung besitzt.

Beispiel

(1.) $\begin{Bmatrix} y = x^2 \\ z = 0 \end{Bmatrix}$ und $\begin{Bmatrix} z = x^3 \\ y = 0 \end{Bmatrix}$

haben die Klassengleichungen

$$u_1^2 - 4u_2u_4 = 0 \qquad \text{und} \qquad 4u_1^3 + 27u_3u_4^2 = 0$$

$$\varrho x_1 = 2u_1 + 12\lambda u_1^2 \; , \; \varrho x_2 = -4u_4 \; , \; \varrho x_3 = 27\lambda u_4^2 \; , \; \varrho x_4 = -4u_2 + 54\lambda u_3 u_4$$

$$= -\frac{u_1^2}{u_4} - \frac{8\lambda u_1^3}{u_4} \; , \quad \frac{x_1}{x_2} = -\frac{u_1}{2u_4} + \frac{4x_3}{9x_2}\left(\frac{u_1}{u_4}\right)^2 ,$$

$$\frac{x_4}{x_2} = \frac{1}{4}\left(\frac{u_1}{u_4}\right)^2 - \frac{8}{27}\frac{x_3}{x_2}\left(\frac{u_1}{u_4}\right)^3$$

Eliminiert man hier $\frac{u_1}{u_4}$, so erhält man eine abscheuliche Gleichung 5. Grades in x_1, x_2, x_3, x_4. Setzt man $\frac{u_1}{u_4} = \mu$, so hat die Fläche die Parameterdarstellung

$$18x_1 + 9\mu x_2 - 8\mu^2 x_3 = 0 \quad , \quad 27\mu^2 x_2 - 32\mu^3 x_3 - 108 x_4 = 0 \qquad (x)$$

Die Nachbarebene schneidet (x) in $9x_2 - 16\mu x_3 = 0$, die Gratlinie hat also die Parametergleichungen

$$\varrho x_1 = -12\mu^2 \; , \; \varrho x_2 = 48\mu , \; \varrho x_3 = 27 \; , \; \varrho x_4 = 4\mu^3$$

und ist eine Raumkurve 3. Ordnung, mit $\frac{1}{\mu}$ statt μ die kubische Parabel in nicht homogenen Koordinaten $x = -3\mu$, $y = 12\mu^2$, $z = \frac{27}{4}\mu^3$. Unsere Fläche ist die abwickelbare Tangentenfläche dieser Raumkurve, hat also (vgl. Nr. 76) die Parametergleichungen

$x = -3\mu - 3\nu$, $y = 12\mu^2 + 24\mu\nu$, $z = \frac{27}{4}\mu^3 + \frac{81}{4}\mu^2\nu$. $z = 0$, d.h. $\mu = -3\nu$ und $y = 0$, $\mu = -2\nu$

liefern unsere Ausgangskurven, $\mu = -\nu$ die Schnittkurve

$$\begin{Bmatrix} z^2 = 27y^3 \\ x = 0 \end{Bmatrix}$$

Aufgaben

1. $\begin{Bmatrix} y = x^2 \\ z = 0 \end{Bmatrix}$, $\begin{Bmatrix} z = x^4 \\ y = 0 \end{Bmatrix}$,

2. $\begin{Bmatrix} y = x^3 \\ z = 0 \end{Bmatrix}, \quad \begin{Bmatrix} z = x^4 \\ y = 0 \end{Bmatrix}$

3. $\begin{matrix} x^2 + z^2 - 2az = 0 & , & y = 0 \\ y^2 + z^2 - 2bz = 0 & , & x = 0 \end{matrix}$ 1)

34. Umgekehrt kann man nun ferner fragen, unter welcher Bedingung eine Ordnungsgleichung $(1a_2)'$ $F(x_1|x_2|x_3|x_4) = 0$ eine Torse darstellt und wie man dann ihre beiden Klassengleichungen findet. Die Berührebene von $(1a_2)'$ im Punkt a ist

$$\frac{\partial F(a)}{\partial a_1}x_1 + \frac{\partial F(a)}{\partial a_2}x_2 + \frac{\partial F(a)}{\partial a_3}x_3 + \frac{\partial F(a)}{\partial a_4}x_4 = 0$$

Bei einer allgemeinen Fläche sind dies ∞^2 Ebenen. Eine Torse besteht aus ∞^1 Ebenen. Bei ihr muß also zwischen den partiellen Ableitungen (jetzt in x geschrieben)

$$\frac{\partial F}{\partial x_1}, \frac{\partial F}{\partial x_2}, \frac{\partial F}{\partial x_3}, \frac{\partial F}{\partial x_4} \quad \text{vermöge } (1a_2)'$$

eine Gleichung bestehen, d.h. sie müssen voneinander abhängig sein. Dann muß ihre Funktionaldeterminante hinsichtlich x, die sogenannte Hesse'sche Determinante von $F(x_1|x_2|x_3|x_4)$ vermöge $(1a_2)'$ verschwinden, also eine Identität von der Form

$$\begin{vmatrix} \frac{\partial^2 F}{\partial x_1^2} & \frac{\partial^2 F}{\partial x_1 \partial x_2} & \frac{\partial^2 F}{\partial x_1 \partial x_3} & \frac{\partial^2 F}{\partial x_1 \partial x_4} \\ \frac{\partial^2 F}{\partial x_1 \partial x_2} & \frac{\partial^2 F}{\partial x_2^2} & \frac{\partial^2 F}{\partial x_2 \partial x_3} & \frac{\partial^2 F}{\partial x_2 \partial x_4} \\ \frac{\partial^2 F}{\partial x_1 \partial x_3} & \frac{\partial^2 F}{\partial x_2 \partial x_3} & \frac{\partial^2 F}{\partial x_3^2} & \frac{\partial^2 F}{\partial x_3 \partial x_4} \\ \frac{\partial^2 F}{\partial x_1 \partial x_4} & \frac{\partial^2 F}{\partial x_2 \partial x_4} & \frac{\partial^2 F}{\partial x_3 \partial x_4} & \frac{\partial^2 F}{\partial x_4^2} \end{vmatrix} \equiv H.F \qquad (8a)_1$$

---

1) Wählt man $\frac{u_3}{u_4} = \mu$ als 2. Parameter, so sind die Parametergleichungen der Torse (vgl. Nr. 31)

$$\varrho x_1 = a\sqrt{1 + 2a\mu} \quad , \quad \varrho x_2 = \lambda b\sqrt{1 + 2b\mu} \quad ,$$

$$\varrho x_3 = a + \lambda b \quad , \quad \varrho x_4 = 1 + \lambda + (a + b\lambda)\mu ,$$

$\mu =$ const sind die Erzeugenden

bestehen. Die beiden Klassengleichungen von ($1a_2$) ergeben sich nach genau demselben Verfahren, wie die neue Gleichung bei einer allgemeinen Fläche, nur daß diesmal zwei Gleichungen entspringen.

Beispiel

$$F \equiv 4(x_1x_3-x_2^2)(x_2x_4-x_3^2)-(x_1x_4-x_2x_3)^2 \equiv 4\,\Delta_1\,\Delta_3-\Delta_2^2$$

$$\equiv 6\,x_1x_2x_3x_4-4\,x_1x_3^3-4\,x_2^3x_4+3\,x_2^2x_3^2-x_1^2x_4^2$$

Bildet man

$$\varrho u_1 = \frac{1}{2}\frac{\partial F}{\partial x_1}, \quad \varrho u_2 = \frac{1}{2}\frac{\partial F}{\partial x_2}, \quad \varrho u_3 = \frac{1}{2}\frac{\partial F}{\partial x_3}, \quad \varrho u_4 = \frac{1}{2}\frac{\partial F}{\partial x_4},$$

so folgt sofort

$$\varrho^2(3u_1u_3-u_2^2)\equiv 9F(x_2x_4-x_3^2)$$
$$\varrho^2(3u_2u_4-u_3^2)\equiv 9F(x_1x_3-x_2^2)$$
$$\varrho^2(u_2u_3-9u_1u_4)\equiv 9F(x_1x_4-x_2x_3) \qquad [1]$$

Also sind zwei der Klassengleichungen $3u_1u_3-u_2^2=0$, $3u_2u_4-u_3^2=0$, $u_2u_3-9u_1u_4=0$ diejenigen der Torse. Übrigens ist

$$\sum_{i,k}^{4} \frac{\partial^2 F}{\partial x_i \partial x_k} y_i x_k = 4.3\ F \qquad \text{(Es gilt wieder Anm. [1]).}$$

35. In Nr. 31 haben wir die eine Ordnungsgleichung einer durch zwei Klassengleichungen bestimmten Torse entwickelt, in Nr. 32 die eine Klassengleichung einer durch zwei Ordnungsgleichungen bestimmten Raumkurve. In Nr. 33 fanden wir die eine Ordnungsgleichung der gemeinsamen Torse zweier durch zwei Klassengleichungen bestimmten Raumkurven. In Nr. 34 fragten wir, wann eine Ordnungsgleichung eine Torse darstellt.

Nun bleiben noch zwei Probleme übrig

(a.) (Dual zu Nr. 33) Zwei Torsen haben zwei Ordnungsgleichungen, ihre Schnittkurve hat eine Klassengleichung: bestimme diese.

(b.) (Dual zu Nr. 34) Wann stellt eine Klassengleichung $\phi(u_1|u_2|u_3|u_4) = 0$ eine Raumkurve dar?

Der Leser löse selbst diese Probleme, (a.) für $x_1^2 - 4\,x_2x_4 = 0$, $4\,x_1^3 + 27\,x_3x_4^2 = 0$.

---

1) Es ist $u_1 = 2x_3\,\Delta_3-x_4\,\Delta_2$, $u_2 = 3x_4\Delta_1-3x_2\,\Delta_3$,
$u_3 = 3x_1\,\Delta_3-3x_3\,\Delta_1$, $u_4 = 2x_2\Delta_1-x_1\,\Delta_2$.

36. Torsen besonderer Art, die schon in den Beispielen auftreten, nämlich solche, deren Rückkehrkante in einen einzigen Punkt entartet, sind die Kegel und Zylinder. Von ihren Ebenengleichungen ist die eine linear: sie gibt die Spitze des Kegels bzw. Zylinders an

$$\left.\begin{cases}\phi(u_1|u_2|u_3|u_4) = 0\\(au) \equiv a_1u_1 + a_2u_2 + a_3u_3 + a_4u_4 = 0\end{cases}\right\} a_4 \neq 0 \quad \text{oder } a_4 = 0 \qquad (3b_3)'$$

Die Gleichung in Punktkoordinaten ergibt sich durch Elimination von u_1, u_2, u_3, u_4 aus

$$\begin{aligned}\varrho x_1 &= \frac{\partial\phi}{\partial u_1} + \lambda a_1 \quad , \quad \varrho x_2 = \frac{\partial\phi}{\partial u_2} + \lambda a_2 \quad ,\\ \varrho x_3 &= \frac{\partial\phi}{\partial u_3} + \lambda a_3 \quad , \quad \varrho x_4 = \frac{\partial\phi}{\partial u_4} + \lambda a_4 \quad .\end{aligned} \qquad (o)$$

Aufgabe

$au_3 + u_4 = 0 \quad , \quad r^2(u_1^2 + u_2^2) - u_4^2 = 0$

Lösung: $a^2(x^2 + y^2) = r^2(z - a)^2$

Das zu einem Kegel bzw. Zylinder duale Gebilde ist die ebene Kurve. Sie ist durch zwei Ordnungsgleichungen bestimmt, von denen die eine linear ist:

$$\left.\begin{cases}F(x_1|x_2|x_3|x_4) = 0\\(rx) = r_1x_1 + r_2x_2 + r_3x_3 + r_4x_4 = 0\end{cases}\right\} \qquad (3a_3)'$$

Aufgabe

Bestimme ihre Gleichung in Ebenenkoordinaten

Beispiel:

$x_1^2 + x_2^2 + x_3^2 - 2\,ax_1x_4 = 0 \quad , \quad x_1 - ax_4 = 0$

Lösung: $(au_1 + u_4)^2 - a^2(u_2^2 + u_3^2) = 0$

Wann stellt $F(x_1|x_2|x_3|x_4) = 0$ einen Kegel dar?

Die Gleichung der Berührebene im Punkt x lautet in laufenden Koordinaten X_i

$$\frac{\partial F}{\partial x_1}X_1 + \frac{\partial F}{\partial x_2}X_2 + \frac{\partial F}{\partial x_3}X_3 + \frac{\partial F}{\partial x_4}X_4 = 0 \quad .$$

Sie muß für alle x durch die Kegelspitze a laufen, d.h. es muß Koordinaten a_1, a_2, a_3, a_4 geben, so daß für alle x

$$\frac{\partial F}{\partial x_1}a_1 + \frac{\partial F}{\partial x_2}a_2 + \frac{\partial F}{\partial x_3}a_3 + \frac{\partial F}{\partial x_4}a_4 \equiv 0$$

ist.

Beispiel:

$$(a_3x_1 - a_1x_3)^2 + (a_3x_2 - a_2x_3)^2 - r^2(a_3x_4 - a_4x_3)^2 = 0$$

Lösung: $a_3(a_3x_1 - a_1x_3)\cdot a_1 + a_3(a_3x_2 - a_2x_3)\cdot a_2 -$
$-\{a_1(a_3x_1 - a_1x_3) + a_2(a_3x_2 - a_2x_3) -$
$- r^2a_4(a_3x_4 - a_4x_3)\}\cdot a_3 - r^2a_3(a_3x_4 - a_4x_3)\cdot a_4 \equiv 0$

Aufgabe

Wann stellt $\phi(u_1|u_2|u_3|u_4) = 0$ eine ebene Kurve dar?

37. Wir schließen mit einigen Definitionen und Aufgaben.

Der Ordnung einer Raumkurve, d.h. der Anzahl ihrer Schnittpunkte mit einer Ebene entspricht dual die Klasse einer Torse, d.h. die Anzahl der Berührebenen durch einen Punkt an sie.

Unter der Ordnung einer Torse müßte man (s.o.) die Anzahl ihrer Schnittpunkte mit einer Geraden verstehen, man versteht darunter gewöhnlich aber die Ordnung ihrer Rückkehrkante, d.h. die Anzahl der Schnittpunkte dieser mit einer Ebene.

Unter der Klasse einer Raumkurve müßte man (s.o.) die Anzahl ihrer Berührebenen durch eine Gerade verstehen, man versteht darunter gewöhnlich aber die Klasse ihrer abwickelbaren Tangentenfläche d.h. die Anzahl der Ebenen der letzteren durch einen Punkt.

Unter dem Rang einer Raumkurve versteht man die Anzahl ihrer Berührebenen durch eine Gerade. Er ist gleich der Anzahl ihrer Tangenten, die eine Gerade treffen, d.h. gleich der Ordnung der Torse der Raumkurve im ursprünglichen Sinn des Wortes.

Unter dem Rang einer in Punktkoordinaten geg. Fläche versteht man die Ordnung eines beliebigen, ihr umbeschriebenen Kegels, unter dem Rang einer in Ebenenkoordinaten geg. Fläche die Klasse einer ebenen Schnittkurve.

Aufgaben

1. Bestimme (a.) die Berührebenen einer Fläche $F(x_1|x_2|x_3|x_4)=0$ durch eine geg. Gerade, (b.) die Schnittpunkte einer Fläche $\phi(u_1|u_2|u_3|u_4) = 0$ mit einer geg. Geraden.
2. Bestimme (a.) den Berührkegel von einem gegebenen Punkt an eine Fläche $F(x_1|x_2|x_3|x_4) = 0$, (b.) die Schnittkurve einer gegebenen Ebene mit einer Fläche $\phi(u_1|u_2|u_3|u_4) = 0$

3. Bestimme (a.) die Berührtorse einer Kurve und einer Fläche (b.) die Schnittkurve einer abwickelbaren Fläche und einer Fläche. (Diese Flächen sind in Ebenkoordinaten gegeben).

5. Kapitel. Liniengebilde

§ 1. Komplexe und Kongruenzen. Nr. 38

38. In Nr. 22 und 23 haben wir die Linienkoordinaten kennen gelernt. In Nr. 22 auch schon den schöpferischen Gedanken Julius Plückers, Gleichungen zwischen Linienkoordinaten zu betrachten und damit ganz neuartige geometrische Gebilde zu entdecken, die Komplexe und Kongruenzen. Ein (Strahl)-Komplex ist durch eine in den Linienkoordinaten homogene Gleichung

$$K(p_1|p_2|p_3|p_4|p_5|p_6) = 0 \quad , \tag{1}$$

eine (Strahlen)-Kongruenz durch zwei solche Gleichungen

$$K(p_1|p_2|p_3|p_4|p_5|p_6) = 0 \quad , \quad L(p_1|p_2|p_3|p_4|p_5|p_6) = 0 \tag{2}$$

bestimmt. Zu den Gleichungen (1) und (2) kommt natürlich immer noch die Gleichung (VIIIa) der Nr. 22 (×) $p_1p_4 + p_2p_5 + p_3p_6 = 0$ hinzu.

Durch (1) werden aus den ∞^4 Geraden des Raumes ∞^3, durch (2) ∞^2, durch drei Gleichungen $K = 0$, $L = 0$, $M = 0$ also ∞^1 Geraden oder eine sogenannte Regelfläche ausgeschieden. Von den letzteren werden wir später hören (Nr. 113).

Hält man in den Strahlenkoordinaten ($VIIIa_1$) der Nr. 22 die Koordinaten des einen Punktes fest, während man den andern zum laufenden Punkte macht, so wird (1) zur Gleichung des Komplexkegels durch den festen Punkt. Ihm entspricht dual die Komplexkurve, wenn man in den Achsenkoordinaten ($VIIIb_1$) der Nr. 23 die eine Ebene fest, die andere veränderlich macht. Ist K vom Grad n, so ist n auch die Ordnung des Komplexkegels und die Klasse der Komplexkurve (es ist ja $p_1 = \pi_4$, $p_2 = \pi_5$, $p_3 = \pi_6$, $p_4 = \pi_1$, $p_5 = \pi_2$, $p_6 = \pi_3$).

Die zwei Gleichungen (2) bestimmen das Durchdringungsgebilde zweier Komplexe, eine Strahlenkongruenz. Sind sie von den Graden r und s, so gehen durch einen Punkt des Raumes und liegen in einer Ebene i.a. rs Strahlen. Doch ist diese Zahl r.s in der Regel zu "allgemein". Es zeigt sich, daß der Bündelgrad oder die Ordnung n einer Kongruenz, d.h. die Anzahl ihrer Strahlen durch einen Punkt, und ihr Feldgrad oder ihre Klasse m, d.h. die Anzahl ihrer Geraden in einer Ebene, gewöhnlich verschieden sind. Man bezeichnet die Kongruenz kurz mit (m, n).

§ 2. Der lineare Komplex. Nr. 39–43

39. Ein linearer Komplex oder ein Strahlengewinde, kurz Gewinde, ist durch eine Gleichung 1. Grades in den p_i

$$(Ap) \equiv A_1p_1 + A_2p_2 + A_3p_3 + A_4p_4 + A_5p_5 + A_6p_6 = 0 \qquad (3)$$

bestimmt. Durch jeden Punkt des Raumes gehen ∞^1, in jeder Ebene des Raumes liegen ∞^1 Komplexstrahlen. Jene liegen in einer Ebene, diese gehen durch einen Punkt. Setzt man die Ausdrücke für die p_i bzw. π_i ein, so ist

$$\begin{aligned} A_1(x - x_1) + A_2(y - y_1) + A_3(z - z_1) + A_4(z_1y - y_1z) + \\ + A_5(x_1z - z_1x) + A_6(y_1x - x_1y) = 0 \end{aligned} \qquad (4a)$$

die Gleichung der Komplexebene durch den Punkt $x_1|y_1|z_1$,

$$\begin{aligned} A_4(u - u_1) + A_5(v - v_1) + A_6(w - w_1) + A_1(w_1v - v_1w) + \\ + A_2(u_1w - w_1u) + A_3(v_1u - u_1v) = 0 \end{aligned} \qquad (4b)$$

die des Komplexpunkts in der Ebene $u_1|v_1|w_1$.
Jene Ebene hat die Koordinaten

$$\bar{u}_1 = -\frac{A_1 - A_5z_1 + A_6y_1}{A_1x_1 + A_2y_1 + A_3z_1},\quad \bar{v}_1 = -\frac{A_2 - A_6x_1 + A_4z_1}{A_1x_1 + A_2y_1 + A_3z_1},\quad \bar{w}_1 = -\frac{A_3 - A_4y_1 + A_5x_1}{A_1x_1 + A_2y_1 + A_3z_1} \qquad (5a)$$

Dieser Punkt die Koordinaten

$$\bar{x}_1 = -\frac{A_4 - A_2w_1 + A_3v_1}{A_4u_1 + A_5v_1 + A_6w_1},\quad \bar{y}_1 = -\frac{A_5 - A_3u_1 + A_1w_1}{A_4u_1 + A_5v_1 + A_6w_1},\quad \bar{z}_1 = \frac{A_6 - A_1v_1 + A_2u_1}{A_4u_1 + A_5v_1 + A_6w_1} \qquad (5b)$$

Ist der Ausdruck (6) $(AA) \equiv A_1A_4 + A_2A_5 + A_3A_6 \neq 0$, so sind, wenn man die Querstriche wegläßt, die Gleichungen (5b) einfach die Auflösung der Gleichungen (5a) nach x_1, y_1, z_1 und umgekehrt. Führt man homogene Punkt- und Ebenenkoordinaten ein, welch letztere wir jetzt mit großen lateinischen Buchstaben bezeichnen wollen, die dann also keine laufenden Punktkoordinaten, wie seither da und dort, bezeichnen, so lauten die Gleichungen (5a) und (5b)

$$\left\{\begin{aligned} \varrho X_1 &= \quad \cdot \quad - A_6x_2 + A_5x_3 - A_1x_4 \\ \varrho X_2 &= A_6x_1 + \quad \cdot \quad - A_4x_3 - A_2x_4 \\ \varrho X_3 &= -A_5x_1 + A_4x_2 + \quad \cdot \quad - A_3x_4 \\ \varrho X_4 &= A_1x_1 + A_2x_2 + A_3x_3 + \quad \cdot \end{aligned}\right\} \qquad (7a)$$

$$\left\{\begin{aligned} \varrho x_1 &= \quad \cdot \quad - A_3X_2 + A_2X_3 - A_4X_4 \\ \varrho x_2 &= A_3X_1 \quad \cdot \quad - A_1X_3 - A_5X_4 \\ \varrho x_3 &= -A_2X_1 + A_1X_2 + \quad \cdot \quad - A_6X_4 \\ \varrho x_4 &= A_4X_1 + A_5X_2 + A_6X_3 \quad \cdot \end{aligned}\right\} \qquad (7b)$$

Durch diese Gleichungen wird eine Verwandtschaft zwischen den Punkten und Ebenen des Raumes dargestellt, die man mit <u>A.F. Möbius</u> (1790 - 1868) ein <u>Nullsystem</u> nennt:
Jeder Punkt liegt in der entsprechenden Ebene, jede Ebene geht durch den entsprechenden Punkt, was die aus (7) folgende Identität

$$(xX) \equiv x_1X_1 + x_2X_2 + x_3X_3 + x_4X_4 \equiv 0$$

bestätigt. Man nennt den Punkt <u>Pol</u> seiner Ebene, die Ebene die <u>Polarebene</u> ihres Punktes.

Die Komplexebenen und -punkte eines Gewindes bilden also ein Nullsystem. Durchläuft der Punkt $x_1|x_2|x_3|x_4$ die Gerade g $\varrho x = y + \lambda z$, so dreht sich seine Polarebene $X_1|X_2|X_3|X_4$ um die Gerade $\varrho X = Y + \lambda Z$ und umgekehrt, wo y und z, Y und Z die Gleichungen (7) erfüllen. Zwei solche Geraden heißen <u>konjugierte Polaren</u> in bezug auf den Komplex.

Man hat also

<u>S 1</u>. Durchläuft ein Punkt P eine Gerade g, so dreht sich seine Polarebene π um die zu g konjugierte Gerade $\bar{g}$ und umgekehrt. Ändert man $\bar{g}$ in π, so geht g stets durch P, d.h. es gilt der

<u>S 2</u>. Alle zu den Geraden einer Ebene konjugierten Polaren gehen durch den Pol der Ebene.

Ist h eine Gerade, die g und $\bar{g}$ in P und $\bar{P}$ trifft, so ist P Pol der Ebene $(h,\bar{g})$ und $\bar{P}$ der von (h,g). h ist also Komplexstrahl durch P und durch $\bar{P}$, d.h. man hat

<u>S 3</u>. Jede Gerade, die zwei konjugierte Polaren schneidet, ist ein Komplexstrahl.

Ist P ein Punkt des Komplexstrahls h, so geht seine Polarebene durch $\bar{P}$ und h. Bewegt sich P auf h, so dreht sich seine Polarebene Π um h, und umgekehrt, d.h. es gilt

S 4. Jeder Komplexstrahl fällt mit seiner konjugierten Polaren zusammen.

40. Welche Koordinaten $\bar{k}_1|\bar{k}_2|\bar{k}_3|\bar{k}_4|\bar{k}_5|\bar{k}_6 = \bar{q}_4|\bar{q}_5|\bar{q}_6|\bar{q}_1|\bar{q}_2|\bar{q}_3$ hat die zur Geraden g mit den Koordinaten $q_1|q_2|q_3|q_4|q_5|q_6$ konjugierte Polare $\bar{g}$ des Komplexes (1)?

Sind y und z zwei Punkte auf g, so genügen zwei Ebenen Y und Z der konjugierten Polaren $\bar{g}$ den Gleichungen (7a). Nun ist

$$\left.\begin{cases} \varrho q_1 = y_1z_4 - y_4z_1 & \varrho q_4 = y_2z_3 - y_3z_2 \\ \varrho q_2 = y_2z_4 - y_4z_2 & \varrho q_5 = y_3z_1 - y_1z_3 \\ \varrho q_3 = y_3z_4 - y_4z_3 & \varrho q_6 = y_1z_2 - y_2z_1 \end{cases}\right\} \qquad (\times)$$

$$\left.\begin{cases} \varrho\bar{k}_1 = Y_1Z_4 - Y_4Z_1 = \varrho'\bar{q}_4 & \varrho\bar{k}_4 = Y_2Z_3 - Y_3Z_1 = \varrho'\bar{q}_1 \\ \varrho\bar{k}_2 = Y_2Z_4 - Y_4Z_2 = \varrho'\bar{q}_5 & \varrho\bar{k}_5 = Y_3Z_1 - Y_1Z_3 = \varrho'\bar{q}_2 \\ \varrho\bar{k}_3 = Y_3Z_4 - Y_4Z_3 = \varrho'\bar{q}_6 & \varrho\bar{k}_6 = Y_1Z_2 - Y_2Z_1 = \varrho'\bar{q}_3 \end{cases}\right\} \qquad (\times\times)$$

Aus (7a) folgt

$$\varrho^2(Y_1Z_4-Y_4Z_1)=A_1(A_1q_1+A_2q_2+A_3q_3+A_4q_4+A_5q_5+A_6q_6)-(AA)q_4$$

oder $\qquad \varrho\bar{k}_1 = \varrho'\bar{q}_4 = A_1(Aq)-(AA)q_4$

und ebenso

$$\varrho^2(Y_2Z_3 - Y_3Z_2) = A_4(Aq) - (AA)q_1 = \varrho\bar{k}_4 = \varrho'\bar{q}_1 \quad ,$$

d.h.

$$\left.\begin{matrix} \varrho\bar{q}_1 = A_4(Aq) - (AA)q_1 & \varrho\bar{q}_4 = A_1(Aq) - (AA)q_4 \\ \varrho\bar{q}_2 = A_5(Aq) - (AA)q_2 & \varrho\bar{q}_5 = A_2(Aq) - (AA)q_5 \\ \varrho\bar{q}_3 = A_6(Aq) - (AA)q_3 & \varrho\bar{q}_6 = A_3(Aq) - (AA)q_6 \end{matrix}\right\} \qquad (8)$$

41. Ist (6') $\quad (AA) = 0$,

so können die Gleichungen (7a) nicht mehr nach x_1 y_1 z_1 aufgelöst werden. Die Gleichung (6') erlaubt aber, die A_i als Linienkoordinaten zu deuten, und dann bedeutet die Gleichung (1), daß sich die Geraden A_i und p_i schneiden, wobei die A_i Achsenkoordinaten sind. Im Falle (6') hat man den speziellen linearen Komplex oder das Strahlgebüsch, das von allen Strahlen gebildet wird, die eine gegebene Gerade A_i treffen. Die Komplexebene des

Punktes x ist seine Verbindungsebene mit A_i, der Komplexpunkt einer Ebene X ist ihr Schnittpunkt mit A_i: das Nullsystem ist entartet.

42. Wir wollen nun die geometrische Gestalt des linearen Komplexes näher bestimmen. Wir vermitteln dazu seine Beziehung zur Fernebene $x_4 = 0$. Nach S 2 der Nr. 39 gehen die zu den Geraden der Fernebene konjugierten Polaren durch den Pol der Fernebene. Da dieser aber in seiner Polarebene liegt, so sind seine konjugierten Polaren alle parallel. Man nennt sie die Durchmesser des linearen Komplexes.
Eine Ferngerade ist durch zwei Parallelebenen

$$u_1x_1 + u_2x_2 + u_3x_3 + u_4x_4 = 0 \qquad \text{und}$$
$$u_1x_1 + u_2x_2 + u_3x_3 + u_4'x_4 = 0$$

bestimmt, ihre Achsenkoordinaten sind also ohne Querstriche

$$q_1 = 0 , \quad q_2 = 0 , \quad q_3 = 0 , \quad q_4 = u_1 , \quad q_5 = u_2 , \quad q_6 = u_3 \qquad (9)$$

Die zu ihr konjugierte Polare hat daher die Koordinaten

$$\left.\begin{array}{ll} \rho\bar{q}_1 = A_4(Aq) & \rho\bar{q}_4 = A_1(Aq) - (AA)u_1 \\ \rho\bar{q}_2 = A_5(Aq) & \rho\bar{q}_5 = A_2(Aq) - (AA)u_2 \\ \rho\bar{q}_3 = A_6(Aq) & \rho\bar{q}_6 = A_3(Aq) - (AA)u_3 \end{array} \quad \begin{array}{rl} (Aq) = & A_4q_4 + A_5q_5 + \\ & + A_6q_6 \\ = & A_4u_1 + A_5u_2 + \\ & + A_6u_3 \end{array}\right\} (9')$$

Es ist also

$$\frac{\bar{q}_1}{A_4} = \frac{\bar{q}_2}{A_5} = \frac{\bar{q}_3}{A_6}$$

konstant.
Das bedeutet aber, daß die konjugierten Polaren parallel sind. Denn in nicht homogenen Koordinaten ist

$$q_1 : q_2 : q_3 = (x_1 - x_2) : (y_1 - y_2) : (z_1 - z_2) \quad .$$

Für eine zu q_1 parallele Gerade q_1' muß aber

$$q_1' : q_2' : q_3' = (x_1' - x_2') : (y_1' - y_2') : (z_1' - z_2') =$$
$$= (x_1 - x_2) : (y_1 - y_2) : (z_1 - z_2) = q_1 : q_2 : q_3$$

sein. Zu jeder Schar von Parallelebenen (x) (ux) = 0 mit konstanten Verhältnissen $u_1 : u_2 : u_3$ gehört ein bestimmter Durchmesser $\overline{q}_1$ der Gleichungen (9') mit der Richtung $A_4 : A_5 : A_6$. Seine Gleichungen lauten nach (IXa) der Nr. 23

$$\left.\begin{aligned}
&(Aq)(A_6y - A_5z + A_1) - (AA)u_1 = 0\\
&(Aq)(-A_6x + A_4z + A_2) - (AA)u_2 = 0\\
&(Aq)(A_5x - A_4y + A_3) - (AA)u_3 = 0\\
&(Aq)(A_1x + A_2y + A_3z) - (AA)(u_1x + u_2y + u_3z) = 0
\end{aligned}\right\} \quad (10)$$

Der Pol der Ebene (x) ist nach ($7\overline{b}$)

$$-A_3u_2+A_2u_3-A_4u_4 \mid A_3u_1-A_1u_3-A_5u_4 \mid -A_2u_1+A_1u_2-A_6u_4 \mid A_4u_1+A_5u_2+A_6u_3$$

Er liegt auf dem Durchmesser (10), dessen Gleichungen infolgedessen mit

$$-\frac{u_4}{A_4u_1 + A_5u_2 + A_6u_3} = \varrho$$

in der nichthomogenen Parameterform

$$\begin{aligned}
x &= \frac{A_2u_3 - A_3u_2}{A_4u_1 + A_5u_2 + A_6u_3} + \varrho A_4 ,\\
y &= \frac{A_3u_1 - A_1u_3}{A_4u_1 + A_5u_2 + A_6u_3} + \varrho A_5 ,\\
z &= \frac{A_1u_2 - A_2u_1}{A_4u_1 + A_5u_2 + A_6u_3} + \varrho A_6
\end{aligned} \quad (10^*)$$

geschrieben werden können.

Gibt es eine Parallelenschar $u_1x_1 + u_2x_2 + u_3x_3 + u_4x_4 = 0$, die auf dem zugehörigen Durchmesser senkrecht steht? Dann muß $u_1 : u_2 : u_3 = A_4 : A_5 : A_6$ sein. Der betr. Durchmesser heißt <u>Achse</u> (Brennlinie) des linearen Komplexes und hat die Gleichungen

$$\begin{aligned}
x &= \frac{A_2A_6 - A_3A_5}{A_4^2 + A_5^2 + A_6^2} + \varrho A_4 ,\\
y &= \frac{A_3A_4 - A_1A_6}{A_4^2 + A_5^2 + A_6^2} + \varrho A_5 ,\\
z &= \frac{A_1A_3 - A_2A_4}{A_4^2 + A_5^2 + A_6^2} + \varrho A_6
\end{aligned} \quad (11^*)$$

43. Wir wollen nun die Achse des Komplexes zur z-Achse machen. Sie hat also die Gleichungen $x = 0$, $y = 0$. Dann muß $A_4 = 0$, $A_5 = 0$, $A_1 = 0$, $A_2 = 0$ sein. Die Gleichung des Komplexes wird einfach $A_3 p_3 + A_6 p_6 = 0$ oder, da wegen $(AA) \neq 0$ auch $A_3 A_6 \neq 0$ ist, mit $A_3 = kA_6$

$$p_6 + kp_3 = 0 \text{ oder } x_1 y_2 - x_2 y_1 + k(z_1 - z_2) = 0 \quad , \qquad (12)$$
$$k(u_1 v_2 - u_2 v_1) + (w_1 - w_2) = 0 \quad .$$

k heißt die Konstante oder der Parameter des Komplexes. Aus (12) läßt sich nun sofort ein anschauliches Bild des Komplexes gewinnen. Die Komplexebene des Punktes $P(x_1|y_1|z_1)$ hat die Gleichung $y_1 x - x_1 y + k(z - z_1) = 0$. Sie trifft die z-Achse im Punkt $D(0|0|z_1)$, enthält also die Parallele DP zur xy-Ebene.

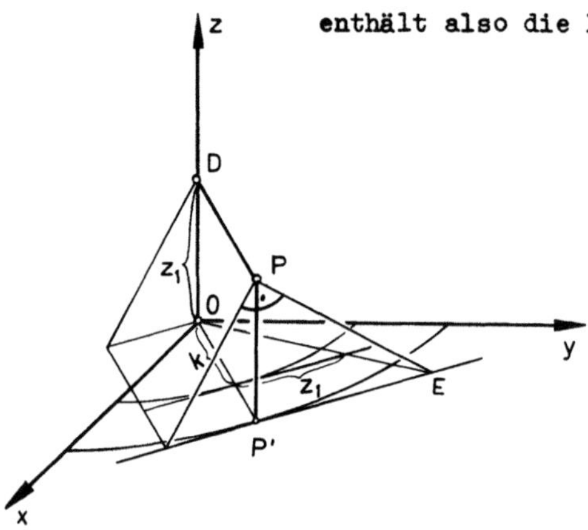

Bild 10

Das Lot in P auf der Komplexebene hat die Gleichungen

$$\frac{x - x_1}{y_1} = \frac{y - y_1}{-x_1} = \frac{z - z_1}{k}$$

Sein Grundriß P'E $x_1 x + y_1 y = x_1^2 + y_1^2$ berührt also den Kreis um den Ursprung mit Radius $\sqrt{x_1^2 + y_1^2}$ im Punkt $P'(x_1|y_1|0)$. Es trifft die xy-Ebene im Punkt

$$x_1 - \frac{y_1 z_1}{k} \Big| y_1 + \frac{x_1 z_1}{k} \Big| 0 \quad .$$

OP' und OE bilden mit der x-Achse die Winkel

$$\arctan \frac{y_1}{x_1} \qquad \text{und} \qquad \arctan \frac{y_1 + \frac{x_1 z_1}{k}}{x_1 - \frac{y_1 z_1}{k}} \quad .$$

Ihre Differenz β folgt aus

$$\tan\beta = \frac{\left(y_1 + \frac{x_1 z_1}{k}\right) : \left(x_1 - \frac{y_1 z_1}{k}\right) - y_1 : x_1}{1 + y_1\left(y_1 + \frac{x_1 z_1}{k}\right) : x_1\left(x_1 - \frac{y_1 z_1}{k}\right)} = \frac{z_1}{k}$$

kann also sofort gezeichnet werden.

Sei nun $k > 0$ (andernfalls wäre die z-Achse umzukehren). Ist $z_1 > 0$, so ist $\beta > 0$. Weiter ist $\overline{P'E} = \frac{z_1\sqrt{x_1^2 + y_1^2}}{k}$, also ergibt sich der Neigungswinkel α der Komplexebene gegen die xy-Ebene aus

$$\cot\alpha = \frac{k}{\sqrt{x_1^2 + y_1^2}} \tag{13}$$

(Ist $\sqrt{x_1^2 + y_1^2} = 1$, so ist $\cot\alpha = k$). Bewegt sich P von D aus auf $\overrightarrow{DP}$ ins Unendliche, so wächst α von 0 bis $\frac{\pi}{2}$. Für alle Punkte P auf demselben Kreiszylinder mit Radius $\sqrt{x_1^2 + y_1^2}$ ist α von derselben Größe. Der Komplex bleibt also unverändert, wenn man seine Geraden irgend einer Schraubenbewegung um seine Achse unterwirft.

Es fragt sich noch, wie man die Polare $\bar{g}$ zu einer Geraden g erhält. Nach Nr. 40 gelten jetzt die Gleichungen

$$\varrho\bar{q}_1 = q_1 \quad , \quad \varrho\bar{q}_2 = q_2 \quad , \quad \varrho\bar{q}_3 = -\frac{q_6}{k}$$
$$\varrho\bar{q}_4 = q_4 \quad , \quad \varrho\bar{q}_5 = q_5 \quad , \quad \varrho\bar{q}_6 = -kq_3$$

Da der Komplex eine Schraubung um seine Achse verträgt, können wir uns auf eine Gerade beschränken, welche die x-Achse im Abstande c vom Ursprung trifft. Bildet sie mit der z-Achse den $\sphericalangle\,\nu$, so sind zwei ihrer Punkte $c|l\sin\nu|l\cos\nu$ und $c|0|0$, also $q_1 = 0$, $q_2 = l\sin\nu$, $q_3 = l\cos\nu$, $q_4 = 0$, $q_5 = cl\cos\nu$, $q_6 = -cl\sin\nu$ und damit ohne Proportionalitätsfaktor $\bar{q}_1 = 0$, $\bar{q}_2 = l\sin\nu$, $\bar{q}_3 = \frac{cl\sin\nu}{k}$, $\bar{q}_4 = 0$, $\bar{q}_5 = cl\cos\nu$, $\bar{q}_6 = -kl\cos\nu$. Die Gerade $\bar{q}$ schneide die xy-Ebene in $x_1|y_1|0$, ein weiterer Punkt auf ihr sei $x_2|y_2|z_2$. Dann muß $x_1 - x_2 = 0$, $y_1 - y_2 = l\sin\nu$, $-z_2 = \frac{cl\sin\nu}{k}$, $y_1 z_2 = 0$, also $y_1 = 0$, $z_2 x_1 = -cl\cos\nu$, $x_1 y_2 - x_2 y_1 = -kl\cos\nu$ sein. Daraus folgt $x_1 = c' = k\cot\nu$, $y_1 = 0$, $z_1 = 0$; $x_2 = c' = k\cot\nu$ $y_2 = -l\sin\nu$, $z_2 = -\frac{cl\sin\nu}{k}$. Die Polare trifft also ebenfalls die z-Achse und zwar im Abstand $c' = k\cot\nu$ vom Ursprung. Ihr Neigungswinkel gegen die z-Achse folgt aus $\cot\nu' = \frac{c}{k}$, so daß $c = k\cot\nu'$ ist. Daraus folgt sofort ihre Konstruktion.

§ 3. Die lineare Kongruenz. Nr. 44–47

44. Wir kommen jetzt zur linearen Kongruenz. Sie ist der Durchschnitt zweier linearer Komplexe

$$(Ap) = 0 \quad , \quad (Bp) = 0 \tag{1}$$

Durch jeden Punkt des Raumes geht und in jeder Ebene des Raumes liegt ein Kongruenzstrahl (warum?). Offenbar liegt die ganze Kongruenz auch in jedem Komplex des Komplexbüschels

$$(Ap) + \lambda(Bp) = 0 \quad \text{oder} \quad (A + \lambda B, p) = 0 \tag{2}$$

Dieser Komplex ist singulär, d.h. ein Strahlgebüsch, wenn

$$(A + \lambda B, A + \lambda B) \qquad \text{oder}$$

$$(AA) + 2\lambda(AB) + \lambda^2(BB) = 0 \tag{3}$$

ist, wo

$$2(AB) = A_1B_4 + A_4B_1 + A_2B_5 + A_5B_2 + A_3B_6 + A_6B_3 \tag{x}$$

ist.

Die Gleichung (3) hat $\left\{\begin{array}{l}\text{zwei reelle und verschiedene}\\ \text{zwei reelle und gleiche}\\ \text{zwei imaginäre}\end{array}\right\}$ Wurzeln,

je nachdem $(AA)(BB) - (AB)^2 \lesseqgtr 0$ ist. Sie hat ∞^1 Wurzeln, d.h. alle Komplexe des Büschels sind singulär, wenn $(AA) = 0$, $(AB) = 0$, $(BB) = 0$ ist.

45. Wir betrachten zunächst den Fall zweier verschiedener Wurzeln λ_1 und λ_2. Dann sind $(Ap) + \lambda_1(Bp) = 0$ und $(Ap) + \lambda_2(Bp) = 0$ zwei Strahlgebüsche, denen alle Kongruenzstrahlen angehören, d.h. es gilt der

S 1. Alle Strahlen der Kongruenz $(Ap) = 0$, $(Bp) = 0$ treffen wenn $(AA)(BB) - (AB)^2 \neq 0$ ist, zwei (reelle oder imaginäre) Geraden, die sogenannten Leit- oder Brennlinien der Kongruenz. Im Falle reeller Leitlinien ist damit die Kongruenz anschaulich völlig bestimmt. Um auch in allen Fällen eine Anschauung der Kongruenz zu gewinnen, wählen wir ein besonderes Koordinatensystem.

Die Achsen der Komplexe (1) werden i.a. windschief sein. Wir machen die Gerade ihres kürzesten Abstands zur x-Achse. Die Achse des 1. Komplexes habe die Gleichungen $x = l$, $z = y \tan\nu$.

Wie heißt seine Gleichung? In bezug auf seine Achse als $\bar{z}$-Achse und die x-Achse als $\bar{x}$-Achse lautet sie nach Nr. 43, (12)

$$\bar{x}_1\bar{y}_2 - \bar{x}_2\bar{y}_1 + k(\bar{z}_1 - \bar{z}_2) = 0$$

Die Koordinatentransformation $\bar{x} = x - l$, $\bar{y} = y\cos\nu - z\sin\nu$, $\bar{z} = y\sin\nu + z\cos\nu$ gibt die Gleichung

$$\begin{aligned}(k\sin\nu + l\cos\nu)(y_1 - y_2) + (k\cos\nu - l\sin\nu)(z_1 - z_2) + \\ + \sin\nu(z_1x_2 - z_2x_1) + \cos\nu(x_1y_2 - x_2y_1) = 0\end{aligned} \quad (4)$$

Für diesen Komplex ist also

$$\varrho A_1 = 0 \;, \quad \varrho A_2 = k\sin\nu + l\cos\nu \;, \quad \varrho A_3 = k\cos\nu - l\sin\nu,$$
$$\varrho A_4 = 0 \;, \quad \varrho A_5 = \sin\nu \;, \quad \varrho A_6 = \cos\nu$$

Umgekehrt folgt für den Komplex

$$A_2p_2 + A_3p_3 + A_5p_5 + A_6p_6 = 0 \;, \quad A_2A_5 + A_3A_6 \neq 0 \quad (5_1)$$

$$\tan\nu = \frac{A_5}{A_6} \;, \quad l = \frac{A_2A_6 - A_3A_5}{A_5^2 + A_6^2} \;, \quad k = \frac{A_2A_5 + A_3A_6}{A_5^2 + A_6^2} \quad (5_1')$$

Die Gleichung des 2. Komplexes ist von derselben Form

$$B_2p_2 + B_3p_3 + B_5p_5 + B_6p_6 = 0 \;, \quad B_2B_5 + B_3B_6 \neq 0 \quad (5_2)$$

$$\tan\nu' = \frac{B_5}{B_6} \;, \quad l' = \frac{B_2B_6 + B_3B_5}{B_5^2 + B_6^2} \;, \quad k' = \frac{B_2B_5 + B_3B_6}{B_5^2 + B_6^2} \quad (5_2')$$

Unsere Kongruenz liegt in dem Komplexbüschel

$$\left.\begin{aligned}&(A_2 + \lambda B_2)p_2 + (A_3 + \lambda B_3)p_3 + (A_5 + \lambda B_5)p_5 + (A_6 + \lambda B_6)p_6 = 0\\ &\text{oder}\quad C_2p_2 + C_3p_3 + C_5p_5 + C_6p_6 = 0\end{aligned}\right\} \quad (5_3)$$

Die Achsen der Komplexe eines Büschels treffen also alle ein und dieselbe Gerade senkrecht, hier die x-Achse.

46. Wir behaupten nun weiter, daß man die Kongruenz durch zwei viel einfachere Komplexgleichungen bestimmen kann. Die gegenseitige Lage der Komplexe (5_1) und (5_2) hängt nur von den Differenzen $l' - l = 2a$ und $\nu' - \nu = 2\alpha$ ab. Setzt man $l = u - a$, $l' = u + a$, $\nu = \xi - \alpha$, $\nu' = \xi + \alpha$, so sind u und ξ noch will-

kürlich wählbar. Außerdem können wir statt der Komplexe (5_1) und (5_2) jederzeit zwei andere Komplexe $(A + \mu B, p) = 0$ und $(A + \lambda B, p) = 0$ benützen. Wir wollen nun beweisen, daß man u, ξ, λ und μ so wählen kann, daß die beiden die Kongruenz bestimmenden Komplexe von der Form

$$C_2p_2 + C_5p_5 = 0 \quad \text{und} \quad D_3p_3 + D_6p_6 = 0 \qquad (\times)$$

werden, also wiederum die einfachste Form (12) der Nr. 43 annehmen. Wir können die Rechnung aber noch zweckmäßiger anlegen und die Größen λ und μ ganz vermeiden.
Wir schreiben die Ausgangskomplexe ausführlich an

$$\{k \sin(\xi - \alpha) + (u - a)\cos(\xi - \alpha)\} p_2 + \{k \cos(\xi - \alpha) - (u - a)\sin(\xi - \alpha)\} p_3 + \sin(\xi - \alpha)p_5 + \cos(\xi - \alpha)p_6 = 0 \qquad (4_1)$$

$$\{k' \sin(\xi + \alpha) + (u + a)\cos(\xi + \alpha)\} p_2 + \{k' \cos(\xi + \alpha) - (u + a)\sin(\xi + \alpha)\} p_3 + \sin(\xi + \alpha)p_5 + \cos(\xi + \alpha)p_6 = 0 \qquad (4_2)$$

Wir eliminieren jetzt gleich p_5 und p_6, d.h. wir ersetzen die Komplexe durch folgende

$$\left\{\begin{array}{l} k' \sin(\xi + \alpha)\cos(\xi - \alpha) - k \cos(\xi + \alpha) \sin(\xi - \alpha) + \\ + 2a \cos(\xi + \alpha)\cos(\xi - \alpha) \end{array}\right\} p_2 \qquad (6_1)$$
$$+ \{(k' - k)\cos(\xi + \alpha)\cos(\xi - \alpha) - u \sin 2\alpha - a \sin 2\xi\} p_3 + \sin 2\alpha\, p_5 = 0$$

$$\{-(k' - k)\sin(\xi + \alpha)\sin(\xi - \alpha) + u \sin 2\alpha - a \sin 2\xi\} p_2 \qquad (6_2)$$
$$\left\{\begin{array}{l} + k \sin(\xi + \alpha)\cos(\xi - \alpha) - k' \cos(\xi + \alpha)\sin(\xi - \alpha) + \\ + 2a \sin(\xi + \alpha)\sin(\xi - \alpha) \end{array}\right\} p_3$$
$$+ \sin 2\alpha\, p_6 = 0$$

Jetzt setzen wir die Koeffizienten von p_3 und p_2 in (6_2) gleich Null.

$$(k' - k)\cos(\xi + \alpha)\cos(\xi - \alpha) - u \sin 2\alpha - a \sin 2\xi = 0$$
$$-(k' - k)\sin(\xi + \alpha)\sin(\xi - \alpha) + u \sin 2\alpha - a \sin 2\xi = 0$$

Addition und Subtraktion ergibt

$$(k' - k)\cos 2\xi - 2a \sin 2\xi = 0 \quad \text{und}$$
$$(k' - k)\cos 2\alpha - 2u \sin 2\alpha = 0$$

d.h.

$$\tan 2\xi = \frac{k' - k}{2a} \qquad (7_1) \qquad u = \frac{k' - k}{2} \cot 2\alpha \qquad (7_2)$$

Die Koeffizienten von p_2 in (6_1) und p_3 in (6_2) sind

$$C = k'\sin(\xi + \alpha)\cos(\xi - \alpha) - k\cos(\xi + \alpha)\sin(\xi - \alpha) + \\ + 2a\cos(\xi + \alpha)\cos(\xi - \alpha)$$

$$D = k\sin(\xi + \alpha)\cos(\xi - \alpha) - k'\cos(\xi + \alpha)\sin(\xi - \alpha) + \\ + 2a\sin(\xi + \alpha)\sin(\xi - \alpha)$$

Addition und Subtraktion gibt

$$C + D = (k + k')\sin 2\alpha + 2a\cos 2\alpha$$

$$C - D = -(k - k')\sin 2\xi + 2a\cos 2\xi = \sqrt{(k - k')^2 + 4a^2} \qquad (7_1)'$$

Also wird umgekehrt

$$C = \frac{k + k'}{2}\sin 2\alpha + a\cos 2\alpha + \sqrt{\left(\frac{k - k'}{2}\right)^2 + a^2}$$

$$D = \frac{k + k'}{2}\sin 2\alpha + a\cos 2\alpha - \sqrt{\left(\frac{k - k'}{2}\right) + a^2} \qquad (8)$$

und damit ist die Kongruenz durch die zwei Komplexe

$$Cp_2 + \sin 2\alpha\, p_5 = 0 \quad , \quad Dp_3 + \sin 2\alpha\, p_6 = 0 \qquad (9)$$

bestimmt, deren Achsen die y-Achse bzw. z-Achse und deren Parameter $\frac{C}{\sin 2\alpha}$ und $\frac{D}{\sin 2\alpha}$ sind. Damit wird die Gleichung (3) einfach zu $C + D\lambda^2 = 0$.

Ihre Wurzeln sind $\left\{\begin{array}{l}\text{reell und verschieden}\\ \text{reell und gleich}\\ \text{imaginär}\end{array}\right\}$, je nachdem $CD \lesseqgtr 0$ ist

d.h.

$$\left(\frac{k + k'}{2}\sin 2\alpha + a\cos 2\alpha\right)^2 \lesseqgtr \left(\frac{k - k'}{2}\right)^2 + a^2 \qquad \text{oder}$$

$$\left(\frac{k + k'}{2}\cos 2\alpha - a\sin 2\alpha\right)^2 \gtreqless kk' \quad \text{ist}$$

Jedenfalls ist im Falle $CD \neq 0$ $\lambda = \pm\sqrt{-\frac{C}{D}}$

Die beiden Strahlengebüsche werden dann

$$Cp_2 \pm \sqrt{-\frac{C}{D}}\, Dp_3 + \sin 2\alpha\left(p_5 \pm \sqrt{-\frac{C}{D}}\, p_6\right) = 0$$

Die Gleichungen der Brennlinien also

$$x = \pm\sqrt{-\frac{C}{D}} \cdot \frac{-D}{\sin 2\alpha} \quad , \quad y : z = \pm\sqrt{-\frac{D}{C}}$$

Sie liegen demnach in zwei zur yz-Ebene symmetrischen Ebenen und sind gegen die x-Achse nach entgegengesetzten Seiten gleichgeneigt. Ihr Winkel ist arctan $\frac{2\sqrt{-CD}}{C + D}$. Sind sie reelle Geraden, so besteht die Kongruenz aus allen sie treffenden Geraden, ist also anschaulich ohne weiteres gegeben. Sind sie imaginäre Geraden,so liefert der folgende Satz die anschauliche Darstellung der Kongruenzstrahlen.

S 2 Nimmt man in der Ebene $x = -h$ eine Schar ähnlicher und ähnlich gelegener Ellipsen mit Mittelpunkten auf der x-Achse, Achsen parallel zur y- und z-Achse und Halbachsen ϱa und ϱb an, ordnet man jedem Punkt P einer Ellipse den auf ihr in einem bestimmtem Drehsinn nächst gelegenen Endpunkt (P') des zur Richtung OP konjugierten Durchmessers zu und verschiebt (P') parallel bis es in den Punkt P' der Ebene $x = +h$ fällt, so bilden die Geraden PP' eine Strahlenkongruenz mit imaginären Brennlinien und jede solche Kongruenz kann auf solche Weise erzeugt werden.

Beweis Die Punkte P und P' haben die Koordinaten $-h|\varrho a \cos\varphi|$ $\varrho b \sin\varphi|$ und $+h|-\varrho a \sin\varphi|\varrho b \cos\varphi$, $\varrho = \pm 1$.
Der Strahl PP' hat also die Linienkoordinaten

$$\varrho' p_1 = 2h \qquad \varrho' p_4 = -ab$$
$$\varrho' p_2 = -\varrho a(\sin\varphi + \cos\varphi) \qquad \varrho' p_5 = -bh(\sin\varphi + \cos\varphi)$$
$$\varrho' p_3 = \varrho b(\cos\varphi - \sin\varphi) \qquad \varrho' p_6 = ah(\cos\varphi - \sin\varphi) \quad ,$$

Die Kongruenz hat also die Gleichungen

$$bhp_2 - ap_5 = 0 \quad , \quad ahp_3 - bp_6 = 0$$

Der Vergleich mit (9) gibt

$$\frac{C}{\sin 2\alpha} = -\frac{bh}{a} \quad , \quad \frac{D}{\sin 2\alpha} = -\frac{ah}{b}$$

Umgekehrt folgt daraus (10)

$$b : a = \sqrt{\frac{C}{D}} \quad , \quad h = \frac{\sqrt{CD}}{\sin 2\alpha} \qquad \text{q.e.d.}$$

Nun ist noch der Fall CD = 0 zu erledigen. Wir nehmen z.B. an, es sei C = 0. Dann ist die Kongruenz durch die Gleichungen

$$p_5 = 0 \quad , \quad Dp_3 + \sin 2\alpha p_6 = 0$$

bestimmt und hat die eine Brennlinie $p_5 = 0$, d.h. die y-Achse

$$\begin{Bmatrix} x = 0 \\ z = 0 \end{Bmatrix}$$

Die zweite Gleichung stellt eine Gewinde mit der z-Achse als Achse dar. Das Netz, wie man hie und da statt Kongruenz sagt, ist die Gesamtheit der Gewindestrahlen, welche die y-Achse schneiden.

47. Die Durchführung unserer Rechnung, insbesondere die Gleichungen (7_2) und (10) zeigen, daß der Fall $2\alpha = 0$ auszuschliessen war. Wir müssen ihn gesondert behandeln. Man kann dann in (4) und der entsprechenden Gleichung des 2. Komplexes $\nu' = \nu = 0$ wählen. Wählt man sofort $l' = -l$ so lauten die Komplexgleichungen

$$l(y_1 - y_2) + k(z_1 - z_2) + x_1y_2 - x_2y_1 = 0$$
$$- l(y_1 - y_2) + k'(z_1 - z_2) + x_1y_2 - x_2y_1 = 0$$

Die Strahlgleichungen werden

$$l(y_1 - y_2) + \frac{k - k'}{2}(z_1 - z_2) = 0$$

$$l\,\frac{k + k'}{2}(y_1 - y_2) - \frac{k - k'}{2}(x_1y_2 - x_2y_1) = 0$$

Diese stellen die beiden Geraden

$$y : z = -\frac{k - k'}{2l} \quad , \quad t = 0 \text{ [1]} \qquad \text{und}$$

$$x = \frac{l(k' + k)}{k' - k} \quad , \quad y = 0$$

dar. Die eine der Berührlinien liegt also unendlich fern, falls $k' \neq k$ ist. Ist aber $k' = k$, so fallen beide Brennlinien in die Ferngerade $y = 0$, $t = 0$. Die Kongruenzstrahlen sind parallel zur xz-Ebene und gehören außerdem dem Gewinde $k(z_1 - z_2) + x_1y_2 - x_2y_1 = 0$ an. Nun fehlt aber immer noch ein Fall, nämlich derjenige der Gleichungen (11) (AA) = 0, (AB) = 0, (BB) = 0. Die 1. und 3. Gleichung besagen, daß die gegebenen Komplexe selbst

1) $t = 0$ ist die Fernebene

singulär sind, die 2. Gleichung, daß sich ihre Achsen schneiden. Die Kongruenz besteht also aus allen Strahlen, die zwei sich schneidende (oder parallele) Geraden treffen, d.h. aus allen Geraden einer Ebene und aus allen Geraden durch einen Punkt, den Schnittpunkt der Achsen.

Damit sind alle möglichen Fälle einer Strahlenkongruenz des euklidischen Raumes erledigt.

6. Kapitel. Die Raumkurven 3. Ordnung [1)]

§ 1. Die allgemeine Raumkurve 3. Ordnung. Nr. 48 und 49

48. Die Kurven 1. Ordnung im Raume sind wie in der Ebene die Geraden, die Kurven 2. Ordnung ebenso die Kegelschnitte. Denn wir sahen, daß die Ordnung einer Raumkurve, d.h. die Zahl ihrer Schnittpunkte mit einer beliebigen Ebene m.n ist, wenn sie als Schnitt zweier Flächen m. und n.Ordnung gegeben ist. Soll $m.n = 1$ sein, so müssen es auch m und n sein, d.h. die Raumkurve ist der Schnitt zweier Ebenen, eine Gerade. Soll $m.n = 2$ sein, so muß die eine Fläche von der 1. Ordnung, die andere von der 2. Ordnung sein, die Raumkurve also der Schnitt einer Ebene mit einer Fläche 2. Ordnung, d.h. ein Kegelschnitt. ist $m.n = 3$, so erhält man in ähnlicher Weise eine ebene Kurve 3. Ordnung.

Im nächstmöglichen Fall ist $m = 2$, $n = 2$ die nichttriviale Möglichkeit einer nichtebenen Kurve, d.h. die Raumkurve ist der Schnitt zweier Flächen 2. Ordnung, also von der Ordnung 4, falls sich diese Ordnung nicht dadurch auf 3 erniedrigen läßt, daß sich von der Kurve 4. Ordnung eine Kurve 1. Ordnung, d.h. eine Gerade abspalten läßt.

Daß sich vom Schnitt zweier Flächen 2. Ordnung eine Gerade abspalten läßt, zeigt sich so: Sei die z-Achse $x = 0$, $y = 0$ diese Gerade, so muß die Gleichung einer Fläche 2. Ordnung für $x = 0$, $y = 0$ identisch verschwinden, darf also keine Glieder mit z^2, mit z allein und kein Absolutglied enthalten.

1) Eine ausführliche Theorie der allgemeinen und speziellen Raumkurven 3. und 4. Ordnung findet sich bei Gino Loria, Curve sghembe speciali, Vol I, Bologna 1921.
Wir müssen uns auf das Wesentlichste beschränken.

Die beiden Flächen 2. Ordnung müssen also Gleichungen von der Gestalt

$$\left.\begin{aligned} &Ax^2 + 2Bxy + Cy^2 + 2Dxz + 2Eyz + 2Fx + 2Gy = 0 \\ &A'x^2 + 2B'xy + C'y^2 + 2D'xz + 2E'yz + 2F'x + 2G'y = 0 \end{aligned}\right\} \qquad (1)$$

besitzen. Setzt man nun

$$y = \lambda x \quad , \qquad (\times)$$

so erhält die auf beiden Flächen befindliche Raumkurve Gleichungen der Form

$$\left.\begin{aligned} \varrho x &= 2\left\{(D + E\lambda)(F' + G'\lambda) - (D' + E'\lambda)(F + G\lambda)\right\} \\ \varrho y &= 2\lambda\left\{(D + E\lambda)(F' + G'\lambda) - (D' + E'\lambda)(F + G\lambda)\right\} \\ \varrho z &= (F + G\lambda)(A' + 2B'\lambda + C'\lambda^2) - (F' + G'\lambda)(A + 2B\lambda + C\lambda^2) \\ \varrho &= (A + 2B\lambda + C\lambda^2)(D' + E'\lambda) - (A' + 2B'\lambda + C'\lambda^2)(D + E\lambda) \end{aligned}\right\} (2)$$

Sie ist ersichtlich von der 3. Ordnung, denn für ihre Schnittpunkte mit einer beliebigen Ebene ergibt sich eine Gleichung 3. Grades in λ.

49. Aber auch die Umkehrung gilt. Die allgemeine Form von (2) ist, wenn man statt λ sogleich die Verhältnisgröße $\lambda : \mu$ und homogene Koordinaten $x_1 | x_2 | x_3 | x_4$ einführt

$$\varrho x_i = a_i\lambda^3 + b_i\lambda^2\mu + c_i\lambda\mu^2 + d_i\mu^3 \qquad i = 1,2,3,4 \qquad (3)$$

Dabei können je nach Bedarf, die x_i als projektive allgemeine Tetraederkoordinaten oder auch, im euklidischen Raume, als homogene Cartesische Koordinaten angesehen werden. Wir wollen hier sogleich das letztere tun [1].

Aus (3) erhält man nun, wenn man zur Abkürzung

$$\begin{vmatrix} a_1 & b_1 & c_1 & d_1 \\ a_2 & b_2 & c_2 & d_2 \\ a_3 & b_3 & c_3 & d_3 \\ a_4 & b_4 & c_4 & d_4 \end{vmatrix} = (abcd)$$

setzt

$$\left.\begin{aligned} &\varrho(bcdx) = -(abcd)\lambda^3 , \quad \varrho(acdx) = (abcd)\lambda^2\mu, \\ &\varrho(abdx) = -(abcd)\lambda\mu^2, \quad \varrho(abcx) = (abcd)\mu^3 \end{aligned}\right\} \qquad (4)$$

1) In der projektiven Geometrie, in der das "Unendlichferne" nicht existiert, wird die Theorie viel einfacher.

und daraus drei (!) Gleichungen von Flächen 2. Ordnung, auf denen die Kurve (3) liegt.

$$(abdx)(bcdx) - (acdx)^2 = 0 \quad , \qquad (5_1)$$

$$(abcx)(acdx) - (abdx)^2 = 0 \quad , \qquad (5_2)$$

$$(abcx)(bcdx) - (abdx)(acdx) = 0 \qquad (5_3)$$

Je zwei von ihnen bestimmen die Raumkurve, aber nicht rein, sondern bis auf einen Restschnitt, der bei (5_1) und (5_2) die Gerade $\varrho x = a\lambda + d\mu$, bei (5_1) und (5_3) die Gerade $\varrho x = c\lambda + d\mu$, bei (5_2) und (5_3) die Gerade $\varrho x = a\lambda + b\mu$ ist. Überhaupt enthalten (5_1) die Geraden $\widehat{ad}$ und $\widehat{cd}$, (5_2) die Geraden $\widehat{ab}$ und $\widehat{ad}$, (5_3) die Geraden $\widehat{ab}$, $\widehat{ac}$, $\widehat{bd}$, $\widehat{cd}$. (5_3) ist eine Regelfläche 2. Ordnung, (5_1) und (5_2) sind Kegel- oder Zylinderflächen mit den Spitzen d bzw. a (warum?).

Die Raumkurve 3. Ordnung liegt auch auf allen Flächen des durch je zwei der Flächen (5) bestimmten Flächenbüschels, aber wieder nicht rein, d.h. allein, sondern zusammen mit je einer Geraden. Erst das Flächenbündel 2. Ordnung

$$\varrho\left\{(abdx)(bcdx)-(acdx)^2\right\} + \sigma\left\{(abcx)(acdx)-(abdx)^2\right\} + \tau\left\{(abcx)(bcdx)-(abdx)(acdx)\right\} = 0 \qquad (6)$$

vermag die Bedingung der "Reinheit" zu erfüllen (wie?)

Man kann beweisen, daß außer den Flächen des Bündels (6) keine andere Fläche 2. Ordnung durch die Raumkurve geht.

§ 2. Die Arten der kubischen Kegelschnitte. Nr. 50–52

50. Man nennt die Raumkurven 3. Ordnung auch kubische Kegelschnitte, da sie mit den Kegelschnitten sehr viele Ähnlichkeiten aufweisen [1].

Die Gleichungen (3) ändern ihre Gestalt nicht, wenn man das Parameterverhältnis $\lambda : \mu$ vermöge einer linearen Substitution

$$\varrho\lambda = \alpha\lambda' + \beta\mu' \quad , \quad \varrho\mu = \gamma\lambda' + \delta\mu' \quad , \quad \alpha\delta - \beta\gamma \neq 0 \qquad (7)$$

transformiert. Da eine solche Substitution durch 3 Wertepaare λ und μ, $\lambda' : \mu'$ bestimmt ist, kann man drei Werte $\lambda' : \mu'$

1) Ein noch ausführlicheres Werk über sie als in Anm. 1) der Nr. 48 genannte ist O. Staude, Analytische Geometrie der kubischen Kegelschnitte, Leipzig 1913.

50

willkürlich wählen, also auch schon in (3) annehmen. Das nutzen wir bei der Diskussion der kubischen Kegelschnitte, die wir in bezug auf ihr Verhalten zur Fernebene einteilen.
Die Parameter für die Fernpunkte folgen aus

$$\rho x_4 = a_4\lambda^3 + b_4\lambda^2\mu + c_4\lambda\mu^2 + d_4\mu^3 = 0 \tag{8}$$

Diese Gleichung führt auf 4 Fälle

I. Fall: Die kubische Parabel.
Gleichung (8) hat drei gleiche Wurzeln. Wir wählen dafür den Wert $\mu = 0$, sodaß $a_4 = b_4 = c_4 = 0$ ist und $d_4 = 1$ gesetzt werden kann. Setzt man nachträglich $\mu = 1$, so kommt, wenn man noch eine Parallelverschiebung $x_i \to x_i + d_i$, $i = 1,2,3$ vorgenommen hat, als Parameterdarstellung

$$x_i = a_i\lambda^3 + b_i\lambda^2 + c_i\lambda \qquad i = 1,2,3 \tag{I}$$

Die Gleichungen (5) nehmen dann die Getalt

$$(abc)(cax) - (abx)^2 = 0 \tag{9$_1$}$$

$$(abx)(bcx) - (cax)^2 = 0 \tag{9$_2$}$$

$$(abc)(bcx) - (cax)(abx) = 0 \tag{9$_3$}$$

an. (9_1) stellt einen parabolischen Zylinder mit der Spitze $a_1|a_2|a_3|0$, (9_2) einen Kegel mit der Spitze im Ursprung dar. Beide haben die Gerade $(abx) = 0$, $(cax) = 0$ gemeinsam. (9_3) ist ein hyperbolisches Paraboloid. Man kann durch eine Drehung[1] des Koordinatensystems erreichen, daß jene Gerade die Achse $x_1 = 0$, $x_2 = 0$ und die Koordinatenachse $x_1 = 0$, $x_3 = 0$ parallel zur Achse der Grundparabel des Zylinders wird. Dann kommt $a_1 = a_2 = b_1 = 0$ und als kanonische Form von (I)

$$x_1 = c_1\lambda \quad , \quad x_2 = b_2\lambda^2 + c_2\lambda \quad , \quad x_3 = a_3\lambda^3 + b_3\lambda^2 + c_3\lambda \tag{I }$$

nebst

$$c_1^2 x_2 = b_2 x_1^2 + c_1 c_2 x_1 \quad , \tag{9$_1$}$$

$$(abx)(bcx) - (cax)^2 = 0 \tag{9$_2$}$$

1) siehe Nr. 52.

Bild 11a ist für $c_2 = b_3 = c_3 = 0$, $c_1 = 1$, $b_2 = 1$, $a_3 = \frac{1}{6}$ gezeichnet.

Anstelle von (9_3) kann auch der Zylinder $6x_3 = x_1^3$ treten.

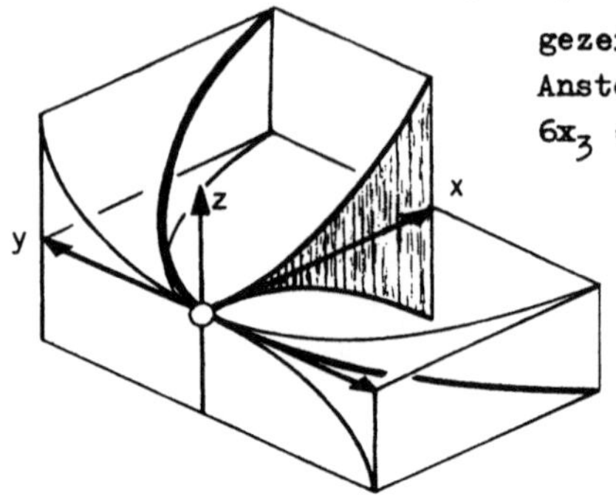

Bild 11 a

II. Fall: Die kubische hyperbolische Parabel.

Gleichung (8) hat zwei gleiche Wurzeln $\mu = 0$ und eine davon verschiedene Wurzel $\lambda = 0$. Dann wird $a_4 = b_4 = d_4 = 0$, $c_4 = 1$. In nichthomogenen Koordinaten kommen nach einer Parallelverschiebung die Parametergleichungen

$$x_i = a_i\lambda^2 + b_i\lambda + \frac{d_i}{\lambda} \qquad i = 1,2,3 \tag{II}$$

Die Gleichungen (5) nehmen die Gestalt an

$$(abd)(bdx) - (adx)^2 = 0 \quad , \tag{10_1}$$

$$(abx)(adx) + (abd)^2 = 0 \quad , \tag{10_2}$$

$$(abx)(bdx) + (abd)(adx) = 0 \tag{10_3}$$

(10_1) stellt einen parabolischen Zylinder mit Spitze $(d_1|d_2|d_3|0)$ dar, (10_2) einen hyperbolischen Zylinder mit Spitze $(a_1|a_2|a_3|0)$, (10_3) ist ein hyperbolisches Paraboloid. (10_1) und (10_3) haben die Gerade (o) $(adx) = 0$, $(bdx) = 0$ gemeinsam, die andern Flächenpaare aber Ferngeraden. Macht man (o) zur Achse $x_1 = 0$, $x_2 = 0$ und die Koordinatenachse $x_1 = 0$, $x_3 = 0$ parallel zur Achse der Grundparabel des parabolischen Zylinders, so wird $d_1 = d_2 = a_1 = 0$ und es kommt als kanonische Form von (II)

$$x_1 = b_1\lambda \ , \quad x_2 = b_2\lambda + a_2\lambda^2 \ , \quad x_3 = b_3\lambda + a_3\lambda^2 + \frac{d_3}{\lambda} \tag{II$^\times$}$$

nebst

$$b_1^2 x_2 = a_2 x_1^2 + b_1 b_2 x_1 \quad , \tag{$10_1^\times$}$$

$$(abx)(adx) + (abd)^2 = 0 \tag{10_2}$$

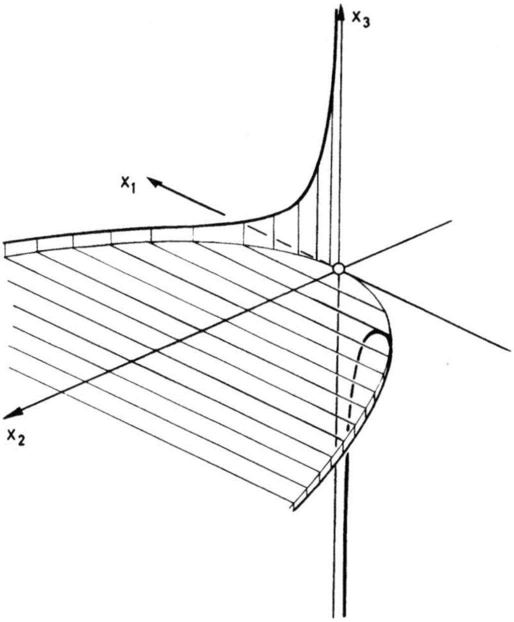

Bild 11 b

Bild 11b ist für $b_2=b_3=a_3=0$, $a_2=1$, $b_1=3$, $d_3=1$ gezeichnet.
Anstelle von (10_3) kann $x_2x_3^2 = 1$ treten.

51. III. und IV. Fall: Die kubische Hyperbel und die kubische Ellipse.

Gleichung (8) hat verschiedene Wurzeln, darunter sicher eine reelle $\mu = 0$ und zwei andere $\mu = \pm 1$, $\lambda = \pm \frac{1}{\sqrt{\varepsilon}}$, $\varepsilon = \pm 1$. Dann ist $a_4=c_4=0$, $d_4=1$, $b_4=\varepsilon$. In nichthomogener Form kommt nach einer Parallelverschiebung $x_i \to x_i + d_i$ $i = 1,2,3$

$$x_i = \frac{a_i\lambda^3 + b_i\lambda^2 + c_i\lambda}{1 + \varepsilon\lambda^2} \qquad i = 1,2,3 \tag{III}$$

Die Raumkurve heißt kubische Ellipse bzw. Hyperbel, je nachdem $\varepsilon = \pm 1$ ist. Die Gleichungen (5) nehmen die Gestalt an:

$$(abx)^2 + \varepsilon(cax)^2 = (abc)(cax) \tag{11_1}$$

$$(abx)(bcx) = (cax)^2 \tag{11_2}$$

$$(abx)\{(abx) + \varepsilon(bcx)\} = (abc)(cax) \tag{11_3}$$

(11_1) ist ein elliptischer bzw. hyperbolischer Zylinder mit Spitze $a_1|a_2|a_3|0$, je nachdem $\varepsilon = \pm 1$ ist, (11_2) ein Kegel mit Spitze im Ursprung. Durch eine Drehung des Koordinatensystems kann man auch hier erreichen, daß die kanonische Form

$$x_1 = \frac{c_1\lambda}{1+\varepsilon\lambda^2}, \quad x_2 = \frac{c_2\lambda+b_2\lambda^2}{1+\varepsilon\lambda^2}, \quad x_3 = \frac{c_3\lambda+b_3\lambda^2+a_3\lambda^3}{1+\varepsilon\lambda^2} \tag{III}$$

lautet. Bild 11c ist für $c_1 = 12$, $c_2 = 0$, $b_2 = -b$, $b_3 = 0$, $a_3 = 1$, $a_1b_2c_3 \neq 0$, $\varepsilon = +1$ gezeichnet.

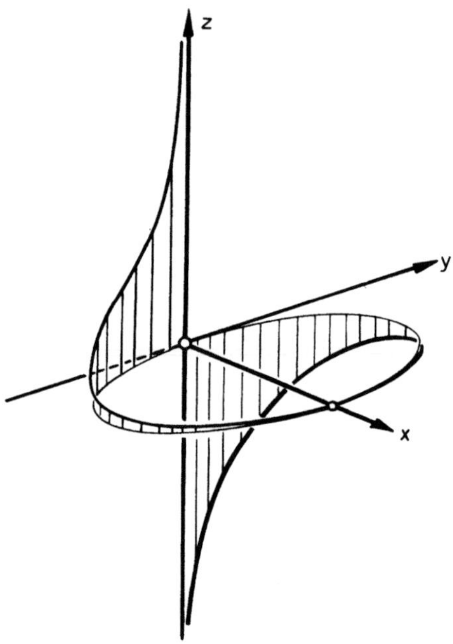

Bild 11 c

Kubischer Kreis heißt die Kurve $\varepsilon = +1$, $c_1 = b_2$, $c_2 = 0$, $c_3 = a_3$ $b_3 = 0$. Er ist der Durchschnitt des Drehzylinders $x_1^2 + x_2^2 - b_2x_2 = 0$ und des schiefen Kreiskegels $c_3(x_1^2 + x_2^2) - b_2x_1x_3 = 0$. Er ist der Ort der Fußpunkte der Lote von einem gegebenen Punkt auf die Erzeugenden eines hyperbolischen Paraboloids $x_1x_3 = c_3x_2$. (Beweis als Aufgabe). Wichtiger ist seine Bedeutung in der physiologischen Optik als sogenannter Horopter. Blickt man mit beiden Augen nach einem Punkt im Raume hin, so vereinigen sich die auf beiden Netzhäuten entworfenen Bilder dieses Punkts zu einer einzigen Empfindung, man sieht den Punkt einfach. Von den übrigen Punkten des Raumes werden bei dieser bestimmten Augenstellung nur gewisse Punkte einfach gesehen, die andern aber doppelt. Den Ort der einfach gesehenen Punkte nennt man den zu dieser Augenstellung gehörigen Horopter. Für die kubische Hyperbel ergibt sich auch die Paramterdarstellung

$$x_i = \frac{a_i}{\lambda} + b_i\lambda + \frac{c_i\lambda + d_i}{\lambda - 1} \qquad i = 1,2,3 \qquad \text{(IV)}$$

Bild 11d zeigt das Bild der Hyperbel mit der Gleichung

$$x_1 = -\frac{1}{2}\cdot\frac{1}{\lambda} \quad , \quad x_2 = 8\lambda \quad , \quad x_3 = -\frac{\lambda + \frac{1}{4}}{\lambda - 1}$$

Sie hat (vgl. Nr. 50) die drei Fernpunkte
$U_1(\lambda=0,\ x_1\to\infty,\ x_2=0,\ x_3=\frac{1}{4})$ mit Asymptote $x_2=0,\ x_3=\frac{1}{4}$
$U_2(\lambda\to\infty,\ x_1=0,\ x_2\to\infty,\ x_3=-1)$ mit Asymptote $x_1=0,\ x_3=-1$ und
$U_3(\lambda=1,\ x_1=-\frac{1}{2},\ x_2=8,\ x_3\to\infty)$ mit Asymptote $x_1=-\frac{1}{2},\ x_2=8$.

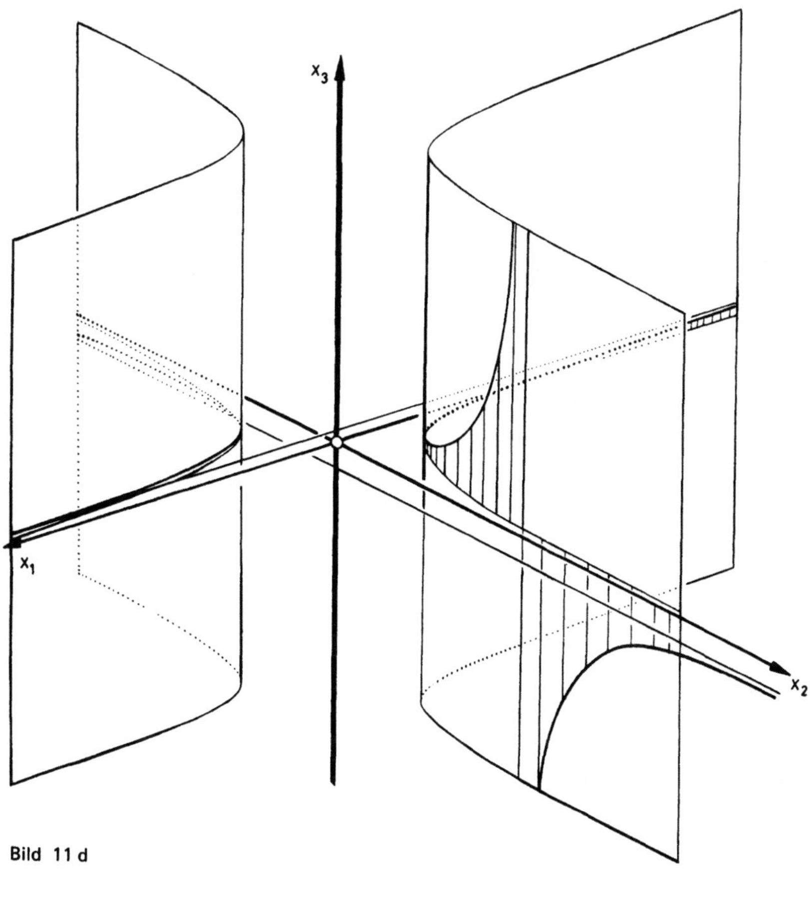

Bild 11 d

<u>Aufgabe</u>. Untersuche die Kurve $x_i = \frac{a_i}{\lambda_i - \lambda}$, $i = 1,2,3$ und beweise, daß sie der Ort der Fußpunkte der Lote vom Punkt $\lambda = 0$ auf die Mittelpunktfläche 2. Ordnung

$$\frac{x_1^2}{\lambda_1} + \frac{x_2^2}{\lambda_2} + \frac{x_3^2}{\lambda_3} = 1 \quad \text{ist.}$$

52. Daß der Übergang von (I), (II), (III) auf (I^x), (II^x), (III^x) durch eine Drehung des Koordinatensystems zu bewirken ist, folgt rechnerisch so:

<u>Satz</u> Sind $x_i = c_i u + b_i v + a_i w$ (12), wo u, v, w Funktionen eines Parameters λ sind, die Gleichungen einer Raumkurve, so kann man durch eine Drehung des Koordinatensystems stets a_1, a_2, b_1 zum Verschwinden bringen.

<u>Beweis</u> Die Formeln für die Drehung eines rechtwinkeligen Koordinatensystems lauten $\bar{x}_1 = (\alpha x)$, $\bar{x}_2 = (\beta x)$, $\bar{x}_3 = (\gamma x)$ (13), wobei ein Klammerausdruck (Ax) stets $A_1x_1 + A_2x_2 + A_3x_3$ bedeutet, und wo zwischen den α_i, β_i, γ_i die bekannten 6 Gleichungen

$$(\alpha\alpha) = 1 , \ (\beta\beta) = 1 , \ (\gamma\gamma) = 1 , \ (\beta\gamma) = 0 , \ (\gamma\alpha) = 0 , \ (\alpha\beta) = 0 \qquad (14)$$

bestehen. Mit (12) erhält man aus (13)

$$\begin{aligned} \bar{x}_1 &= (c\alpha)u + (b\alpha)v + (a\alpha)w , \\ \bar{x}_2 &= (c\beta)u + (b\beta)v + (a\beta)w , \\ \bar{x}_3 &= (c\gamma)u + (b\gamma)v + (a\gamma) w \end{aligned} \qquad (15)$$

Nun soll $(a\alpha) = 0$ (16), $(a\beta) = 0$ (17), $(b\alpha) = 0$ (18) sein, Wegen

$$\alpha_2\beta_3 - \alpha_3\beta_2 = \gamma_1 , \quad \alpha_3\beta_1 - \alpha_1\beta_3 = \gamma_2 , \alpha_1\beta_2 - \alpha_2\beta_1 = \gamma_3 \qquad (19)$$

kurz $\widehat{\alpha\beta} = \gamma$ folgt aus (16) und (17) $a_1 : a_2 : a_3 = \gamma_1 : \gamma_2 : \gamma_3$ also wegen (14_3)

$$\gamma_i = \frac{a_i}{\sqrt{(aa)}} \qquad (20)$$

Aus (16) und (18) ergibt sich mit (14_1)

$$\alpha_i = \frac{\widehat{ab}_i}{\sqrt{(aa)(bb) - (ab)^2}} \qquad (21)$$

Nun ist aber z.B.

$$\beta_1 = \gamma_2\alpha_3 - \gamma_3\alpha_2 = \frac{(ab)a_1 - (aa)b_1}{\sqrt{(aa)}\sqrt{(aa)(bb) - (ab)^2}}$$

also allgemein

$$\beta_i = \frac{(ab)a_i - (aa)b_i}{\sqrt{(aa)}\sqrt{(aa)(bb) - (ab)^2}} \tag{22}$$

womit alle Gleichungen (14), (16), (17), (18) erfüllt sind. Es wird dann mit $\sqrt{(aa)(bb) - (ab)^2} = \omega$

$$\left.\begin{array}{lll} (c\alpha) = \dfrac{abc}{\omega} & (b\alpha) = 0 & (a\alpha) = 0 \\ (c\beta) = \dfrac{(ab)(ca) - (aa)(bc)}{\sqrt{(aa)}\ \omega} & (b\beta) = \dfrac{-\omega}{\sqrt{(aa)}} & (a\beta) = 0 \\ (c\gamma) = \dfrac{(ca)}{\sqrt{(aa)}} & (b\gamma) = \dfrac{ab}{\sqrt{(aa)}} & (a\gamma) = \sqrt{(aa)} \end{array}\right\} 23)$$

§ 3. Differentialgeometrisches zu den kubischen Kegelschnitten. Nr. 53 und 54

53. Um die kubischen Kegelschnitte genauer zeichnen zu können, müssen wir noch ihre Tangenten, insbesondere Asymptoten und ihre Schmiegebenen (Asymptotenebenen) bestimmen. Wie bei den Kegelschnitten könnte man diese auch ohne Differentialrechnung ermitteln, einfacher aber geht es mit ihrer Hilfe, und so setzen wir einiges aus der Differentialgeometrie als bekannt voraus (s. Nr. 68ff)

(1.) Kubische Parabel. Die Gleichungen der Tangente werden

$$(bcx)+2\lambda(acx)+\lambda^2(abx) = 0, \quad (acx)+2\lambda(abx)-\lambda^2(abc) = 0,$$

die der Schmiegebene

$$(bcx) + 3\lambda(acx) + 3\lambda^2(abx) - \lambda^3(abc) = 0$$

Die Tangente im Fernpunkt $\lambda \to \infty$ ist daher die Ferngerade der Ebene $(abx) = 0$ und seine Schmiegebene ist die Fernebene.

(2.) Kubische hyperbolische Parabel. Hier ist die Tangente

$$(bdx)+2\lambda(adx)+\lambda^2(abd) = 0, \quad (adx)+2\lambda(abd)-\lambda^2(abx) = 0,$$

die Schmiegebene

$$(bdx) + 3\lambda(adx) + 3\lambda^2(abd) - \lambda^3(abx) = 0$$

Die Tangente im Fernpunkt $\lambda \to \infty$ ist die Ferngerade von $(abx) = 0$ der Schmiegebene (Asymptotenebene).
Die Tangente im Fernpunkt $\lambda = 0$ (Asymptote) ist

$$\frac{x_1}{d_1} = \frac{x_2}{d_2} = \frac{x_3}{d_3} \quad ,$$

die Schmiegebene ist $(bdx) = 0$.
In Bild 11b ist $x_1 = x_2 = 0$ die Asymptote, $x_2 = 0$ die Schmiegebene.
(3.) Kubische Ellipse und Hyperbel. Hier ist die Tangente

$$(cax) - 2\lambda(abx) + \lambda^2\{(abc) - \varepsilon(cax)\} = 0,$$
$$(bcx) - 2\lambda(cax) + \lambda^2(abx) = 0$$

die Schmiegebene

$$(bcx) - (cax)\lambda - (abx)\lambda^2 + \{(abc) - \varepsilon(cax)\}\lambda^3 = 0$$

Die Asymptote im Punkt $\lambda \to \infty$ ist $(abx) = 0$, $(cax) = \varepsilon(abc)$,
Diejenige in den Punkten

$\lambda = \pm \frac{1}{\sqrt{\varepsilon}}$ sind

$$\pm 2\sqrt{\varepsilon}(abx) = (abc) \quad , \quad (abx) + \varepsilon(bcx) \mp 2\sqrt{\varepsilon}(cax) = 0$$

54. Wir wollen jetzt noch die elementar rektifizierbaren kubischen Kegelschnitte bestimmen.
(1.) Kubische Parabel. Aus (I) folgt, wenn man $3c_1$, $3b_2$, $3c_2$, $3b_3$, $3c_3$ statt c_1, b_2, c_2, b_3, c_3 schreibt

$$\frac{1}{3}\frac{dx_1}{d\lambda} = c_1, \quad \frac{1}{3}\frac{dx_2}{d\lambda} = 2b_2\lambda + c_2, \quad \frac{1}{3}\frac{dx_3}{d\lambda} = a_3\lambda^2 + 2b_3\lambda + c_3 \tag{1}$$

und damit

$$\begin{aligned}\frac{1}{9}\left(\frac{ds}{d\lambda}\right)^2 &= c_1^2 + (2b_2\lambda + c_2)^2 + (a_3\lambda^2 + 2b_3\lambda + c_3)^2 = \\ &= a_3^2\lambda^4 + 4a_3b_3\lambda^3 + (2a_3c_3 + 4b_2^2 + 4b_3^2)\lambda^2 + \\ &\quad + 4(b_2c_2 + b_3c_3)\lambda + c_1^2 + c_2^2 + c_3^2\end{aligned} \tag{2}$$

Soll der Bogen eine elementare Funktion von λ werden, so muß das Polynom rechts einen Doppelfaktor enthalten. Reell kann dieser nicht sein, weil das Polynom für kein reelles λ verschwinden kann. Also muß er imaginär sein. Da das Polynom aber auch den konjugiert imaginären Faktor enthalten muß, so muß es ein vollständiges Quadrat sein. Gemäß (2) kann es nur die Form $(a_3\lambda^2 + 2b_3\lambda + \sqrt{c_1^2 + c_2^2 + c_3^2})^2$ besitzen. So kommen für die Koeffizienten die Bedingungen

$$a_3c_3 + 2b_2^2 = a_3\sqrt{c_1^2 + c_1^2 + c_2^2}, \quad b_2c_2 + b_3c_3 = b_3\sqrt{c_1^2 + c_2^2 + c_3^2}$$

und daraus sofort

$$b_2(2b_2b_3 - a_3c_2) = 0 \tag{3}$$

und

$$b_2^2c_2^2 + 2b_2b_3c_2c_3 = b_3^2(c_1^2 + c_2^2) \tag{4}$$

Aus (3) folgt entweder $b_2 = 0$, was unmöglich ist, da sonst wegen $a_3 \neq 0$ $c_1^2 + c_2^2 = 0$ wäre. Also ist

$$c_2 = \frac{2b_2b_3}{a_3} \text{ und damit}$$

$$b_3^2(4b_2^4 + 4b_2^2a_3c_3 - a_3^2c_1^2 - 4b_2^2b_3^2) = 0 \tag{5}$$

$b_3 = 0$ liefert $c_2 = 0$ und damit $4b_2^4 + 4b_2^2c_2c_3 - a_3^2c_1^2 = 0$, was in der Bedingung

$4b_2^4 + 4b_2^2a_3c_3 - a_3^2c_1^2 - 4b_2^2b_3^2 = 0$ enthalten ist, woraus

$$c_3 = \frac{a_3^2c_1^2 + 4b_2^2(b_3^2 - b_2^2)}{4b_2^2a_3} \tag{6}$$

und

$$\sqrt{c_1^2 + c_2^2 + c_3^2} = c_3 + \frac{2b_2^2}{a_3} = \frac{a_3^2c_1^2 + 4b_2^2(b_3^2 + b_2^2)}{4b_2^2a_3} \tag{7}$$

folgt.

Die Parameterdarstellung der Kurve lautet also

$$\left\{\begin{aligned} x_1 &= 3c_1\lambda \quad , \quad x_2 = 3b_2\left\{\lambda^2 + \frac{2b_3}{a_3}\lambda\right\} \\ x_3 &= a_3\lambda^3 + 3b_3\lambda^2 + \frac{3\{a_3^2c_1^2 + 4b_2^2(b_3^2 - b_2^2)\}}{4b_2^2a_3}\lambda \end{aligned}\right\}, \tag{I}$$

und es wird

$$\frac{ds}{d\lambda} = 3(a_3\lambda^2 + 2b_3\lambda + \frac{a_3^2c_1^2 + 4b_2^2(b_3^2 + b_2^2)}{4b_2^2a_3}) \tag{8}$$

$$s = \int_0^d \frac{ds}{d\lambda} = a_3\lambda^3 + 3b_3\lambda^2 + \frac{3(a_3^2c_1^2 + 4b_2^2(b_3^2 + b_2^2))}{4b_2^2a_3}\lambda =$$

$$= x_3 + \frac{2b_2^2}{a_3c_1}x_1 \tag{9}$$

Weitere Folgerungen s. Nr. 73.

<u>Aufgabe</u>. Besonderer Fall $b_3 = 0$, $a_3 = a$, $c_1 = a \sin 2\alpha$, $b_2 = a \sin\alpha$, $c_3 = a_3 \cos 2\alpha$, $s = a(\lambda^3 + 3\lambda)$.

(2.) <u>Kubische hyperbolische Parabel</u>. Aus (II$^\times$) folgt, wenn man b_1, b_2, b_3, d_3 durch $2b_1$, $2b_2$, $2b_3$, $2d_3$ ersetzt

$$\frac{1}{2}\frac{dx_1}{d\lambda} = b_1\ ,\quad \frac{1}{2}\frac{dx_2}{d\lambda} = b_2 + a_2\lambda\ ,\quad \frac{1}{2}\frac{dx_3}{d\lambda} = b_3 + a_3\lambda - \frac{d_3}{\lambda^2}$$

und damit

$$\frac{1}{4}\left(\frac{ds}{d\lambda}\right)^2 = \frac{\left\{(b_3 + a_3\lambda)\,\lambda^2 - d_3\right\}^2 + \lambda^4(b_2 + a_2\lambda)^2 + b_1^2\lambda^4}{\lambda^4}$$

Der Zähler der rechten Seite ist vom 6. Grade in λ und darf nur imaginäre Faktoren enthalten. Daraus folgt, daß er von der Form $a^2(\lambda^2 - 2p\lambda + q)^2(\lambda^2 - 2r\lambda + s)$ sein muß, wo $q > p^2$, $s > r^2$ ist.

Er enthält kein Glied mit λ, d.h. es muß $q(rq + 2ps) = 0$ oder, da $q \neq 0$ ist $rq + 2ps = 0$ sein. Da auch $s \neq 0$ ist, folgt $p = \mu q$, $r = -2\mu s$, wo μ nicht gleich 0 sein kann. Da der allgemeine Fall in ein Rechengewirr führt, nehmen wir $\mu = 0$ an, setzen also

$$\left\{(b_3 + a_3\lambda)\lambda^2 - d_3\right\}^2 + \lambda^4(b_2 + a_2\lambda)^2 + b_1^2\lambda^4 \equiv a^2(\lambda^2 + q^2)^2(\lambda^2 - s^2)$$

indem wir q und s durch q^2 und s^2 ersetzen. Das Polynom rechts enthält kein Glied mit dem Faktor λ^5,

und λ^3, also muß sein $a_2b_2 + a_3b_3 = 0$, $a_3d_3 = 0$. Somit $a_3 = 0$ $b_2 = 0$. Wir ersetzen jetzt a durch a_2 und haben

$$b_1^2 + b_3^2 = a_2^2(s^2 + 2q^2)\quad,\quad -2b_3d_3 = a_2^2q^2(q^2 + 2s^2)$$
$$a_2^2q^4s^2 = d_3^2\quad,$$

und damit

$$d_3 = a_2 q^2 s \quad , \quad b_3 = -\frac{a_2(q^2 + 2s^2)}{2s}$$

$$b_1 = \delta \, \frac{a_2 q \sqrt{4s^2 - q^2}}{2s} \quad , \quad \delta = \pm 1$$

Also kommt mit $a_2 = a$ die Parameterdarstellung

$$\left\{ \begin{aligned} x_1 &= \frac{\delta a q}{s} \sqrt{4s^2 - q^2} . \lambda \\ x_2 &= a \lambda^2 \\ x_3 &= -\frac{a}{s}(q^2 + 2s^2)\lambda - \frac{2aq^2 s}{\lambda} \end{aligned} \right\}$$

und daraus

$$\frac{ds}{d\lambda} = 2a \, \frac{(\lambda^2 + q^2)\sqrt{\lambda^2 + s^2}}{\lambda^2}$$

<u>Aufgabe.</u> 1. Berechne s.

2. Versuche den allgemeinen Fall zu lösen.

(3.) Kubische <u>Ellipse</u> oder <u>Hyperbel</u>. Aus (III)[x] folgt

$$\frac{dx_1}{d\lambda} = \frac{c_1(1 - \varepsilon\lambda^2)}{(1 + \varepsilon\lambda^2)^2} \quad , \quad \frac{dx_2}{d\lambda} = \frac{c_2 + 2b_2\lambda - \varepsilon c_2 \lambda^2}{(1 + \varepsilon\lambda^2)^2} \quad ,$$

$$\frac{dx_3}{d\lambda} = \frac{c_3 + 2b_3\lambda + (3a_3 - \varepsilon c_3)\lambda^2 + \varepsilon a_3 \lambda^4}{(1 + \varepsilon\lambda^2)^2} \tag{1}$$

und damit

$$\left(\frac{ds}{d\lambda}\right)^2 = \frac{c_1^2(1-\varepsilon\lambda^2)^2 + (c_2+2b_2\lambda-\varepsilon c_2\lambda^2)^2 + \{c_3+2b_3\lambda+(3a_3-2c_3)\lambda^2+\varepsilon a_3\lambda^4\}^2}{(1+\varepsilon\lambda^2)^4} \tag{2}$$

Da der Zähler auf der rechten Seite nur imaginär konjugierte Wurzeln enthalten kann und überdies die Wurzeln in $\frac{ds}{d\lambda}$ nur <u>einen</u> quadratischen Faktor enthalten könnte, so muß er überhaupt ein vollständiges Quadrat $(A_0 + A_1\lambda + A_2\lambda^2 + A_3\lambda^3 + A_4\lambda^4)^2$ sein, so daß $\frac{ds}{d\lambda}$ rational wird. Da überdies in ihm kein Glied mit λ^7 vorkommt, so muß $A_3 = 0$ und dazu $A_4 = \varepsilon a_3$, $A_2 = 3a_3 - \varepsilon c_3$ sein. Also kommt die Identität

$$c_1^2(1 - \varepsilon\lambda^2)^2 + (c_2 + 2b_2\lambda - \varepsilon c_2\lambda^2)^2 + \{c_3 + 2b_3\lambda + (3a_3 - \varepsilon c_3)\lambda^2 + \varepsilon a_3\lambda^4\}^2 \equiv \{A_0 + A_1\lambda + (3a_3 - \varepsilon c_3)\lambda^2 + \varepsilon a_3\lambda^4\}^2 \tag{3}$$

Koeffizientenvergleichung gibt, da $A_o = c_3$ auf $c_1 = 0$ führen würde

$$A_1 = 0 \quad , \quad b_3 = 0 \qquad \text{und} \tag{4}$$

$$b_2 c_2 = 0 \ , \quad c_1^2 + c_2^2 + c_3^2 = A_o^2$$

$$-\varepsilon(c_1^2 + c_2^2 + c_3^2) + 2b_2^2 + 3a_3c_3 = A_o(3a_3 - \varepsilon a_3) \tag{5}$$

$$c_1^2 + c_2^2 + 2\varepsilon a_3 c_3 = 2\varepsilon a_3 A_o$$

Daraus folgt entweder $b_2 = 0$, was unmöglich, da die Raumkurve sonst in der Ebene $x_1 : x_2 = c_1 : c_2$ läge, oder $c_2 = 0$. (Mit $a_3 = a$, $A_o = A$ kommt dann die <u>kubische Ellipse</u> oder) <u>Hyperbel</u>

$$x_1 = \frac{2\sqrt{a(\varepsilon A - a)}}{1 + \varepsilon\lambda^2}\lambda, \quad x_2 = \frac{\sqrt{(\varepsilon A - a)(A + 3\varepsilon a)}}{1 + \varepsilon\lambda^2}\lambda^2 ,$$

$$x_3 = \frac{(2\varepsilon a - A)\lambda + a\lambda^3}{1 + \varepsilon\lambda^2} \tag{III$^{\times\times}$}$$

und

$$\frac{ds}{d\lambda} = \frac{A + a\lambda^2}{1 + \varepsilon\lambda^2} \tag{5}$$

$$s = a\lambda + (A - a)\arctan\lambda \qquad \text{bzw.} \quad -a\lambda + \frac{A+a}{2}\ln\frac{1+\lambda}{1-\lambda} \tag{6}$$

Bei $\varepsilon = +1$ müssen A und a beide positiv sein, bei $\varepsilon = -1$ wird die Kurve imaginär.

<u>Aufgabe</u>. Zeige, daß es keinen elementar rektifizierbaren kubischen Kreis gibt.

7. Kapitel. Die Raumkurven 4. Ordnung

§ 1. Allgemeines. Nr. 55

55. Eine Raumkurve 4. Ordnung wird von einer Ebene in 4 Punkten geschnitten, von einer Fläche 2. Ordnung aber in 8 Punkten. Durch 9 beliebige Raumpunkte der Kurve ist <u>eine</u> Fläche 2. Ordnung bestimmt, auf der die ganze Raumkurve liegen muß. Daher geht durch eine Raumkurve 4. Ordnung mindestens <u>eine</u> Fläche 2.

Ordnung. Geht noch eine zweite durch sie, so ist sie die Schnittkurve zweier Flächen 2. Ordnung

$$f(x) = \sum_{i,k=1}^{4} a_{ik}x_i x_k = 0 \qquad \text{und} \tag{1}$$

$$g(x) = \sum_{i,k=1}^{4} b_{ik}x_i x_k = 0 \tag{2}$$

und damit eines Flächenbüschels 2. Ordnung

$$f(x) + \lambda g(x) = 0 \tag{3}$$

Sie heißt dann Raumkurve 4. Ordnung erster Spezies. Geht durch die Raumkurve aber nur eine Fläche 2. Ordnung, so heißt sie von der zweiten Spezies. Wir beschäftigen uns zunächst mit den Kurven 1. Spezies. Da aber diese Kurven, soweit sie spezieller Art sind, überwiegend eine Symmetrieebene besitzen, so brauchen wir auf die sehr umfangreiche und schwierige allgemeine Theorie der Schnitte zweier Flächen 2. Ordnung nicht einzugehen [1)], können uns vielmehr beschränken auf die Aufgabe. Diejenigen Raumkurven 1. Spezies zu bestimmen, die eine Symmetrieebene besitzen.

§ 2. Die Raumkurven 1. Spezies mit Symmetrieebene. Nr. 56–58

56. Die Gleichungen zweier Flächen 2. Ordnung lauten

$$A_1x^2+A_2y^2+A_3z^2+2B_1yz+2B_2zx+2B_3xy+2C_1x+2C_2y+2C_3z+D_0 = 0 \tag{4}$$

$$A_1'x^2+A_2'y^2+A_3'z^2+2B_1'yz+2B_2'zx+2B_3'xy+2C_1'x+2C_2'y+2C_3'z+D_0' = 0 \tag{5}$$

Soll die durch sie bestimmte Raumkurve 4. Ordnung 1. Spezies symmetrisch zur xz-Ebene sein, so müssen beide Flächen gleichzeitig die Punkte $x|y|z$ und $x|-y|z$ enthalten. Daher müssen die Koeffizienten der in y linearen Glieder in beiden verschwinden oder auch beide Flächen 2. Ordnung müssen selbst zur xz-Ebene symmetrisch sein. Anstelle von (4) und (5) treten also die Gleichungen

$$A_1x^2+A_2y^2+A_3z^2+2B_2zx+2C_1x+2C_3z+D_0 = 0 \tag{6}$$

$$A_1'x^2+A_2'y^2+A_3'z^2+2B_2'zx+2C_1'x+2C_3'z+D_0' = 0 \tag{7}$$

---

1) Vgl. das in Anm. 1), Seite 66 angegebene Buch, das vieles auch zu unserm Thema Gehörige enthält, auf das wir (leider) nicht eingehen können.

Man kann diese Gleichungen aber noch wesentlich vereinfachen. Zunächst lautet die Gleichung des durch sie bestimmten Flächenbüschels

$$(A_1 + A_1'\lambda)x^2 + (A_2 + A_2'\lambda)y^2 + (A_3 + A_3'\lambda)z^2 + 2(B_2 + B_2'\lambda)zx + 2(C_1 + C_1'\lambda)x + 2(C_3 + C_3'\lambda)z + D_0 + D_0'\lambda = 0 \qquad (8)$$

Diejenigen Werte von λ, welche die singulären Flächen, d.h. die Kegel- oder Zylinder des Büschels bestimmen, folgen aus der gleich Null gesetzten Diskriminante des Büschels, d.h. der

Gleichung 4. Grades

$$\begin{vmatrix} A_1 + A_1'\lambda & 0 & B_2 + B_2'\lambda & C_1 + C_1'\lambda \\ 0 & A_2 + A_2'\lambda & 0 & 0 \\ B_2 + B_2'\lambda & 0 & A_3 + A_3'\lambda & C_3 + C_3'\lambda \\ C_1 + C_1'\lambda & 0 & C_3 + C_3'\lambda & D_0 + D_0'\lambda \end{vmatrix} = 0,$$

die sofort in die Gleichung 1. Grades

$$A_2 + A_2'\lambda = 0 \qquad (9)$$

und die Gleichung 3. Grades

$$\begin{vmatrix} A_1 + A_1'\lambda & B_2 + B_2'\lambda & C_1 + C_1'\lambda \\ B_2 + B_2'\lambda & A_3 + A_3'\lambda & C_3 + C_3'\lambda \\ C_1 + C_1'\lambda & C_3 + C_3'\lambda & D_0 + D_0'\lambda \end{vmatrix} = 0 \qquad (10)$$

zerfällt. Die Gleichung (9) liefert den vertikalprojizierenden Zylinder der Raumkurve, der vom 2. Grad ist und dessen Gleichung wir in der Form

$$Ax^2 + 2Bxz + Cz^2 + 2Dx + 2Ez + F = 0 \qquad (11)$$

schreiben wollen. Er soll jedenfalls nicht weiter zerfallen, d.h. es soll die Bedingung

$$\begin{vmatrix} A & B & D \\ B & C & E \\ D & E & F \end{vmatrix} \neq 0 \qquad (11')$$

gelten. Die Gleichung 3. Grades hat stets wenigstens eine reelle Wurzel. Man kann annehmen, sie sei $\lambda = 0$, d.h. die Fläche

$$A_1x^2 + A_2y^2 + A_3z^2 + 2B_2zx + 2C_1x + 2C_3z + D_0 = 0 \qquad (6)$$

sei selbst schon zerfallend. Die Bedingung dafür lautet

$$\begin{vmatrix} A_1 & 0 & B_2 & C_1 \\ 0 & A_2 & 0 & 0 \\ B_2 & 0 & A_3 & C_3 \\ C_1 & 0 & C_3 & D_0 \end{vmatrix} = 0 \quad \text{oder} \quad A_2 \begin{vmatrix} A_1 & B_2 & C_1 \\ B_2 & A_3 & C_3 \\ C_1 & C_3 & D_0 \end{vmatrix} = 0$$

Da aber (6) nicht ebenfalls ein vertikalprojizierender Zylinder sein kann (warum?), so ist $A_2 \neq 0$ und kann daher gleich -1 geworden. So bleibt als Bedingung dafür, daß die Gleichung (6), die wir jetzt in der Form

$$y^2 = A_1x^2 + A_3z^2 + 2B_2zx + 2C_1x + 2C_3z + D_0 \tag{12}$$

schreiben wollen, eine singuläre Fläche 2. Ordnung ist,

$$\begin{vmatrix} A_1 & B_2 & C_1 \\ B_2 & A_3 & C_3 \\ C_1 & C_3 & D_0 \end{vmatrix} = 0 \tag{12'}$$

57. Wir können aber die Gleichung (12) noch mehr vereinfachen, wobei sich aber die Form der Gleichung (11) nicht ändert. Wir vollziehen die Parallelverschiebung $x = \bar{x} + a$, $y = \bar{y}$, $z = \bar{z} + c$. Dadurch geht (12) über in

$$\bar{y}^2 = A_1\bar{x}^2 + A_3\bar{z}^2 + 2B_2\bar{x}\bar{z} + 2(A_1a + B_2c + C_1)\bar{x} + 2(B_2a + A_3c + C_3)\bar{z} + A_1a^2 + A_3c^2 + {}$$
$$+ 2B_2ac + 2C_1a + 2C_3c + D_0$$

Wir suchen a und c so zu bestimmen, daß

$$A_1a + B_2c + C_1 = 0 \tag{13}$$
$$B_2a + A_3c + C_3 = 0 \tag{14}$$

wird. Wir haben drei Fälle zu unterscheiden

1. **Fall.**

$$\begin{vmatrix} A_1 & B_2 \\ B_2 & A_3 \end{vmatrix} \neq 0 \; . \tag{15}$$

Dann gibt es wirklich ein Wertepaar $a|c$, das (13) und (14) erfüllt. Die Fläche ist ein Kegel mit Mittelpunkt $(a|0|c)$. Macht man diesen von vornherein zum Ursprung, so ist $C_1 = 0$, $C_3 = 0$ zu setzen und aus (12') folgt wegen (15) noch $D_0 = 0$. Unsere Gleichung erhält die Form

$$y^2 = A'x^2 + 2B'xz + C'z^2 \tag{Ia}$$

mit der Bedingung

$$\begin{vmatrix} A' & B' \\ B' & C' \end{vmatrix} \neq 0 \tag{Ia'}$$

2. Fall.

$$\begin{vmatrix} A_1 B_2 \\ B_2 A_3 \end{vmatrix} = 0 \quad , \qquad (16) \qquad \text{aber} \quad A_1 \neq 0 \, . \qquad (17)$$

Aus (12') folgt mit (16) sofort

$$C_1 \begin{vmatrix} B_2 C_1 \\ A_3 C_3 \end{vmatrix} = C_3 \begin{vmatrix} A_1 C_1 \\ B_2 C_3 \end{vmatrix} \qquad (18)$$

oder

$$A_1 C_3^2 - 2B_2 C_1 C_3 + A_3 C_1^2 = 0 \qquad \text{oder wegen (17)}$$

$$A_1^2 C_3^2 - 2A_1 B_2 C_1 C_3 + A_1 A_3 C_1^2 = 0 \qquad \text{oder mit (16)}$$

$$A_1^2 C_3^2 - 2A_1 B_2 C_1 C_3 + B_2^2 C_1^2 = 0 \qquad \text{d.h.}$$

$$\begin{vmatrix} A_1 C_1 \\ B_2 C_3 \end{vmatrix} = 0 \qquad (16')$$

und mit (18)

$$\begin{vmatrix} B_2 C_1 \\ A_3 C_3 \end{vmatrix} = 0 \text{ [1]} \qquad (16'')$$

Die Bedingungen (16), (16'), (16'') besagen, daß sich die Gleichungen (13) und (14) nur durch einen konstanten Faktor unterscheiden. Die Fläche besitzt ∞^1 Mittelpunkte $(a|0|c)$, die alle die "Achse" $y = 0$, $A_1 x + B_2 z + C_1 = 0$ erfüllen. (Ib) stellt mit den Bedingungen

$$\begin{vmatrix} A' & B' \\ B' & C' \end{vmatrix} = 0 \quad , \qquad F' \neq 0 \qquad (Ib')$$

(warum?) einen schiefen elliptischen oder hyperbolischen Zylinder dar. Durch eine Schiebung erreichen wir, daß die Achse durch den Ursprung geht. Dann ist $C_1 = 0$ und wegen (16') und (17) $C_3 = 0$. Aus (12) wird nunmehr

$$y^2 = A'x^2 + 2B'xz + C'z^2 + F' \qquad (Ib)$$

mit den Bedingungen

$$\begin{vmatrix} A' & B' \\ B' & C' \end{vmatrix} = 0 \quad , \qquad F' \neq 0 \quad . \qquad (Ib')$$

---

1) Die Möglichkeit $C_1 = 0$ ist im folgenden mit enthalten.

3.Fall.

$$\begin{vmatrix} A_1 & B_2 \\ B_2 & A_3 \end{vmatrix} = 0 \qquad (16) \qquad \text{und} \qquad A_1 = 0 \ , \ \text{d.h.} \qquad (19)$$

$$B_2 = 0 \quad . \qquad (20)$$

Aus (18) folgt dann $A_3C_1^2 = 0$. Ist zunächst $A_3 \neq 0$, $C_1 = 0$, so wird (12) zu

$$y^2 = A_3z^2 + 2C_3z + D_0 \quad . \qquad (21)$$

Durch eine Schiebung kann das Glied mit z zum Verschwinden gebracht werden. (21) wird dann ein besonderer Fall von (Ib). Ist aber $A_3 = 0$, so wird (12) zu

$$y^2 = 2C_1x + 2C_3z + D_0 \quad . \qquad (22)$$

Jetzt kann man, da C_1 und C_3 nicht gleichzeitig verschwinden können, durch eine Schiebung D_0 zum Verschwinden bringen. Damit erhält (12) die Form

$$y^2 = 2D'x + 2E'z \qquad (Ic)$$

und stellt einen parabolischen Zylinder dar.

58. Wir stellen die Ergebnisse zusammen:
Die Gleichungen unserer zur xz-Ebene symmetrischen Raumkurve 4. Ordnung 1. Spezies lassen sich in eine der drei folgenden kanonischen Formen bringen

$$\left.\begin{matrix} Ax^2+2Bxz+Cz^2+2Dx+2Ez+F=0 \\ y^2 = A'x^2 + 2B'xz+C'z^2 \end{matrix}\right\} \quad \begin{vmatrix} A & B & D \\ B & C & E \\ D & E & F \end{vmatrix} \neq 0 \quad \begin{vmatrix} A' & B' \\ B' & C' \end{vmatrix} \neq 0 \qquad (Ia)$$

$$\left.\begin{matrix} Ax^2+2Bxz+Cz^2+2Dx+2Ez+F=0 \\ y^2 = A'x^2 + 2B'xz+C'z^2+F' \end{matrix}\right\} \quad \begin{vmatrix} A & B & D \\ B & C & E \\ D & E & F \end{vmatrix} \neq 0 \quad \begin{matrix} \begin{vmatrix} A' & B' \\ B' & C' \end{vmatrix} \neq 0 \\ F' \neq 0 \end{matrix} \qquad (Ib)$$

$$\left.\begin{matrix} Ax^2+2Bxz+Cz^2+2Dx+2Ez+F=0 \\ y^2 = 2D'x +2E'z \end{matrix}\right\} \quad \begin{vmatrix} A & B & D \\ B & C & E \\ D & E & F \end{vmatrix} \neq 0 \quad D'^2+E'^2 \neq 0 \qquad (Ic)$$

Aufgabe. Zeige, daß man in (Ib) und (Ic) noch eine Schiebung $x \to x + a$, $y \to y$, $z \to z + c$ ausführen kann, wobei $A'a + B'c$ bzw. $D'a + E'c$ beide verschwinden müssen. Es bleibt noch die Frage, unter welcher Bedingung die Kurven (I) einen Doppelpunkt besitzen und damit rational sind.

Dieser muß notwendig in der xz-Ebene $y = 0$ liegen. Bei (Ia) muß dann der Schnittpunkt des Geradenpaares $A'x^2 + 2B'xz + C'z^2 = 0$ d.h. der Nullpunkt auf dem vertikalprojizierenden Zylinder liegen, d.h. $F = 0$ sein. Die Berührebene des Zylinders ist $Dx+Ez=0$. Der Doppelpunkt ist also

$$\left\{\begin{array}{l}\text{Knoten}\\ \text{Spitze}\\ \text{isolierter Punkt}\end{array}\right\}$$

je nachdem $A'E^2 - 2B'DE + C'D^2 \gtreqless 0$ ist

Aufgabe. 1. Beweise, daß (Ia) unter der Bedingung $F = 0$ rational ist, d.h. x, y, z als rationale Funktionen eines Parameters darstellbar sind.

Anleitung. Eine Gerade durch den Doppelpunkt hat die Gleichungen $z = \lambda x$, $y = \mu x$, so daß

$$x = -2\,\frac{D+E\lambda}{A+2B\lambda+C\lambda^2} \qquad \text{und} \qquad \mu^2 = A'+2B'\lambda+C'\lambda^2.$$

Sei λ_1, μ_1 ein spezielles Wertepaar, so daß $\mu_1^2 = A'+2B'\lambda_1+C'\lambda_1^2$, dann folgt

$$(\mu-\mu_1)(\mu+\mu_1) = \{2B'+C'(\lambda+\lambda_1)\}(\lambda-\lambda_1),$$

$$\mu-\mu_1 = \tau(\lambda-\lambda_1),$$

$$\mu+\mu_1 = \frac{1}{\tau}\{2B'+C'(\lambda+\lambda_1)\}$$

wo τ ein neuer Parameter. Jetzt lassen sich λ, μ, x, y, z rational in τ ausdrücken.

2. Gib die Gleichungen der in den Bildern 12 a, b, c gezeichneten Raumkurve des Typus (Ia) an. Bei (Ib) muß der Schnittpunkt $-B'|0|A'|0$ der beiden Parallelen $A'x_1+B'x_3 = \pm\sqrt{-A'F'}\,x_4$ auf dem vertikalprojizierenden Zylinder liegen, d.h.

$$AB'^2 - 2BA'B' + CA'^2 = 0 \qquad \text{(o)}$$

und, damit $-B'|0|A'|0$ reell ist, $AC - B^2 < 0$ sein. Der Doppelpunkt $-B'|0|A'|0$ ist

$$\left\{\begin{array}{l}\text{Knoten}\\ \text{Spitze}\\ \text{isolierter Punkt}\end{array}\right\}$$

je nachdem $A'F' \lesseqgtr 0$ ist.

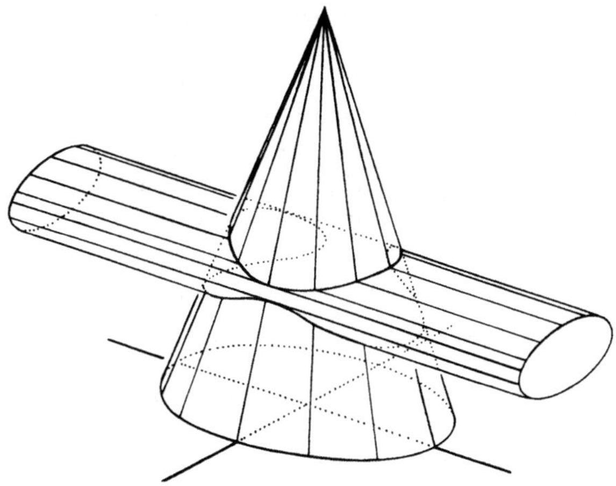

Bild 12 a

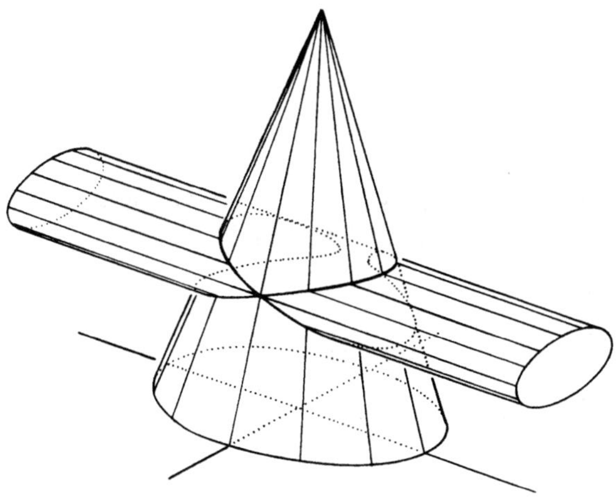

Bild 12 b

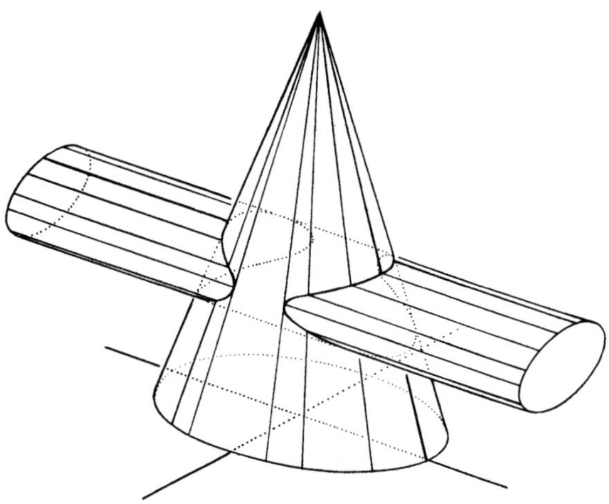

Bild 12 c

Aufgabe. Beweise, daß (Ib) unter der Bedingung (o) rational ist.

Anleitung: Sei $A' \neq 0$ (andernfalls vertausche man die x- und die z-Achse). Eine Gerade durch den Doppelpunkt $-B'|0|A'|0$ ist $y = \lambda$, $A'x + B'z = \mu$, so daß $A'\lambda^2 = \mu^2 + A'F'$ ist. Sei $A'\lambda_1^2 = \mu_1^2 + A'F'$, $\lambda - \lambda_1 = \tau(\mu - \mu_1)$, $A'(\lambda + \lambda_1) = \mu + \mu_1$, so daß λ und μ rational in τ werden. Aus $(Ib)_1$ und (o) folgt durch Elimination von z^2

$$A(A'^2x^2 - B'^2z^2) + 2BA'z(A'x+B'z) + A'^2(2Dx+2Ey+F) = 0 \quad \text{oder}$$

$$\mu\{A(A'x-B'z)+2BA'z\} + A'^2(2Dx+2Ey+F) = 0$$

Daraus und aus $A'x + B'z = \mu$ folgen x und z rational in λ und μ und damit in τ.

Bei (Ic) muß die Ebene $D'x + E'z = 0$ den vertikalprojizierenden Zylinder berühren, also

$$(AE'^2 - 2BD'E' + CD'^2)F - (DE' - D'E)^2 = 0 \tag{oo}$$

sein. Der Doppelpunkt

$$-\frac{FE'}{DE' - ED'} \Big| 0 \Big| \frac{FD'}{DE' - ED'} \quad \text{ist} \quad \begin{cases} \underline{\text{Knoten}} \\ \underline{\text{Spitze}} \\ \underline{\text{isolierter Punkt}} \end{cases} \text{je nachdem}$$

$(BE - CD)D' - (AE - BD)E' > 0$

oder

$(BE - CD)D' - (AE - BD)E' = 0 \quad , \quad AC - B^2 < 0$

oder

$(BE - CD)D' - (AE - BD)E' = 0 \quad , \quad AC - B^2 = 0$

oder

$(BE - CD)D' - (AE - BD)E' < 0$

oder

$(BE - CD)D' - (AE - BD)E' = 0 \quad , \quad AC - B^2 > 0$

ist. Das ergibt sich, indem man mit der Geraden

$$D'x + E'z = h^2(D'^2 + E'^2)$$
$$D'x - E'z = \varrho(D'^2 + E'^2)$$

schneidet, die in der Nachbarebene

$$D'x + E'z = h^2(D'^2 + E'^2)$$

zur Berührebene liegt, und indem man ausdrückt,

daß sie $(h^2 > 0!)$ $\left.\begin{matrix}\text{4 reelle}\\ \text{2 reelle}\\ \text{4 imaginäre}\end{matrix}\right\}$ Schnittpunkte besitzt.

Die Diskriminante der auftretenden in ϱ quadratischen Gleichung lautet nämlich

$$h^2(D'^2 + E'^2).\left\{-h^2(D'^2 + E'^2)(AC - B^2) + 2\left[(BE-CD)D'-(AE-BD)E'\right]\right\}$$

Die Bedingung $(BE - CD)D' - (AE - BD)E' = 0$ bedeutet geometrisch, daß die Ebene $D'x + E'z = 0$ senkrecht zur Richtung vom Ursprung zum Mittelpunkt der Grundkurve des vertikalprojizierenden Zylinders ist.

Aufgaben. 1. Beweise, daß (Ic) unter der Bedingung (oo) rational ist.

Anleitung. Eine Gerade durch den Doppelpunkt ist

$$x = -\frac{FE'}{DE' - ED'} + \lambda y \quad , \quad z = \frac{FD'}{DE' - ED'} + \mu y$$

Damit folgen aus (Ic) die zwei Gleichungen

$$y = 2(D'\lambda + E'\mu) \quad \text{und} \quad (D'\lambda + E'\mu)(A\lambda^2 + 2B\lambda\mu + C\mu^2) + $$
$$+(D-F\frac{AE'-BD'}{DE'-ED'})\lambda+(E-F\frac{BE'-CD'}{DE'-ED'})\mu = 0$$

oder mit

$$(D'\lambda + E'\mu)\left\{A\lambda^2 + 2B\lambda\mu + C\mu^2 + G\right\} = 0 \qquad \text{(oo)}$$

wo

$$G = F\,\frac{AEE' - B(DE' + ED') + CDD'}{(DE' - ED')^2}$$

Also muß $A\lambda^2 + 2B\lambda\mu + C\mu^2 + G = 0$ sein. Diese Gleichung kann ähnlich rationalisiert werden wie in den vorhergehenden Fällen.

2. Zeige, daß Bild 13 die Kurve

$$x = \frac{8(\lambda^3 - \lambda)}{\lambda^4 + 1} \quad , \quad y = \frac{8\lambda^2}{\lambda^4 + 1} \quad , \quad z = \frac{12(\lambda^3 + \lambda)}{\lambda^4 + 1}$$

darstellt und bestimme ihre drei projizierenden Zylinder. Beweise, daß sie auf dem Kegel $9x^2 + 36y^2 - 4z^2 = 0$ liegt.

3. Desgleichen, daß Bild 14 die Kurve

$$x = \frac{18\lambda}{\lambda^4 + 3} \quad , \quad y = \frac{48\lambda^2}{\lambda^4 + 3} \quad z = \frac{16\lambda^4}{\lambda^4 + 3}$$

darstellt. Beweise, daß die Horizontalprojektion $2^{12}x^4 + 3^3y^4 = 2^{10}.3^2x^2y$ im Ursprung eine Spitzentangente, die Vertikalprojektion $2^{12}x^4 = 3^5 . (2^4 - z)^3$ in $0|2^4$ einen Spitz -, in $0|0$ einen Flachpunkt hat und die Seitenprojektion eine doppeltzählende Ellipse ist.

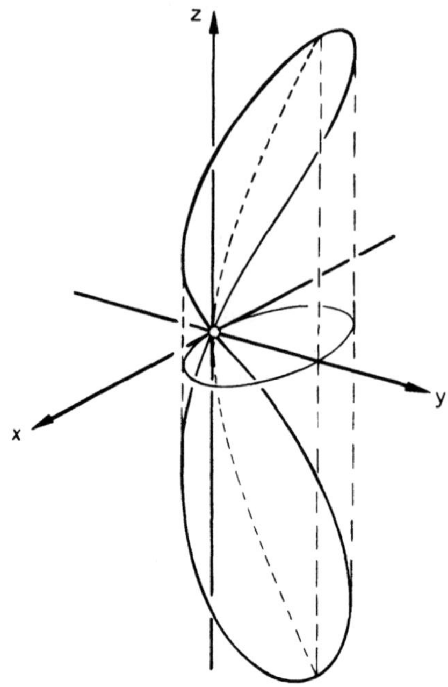

Bild 13

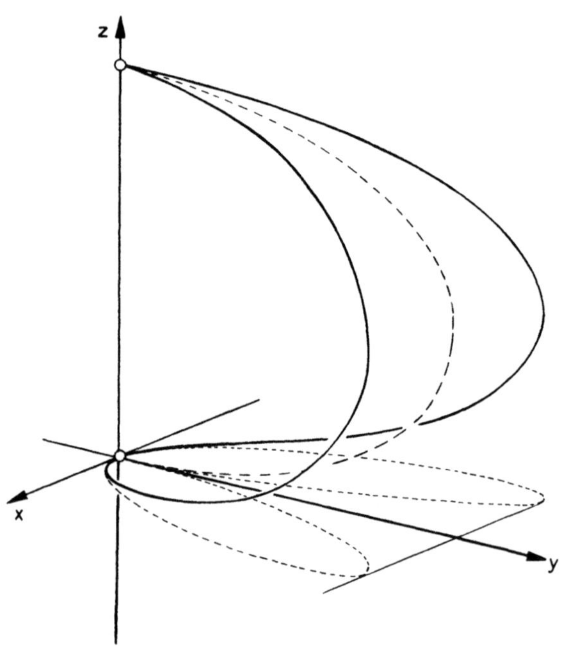

Bild 14

§ 3. Die Raumkurven (Ia), (Ib), (Ic). Nr. 59 und 60

59. In allen drei Fällen, die wir jetzt als Hauptfälle Ia - c bezeichnen, sind die Veränderlichen x und z gleichberechtigt in den Gleichungen. Man braucht also, um die Kurven gestaltlich zu bestimmen, außer dem jeweils durch die erste Gleichung gegebenen Aufrißkegelschnitt nur noch den Grundriß zu bestimmen, d.h. also z zu eliminieren.

Der Hauptfall (Ia)

1. Fall. $C = 0$, $C' = 0$.
Als Grundriß ergibt sich die axial-symmetrische Kurve 3. Ordnung

$$y^2 = \frac{(A'B - AB')x^2 + (A'E - 2B'D)x - B'F}{Bx + E} .x \qquad (1)$$

Man hat ersichtlich zwei Unterfälle
1. Unterfall. $B = 0$, also $AE \neq 0$, $E = -1$.
Wählt man sogleich $A' = 0$, $B' = 1$, so erhält man den

1. Satz. Die Raumkurve $\begin{Bmatrix} 2z = Ax^2 + 2Dx + F \\ y^2 = 2xz \end{Bmatrix}$ hat als Grundriß die Newtonsche Parabel

$$y^2 = x(Ax^2 + 2Dx + F) \qquad \text{(KB Nr. 97)} \qquad (1_1)$$

Dabei ist $y^2 = 2xz$ ein senkrechter Kreiskegel, was aus der Gleichung $x^2 + y^2 + z^2 = (x + z)^2$ sofort folgt.
2. Unterfall. $B \neq 0$, $B = -1$, $A' = 0$, $B' = 1$

2. Satz. Die Raumkurve $\begin{Bmatrix} 2z = \dfrac{Ax^2 + 2Dx + F}{x - E} \\ y^2 = 2xz \end{Bmatrix}$ hat als Grundriß die axialsymmetrische Kubik

$$y^2 = \frac{x(Ax^2 + 2Dx + F)}{x - E} \qquad (1_2)$$

Aufgabe. Gib die Werte von A, D, E, F an, damit (1_2) eine der speziellen Kurven in den Nummern 102, 113 - 117, 119, 120 des KB wird und bestimme noch andere geeignete Flächen des Büschels durch die Raumkurve, die es gestatten, die Gestalt der Raumkurve möglichst rasch zu ermittleln.

Beispiel. Die Kissoide ist der Grundriß der Kurve
$x^2 + y^2 = 4rz$
$y^2 = 2xz$
Beide Flächen sind Drehflächen mit sich schneidenden Achsen, deren Schnittkurve man mittels Hilfskugeln um den Ursprung zeichnet.

In allen weiteren Fällen erhält man als Grundrisse <u>axialsymmetrische Kurven 4. Ordnung</u> und zwar folgende Typen (KB, Anhang II)

I; IIa bis g, O, p, r, t;   IIIa bis f, h, e

Es fehlen die Typen IIh bis n, q, s, u, v, w, IIIg, i, k.
Die Durchführung der Rechnung ist nicht schwierig. Wir müssen uns hier begnügen, diejenigen Ergebnisse anzuführen, bei denen die Grundrisse besondere Kurven 4. Ordnung unseres KB sind.

2. <u>Fall</u>. $C = 0,\ C' \neq 0$

1. <u>Unterfall</u>. $B = 0,\ AE \neq 0,\ 2E = -1$ Typus IIIl

$$A = \frac{1}{b}\ ,\quad D = -\frac{a}{2b}\ ,\quad F = 0\ ,\quad A' = \frac{a^2}{b^2}\ ,\quad B' = 0\ ,\quad C' = 1 \qquad (1.)$$

$$\left.\begin{array}{l} bz = x^2 - ax \\ b^2(y^2+z^2) = a^2x^2 \end{array}\right\}\quad x^4 - 2ax^3 + b^2y^2 = 0$$ (KB Nr. 206) <u>Herzkurve</u>

$$A = \frac{1}{a}\ ,\quad D = 0\ ,\quad F = 0\ ,\quad A' = -1\ ,\quad B' = 0\ ,\quad C' = 1 \qquad (2.)$$

$$\left.\begin{array}{l} az = x^2 \\ x^2+y^2 = z^2 \end{array}\right\}\quad x^4 - a^2(x^2+y^2) = 0$$ (KB Nr. 206) <u>Kampyla des Eudoxus</u>

$$A = \frac{1}{2a}\ ,\quad D = 0\ ,\quad F = 0\ ,\quad A' = 1\ ,\quad B' = 0\ ,\quad C' = -1 \qquad (3.)$$

$$\left.\begin{array}{l} 2az = x^2 \\ y^2+z^2 = x^2 \end{array}\right\}\quad x^4 - 4a^2(x^2-y^2) = 0$$ (KB Nr. 203) <u>Achterkurve</u>

2. <u>Unterfall.</u> $B \neq 0,\ 2B = -1,\ A^2C' + 2AB' + A' = 0\ ,\ E = 0$
Typus II r fehlt!

Dazu $D = 0$ Typus II t

$$A = -\frac{1}{2},\ F = a^2,\ B' = 0,\ C' = 1 \qquad \left\{\begin{array}{l} 2xz = -x^2 + 2a^2 \\ \frac{x^2}{4} + y^2 = z^2 \end{array}\right.$$

$$x^2y^2 + a^2(x^2 - a^2) = 0$$ (KB Nr. 172) <u>Konchoide von Külp</u>

3. <u>Unterfall</u>. Typus IIo oder IIp   Fehlt

3. <u>Fall</u>. $C \neq 0,\ C' = 0$

1. <u>Unterfall</u>. $AC - B^2 = 0,\ C = 1,\ A = B^2$
$A' \neq 2BB',\ D \neq BE$ Typus IIIa

$$B = 1\ ,\ D = 0\ ,\ E = a\ ,\ F = 0\ ,\ A' = 1\ ,\ B' = 1 \qquad (1.)$$

$$\left.\begin{array}{l} (x+z)^2 + 2az = 0 \\ y^2 = x^2 + 2xz \end{array}\right\}\quad (x^2+y^2)^2 - 4ax(x^2-y^2) = 0$$ <u>Gerades Dreiblatt</u> (KB Nr. 176)

$B = 1$, $D = -a$, $E = -2a$, $F = 0$, $A' = 1$, $B' = 1$ (2.)

$$\left.\begin{matrix}(x+z)^2-2ax-4az=0\\ y^2=x^2+2xz\end{matrix}\right\} \quad (x^2+y^2)^2-8axy^2 = 0$$ Gerades Zweiblatt (KB Nr. 176)

$B = 1$, $D = -a$, $E = 0$, $F = 0$, $A' = 0$, $B' = \frac{1}{2}$ (3.)

$$\left.\begin{matrix}(x+z)^2-2ax=0\\ y^2=xz\end{matrix}\right\} \quad (x^2+y^2)^2-2ax^3= 0$$ Falsches Keplersches Ei (KB Nr. 178)

$B = 2$, $D = -\frac{10a}{9}$, $E = -a$, $F = 0$, $A' = 2$, $B' = \frac{3}{4}$ (4.)

$$\left.\begin{matrix}(2x+z)_{} - \frac{20a}{9}x-2az=0\\ y^2=2x^2+\frac{3}{2}xz\end{matrix}\right\} \quad (x^2+y^2)^2+ax(x^2-3y^2)=0$$ Regelmäßiges Dreiblatt (KB Nr. 180)

2. <u>Unterfall.</u> $AC - B^2 \neq 0$, $C = 1$

1. <u>Möglichkeit.</u> $4AB'^2 - 4BA'B' + A'^2 = 0$, $B' \neq 0$

$A = 2$, $D = 0$, $E = -a$, $F = 0$, $A' = 1$, $B' = \frac{1}{2}$ (1.)

Typus IId

$$\left.\begin{matrix}(x+z)(2x+z)-2az=0\\ y^2=x(x+z)\end{matrix}\right\} \quad y^2(x^2+y^2)+2ax(x^2-y^2)=0$$ Parabolisches Trifolium (KB Nr. 155)

$A = 2$, $B = \frac{3}{2}$, $D = 0$, $E = 0$, $F = -a^2$, $A' = 1$, $B' = \frac{1}{2}$ (2.)

Typus IIf

$$\left\{\begin{matrix}(x+z)(2x+z)-a^2= 0\\ y^2=x(x+z)\end{matrix}\right\} \quad y^2(x^2+y^2)-a^2x^2=0$$ Kappakurve (KB Nr. 156)

2. <u>Möglichkeit.</u> $4AB'^2 - 4BA'B' + A'^2 \neq 0$

$A = 1$, $B = 0$, $D = -\frac{a}{2}$, $E = 0$, $F = 0$, $A' = 0$, $2B' = 1$ (1.)

Typus I

$$\left.\begin{matrix}x^2+z^2-ax=0\\ y^2=xz\end{matrix}\right\} \quad x^4+y^4-ax^3=0$$ Perlkurve von Sluse (KB Nr. 152)

$A = 0$, $B = 1$, $D = a$, $E = 0$, $F = 0$, $A' = 1$, $2B' = 1$ (2.)

Typus IIc

$$\left.\begin{matrix}2xz+z^2+2ax=0\\ y^2=x(x+z)\end{matrix}\right\} \quad x^4-y^4-2ax^3=0$$ Perlkurve von De Longchamps (KB Nr. 152)

4. <u>Fall.</u> $CC' \neq 0$ Hier geben wir nur die möglichen speziellen Kurven an.

$$\left.\begin{matrix}x^2+z^2-2ax+2bz=0\\ y^2=x^2+z^2\end{matrix}\right\} \quad y^4-4(ax+b^2)y^2+4(a^2+b^2)x^2=0$$ Quersackkurve Typus IIIf (KB Nr. 203)

$$\left.\begin{array}{l} z^2-2ax+lz=0 \\ x^2+y^2=z^2 \end{array}\right\} \quad (x^2+y^2)^2-4ax(x^2+y^2)+\{(4a^2-l^2)x^2-l^2y^2\}=0 \qquad (2.)$$

Pascalsche Konchoide (KB Nr. 198)
Typus IIIc

$$\left.\begin{array}{l} Ax^2+Cz^2+2Ez+F=0 \\ y^2=A'x^2+z^2 \end{array}\right\} \qquad (3.)$$

$$\left.\begin{array}{l} F^2=l^4+a^4+k^4-2a^2k^2-2k^2l^2-2l^2a^2, \quad A=\dfrac{F+l^2+a^2-k^2}{2l^2}, \quad C=\dfrac{2(l^2+a^2)}{F} \\ E^2=\frac{1}{2}(l^2+a^2+k^2), \quad A'=\dfrac{F-l^2+a^2-k^2}{2l^2} \end{array}\right\}$$

$$(x^2+y^2)^2+2(l^2-a^2-k^2)x^2+2(l^2+a^2-k^2)y^2+l^4+a^4+k^4-2a^2k^2-2k^2l^2-2l^2a^2=0$$

Spirische Linien des Perseus
Typus IIIc (KB Nr. 186)

$$A=A'+1, \quad k^2=\tfrac{1}{2}(4E^2-CF),$$

$$l^2=\frac{F(1+C)-2E^2}{2A}, \quad a^2=\frac{F(AC-1-C)+2E^2}{2A}$$

$$\left.\begin{array}{l} x^2+z^2+2(k-a)=0 \\ y^2=-\dfrac{k}{k-a}x^2+\dfrac{a}{k-a}z^2 \end{array}\right\} \qquad (4.)$$

$$y^2+z^2+2kz=0$$

$(x^2+y^2)^2=4a\{kx^2-(a-k)y^2\}$ Lemniskate von Booth (KB Nr. 190)
Typus IIIc

60. Die Hauptfälle (Ib) und (Ic)

$$\left.\begin{array}{l} (x+z+a)^2=l^2+x^2 \\ y^2=k^2-(x+z)^2 \end{array}\right\}$$ Spirische Linien des Perseus (1.)
Typus IIIc (KB Nr. 186)

$$\left.\begin{array}{l} (x+z)z+\dfrac{p^2}{4}=0 \\ y^2=2p(x+z) \end{array}\right\} \quad y^4-2pxy^2+p^4=0$$ (KB Nr. 204) (2.)
Typus $IIId_2$

§ 4. Weitere Kurven 4. Ordnung. Solche 2. Spezies. Nr. 61 und 62

61. Unter den Kurven (Ia) der Nr. 58 befinden sich noch einige berühmte. Setzt man in (Ia)

$$A=-\frac{a^2}{b^2}, \quad B=0, \quad C=1, \quad D=\frac{a}{2}, \quad E=0, \quad F=0;$$

$$A'=\frac{a^2-b^2}{b^2}, \quad B'=0, \quad C'=-1$$

so erhält man die Gleichungen

$$-\frac{a^2}{b^2}x^2 + z^2 + ax = 0 \qquad (1.)$$

$$y^2 = \frac{a^2 - b^2}{b^2}x^2 - z^2 \qquad (2.)$$

aus denen sofort

$$x^2 + y^2 - ax = 0 \qquad (3.)$$

$$x^2 + y^2 + z^2 = \frac{a^2}{b^2}x^2 \qquad (4.)$$

sich ergibt, je zwei dieser Gleichungen, insbesondere (3) und (4) stellen die berühmte Raumkurve des Archytas von Tarent (428 - 365) dar, mit deren Hilfe er das Delische Problem der Würfelverdoppelung löste. (3) stellt einen senkrechten Kreiszylinder dar, dessen Grundkreis den Durchmesser $\overline{OA} = a$ hat. In diesem Grundkreis liegt die Sehne $\overline{OB} = b < a$ (Bild 15). (4) stellt den Kreiskegel dar, den die Gerade OB bei der Drehung um OA beschreibt mit der Öffnung α für die

$$\cos\alpha = \frac{b}{a} = \pm\frac{x}{\sqrt{x^2 + y^2 + z^2}} \qquad (5.)$$

ist, wo sich die rechte Seite auf einen beliebigen Punkt einer beliebigen Mantellinie bezieht (3) und (4) bestimmen die Raumkurve, deren vertikalprojizierender hyperbolischer Zylinder (1) ist.Archytas nahm nun noch den halben Kreiswulst (Torus) hinzu, der entsteht, wenn man über $\overline{OA}$ den Halbkreis errichtet und diesen um die z-Achse dreht. Der Torus hat die Gleichung

$$\left(\sqrt{x^2+y^2} - \frac{a}{2}\right)^2 + z^2 = \frac{a^2}{4} \qquad \text{oder}$$

$$(x^2 + y^2 + z^2)^2 = a^2(x^2 + y^2) \qquad (6.)$$

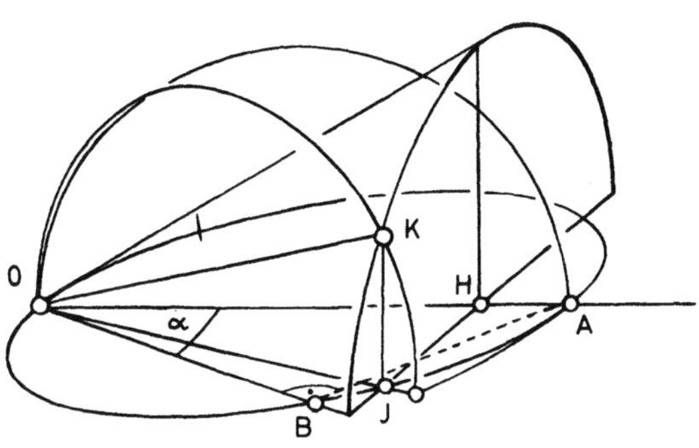

Bild 15

Die drei Flächen schneiden sich im Punkt K, dessen Horizontalprojektion J und dessen Abszisse $\overline{OH}$ ist, so daß

$$\overline{OH} = x \;,\quad \overline{OJ} = \sqrt{x^2 + y^2} \;,\quad \overline{OK} = \sqrt{x^2 + y^2 + z^2} \qquad (7.)$$

gilt. Aus (3), (4) und (6) folgt

$$(x^2 + y^2 + z^2)^2 = a^3x = \frac{a^4}{b^4}\,x^4 \qquad x = b\sqrt[3]{\frac{b}{a}} \quad \text{und damit}$$

$$\overline{OJ} = \sqrt[3]{ab^2} \;,\quad \overline{OK} = \sqrt[3]{a^2b} \;, \qquad (8.)$$

so daß

$$\overline{OA} : \overline{OK} : \overline{OJ} : \overline{OB} = \sqrt[3]{a^3} : \sqrt[3]{a^2b} : \sqrt[3]{ab^2} : \sqrt[3]{b^3}$$

d.h.

$$\overline{OA} : \overline{OK} = \overline{OK} : \overline{OJ} = \overline{OJ} : \overline{OB} \qquad (9)$$

ist. $\overline{OK}$ und $\overline{OJ}$ sind also die beiden mittleren Proportionalen zwischen $\overline{OA}$ und $\overline{OB}$. Mit a = 2, b = 1 folgt

$$\overline{OJ} = \sqrt[3]{2} \qquad (10)$$

In der berühmten Eudoxischen Planetentheorie der homozentrischen Sphären beschreibt im einfachsten Fall ein Planet eine Kurve, der Eudoxus (408? - 355?) den Namen Hippopede (Pferdeschlinge) gab. Sie ergibt sich als Schnitt der Kugel

$$x^2 + y^2 + z^2 = r^2 \qquad (1)$$

und des horizontalprojizierenden Zylinders

$$x^2 + (y - a)^2 = (r - a)^2 \;, \qquad (2)$$

$r > a$ und hat den seitenprojizierenden Zylinder

$$z^2 = -2a(y - r) \qquad (3)$$

und den vertikalprojizierenden Zylinder

$$x^2 = \frac{z^2}{4a^2}\left\{4(r - a)a - z^2\right\} \;, \qquad (4)$$

dessen Grundkurve eine Achterkurve (KB Nr. 203) ist. Die Kurve liegt übrigens auf dem Drehkegel

$$a\left\{x^2 + (y - r)^2\right\} - (r - a)z^2 = 0 \;. \qquad (5)$$

Die Schiebung $y \to y + r$ ergibt die Gleichungen

$$x^2 + y^2 + 2(r - a)y = 0 \;, \qquad (2')$$

$$a(x^2 + y^2) - (r - a)z^2 = 0 \qquad (5')$$

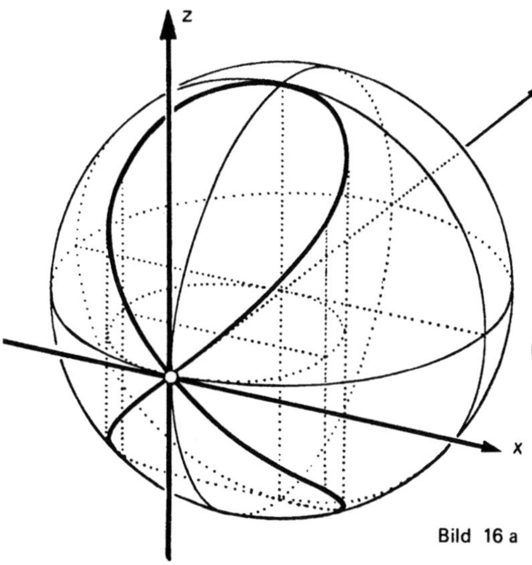

Bild 16 a

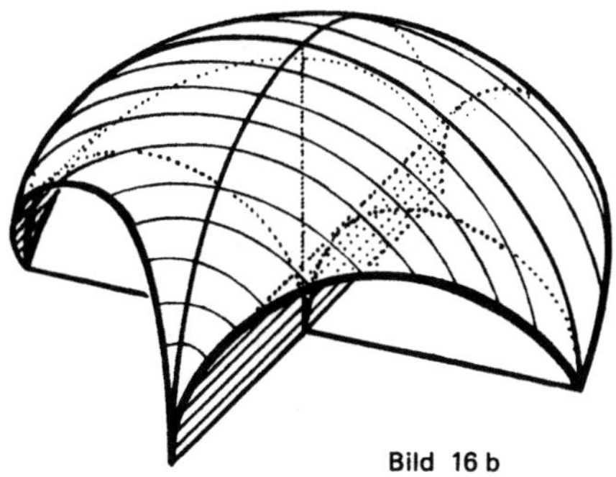

Bild 16 b

Vertauscht man y mit z, so sind (2') und (5') in den Gleichungen (Ia) der Nr. 58 für $A = C = 1$, $B = 0$, $D = 0$, $E = r - a$, $F = 0$; $A' = C' = \frac{a}{r - a}$, $B' = 0$ enthalten.

Eine dritte berühmte Kurve ist das sogenannte Vivianische Fenster Bild 16a und 16b. Man erhält es aus der Hippopede als speziellen Fall $a = \frac{r}{2}$. Seine Hälfte ist der Schnitt der Halbkugel

$$x^2 + y^2 + r^2 = r^2 \quad , \quad z \geqq 0 \tag{1}$$

mit dem Zylinder

$$x^2 + y^2 - rx = 0 \tag{2}$$

Viviani (1622 - 1703), der berühmte Schüler Galileis, stellte in den Acta Eruditorum vom 4.4.1692 die Aufgabe, aus einer Halbkugel 4 gleiche Fenster so herauszuschneiden, daß der Rest auf der Halbkugel quadrierbar sei. Leibniz löste das Problem. Heute lösen wir es mit unserer Rechentechnik so:
Die Gleichung der Kugel in Polarkoordinaten ist

$$x = r \cos\vartheta \cos\varphi \quad , \quad y = r \cos\vartheta \sin\varphi \quad , \quad z = r \sin\vartheta \; .$$

Ein Viertel der auf ihr durch den Zylinder begrenzten Fläche ist durch die Ungleichungen $0 \leqq \varphi \leqq \frac{\pi}{2}$, $\varphi \leqq \vartheta \leqq \frac{\pi}{2}$ bestimmt. Man berechnet nach Nr. 87 unten die Fundamentalgrößen $E = r^2\cos^2\vartheta$, $F = 0$, $G = r^2$, $\sqrt{EG - F^2} + r^2\cos\vartheta$ und hat als Vivianisches Fenster $4\int_0^{\frac{\pi}{2}}\int_{\varphi}^{\frac{\pi}{2}} r^2 \cos\vartheta \, d\vartheta \, d\varphi = 4r^2\int_0^{\frac{\pi}{2}}(1 - \sin\varphi)\,d\varphi = 2\pi r^2 - 4r^2$.

Dieses Fenster entsteht, indem man die Kugel durch die xz- Ebene halbiert und die hintere Hälfte der berechneten Fläche durch Spiegelung an der z-Achse auf die vordere verlegt. Der Rest der vorderen Kugelfläche ist dann $2\pi r^2 - (2\pi r^2 - 4r^2) = 4r^2$ also das Quadrat über dem Kugeldurchmesser.

Aufgabe. Bestimme die abwickelbare Tangentenfläche des Vivianischen Fensters und ihre Spuren in den Koordinatenebenen (vgl. dazu Nr. 76)

(Kissoide $y^2 = \frac{(x-a)^3}{2a-x}$ (KB Nr. 102) ,

$z^2 = \frac{(x-a)^3}{2x-a}$, $z^2 = \frac{(2y^2+a^2)^2}{4y^2+a^2}$)

62. G. Loria gibt in dem in Anmerkung [1], S. 66 angegebenen Buch auch eine ausführliche Theorie der Raumkurven 4. Ordnung zweiter Spezies, die dadurch gekennzeichnet sind, daß sie nur auf einer einzigen Fläche 2. Ordnung und außerdem auf einer Fläche 3. Ordnung liegen, die mit der Fläche 2. Ordnung zwei windschiefe Geraden gemein hat. Sie besitzt keinen Doppelpunkt, ist aber trotzdem eine rationale Kurve. Wir können auf die allgemeine Theorie hier nicht eingehen, sondern müssen uns auf ein paar Beispiele beschränken.

(1.) Die sogenannte Striktionslinie eines einschaligen Hyperboloids (vgl. unter Nr. 113)

$$\frac{x^2}{a^2} + \frac{y^2}{b^2} - \frac{z^2}{c^2} = 1 \qquad a > b \tag{1}$$

hat die Parameterdarstellung

$$x = \frac{a\cos\varphi}{1 - k^2\sin^2\varphi}, \quad y = \frac{k'^2 b\sin\varphi}{1 - k^2\sin^2\varphi}, \quad z = \frac{k^2 c\sin\varphi\cos\varphi}{1 - k^2\sin^2\varphi} \tag{2}$$

wo

$$k^2 = \frac{c^2(a^2 - b^2)}{a^2(b^2 + c^2)}, \quad k'^2 = 1 - k^2 = \frac{b^2(a^2 + c^2)}{a^2(b^2 + c^2)} \tag{3}$$

ist. Mit

$$\sin\varphi = \frac{2\lambda}{1+\lambda^2}, \quad \cos\varphi = \frac{1-\lambda^2}{1+\lambda^2} \tag{4}$$

ergibt sich die rationale Darstellung.

Die durch die Kuvre gehende Fläche 3. Ordnung ist das Konoid

$$y = \frac{k'^2 abcxz}{k^2c^2x^2 - a^2z^2} \qquad \text{(vgl. Nr. 159ff)} \tag{5}$$

das mit (1) die Geraden $y = \delta b$, $z = -\delta \frac{c}{a} x$, $\delta = \pm 1$ gemeinsam hat. Die Kurve liegt auch auf dem Kegel

$$\frac{k^4 c^2}{z^2} = \frac{k'^4 b^2}{y^2} + \frac{a^2}{x^2} \tag{6}$$

Bemerkung. Die Striktionlinie des hyperbolischen Paraboloids

$$\frac{y^2}{p} - \frac{z^2}{q} = 2x \qquad \text{wird durch die Ebenen} \qquad y = \pm \left(\frac{p}{q}\right)^{\frac{1}{2}} z$$

ausgeschnitten.

(2.) Die Haupttangentenkurven des Plückerschen Konoids (vgl. Nr. 175ff) haben die Gleichungen

$$z = h \frac{x^2 - y^2}{x^2 + y^2} \tag{1}$$

und

$$(x^2 + y^2)^2 = 4 c^2 xy \quad , \quad c \text{ beliebig} \tag{2}$$

Ihre Parameterdarstellung ist

$$x = \frac{2\lambda c}{1 + \lambda^4} \quad , \quad y = \frac{2\lambda^3 c}{1 + \lambda^4} \quad , \quad z = h \frac{1 - \lambda^4}{1 + \lambda^4} \tag{3}$$

Sie liegen auf den Hyperboloiden

$$\frac{z^2}{h^2} + \frac{xy}{c^2} = 1 \quad , \tag{4}$$

die den Konoidmittelpunkt zum Mittelpunkt haben, und durch die Punkte

$$\left.\begin{matrix} y = 0 \\ z = h \end{matrix}\right\} \qquad \left.\begin{matrix} x = 0 \\ z = -h \end{matrix}\right\} \tag{5}$$

gehen.

(3.) Die Eigenschattengrenzen auf dem Plückerschen Konoid bei Parallelbeleuchtung, sind, wenn die Lichtstrahlen die Richtungssinusse $\alpha | \beta | \gamma$ haben, die Schnitte des Konoids mit den Flächen 2. Grades

$$2\alpha x(z - h) + 2\beta y(z + h) + \gamma(x^2 + y^2) = 0 \tag{1}$$

und haben die Paramterdarstellung

$$x = \frac{4h\lambda(\alpha\lambda - \beta)}{\gamma(1 + \lambda^2)^2}, \quad y = \frac{4h\lambda^2(\alpha\lambda - \beta)}{\gamma(1 + \lambda^2)^2}, \quad z = h \frac{1 - \lambda^2}{1 + \lambda^2} \tag{2}$$

Beweis. Die Berührebene des Konoids

$$x^2(z - h) + y^2(z + h) = 0 \tag{3}$$

im Punkt $x|y|z$ lautet

$$2x(z - k)X + 2y(z + h)Y + (x^2 + y^2)Z - h(x^2 - y^2) = 0 \tag{4}$$

Die Gerade mit den laufenden Koordinaten $\xi|\eta|\zeta$ durch den Punkt $x|y|z$ mit den Richtungskosinussen $\alpha|\beta|\gamma$ ist

$$\xi = x + \alpha t \quad , \quad \eta = y + \beta t \quad , \quad \zeta = z + \gamma t \quad . \tag{5}$$

sie liegt auf (4), wenn, da (3) gilt, (1) erfüllt ist.
Dies ist der Fall (Vgl. dazu Nr. 175).

(4.) Die Fußpunktskurve eines Punktes in bezug auf die Mantellinien eines einschaligen Hyperboloids

Herleitung sei Aufgabe. Ist der Punkt Mittelpunkt des Hyperboloids

$$\frac{x^2}{a^2} + \frac{y^2}{b^2} - \frac{z^2}{c^2} = 1 \quad , \tag{1}$$

so ist die Kurve sein Schnitt mit dem Kegel

$$\frac{a^2(b^2 + c^2)^2}{x^2} + \frac{b^2(a^2 + c^2)^2}{y^2} - \frac{c^2(a^2 - b^2)^2}{z^2} = 0 \tag{2}$$

Aufgabe. Bestimme die Parameterdarstellung der Kurve und die durch sie gehende Fläche 3. Ordnung.

§ 5. Vermischte Aufgaben. Nr. 63

63. In der Praxis stellen sich die Gleichungen der Raumkurven 4. Ordnung 1. Spezies nicht in den von uns entwickelten kanonischen Formen dar, sondern als Schnittkurven je zweier besonderer Flächen 2. Grades. Der Möglichkeiten gibt es so viele, daß wir uns auf eine Auswahl von Aufgaben beschränken müssen. Der Leser ermittle in jedem Falle auch die kanonischen Formen. Wir ordnen die Beispiele nach den erzeugenden Flächen.

(1.) Schnitt zweier Zylinder

(a.) $x^2 + (z - k)^2 = a^2$,
$y^2 + z^2 = r^2$ (nicht $k \geqq r + a$, warum?).

Es gibt 4 Hauptfälle:

1. $r > 2a$,
2. $r = 2a$,
3. $2a > r > a$,
4. $r = a$

und bei jedem wieder 4 bis 8 Fälle in bezug auf k. Zur vollständigen Behandlung eignen sich $r = 5$, $a = 3$, $k = 4, 2, 1, 0$; $r = 5$, $a = 5$, $k = 7, 5, 3, 0$. Die Horizontalprojektion (HP) ist vom Typus IIId (KB, Anhang II).

(b.) $(y - h)^2 + (z - x)^2 = r^2$,
$(y + h)^2 + (z + x)^2 = r'^2 \qquad r \neq r', \quad r = r'$

Die HP ist vom Typus (IIo), die VP vom Typus (IIs).

(c.) $x^2 = 2pz \quad , \quad y^2 + z^2 - 2az = 0$

(2.) Schnitt eines Zylinders und eines Kegels

(A.) Mit aufeinander senkrechten Achsen
(a.) $(x - h)^2 + (z - k)^2 = a^2 \quad , \quad x^2 + y^2 = m^2z^2 \quad , k \neq 0$

HP vom Typus (IIIc). Besonderer Fall: $h^2 + k^2 = a^2$
(b.) $(x - h)^2 + (z - k)^2 = a^2 \quad , \quad y^2 + z^2 = m^2x^2 \quad , h \neq 0$

HP vom Typus (IIId). Besonderer Fall:

Kurve des Archytos (vgl. Nr. 61) $h = 0$, $k = a$,

$$m^2 = \frac{a^2 - b^2}{b^2}$$

(B.) Mit parallelen Achsen
$(x - h)^2 + (z - k)^2 = a^2 \quad , \quad y^2 = m^2(x^2 + z^2)$
HP vom Typus (IIIf). Besonderer Fall: $h^2 + k^2 = a^2$, $m = 1$
Quersackkurve, $h = 0$ Achterkurve (KB Nr. 203)

(3.) Schnitt zweier Kegel

(A.) Mit zueinander senkrechten Achsen
$y^2 + (z - k)^2 = m'^2(x - h)^2 \quad , \quad x^2 + y^2 = m^2z^2$
HP vom Typus (IIIc) oder (IIId), je nachdem $|mm'| \lesseqgtr 1$ ist.

Besonderer Fall: $|k| = |m'h|$
(B.) Mit parallelen Achsen

(a.) $(x - h)^2 + y^2 = m'^2(z - k)^2 \quad , \quad x^2 + y^2 = m^2z^2$
HP bizirkulare Kurve, Typus (IIIc), besonderer Fall:
$|h| = |m'k|$ Pascalsche Schnecke (KB Nr. 198)
(b.) $y^2 + (z - k)^2 = m'^2(x - h)^2 \quad , \quad y^2 + z^2 = m^2x^2$
HP vom Typus (IIIl), besonderer Fall: $k = m'h$

(4.) Schnitt einer Kugel und eines Zylinders
$x^2 + y^2 + (z - k)^2 = a^2 \quad , \quad y^2 + z^2 = r^2$

HP vom Typus (IIIl). Es gibt 5 Hauptfälle, die ersten 4 wie in (1.) (a.), dazu 5. Hauptfall: $a < r$ mit 6 Fällen, je nach Wahl von k. Besondere Kurven:

Vivianisches Fenster $k = r$, $a = 2r$

Hyppopede des Eudoxus $r = a - h$

Kugel-Zylinderkurve von Roberval (1602 - 75) $k = 0$

(5.) Schnitt einer Kugel und eines Kegels

(a.) $(x - h)^2 + y^2 + (z - k)^2 = a^2$, $x^2 + y^2 = m^2z^2$, $h \neq 0$

HP bizirkulare Kurve Typus (IIIc)

(b.) $(x - h)^2 + y^2 + (z - k)^2 = a^2$, $y^2 + z^2 = m^2x^2$

HP vom Typus (IIIl). Besonderer Fall: $k^2 + h^2 = a^2$ und $|h| = |mk|$

(c.) $x^2 + y^2 + z^2 + 2a(x + z) = 0$, $(x+b)^2 + y^2 = (z - b)^2$

Der Meridian der Kugel in $y = 0$ berührt eine Kegelmantellinie.

HP Pascalsche Schnecke (KB Nr. 198)

(d.) $x^2 + y^2 + z^2 = r^2$, $y^2 = -2(x + a)(z - r)$

Wie bei (c.) HP ähnelt der Kurve von Jérabek (KB Nr. 153)

(6.) Schnitt eines hyperbolischen Paraboloids mit einem Zylinder oder einer Kugel

$\frac{y^2}{p} - \frac{z^2}{q} = 2x$, $(x + b)^2 + y^2 = r^2$ oder

$(x + b)^2 + y^2 + z^2 = r^2$ Besonderer Fall: $p = q$

(7.) Schnitt eines einschaligen Hyperboloids und eines Zylinders

(a.) $x^2 + y^2 - z^2 + 2hy = 0$, $x^2 + y^2 - 2ay = 0$

(b.) $x^2 + y^2 - z^2 = a^2$, $(x - z)^2 + (y - (b - a))^2 = b^2$

Wie liegt der Zylinder? Die Flächen haben die gemeinsame Erzeugende $x = z$, $y = -a$. Die VP ist eine zentrisch symmetrische Kubik, die HP die Kubik

$(y - 2b + a)x^2 + (y + a)(y - b)^2 = 0$ mit Doppelpunkt $0|b$

(8.) Weitere Aufgaben

(a.) $x^2 + y^2 - z^2 = a^2$, $x^2 + z^2 = (y - b)^2$,

z.B. $b = 2a$, $a\sqrt{2}$, $\frac{4a}{5}\sqrt{2}$, a , $\frac{3a}{5}\sqrt{2}$

(b.) $x^2 + y^2 - 2xz = 0$, $x^2 + y^2 - 2ay = 0$

(c.) $y^2 + z^2 - 2xy = 0$, $y^2 = 2pz$

(d.) $y^2 = a(x - z)$, $ay = z^2$

(e.) $x^2 + y^2 + z^2 = a^2$, $ax = yz$

(f.) $x^2 + y^2 = a^2$, $ax = yz$

(g.) $x^2 + y^2 + z^2 - 2ax = 0$, $2xy = z^2$

(h.) $y^2 + z^2 = x^2 \tan\alpha$, $x^2 + y^2 - 2r(x\cos\alpha + y\sin\alpha) = 0$

(i.) $z(x + z) = a^2$, $y^2 = xz$ HP Kappakurve (KB Nr. 156)

(k.) $xz = a^2$, $y^2 = z^2 - a^2$ HP Külpsche Konchoide (KB Nr. 172)

(l.) $x(r - z) = r^2$, $y^2 + z^2 = r^2$ HP Birnkurve (KB Nr. 172)

(m.) $(x + z)^2 - 8az = 0$, $y^2 = xz$ HP Gerades Zweiblatt (KB Nr. 176)

(n.) $z^2 - 2lz = 2ax$, $x^2 + y^2 = z^2$ HP Pascalsche Schnecke
$l = a$ Kardioide (KB. Nr. 198)

(o.) $x^2 - z^2 - 2az = 0$, $y^2 = x^2 - 2z^2$ HP Lemniskate (KB. Nr. 192)

(p.) $x^2 + y^2 - z^2 = a^2$, $yz = bx$

(q.) $x^2 + y^2 - z^2 = a^2$, $yz + a(x + z) = 0$

(r.) $x^2 + y^2 - z^2 = a^2$, $(x - y)(z - a) - a(x + y)(z + a) = 0$

Die Büschelkegel sind alle nullteilig. (p.) und (q.).
Die Kurven (p.) und (q.) sind achsensymmetrisch, (r.) ist punktsymmetrisch.

§ 6. Die sphärischen Kegelschnitte. Nr. 64 und 65

64. Die Kurven auf einer Kugel sind zugleich diejenigen in einer nichteuklidischen (sphärischen oder elliptischen) Ebene. Von ihnen wollen wir nur die sphärischen Kegelschnitte

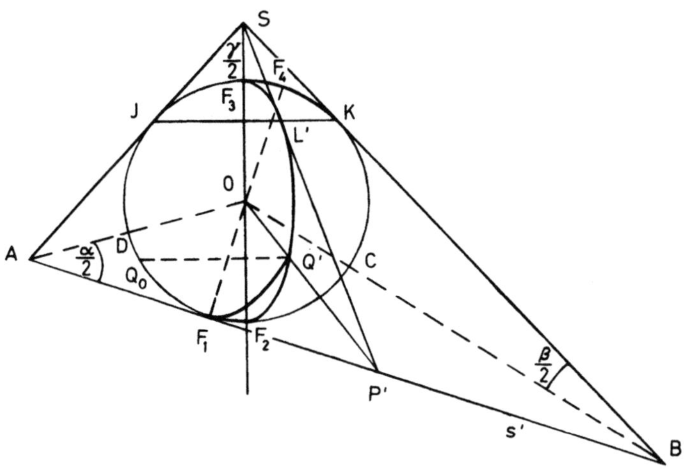

Bild 17

behandeln [1]. Sie sind die Schnittkurven einer Kugel mit einer konzentrischen Kegelfläche 2. Grades [2]. Wir gehen (Bild 17) aus von der berühmten Dandelinschen Figur des elliptischen Schnittes s eines senkrechten Kreiskegels mit einer Ebene E, der von der dem Kegel einbeschriebenen Kugel in seinem Brennpunkte F_1 berührt wird. Ist O der Kugelmittelpunkt und S der Kegelscheitel, so machen wir die Ebene SOF_1 zur Zeichenebene Π_1, die auf E senkrecht steht. s projiziert sich als Strecke s' mit den Endpunkten A und B. Sind J und K die Berührpunkte von SA und SB mit der Kugel, so ist JK Durchmesser des Berührkreises von Kegel und Kugel. Schneidet man den Kegel mit Scheitel O und Basiskurve s mit der Kugel, so erhält man einen sphärischen Kegelschnitt. Die Tangenten von einem Punkt P an die Kugel sind gleich lang, ihre Projektion von O auf die Kugel ergeben gleich lange Bogen größter Kreise. Liegt P auf s, so berührt PS die Kugel im Punkt L auf dem Berührkreis mit dem Durchmesser JK, und L' liegt auf $\overline{JK}$. Es ist $\overline{PF_1} = \overline{PL}$, also Bogen $\widehat{QF_1}$ = Bogen $\widehat{QL}$, wenn OP die Kugel in Q schneidet. $\widehat{QF_1}$ gehört dem Großkreis mit Durchmesser F_1F_4 an, $\widehat{QL}$ dem Großkreis mit Durchmesser $\overline{F_2F_3}$, der auf OS liegt. Da der Bogen $\widehat{QL}$ auf dem Kreis JLK senkrecht steht, so ist er der sphärische Abstand des Punktes Q von diesem Kreise. Also ist der sphärische Kegelschnitt der Ort der Punkte, die von einem festen Punkt F_1 und einem festen Kreis KLJ gleich weit entfernt sind.

Dreht man den Bogen $\widehat{QF_1}$ um die Achse F_1O in Π_1, so geht er in $\widehat{F_1Q^o}$ über ($Q'Q^o \perp OF_1$). Ebenso läßt sich der Bogen $\widehat{QL}$ durch Drehen um SO in die Lage $\widehat{JQ_o}$ bringen ($Q'Q_o \perp OS$). Also ist $\widehat{JQ_o} = \widehat{F_1Q^o}$ und, da $\overline{AJ} = \overline{AF_1}$ ist, auch $\widehat{DJ} = \widehat{DF_1}$, wenn OA die Kugel in D schneidet. Hieraus folgt $\widehat{DQ_o} = \widehat{DQ^o}$.

Dies gibt eine einfache Konstruktion der Punkte des sphärischen Kegelschnittes: Schneidet man von D aus auf dem Kugelkreis in Π_1 gleiche Bogen ab, z.B. $\widehat{DQ_o} = \widehat{DQ^o}$ und zieht man durch die Endpunkte die Lote zu OF_2 und OF_1, so ist der Schnittpunkt Q' die Projektion eines Punktes des sphärischen Kegelschnittes. Da $\widehat{F_2Q} = \widehat{F_2Q_o}$ und $\widehat{QL} = \widehat{QF_1}$ (s.o.) $= \widehat{Q_oJ}$ ist, so folgt $\widehat{F_2Q} + \widehat{QF_1} = \widehat{F_2J}$. $\widehat{F_2J}$ ist aber von der Lage des Punktes P unabhängig: Der sphärische Kegelschnitt ist also der Ort der

1) Loria betrachtet in dem in Anmerkung 1) Seite 66 genannten Werke auch die den ebenen bizirkularen Kurven entsprechenden Kurven auf der Kugel und als Verallgemeinerung der sphärischen Kegelschnitte die Kurven von Roberts.

2) Vergleiche Rohn-Papperitz, Lehrbuch der Darstellenden Geometrie III. Bd., Leipzig 1906, Seite 154 ff.

Punkte, für welche die Summe der sphärischen Abstände von zwei festen Punkten, den Brennpunkten F_1 und F_2 konstant ist. Weiter ist $\overset{\frown}{F_2J} = \overset{\frown}{F_2K} = \overset{\frown}{F_2C} + \overset{\frown}{CK} = \overset{\frown}{F_2C} + \overset{\frown}{CF_1}$, also C ein Punkt des sphärischen Kegelschnittes. Ebenso $\overset{\frown}{F_2J} = \overset{\frown}{F_2D} + \overset{\frown}{DJ} =$ $= \overset{\frown}{F_2D} + \overset{\frown}{DF_1}$, also D ebenfalls ein solcher. Es ist aber $\overset{\frown}{CF_2} =$ $= \overset{\frown}{F_1D}$, da

$$\sphericalangle COF_2 = \frac{\beta}{2} + \frac{\gamma}{2} = \frac{\pi}{2} - \frac{\alpha}{2} = \sphericalangle DOF_1$$

ist. Also kommt

$$\overset{\frown}{CD} = \overset{\frown}{CF_2} + \overset{\frown}{F_2D} = \overset{\frown}{F_1D} + \overset{\frown}{F_2D} = \overset{\frown}{F_2J} \quad .$$

C und D sind die Hauptscheitel des sphärischen Kegelschnittes. Weiter ist, wenn man den Kugelradius gleich der Einheit wählt $\overset{\frown}{QF_2} = \pi - \overset{\frown}{QF_3}$. Aus $\overset{\frown}{QF_1} + \overset{\frown}{QF_2} = \overset{\frown}{CD}$ folgt $\overset{\frown}{QF_3} - \overset{\frown}{QF_1} = \pi - \overset{\frown}{CD} = \overset{\frown}{DG}$. Der sphärische Keglschnitt ist also nicht nur eine sphärische Ellipse mit der Hauptachse $\overset{\frown}{CD}$ und der Brennweite $\overset{\frown}{F_1F_2}$, sondern auch eine sphärische Hyperbel, nämlich der Ort der Punkte, für welche die Differenz der sphärischen Abstände von zwei festen Punkten, den Brennpunkten F_1 und F_3 konstant ist. Jetzt ist $\overset{\frown}{GD}$ die Hauptachse und $\overset{\frown}{F_1F_3}$ die Brennweite. Übrigens ist auch

$$\overset{\frown}{QF_4} - \overset{\frown}{QF_2} = \pi - \overset{\frown}{CD} \quad \text{und} \quad \overset{\frown}{QF_3} + \overset{\frown}{QF_4} = 2\pi - \overset{\frown}{CD} \quad .$$

65. Nun ist aber noch eine Lücke. Wir gingen in Nr. 64 von einem Kegel mit Spitze S und Grundellipse s aus und kamen zum Kegel mit Spitze O und Grundellipse s, der erst auf der Kugel den sphärischen Kegelschnitt bestimmte. Es sollte aber umgekehrt sein. Der Kegel mit der Spitze O und der Grundellipse s sollte

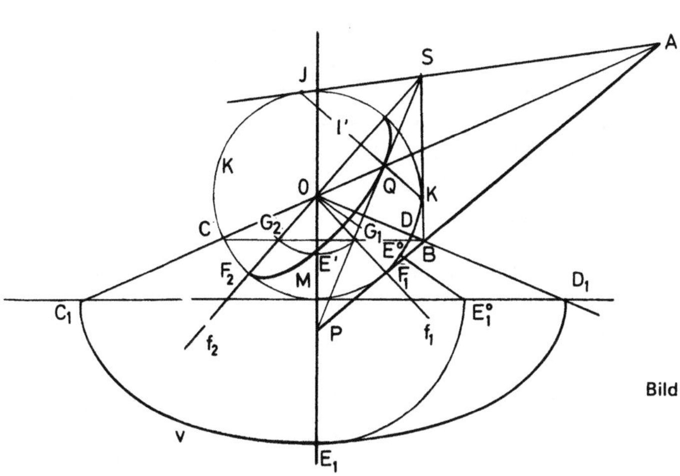

Bild 18

gegeben sein (Bild 18), wobei übrigens der Kegel kein schiefer Kegel sein muß, sondern ein senkrechter elliptischer Kegel sein darf und soll. O sei sein Scheitel, OM die im Innern liegende Achse. Basisebene sei die in M auf OM senkrechte Ebene. Die große Achse der Basisellipse v sei $\overline{C_1D_1}$, deren Hälfte in Bild 18 in die Zeichenebene ($C_1E_1D_1$) umgelegt ist. Die Kugel habe den Mittelpunkt O und den Radius OM. Damit ist der sphärische Kegelschnitt bestimmt. Wir wollen nun Bild 17 herstellen und damit zeigen, daß derselbe sphärische Kegelschnitt auch mittels einer Basisebene u gewonnen werden kann und damit wirklich unser sphärischer Kegelschnitt K ist. Die Strahlen OC_1, OD_1, OE_1 liefern die Punkte C, D, E von K. Dabei ist OME_1^o das um OM in π_1 umgelegte Dreieck OME_1, E^o der umgelegte Punkt E und E' seine Projektion (OE_1^o schneidet die Kugel in E^o und es ist $E^oE' \perp OM$). Schneidet der Kreis nun O mit $\overline{OE'}$ die Gerade CD in G_1 und G_2, so sind, wie wir sehen werden, $OG_1 = f_1$ und $OG_2 = f_2$ die Brennstrahlen des Kegels, ihre Schnittpunkte F_1 und F_2 mit der Kugel, die Brennpunkte von K. Zunächst ist nämlich $\sphericalangle F_1OE' + \sphericalangle F_2OE' = \sphericalangle DOM$. Die Sehne $\overline{CD}$ ist nämlich gleich der Sehne, die man durch $E' \perp f_1$ ziehen kann, da $\overline{OG_1} = \overline{OE'}$ ist. Daher sind auch die zu den Sehnen gehörigen Bögen gleich. Die halben Bögen sind aber $\widehat{MD}$ und $\widehat{EF_1}$ ($! = \widehat{MG_2}$).

Nun schneiden wir den Kegel mit der Ebene E, die in F_1 auf f_1 senkrecht steht. Das gibt einen Kegelschnitt u (in der Figur eine Hyperbel), der auf der Kugel natürlich denselben sphärischen Kegelschnitt K bestimmt wie v. Die Endpunkte A, B einer seiner Achsen liegen auf OC und OD. Zeigt man jetzt noch, daß man durch u einen Drehkegel legen kann, welcher der Kugel umschrieben ist, so hat man wieder Bild 17.
Zu diesem Zwecke ziehe man von A und B die Tangenten an den Kugelumriß K mit den Berührpunkten J und K. Ihr Schnittpunkt S ist die Spitze eines Kegels, der die Kugel längs eines Kreises l mit dem Durchmesser JK berührt. Der Drehkegel enthält aber die Kurve u. Denn die Schnittkurve der Ebene mit ihm hat mit u nach Konstruktion die große Achse $\overline{AB}$ und wie wir sofort sehen werden noch einen Punkt gemeinsam.

Ist nämlich P' der Schnittpunkt von AB und OM, so ist SP' die Projektion einer Mantellinie SP des Drehkegels, welche die Kugel in Q berührt (Q' Schnittpunkt von SP und JK) und es ist $\overline{PF_1} = \overline{PQ}$ (Kugeltangenten). OP schneidet die Kugel in einem Punkt, dessen sphärische Abstände von F_1 einerseits und dem Kugelkreis l über $\overline{JK}$ andererseits gleich sind, und dessen Projektion in OM liegt. Diese Eigenschaft besitzt aber der Kugelpunkt E (da

$\overline{PF_1} = \overline{PQ}$ ist). Der Strahl OEE_1 geht also durch P. q.e.d.
Übrigens muß SO mit f_2 zusammenfallen. Denn es ist

$$\overset{\frown}{CJ} = \overset{\frown}{CF_1}\ ,\ \underline{\overset{\frown}{JF_2}} = \overset{\frown}{CJ} + \overset{\frown}{CF_2} = \overset{\frown}{CF_1} + \overset{\frown}{CF_2} = \overset{\frown}{F_1F_2} + 2\overset{\frown}{CF_2} = \overset{\frown}{F_1F_2} + 2\overset{\frown}{F_1D} = \overset{\frown}{F_1F_2} + \overset{\frown}{F_1D} + \overset{\frown}{DK} = \underline{\overset{\frown}{F_2K}}\ .$$

Auf die rechnerische Behandlung der sphärischen Kegelschnitte, die durch die Gleichungen

$$x^2 + y^2 + z^2 = p^2 \quad , \quad \frac{x^2}{a^2} \pm \frac{y^2}{b^2} = 1$$

oder auch $x^2 + y^2 + z^2 = p^2$, $y^2 = 2px + p^2$ bestimmt sind, können und wollen wir nicht eingehen. Sie gehört, wie schon erwähnt, zu der sogenannten <u>nichteuklidischen Geometrie</u>, in der sie "ebene" Kegelschnitte darstellen. Die Darstellung auf der Kugel ist ein "Modell" dieser Geometrie.

3. Abschnitt. Aus der Differentialgeometrie

8. Kapitel. Die Raumkurven

§ 1. Die rechnerischen Hilfsmittel. Nr. 66 und 67

66. Während wir uns im KB nur an einer Stelle (Nr. 105 dort) auf eine Zusammenstellung von Formeln aus der Differentialgeometrie beschränken konnten, müssen wir im jetzigen Buche etwas näher auf die "elementaren" Teile der räumlichen Differentialgeometrie eingehen.

Das grundsätzliche Rechenhilfsmittel im KB und auch im jetzigen Buche ist das Rechnen mit Koordinaten. Gerade und besonders in der räumlichen Differentialgeometrie zeigt sich aber heute die Überlegenheit der Vektorrechnung. Wir leiten daher mit ihrer Hilfe das für uns Wichtige aus der Differentialgeometrie her, geben aber auch, soweit nötig, die entsprechenden Koordinatenformeln an [1].

Es ist nicht unsere Aufgabe, hier die Vektorrechnung zu lehren [2], zumal sie immer mehr in den Gymnasialunterricht eindringt.

Es genüge folgende Zusammenstellung über Produkte von Vektoren:

Inneres oder skalares Produkt zweier Vektoren $\underline{a}$ und $\underline{b}$

$$\underline{a}\underline{b} = ab\cos(\underline{a},\underline{b}) \quad , \quad \underline{a}\,\underline{a} = \underline{a}^2 = a^2 \qquad (1)$$

wo a und b die Längen von $\underline{a}$ und $\underline{b}$, $(\underline{a},\underline{b})$ ihr Winkel ist, $\underline{a}\underline{b} = 0$, $ab \neq 0$ bedeutet, daß $\underline{a}$ senkrecht $\underline{b}$ ist.

$$\underline{a}\underline{b} = \underline{b}\underline{a} \quad , \qquad (2)$$

$$\underline{a}(\underline{b} + \underline{c}) = \underline{a}\underline{b} + \underline{a}\underline{c} \qquad (3)$$

Vektorprodukt zweier Vektoren $\underline{a}$ und $\underline{b}$

$$\underline{n} = \underline{a} \times \underline{b} = ab\sin(\underline{a},\underline{b})\underline{n}^0 \qquad (4)$$

wo $\underline{n}^0$ der Einheitsvektor senkrecht zur Ebene von $\underline{a}$ und $\underline{b}$ ist, der mit $\underline{a}$ und $\underline{b}$ in der Reihenfolge $\underline{a}$, $\underline{b}$, $\underline{n}^0$ eine Rechtsschraube bildet.

$$\underline{a} \times \underline{b} = -\underline{b} \times \underline{a} \qquad (5)$$

$$\underline{a}\times(\underline{b} + \underline{c}) = \underline{a}\times\underline{b} + \underline{a}\times\underline{c} \qquad (6)$$

---

1) Auf die Tensorrechnung einzugehen haben wir keinen Anlaß.

2) Vgl. dazu K. Fladt, Lehrbuch der Mathematik, II. Band, Frankfurt/Main 1953, § 20, oder
K. Fladt, Elementargeometrie IV, Stuttgart 1961, S. 38 - 53.

Spatprodukt dreier Vektoren

$$(\underline{a} \times \underline{b}).\underline{c} = (\underline{b} \times \underline{c}).\underline{a} = (\underline{c} \times \underline{a}).\underline{b} = (\underline{abc}) = \underline{abc} \qquad (7)$$

ist der Rauminhalt des von $\underline{a}$, $\underline{b}$, $\underline{c}$ gebildeten Parallelflachs

$$\underline{abc} = \underline{bca} = \underline{cab} = -\underline{acb} = -\underline{cba} = -\underline{bac} \qquad (8)$$

$$\underline{ab}(\underline{c} + \underline{d}) = \underline{abc} + \underline{abd} \qquad (9)$$

$$\underline{abc} = (\underline{ab})\underline{c} = (\underline{a} \times \underline{b}).\underline{c} = \underline{a}.(\underline{b} \times \underline{c}) = \underline{a}(\underline{bc}) \qquad (10)$$

Zerlegungsformel

$$(\underline{a} \times \underline{b}) \times \underline{c} = -\underline{bc}.\underline{a} + \underline{ca}.\underline{b}\ , \quad (\underline{a} \times \underline{b}) \times \underline{a} = -\underline{ab}.\underline{a} + \underline{aa}.\underline{b} \qquad (11)$$

$$(\underline{a} \times \underline{b}).(\underline{c} \times \underline{d}) = \begin{vmatrix} \underline{ac} & \underline{ad} \\ \underline{bc} & \underline{bd} \end{vmatrix}\ , \quad (\underline{a} \times \underline{b})^2 = \underline{a}^2\underline{b}^2 - (\underline{ab})^2 \qquad (12)$$

$$(\underline{a} \times \underline{b}) \times (\underline{c} \times \underline{d}) = -\underline{bcd}\underline{a} + \underline{acd}.\underline{b} = \underline{abd}.\underline{c} - \underline{abc}.\underline{d} \qquad (13)$$

$$\underline{abc}.\underline{d} = \underline{bcd}.\underline{a} + \underline{cad}.\underline{b} + \underline{abd}.\underline{c} \qquad (14)$$

$$(\underline{abc})(\underline{def}) = \begin{vmatrix} \underline{ad} & \underline{ae} & \underline{af} \\ \underline{bd} & \underline{be} & \underline{bf} \\ \underline{cd} & \underline{ce} & \underline{cf} \end{vmatrix} \qquad (15)$$

67. Aufgabe. Bestimme den kürzesten Abstand zweier Geraden, nach Lage, Größe und Richtung.
Sind $\underline{R} = \underline{r}_1 + u\underline{a}_1$, $\underline{R} = \underline{r}_2 + u\underline{a}_2$ Bild 19 die Vektorengleichungen der beiden Geraden, wo u der "laufende" Parameter, $\underline{r}_1$ und

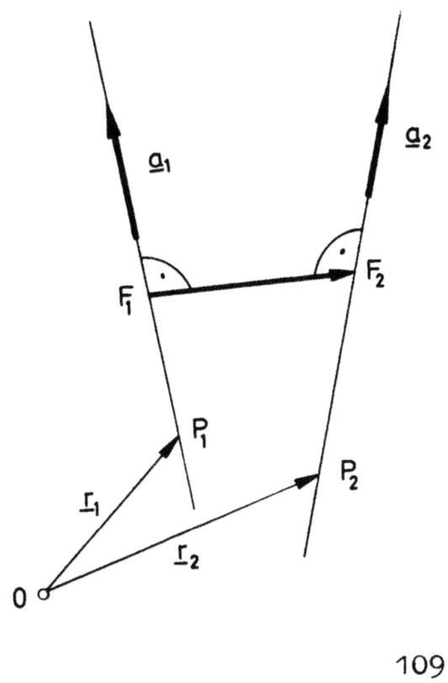

Bild 19

$\underline{r}_2$ die Ortsvektoren zweier Punkte P_1 und P_2 der Geraden, $\underline{a}_1$ und $\underline{a}_2$ zwei Vektoren parallel zu den Geraden sind - sie können Einheitsvektoren sein - so seien F_1 und F_2 die Fußpunkte des kürzesten Abstands, $\overrightarrow{F_1F_2} = \underline{l}$ auf den Geraden, u_1 und u_2 die Parameterwerte von u. Dann gilt die Parametergleichung (Bild 19)

$$u_1\underline{a}_1 + \underline{l} = \underline{r}_2 - \underline{r}_1 + u_2\underline{a}_2 \qquad \text{(o)}$$

Innere Multiplikation mit $\underline{a}_1$ und $\underline{a}_2$ gibt wegen $\underline{l}\underline{a}_1 = \underline{l}\underline{a}_2 = 0$

$$\underline{a}_1^2 u_1 - \underline{a}_1\underline{a}_2 u_2 = (\underline{r}_2 - \underline{r}_1)\underline{a}_1, \quad \underline{a}_1\underline{a}_2 u_1 - \underline{a}_2^2 u_2 = (\underline{r}_2 - \underline{r}_1)\underline{a}_2$$

und daraus mit Nr. 66, (12)

$$\begin{vmatrix} (\underline{r}_2 - \underline{r}_1)\underline{a}_1 & (\underline{r}_2 - \underline{r}_1)\underline{a}_2 \\ \underline{a}_2\underline{a}_1 & \underline{a}_2^2 \end{vmatrix} = (\underline{r}_2 - \underline{r}_1) \times \underline{a}_1 \cdot (\underline{a}_1 \times \underline{a}_2)$$

$$\begin{vmatrix} (\underline{r}_2 - \underline{r}_1)\underline{a}_1 & (\underline{r}_2 - \underline{r}_1)\underline{a}_2 \\ \underline{a}_1^2 & \underline{a}_1\underline{a}_2 \end{vmatrix} = ((\underline{r}_2 - \underline{r}_1)\times\underline{a}_1)\cdot(\underline{a}_1\times\underline{a}_2)$$

die gesuchten Werte von u_1 und u_2, so daß die Ortsvektoren der Fußpunkte F_1 und F_2

$$\underline{R}_1 = \underline{r}_1 + \frac{((\underline{r}_2 - \underline{r}_1)\times\underline{a}_2)\cdot(\underline{a}_1\times\underline{a}_2)}{(\underline{a}_1\times\underline{a}_2)^2}\,\underline{a}_1$$

$$\underline{R}_2 = \underline{r}_2 + \frac{((\underline{r}_2 - \underline{r}_1)\times\underline{a}_1)\cdot(\underline{a}_1\times\underline{a}_2)}{(\underline{a}_1\times\underline{a}_2)^2}\,\underline{a}_2 \qquad (16)$$

sind. $\underline{l}$ selbst ist senkrecht auf $\underline{a}_1$ und $\underline{a}_2$, also von der Form

$$\underline{l} = \rho\cdot(\underline{a}_1\times\underline{a}_2) \qquad \text{(oo)}$$

Multipliziert man (o) und (oo) je innerlich mit $\underline{a}_1 \times \underline{a}_2$ und dividiert man die erhaltenen Gleichungen, so ergibt sich der Wert von ρ, so daß

$$\underline{l} = \frac{(\underline{r}_2 - \underline{r}_1)\underline{a}_1\underline{a}_2}{(\underline{a}_1\times\underline{a}_2)^2}\cdot(\underline{a}_1\times\underline{a}_2) \qquad (17_1)$$

$$|\underline{l}| = \frac{|(\underline{r}_2 - \underline{r}_1)\underline{a}_1\underline{a}_2|}{\sqrt{(\underline{a}_1\times\underline{a}_2)^2}} \qquad (17_2)$$

ist. Der Winkel ψ der beiden Geraden folgt aus

$$\cos\psi = \frac{\underline{a}_1\underline{a}_2}{\sqrt{\underline{a}_1^2}\cdot\sqrt{\underline{a}_2^2}} \quad , \quad \sin\psi = \frac{\sqrt{(\underline{a}_1\times\underline{a}_2)^2}}{\sqrt{\underline{a}_1^2}\cdot\sqrt{\underline{a}_2^2}} \tag{18}$$

In der Differentialgeometrie braucht man die Formeln (16_1), (17), (18) gewöhnlich für zwei "unendlich benachbarte" Geraden, für die

$$\underline{r}_1 = \underline{r} \quad \underline{r}_2 = \underline{r} + d\underline{r} \quad \underline{a}_1 = \underline{a} \quad \underline{a}_2 = \underline{a} + d\underline{a} \quad \underline{l} = d\underline{l} \quad \psi = d\psi$$

ist. Man erhält so

$$\underline{R} = \underline{r} - \frac{(\underline{a}\times d\underline{r})\cdot(\underline{a}\times d\underline{a})}{(\underline{a}\times d\underline{a})^2}\,\underline{a} \tag{$16_1'$}$$

$$d\underline{l} = \frac{(\underline{a}.d\underline{a}.d\underline{r})}{(\underline{a}\times d\underline{a})^2}\cdot(\underline{a}\times d\underline{a}) \tag{$17_1'$}$$

$$|d\underline{l}| = \frac{|(\underline{a}.d\underline{a}.d\underline{r})|}{\sqrt{(\underline{a}\times d\underline{a})^2}} \tag{$17_2'$}$$

$$d\psi = \frac{\sqrt{(\underline{a}\times d\underline{a})^2}}{\underline{a}^2} \tag{$18_2'$}$$

§ 2. Das begleitende Dreibein einer Raumkurve und die Serret-Fresnetschen Ableitungsgleichungen. Nr. 68–70

68. Wir bestimmen einen beliebigen Punkt P einer Raumkurve durch seinen <u>Ortsvektor</u> oder "Radiusvektor" $\overline{OP} = \underline{r}$, den er mit dem festen Ursprung O bildet. $\underline{r}$ ist dann am einfachsten als Funktion eines Parameters u bestimmt. Wir schreiben, indem wir die rechtwinkligen Koordinaten von P mit x|y|z bezeichnen

$$\underline{r} = \underline{r}(u) = (x(u),\ y(u),\ z(u)) \tag{1}$$

Ein "Nachbarpunkt" Q von P auf der Kurve ist durch den Zuwachsvektor $\overline{PQ} = \Delta\underline{r}$ bestimmt (Bild 20). Sein Betrag unterscheidet sich, wie wir hier einfach aus der Anschauung entnehmen, immer weniger von dem Bogenzuwachs Δs und er nimmt, je näher Q an P rückt, immer mehr die Richtung der Tangente an. Dann ist also

$$\underline{t} = \lim_{\Delta r\to 0}\frac{\Delta\underline{r}}{\Delta s} = \frac{d\underline{r}}{ds} = \underline{r}' \tag{2}$$

der <u>Einheitsvektor in der Tangente</u>. Er ist also die Ableitung des Ortsvektors $\underline{r}$ nach dem Bogen s. s ist der wichtigste und

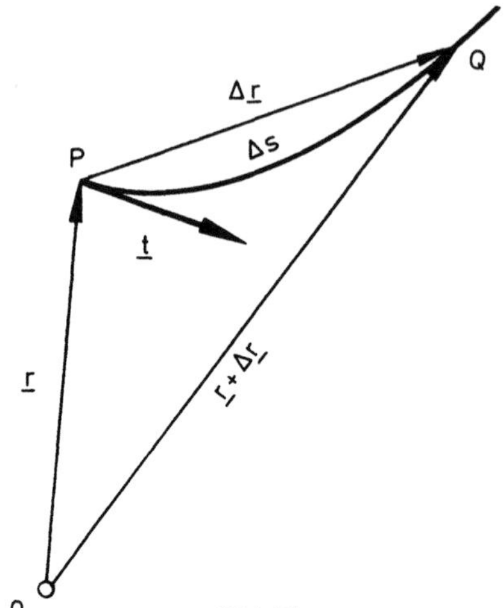

Bild 20

den Problemen angemessendste Kurvenparameter, falls ds ≠ 0 ist – den Fall ds = 0 schließen wir vorläufig aus [1].
Ableitungen nach s bezeichnen wir mit Strichen, solche nach u mit Punkten, so daß z.B.

$$\underline{t} = \frac{d\underline{r}}{du} : \frac{ds}{du} = \frac{\dot{\underline{r}}}{\dot{s}} = \frac{\dot{\underline{r}}}{\sqrt{\dot{\underline{r}}^2}} \qquad (\dot{2})$$

ist. Aus (2) folgt

$$\underline{r}'^2 = 1 \quad , \quad \underline{r}'\underline{r}'' = 0 \qquad (3)$$

so daß

$$\dot{\underline{r}}^2 = \dot{s}^2 = \dot{x}^2 + \dot{y}^2 + \dot{z}^2 \qquad (\dot{3})$$

ist. Bezeichnet man einen "laufenden" Ortsvektor mit $\underline{R}$, so ist mittels des Parameters v

$$\underline{R} = \underline{r} + v\underline{t} \qquad (4_1)$$

die Gleichung der Kurventangente,

$$(\underline{R} - \underline{r})\underline{t} = 0 \qquad (4_2)$$

die Gleichung der Normalebene.

---

1) s. Nr. 80

Betrachtet man in (4_1) s und v beide als veränderlich, so stellt (4_1) die aus allen Kurventangenten gebildete sogenannte Tangentenfläche der Raumkurve dar [1].

69 Bewegt sich der Tangentenvektor $\underline{t}$ entlang der Kurve, so ändert er im allgemeinen seine Richtung, während sein Betrag konstant 1 ist. Der Zuwachsvektor $\Delta\underline{t}$ von $\underline{t}$, wenn man von P zum "Nachbarpunkt" Q übergeht (Bild 21), ist die Basis eines gleichschenkligen Dreiecks, dessen Basiswinkel sich um so mehr einem rechten Winkel nähert, je kleiner Δs ist. Der Grenzvektor

$$\lim_{\Delta s \to 0} \frac{\Delta\underline{t}}{\Delta s} = \underline{t}'$$

steht also senkrecht auf $\underline{t}$, was auch aus der Gleichung

$$\underline{t}\underline{t}' = 0 \qquad (3_2)$$

folgt, und bestimmt in P die Richtung der sogenannten Hauptnormale. Nennt man $\underline{n}$ den mit $\underline{t}'$ gleichgerichteten Einheitsvektor in der Hauptnormalen, so gilt also eine "Ableitungsgleichung" der Gestalt

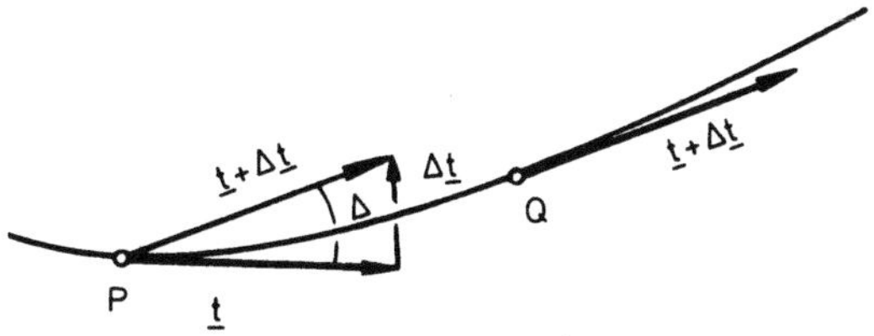

Bild 21

$$\underline{t}' = \varkappa \cdot \underline{n} \qquad (5_1)$$

$\varkappa$ ist dabei der Betrag von $\underline{t}'$. Aus Bild 21 ergibt sich

$$\frac{|\Delta\underline{t}|}{\Delta s} = \frac{2\sin\frac{\Delta\vartheta}{2}}{\Delta s} = \frac{\Delta\vartheta}{\Delta s} \cdot \frac{\sin\frac{\Delta\vartheta}{2}}{\frac{\Delta\vartheta}{2}} \qquad (\times)$$

wo $\Delta\vartheta$ der sogenannte Kontingenzwinkel, der Winkel zweier "Nachbartangenten" ist. Aus (x) folgt

$$\varkappa = \lim \frac{\Delta\vartheta}{\Delta s} = \frac{d\vartheta}{ds}$$

Wie in der ebenen Geometrie mißt und heißt $\varkappa = \frac{d\vartheta}{ds}$ die Krümmung der betrachteten Kurve, $\varrho = \frac{ds}{d\vartheta} = \frac{1}{\varkappa}$ ist ihr Krümmungsradius.

1) Näheres in Nr. 76

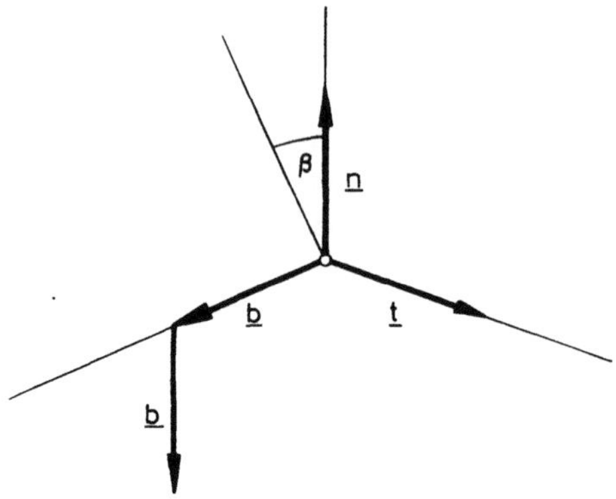

Bild 22

Trägt man ϱ von P aus in Richtung von $\underline{n}$ auf der Hauptnormalen ab, Bild (22) und (23), so ist wie sich alsbald zeigen wird (Nr. 70), der Endpunkt der Mittelpunkt des Krümmungskreises der Kurve, der sogenannte Krümmungsmittelpunkt. Zur Bestimmung von $\varkappa$ bzw. ϱ beachte man, daß aus (4)

$$\underline{t}' = \underline{r}'' \qquad (5_1)$$

und damit

$$\varkappa = \frac{d\vartheta}{ds} = \sqrt{r''^2} \qquad (5_2)$$

folgt. Ist u der Kurvenparameter, so folgt aus (2)

$$\underline{t}' = \frac{\dot{\underline{r}}^2\ddot{\underline{r}} - (\dot{\underline{r}}\,\ddot{\underline{r}})\dot{\underline{r}}}{(\dot{\underline{r}}^2)^2} = \frac{(\dot{r}\times\ddot{r})\times\dot{r}}{(\dot{r}^2)^2} \qquad (5_1)$$

$$\varkappa = \frac{\sqrt{(\dot{\underline{r}}\times\ddot{\underline{r}})^2}}{(\dot{\underline{r}}^2)^{3/2}}, \quad \underline{n} = \frac{\underline{r}''}{\sqrt{\underline{r}''^2}} = \frac{\dot{\underline{r}}^2\cdot\ddot{\underline{r}} - (\dot{\underline{r}}\,\ddot{\underline{r}})\dot{\underline{r}}}{\sqrt{\dot{\underline{r}}^2}\,\sqrt{(\dot{\underline{r}}\times\ddot{\underline{r}})^2}} \qquad (5_2)$$

Die Gleichung der Hauptnormalen lautet mittels des Parameters v

$$\underline{R} = \underline{r} + v\,\underline{n} \qquad (6_1)$$

Die Gleichung der die Vektoren $\underline{t}$ und $\underline{n}$ enthaltenden Ebene aber

$$(\underline{R} - \underline{r}, \underline{r}', \underline{r}'') = 0 \qquad (6_2)$$

Diese Ebene heißt, weil sie mit der Kurve zwei aufeinander folgende Tangenten gemeinsam hat, die Schmiegebene der Kurve in P. Sie enthält die Tangente und die Hauptnormale der Kurve. (6_1) stellt, wenn s und v beide als veränderlich betrachtet werden, die von allen Hauptnormalen der Kurve gebildete sogenannte Hauptnormalenfläche der Kurve dar.

70. Wir vollenden das begleitende Dreibein der Kurve im Punkt P, indem wir den Einheitsvektoren $\underline{t}$ und $\underline{n}$ noch den auf beiden senkrechten Einheitsvektor $\underline{b}$ hinzufügen, (Bild (22)), der mit ihnen eine Rechtsschraube bildet, so daß

$$(\underline{t}\,\underline{n}\,\underline{b}) = +1 \qquad (7_1)$$

ist. Außerdem ist dann

$$\underline{t}\underline{n} = \underline{n}\underline{b} = \underline{b}\underline{t} = 0\ ,\ \underline{t}\times\underline{n} = \underline{b}\ ,\ \underline{n}\times\underline{b} = \underline{t}\ ,\ \underline{b}\times\underline{t} = \underline{n} \qquad (7_2)$$

Man nennt die Kurvennormale in Richtung $\underline{b}$ die Binormale. Ihre Gleichung ist

$$\underline{R} = \underline{r} + v\underline{b} \qquad (8_1)$$

Betrachtet man s und v beide als veränderlich, so stellt sie die Binormalfläche der Raumkurve dar, die Ebene

$$(\underline{R} - \underline{r})\underline{n} = 0 \qquad (8_2)$$

durch $\underline{b}$ und $\underline{t}$ heißt aus einem später ersichtlichen Grunde (Nr. 77) die Streckebene (rektifizierende Ebene) der Raumkurve in P. Übrigens ist

$$\underline{t} = \frac{\underline{r}'\times\underline{r}''}{\sqrt{\underline{r}''^2}} = \frac{\dot{\underline{r}}\times\ddot{\underline{r}}}{\sqrt{(\dot{\underline{r}}\times\ddot{\underline{r}})^2}} \qquad (9)$$

Wir bestimmen nun den Vektor $\underline{b}'$. Er steht senkrecht auf $\underline{b}$, was aus $\underline{b}^2 = 1$, $\underline{b}\underline{b}' = 0$ folgt, und senkrecht auf $\underline{t}$, da aus $\underline{b}\underline{t} = 0$ durch Ableiten

$$\underline{b}'\underline{t} + \underline{b}\underline{t}' = \underline{b}'\underline{t} + \varkappa\underline{b}\underline{n} = \underline{b}'\underline{t} = 0$$

folgt. Also ist $\underline{b}'$ ein Vektor parallel $\underline{n}$ und es gilt der Ansatz

$$\underline{b}' = -\tau\underline{n} \qquad (10_1)$$

$\underline{b}'$ gibt die Drehung des Vektors $\underline{b}$ und damit die der Schmiegebene an. Bild 22 zeigt, daß die Größe τ , die sogenannte Torsion oder Windung der Raumkurve dann positiv ist, wenn bei wachsendem s die Drehung der Schmiegebene im Sinne einer Rechtsschraube um $\underline{b}$ erfolgt.
Neben (5_1) und (10_1) tritt nun noch die Ableitung des Normalenvektors $\underline{n}$
Es wird

$$\underline{n}' = \frac{d\underline{n}}{ds} = \frac{d}{ds}(\underline{b}\times\underline{t}) = \underline{b}'\times\underline{t} + \underline{b}\times\underline{t}' = -\tau\underline{n}\times\underline{t} + \varkappa\,\underline{b}\times\underline{n}$$

oder

$$\underline{n}' = -\varkappa\underline{t} + \tau\underline{b} \qquad (11)$$

Die drei Gleichungen

$$\begin{aligned} \underline{t}' &= \times + \varkappa\underline{n} + \times \\ \underline{n}' &= -\varkappa\underline{t} + \times + \tau\underline{b} \\ \underline{b}' &= \times - \tau\underline{n} + \times \end{aligned} \qquad (I)$$

welche die ganze Theorie der Raumkurven in der Differentialgeometrie beherrschen, heißen die Serret-Frenet'schen Ableitungsgleichungen. Man hat

$$\underline{r}' = \underline{t}\,,\quad \underline{r}'' = \varkappa\underline{n}\,,\quad \underline{r}''' = \varkappa'\underline{n} + \varkappa(-\varkappa\underline{t} + \tau\underline{b})$$

und daraus

$$(\underline{r}'\underline{r}''\underline{r}''') = \varkappa^2\tau\,(\underline{t}\underline{n}\underline{b}) = \varkappa^2\tau$$

also

$$\tau = \frac{1}{\varkappa^2}(\underline{r}'\underline{r}''\underline{r}''') = \frac{(\underline{r}'\underline{r}''\underline{r}''')}{\underline{r}''^2} \qquad (10_2)$$

Man nennt $\sigma = \frac{1}{\tau}$ den Torsionsradius, obwohl es keinen Kreis mit Radius σ gibt, der eine differentialgeometrische Bedeutung hat.

Ist u der Kurvenparameter, so folgt

$$\underline{r}' = \frac{\dot{\underline{r}}}{\sqrt{\dot{\underline{r}}^2}}\,,\quad \underline{r}'' = \frac{\ddot{\underline{r}}}{\dot{\underline{r}}^2} - \frac{\dot{\underline{r}}\,\ddot{\underline{r}}}{(\dot{\underline{r}}^2)^2}\,\dot{\underline{r}}\,,\quad \underline{r}''' = \frac{\dddot{\underline{r}}}{(\sqrt{\dot{\underline{r}}^2})^3} + \dots \qquad (12)$$

und daraus

$$\tau = \frac{(\dot{\underline{r}}\,\ddot{\underline{r}}\,\dddot{\underline{r}})}{(\dot{\underline{r}}\times\ddot{\underline{r}})^2} \qquad (10_3)$$

Der Krümmungsmittelpunkt hat den Ortsvektor $\underline{r} + \varrho\underline{n}$
Die Krümmungsmittelpunktskurve die Gleichung

$$\underline{R} = \underline{r} + \varrho\underline{n} \qquad (13_1)$$

Ihre Tangente ist parallel zu $\underline{R}' = \underline{t} + \varrho'\underline{n} + \varrho(\tau\underline{b} - \varkappa\underline{t}) =$
$= \varrho'\underline{n} + \varrho\tau\underline{b}$, liegt also in der Normalebene und ist gegen die Hauptnormale unter dem Winkel

$$\beta = \arctan\frac{\varrho}{\sigma\varrho'} \qquad (13_2)$$

geneigt. Ist ϱ konstant, so ist sie parallel $\underline{b}$.
Nun ist noch zu zeigen, daß es tatsächlich einen Krümmungskreis gibt. Wir definieren ihn als den Kreis, der die Raumkurve in P in zweiter Ordnung berührt.

Ein Kreis ist bestimmt durch eine Ebene und eine Kugel mit Mittelpunkt m in dieser Ebene. Die Kugel mit Radius l und die Ebene, d.h. der Kreis hat dann die Gleichungen

$$(\underline{R} - \underline{m})^2 = l^2 \quad , \quad (\underline{R} - \underline{m}).\underline{e} = 0 \qquad (\times)$$

wo $\underline{e}$ irgend ein Einheitsvektor ist. Soll der Kreis die Kurve in zweiter Ordnung berühren, so müssen diese Gleichungen und ihre zwei ersten Ableitungen nach s für $\underline{R} = \underline{r}$, $\dot{\underline{R}} = \dot{\underline{r}}$, $\ddot{\underline{R}} = \ddot{\underline{r}}$ erfüllt sein. Es müssen also die Gleichungen gelten

$$(\underline{m} - \underline{r})^2 = l^2 \quad , \quad (\underline{m} - \underline{r})\underline{t} = 0 \quad , \quad \varkappa(\underline{m} - \underline{r})\underline{n} = 1$$

$$(\underline{m} - \underline{r})\underline{e} = 0 \quad , \quad \underline{t}\underline{e} = 0 \quad , \quad \underline{n}\underline{e} = 0$$

Aus den beiden letzten folgt $\underline{e} = \underline{b}$, aus der 2. und 4. wegen $(\underline{m} - \underline{r})^2 = l^2$, $\underline{m} = \underline{r} + \varepsilon l \underline{n}$. Die 5. Gleichung liefert $\varkappa \varepsilon l = 1$, $l = \varepsilon \varrho$, so daß $\underline{m} = \underline{r} + \varrho \underline{n}$ ist.

§ 3. Die Schmiegkugel. Nr. 71

71 Wir suchen jetzt die Kugel, die sich der gegebenen Raumkurve am engsten anschmiegt, die sogenannte Schmieg- oder Krümmungskugel. Ihre Gleichung sei $(\underline{R} - \underline{m})^2 = l^2$. Dann sollen dieser Gleichung und ihre drei ersten Ableitungen nach s für $\underline{R} = \underline{r}$, $\dot{\underline{R}} = \dot{\underline{r}}$, $\ddot{\underline{R}} = \ddot{\underline{r}}$, $\dddot{\underline{R}} = \dddot{\underline{r}}$ gelten. Damit folgt

$$(\underline{m} - \underline{r})^2 = l^2, \quad (\underline{m} - \underline{r})\underline{r}' = 0, \quad (\underline{m} - \underline{r})\underline{r}'' = \underline{r}'^2 = 1 ,$$
$$(\underline{m} - \underline{r})\underline{r}''' = 0 ,$$

da $\underline{r}'\underline{r}'' = 0$ ist. Aus der 2. und 4. Gleichung folgt $\underline{m} - \underline{r} = t(\underline{r}''' \times \underline{r}')$ und damit $(\underline{m} - \underline{r})\underline{r}'' = 1 = t(\underline{r}'\underline{r}''\underline{r}''')$ $=((10_2)$ der Nr. 70) $\varkappa^2 \tau t$, so daß $\underline{m} = \underline{r} + \varrho^2 \sigma(\underline{r}'' \times \underline{r}')$

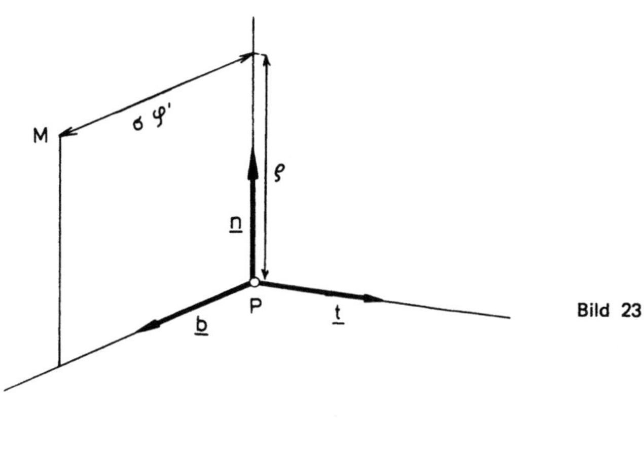

Bild 23

Nun folgt aus $\underline{r}'' = \underline{t}' = \varkappa \underline{n}$ sofort $\underline{r}''' = \varkappa' \underline{n} + \varkappa(-\varkappa \underline{t} + \tau \mathbf{b})$
also $\underline{r}''' \times \underline{r}' = -\varkappa' \underline{b} + \varkappa \tau \underline{n}$ oder wegen $\varkappa' = -\frac{\varrho'}{\varrho^2}$ sogleich

$$\underline{m} = \underline{r} + \varrho \underline{n} + \sigma \varrho' \underline{b} \tag{1}$$
$$\underline{l}^2 = (\underline{m} - \underline{r})^2 = \varrho^2 + \sigma^2 \varrho'^2 \tag{2}$$

Nun ist, Bild (23), $\varrho \underline{n} = \overline{PM}_k$ der Vektor nach dem Mittelpunkt M_k des Krümmungskreises, also ist $M_k M = \sigma \varrho' b$ der Abstand zwischen M_k und dem Mittelpunkt M der Schmiegkugel. $M_k M$ heißt die Krümmungsachse der Kurve. Man nennt $\underline{l}$ den sphärischen Krümmungsradius, $\frac{1}{l}$ die totale Krümmung der Kurve. Ist $\varrho = \text{const}$, $\varrho' = 0$, so fallen $M = M_k$ zusammen. Die Tangente des Ortes

$$\underline{R} = \underline{r} + \varrho \underline{n} + \sigma \varrho' \underline{b} \tag{3}$$

von M ist parallel zu $\underline{R}'$ – das ist nicht der Tangentenvektor des Ortes! – Nun ist

$$\underline{R}' = \underline{r}' + \varrho' \underline{n} + (\sigma' \varrho' + \sigma \varrho'')\underline{b} + \sigma \varrho \underline{b}' = (\varrho \tau + (\sigma \varrho')')\underline{b} \tag{x}$$

also eine Tangente parallel $\underline{b}$.
Ist s_1 der Bogen des Orts von M, so ist $\frac{d\underline{R}}{ds_1} = \underline{t}_1$ sein Tangentenvektor, also $\underline{R}' = \frac{d\underline{R}}{ds_1} \cdot \frac{ds_1}{ds} = (\varrho \tau + (\sigma \varrho')')\underline{b}$
Wir wählen nun

$$\underline{t}_1 = \underline{b} \tag{4$_1$}$$

und haben

$$\frac{ds_1}{ds} = \varrho \tau + (\sigma \varrho')'$$

Die Krümmung des Ortes von M sei $\varkappa_1$. Dann ist

$$\varkappa_1 \underline{n}_1 = \frac{d\underline{b}}{ds_1} = \frac{d\underline{b}}{ds} \cdot \frac{ds}{ds_1} = -\tau \frac{ds}{ds_1} \underline{n}$$

Also ist die Hauptnormale dieses Ortes parallel zur Hauptnormalen der geg. Kurve. Sei

$$\underline{n}_1 = -\underline{n} \quad , \tag{5$_1$}$$

so kommt

$$\varkappa_1 = \tau \frac{ds}{ds_1} \tag{5$_2$}$$

$$\varrho_1 = \frac{1}{\varkappa_1} = \varrho + \sigma(\sigma \varrho')' \tag{5$_3$}$$

Ist $\underline{b}_1$ der Binormalenvektor des Ortes von M, so ist

$$\underline{b}_1 = \underline{t}_1 \times \underline{n}_1 = -(\underline{b} \times \underline{n}) = \underline{t} \tag{6$_1$}$$

Seine Windung folgt aus

$$\frac{d\underline{b}_1}{ds_1} = -\tau_1 \underline{n}_1 = \tau_1 \underline{n} = \frac{d\underline{t}}{ds}\frac{ds}{ds_1} = \varkappa \frac{ds}{ds_1}\underline{n} \quad ,$$

also ist

$$\tau_1 = \varkappa \frac{ds}{ds_1} \qquad (7_1)$$

oder

$$\tau_1 = 1 : (\varrho^2 \tau + \varrho(\sigma\varrho')')$$

Daher ist $\varkappa\varkappa_1 = \tau\tau_1$. Ist $\varrho =$ const, so kommt $\varrho_1 = \varrho$, $\tau_1 = \frac{\varkappa^2}{\tau}$

§ 4. Die berührenden Schraubenlinien einer Raumkurve und das Plückersche Konoid. Nr. 72

72. Die nach Gerade und Kreis in gewisser Hinsicht einfachste Kurve ist die gemeine Schraubenlinie des senkrechten Kreiszylinders mit Radius a. So heißt die Raumkurve, welche die Zylindermantellinien unter dem konstanten Winkel β trifft. Breitet man den Zylinder in eine Ebene aus, so daß sein Grundkreis eine Strecke von der Länge $2\pi a$ wird, so geht die Schraubenlinie in eine Gerade über, die mit der vorigen Strecke den $\sphericalangle (\frac{\pi}{2} - \beta)$ bildet. Ein Punkt der Schraubenlinie hat also die Koordinaten (Bild 24a): Bild 24b stellt die Abwicklung der Tangentenfläche der Schraubenlinie in der xy-Ebene dar

$$x = a\cos u \quad , \quad y = a \sin u \quad , \quad z = au\cot\beta \quad .$$

Für $u = 2\pi$ wird die Ganghöhe $h = 2\pi a \cot\beta$. Es ist also

$$\underline{r} = a(\cos u, \sin u, u\cot\beta),$$
$$\dot{\underline{r}} = a(-\sin u, \cos u, \cot\beta) \,, \qquad (1)$$
$$\dot{s} = \frac{a}{\sin\beta} \quad , \quad s = \frac{au}{\sin\beta}$$

$$r' = \sin\beta(-\sin u, \cos u, \cot\beta) \quad ,$$

$$r'' = \frac{\sin^2\beta}{a}(-\cos u, -\sin u, 0)$$

$$r''' = \frac{\sin^3\beta}{a^2}(\sin u, -\cos u, 0)$$

$$\varkappa = \sqrt{r''^2} = \frac{\sin^2\beta}{a} \quad , \quad \tau = \frac{(\underline{r}' \, \underline{r}'' \, \underline{r}''')}{\underline{r}''^2} = \frac{\sin\beta\cos\beta}{a}$$

$$\frac{\tau}{\varkappa} = \text{const} = \cot\beta$$

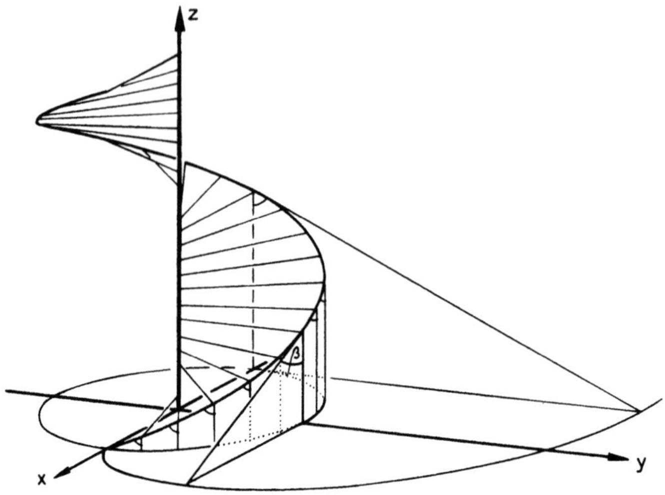

Bild 24 a

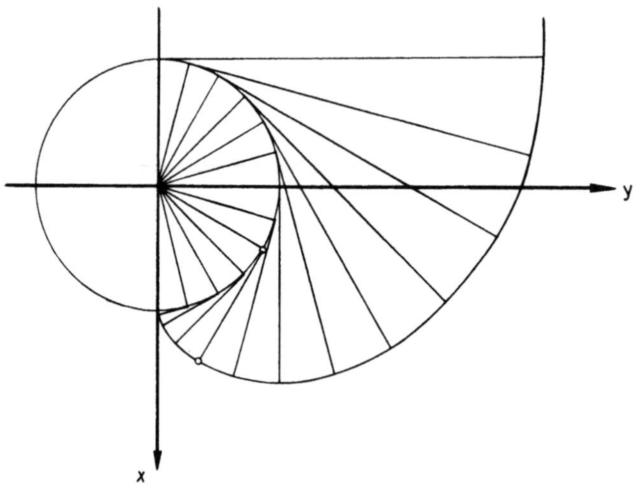

Bild 24 b

Wir suchen nun diejenigen Schraubenlinien, die eine Raumkurve in einem Punkt P in zweiter Ordnung berühren, d.h. dieselbe Tangente und Krümmung besitzen. Führt man in (1) statt u den Bogen s als Parameter ein, statt a den Krümmungsradius

$$\varrho = \frac{a}{\sin^2\beta},$$

und wählt man statt des Zylinders $x^2 + y^2 = a^2$ den die z- Achse enthaltenden Zylinder $x^2 + y^2 - 2ay = 0$, so tritt anstelle von (1), wenn man noch φ statt β schreibt (Bild 25)

$$\underline{r} = \varrho \sin^2\varphi \left\{\sin\frac{s}{\varrho\sin\varphi}\,\underline{e}_1 + \left(1 - \cos\frac{s}{\varrho\sin\varphi}\right)\underline{e}_2\right\} + s\cos\varphi\,\underline{e}_3 \quad (2)$$

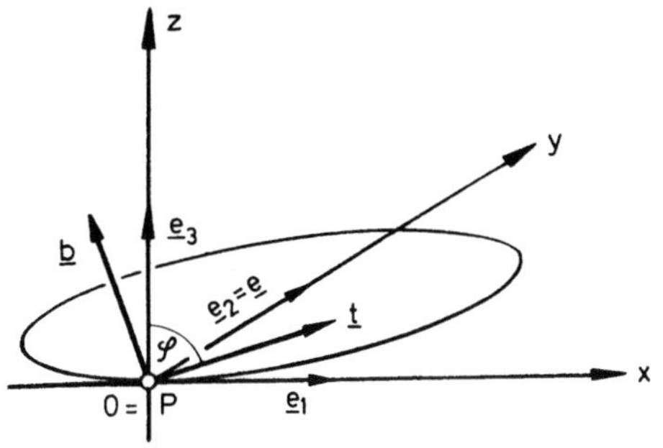

Bild 25

wenn man die Einheitsvektoren in den Koordinatenachsen $\underline{e}_1$, $\underline{e}_2$, $\underline{e}_3$ nennt. Bezeichnet ϱ den Krümmungsradius der gegebenen Raumkurve in $O = P$, so stellt (2) bereits die gesuchte Schraubenlinie dar, nur ist sie noch nicht auf das begleitende Dreibein $\underline{t}$, $\underline{n}$, $\underline{b}$ der Kurve bezogen. Dafür braucht man nach Bild 24 nur

$$\underline{e}_1 = \underline{t}\sin\varphi - \underline{b}\cos\varphi\,,\quad \underline{e}_2 = \underline{n}\,,\quad \underline{e}_3 = \underline{t}\cos\varphi + \underline{b}\sin\varphi$$

zu setzen und erhält so als Gleichung der gesuchten Schraubenlinie, wenn man für den laufenden Ortsverkehr $\underline{R}$ statt $\underline{r}$ schreibt:

$$\underline{R} = \left(\varrho\sin^3\varphi\,\sin\frac{s}{\varrho\sin\varphi} + s\cos^2\varphi\right)\underline{t} + \varrho\sin^2\varphi\left(1 - \cos\frac{s}{\varrho\sin\varphi}\right)\underline{n}$$
$$+ \left(-\varrho\sin^2\varphi\cos\varphi\,\sin\frac{s}{\varrho\sin\varphi} + s\sin\varphi\cos\varphi\right)\underline{b} \qquad (3)$$

Da φ beliebig wählbar ist, so gibt es also ∞^1 Schraubenlinien, welche die gegebene Kurve in einem Punkt in der 2. Ordnung berühren. Die Schraubenachse hat im ursprünglichen System die Gleichung $\underline{R} = \varrho\sin^2\varphi\,\underline{e}_2 + u\underline{e}_3$, im begleitenden Dreibein also

$$\underline{R} = u\cos\varphi\,\underline{t} + \varrho\sin^2\varphi\,\underline{n} + u\sin\varphi\,\underline{b} \qquad (4_1)$$

bei veränderlichem φ bilden die Schraubenachsen die Fläche

$$x = u\cos\varphi\,,\quad y = \varrho\sin^2\varphi\,,\quad z = u\sin\varphi\,, \qquad (4_2)$$

Die durch zwei veränderliche Parameter u und φ ausgedrückt ist. Ihre Elimination liefert

$$z^2 = \frac{y}{\varrho - y}\,x^2 \qquad (5_1)$$

oder

$$y = \frac{\varrho z^2}{x^2 + z^2}\,,\qquad y - \frac{\varrho}{2} = \frac{\varrho}{2}\,\frac{z^2 - x^2}{z^2 + x^2} \qquad (5_2)$$

Diese Fläche ist das berühmte Plückersche Konoid oder Zylindroid, das wir in Nr. 175 eingehend untersuchen werden. Soll die berührende Schraubenlinie mit der gegebenen Kurve auch noch die Torsion τ gemein haben, so hat man

$$\tan\varphi = \frac{\varkappa}{\tau} = \frac{\sigma}{\rho}\,, \quad \sin\varphi = \frac{\sigma}{\sqrt{\rho^2+\sigma^2}}\,, \quad \cos\varphi = \frac{\rho}{\sqrt{\rho^2+\sigma^2}}$$

zu setzen. Ihre Gleichung ist also

$$\underline{R} = \frac{\rho}{\rho^2+\sigma^2}\left\{\frac{\sigma^3}{\sqrt{\rho^2+\sigma^2}}\sin\frac{\sqrt{\rho^2+\sigma^2}\,s}{\rho\sigma} + \rho s\right\}\underline{t} + \frac{\rho\sigma^2}{\rho^2+\sigma^2}\cdot$$

$$\cdot\left\{1 - \cos\frac{\sqrt{\rho^2+\sigma^2}}{\rho\sigma}s\right\}\underline{n} + \frac{\rho}{\rho^2+\sigma^2}\left\{-\frac{\sigma^2\rho}{\sqrt{\rho^2+\sigma^2}}\sin\frac{\sqrt{\rho^2+\sigma^2}}{\rho\sigma}s + \sigma s\right\}\underline{b}$$

§ 5. Einige spezielle Kurven. Nr. 73

73. Bestimmte Kurven, die spezielle Bedingungen bezüglich $\varkappa$ und τ erfüllen.

1) $\varkappa = 0$ gibt $\underline{t}' = 0$, $\underline{t} = \text{const} = \underline{e}$, $\underline{r} = \underline{a} + s\underline{e}$, d.h. die Geraden.

2) $\tau = 0$ gibt

$$\underline{t}' = \varkappa\underline{n}\,, \qquad \underline{n}' = -\varkappa\underline{t} \qquad (o)$$

also $\underline{b} = \text{const} = \underline{n}$

Vermutlich sind die Lösungen die ebenen Kurven der Krümmung $\varkappa = \varkappa(s)$

In der Tat folgt aus (o) weiter $(\underline{t} + i\underline{n})' = -\varkappa i(\underline{t} + i\underline{n})$

$$\underline{t} + i\underline{n} = (\underline{a} + \underline{b}i)e^{-i\int\varkappa ds}, \quad \underline{t} = \underline{a}\cos\int\varkappa ds + \underline{b}\sin\int\varkappa ds$$

$$\begin{aligned}\underline{r} &= \underline{a}\int\cos\left(\int\varkappa ds\right)ds + \underline{b}\int\sin\left(\int\varkappa ds\right)ds + \underline{c},\\ \underline{n} &= -\underline{a}\sin\int\varkappa ds + \underline{b}\cos\int\varkappa ds\end{aligned} \qquad (oo)$$

und daraus umgekehrt

$$\underline{a} = \underline{t}\cos\int\varkappa ds - \underline{n}\sin\int\varkappa ds\,, \quad \underline{b} = t\sin\int\varkappa ds + \underline{n}\cos\int\varkappa ds \qquad (x)$$

$\underline{t}$ und $\underline{n}$ bilden ein senkrechtes Einheitszweibein. Dann folgt aber aus (x)

$$\underline{a}\,\underline{a} = 1\,, \quad \underline{b}\,\underline{b} = 1\,, \quad \underline{a}\,\underline{b} = 0 \qquad (xx)$$

d.h. $\underline{a}$ und $\underline{b}$ bilden ebenfalls ein solches. Wählt man es als Koordinatenzweibein und sieht man von der Schiebung $\underline{c}$ ab, so wird

$$\underline{r} = \int\left(\cos\int\varkappa ds\right)ds\,, \quad \int\left(\sin\int\varkappa ds\right)ds \qquad (1)$$

womit die natürliche Gleichung

$$\varkappa = \varkappa(s) \tag{2}$$

einer ebenen Kurve integriert ist (KB Nr. 280).

3) $\frac{\tau}{\varkappa} = \text{const}, \tau = \varkappa \cot\beta$
Die Frenetschen Gleichungen lauten jetzt

$$\underline{t}' = \varkappa\,\underline{n}, \quad \underline{n}' = \varkappa(-\underline{t} + \underline{b}\cot\beta), \quad \underline{b}' = -\varkappa\cot\beta\,\underline{n} \tag{3}$$

Daraus folgt $\underline{t}'\cos\beta + \underline{b}'\sin\beta = 0$, d.h.

$$\underline{t}\cos\beta + \underline{b}\sin\beta = \text{const} = \underline{e} \tag{4}$$

Der konstante Einheitsvektor (!) $\underline{e}$ liegt also mit $\underline{t}$ und $\underline{b}$ in einer Ebene, steht also senkrecht $\underline{n}$ und bildet mit $\underline{t}$ den $\sphericalangle\beta$. Die Tangenten der Raumkurve bilden also mit der konstanten Richtung den konstanten $\sphericalangle\beta$. Die Raumkurve gehört einem Zylinder an, dessen Mantellinie sie unter konstantem $\sphericalangle\beta$ trifft. Sie heißt darum eine allgemeine Schraubenlinie. Wir schneiden den Zylinder senkrecht zu $\underline{e}$. Die so entstehende Grundkurve des Zylinders habe den Ortsvektor $\underline{\breve{r}} = \underline{\breve{r}}(s)$, wo s der Bogen der Raumkurve (!) ist. Dann ist $\underline{r} = \underline{\breve{r}} + s\underline{e}$. Wickelt man den Zylinder ab, so wird aus der Raumkurve eine Gerade. Demnach ist $z = s\cos\beta$ und damit

$$\underline{r} = \underline{\breve{r}} + s\cos\beta\,\underline{e} \tag{5}$$

Mit (4) folgt aus (3)

$$\underline{t}' = \varkappa\underline{n} \quad , \quad \underline{n}' = -\frac{\varkappa\underline{t}}{\sin^2\beta} + \frac{\varkappa\cos\beta}{\sin^2\beta}\underline{e} \tag{6}$$

Mit $\underline{\breve{r}}' = \underline{u}$ folgt aus (5)

$$\underline{r}' = \underline{t} = \underline{u} + \cos\beta\,\underline{e} \tag{7}$$

und damit aus (6)

$$\underline{u}' = \varkappa\underline{n} \quad , \quad \underline{n}' = -\frac{\varkappa\underline{u}}{\sin^2\beta} \tag{8}$$

wir führen nun anstelle von s die neue unabhängige Veränderliche

$$\lambda = \int\frac{\varkappa\,ds}{\sin\beta} \tag{9}$$

ein, so daß $\varkappa ds = d\lambda \sin\beta$ ist. Man erhält dann aus (8)

$$\frac{d\underline{u}}{d\lambda} = \sin\beta\,\underline{n} \quad , \quad \frac{d\underline{n}}{d\lambda} = -\frac{\underline{u}}{\sin\beta} \quad , \quad \frac{d^2\underline{u}}{d\lambda^2} = -\underline{u}$$

$$\underline{u} = -\underline{p}\sin\lambda + \underline{q}\cos\lambda = -\underline{p}\sin\int\frac{\varkappa ds}{\sin\beta} + \underline{q}\cos\int\frac{\varkappa ds}{\sin\beta} \tag{10}$$

$$\sin\beta\,\underline{u} = -\underline{p}\cos\lambda - \underline{q}\sin\lambda$$

und damit

$$\underline{\breve{r}} = \int\underline{u}\,ds = -\underline{p}\int\sin\left(\int\frac{\varkappa ds}{\sin\beta}\right)ds + \underline{q}\int\cos\left(\int\frac{\varkappa ds}{\sin\beta}\right)ds \tag{11}$$

ohne eine Parallelverschiebung. Weiter kommt aus (7)

$$\underline{t} = -\underline{p}\sin\lambda + \underline{q}\cos\lambda + \underline{e}\cos\beta \tag{12}$$

Aus (4), (10_5) und (12) folgt umgekehrt

$$\begin{aligned}
\underline{p} &= \sin\beta(-\underline{t}\sin\beta\sin\lambda - \underline{n}\cos\lambda + \underline{b}\cos\beta\sin\lambda) \\
\underline{q} &= \sin\beta(\underline{t}\sin\beta\cos\lambda - \underline{n}\sin\lambda - \underline{b}\cos\beta\cos\lambda) \\
\underline{e} &= \underline{t}\cos\beta + \underline{b}\sin\beta
\end{aligned} \tag{13}$$

Nun bilden $\underline{t}$, $\underline{n}$, $\underline{b}$ ein rechtwinkliges Einheitsdreibein. Damit wird $\underline{p}|\underline{p} = \underline{q}|\underline{q} = \sin^2\beta$, $\underline{e}|\underline{e} = 1$, $\underline{p}|\underline{q} = \underline{p}|\underline{e} = \underline{q}|\underline{e} = 0$
Wir ersetzen $\underline{p}$ und $\underline{q}$ durch die Einheitsvektoren

$$\underline{e}_1 = \frac{\underline{p}}{\sin\beta} \quad , \quad \underline{e}_2 = \frac{\underline{q}}{\sin\beta}$$

Damit erhält man schließlich aus (5) und (11), wenn man das Dreibein $\underline{e}_1$, $\underline{e}_2$, $\underline{e}_3$ zum Koordinatendreibein macht

$$\underline{r} = \sin\beta\left(-\int\sin\int\frac{\varkappa ds}{\sin\beta}ds, \int\cos\int\frac{\varkappa ds}{\sin\beta}ds, s\cot\beta\right) \tag{14}$$

als Gleichungen der allgemeinen Schraubenlinie.

Beispiel: In Nr. 54 erhielten wir die elementar rektifizierbare kubische Parabel

$$\underline{r} = 3c_1\lambda\underline{e}_1 + 3b_2\left(\lambda^2 + 2\frac{b_3}{a_3}\lambda\right)\underline{e}_2 + \left\{a_3\lambda^3 + 3b_3\lambda^2 + 3\left(\frac{a_3c_1^2}{4b_2^2} + \frac{b_3^2 - b_2^2}{a_3}\right)\lambda\right\}\underline{e}_3 \quad .$$

wo $\underline{e}_1$, $\underline{e}_2$, $\underline{e}_3$ das dreirechtwinklige Einheitsvektorendreibein ist. Wir wollen die Gleichungen noch vereinfachen und setzen

$$\lambda = \mu - \frac{b_3}{a_3} \quad , \quad a_3 = a \quad , \quad b_2 = b \quad , \quad c_1 = \frac{2b^2}{a}\cot\beta$$

Nach einer belanglosen Parallelverschiebung erhalten wir die zum Ursprung symmetrische kubische Parabel

$$\underline{r} = \frac{6b^2}{a}\cot\beta\,\mu\,\underline{e}_1 + 3b\mu^2\underline{e}_2 + \left(a\mu^3 + \frac{3b^2}{a}\,\frac{\cos 2\beta}{\sin^2\beta}\,\mu\right)\underline{e}_3 \tag{15}$$

Nun kommt

$$\frac{\dot{r}}{3} = \frac{2b^2}{a}\cot\beta\,\underline{e}_1 + 2b\mu\,\underline{e}_2 + \left(a\mu^2 + \frac{b^2}{a}\,\frac{\cos 2\beta}{\sin^2\beta}\right)\underline{e}_3$$

$$\frac{\ddot{r}}{6} = b\underline{e}_2 + a\mu\,\underline{e}_3 \quad , \quad \frac{\dddot{r}}{6} = a\underline{e}_3$$

$$\frac{1}{3}\,\frac{ds}{d\mu} = \frac{1}{3}\sqrt{\dot{r}^2} = a\mu^2 + \frac{b^2}{a\sin^2\beta} \quad , \quad s = a\mu^3 + \frac{3\,b^2\mu}{a\sin^2\beta}$$

$$\frac{1}{18b}(\dot{r}\times\ddot{r}) = \left(a\mu^2 - \frac{b^2}{a}\,\frac{\cos 2\beta}{\sin^2\beta}\right)\underline{e}_1 - 2b\mu\cot\beta\,\underline{e}_2 + \frac{2b^2}{a}\cot\beta\,\underline{e}_3 \tag{16}$$

$$\frac{1}{18b}\sqrt{(\dot{r}\times\ddot{r})^2} = a\mu^2 + \frac{b^2}{a\sin^2\beta}$$

$$\varkappa = \frac{2b}{3\left(a\mu^2 + \frac{b}{a\sin^2\beta}\right)^2} \quad , \quad \tau = \frac{2b\cot\beta}{3\left(a\mu^2 + \frac{b^2}{a\sin^2\beta}\right)^2}$$

$$\frac{\tau}{\varkappa} = \cot\beta \tag{17}$$

Unsere Kurve ist daher eine Schraubenlinie.
Man kann umgekehrt aus (14) und ($\times$) mittels (16) und (17) die Grundkurve des Zylinders der Raumkurve

$$\breve{\underline{r}} = -\sin\beta\int\sin\left(\int\frac{\varkappa ds}{\sin\beta}\right)ds\;\breve{\underline{e}}_1 + \cos\beta\int\cos\left(\int\frac{\varkappa ds}{\sin\beta}\right)ds\;\breve{\underline{e}}_2 \tag{18}$$

bestimmen. Man hat

$$\int_0^\mu\frac{\varkappa ds}{\sin\beta} = \int_0^\mu\frac{2b\;d\mu}{\sin\beta\left(a\mu^2 + \frac{b^2}{a\sin^2\beta}\right)}$$

$$= 2\arctan\frac{a\sin\beta}{b}\mu = 2\alpha \;,\quad \frac{a\sin\beta}{b}\mu = \tan\alpha \;,$$

$$\sin 2\alpha = \frac{2\tan\alpha}{1+\tan^2\alpha} = \frac{\frac{2\,a\sin\beta}{b}\mu}{1 + \frac{a^2\sin^2\beta}{b^2}\mu^2} \;,$$

$$\cos 2\alpha = \frac{1 - \frac{a^2\sin^2\beta}{b^2}\mu^2}{1 + \frac{a^2\sin^2\beta}{b^2}\mu^2}$$

$$\int_0^\mu\sin\left(\int\frac{\varkappa ds}{\sin\beta}\right)ds = \frac{3b}{\sin\beta}\mu^2 \;,\quad \int_0^\mu\cos\left(\int\frac{\varkappa ds}{\sin\beta}\right)ds = \frac{3b^2}{a\sin^2\beta}\mu - a\mu^3$$

also wird

$$\underline{\breve{r}} = -3b\mu^2\underline{\breve{e}}_1 + \left(\frac{3b^2}{a\sin\beta}\mu - a\sin\beta\mu^3\right)\underline{\breve{e}}_2 \tag{18}$$

$$\underline{r} = \underline{\breve{r}} + \left(a\cos\beta\mu^3 + \frac{3b^2\cos\beta}{a\sin^2\beta}\mu\right)\underline{\breve{e}}_3 \tag{19}$$

Zwischen dem Dreibein $\underline{\breve{e}}_1$, $\underline{\breve{e}}_2$, $\underline{\breve{e}}_3$ und dem ursprünglichen $\underline{e}_1$, $\underline{e}_2$, $\underline{e}_3$ bestehen die Gleichungen (Vergleich der Potenzen von μ!)

$$\begin{aligned} \underline{e}_1 &= \underline{\breve{e}}_2\cos\beta + \underline{\breve{e}}_3\sin\beta & \underline{\breve{e}}_1 &= -\underline{e}_2 \\ \underline{e}_2 &= -\underline{\breve{e}}_1 & \underline{\breve{e}}_2 &= \underline{e}_1\cos\beta - \underline{e}_3\sin\beta \\ \underline{e}_3 &= -\underline{\breve{e}}_2\sin\beta + \underline{\breve{e}}_3\cos\beta & \underline{\breve{e}}_3 &= \underline{e}_1\sin\beta + \underline{e}_3\cos\beta \end{aligned} \tag{20}$$

Was bedeutet dies geometrisch?
Die Horizontalprojektion des Zylinders, auf dem die Raumkurve Schraubenlinie ist, wird

$$x = -3b\mu^2 \quad , \quad y = \frac{3b^2}{a\sin\beta}\mu - a\sin\beta\mu^3$$

d.h. die Kurve 3. Ordnung

$$y^2 = -\frac{a^2\sin^2\beta}{27b^3}x.\left(x + \frac{9b^3}{a^2\sin^2\beta}\right)^2 \tag{21}$$

mit dem Doppelpunkt

$$-\frac{9b^3}{a^2\sin^2\beta}\ ,\ 0$$

und den Tangenten in ihm mit Richtungsfaktor $\pm\frac{1}{\sqrt{3}}$

<u>Aufgaben:</u> 1. (Bild 26) Behandle ebenso die zum Ursprung symmetrische Parabel 5. Ordnung

$$x = a\lambda \quad , \quad y = \frac{b}{3}\lambda^3 + c\lambda \quad , \quad z = \frac{\lambda^5}{5} + \frac{d}{3}\lambda^3 + e\lambda$$

die unter den Bedingungen $c = \frac{1}{2}bd$, $e = \frac{a^2}{b^2} + \frac{d^2 - b^2}{4}$ elementar rektifizierbar ist mit

$$s = \frac{\lambda^5}{5} + \frac{d}{3}\lambda^3 + \left(\frac{a^2}{b^2} + \frac{d^2 + b^2}{4}\right)\lambda \qquad \varkappa = \frac{2b\lambda}{\left\{\lambda^4 + d\lambda^2 + \frac{a^2}{b^2}\,\frac{d^2 + b^2}{4}\right\}^2}$$

$$\frac{\tau}{\varkappa} = \frac{2a}{b^2} = \cot\beta$$

In Bild 26 ist a = 3, b = 1, c = -5, d = -10, e = 100 und z durch 10(z - 10) ersetzt, das Symmetriezentrum ist also 0,0,10.
2. Behandle ebenso die zu Ebene y = 0 symmetrische Raumkurve 4. Ordnung mit der Spitze im Ursprung

$$x = \frac{a}{2}\lambda^2 \ , \quad y = \frac{b}{3}\lambda^3 \ , \quad z = \frac{c}{4}\lambda^4 - \frac{d}{2}\lambda^2$$

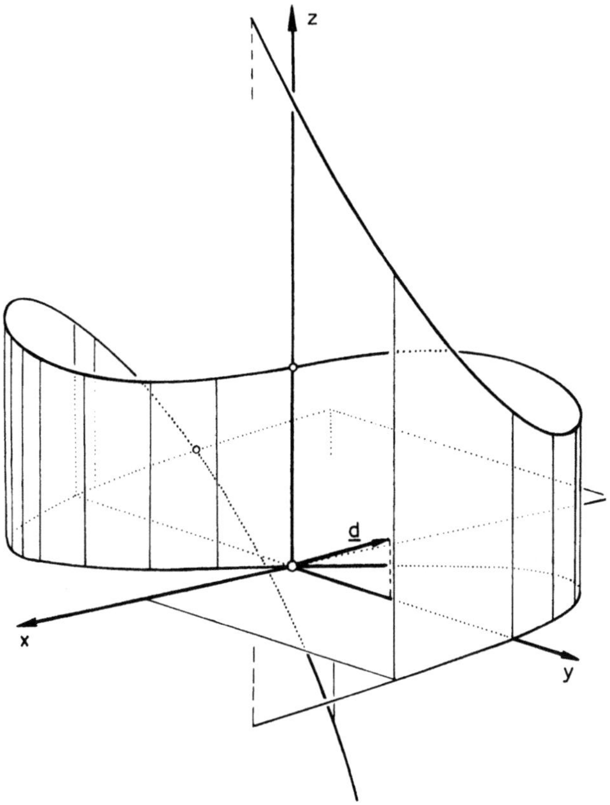

Bild 26

die unter der Bedingung

$$d = \frac{b^4 - 4a^2c^2}{4b^2c}$$

den Bogen

$$s = \frac{c}{4}\lambda^4 + \frac{b^4 + 4a^2c^2}{8b^2c}\lambda^2$$

und die Gleichung

$$\frac{\tau}{\varkappa} = \frac{2ac}{b^2}$$

liefert. Die Gleichung $\frac{\tau}{\varkappa} = \cot\beta$ ist ein besonderer Fall der allgemeinen linearen Gleichung $A\varkappa + B\tau + C = 0$ zwischen Krümmung und Windung. Eine solche Gleichung bestimmt eine besondere Klasse von Raumkurven, die sogenannten Bertrandschen Kurven, in bezug auf die wir auf die Lehrbücher der Differentialgeometrie verweisen müssen.

§ 6. Mit einer Raumkurve verbundene Flächen und Kurven. Nr. 74–79

74. Bei einer Fläche ist der Ortsvektor $\underline{r}$ eine Funktion von zwei Parametern u und v: $\underline{r} = \underline{r}(u,v)$
Eliminiert man aus den drei daraus entspringenden Koordinatengleichungen u und v (wir nehmen an, das sei möglich), so entsteht eine Flächengleichung

$$F(x,y,z) = 0 \tag{1}$$

Ist s die Bogenlänge einer Flächenkurve zwischen einem festen Flächenpunkt und dem Punkt $x|y|z$, so bleibt F konstant gleich 0, wenn s sich ändert, d.h. es ist

$$\frac{dF}{ds} = \frac{\partial F}{\partial x}\frac{dx}{ds} + \frac{\partial F}{\partial y}\frac{dy}{ds} + \frac{\partial F}{\partial z}\frac{dz}{ds} = 0 \tag{2}$$

Diese Gleichung bedeutet: die drei Größen $\frac{\partial F}{\partial x}\ \frac{\partial F}{\partial y}\ \frac{\partial F}{\partial z}$ bestimmen einen Vektor $\underline{\nabla F}$ (oft gelesen "Nabla"F), der auf allen Tangentenvektoren $\frac{d\underline{r}}{ds}$ durch den Flächenpunkt $\underline{r}$ senkrecht steht.

$$\underline{\nabla F} \cdot \frac{d\underline{r}}{ds} = 0 \tag{2'}$$

Diese liegen also in einer Ebene, der Berührebene

$$(\underline{R} - \underline{r})\,\underline{\nabla F} = 0 \quad , \tag{3}$$

die im Punkt r die Flächennormale

$$\underline{R} = \underline{r} + u\,\underline{\nabla F} \qquad \text{mit u als Parameter} \tag{4}$$

besitzt. Voraussetzung dabei ist natürlich, daß $\underline{\nabla F} \neq 0$ ist.

75. Enthält die Gleichung (1) einen Parameter, den wir wieder mit u bezeichnen wollen, so bestimmt sie eine Flächenschar. Zwei Nachbarflächen der Schar treffen sich in der Kurve
$F(u) = 0$, $F(u + \Delta u) = 0$ oder auch

$$F(u) = 0 \qquad \frac{F(u+\Delta u) - F(u)}{\Delta u} = 0 \quad ,$$

die für $\lim \Delta u \to 0$ als Grenze die Kurve

$$F(u) = 0 \quad , \quad \frac{\partial F}{\partial u} = 0 \tag{5$_1$}$$

besitzt. Sie heißt die Charakteristik der Fläche für den Wert u. Alle Charakteristiken zusammen bestimmen eine Fläche, deren Gleichung sich durch Elimination von u aus (5_1) ergibt, die Einhüllende oder Hüllfläche der Flächenschar. Diese Fläche berührt nämlich jede Fläche der Schar in allen Punkten der Charakteristik.

<u>Beweis:</u> Die Flächennormale von $F(x,y,z,u) = 0$ ist parallel zum Vektor $\underline{\nabla F}$. Die Hüllfläche ergab sich durch Elimination von u aus (5_1), d.h. sie ist durch $F(x,y,z,u) = 0$ dargestellt, wenn man u als Funktion von x, y, z betrachtet, die aus $\frac{\partial F}{\partial u} = 0$ berechnet werden muß. Die Normale der Hüllfläche ist also parallel zu demjenigen Vektor $\underline{\nabla F}$, der sich aus $F(u) = 0$ ergibt, wenn man u als Funktion von x, y, z betrachtet, d.h. zum Vektor mit den Komponenten

$$\frac{\partial F}{\partial x} + \frac{\partial F}{\partial u}\frac{\partial u}{\partial x} \quad , \quad \frac{\partial F}{\partial y} + \frac{\partial F}{\partial u}\frac{\partial u}{\partial y} \quad , \quad \frac{\partial F}{\partial z} + \frac{\partial F}{\partial u}\frac{\partial u}{\partial z} \quad .$$

Da aber $\frac{\partial F}{\partial u} = 0$ ist, so fällt er mit dem Normalvektor $\underline{\nabla F}$ zusammen, wo u konstant ist. q.e.d.

Der Ort der Grenzlage der Schnittpunkte zweier benachbarter Charakteristiken heißt die <u>Rückkehrkante</u> der Flächenschar. Daß sich zwei solche schneiden, geht daraus hervor, daß sich für sie außer (5_1) noch

$$\lim_{\Delta u \to 0} \frac{\frac{\partial F(u + \Delta u,\, v)}{\partial u} - \frac{\partial F(u,\, v)}{\partial u}}{\Delta u} \quad , \quad \text{d.h.} \quad \frac{\partial^2 F}{\partial u^2} = 0$$

ergibt. Jede Charakteristik berührt die Rückkehrkante. Die Tangente der Charakteristik ist nämlich senkrecht auf den beiden Flächen $F = 0$ und $\frac{\partial F}{\partial u} = 0$, also senkrecht zu den beiden Vektoren

$$\underline{\nabla F} \quad \text{und} \quad \underline{\nabla \frac{\partial F}{\partial u} = \frac{\partial \nabla F}{\partial u}} \quad . \qquad (\times)$$

Die Gleichungen der Rückkehrkante entstehen, indem man u als Funktion von x, y, z aus $\frac{\partial^2 F}{\partial u^2} = 0$ entnimmt und in (5_1) einsetzt. Also muß die Tangente der Rückkehrkante senkrecht sein zu den beiden Vektoren (×) und dem Vektor.

$$\frac{\partial^2 F}{\partial x \partial u} + \frac{\partial^2 F}{\partial u^2}\frac{\partial u}{\partial x} \, , \, \frac{\partial^2 F}{\partial y \partial u} + \frac{\partial^2 F}{\partial u^2}\frac{\partial u}{\partial y} \, , \, \frac{\partial^2 F}{\partial z \partial u} + \frac{\partial^2 F}{\partial u^2}\frac{\partial u}{\partial z} \qquad (\times\times)$$

Da aber $\frac{\partial^2 F}{\partial u^2} = 0$ ist, so fallen diese mit den beiden vorigen zusammen.

76. <u>Abwickelbare Flächen</u> oder <u>Torsen</u> entstehen durch Bewegung einer von einem Parameter abhängigen Ebene (vgl. Nr. 30). Die Charakteristiken sind <u>Geraden</u>. Aufeinanderfolgende Geraden treffen sich und bilden die Tangente der <u>Rückkehrkante</u>, ferner liegen sie im Grenzfall in einer Ebene, der <u>Schmiegebene</u> der Rückkehrkante. Eine Torse ist also nichts anderes als die <u>Tangentenfläche einer Raumkurve</u>. Die Fläche kann durch Drehung der Schmieg-

ebene um ihre Tangenten, bis sie alle in einer Ebene liegen, in diese Ebene "abgewickelt" werden. In der Tat: Einerseits hat die Schmiegebene der Raumkurve $\underline{r} = \underline{r}(s)$ die Gleichung

$$(\underline{R} - \underline{r})\underline{b} = 0 \qquad (\times)$$

Ableiten nach s gibt

$$-\underline{t}\underline{b} - \tau(\underline{R} - \underline{r})\underline{n} = 0 \quad , \quad \text{d.h.}$$

$$(\underline{R} - \underline{r})\underline{n} = 0 \qquad (\times\times)$$

also die Gleichung der Streckebene. Die Charakteristik ist also die Schnittgerade von Schmiegebene und Streckebene, d.h. die Tangente $\underline{R} = \underline{r} + u\underline{r}'$. Leitet man $(\times\times)$ nochmals ab, so kommt

$$\underline{t}\underline{n} + (\underline{R} - \underline{r})(-\varkappa\underline{t} + \tau\underline{b}) = 0 \quad \text{d.h. wegen } (\times)$$

$$(\underline{R} - \underline{r})\underline{t} = 0 \qquad (\times\times\times)$$

Die drei Ebenen $(\times)$, $(\times\times)$, $(\times\times\times)$ schneiden sich aber in $\underline{R} = \underline{r}$ d.h. die Raumkurve selbst ist die Rückkehrkante.
Ist andererseits (o) $\underline{R}.\underline{e} = p$, wo p und der Einheitsvektor $\underline{e}$ Funktionen eines Parameters u sind, eine Ebenenschar, so ist deren Charakteristik durch die zwei Gleichungen

$$\underline{R} \cdot \underline{e} = p \quad , \quad \underline{R} \cdot \dot{\underline{e}} = \dot{p} \quad , \qquad (oo)$$

deren Rückkehrkante durch die drei Gleichungen

$$\underline{R}\,\underline{e} = p \quad , \quad \underline{R}\,\dot{\underline{e}} = \dot{p} \quad , \quad \underline{R}\,\ddot{\underline{e}} = \ddot{p} \qquad (ooo)$$

bestimmt, was unter der Bedingung $(\underline{e}\;\dot{\underline{e}}\;\ddot{\underline{e}}) \neq 0$ möglich ist.
Denken wir uns aus (ooo) $\underline{R}$ bestimmt und wieder eingesetzt, so werden diese Gleichungen identisch in u, dürfen also nach u abgeleitet werden und die zwei ersten gehen so in

$$\dot{\underline{R}}\underline{e} + \underline{R}\dot{\underline{e}} = \dot{p} \quad , \quad \dot{\underline{R}}\dot{\underline{e}} + \underline{R}\ddot{\underline{e}} = \ddot{p}$$

also mit (ooo) in

$$\dot{\underline{R}}\underline{e} = 0 \quad , \qquad (\times)$$

$$\dot{\underline{R}}\dot{\underline{e}} = 0 \qquad (\times\times)$$

über. Aus $(\times)$ folgt weiter

$$\ddot{\underline{R}}\underline{e} + \dot{\underline{R}}\dot{\underline{e}} = 0 \quad ,$$

also mit $(\times\times)$ sofort

$$\ddot{\underline{R}}\underline{e} = 0 \quad . \qquad (\times\times\times)$$

$(\times)$ und $(\times\times)$ ergeben $\underline{e} \times \dot{\underline{e}} = \lambda \dot{\underline{R}}$, $(\times)$ und $(\times\times\times)$ $\underline{e} = \mu(\dot{\underline{R}} \times \ddot{\underline{R}})$
Die erste Gleichung bedeutet, daß die Charakteristik mit der Tangente, die zweite, daß die gegebene Ebene mit der Schmiegebene der Rückkehrkante zusammenfällt.
Ist aber $(\underline{e}\,\dot{\underline{e}}\,\ddot{\underline{e}}) = 0$, so gehen die drei Ebenen (ooo) durch eine Gerade der Richtung $\underline{e} \times \dot{\underline{e}}$. Wir behaupten, daß der Einheitsvektor

$$\frac{\underline{e} \times \dot{\underline{e}}}{\sqrt{\dot{\underline{e}}^2}}$$

konstant ist. Seine Ableitung ist nämlich

$$\frac{\dot{\underline{e}}^2(\underline{e} \times \ddot{\underline{e}}) - \dot{\underline{e}}\,\ddot{\underline{e}}(\underline{e} \times \dot{\underline{e}})}{\sqrt{\dot{\underline{e}}^2}^3} = \frac{\underline{e} \times \{\dot{\underline{e}}^2 \ddot{\underline{e}} - \dot{\underline{e}}\,\ddot{\underline{e}}\,\dot{\underline{e}}\}}{\sqrt{\dot{\underline{e}}^2}^3} = \frac{\underline{e} \times \{(\dot{\underline{e}} \times \ddot{\underline{e}}) \times \dot{\underline{e}}\}}{\sqrt{\dot{\underline{e}}^2}^3} =$$

$$= \frac{\underline{e}\,\dot{\underline{e}}(\dot{\underline{e}} \times \ddot{\underline{e}}) - (\underline{e}\,\dot{\underline{e}}\,\ddot{\underline{e}})\,\underline{e}}{\sqrt{\dot{\underline{e}}^2}^3} = 0 \quad ,$$

da $\underline{e}^2 = 1$, $\underline{e}\,\dot{\underline{e}} = 0$ ist. Die Hüllfläche ist also ein <u>Zylinder</u> der Richtung $\underline{e} \times \dot{\underline{e}}$.
Für $p = 0$ wird die Rückkehrkante zum Punkt, die Hüllfläche ein <u>Kegel</u>, dgl. für $p = \underline{a}\,\underline{e}$, $\underline{a} = \text{const.}$

77 Mit einer Raumkurve sind aber noch andere <u>abwickelbare Flächen</u> oder <u>Torsen</u> verknüpft. <u>Polarfläche</u> heißt die <u>Hüllfläche der Normalebene</u>

$$(\underline{R} - \underline{r})\underline{t} = 0 \quad . \qquad (\times)$$

Die Charakteristik liegt auch auf

$$(\underline{R} - \underline{r} - \varrho\underline{n})\underline{n} = 0 \qquad (\times\times)$$

ist also die Schnittgerade der Normalebene mit der Parallelebene zur Streckebene durch den Krümmungsmittelpunkt, d.h. die <u>Krümmungsachse</u> (s. Nr. 71 oben). Die Parameterdarstellung der Polarfläche ist also

$$\underline{R} = \underline{r} + \varrho\underline{n} + \mu\underline{b}$$

Leiten wir $(\times\times)$ ab, so folgt $(\underline{R} - \underline{r})(-\varkappa\underline{t} + \tau\underline{b}) = \varrho'$ oder mit $(\times)$

$$(\underline{R} - \underline{r})\underline{b} = \varrho'\sigma \qquad (\times\times\times)$$

Die drei Gleichungen $(\times)$, $(\times\times)$, $(\times\times\times)$ geben die Rückkehrkante

$$\underline{R} = \underline{r} + \varrho\,\underline{n} + \sigma\varrho'\underline{b}$$

d.h. den <u>Ort der Schmiegkugelmittelpunkte</u>.
<u>Strecktorse</u> heißt die <u>Hüllfläche der Streckebene</u>

$$(\underline{R} - \underline{r})\underline{n} = 0 \qquad (\text{o})$$

Die Charakteristik liegt auch auf $-\underline{t}\underline{n} + (\underline{R} - \underline{r})(-\varkappa\underline{t} + \tau\underline{b}) = 0$ oder

$$(\underline{R} - \underline{r})(-\varkappa\underline{t} + \tau\underline{b}) = 0 \qquad \text{(oo)}$$

Sie ist also senkrecht zu $\underline{n}$ und zu $-\varkappa\underline{t} + \tau\underline{b}$, liegt also in der Streckebene, geht durch $\underline{r}$ und ist parallel zu $\underline{n} \times (-\varkappa\underline{t} + \tau\underline{b}) = \varkappa\underline{b} + \tau\underline{t}$, ist also gegen die Tangente unter dem $\measuredangle\,\psi = \arctan\frac{\varkappa}{\tau}$ geneigt. Leitet man (oo) ab, so folgt $-\underline{t}(-\varkappa\underline{t} + \tau\underline{b}) + (\underline{R} - \underline{r}).$ $.(-\varkappa'\underline{t} + \tau'\underline{b} - \varkappa^2\underline{n} - \tau^2\underline{n}) = 0$, oder wegen (o)

$$(\underline{R} - \underline{r})(-\varkappa'\underline{t} + \tau'\underline{b}) + \varkappa = 0 \qquad \text{(ooo)}$$

(o) bis (ooo) geben die Rückkehrkante

$$\underline{R} = \underline{r} + \lambda(\varkappa\underline{b} + \tau\underline{t}) \quad ,$$

da deren Tangente ja parallel $\varkappa\underline{b} + \tau\underline{t}$ ist.
(o) und (oo) sind erfüllt, (ooo) ergibt $\lambda = \frac{\varkappa}{\varkappa'\tau - \varkappa\tau'}$, so daß

$$\underline{R} = \underline{r} - \frac{\varkappa(\varkappa\underline{b} + \tau\underline{t})}{\varkappa\tau' - \varkappa'\tau}$$

die Rückkehrkante ist.
Wickelt man die <u>Strecktorse</u> ab, so geht die Raumkurve in eine <u>Gerade</u> über, denn die Raumkurve ist auf der Strecktorse <u>geodätische Linie</u>, weil ihre Schmiegebene durch die Flächennormale $\underline{n}$ der Strecktorse geht (vgl. Nr. 107).

Bei einer allgemeinen Schraubenlinie ist $\frac{\varkappa}{\tau} = \text{const} = \tan\beta$.

Die Rückkehrkante fällt also wegen $\varkappa\tau' - \varkappa'\tau = 0$ ins Unendliche.

Die Charakteristik ist parallel zu

$$\frac{\varkappa\underline{b} + \tau\underline{t}}{\sqrt{\varkappa^2 + \tau^2}} = \underline{b}\sin\beta + \underline{t}\cos\beta = \underline{e}$$

(Nr. 73, (3.), (13_3)), die Torse also der Zylinder der Schraubenlinie.

78. Die <u>Tangentenfläche</u> der Raumkurve $\underline{r} = \underline{r}(s)$ war $\underline{R} = \underline{r} + u\underline{t}$, wo u und v = s die beiden Parameter sind. Irgend ein Tangentenvektor ist $R' = (1 + u')\underline{t} + u.\varkappa\underline{n}$, das Quadrat des Bogenelements also

$$dS^2 = (ds + du)^2 + u^2\varkappa^2 ds^2 \quad .$$

Hat man zwei Kurven, bei denen $\varkappa$ dieselbe Funktion von s ist, so stimmen sie im Bogenelement überein. Insbesondere gibt es nur eine <u>ebene</u> <u>Kurve</u> $\underline{r} = (\int\cos(\int\varkappa\,ds)ds, \int\sin(\int\varkappa\,ds)ds)$ (vgl. Nr.73,

(2)) mit der natürlichen Gleichung $\varkappa = \varkappa(s)$ bei der $\varkappa$ dieselbe Funktion von s ist, wie bei der Raumkurve. Auch diese bestimmt eine Tangentenfläche, natürlich in ihrer Ebene, deren Kurven dieselben Bogenelemente und damit Bogenlängen haben: das ist der Beweis für die Abwickelbarkeit.

Die Anschauung zeigt, daß die Tangentenfläche einer Raumkurve aus zwei Mänteln besteht, die längs der Kurve aneinander treffen. Bei der Abwicklung in der Ebene geht die Raumkurve in eine ebene Kurve über und die beiden Mäntel überdecken dabei denjenigen Teil der Ebene doppelt, der auf der konvexen Seite der ebenen Kurve liegt. So geht die gemeine Schraubenlinie, da sie konstante Krümmung hat, in einen Kreis über, die abwickelbare Tangentenfläche überdeckt sein Äußeres doppelt.

Bemerkung: Nach Übung 2 der Nr. 81 unten ist die Gleichung der abwickelbaren Fläche bei kleinem s

$$x = s + u \quad , \quad y = \frac{\varkappa s^2}{2} + \varkappa s u \quad , \quad z = \frac{1}{6}\varkappa\tau s^3 + \frac{\varkappa\tau s^2}{2}u \quad ,$$

wenn man das Anfangsdreibein $\underline{t}$, $\underline{n}$, $\underline{b}$ als Koordinatensystem wählt. Die Normalebene $x = 0$ d.h. $u = -s$ trifft die Torse in der Kurve $x = 0$, $y = -\frac{\varkappa s^2}{2}$, $z = -\frac{1}{3}\varkappa\tau s^3$, die offensichtlich in 0|0|0 einen Rückkehrpunkt mit der Hauptnormalen $x = 0$, $z = 0$ als Tangente hat. Daher der Name Rückkehrkante oder Gratlinie für die Kurve. Auf dieser sich anschließenden Theorie der räumlichen Evolventen und Evoluten können wir, obwohl sie "spezielle" Gebilde sind, nicht eingehen, da sie für uns noch zu "allgemein" sind.

79. Im Gegensatz zu den Hüllflächen der Streck- und Normalebene einer Raumkurve sind die von den Hauptnormalen und Binormalen beschriebenen Flächen nicht abwickelbar.

Die Binormalenfläche hat in den Parametern s und u die Gleichung

$$\underline{R} = \underline{r} + u\underline{b} \tag{1}$$

Nach den Formeln $(16_1')$ und folgende der Nr. 67 haben zwei benachbarte Binormalen den kürzesten Abstand

$$d\underline{l} = \frac{(\underline{b}\underline{b}'\underline{t})}{(\underline{t}\times\underline{b}')^2} \cdot (\underline{b}\times\underline{b}')ds \quad , \tag{2}$$

woraus

$$\underline{l}' = \underline{t} \tag{3}$$

Sein Fußpunkt hat den Vektor

$$\underline{R} = \underline{r} - \frac{(\underline{b}\times\underline{t})(\underline{b}\times\underline{b}')}{(\underline{t}\times\underline{b}')^2}\,\underline{b} = \underline{r} \tag{4}$$

Die gegebene Kurve ist also selbst die sogenannte Striktionslinie der Binormalenfläche, d.h. der Ort der Punkte kürzesten Abstands auf ihren Erzeugenden (vgl. Nr. 113), deren Tangenten überdies die Richtung des kürzesten Abstands angeben, was im allgemeinen gar nicht der Fall ist.
Die Hauptnormalenfläche hat in den Parametern s und u die Gleichung

$$R = \underline{r} + u\,\underline{n} \tag{5}$$

Hieraus erhält man

$$\underline{l}' = \frac{(\underline{n}\,\underline{n}'\,\underline{t})}{(\underline{n}\times\underline{n}')^2}\cdot(\underline{n}\times\underline{n}') = \frac{\tau(\varkappa\underline{b}+\tau\underline{t})}{\varkappa^2+\tau^2} \tag{6}$$

$$l'^2 = \frac{\tau^2}{\varkappa^2+\tau^2}$$

Der Fußpunkt des kürzesten Abstands und damit die Gleichung der Striktionlinie wird

$$\underline{R} = \underline{r} - \frac{(\underline{n}\times\underline{t})\cdot(\underline{n}\times\underline{n}')}{(\underline{n}\times\underline{n}')^2}\,\underline{n} = \underline{r} + \frac{\varkappa}{\tau^2+\varkappa^2}\,\underline{n} \tag{7}$$

Der Vektor des kürzesten Abstands ist also parallel zur Streckebene und bildet mit der Tangente der gegebenen Kurve den $\sphericalangle\beta =$ $= \arctan\frac{\tau}{\varkappa}$. Er trifft die Hauptnormale im Abstand

$$\frac{\varkappa}{\varkappa^2+\tau^2}$$

vom Kurvenmittelpunkt. Die Tangente der Striktionslinie stimmt nicht mit dem Vektor des kürzesten Abstands überein.

§ 7. Minimalgeraden und Minimalkurven. Nr. 80

80. Während sich das bisherige ganz auf das reelle Gebiet bezog, wird in Nr. 80 das komplexe Gebiet betreten, aber die geometrische Sprechweise beibehalten.
Seither war stets vorausgesetzt, daß $ds^2 \neq 0$ sei. Diejenigen Kurven, bei denen $ds^2 = 0$ ist heißen Minimalkurven. Dann kann s nicht als Parameter gewählt werden. Für den Parameter u, dessen geeignete Wahl wir uns noch vorbehalten, folgt dann aus

$$\underline{r} = \underline{r}(\underline{u}) \tag{1}$$

sogleich $\dot{\underline{r}}^2 = 0$
Die einfachste Minimalkurve ist die Minimalgerade

$$\underline{r} = \underline{a} + u\,\underline{e} \tag{2}$$

mit $\underline{e}^2 = 0$.

Für sie ist also $(\underline{r} - \underline{a})^2 = 0$. Sie liegt auf der Kugel um $\underline{a}$ mit Radius 0. Man kann diese Kugel aber auch als Kegel auffassen und für ihre Geraden folgendermaßen eine noch geeignetere Parameterdarstellung finden. Dabei müssen wir allerdings die vektorielle Methode zunächst aufgeben.

Wir suchen die Minimalgeraden auf $\underline{r}^2 = 0$, d.h. $x^2 + y^2 + z^2 = 0$. Wir zerlegen $(x + iy)(x - iy) = -z.z$ und setzen $\frac{x + iy}{-z} = \frac{z}{x - iy} = u$, woraus mittels des Proportionalitätsfaktors v

$$x = \frac{v}{2}(1 - u^2) \quad , \quad y = \frac{iv}{2}(1 + u^2) \quad , \quad z = vu \tag{3}$$

folgt. Sei nun weiter $\underline{r} = \underline{r}(u)$ eine <u>Minimalkurve</u>. Ihre Tangente hat die Gleichung $\underline{R} = \underline{r} + v\underline{t}$. Diese ist <u>Minimalgerade</u>, da $\dot{\underline{r}}^2 = \underline{t}^2 = 0$ ist. Man kann dann, wenn man vorübergehend die Komponenten von $\underline{t}$ mit $x \mid y \mid z$ bezeichnet, für diese die Werte (3) annehmen. In Wahrheit sind $\frac{dx}{du} \Big| \frac{dy}{du} \Big| \frac{dz}{du}$ die Komponenten, wo u ein geeigneter Parameter ist, als den wir den komplexen Parameter u in (3) wählen. Dann gilt also

$$\frac{dx}{du} = \frac{1 - u^2}{2} F(u) \quad , \quad \frac{dy}{du} = i\,\frac{1 + u^2}{2} F(u) \quad , \quad \frac{dz}{du} = u\,F(u) \; , \tag{4}$$

wo F(u) eine beliebige Funktion von u ist.

Man erhält so die <u>Gleichungen der Minimalkurve</u>

$$x = \frac{1}{2}\int(1 - u^2)F(u)du \; , \; y = \frac{i}{2}\int(1 + u^2)F(u)du \; , \; z = \int uF(u)du \tag{5}$$

oder, wenn man F(u) durch f'''(u) ersetzt und partiell integriert

$$\begin{aligned} x &= \frac{1}{2}(1 - u^2)f''(u) + uf'(u) - f(u) \\ y &= \frac{i}{2}(1 + u^2)f''(u) - iuf'(u) + if(u) \\ z &= uf''(u) - f'(u) \end{aligned} \tag{6}$$

Dabei ist $F(u) \neq 0$, d.h. $f'''(u) \neq 0$, $f(u) \neq A + Bu + Cu^2$ vorausgesetzt.

§ 8. Übungsaufgaben. Nr. 81

81. 1. Behandle vollständig die Raumkurven

a) $\underline{r} = a(u^3 + 3u\cos 2\alpha,\ 3u^2\sin\alpha,\ 3u\sin 2\alpha)$ Vgl. Nr. 84.

b) $\underline{r} = a(\cos u,\ \sin u\ ,\ \cos 2u)$

c) $\underline{r} = (4a\cos^3 u,\ 4a\sin^3 u,\ 3c\cos 2u)$

d) $\underline{r} = a(\sin^2 u,\ \sin u\cos u,\ \cos u)$

e) $\underline{r} = \{a(u - \sin u),\ a(1 - \cos u),\ bu\}$

2. Die Reihenentwicklung einer Raumkurve nach dem Bogen s lautet

$$\underline{r} = s_0 + \underline{t}s + \varkappa\underline{n}\,\frac{s^2}{2!} + (-\varkappa^2\underline{t} + \varkappa'\underline{n} + \varkappa\tau\underline{b})\frac{s^3}{3!} + \dots,$$

so daß, wenn wir das Anfangsdreibein $\underline{t}_0$, $\underline{u}_0$, $\underline{b}_0$ als Koordinatendreibein wählen

$$x = s - \frac{\varkappa^2}{6}s^3 + \dots,\quad y = \frac{\varkappa}{2}s^2 + \frac{\varkappa'}{6}s^3 + \dots,\quad z = \frac{1}{6}\varkappa\tau s^3 + \dots$$

Für kleines s ist also

$$y = \frac{\varkappa}{2}x^2 \quad , \quad z = \frac{1}{2}\varkappa\tau x^3 \quad , \quad z^2 = \frac{2\tau^2}{\varkappa}y^3$$

Zeichne die Kurve im Schrägbild.

3. Gibt es eine Schraubenlinie, die eine gegebene Kurve in dritter Ordnung berührt?

4. Die Schraubenlinie mit den natürlichen Gleichungen

$$\varrho = \sigma = \frac{s^2 + 4}{\sqrt{2}}$$

liegt auf einem Zylinder, dessen Querschnitt eine Kettenlinie ist (KB Nr. 275). Was sind die Projektionen der Schraubenlinie auf die übrigen Koordinatenebenen?

5. Bestimme die Loxodromen des senkrechten Kreiskegels, d.h. die Kurven, die seine Mantellinien unter konstantem $\sphericalangle\alpha$ treffen. Ihre Grundkreisprojektion ist eine logarithmische Spirale (KB Nr. 278).

6. Desgleichen die Loxodromen der Kugel in bezug auf ihre Großkreise.

7. Bestimme Krümmung und Torsion der Rückkehrkante der Strecktorse.

8. Bestimme Hüllfläche und Rückkehrkante der Ebenenscharen

a) $3u^2x - 3uy + z - u^3 = 0$,

b) $3ux - (1 - u^2)y + (1 + u^2)z - u^3 = 0$,

c) $x \sin u - y \cos u + z \tan\beta - cu = 0$,

d) $\dfrac{x}{a + u} + \dfrac{y}{b + u} + \dfrac{z}{c + u} = 1$

9. Bestimme für die Gerade $x = uz + v$, $y = u^2z + 4uv$ v als Funktion von u so, daß sie eine abwickelbare Fläche beschreibt. Was ist die Rückkehrkante?

10. Bestimme die Torse, deren Erzeugende die z-Achse unter dem konstanten $\sphericalangle\alpha$ schneiden und die Parabel $y^2 = 2px$, $z = 0$ treffen.
Ergebnis:

$$\frac{x - \frac{u^2}{2p}}{\sin\alpha \cos v} = \frac{y - u}{\sin\alpha \sin v} = \frac{z}{\cos\alpha} \qquad \text{Erzeugende}$$

$v = \text{const}$ gibt als Lösung die parabolischen Zylinder

$$(y \cos\alpha - z \sin\alpha \sin v)^2 - 2p \cos\alpha(x \cos\alpha - z \sin\alpha\cos v) = 0.$$

Eine weitere Torse entsteht für $u = p \tan v$ und ist die Hüllfläche der Geraden mit den Gleichungen

$$x = z \tan\alpha \cos v + \frac{p}{2}\tan^2 v \;, \quad y = z \tan\alpha \sin v - p \tan v \quad ,$$

Für die Rückkehrkante kommt noch die Gleichung $z = \dfrac{p \cot\alpha}{\cos^3 v}$ hinzu.

11. Gegeben die Parabeln

$$\left.\begin{array}{ll} y^2 = 2p(x + \frac{p}{2}) \quad , & z = 0 \\ z^2 = -2p(x - \frac{p}{2}) \quad , & y = 0 \end{array}\right\}$$

P sei ein Punkt der ersten, P' einer der zweiten Parabel, M die Mitte von PP', ε die Mittellotebene auf $\overline{PP'}$. Welche Fläche umhüllen

a) die Ebenen ε durch den Ursprung,
b) diejenigen parallel zur x-Achse, was sind die Rückkehrkanten?
Was ist
c) der Ort F(x,y,z) von PP',
d) der von M,
e) die Striktionslinie von F,
f) der scheinbare Umriß von F in bezug auf $x = 0$,
g) die Hüllkurve der yz-Spur von F? Welche Flächen umhüllen
h) die Ebenen ε , die mit der x-Achse den $\sphericalangle\alpha$ bilden und was ist die Rückkehrkante?

12. Ein fester Punkt O wird mit einem veränderlichen Punkt P einer Kugel verbunden. Was ist die Hüllfläche der Ebene, die in P auf OP senkrecht steht? Bestimme die zugehörige Rückkehrkante.

13. Der Mittelpunkt einer Kugel von konstantem Radius a bewegt sich auf einer gegebenen Raumkurve. Bestimme die Hüllfläche, eine sogenannte Kanalfläche und deren Rückkehrkante. Ist der Krümmungsradius ϱ der Kurve kleiner als a, so besteht die letztere aus zwei Zweigen

$$\underline{r} + \varrho\underline{n} \pm \sqrt{a^2 - \varrho^2}\,.\underline{b} \quad .$$

§ 9. Die singulären Punkte der Raumkurven. Nr. 82–84 [1]

82. Unter singulären Punkten einer Kurve sind im Folgenden nur solche verstanden, in denen eine einzige Tangente vorhanden ist, also keine Doppel- und mehrfachen Punkte.

Bei einer ebenen Kurve kann sich von einem gegebenen Kurvenpunkt P aus ein Punkt in zwei Richtungen + und - weiterbewegen, die Tangente in ihm in zwei Richtungen + und - weiter drehen. das gibt in der Nachbarschaft von P vier Gestalten der Kurve. (Bild 27 a bis d) Die Punkte heißen gewöhnlicher Punkt oder Einseit punkt, Wendepunkt, Rückkehrpunkt oder Spitze 1. Art, Schnabelspitze oder Spitze 2. Art. In (Bild 28 a bis c) und (Bild 29 a bis c) finden sich die drei ersten Fälle und zwar jeder doppelt, nach dem Grade der Berührung im Ursprung, bei den Potenzkurven.

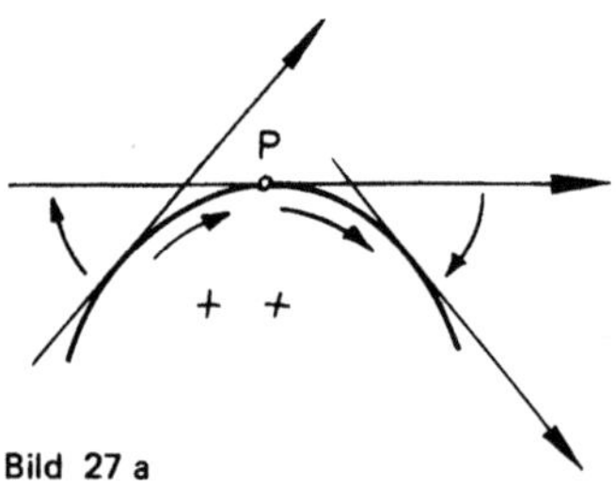

Bild 27 a

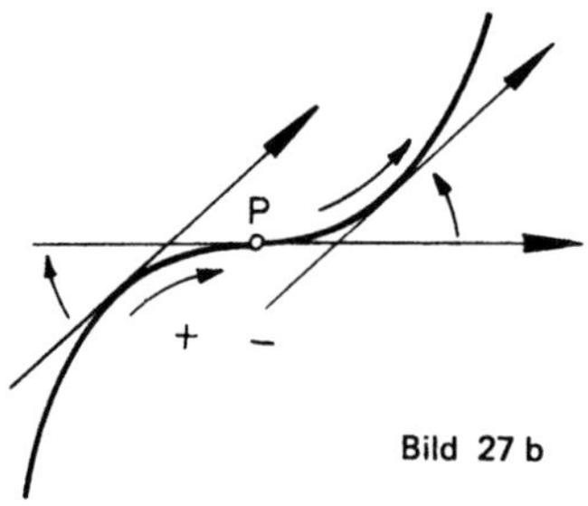

Bild 27 b

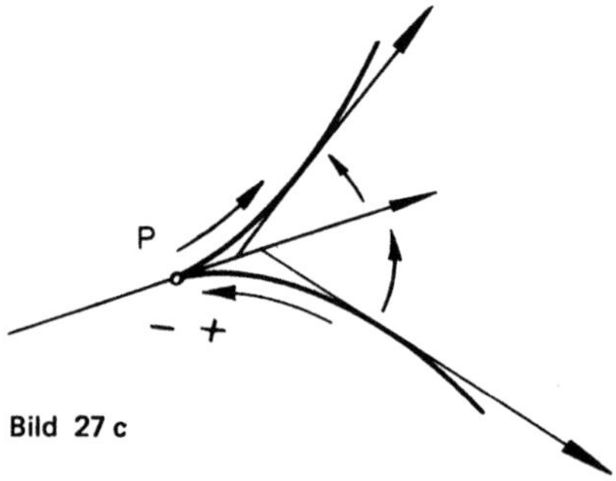

Bild 27 c

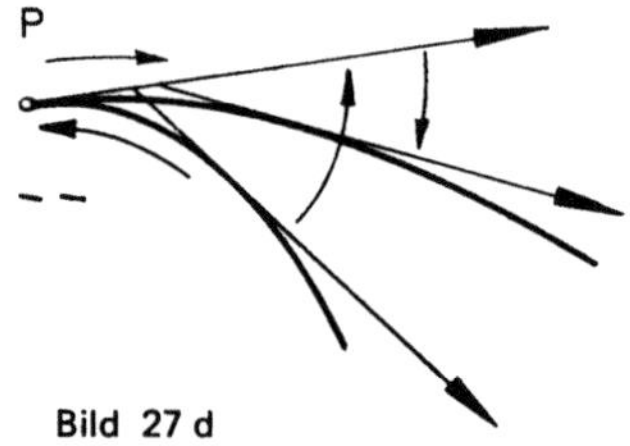

Bild 27 d

1) Vgl. dazu E. Kruppa, analytische und konstruktive Differentialgeometrie , Wien 1957, S94 und die ausgezeichnete, das Thema erschöpfende Abhandlung von
R. Mehmke, über die Benennung und kinematische Unterscheidung der verschiedenen Arten von Kurvenpunkten sowie über Krümmungen und Windungen verschiedener Ordnung.
Wir müssen uns auf die einfachsten Beispiele bei den auftretenden Fällen beschränken.

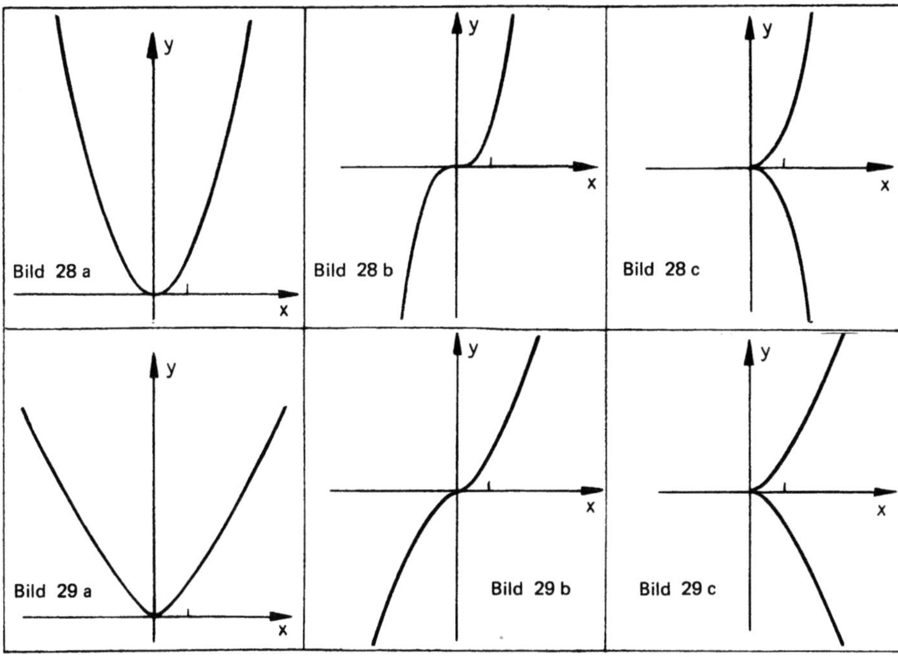

Bild 28 a — Bild 28 b — Bild 28 c

Bild 29 a — Bild 29 b — Bild 29 c

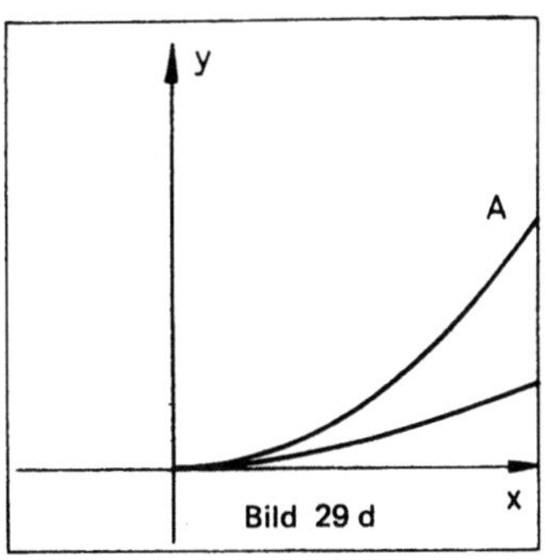

Bild 29 d

Bild 28a) $y = x^2$ Apollonische Parabel — Bild 29a) $y^3 = x^4$
Bild 28b) $y = x^3$ Wendeparabel — Bild 29b) $y^3 = x^5$
Bild 28c) $y^2 = x^3$ Rückkehrparabel — Bild 29c) $y^2 = x^5$

In (Bild 29 d) und (Bild 31 b) **sind die beiden entsprechenden Schnabelspitzen gezeichnet. Nach KB Nr. 138 hat die Kurve mit der einfachsten gewöhnlichen** Schnabelspitze die Gleichung

$$(y - A_1x^2)^2 - 2A_2xy^2 = 0 \quad \text{oder} \quad y = \frac{A_1x^2}{1 \pm \sqrt{2A_2x}}$$

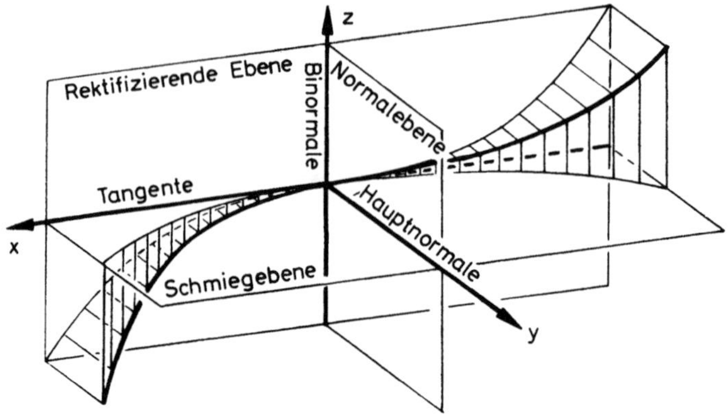

Bild 30 a

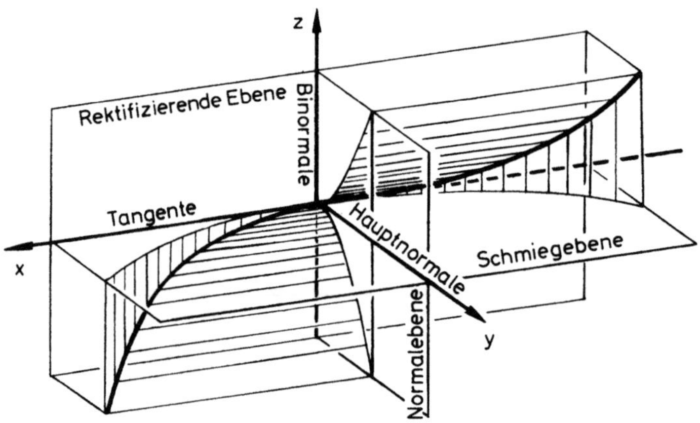

Bild 30 b

Die Kurve mit der einfachsten Berührknotenspitze aber hat die Gleichung

$$(y - A_1 x^2)^2 - B_0^2 x^5 = 0 \qquad \text{oder } y = x^2(A_1 \pm B_0\sqrt{x}) \quad ^{1)}$$

In (Bild 31 b) ist $A_1 = \frac{4}{81}$, $B_0 = \frac{2}{243}$

83. Im Raume kommt zu Punkt und Tangente als weiteres "erzeugendes" Element die Schmiegebene und ihre Drehung um die Tangente hinzu. Es gibt also acht verschiedene Arten von Punkten. Zunächst haben wir in den Bildern 30 a und b den

1. Fall, den uns schon Übung 2 der Nr. 81 mit den Näherungsgleichungen

$$y = \frac{\varkappa}{2} x^2 \quad , \quad z = \frac{1}{2}\varkappa\tau x^3 \quad , \quad z^2 = \frac{2\tau^2}{\varkappa} y^3$$

im Ursprung kennen lehrte.

1) s. Anmerkung 1) in Nr. 83

Die xy-Ebene ist Schmiegebene, die x-Achse Tangente, die y-Achse Hauptnormale, die z-Achse Binormale. Die Raumkurve projiziert sich also auf die Schmiegebene als Apollonische Parabel, auf die rektifizierende Ebene als Wendeparabel auf die Normalebene als Rückkehrparabel.

Die Raumkurve hat, wenn ein Kurvenpunkt Q die feste Stelle P (hier den Ursprung O) passiert, einen bestimmten Durchlaufsinn. Geht Q auf der Kurve weiter, so sei der Durchlaufsinn +, kehrt Q in P um, so sei er –.

Die Gerade PQ bildet mit der Tangente t in P (hier der x-Achse) eine Ebene (tQ). In (tQ) bestimmt die Gerade PQ einen Drehsinn, der nach Kruppa Sehnendrehsinn heißt. Dreht sich PQ beim Passieren von t weiter, so sei der Sehnendrehsinn +, kehrt PQ um so sei er –.

Endlich ruft die Ebene (tQ) in bezug auf die Schmiegebene, (hier die xy-Ebene) bei der Drehung um t nach Kruppa einen Ebenendrehsinn hervor. Dreht sich (tQ) beim Passieren der Schmiegebene weiter, so sei der Ebenendrehsinn +, kehrt sie, so sei er –.

Unserm 1. Fall kommt das Symbol + + + zu. (Bild 30 a) zeigt den horizontal- und vertikal-, (Bild 30 b) den horizontal- und den seitenprojizierenden Zylinder der Raumkurve.

Bild 31 b

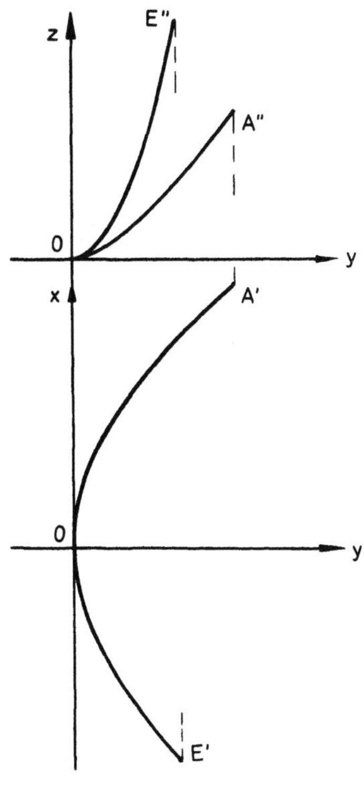

Bild 31 a

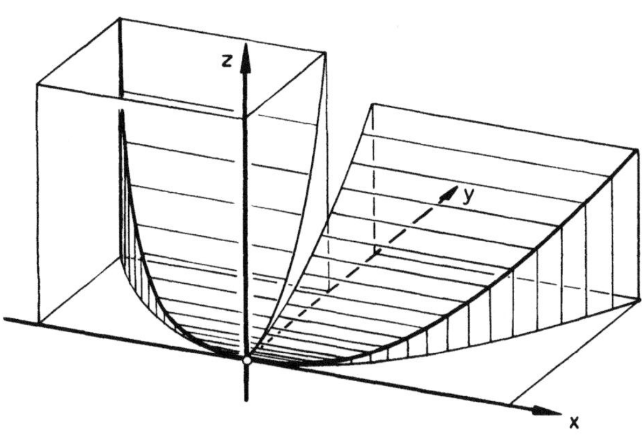

84. (Bild 31 a und b) zeigt den Fall + + −

Kurve $x = 8t$, $y = 4t^2$, $z = 6t^4 - 3t^5$

HPr $y = \frac{1}{16}x^2$, VPr $z = \frac{3}{8}y^2 \pm \frac{3}{32}y^2\sqrt{y}$ mit Schnabelspitze

(Bild 32 a und b) zeigt den Fall + − +

Kurve $x = 8t$, $y = 4t^3$, $z = 4t^6$

HPr $y = \frac{1}{128}x^3$, VPr $z = \frac{1}{4}y^2$

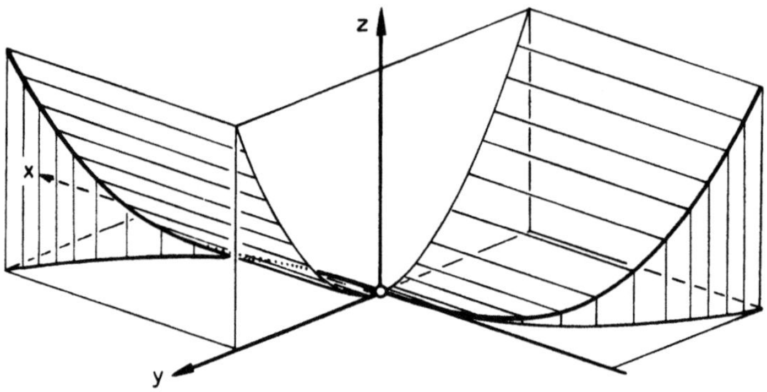

Bild 32 a

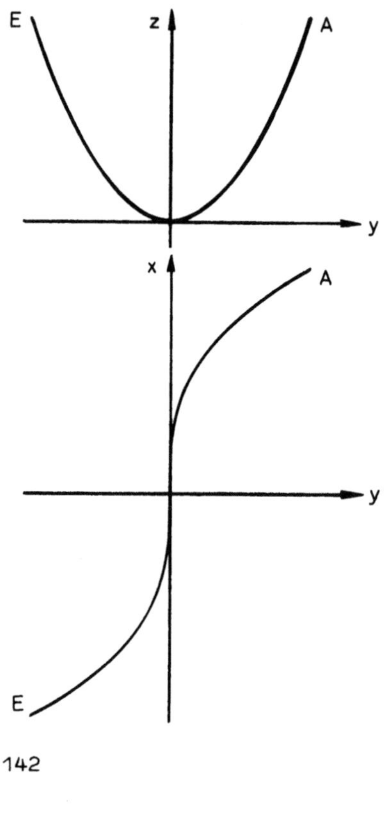

Bild 32 b

(Bild 33 a und b) zeigt den Fall + - -

Kurve $x = 8t \quad , \quad y = 4t^3 \quad , \quad z = -4t^9$

HPr $\quad y = \frac{1}{128}x^3 \quad , \quad$ VPr $\quad z = -\frac{1}{16}y^3$

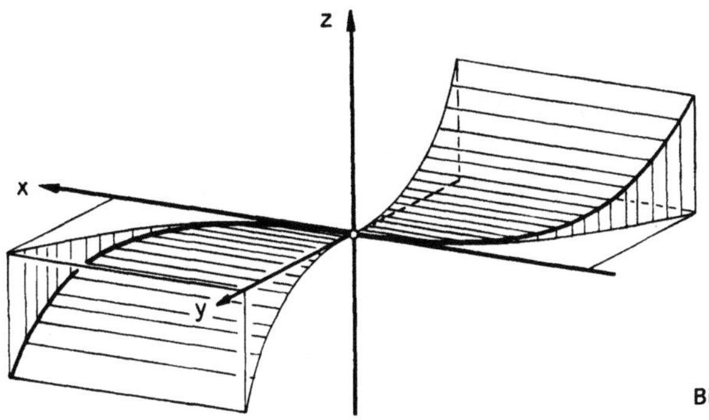

Bild 33 a

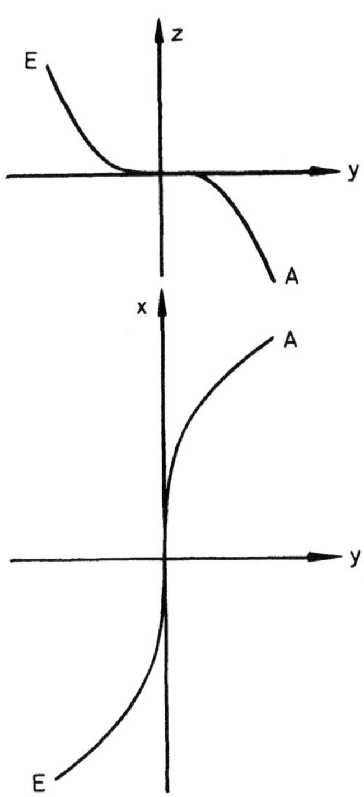

Bild 33 b

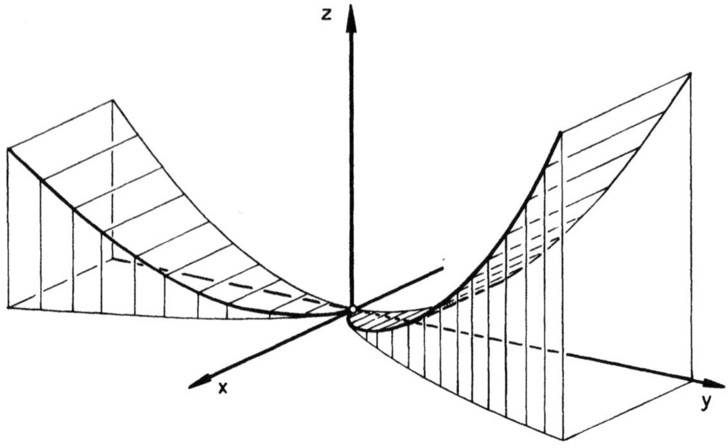

Bild 34 a

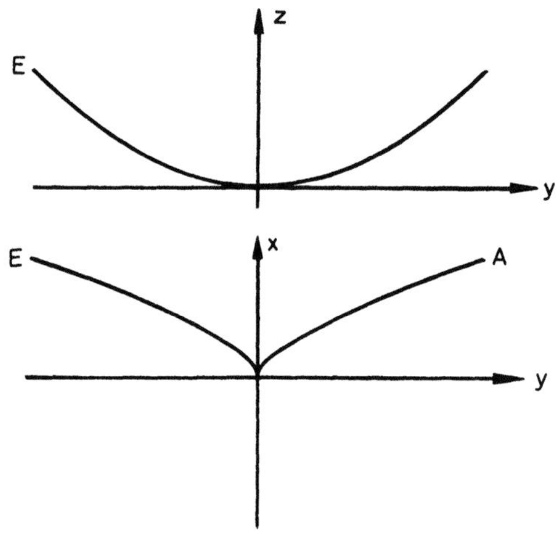

Bild 34 b

(Bild 34 a und b) zeigt den Fall − + +

Kurve $x = 4t^2$, $y = 8t^3$, $z = 4t^6$

HPr $y^2 = x^3$, VPr $z = \frac{1}{16} y^2$

(Seitenprojektionen $z = \frac{x^3}{16}$, aber nur die Hälfte $x > 0$!).

(Bild 35 a und b) zeigt den Fall − + −

Kurve $x = 4t^2$, $y = 8t^3$, $z = - 4t^9$

Hpr $y^2 = x^3$, VPr $z = - \frac{1}{128} y^3$

84

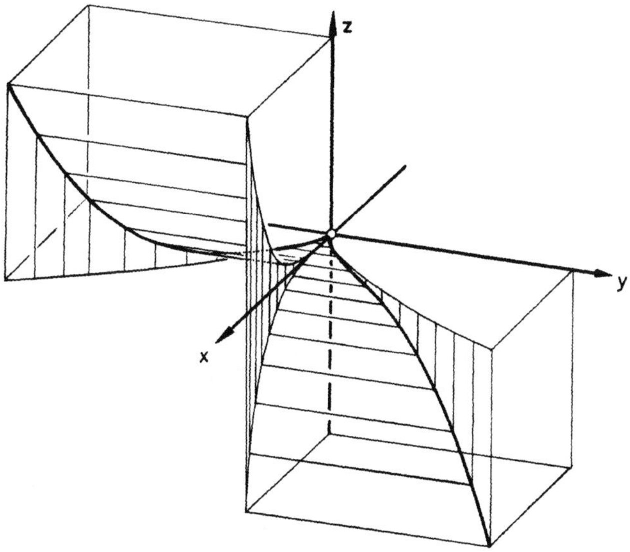

Bild 35 a

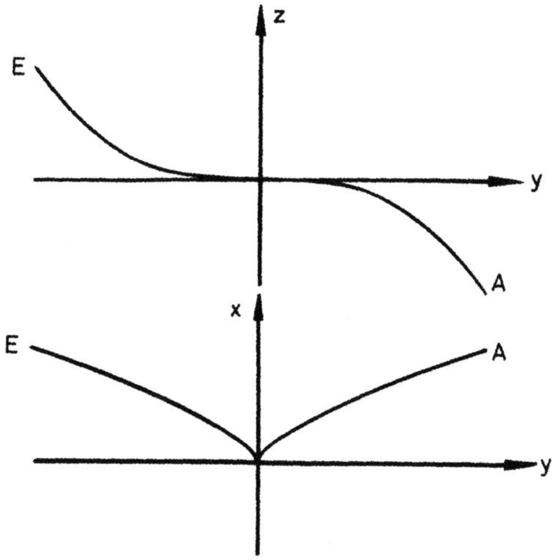

Bild 35 b

(Bild 36 a und b) zeigt – – +

Kurve $x = 9t^2$, $y = 6t^4 - 4t^5$, $z = 6t^5$

HPr $y = \frac{2}{27}x^2 \pm \frac{4}{243}x^2\sqrt{x}$ mit Schnabelspitze [1])

(Seitenprojektion $z = \frac{2}{243}x^3 \pm \frac{1}{729}x^3\sqrt{x}$).

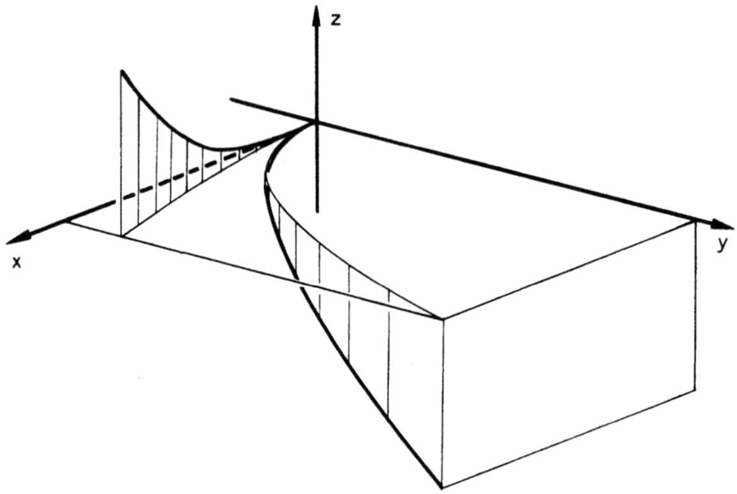

Bild 36 a

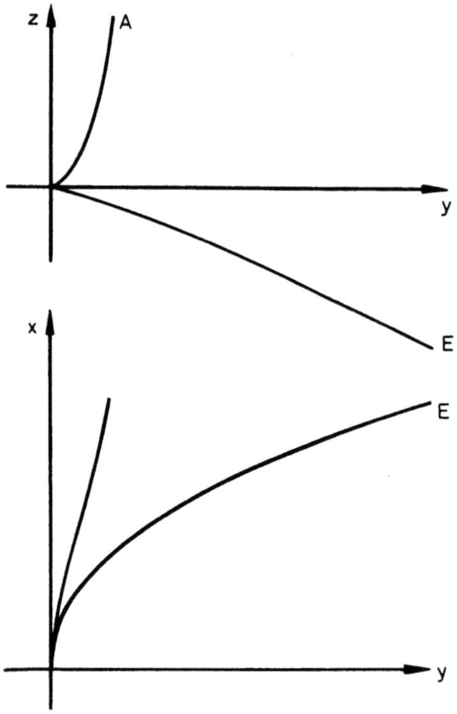

Bild 36 b

1) Daß beide Zweige der Kurve $y = x^2(A + B\sqrt{x})$ für $n > 1$, nicht aber für $n = 1$ (!) eine Schnabelspitze besitzen, ergibt sich daraus, daß in der Nähe des Ursprungs beide Zweige Krümmungen desselben Vorzeichens besitzen.

(Bild 37 a und b) zeigt den Fall - - -

Kurve $x = 9t^2$, $y = \frac{9}{2} t^4 + \frac{3}{2} t^5$, $z = 6t^6 - 3t^7$

HPr $y = \frac{1}{18} x^2 \pm \frac{1}{162} x^2 \sqrt{x}$ mit Schnabelspitze [1)]

(Seitenprojektion $z = \frac{2}{243} x^3 \pm \frac{1}{729} x^3 \sqrt{x}$)

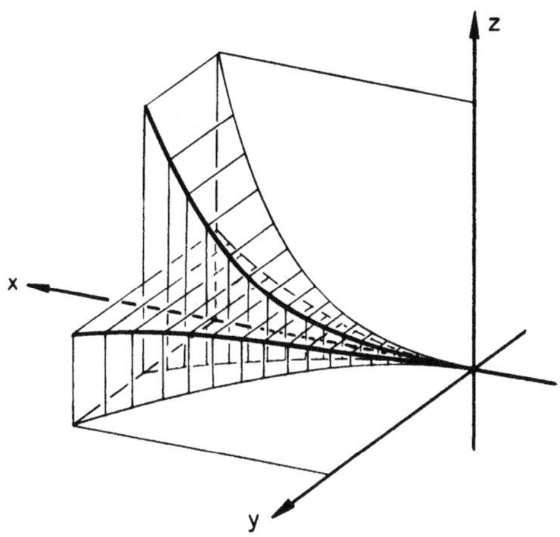

Bild 37 a

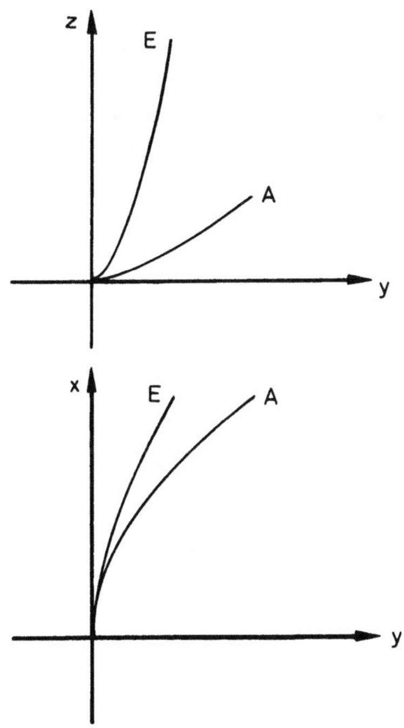

Bild 37 b

9. Kapitel. Die Flächen und ihre einfachsten Kurven

§ 1. Die Fundamentalgrößen erster Ordnung. Nr. 85–89

85. Man verdankt Carl Friedrich Gauß (1777 - 1855) den grundlegenden Gedanken, die Koordinaten eines Punktes einer Fläche durch zwei Parameter u und v darzustellen. Damit ist auch der Ortsvektor eine Funktion von u und v:

$$\underline{r} = \underline{r}(u,v) \qquad (1)$$

1) s. S. 146

Die Wahl der Parameter ist natürlich nicht eindeutig. Bei jeder Fläche können noch mannigfache Parametertransformationen

$$u = \varphi(\bar{u},\bar{v}) \quad , \quad v = \psi(\bar{u},\bar{v}) \tag{2}$$

vorgenommen werden, ohne daß an der Fläche sich etwas ändert. Darum wird die Flächengleichung

$$F(x,y,z) = 0 \tag{3}$$

die man erhält, wenn man u und v aus (1) eliminiert, stets ihre Bedeutung behalten.
Konstante Werte u_1 von u bestimmen die "v-Parameterlinien" $\underline{r} = \underline{r}(u_1,v)$, solche v_1 von v die "u- Parameterlinien" $\underline{r} = \underline{r}(u,v_1)$.
Irgend eine Gleichung

$$g(u,v) = 0 \tag{4a}$$

oder irgend zwei Gleichungen

$$u = u(\lambda) \quad , \quad v = v(\lambda) \tag{4b}$$

bestimmen eine <u>Kurve</u> auf der Fläche (1). Man kann u und v als <u>krummlinige Koordinaten</u> auf der Fläche betrachten.
Ist (3) nach z auflösbar

$$z = f(x,y) \quad , \tag{5}$$

so ist

$$x = u \quad , \quad y = v \quad , \quad z = f(u,v) \tag{5}$$

eine gewisse einfachste Parameterdarstellung der Fläche.

86. Längs der Parameterlinien $v = const = v_1$ ändert sich nur u. Sei $\Delta \underline{r}$ der Zuwachs von $\underline{r}$ zwischen dem Flächenpunkt P und einem "Nachbarpunkt". Wir setzen voraus, daß sich das Verhältnis $\frac{\Delta \underline{r}}{\Delta u}$ für $\Delta u \to 0$ einem Grenzwert nähert, den wir mit $\frac{\partial \underline{r}}{\partial u} \equiv \underline{r}_1$ bezeichnen. $\underline{r}_1$ ist ein Vektor in der Tangente der Parameterlinie $v = v_1$. Ebenso ist $\lim\limits_{\Delta v \to 0} \frac{\Delta \underline{r}}{\Delta v} = \frac{\partial \underline{r}}{\partial v} \equiv \underline{r}_2$ ein Vektor in der Tangente der Parameterlinie $u = const = u_1$. $\underline{r}_1$ und $\underline{r}_2$ spannen eine Ebene auf, die keine andere ist als die <u>Berührebene</u> der Fläche im Punkt P. Dann ist (4b) der Nr. 85 eine Flächenkurve durch P, längs deren sich $\underline{r}$ um $\Delta \underline{r}$ ändert (Bild 38), so möge sich $\frac{\Delta \underline{r}}{\Delta \lambda}$ für $\Delta\lambda \to 0$ einem Grenzwert nähern, den wir mit $\frac{d\underline{r}}{d\lambda}$ bezeichnen. Dann lehrt die Analysis, daß für die von uns betrachteten "allgemeinen" Koordinatentripel $\underline{r} = (x,y,z)$ die Gleichungen

$$\frac{d\underline{r}}{d\lambda} = \frac{\partial \underline{r}}{\partial u}\frac{du}{d\lambda} + \frac{\partial \underline{r}}{\partial v}\frac{dv}{d\lambda} \tag{1}$$

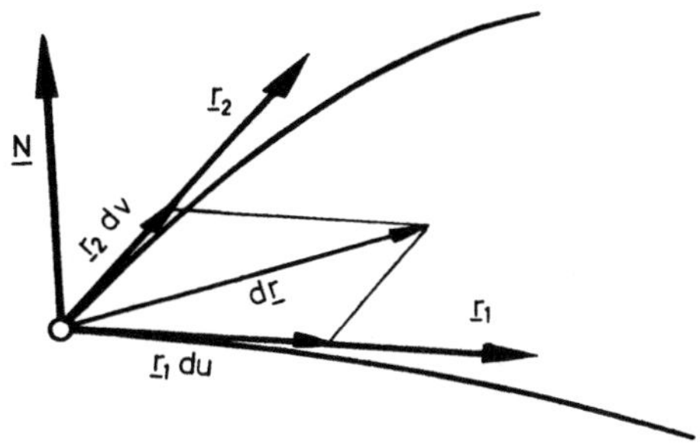

Bild 38

oder auch

$$d\underline{r} = \underline{r}_1\, du + \underline{r}_2\, dv \tag{2}$$

gelten, wobei $\underline{r}_1$ und $\underline{r}_2$ nicht beide verschwinden.
Nach (2) liegt also $d\underline{r}$ in der von $\underline{r}_1$ und $\underline{r}_2$ aufgespannten Ebene, gleichgültig was der Wert von $\frac{dv}{du}$, d.h. was für eine Kurve die durch P gezogene Kurve (4b), Nr. 85, ist. Die Tangentenvektoren aller Flächenkurven durch P liegen also in einer Ebene, der Berührebene der Fläche mit der Gleichung

$$(\underline{R} - \underline{r}, \underline{r}_1, \underline{r}_2) = 0 \tag{3}$$

87. Aus (2) der Nr. 86 folgt für das Bogenelementquadrat

$$d\underline{r}^2 = ds^2 = \underline{r}_1^2 du^2 + 2\underline{r}_1\underline{r}_2 du dv + \underline{r}_2^2 dv^2 \tag{4}$$

oder, wenn man die Fundamentalgrößen erster Ordnung

$$\underline{r}_1^2 = \left(\frac{\partial \underline{r}}{\partial u}\right)^2 = E \quad , \quad \underline{r}_1\underline{r}_2 = \frac{\partial \underline{r}}{\partial u}\frac{\partial \underline{r}}{\partial v} = F \quad , \quad \underline{r}_2^2 = \left(\frac{\partial \underline{r}}{\partial v}\right)^2 \equiv G \tag{4a}$$

und dazu die Größe

$$EG - F^2 = D^2 \tag{4b}$$

einführt

$$\text{(I)} \quad ds^2 = E du^2 + 2\, F du\, dv + G\, dv^2 \quad .$$

Man nennt (I) die erste Fundamentalform der Fläche
In rechtwinkligen Koordinaten x_1, x_2, x_3 lauten die Größen (4a)

$$E = \sum_{i=1}^{3}\left(\frac{\partial x_i}{\partial u}\right)^2 \quad , \quad F = \sum_{i=1}^{3}\frac{\partial x_i}{\partial u}\frac{\partial x_i}{\partial v} \quad , \quad G = \sum_{i=1}^{3}\left(\frac{\partial x_i}{\partial v}\right)^2 \tag{4c}$$

Die Vektoren $\underline{r}_1$ und $\underline{r}_2$ sind Tangentenvektoren der Fläche. Die Flächennormale steht senkrecht auf beiden. Der Einheitsvektor in ihr ist also durch

$$\underline{N} = \frac{\underline{r}_1 \times \underline{r}_2}{\sqrt{(\underline{r}_1 \times \underline{r}_2)^2}} = \frac{\underline{r}_1 \times \underline{r}_2}{\sqrt{\underline{r}_1^2\underline{r}_2^2 - (\underline{r}_1\underline{r}_2)^2}} = \frac{\underline{r}_1 \times \underline{r}_2}{D} \tag{5$_1$}$$

erklärt, auch in bezug auf den positiven Durchlaufsinn. Als positiven Durchlaufsinn der Fläche wählen wir dann denjenigen, der mit dem Durchlaufsinn von $\underline{N}$ eine Rechtsschraube bildet. Also geht der Umlaufsinn von $\underline{r}_1$ nach $\underline{r}_2$.
Die Gleichung der Berührebene kann jetzt auch

$$(\underline{R} - \underline{r})\underline{N} = 0 \qquad (6)$$

geschrieben werden. Aus (5_1) folgt noch

$$\underline{N} \times \underline{r}_1 = -\frac{F\underline{r}_1 - E\underline{r}_2}{D} \quad , \quad \underline{N} \times \underline{r}_2 = -\frac{G\underline{r}_1 - F\underline{r}_2}{D} \qquad (5_2)$$

88. Für zwei Tangentenvektoren $d\underline{r}$ und $\delta\underline{r}$ mit dem Zwischenwinkel ψ gilt

$$d\underline{r} = \underline{r}_1 du + \underline{r}_2 dv \quad , \quad \delta\underline{r} = \underline{r}_1 \delta u + \underline{r}_2 \delta v \qquad (1)$$

also $d\underline{r} \cdot \delta\underline{r} = ds\,\partial s \cos\psi = E\,du\,\partial u + F(du\,\delta v + \delta u\,dv) + G\,dv\,\delta v$

so daß

$$\cos\psi = \frac{E\,du\,\delta u + F(du\,\delta v + \delta u\,dv) + G\,dv\,\delta v}{\sqrt{E\,du^2 + 2F\,du\,dv + G\,dv^2}\,\sqrt{E\,\delta u^2 + 2F\,\delta u\,\delta v + G\,\delta v^2}} \qquad (2)$$

und

$$d\underline{r} \times \delta\underline{r} = ds\,\delta s\,\sin\psi\,\underline{N} = \underline{r}_1 \times \underline{r}_2 \cdot (du\,\delta v - \delta u\,dv) = D(du\,\delta v - \delta u\,dv)\underline{N}$$

womit

$$ds\,\delta s\,\sin\psi = D(du\,\delta v - \delta u\,dv) \qquad (3)$$

Insbesondere erhält man für den $\sphericalangle\,\theta$ (Bild 39)
zwischen der u-Parameterlinie v = const und der Richtung $d\underline{r}$ ($\delta v = 0$!).

$$\cos\theta = \frac{1}{\sqrt{E}}\left(E\frac{du}{ds} + F\frac{dv}{ds}\right) \quad , \qquad (2_1)$$

$$\sin\theta = \frac{D}{\sqrt{E}}\frac{dv}{ds} \qquad (3_1)$$

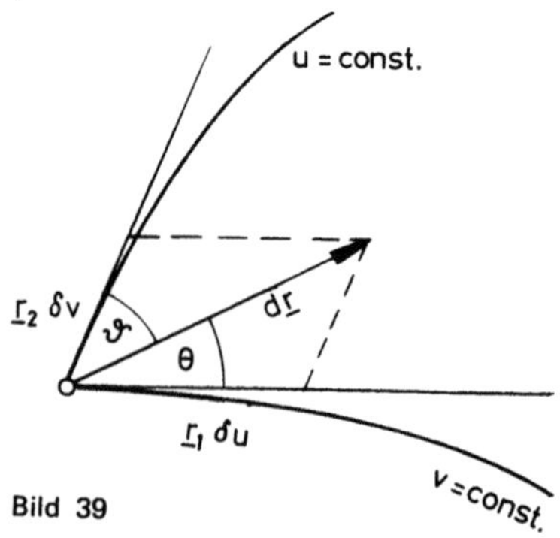

Bild 39

(Beachte das Vorzeichen von $\sin\Theta$!), für den $\measuredangle\vartheta$ zwischen der Richtung $d\underline{r}$ und der Parameterlinie u = const ($\delta u = 0$)

$$\cos\vartheta = \frac{1}{\sqrt{G}}\left(F\frac{du}{ds} + G\frac{dv}{ds}\right) \quad , \tag{2_2}$$

$$\sin\vartheta = \frac{D}{\sqrt{G}}\frac{du}{ds} \tag{3_2}$$

Das von den Parameterlinien bestimmte Parallelogramm hat den Inhalt

$$\delta^2 F = D\,\delta u\,\delta v \tag{4}$$

Der Einheitsvektor $\underline{e}_1$ in der u-Parameterlinie ist

$$\underline{e}_1 = \frac{\underline{r}_1}{\sqrt{E}} \quad , \tag{5_1}$$

der Einheitsvektor in der v-Parameterlinie

$$\underline{e}_2 = \frac{\underline{r}_2}{\sqrt{G}} \tag{5_2}$$

Die Parameterlinien schneiden sich unter dem $\measuredangle\omega$, sodaß

$$\cos\omega = \underline{e}_1\underline{e}_2 = \frac{F}{\sqrt{EG}} \quad , \qquad \sin\omega = \frac{D}{\sqrt{EG}} \quad , \quad \tan\omega = \frac{D}{F} \tag{5_3}$$

ist. $F = 0$ ist also die notwendige und hinreichende Bedingung dafür, daß die Parameterlinien aufeinander senkrecht stehen.

89. Ist (1_1) $P\,\delta u + Q\,\delta v = 0$, wo P und Q Funktionen von u und v sind, die Differentialgleichung einer Kurvenschar, so daß $\frac{\delta u}{\delta v} = -\frac{Q}{P}$, so steht diese "Richtung" senkrecht auf der "Richtung" $\frac{du}{dv}$, wenn (Nr. 88 (2)) $\cos\psi = 0$, das heißt

$$(EQ - FP)du + (FQ - GP)dv = 0 \tag{1_2}$$

ist. Dies ist die Differentialgleichung der senkrechten Trajektorien der Kurvenschar (1_1)
Die Differentialgleichung der Kurve, welche die Winkel zwischen den Parameterlinien halbieren, sind, wie aus $\vartheta = \pm\Theta$ folgt

$$\sqrt{E}\,du \pm \sqrt{G}\,dv = 0 \tag{2}$$

90. Fundamentalgrößen zweiter Ordnung der Fläche $\underline{r} = \underline{r}(u,v)$ heißen die skalaren Produkte

$$\frac{\partial^2 \underline{r}}{\partial u^2}\underline{N} \equiv \underline{r}_{11}\underline{N} = L\ ,\quad \frac{\partial^2 \underline{r}}{\partial u \partial v}\underline{N} \equiv \underline{r}_{12}\underline{N} = M\ ,\quad \frac{\partial^2 \underline{r}}{\partial v^2}\underline{N} \equiv \underline{r}_{22}\underline{N} = N \text{ [1]} \tag{1a}$$

Weiter setzt man

$$LN - M^2 = T^2 \tag{1b}$$

Die Differentialform (II) $Ldu^2 + 2Mdudv + Ndv^2$ heißt die zweite Fundamentalform der Fläche
Nach Nr. 87,(5) ist auch

$$(\underline{r}_1\underline{r}_2\underline{r}_{11}) = DL\ ,\quad (\underline{r}_1\underline{r}_2\underline{r}_{12}) = DM\ ,\quad (\underline{r}_1\underline{r}_2\underline{r}_{22}) = DN \tag{1c}$$

in Koordinaten ist also

$$L = \frac{1}{D}\begin{vmatrix} \frac{\partial^2 x_i}{\partial u^2} & \frac{\partial x_i}{\partial u} & \frac{\partial x_i}{\partial v} \end{vmatrix} \quad M = \frac{1}{D}\begin{vmatrix} \frac{\partial^2 x_i}{\partial u \partial v} & \frac{\partial x_i}{\partial u} & \frac{\partial x_i}{\partial v} \end{vmatrix} \quad N = \frac{1}{D}\begin{vmatrix} \frac{\partial^2 x_i}{\partial v^2} & \frac{\partial x_i}{\partial u} & \frac{\partial x_i}{\partial v} \end{vmatrix} \tag{1d}$$

91. Die geometrische Bedeutung der zweiten Fundamentalform zeigt sich zunächst, wenn man den Abstand des Nachbarpunktes $\underline{r} + \Delta\underline{r}$ von der Berührebene in $\underline{r}$ berechnet.
Nach dem Taylorschen Satz ist

$$\Delta\underline{r} = \underline{r}_1 du + \underline{r}_2 dv + \frac{1}{2}(\underline{r}_{11}du^2 + 2\underline{r}_{12}dudv + \underline{r}_{22}dv^2) + \ldots$$

also

$$\underline{N}\,\Delta\underline{r} = \frac{1}{2}(Ldu^2 + 2Mdudv + Ndv^2) + \ldots$$

Wir setzen zur Abkürzung

$$\frac{\partial \underline{N}}{\partial u} \equiv \underline{N}_1\ ,\quad \frac{\partial \underline{N}}{\partial v} \equiv \underline{N}_2 \tag{1}$$

Da diese zwei Vektoren wegen $\underline{N}^2 = 1$, $\underline{N}\frac{\partial \underline{N}}{\partial u} = 0$, $\underline{N}\frac{\partial \underline{N}}{\partial v} = 0$ senkrecht auf $\underline{N}$ stehen, so müssen sie in die Berührebene fallen, also durch $\underline{r}_1$ und $\underline{r}_2$ linear ausdrückbar sein. Aus

$$\underline{N}\underline{r}_1 = 0\ ,\quad \underline{N}\underline{r}_2 = 0 \tag{3_1}$$

---

1) $\overline{N}$ darf nicht mit $\underline{N}$ verwechselt werden: $\underline{N}$ bestimmt die Normalenrichtung der Fläche, N den Skalar $\frac{\partial^2 \underline{r}}{\partial v^2}\underline{N}$

folgt durch Ableiten

$$\underline{N}_1\underline{r}_1 = -\underline{N}\,\underline{r}_{11} = -L$$
$$\underline{N}_1\underline{r}_2 = -\underline{N}\,\underline{r}_{12} = N_2 r_1 = -N r_{21} = -M \qquad (2_2)$$
$$\underline{N}_2\underline{r}_2 = -\underline{N}\,\underline{r}_{22} = -N$$

Nun sei $\underline{N}_1 = \alpha\underline{r}_1 + \beta\underline{r}_2$, $\underline{N}_2 = \gamma\underline{r}_1 + \delta\underline{r}_2$
Dann folgt durch Erweitern mit $\underline{r}_1$ und $\underline{r}_2$

$$-L = E\alpha + F\beta\,,\quad -M = F\alpha + G\beta\,,\quad -M = E\gamma + F\delta,\quad -N = F\gamma + G\delta$$

Und daraus ergeben sich α, β, γ, δ und die Gleichungen von Weingarten.

$$D^2\underline{N}_1 = (FM - GL)\underline{r}_1 + (FL - EM)\underline{r}_2\ , \qquad (3a)$$
$$D^2\underline{N}_2 = (FN - GM)\underline{r}_1 + (FM - EN)\underline{r}_2$$

und umgekehrt

$$T^2\underline{r}_1 = (FM - EN)\underline{N}_1 - (FL - EM)\underline{N}_2\ , \qquad (3a)$$
$$T^2\underline{r}_2 = -(FN - GM)\underline{N}_1 + (FM - GL)\underline{N}_2$$

Weiter folgt aus (3a)

$$\underline{N}_1^2 = \frac{GL^2 - 2FLM + EM^2}{D^2}\ ,\qquad \underline{N}_1\underline{N}_2 = \frac{GL\,M - F(LN + M^2) + EMN}{D^2}$$
$$\underline{N}_2^2 = \frac{GM^2 - 2FMN + EN^2}{D^2} \qquad (3b_1)$$

oder (vgl. Nr. 95, (6) unten)

$$\underline{N}_1^2 = HL - KE\ ,\quad \underline{N}_1\underline{N}_2 = HM - KF\ ,\quad \underline{N}_2^2 = HN - KG \qquad (3b_2)$$

desgleichen folgt aus (3a)

$$D.\underline{N}_1\times\underline{N}_2 = T^2\underline{N}\ , \qquad (4a)$$

$$(\underline{N}_1\underline{N}_2\underline{N}) = \frac{T^2}{D} \qquad (4b)$$

und

$$D\underline{N}_1\times\underline{r}_1 = (EM - FL)\underline{N}\ ,\quad D\underline{N}_1\times\underline{r}_2 = (FM - GL)\underline{N} \qquad (5a)$$

$$D\underline{N}_2\times\underline{r}_1 = (EN - FM)\underline{N}\ ;\quad D(\underline{N}_2\times\underline{r}_2) = (FN - GM)\underline{N}$$

so daß

$$D(\underline{N}\,\underline{N}_1\underline{r}_1) = EM - FL\ ,\quad D(\underline{N}\,\underline{N}_1\underline{r}_2) = FM - GL$$
$$D(\underline{N}\,\underline{N}_2\underline{r}_1) = EN - FM\ ,\quad D(\underline{N}\,\underline{N}_2\underline{r}_2) = FN - GM \qquad (5b)$$

ist.

92. Jetzt kommen wir zur Hauptbedeutung der Größen L, M, N! Wir betrachten einen Normalschnitt der Fläche, d.h. einen ebenen Schnitt durch die Flächennormale $\underline{N}$ und bestimmen dessen Krümmung k_n. Die Hauptnormale des Normalschnittes habe dieselbe Richtung wie $\underline{N}$, dann ist $\underline{N}$ der Einheitsvektor in der Hauptnormalen. Sei s der Bogen des Normalschnitts, so ist

$$\underline{r}'' = k_n\underline{N} \quad ,$$

$$k_n = \underline{N}\underline{r}'' \tag{1}$$

Nun folgt aus $\underline{r}' = \underline{r}_1u' + \underline{r}_2v'$ sogleich

$$\underline{r}'' = \underline{r}_1u'' + \underline{r}_2v'' + \underline{r}_{11}u'^2 + 2\underline{r}_{12}u'v' + \underline{r}_{22}v'^2$$

also sofort $k_n = Lu'^2 + 2Mu'v' + Nv'^2$

oder

$$k_n = \frac{L\,du^2 + 2M\,du\,dv + N\,dv^2}{E\,du^2 + 2\,F\,du\,dv + G\,dv^2} \tag{III}$$

so daß wir für die zweite Fundamentalform der Fläche zu Abkürzung

$$L\,du^2 + 2\,M\,du\,dv + N\,dv^2 = k_n ds^2 \tag{II'}$$

schreiben können. $\varrho_n = \frac{1}{k_n}$ ist der Krümmungsradius des Normalschnitts.

Führen wir weiter einen schiefen Schnitt durch eine Flächentangente unter dem $\sphericalangle\ \Theta$ gegen die Flächennormale, so hat dessen Hauptnormale $\underline{n} = \frac{\underline{r}''}{k}$ mit $\underline{N}$ das skalare Produkt $\underline{n}\underline{N} = \cos\Theta$

$$\frac{\underline{r}''\underline{N}}{k} = \frac{1}{k}(Lu'^2 + 2Mu'v' + Nv'^2)$$

da sich Normalschnitt und schiefer Schnitt berühren, so haben u' und v' für beide gleiche Werte, also kommt $\cos\Theta = \frac{k_n}{k}$, so daß

$$k_n = k\cos\Theta \quad , \qquad \varrho = \varrho_n\cos\Theta \tag{2}$$

ist. Dies ist der Satz von Meusnier:

Der Krümmungsradius des schiefen Schnitts ist die Projektion des Krümmungsradius des Normalschnitts auf die Hauptnormale des schiefen Schnitts.

93. Aufgaben. Berechne E, F, G, D, L, M, N, T für

1. Die Kugel $\underline{r} = a(\cos u \cos v, \cos u \sin v, \sin u)$,
2. die Drehfläche $\underline{r} = (u \cos v, u \sin v, f(u))$,

$$(E = 1 + f'^2,\ F = 0,\ G = u^2,\ D = u\sqrt{1+f'^2},$$

$$L = \frac{f''}{\sqrt{1+f'^2}},\ M = 0,\ N = \frac{uf'}{\sqrt{1+f'^2}})$$

3. die Wendelfläche (vgl. Nr. 97, 1 und Nr. 119, 1)
$\underline{r} = (u \cos v,\ u \sin v,\ cv)$,
4. die allgemeine Schraubenfläche (vgl. Nr. 124),
$\underline{r} = (u \cos v,\ u \sin v,\ f(u) + cv)$
5. die Tangentenfläche, Polarfläche und Streckfläche einer Raumkurve,
6. die Hauptnormalen- und Binormalenfläche einer Raumkurve,
7. Beweise $D(\underline{N}_1 \times \underline{N}) = -M\underline{r}_1 + L\underline{r}_2$, $D(\underline{N}_2 \times \underline{N}) = -N\underline{r}_1 + M\underline{r}_2$

§ 3. Krümmungslinien. Nr. 94–97

94 Im allgemeinen schneiden sich aufeinanderfolgende Normalen einer Fläche nicht. Dies ist nur der Fall, wenn die Vektoren $\underline{N}$, $\underline{N} + \Delta\underline{N}$, $d\underline{r}$ in einer Ebene liegen, also

$$(\underline{N}\, d\underline{N}\, d\underline{r}) = 0 \tag{1}$$

ist. Nun ist $d\underline{N} = \underline{N}_1 du + \underline{N}_2 dv$, $d\underline{r} = \underline{r}_1 du + \underline{r}_2 dv$, also kommt aus (1) $(\underline{N}\underline{N}_1\underline{r}_1)du^2 + \{(\underline{N}\underline{N}_1\underline{r}_2) + (\underline{N}\underline{N}_2\underline{r}_1)\} du\,dv + (\underline{N}\underline{N}_2\underline{r}_2)dv^2 = 0$ oder nach (5b) der Nr. 91

$$(EM - FL)du^2 + (EN - GL)du\,dv + (FN - GM)dv^2 = 0 \tag{2_1}$$

Die Diskriminante dieser Gleichung ist

$$\Delta \equiv (EN - GL)^2 - 4(EM - FL)(FN - GM) = (EN - 2FM + GL)^2$$
$$-4D^2T^2 = \left(EN - GL + \frac{2F}{E}(EM - FL)\right)^2 + \frac{4D^2}{E^2}(EM - FL)^2 > 0 \tag{2_2}$$

Es gibt also bei reeller Fläche stets zwei Scharen von Linien, längs deren sich die Flächennormalen schneiden. Sie heißen Krümmungslinien. Nach der Bedingung (2) der Nr. 89 für $\psi = 90°$ bilden sie ein Orthogonalsystem. Ihnen entlang ist $d\underline{N} \parallel d\underline{r}$ oder $\underline{N}' \parallel \underline{r}'$. Denn $d\underline{r}$ ist senkrecht $\underline{N}$, $d\underline{N}$ ebenfalls und $\underline{N}$, $d\underline{N}$ sind komplanar.
Die Grenzlage des Schnittpunkts zweier Nachbarnormalen längs einer Krümmungslinie heißt Hauptkrümmungsmittelpunkt der Fläche und seine Entfernung vom Flächenpunkt Hauptkrümmungsradius der Fläche. Der Kehrwert heißt Hauptkrümmung. (Man darf sie nicht verwechseln mit der Hauptkrümmung einer Krümmungslinie, s. Nr. 71 . Die Hauptnormale einer Krümmungslinie ist im allgemeinen nicht die Flächennormale oder auch: die Schmiegebene der Krümmungslinie ist kein Normalschnitt).
Wir bezeichnen die Krümmungsradien mit R_1 und R_2, die Hauptkrümmungen mit k_1 und k_2. Der Ort der Hauptkrümmungsmittelpunkte

heißt Zentrafläche. Sie besteht aus den beiden Mänteln $\underline{R} = \underline{r} + R_1\underline{N}$ und $\underline{R} = \underline{r} + R_2\underline{N}$. Haben R_1 und R_2 gleiche Vorzeichen, so heißt der Flächenpunkt elliptisch, haben sie verschiedene Zeichen, hyperbolisch.

Es gilt der Satz von Joachimsthal:

Ist die Schnittkurve zweier Flächen für beide eine Krümmungslinie, so schneiden sich die Flächen unter konstantem $\sphericalangle\vartheta$ und umgekehrt: schneiden sich zwei Flächen unter konstantem $\sphericalangle\vartheta$ und ist die Schnittlinie Krümmungslinie der einen Fläche, so auch der andern.

Beweis. Ist $\underline{t}$ der Tangentenvektor der Schnittlinie und sind $\underline{N}$ und $\underline{\bar{N}}$ die Normalvektoren der Flächen, so ist $\underline{t}$ senkrecht zu beiden, also parallel $\underline{N}\times\underline{\bar{N}}$. Da die Schnittlinie ferner Krümmungslinie für beide Flächen sein soll, so ist $\underline{t}$ parallel $\underline{N}'$ und $\underline{\bar{N}}'$. Nun ist $\cos\vartheta = \underline{N}\underline{\bar{N}}$,

$$\frac{d}{ds}\cos\vartheta = \underline{N}'\underline{\bar{N}} + \underline{N}\underline{\bar{N}}' \qquad (\times)$$

Da aber $\underline{N}'$ und $\underline{\bar{N}}'$ parallel $\underline{t}$ sind, so verschwinden beide Glieder Also ist $\frac{d\cos\vartheta}{ds} = 0$, $\cos\vartheta = \text{const.}$

Die Umkehrung des Beweises sei Aufgabe.

95 Wir wollen jetzt die Hauptkrümmungen bestimmen. Der Ortsvektor des Zentrums einer Hauptkrümmung ist $\underline{R} = \underline{r} + \varrho\underline{N}$, wenn man den Hauptkrümmungsradius ϱ nennt. Da die Nachbarnormalen längs der Krümmungslinie sich schneiden sollen, so muß auch $\underline{R} = \underline{r} + d\underline{r} + \varrho(\underline{N} + d\underline{N})$ gelten, d.h. $d\underline{r} + \varrho d\underline{N} = 0$ sein, oder die Formel von Rodrigues

$$k\,d\underline{r} + d\underline{N} = 0 \qquad (3)$$

gelten. Aus (3) folgt

$$(k\underline{r}_1 + \underline{N}_1)du + (k\underline{r}_2 + \underline{N}_2)dv = 0$$

Durch skalare Multiplikation mit $\underline{r}_1$ und $\underline{r}_2$ kommt (s. (2_2) der Nr. 91)

$$\begin{aligned}(kE - L)du + (kF - M)dv &= 0\\ (kF - M)du + (kG - N)dv &= 0\end{aligned} \qquad (4)$$

Jede dieser beiden Gleichungen ist die Differentialgleichung der Krümmungslinien. Eliminiert man k, so kommt wieder (2_1) in Nr. 94 und aus (2_1) folgt wieder (1). Eliminiert man $\frac{du}{dv}$, so kommt

$$(kE - L)(kG - M) = (kF - M)^2$$

oder

$$D^2k^2 - (EN - 2FM + GL)k + T^2 = 0 \qquad (5)$$

also eine quadratische Gleichung, die nach Vieta

$$k_1 + k_2 = H = \frac{1}{R_1} + \frac{1}{R_2} = \frac{EN - 2FM + GL}{D^2} \qquad (6)$$

$$k_1k_2 = K = \frac{1}{R_1R_2} = \frac{T^2}{D^2} \qquad (7)$$

liefert. K heißt das Gaußsche Krümmungsmaß, H die mittlere Krümmung der Fläche. Eine Fläche, für die K einen konstanten Wert hat, heißt Fläche konstanten Krümmungsmaßes (s. Nr. 112), eine Fläche, für die H verschwindet, Minimalfläche (s. Nr. 116).
Man kann k_1 und k_2 noch auf einem anderen Wege finden. Sie stellen nämlich die größte und kleinste Krümmung eines Normalschnittes dar

$$k_n = \frac{L(\frac{du}{dv})^2 + 2M\frac{du}{dv} + N}{E(\frac{du}{dv})^2 + 2F\frac{du}{dv} + G} \qquad (7_1)$$

wird für diejenigen Werte von $\frac{du}{dv} = \lambda$ ein Extremum, für welche $\frac{dk_n}{d\lambda}$ verschwindet. Das gibt, wie der Leser zeige, wieder die Gleichung (2_1) der Nr. 94. Weiter folgt

$$\frac{d^2k_n}{d\lambda^2} = \frac{2(EM - FL)\lambda + (EN - GL)}{(E\lambda^2 + 2F\lambda + G)^2} - \dots \qquad (7_2)$$

Nun ist

$$\lambda = \frac{-(EN - GL) \pm \sqrt{\Delta}}{2(EM - FL)}$$

Das Vorzeichen von $\frac{d^2k_n}{d\lambda^2}$ ist also das von $\pm\sqrt{\Delta}$.

Sind k_1 und k_2 beide positiv oder beide negativ, so ist der eine Wert ein Maximum, der andere ein Minimum. Haben k_1 und k_2 verschiedene Vorzeichen, so ist der negative Wert ein (neg.) Maximum, sein Betrag also ein (pos.) Minimum, der positive Wert ein Maximum. k_n wird unabhängig von $\frac{du}{dv}$, alle Normalkrümmungen werden gleich, wenn

$$L:M:N = E:F:G$$

ist. Solche Punkte heißen Nabelpunkte der Fläche.

96. Es ist besonders zweckmäßig, Flächenkurven, wenn sie zwei Scharen bilden, als <u>Parameterlinien</u> zu wählen. Eine besondere Aufgabe ist dann, die zunächst gegebenen Parameterlinien in die neuen umzurechnen.

Unter welchen Bedingungen sind die <u>Krümmungslinien</u> Parameterlinien? Dann muß ihre Differentialgleichung $du dv = 0$ heißen, d.h. es müssen die Gleichungen

$$EM - FL = 0 \quad , \quad FN - GM = 0 \quad , \quad EN - GL \neq 0$$

bestehen. Dann folgt als <u>notwendige und hinreichende Bedingung</u>

$$F = 0 \quad , \quad M = 0 \tag{1}$$

Die 1. Bedingung bedeutet, daß sie ein Orthogonalsystem bilden, die Bedeutung der 2. Bedingung wird sich in Nr. 98 ergeben.

Wir wollen das Gefundene anwenden.

Nach (5_1) der Nr. 95 gilt jetzt für die Hauptkrümmungen

$$EGk^2 - (EN + GL)k + LN = 0 \quad ,$$

woraus

$$k_1 = \frac{L}{E} \quad , \quad k_2 = \frac{N}{G} \quad .$$

Nun betrachten wir einen Normalschnitt, der mit der u-Linie $dv = 0$ den $\sphericalangle\, \Theta$ macht. Dann ist nach Nr. 88 (2_1) und (3_1)

$$\cos\Theta = \sqrt{E}\,\frac{du}{ds} \quad , \quad \sin\Theta = \sqrt{G}\,\frac{dv}{ds}$$

Die Krümmung des Normalschnitts ist nach Nr. 92, (III)

$$k_n = L\left(\frac{du}{ds}\right)^2 + N\left(\frac{dv}{ds}\right)^2 = k_1\left(\sqrt{E}\,\frac{du}{ds}\right)^2 + k_2\left(\sqrt{G}\frac{dv}{ds}\right)$$

oder

$$k_n = k_1\cos^2\Theta + k_2\sin^2\Theta \tag{2a}$$

Das ist die berühmte <u>Eulersche Gleichung</u>, die wir auch in der Form

$$\frac{1}{R_n} = \frac{\cos^2\Theta}{R_1} + \frac{\sin^2\Theta}{R_2} \tag{2b}$$

schreiben können, wo R_n der Krümmungsradius des Normalschnittes ist. Sie zeigt deutlich, daß R_1 und R_2 die Extreme des Normalschnittes sind. Ist der betrachtete Flächenpunkt <u>hyperbolisch</u>, d.h. haben R_1 und R_2 verschiedene Vorzeichen, so verschwindet k_n in zwei Richtungen, die durch $\tan\Theta = \pm\sqrt{-\frac{k_1}{k_2}}$ gegeben sind. Haben sie aber gleiche Vorzeichen, so verschwindet k_n nirgends,

wir haben einen elliptischen Punkt. Dann ist auch $k_1 k_2 = K$, also, da $D^2 > 0$ auch $T^2 > 0$, d.h. $LN - M^2 > 0$ und damit die quadratische Form $Ldu^2 + 2Mdu\,dv + Ndv^2$ stets positiv oder negativ, d.h. sie wechselt für keinen Wert von $\frac{du}{dv}$ das Vorzeichen. Der Abstand der Berührebene von einem Nachbarpunkt des betrachteten Flächenpunkts hat stets dasselbe Vorzeichen (s. Nr. 90), was wieder einen elliptischen Schnitt anzeigt. Andererseits: Ist $K = k_1 k_2 < 0$, so wechselt $Ldu^2 + 2Mdu\,dv + Ndv^2$ beim Durchgang durch $\underline{r}$ sein Vorzeichen, der Punkt ist hyperbolisch.
Man kann das noch anschaulicher machen, indem man die Fläche mit einer Ebene parallel zur Berührebene in beliebiger Nähe des Flächenpunkts schneidet.
Die Schnittebene heißt Dupinsche Indikatrix. Ihr Abstand vom Flächenpunkt P sei $h\underline{N}$. Falls P elliptisch ist, habe h dasselbe Vorzeichen wie R_1 und R_2. Irgend eine Normalebene durch P treffe die Schnittebene in QQ' (Bild 40). Dann ist, wenn man die Kurve durch ihren Krümmungskreis ersetzt $r^2 = 2hR_n$, also nach Euler

$$\frac{1}{R_n} = \frac{2h}{r^2} = \frac{1}{R_1}\cos^2\Theta + \frac{1}{R_2}\sin^2\Theta$$

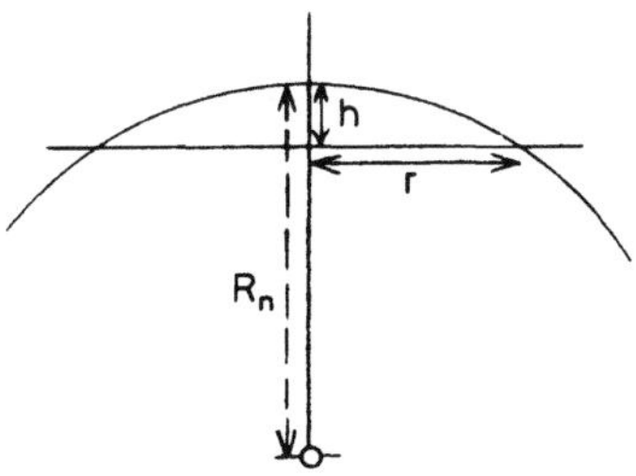

Bild 40

oder in rechtwinkeligen Koordinaten $r\cos\Theta = x$, $r\sin\Theta = y$

$$\frac{x^2}{R_1} + \frac{y^2}{R_2} = 2h \tag{3}$$

Diese Kurve ist eine Ellipse, daher der Name elliptischer Punkt. Ist der Punkt hyperbolisch, so ergibt sich wieder (3), nur stellt die Gleichung eine Hyperbel dar. Die Krümmung k_n ist Null in Richtung der Hyperbelasymptoten. Endlich kann eine der Normalkrümmungen und damit $K = 0$ sein. Dann zerfällt die Indikatrix in zwei parallele Geraden. Ein solcher Punkt heißt parabolisch.

97. Aufgaben. 1. Für die Wendelfläche (vgl. Nr. 93, 3 und Nr. 119, 1) ist $H = 0$,

$K = -\frac{c^2}{(u^2 + c^2)^2}$, die Differentialgleichung der Krümmungslinien

$dv = \pm\frac{du}{\sqrt{u^2 + c^2}}$ hat das Integral $u = c\,\mathrm{sh}(v - v_0)$

2. Was sind die Hauptkrümmungselemente und Krümmungslinien für die übrigen Flächen der Nr. 93.

Für die Drehfläche 2. sind die Parameterlinien Krümmungslinien. Es ist

$$k_1 = \frac{f''(u)}{(1 + f'^2 u)^{3/2}} \quad ,$$

also die Krümmung des Meridians. Weiter ist

$$k_2 = \frac{f'(u)}{u(1 + f'^2 u)^{1/2}} \quad ,$$

also der Kehrwert des Normalabschnitts des Meridians. Es ist weiter

$$K = \frac{f'f''}{u(1 + f'^2)^2} \quad , \qquad H = \frac{uf'' + f'(1 + f'^2)}{u(1 + f'^2)^{3/2}}$$

Es wird

$$H = 0 \text{ für } \frac{f''}{f'(1 + f'^2)} + \frac{1}{u} = 0 \quad , \quad \frac{uf'}{\sqrt{1 + f'^2}} = c, \; u = c \,\mathrm{ch}\, \frac{f}{c} \, .$$

Das ist die Drehfläche der <u>Kettenlinie</u> (KB Nr. 275), das sogenannte Katenoid. (Bild 41) Es wird ferner $K = \text{const} = \frac{\varepsilon}{a^2}$, $\varepsilon = \pm 1$, für

$$\frac{2f'f''}{(1 + f'^2)^2} = \frac{2\varepsilon u}{a^2}, \quad \frac{1}{1 + f'^2} = \frac{c^2 - \varepsilon u^2}{a^2}, \quad f = \int \sqrt{\frac{a^2 - c^2 + \varepsilon u^2}{c^2 - \varepsilon u^2}}\, du$$

Insbesondere kommt für $c = 0$, $\varepsilon = -1$, $f = \int \frac{\sqrt{a^2 - u^2}}{u}\, du$ oder $f = a \cos\varphi + a \ln \tan \frac{\varphi}{2}$, $u = a \sin\varphi$, d.h. die Drehfläche der <u>Traktrix</u> (KB Nr. 275). die <u>sogenannte</u> <u>Pseudosphäre</u>. (Bild 42) für $c = a$, $\varepsilon = + 1$, $f = \sqrt{a^2 - u^2}$, d.h. die <u>Kugel</u>, für $K = 0$ aber der <u>Kegel</u> $f = c'u$ oder der <u>Zylinder</u> $f = c'$.

3. Beantworte dieselben Fragen für die Fläche

a) $x = 3u(1 + v^2) - u^3$, $y = 3v(1 + u^2) - v^3$, $z = 3(u^2 - v^2)$ (Ennepersche Minimalfläche s. Nr. 119)

b) $xy = az$

4. Die Fläche $4a^2z^2 = (x^2 - 2a^2)(y^2 - 2a^2)$ schneidet das Ellipsoid $x^2 + y^2 + 2z^2 = 4a^2$ in einer <u>parabolischen Kurve</u>, längs deren $K = 0$ ist.

5. Zeige, daß die Krümmungskreise eines Flächenpunkts die Fläche 4. Ordnung

$$(x^2 + y^2 + z^2)\left(\frac{x^2}{R_1} + \frac{y^2}{R_2}\right) = 2z(x^2 + y^2) \qquad \text{erfüllen (Vgl. Nr. 201).}$$

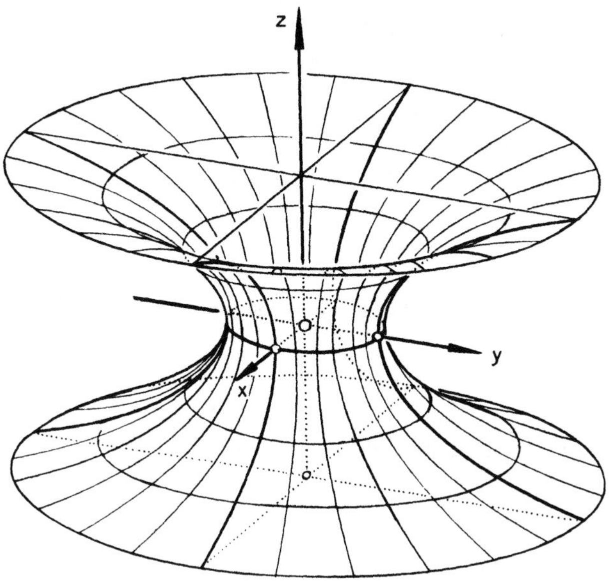

Bild 41

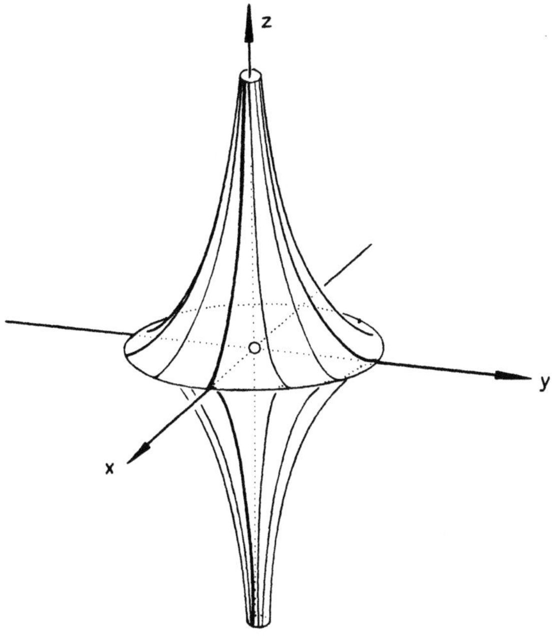

Bild 42

6. Legt man durch eine Tangente <u>t</u> eines Flächenpunktes P alle möglichen schiefen Schnitte und den Normalschnitt und trägt auf der Hauptnormalen jeweils die Krümmung k ab, so liegen die Endpunkte auf einer zu <u>t</u> windschiefen und senkrechten Geraden g, denn es ist $k = k_n : \cos\Theta$. Auf welcher Fläche liegen alle diese Geraden, wenn sich <u>t</u> um Punkt P dreht?
(Wählt man als x- und y-Achse die Hauptkrümmungsrichtungen, so ist die Krümmung in Richtung φ gegen die x-Achse

$$z = k_1\cos^2\varphi + k_2\sin^2\varphi \qquad (\times)$$

Ein Punkt von g genügt also dieser Gleichung und der Gleichung

$$\frac{y}{x} = -\cot\varphi \quad , \qquad (\times\times)$$

woraus $z(x^2 + y^2) = k_1y^2 + k_2x^2$. Die Fläche ist also ein <u>Plückersches Konoid</u> oder <u>Zylindroid</u> (vgl. Nr. 175).

§ 4. Konjugierte Richtungen. Nr. 98

98. Sind P und Q zwei Nachbarpunkte einer Fläche, so möge <u>PQ</u> die durch den Vektor $d\underline{r}$ angezeigte, die durch die Schnittlinie der Berührebenen in P und Q aber durch den Vektor $\underline{PR} = \delta\underline{r}$ angezeigte Grenzlage haben. Dann heißen $d\underline{r}$ und $\delta\underline{r}$ <u>konjugierte Richtungen</u>. Sei $\underline{N}$ die Flächennormale in P, $\underline{N} + d\underline{N}$ die in Q. Die Parameter von Q seien u + du, v + dv, die von R aber $u + \partial u$, $v + \partial v$, $d\underline{r}$ ist parallel zu den Berührebenen in P und Q, also senkrecht zu $\underline{N}$ und $\underline{N} + d\underline{N}$, also auch zu $d\underline{N}$, d.h. es ist

$$d\underline{N} \cdot d\underline{r} = 0 \qquad (1)$$

oder

$$(\underline{N}_1 du + \underline{N}_2 dv)(\underline{r}_1\partial u + \underline{r}_2\partial v) = 0$$

oder nach Nr. 91, (2_2)

$$L\, du\partial u + M(du\partial v + \partial u\, dv) + N\, dv\partial v = 0 \qquad (2)$$

Das ist die Bedingung dafür, daß die Richtungen $\frac{du}{dv}$ und $\frac{\partial u}{\partial v}$ konjugiert sind. Sie ist symmetrisch in beiden. Also sind die Richtungen "zueinander" konjugiert. Damit die durch

$$P\, du^2 + 2Q\, du\, dv + R\, dv^2 = 0 \qquad (3a)$$

gegebenen Richtungen konjugiert sind, muß wegen

$$\frac{du}{dv} + \frac{\partial u}{\partial v} = -\frac{2Q}{P} \qquad \frac{du}{dv} \cdot \frac{\partial u}{\partial v} = \frac{R}{P}$$

$$LR - 2\,MQ + NP = 0 \tag{3b}$$

sein. Die Parameterlinien sind selbst konjugiert, wenn $P = R = 0$, $Q \neq 0$ ist. Dann folgt $M = 0$. Das ist z.B. bei den Krümmungslinien der Fall (Nr. 96). In diesem Fall lautet (2)

$$L\,du\,\partial u + N\,dv\partial v = 0 \tag{2 }$$

Die Richtungen $\frac{du}{dv}$ und $\frac{\partial u}{\partial v}$ sind gegen die Parameterlinien unter Θ und Θ' geneigt, wo

$$\tan\Theta = \sqrt{\frac{G}{E}}\frac{dv}{du} \quad , \qquad \tan\Theta' = \sqrt{\frac{G}{E}}\frac{\partial v}{\partial u}$$

ist. Damit kommt aus (2) $\tan\Theta\tan\Theta' = -\frac{LG}{EN} = -\frac{R_2}{R_1}$. Zwei Richtungen sind also konjugiert, wenn sie parallel zu konjugierten Durchmessern der Indikatrix sind. Ist

$$\varphi(u,v) = \text{const} \tag{o}$$

eine Kurvenfamilie, so folgt daraus $\varphi_1\partial u + \varphi_2\partial v = 0$. Die zu $\frac{\partial u}{\partial v}$ konjugierte Richtung ergibt sich nach (2) aus $(L\varphi_2 - M\varphi_1)du + (M\varphi_2 - N\varphi_1)dv = 0$. Das Integral sei

$$\psi(u,v) = \text{const} \tag{oo}$$

Dann definieren $\varphi =$ const und $\psi =$ const ein <u>konjugiertes System</u>. Umgekehrt ist die Bedingung, daß (o) und (oo) konjugiert sind

$$L\varphi_2\psi_2 - M(\varphi_1\psi_2 + \varphi_2\psi_1) + N\varphi_1\psi_1 = 0 \tag{5}$$

Aufgaben. 1. Bei welchen in Nr. 93 aufgezählten Flächen sind die Parameterlinien konjugiert?

2. Die Parameterlinien sind konjugiert bei den Flächen

a) $x = \varphi(u) \quad , \quad y = \psi(v) \quad , \quad z = f(u) + F(v)$

b) $x = A(u - a)^m(v - a)^n \quad ,$

$\quad y = B(u - b)^m(v - b)^n \quad ,$

$\quad z = C(u - c)^m(v - c)^n$

3. Die Summe der Krümmungen zweier Normalschnitte in konjugierten Richtungen ist konstant.

§ 5. Nachbarnormalen der Flächennormalen. Nr. 99 und 100

99. Wir haben bisher nur die die Flächennormale schneidende Nachbarnormale betrachtet. Jetzt soll die Verteilung aller Nachbarnormalen ermittelt werden.

Dazu bestimmen wir den kürzesten Abstand der Normalen $\underline{N}$ und $\underline{N} + d\underline{N}$. Dieser ist nach den Formeln $(17_1')$ der Nr. 67

$$d\underline{l} = \frac{(\underline{N}\, d\underline{N}\, d\underline{r})}{(\underline{N} \times d\underline{N})^2}(\underline{N} \times d\underline{N}) \tag{1_1}$$

Sein Fußpunkt hat auf $\underline{N}$ vom Flächenpunkt den Abstand

$$\underline{R} - \underline{r} = \underline{f} = \frac{(d\underline{r} \times \underline{N}) \cdot (\underline{N} \times d\underline{N})}{(\underline{N} \times d\underline{N})^2}\,\underline{N} \tag{2_1}$$

Der Winkel der beiden Normalen ist

$$d\nu = \sqrt{(\underline{N} \times d\underline{N})^2} \tag{3_1}$$

In Nr. 94 bestimmten wir schon mittels Nr. 91, (5b)

$$(\underline{N} d\underline{N} d\underline{r}) = \frac{1}{D}\left\{(EM - FL)du^2 + (EN - GL)dudv + (FN - GM)dv^2\right\} \tag{$\times$}$$

Weiter ist

$$\underline{N} \times d\underline{N} = \underline{N} \times \underline{N}_1 du + \underline{N} \times \underline{N}_2 dv = \qquad \text{(Nr. 93 Aufgabe 7)}$$
$$= \frac{1}{D}\left\{(M\, du + N\, dv)\underline{r}_1 - (L\, du + M\, dv)\underline{r}_2\right\}$$

$$(\underline{N} \times d\underline{N})^2 = d\underline{N}^2 = \underline{N}_1^2 du^2 + 2\underline{N}_1\underline{N}_2 dudv + \underline{N}_2^2 dv^2 = \qquad \text{(Nr. 91, (3b))}$$
$$= H(L\, du^2 + 2Mdudv + N\, dv^2) - Kds^2$$

oder

$$(\underline{N} \times d\underline{N})^2 = d\underline{N}^2 = (Hk_n - K)ds^2$$

$$(\underline{N}\ d\underline{N}\ d\underline{r})^2 = \begin{vmatrix} 1 & 0 & 0 \\ 0 & d\underline{N}^2 & d\underline{N}d\underline{r} \\ 0 & d\underline{N}d\underline{r} & d\underline{r}^2 \end{vmatrix} = \begin{matrix} (d\underline{N} \times d\underline{r})^2 = d\underline{N}^2 d\underline{r}^2 - (d\underline{N}d\underline{r})^2 \\ = (Hk_n - K)ds^4 - k_n^2 ds^4 \end{matrix}$$

$$(d\underline{r} \times \underline{N})(\underline{N} \times d\underline{N}) = -\, d\underline{N}d\underline{r} = k_n ds^2$$

Mit diesen Ausdrücken wird

$$d\underline{l} = \frac{(EM - FL)du^2 + (EN - GL)dudv + (FN - GM)dv^2}{D^2(Hk_n - K)ds^2} \cdot \left\{(Mdu + Ndv)\underline{r}_1 - (Ldu + Mdv)\underline{r}_2\right\} \tag{1_2}$$

$$d\underline{l}^2 = ds^2\left(1 - \frac{k_n^2}{Hk_n - K}\right) \tag{1_3}$$

$$\underline{f} = \frac{k_n}{Hk_n - K}\,\underline{N} \tag{2_2}$$

$$|f| = \left|\frac{k_n}{Hk_n - K}\right| \qquad (2_3)$$

$$d\nu = \sqrt{Hk_n - K}\, ds \qquad (3_2)$$

daraus kommt

$$dl^2 + f^2 d\nu^2 = ds^2$$

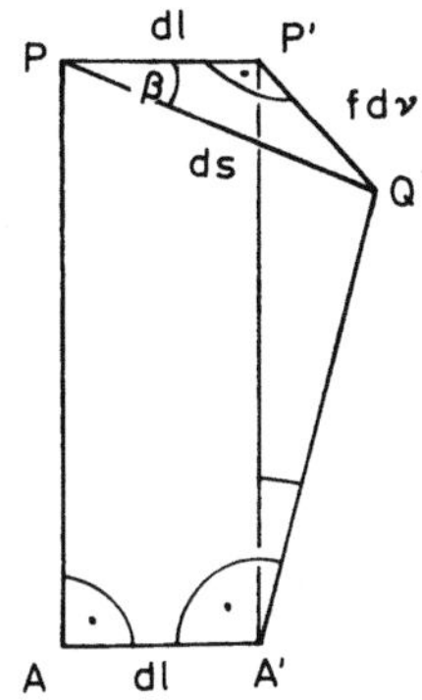

Bild 43

Diese Gleichung bedeutet (Bild 43), daß PP'Q ein "unendlich kleines" rechtwinkeliges Dreieck mit der Hypotenuse ds und den Katheten df und $|f|d\nu$ ist. Außerdem ist

$$\sin\beta = \frac{|f|\, d\nu}{ds} = \frac{k_n}{\sqrt{H\, k_n - K}}$$

Sei $\underline{PR} = \delta\underline{r} = \underline{r}_1\delta u + \underline{r}_2\delta v$ die zu dl parallele Fortschreitungsrichtung auf der Fläche. Dann ist mittels eines Proportionalitätsfaktors σ

$$\sigma\delta u = M\, du + N\, dv \quad , \quad \sigma\delta v = -(L\, du + M\, dv)$$

und daraus folgt sofort $L\, du\delta u + M(du\delta v + \delta u\, dv) + N\, dv\delta v = 0$ d.h. die Richtung $\underline{PQ}$ und die Richtung $\underline{AA'}$ des kürzesten Abstands sind konjugiert, was übrigens selbstverständlich ist, da $\underline{AA'}$ ja die Schnittlinie zweier Nachbartangentenebenen ist.

100. Die Gesamtheit der benachbarten Flächennormalen hat die Gleichung

$$\underline{R} = \underline{r} + d\underline{r} + h(\underline{N} + d\underline{N}) \quad . \qquad (1)$$

Daraus folgt

$$(\underline{R} - \underline{r})\underline{N} = \underline{h} \quad . \qquad (2)$$

dies ist die Parallelebene zur Berührebene im Abstand h. Für ein bestimmtes h stellt die Gleichung (1) die Schnittpunkte der Nachbarnormalen mit der Ebene (2) dar (Bild 44). Diese Schnittpunkte werden im allgemeinen ein Kurvenstück rund um den Punkt mit dem Ortsvektor $\underline{r} + h\underline{N}$ ausfüllen. Wir fragen, ob sie ein Geradenstück ausfüllen können? Dann muß $d\underline{r} + h\, d\underline{N}$ in einer bestimmten Fortschreitungsrichtung $\delta\underline{r} = \underline{r}_1\delta u + \underline{r}_2\delta v$ liegen, wo das Verhältnis $\delta u : \delta v$ einen von der Fortschreitungsrichtung

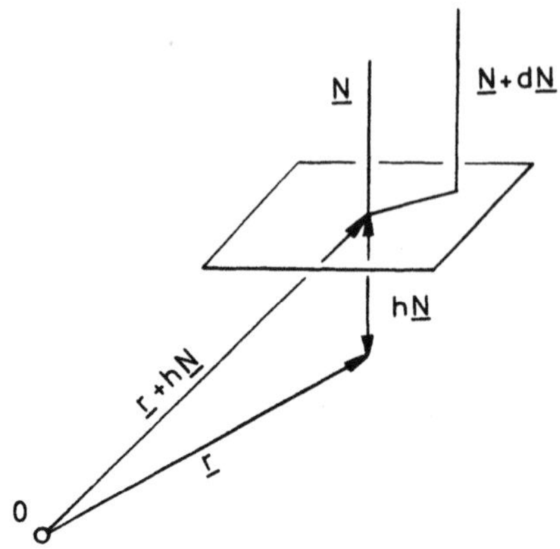

Bild 44

$d\underline{r} = \underline{r}_1 du + \underline{r}_2 dv$, d.h. vom Verhältnis du : dv unabhängigen Wert hat. Im besonderen Fall könnte $\delta\underline{r}$ auch in die feste Richtung $\underline{r}_2$ fallen, also $\delta u = 0$ sein, oder in die feste Richtung $\underline{r}_1$ mit $\delta v = 0$. Zur Vereinfachung nehmen wir wieder an, die Krümmungslinien seien Parameterlinien, es sei also F = 0, M = 0. Dann ist nach (3a) der Nr. 91

$$d\underline{r} + h\, d\,\underline{N} = \underline{r}_1 du + \underline{r}_2 dv + h(\underline{N}_1 du + \underline{N}_2 dv) =$$
$$= \underline{r}_1 (1 - h\tfrac{L}{E}) du + \underline{r}_2 (1 - h\tfrac{N}{G}) = \underline{r}_1 \delta u + \underline{r}_2 \delta v$$

woraus

$$(1 - h\tfrac{L}{E}) du = \delta u \quad , \quad (1 - h\tfrac{N}{G}) dv = \delta v$$

Diese Gleichungen sind erfüllbar entweder für $\delta u = 0$, d.h.

$1 - h\frac{L}{E} = 0 \quad , \quad h = \frac{E}{L} = R_1$ (vgl. Nr. 96) oder für $\delta v = 0$, d.h.

$$1 - h\tfrac{N}{G} = 0 \quad , \quad h = \tfrac{G}{N} = R_2$$

Im 1. Fall wird $\delta\underline{r} = \underline{r}_2 \delta v$, d.h. parallel zur 2. Hauptkrümmungsrichtung, im 2. Fall $\delta\underline{r} = \underline{r}_1 \delta u$, also parallel zur 1. Hauptkrümmungsrichtung. Es gilt der

Satz. Die sämtlichen Nachbarnormalen einer Flächennormalen N treffen zwei windschiefe zueinander senkrechte Geraden, nämlich die Parallele durch den 1. Hauptkrümmungsmittelpunkt zur 2. Hauptkrümmungsrichtung und die Parallele durch den 2. Hauptkrümmungsmittelpunkt zur 1. Hauptkrümmungsrichtung.
Sind die Krümmungslinien wieder Parameterlinien, so bestimmt der Fußpunkt des kürzesten Abstands einer Nachbarnormalen auf N vom Flächenpunkt aus den Vektor (vgl. Nr. 96).

$$\underline{f} = \frac{L\, du^2 + N\, dv^2}{H(L\, du^2 + N\, dv^2) - K(E\, du^2 + G\, dv^2)}\,\underline{N} = \frac{k_1 E\, du^2 + k_2 G\, dv^2}{k_1^2 E\, du^2 + k_2^2 G\, dv^2}\,\underline{N}$$

während der kürzeste Abstand $d\underline{l}$ proportional $G\,k_2 dv\underline{r}_1 - E\,k_1 du\,\underline{r}_2 = k_2 G\sqrt{E}\,dv\,\underline{e}_1 - k_1 E\sqrt{G}\,du\,\underline{e}_2$ ist, wo $\underline{e}_1$ und $\underline{e}_2$ die Einheitsvektoren längs $\underline{r}_1$ und $\underline{r}_2$ sind
Wählt man die Hauptkrümmungsrichtungen $\underline{e}_1$ und $\underline{e}_2$ als x- und y-Achse die Richtung von $\underline{f}$ als z-Achse, so folgt für die Geraden des kürzesten Abstands

$$z = \frac{k_1 E\,du^2 + k_2 G\,dv^2}{k_1^2 E\,du^2 + k_2^2 G\,dv^2} \qquad \frac{y}{x} = -\frac{k_1\sqrt{E}\,du}{k_2\sqrt{G}\,dv}$$

Die Elimination von $\frac{du}{dv}$ liefert

$$(x^2 + y^2)z = R_2 x^2 + R_1 y^2 \tag{3}$$

Die Geraden des kürzesten Abstands bilden also ein Plückersches Konoid oder Zylindroid (vgl. Nr. 175).

§ 6. Haupttangentenrichtungen und Asymptotenlinien. Nr. 101 und 102

101. Die selbstkonjugierten Richtungen, für die also $\frac{du}{dv} = \frac{\partial u}{\partial v}$ ist, heißen Haupttangentenrichtungen oder Asymptotenrichtungen der Fläche. Sie schließen sich zusammen zu den Asymptotenlinien oder Haupttangentenkurven. Aus Nr. 98 (2) ergibt sich für sie die Differentialgleichung

$$L\,du^2 + 2M\,du\,dv + N\,dv^2 = 0 \tag{1}$$

Die zugehörigen Normalkrümmungen verschwinden. Ist $LN - M^2 = T^2 > 0$, so gibt es keine reellen Haupttangenten, R_1 und R_2 haben gleiche Vorzeichen, der Flächenpunkt ist elliptisch . Ist $LN - M^2 = T^2 = 0$, so ist die eine Hauptkrümmung Null.
Für welche Fläche ist stets $LN - M^2 = 0$? Dann ist nach Nr. 91,

$$(\underline{N}_1\underline{N}_2\underline{N}) = 0 \tag{4b}$$

Da $\underline{N}_1$ und $\underline{N}_2$ beide auf $\underline{N}$ senkrecht stehen, muß also $\underline{N}_1 = \varrho\,\underline{N}_2$, $d\underline{N} = \underline{N}_1 du + \underline{N}_2 dv = \underline{N}_2(\varrho du + dv)$ sein. Nun gibt es sicher eine Kurvenschar, die der Differentialgleichung $\varrho du + dv = 0$ genügt. Nichts hindert uns, sie von vornherein als Parameterlinien $dv = 0$ zu wählen. Dann ist $\varrho = 0$, $\underline{N}_1 = 0$, $d\underline{N} = \underline{N}_2 dv$

$$\underline{N} = \underline{N}(v) \tag{$\times$}$$

Weiter ist $\underline{N}\underline{r}_1 = 0$. Aus $\underline{N}\underline{r} = G(u,v)$ folgt $\underline{N}_1\underline{r} + \underline{N}\underline{r}_1 = g_1$
Wegen ($\times$) ist $g_1 = 0$, d.h. g eine Funktion von v allein, $\underline{N}(r)\underline{r} = g(v)$. Diese Gleichung stellt eine sich bewegende Ebene, die von einem Parameter v abhängt dar. Sie erzeugt also eine

Torse. Die Flächen, für die $LN-M^2=0$ ist, sind also abwickelbar. Und da auch das Umgekehrte gilt (warum?), so ist $LN - M^2 = T^2 = 0$ die notwendige und hinreichende Bedingung für die Abwickelbarkeit.

102. Die Asymptotenlinien stehen senkrecht aufeinander, wenn die Indikatrix eine rechtwinkelige Hyperbel, d.h. $R_2 = -R_1$, $R_1 + R_2 = H R_1 R_2 = 0$, $H = 0$ ist, die Fläche also eine Minimalfläche ist. Es gilt ferner der

Satz. Die Schmiegebene in einem Punkt einer Asymptotenlinie ist die Berührebene der Fläche.

Beweis. Es ist $\underline{N}\underline{t} = 0$, wenn $\underline{t}$ der Tangentenvektor der Asymptotenlinie ist. Daraus folgt $\underline{N}'\underline{t} + \underline{N}.\chi\underline{n} = 0$, wenn $\underline{n}$ der Hauptnormalenvektor der Asymptotenlinie ist. Nun ist nach (1) in Nr. 98 $\underline{N}'\underline{t} = 0$, da die Asymptotenrichtungen selbst konjugiert sind. Also kommt $\underline{N}\underline{n} = 0$. $\underline{t}$ und $\underline{n}$, die also beide senkrecht $\underline{N}$ sind, bestimmen daher die Berührebene der Fläche. Da die Schlüsse umkehrbar sind, gilt auch die Umkehrung.

Die Binormale der Asymptotenlinie fällt daher in die Flächennormale. Sei darum

$$\underline{b} = \underline{N} \quad , \tag{2}$$

so ist

$$\underline{n} = \underline{N} \times \underline{t} \tag{3}$$

die Bedingung, daß die Parameterlinien Asymptotenlinien sind, ist

$$L = 0 \quad , \quad N = 0 \quad , \quad M \neq 0$$

Dann ist die Differentialgleichung der Krümmungslinien

$$E\,du^2 - G\,dv^2 = 0 \tag{4_1}$$

Die Hauptkrümmungen folgen aus

$$D^2k^2 + 2\,FMk - M^2 = 0 \quad , \tag{4_2}$$

so daß

$$K = -\frac{M^2}{D^2} \quad , \quad H = -\frac{2\,FM}{D^2} \tag{4_3}$$

ist. Aus (2) folgt $-\tau\underline{n} = \underline{N}'$, also $-\tau = -\underline{N}'\underline{n} = \underline{N}'(\underline{N} \times \underline{r}')$

$$\tau = (\underline{N}\underline{N}'\underline{r}') \tag{5_1}$$

Nach Nr. 99, (x) folgt

$$\tau = \frac{1}{D}\left\{(EM - FL)u'^2 + (EN - GL)u'v' + (FN - GM)v'^2\right\} \tag{5_2}$$

Sind die Asymptotenlinien Parameterlinien, so kommt

$$\tau = \frac{M}{D}(Eu'^2 - Gv'^2) \qquad (5_2^x)$$

Für dv = 0 bzw. du = 0 ist

$$\tau = \frac{ME}{D}\left(\frac{du}{ds}\right)^2 = \frac{M}{D} = \sqrt{-K} \qquad (5_3)$$

bzw. $\tau = -\sqrt{-K}$, also gilt der

Satz. Die Torsionen der beiden Asymptotenlinien sind gleich und entgegengesetzt und ihr Quadrat ist das negative Krümmungsmaß. Aus $\underline{t} = \underline{r}'$ folgt $\chi\underline{n} = \underline{r}''$, $\chi = \underline{r}''\underline{n}$ oder

$$\chi = (\underline{N}\underline{r}'\underline{r}'') \qquad (6)$$

diesen Ausdruck werden wir später berechnen (Nr. 105)

Aufgaben. Bestimme die Differentialgleichung der Asymptotenlinien für die Flächen der Nr. 93. und die Flächen 3. der Nr. 97

§ 7. Isometrische Linien und Minimallinien. Nr. 103 und 104

103. Ist das Bogenelement der Fläche von der Form

$$ds^2 = \lambda(du^2 + dv^2) \qquad (1)$$

so heißen die Parameterlinien isometrisch. Sie sind senkrecht zueinander, außerdem sind ihre Bogenelemente $\sqrt{\lambda}$ du und $\sqrt{\lambda}$ dv gleich, wenn man dv = du wählt. Die Parameterlinien bilden dann ein Quadratnetz

Ist zunächst

$$ds^2 = \lambda\,(U\,du^2 + V\,dv^2) \qquad (2)$$

wo U eine Funktion von u allein, V eine solche von v allein sei, so kann man mittels $\varphi = \int\sqrt{U}\,du$, $\psi = \int\sqrt{V}\,dv$ die Form (1) herstellen. Ist

$$ds^2 = E\,du^2 + 2\,F\,du\,dv + G\,dv^2 \quad ,$$

so sind

$$F = 0 \quad , \quad \frac{E}{G} = \frac{U}{V} \quad , \quad \frac{\partial^2 \ln}{\partial u \partial v}\left(\frac{E}{G}\right) = 0$$

die Bedingungen dafür, daß die Parameterlinien isometrisch sind.

Beispiel. Für eine Drehfläche ist

$$ds^2 = (1 + f'^2)\, du^2 + u^2 dv^2 = u^2\left\{\frac{1 + f'^2}{u^2}\, du^2 + dv^2\right\}$$

$$\varphi = \int \frac{\sqrt{1 + f'^2}}{u}\, du$$

liefert

$$ds^2 = u^2(d\varphi^2 + dv^2)$$

104. Null- oder Minimallinien einer Fläche sind die imaginären Kurven

$$ds^2 = E\, du^2 + 2\, F\, du\, dv + G\, dv^2 = 0 \tag{1}$$

Es gibt davon nur eine Schar, wenn $D = 0$ ist. Die Fläche ist dann **Tangentenfläche einer Minimalkurve**.

Beweis. Nach Nr. 80, (5) sind

$$x = \int \frac{1 - u^2}{2} F(u) du + \frac{1 - u^2}{2} F(u) v \quad , \tag{2}$$

$$y = i \int \frac{1 + u^2}{2} F(u) du + i\, \frac{1 + u^2}{2} F(u) v \quad ,$$

$$z = \int u\, F(u) du + u\, F(u) v$$

die Gleichungen einer Tangentenfläche einer Minimalkurve. Für sie wird $E = v^2 F^2(u)$, $F = G = 0$, $D = 0$. Aber auch das Umgekehrte gilt. Ist $D = 0$, so ist $ds^2 = (\sqrt{E}\, du + \sqrt{G}\, dv)^2$

Sei η der integrierende Faktor von $\sqrt{E}\, du + \sqrt{G}\, dv$, so daß $\eta(\sqrt{E}\, du + \sqrt{G}\, dv) = du_1$, $ds^2 = \frac{du_1^2}{\eta^2}$
Nehmen wir als Parameterebene $u_1 = \text{const}$ und ein anderes System $v_1 = \text{const}$, so ist $E_1 = \frac{1}{\eta^2}$, $F_1 = 0$, $G_1 = 0$ oder

$$\frac{\partial x}{\partial u_1}\frac{\partial x}{\partial v_1} + \frac{\partial y}{\partial u_1}\frac{\partial y}{\partial v_1} + \frac{\partial z}{\partial u_1}\frac{\partial z}{\partial v_1} = 0 \tag{o}$$

$$\left(\frac{\partial x}{\partial v_1}\right)^2 + \left(\frac{\partial y}{\partial v_1}\right)^2 + \left(\frac{\partial z}{\partial v_1}\right)^2 = 0 \tag{oo}$$

Wir setzen

$$\frac{\partial x}{\partial v_1} = k\, \frac{1 - u_1^2}{2} \quad , \quad \frac{\partial y}{\partial v_1} = ki\, \frac{1 + u_1^2}{2} \quad , \quad \frac{\partial z}{\partial v_1} = k\, u_1$$

Dann ist (oo) erfüllt und wir erhalten

$$x = \frac{1 - u_1^2}{2} \int k\, dv_1 + \lambda \quad , \quad y = i\, \frac{1 + u_1^2}{2} \int k\, dv_1 + \mu \quad ,$$

$$z = u_1 \int k\, dv_1 + \nu \tag{ooo}$$

wo λ, μ, ν Funktionen von u allein sind. Setzt man (ooo) in (o) ein, so kommt die Bedingungsgleichung

$$(1 - u_1^2)\frac{d\lambda}{du_1} + i(1 + u_1^2)\frac{d\mu}{du_1} + 2\,u_1\frac{d\nu}{du_1} = 0$$

Der Berührebene von (ooo) kann man die Form

$$(1 - u_1^2)(x - \lambda) + i(1 + u_1^2)(y - \mu) + 2u_1(z - \nu) = 0$$

geben, die erkennen läßt, daß sie nur von dem einen Parameter u_1 abhängt. Daher ist die Fläche abwickelbar, die Rückkehrkante ist eine Minimallinie.

§ 8. Die Krümmung der allgemeinen Flächenkurven. Nr. 105 und 106

105. Wir wollen sogleich noch die Krümmung der allgemeinen Flächenkurve berechnen. Auf ihre Windung werden wir im nächsten Kapitel stoßen.
Eine Flächenkurve sei durch die Parameterdarstellung

$$u = u(s) \quad , \quad v = v(s) \qquad (1)$$

gegeben. Der Tangentenvektor ist

$$\underline{r}' = \underline{t} = \underline{r}_1 u' + \underline{r}_2 v' \quad , \qquad (2)$$

der Hauptnormalenvektor aber

$$\underline{r}'' = \underline{t}' = \chi\underline{n} = \underline{r}_1 u'' + \underline{r}_2 v'' + \underline{r}_{11} u'^2 + 2\underline{r}_{12} u'v' + \underline{r}_{22} v'^2 \qquad (3)$$

Daraus läßt sich die Krümmung berechnen. Doch ist es zweckmässig, sie in zwei zueinander senkrechte Komponenten zu zerlegen. Der Winkel zwischen der Hauptnormalen $\underline{n}$ der Kurve und der Flächennormalen $\underline{N}$ sei Θ (Bild 45) Dann folgt aus (3)

$$k\underline{n}\underline{N} = k\cos\Theta = Lu'^2 + 2\,Mu'v' + Nv'^2 = k_n \qquad (4)$$

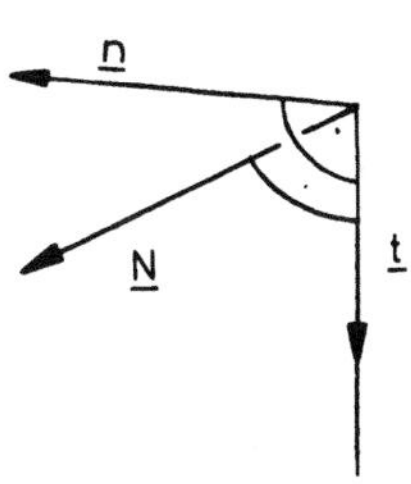

Bild 45

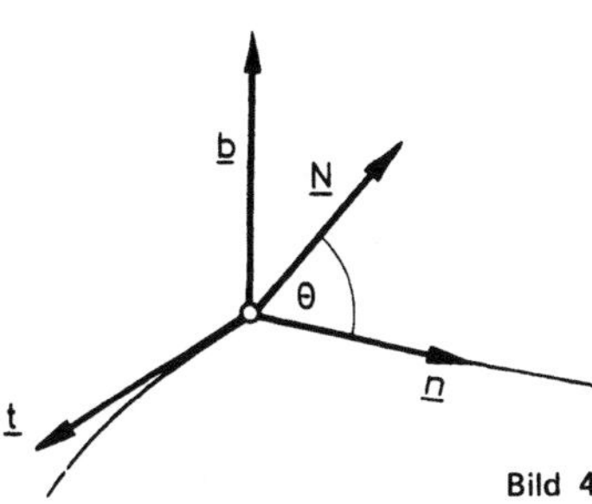

Bild 46

Das ist nichts anderes als der <u>Meusniersche Satz</u>:
Die Normalkrümmung k_n ist die Projektion der Krümmung k auf den Normalschnitt durch $\underline{t}$.
Weiter bilden wir

$$(\mathbf{Ntn}) = (\mathbf{Nr'r''}) = K \sin\Theta = K_g \\ = (\mathbf{Ntr}_1)u'' + (\mathbf{Ntr}_2)v'' + (\mathbf{Ntr}_{11})u'^2 + 2(\mathbf{Ntr}_{12})u'v' + (\mathbf{Ntr}_{22})v'^2 \qquad (\times)$$

Nach Nr. 102, (6) ist das die Krümmung der Asymptotenlinien. Sie ist also sie Projektion der Krümmung k auf die Berührebene, die sogenannte <u>Tangentialkrümmung</u> oder, aus einem später (Nr. 108) ersichtlichen Grunde, die <u>geodätische Krümmung</u>.
Wir haben nun die Koeffizienten in (×) zu berechnen. Es wird

$$(\mathbf{Ntr}_1) = -(\mathbf{Nr}_1\mathbf{r}_2)v' = -Dv' \quad ,$$

$$(\mathbf{Ntr}_2) = +(\mathbf{Nr}_1\mathbf{r}_2)u' = Du' \quad ,$$

$$(\mathbf{Ntr}_{11}) = (\mathbf{Nr}_1\mathbf{r}_{11})u' + (\mathbf{Nr}_2\mathbf{r}_{11})v' =$$

$$= \frac{1}{D}(\mathbf{r}_1 \times \mathbf{r}_2)(\mathbf{r}_1 \times \mathbf{r}_{11})u' + (\mathbf{r}_1 \times \mathbf{r}_2)(\mathbf{r}_2 \times \mathbf{r}_{11})v' =$$

$$= \frac{Eu' + Fv'}{D}\mathbf{r}_2\mathbf{r}_{11} - \frac{Fu' + Gv'}{D}\mathbf{r}_1\mathbf{r}_{11} \quad ,$$

und ebenso

$$(\mathbf{Ntr}_{12}) = \frac{Eu' + Fv'}{D}\mathbf{r}_2\mathbf{r}_{12} - \frac{Fu' + Gv'}{D}\mathbf{r}_1\mathbf{r}_{12} \quad ,$$

$$(\mathbf{Ntr}_{22}) = \frac{Eu' + Fv'}{D}\mathbf{r}_2\mathbf{r}_{22} - \frac{Fu' + Gv'}{D}\mathbf{r}_1\mathbf{r}_{22} \quad .$$

Nun folgt aus $\mathbf{r}_1^2 = E$, $\mathbf{r}_1\mathbf{r}_2 = F$, $\mathbf{r}_2^2 = G$ durch partielle Ableitung

$$\mathbf{r}_1\mathbf{r}_{11} = \frac{1}{2}E_1 \ , \ \mathbf{r}_{11}\mathbf{r}_2 + \mathbf{r}_1\mathbf{r}_{12} = F_1 \ , \quad \mathbf{r}_2\mathbf{r}_{12} = \frac{1}{2}G_1$$
$$\mathbf{r}_1\mathbf{r}_{12} = \frac{1}{2}E_2 \ , \ \mathbf{r}_{12}\mathbf{r}_2 + \mathbf{r}_1\mathbf{r}_{22} = F_2 \ , \quad \mathbf{r}_2\mathbf{r}_{22} = \frac{1}{2}G_2$$

und daraus

$$\mathbf{r}_1\mathbf{r}_{11} = \frac{1}{2}E_1 \ , \ \mathbf{r}_1\mathbf{r}_{12} = \frac{1}{2}E_2 \ , \quad \mathbf{r}_1\mathbf{r}_{22} = F_2 - \frac{1}{2}G_1$$
$$\mathbf{r}_2\mathbf{r}_{11} = F_1 - \frac{1}{2}E_2 \ , \ \mathbf{r}_2\mathbf{r}_{12} = \frac{1}{2}G_1 \ , \ \mathbf{r}_2\mathbf{r}_{22} = \frac{1}{2}G_2$$

Setzt man diese Werte ein, so erhält man schließlich

$$K_g = (\mathbf{Nr'r''}) = D(u'v'' - u''v') + \\ + \frac{1}{D}\begin{vmatrix} Eu' + Fv', & \frac{1}{2}E_1u'^2 + E_2u'v' + (F_2 - \frac{1}{2}G_1)v'^2 \\ Fu' + Gv', & (F_1 - \frac{1}{2}E_2)u'^2 + G_1u'v' + \frac{1}{2}G_2v'^2 \end{vmatrix} = \\ = \frac{1}{D}\begin{vmatrix} Eu'+Fv', & Eu''+Fv''+\frac{1}{2}E_1u'^2 + E_2u'v' + (F_2 - \frac{1}{2}G_1)v'^2 \\ Fu'+Gv', & Fu''+Gv''+(F_1 - \frac{1}{2}E_2)u'^2 + G_1u'v' + \frac{1}{2}G_2v'^2 \end{vmatrix} \qquad (6)$$

Weiter ist dann

$$K^2 = K_n^2 + K_g^2 \quad , \quad \tan \Theta = \frac{K_g}{K_n} \tag{7}$$

Es ist sehr bemerkenswert, daß K_g nur von den Fundamentalgrößen 1. Ordnung und ihren partiellen Ableitungen abhängt, nicht von den Fundamtentalgrößen 2. Ordnung, von denen andererseits k_n abhängt.

106. Es ist nun eine der wunderbarsten Entdeckungen von Carl Friedrich Gauß (1777 - 1855), daß auch das Krümmungsmaß K nur von den Fundamentalgrößen 1. Ordnung und ihren partiellen Ableitungen abhängt, eine Tatsache von weittragenden Folgen für die Theorie der krummen Flächen. Es war

$$K = \frac{LN - M^2}{EG - F^2} = \frac{1}{D^4}\left\{(\mathbf{r}_1\mathbf{r}_2\mathbf{r}_{11})(\mathbf{r}_1\mathbf{r}_2\mathbf{r}_{22}) - (\mathbf{r}_1\mathbf{r}_2\mathbf{r}_{12})^2\right\}$$

oder nach (15) in Nr. 66

$$K = \frac{1}{D^4}\left\{\begin{vmatrix} E & F & \mathbf{r}_1\mathbf{r}_{11} \\ F & G & \mathbf{r}_2\mathbf{r}_{11} \\ \mathbf{r}_1\mathbf{r}_{22} & \mathbf{r}_2\mathbf{r}_{22} & \mathbf{r}_{11}\mathbf{r}_{22} \end{vmatrix} - \begin{vmatrix} E & F & \mathbf{r}_1\mathbf{r}_{12} \\ F & G & \mathbf{r}_2\mathbf{r}_{12} \\ \mathbf{r}_1\mathbf{r}_{12} & \mathbf{r}_2\mathbf{r}_{12} & \mathbf{r}_{12}^2 \end{vmatrix}\right\} \tag{o}$$

oder mit (5) der Nr. 105 und wenn man noch (5_4) nach v, (5_5) nach u ableitet und dann abzieht, mit der Formel

$$\mathbf{r}_{11}\mathbf{r}_{22} - \mathbf{r}_{12}^2 = -\frac{1}{2}G_{11} + F_{12} - \frac{1}{2}E_{22} \tag{7}$$

$$K = \frac{1}{D^4}\left\{\begin{vmatrix} E & F & \frac{1}{2}E_1 \\ F & G & F_1 - \frac{1}{2}E_2 \\ F_2 - \frac{1}{2}G_1 & \frac{1}{2}G_2 & -\frac{1}{2}G_{11} + F_{12} - \frac{1}{2}E_{22} \end{vmatrix} - \begin{vmatrix} E & F & \frac{1}{2}E_2 \\ F & G & \frac{1}{2}G_1 \\ \frac{1}{2}E_2 & \frac{1}{2}G_1 & 0 \end{vmatrix}\right\} \tag{8}$$

Sind die Parameterlinien orthogonal, so kommt

$$K = -\frac{1}{\sqrt{EG}}\left\{\frac{\partial}{\partial u}\left(\frac{1}{\sqrt{E}}\frac{\partial\sqrt{G}}{\partial u}\right) + \frac{\partial}{\partial v}\left(\frac{1}{\sqrt{G}}\frac{\partial\sqrt{E}}{\partial v}\right)\right\}$$

10. Kapitel. Geodätische Linien

§ 1. Geodätische Linien. Nr. 107 und 108

107. Wir nennen geodätische Linien Kurven, deren Schmiegebenen die Flächennormale enthalten, oder auch, deren Hauptnormale mit der Flächennormale zusammenfällt.

Die Krümmung einer geodätischen Linie ist also die Krümmung des Normalschnitts durch die Kurventangente

$$k = k_n = Lu'^2 + 2\,Mu'v' + Nv'^2 \tag{1}$$

Nun hat der Normalschnitt nach Meusnier die kleinste Krümmung. Daher enthält er auch von allen Schnitten den kleinsten Bogen zwischen zwei aufeinanderfolgenden Flächenpunkten P und Q. Demnach definiert man die geodätische Linie auch als die Schritt um Schritt kürzeste Linie

auf der Fläche [1]. Ist

$$u = u(s) \quad , \quad v = v(s) \tag{2}$$

die Parameterdarstellung der geodätischen Linie, so ist ihr Tangentenvektor

$$\underline{r}' = \underline{t} = \underline{r}_1 u' + \underline{r}_2 v' \tag{3}$$

ihr Hauptnormalenvektor aber wegen $\underline{n} = \underline{N}$

$$\underline{r}'' = \underline{t}' = \varkappa\underline{N} = \underline{r}_1 u'' + \underline{r}_2 v'' + \underline{r}_{11} u'^2 + 2\underline{r}_{12} u'v' + \underline{r}_{22} v'^2 \tag{4}$$

Daraus folgt einerseits durch skalare Multiplikation mit $\underline{N}$ die Gleichung (1), andererseits durch solche mit $\underline{r}_1$ und $\underline{r}_2$ wegen (5) in Nr. 105

$$\left\{\begin{aligned} Eu'' + Fv'' + \tfrac{1}{2}E_1 u'^2 + E_2 u'v' + (F_2 - \tfrac{1}{2}G_1)v'^2 &= 0 \\ Fu'' + Gv'' + (F_1 - \tfrac{1}{2}E_2)u'^2 + G_1 u'v' + \tfrac{1}{2}G_2 v'^2 &= 0 \end{aligned}\right\} \tag{5a}$$

oder, indem man nach u" und v" auflöst

$$\begin{aligned} u'' + l u'^2 + 2\,m u'v' + n v'^2 &= 0 \\ v'' + \lambda u'^2 + 2\,\mu u'v' + \nu v'^2 &= 0 \end{aligned} \tag{5b}$$

wo

$$\left\{\begin{aligned} l &= \frac{1}{2D^2}(GE_1 - 2\,FF_1 + FE_2) & \lambda &= \frac{1}{2D^2}(-FE_1 + 2EF_1 - EE_2) \\ m &= \frac{1}{2D^2}(-FG_1 + GE_2) & \mu &= \frac{1}{2D^2}(EG_1 - FE_2) \\ n &= \frac{1}{2D^2}(-GG_1 + 2GF_2 - FG_2) & \nu &= \frac{1}{2D^2}(FG_1 - 2FF_2 + EG_2) \end{aligned}\right\} \tag{5c}$$

---

1) Auf diese Extremaleigenschaften der geodätischen Linien, auf Grund deren sie die "Geraden" der nichtebenen Flächen sind, können wir hier nicht eingehen.

Anstelle von (5a) kann man auch schreiben

$$\frac{d}{ds}(Eu' + Fv') = \frac{1}{2}(E_1u'^2 + 2F_1u'v' + G_1v'^2) \qquad (5d)$$

$$\frac{d}{ds}(Fu' + Gv') = \frac{1}{2}(E_2u'^2 + 2F_2u'v' + G_2v'^2) \qquad (5d)$$

Ist nicht s, sondern p der Parameter, so kommt aus (5d), wenn man die Ableitungen von p mit Punkten bezeichnet

$$\frac{d}{dp}\frac{E\dot{u} + F\dot{u}}{\sqrt{E\dot{u}^2 + 2F\dot{u}\dot{v} + G\dot{v}^2}} = \frac{E_1\dot{u}^2 + 2F_1\dot{u}\dot{v} + G_1\dot{v}^2}{2\sqrt{E\dot{u}^2 + 2F\dot{u}\dot{v} + G\dot{v}^2}}$$

$$\frac{d}{dp}\frac{F\dot{u} + G\dot{v}}{\sqrt{E\dot{u}^2 + 2F\dot{u}\dot{v} + G\dot{v}^2}} = \frac{E_2\dot{u}^2 + 2F_2\dot{u}\dot{v} + G_2\dot{v}^2}{2\sqrt{E\dot{u}^2 + 2F\dot{u}\dot{v} + G\dot{v}^2}} \qquad (5e)$$

Ist u der Parameter, so ist

$$\frac{d\,\frac{dv}{du}}{du} = \frac{d\,\frac{v'}{u'}}{u'ds} = \frac{u'v'' - u''v'}{u'^3}$$

Erweitert man also ($5b_2$) mit u'^{-2}, ($5b_1$) mit $\frac{v'}{u'^3}$ und subtrahiert man, so kommt

$$\frac{d^2v}{du^2} = n\left(\frac{dv}{du}\right)^3 + (2m - \nu)\left(\frac{dv}{du}\right)^2 + (1 - 2\mu)\frac{dv}{du} - \lambda \qquad (5f)$$

Dieser Darstellung entziehen sich die Parameterlinien u = const. Sie sind, wie aus (5b) folgt, geodätisch dann und nur dann, wenn

$$FG_2 - 2GF_2 + GG_1 = 0$$

ist. Die Gleichungen (5) sind die Differentialgleichungen der geodätischen Linien. (5f) zeigt insbesonders, daß es für je zwei Anfangswerte $u = u_0$ und $\frac{dv}{du} = \left(\frac{dv}{du}\right)_0$ eine Lösung gibt: Es gibt also durch jeden Flächenpunkt in jeder Richtung eine geodätische Linie. Die Koeffizienten der Gleichungen (5) hängen nur von den Fundamentalgrößen 1. Ordnung und ihren Ableitungen ab. Verbiegt man also eine Fläche ohne Streckung und Zerreißung, so bleiben die geodätischen Linien geodätische Linien und ein Gleiches gilt (s. Nr. 105 und 106) von der geodätischen Krümmung K_g und dem Krümmungsmaß K. Die geodätischen Linien einer Torse werden beim Abwickeln in eine Ebene zu Geraden.

Beispiel Für eine Drehfläche $x = u \cos v$, $y = u \sin v$, $z = f(u)$

ist $E = 1 + f_1^2$, $F = 0$, $G = u^2$ und damit $\lambda = 0$, $\mu = \frac{1}{u}$, $\nu = 0$.

Also folgt aus der 2. Gleichung (5b)

$v'' + \frac{2}{u} u'v' = 0$ oder $u^2 v'' + 2uu'v' = 0$ d.h.

$$u^2 \frac{dv}{ds} = \text{const} = h \qquad (6a)$$

Ist ψ der Winkel, den die geodätische Linie mit dem Meridian $v = \text{const}$ bildet, so ist nach (3_1) der Nr. 88 $\sin\psi = u\frac{dv}{ds}$, so daß aus (6)

$$u \sin\psi = h \qquad (6b)$$

folgt. h ist also der größtmöglichste Wert von u (für $\psi = \frac{\pi}{2}$). Weiter ist aber $ds^2 = (1 + f_1^2)du^2 + u^2 ds^2$, woraus mit (6a)

$$u^4 dv^2 = h^2(1 + f_1^2)du^2 + h^2u^2dv^2$$

so daß

$$v = C \pm h\int \frac{1}{u}\sqrt{\frac{1 + f_1^2}{u^2 - h^2}}\, du \qquad (6c)$$

die endliche Gleichung der geodätischen Linien einer Drehfläche ist. Ist der Meridian nicht in der Form $z = f(u)$, sondern mittels $z = z(p)$, $u = u(p)$ gegeben, so wird (6c) zu

$$v = C \pm h\int \frac{1}{u}\sqrt{\frac{u'^2 + z'^2}{u^2 - h^2}}\, dp \qquad (6c)^*$$

Aufgaben Bestimme die geodätischen Linien a) eines Drehzylinders, b) eines Drehkegels, c) einer Kugel, d) eines Drehellipsoid, e) eines Drehparaboloids, f) des Meridians $32\, a^2u^2 = 4a^2z^2 - z^4$. (Kurve (13) in Nr. 203 des KB)

Lösung:

$$v = C \pm 8\sqrt{2}\, ah \int \frac{6a^2 - z^2}{z(4a^2 - z^2)}\, dz$$

$$w = \sqrt{-32a^2h^2 + 4a^2z^2 - z^4}\,, \quad z^2 = 2a(a - \sqrt{a^2 - 8h^2}\cos\varphi),$$

$$v = C \pm 2\sqrt{2h}\int \frac{2a + \sqrt{a^2 - 8h^2}\cos\varphi}{a^2\sin^2\varphi + 8h^2\cos^2\varphi}\, d\varphi =$$

$$= C \pm \left(2 \arctan \frac{a \tan\varphi}{2\sqrt{2h}} + \arctan \frac{\sqrt{a^2 - 8h^2}}{2\sqrt{2h}} \sin\varphi\right)$$

108. Wir bestimmen jetzt die Torsion einer geodätischen Linie. Es ist $\underline{b} = \underline{t} \times \underline{n} = \underline{t} \times \underline{N} = \underline{r}' \times \underline{N}$. Daraus Folgt

$$\underline{b}' = -\tau\underline{N} = \underline{r}'' \times \underline{N} + \underline{r}' \times \underline{N}' = \underline{r}' \times \underline{N}' \qquad (\times)$$

und damit

$$\tau = (\underline{N}\ \underline{N}'\underline{r}') \qquad (1_1)$$

Nach Nr. 102, (5) ist dies die Torsion einer Asymptotenlinie. Nennt man die geodätische Linie, die eine gegebene Flächenkurve in einem Punkt berührt, ihre geodätische Tangente, so bedeutet dies:

Satz 1 Die Torsion einer Asymptotenlinie ist gleich der Torsion ihrer geodätischen Tangente.
Nach Nr. 94, (1) verschwindet τ in der Hauptkrümmungsrichtung, d.h.

Satz 2 Die Torsion der geodätischen Tangente einer Krümmungslinie verschwindet.
Ist die geodätische Linie eine ebene Kurve, so ist $\tau = 0$. Die geodätische Linie ist dann Krümmungslinie. Umgekehrt: Ist die geodätische Linie Krümmungslinie, so ist sie eben.
Nach Nr. 102, (5_2) ist

$$\tau = \frac{1}{D}\left\{(EM - FL)u'^2 + (EN - GL)u'v' + (FN - GM)v'^2\right\} \qquad (1_2)$$

§ 2. Flächen, Kurven und geodätische Linien. Nr. 109

109. Sei $\underline{t}$, $\underline{n}$, $\underline{b}$ das Dreibein einer Flächenkurve, $\underline{N}$ die Flächennormale (Bild 46), $\sphericalangle(\underline{n},\underline{N}) = \Theta$ der Normalwinkel der Kurve, w die Torsion ihrer geodätischen Tangente, dann gilt die Gleichung

$$w = \frac{d\Theta}{ds} + \tau \qquad (1)$$

Beweis Es ist nach (×) der Nr. 108 $W\underline{N} = \underline{N}' \times \underline{r}'$. Weiter ist $\underline{b} = \underline{r}' \times \underline{n}$, $\cos\Theta = \underline{n}\underline{N}$, $\sin\Theta = \underline{b}\underline{N}$
Differenziert man die letzte Gleichung, so kommt

$$\begin{aligned}\cos\Theta\frac{d\Theta}{ds} &= \underline{b}'\underline{N} + \underline{b}\underline{N}' = -\tau\,\underline{n}\underline{N} + (\underline{r}' \times \underline{n})\underline{N}' = \\ &= -\tau\cos\Theta + (\underline{N}'\underline{r}'\underline{n}) = -\tau\cos\Theta + (\underline{N}' \times \underline{r}')\underline{n} = \\ &= (-\tau + W)\cos\Theta \qquad \text{q.e.d}\end{aligned}$$

Der Ausdruck $\frac{d\Theta}{ds} + \tau$ hat für alle Kurven derselben Tangente denselben Wert. Nach Nr. 108, (1_2) kommt also, weil das dortige τ jetzt W ist

$$\tau = -\frac{d\Theta}{ds} + \frac{1}{D}\left\{(EM - FL)u'^2 + (EN - GL)u'v' + (FN - EM)v'^2\right\},$$

die Torsion der allgemeinen Flächenkurve
Nach Nr. 105 (7) ist dabei $\tan\Theta = \frac{k_g}{k_n}$ und k_g und k_n sind durch die dortigen Gleichungen (6) und (4) bestimmt, Aus (1) folgt:

Verschwinden von den drei Größen W, $\frac{d\theta}{ds}$, τ zwei, so auch die dritte. W = 0 bedeutet, daß die Flächenkurve eine Krümmungslinie ist, $\tau = 0$, daß sie eben ist, $\frac{d\theta}{ds} = 0$, daß θ konstant ist. Daher gilt nebst zwei Umkehrungen

Satz 3 Die Ebene einer ebenen Krümmungslinie schneidet die Fläche unter konstantem Winkel.

§ 3. Geodätische Koordinaten. Flächen konstanten Krümmungsmaßes. Nr. 110–112

110. Gauß hat das Bogenelementquadrat auf eine besonders zweckmäßige Form gebracht, die geodätische Form. Wir wählen als u-Parameterlinien v = const eine Schar geodätischer Linien und als v-Parameterlinien u = const deren senkrechte Trajektoren, so daß F = 0 ist. Mit v = const folgt aus Nr. 107, (5b) und Nr. 105, (1b)

$$\lambda = -\frac{E_2}{2G} = 0 \quad , \quad \text{also } E_2 = 0 \quad .$$

Es ist also E eine Funktion von u allein. Wir führen $\int\sqrt{E}\,du$ als neuen Parameter ein, für den wir wieder u schreiben. Dann lautet die erste Fundamentalform

$$ds^2 = du^2 + G\,dv^2 \tag{1}$$

Für v = const wird ds = du, d.h. u ist der Bogen der u-Parameterlinien. Man nennt daher die v-Parameterlinien u = const geodätische Parallelen. Es wird dann weiter l = 0, m = 0,

$$n = -\frac{G_1}{2} \quad , \quad \lambda = 0 \quad , \quad \mu = \frac{1}{2}\frac{G_1}{G} \quad , \quad \nu = \frac{1}{2}\frac{G_2}{G} \quad .$$

Die Gleichungen (5b) der Nr. 107 werden

$$u'' - \frac{G_1}{2}v'^2 = 0 \quad , \quad (Gv')' - \frac{G_2}{2}v'^2 = 0 \tag{2a}$$

Die Gleichung (5f) aber wird

$$\frac{d^2v}{du^2} = -\frac{G_1}{2}\left(\frac{dv}{du}\right)^3 - \frac{G_2}{2G}\left(\frac{dv}{du}\right)^2 - \frac{G_1}{G}\left(\frac{dv}{du}\right) \tag{2b}$$

Weiterhin wird noch

$$H = L + \frac{N}{G} \quad , \quad K = -\frac{1}{\sqrt{G}}\frac{\partial^2\sqrt{G}}{\partial u^2} \tag{3}$$

111. Wir wollen jetzt annehmen, die geodätischen Parameterlinien v = const gehen alle durch einen festen Punkt O und die Größe v sei der Polarwinkel in O. Dann sind u und v geodätische Polarkoordinaten.

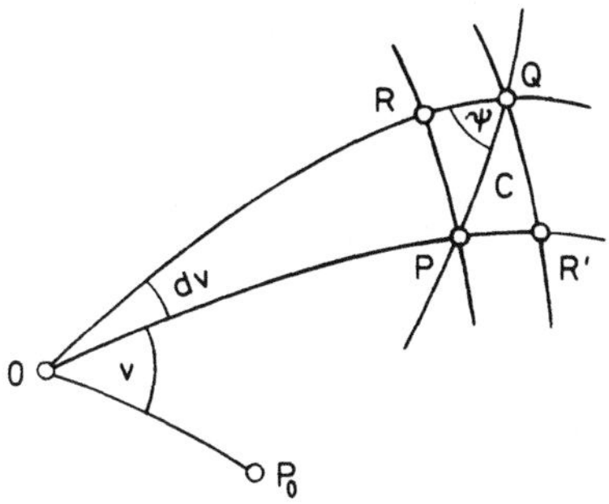

Bild 47

$\overline{OP} = u$ (Bild 47) ist der Radius, $\sphericalangle P_0OP = v$ der Polarwinkel. Die Flächenkurve C gehe durch $P(u|v)$ und $Q(u + du|v + dv)$. Es ist dann $\overline{PQ} = ds$, $\overline{RQ} = du$
$\overline{PR}^2 = \overline{PQ}^2 - \overline{QR}^2 = G dv^2$, also

$$\overline{PR} = \sqrt{G} dv \quad , \quad \sin\psi = \sqrt{G}\frac{dv}{ds} \quad , \quad \cos\psi = \frac{du}{ds} \quad , \quad \tan\psi = \sqrt{G}\frac{dv}{du} \qquad (1)$$

Das Flächenelement RPR'Q ist $dF = \overline{RP}.\overline{RQ}$ oder

$$dF = \sqrt{G}\, du\, dv \qquad (2)$$

Ist PQ selbst geodätisch, so folgt aus der 1. Gleichung (2a) der Nr. 110 mittels (1)

$$\frac{du'}{ds} - \frac{G_1}{2}v'\frac{dv}{ds} = 0 \quad \text{oder} \quad \frac{d\cos\psi}{ds} - \frac{G_1}{2\sqrt{G}}\sin\psi\,\frac{dv}{ds} = 0$$

oder

$$d\psi = -\frac{\partial\sqrt{G}}{\partial u}dv \qquad (3)$$

In der Nähe des Pols ist für a = const $ds = u\,dv = \sqrt{G}\,dv$, also beginnt die Entwicklung von $\sqrt{G}$ mit u, die Entwicklung von $\frac{\partial\sqrt{G}}{\partial u}$ mit 1.
Wir bilden nun weiter das Integral $\Omega = \iint K\, dF$ über die Fläche eines geodätischen Dreiecks ABC. Wir integrieren zunächst vom Pol A bis zur Seite BC längs AD. Da in A $\frac{\partial\sqrt{G}}{\partial u} = 1$ ist, so kommt

$$\Omega = -\iint\frac{\partial^2\sqrt{G}}{\partial u^2}du\,dv = \int\left(1 - \frac{\partial\sqrt{G}}{\partial u}\right)dv = \int dv + \int d\psi$$

Nun hat das 1. Integral zwischen B und C den Wert des Dreieckwinkels A, das 2. Integral ist $C - (\pi - B)$. Also wird

$$\Omega = A + B + C - \pi \qquad (4)$$

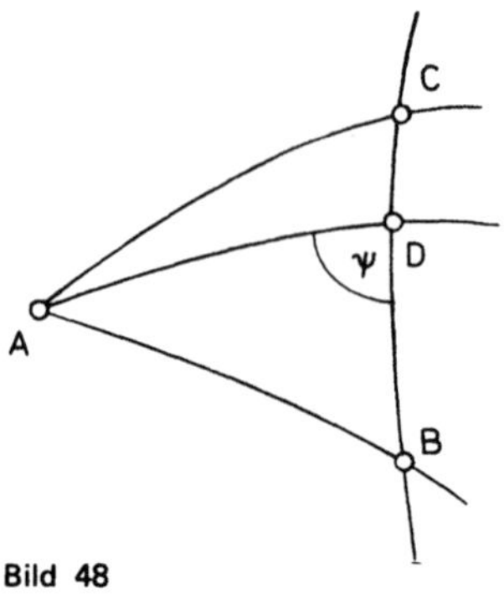

Bild 48

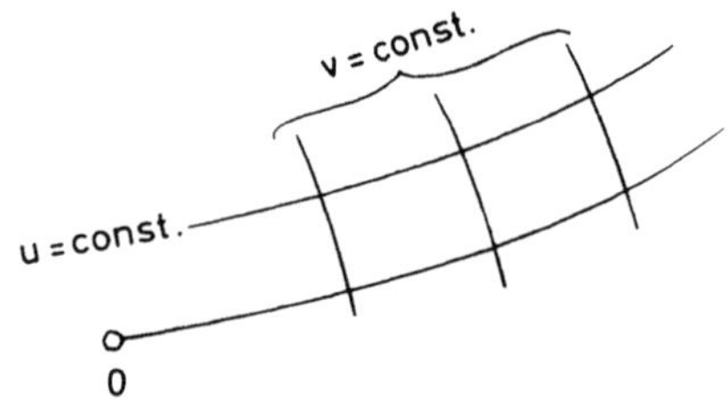

Bild 49

Für einen Bereich $\begin{Bmatrix}\text{elliptischer}\\ \text{parabolischer}\\ \text{hyperbolischer}\end{Bmatrix}$ Punkte ist also $\Omega \gtreqless 0$.

112. Wir suchen die Flächen mit konstantem Krümmungsmaß

$$K = -\frac{1}{\sqrt{G}}\,\frac{\partial^2\sqrt{G}}{\partial u^2} \tag{1}$$

Wir wählen also das Koordinatensystem wie in Nr. 110, so daß das Bogenelementquadrat

$$ds^2 = du^2 + G\,dv^2 \tag{2}$$

ist. Die u-Parameterlinien messen die Distanz längs v = const. Die v-Parameterlinien aber sollen jetzt die Distanz entlang der Linie u = 0 von einem Ursprung 0 aus messen (Bild 49). Dann muß

$$G_{u=o} = 1 \tag{3}$$

da die geodätische Krümmung von u = 0 Null ist (Nr. 110 (3) wegen $\lambda = 0$)

$$\left.\frac{\partial G}{\partial u}\right|_{u=o} = 0 \tag{4}$$

sein. Ist nun zuerst K = 0, so folgt aus (1)

$$\sqrt{G} = f(v)u + F(v) \tag{5}$$

$$\frac{\partial\sqrt{G}}{\partial u} = f(v) \tag{6}$$

also wegen (3) und (4) f(v) = 0, F(v) = 1, also G = 1

$$ds^2 = du^2 + dv^2 \tag{7}$$

Das ist das Bogenelementquadrat der Ebene. Die Flächen vom Krümmungsmaß Null sind also die Torsen (vgl. Nr. 101).

Ist ferner $K > 0$, d.h. $K = +k^2$, dann gilt nach (1)

$$\frac{\partial^2 \sqrt{G}}{\partial u^2} + k^2\sqrt{G} = 0 \qquad (8)$$

also

$$\sqrt{G} = f(v) \cos ku + F(v) \sin ku \qquad (9)$$

$$\frac{\partial \sqrt{G}}{\partial u} = -k\, f(v) \sin ku + k\, F(v) \cos ku \qquad (10)$$

Mit (3) und (4) kommt $f(v) = 1$, $F(v) = 0$, also

$$ds^2 = du^2 + \cos^2 ku\, dv^2 \qquad (11)$$

Das ist aber das Bogenelementquadrat der Kugel mit Radius $\frac{1}{k}$ (vgl Nr. 93, Aufgabe 1). Also ist jede Fläche konstanten positiven Krümmungsmaßes $K > 0$ abwickelbar auf die Kugel.
Ist endlich $K < 0$, $K = -k^2$, so ergibt sich

$$ds^2 = du^2 + ch^2(ku)dv^2 \qquad (12)$$

Das ist aber das Bogenelementquadrat der Pseudosphäre, der Drehfläche der Traktrix (vgl. Nr. 93, Aufgabe 2, KB Nr. 275).
Also ist jede Fläche konstanten negativen Krümmungsmaßes $K < 0$ abwickelbar auf die Pseudosphäre.
Für die allgemeine Drehfläche konstanten Krümmungsmaßes $r = (u \cos v,\ u \sin v,\ f(v))$ (Nr. 93, Aufgabe 2) gilt nach Nr. 97, Aufgabe 2

$$f(u) = \int \sqrt{\frac{1 - c^2 + \varepsilon k^2 u^2}{c^2 - \varepsilon k^2 u^2}}\, du \qquad (13)$$

Dies ist für $\varepsilon = \pm 1$ ein elliptisches Integral.

11. Kapitel. Besondere Flächen

§ 1. Regelflächen. Nr. 113–115

113. Eine Regelfläche entsteht dadurch, daß eine Gerade sich nach irgend einem Gesetz entlang einer Raumkurve, der sogenannten Direktrix bewegt.
Die Raumkurve sei durch den Ortsvektor $\underline{r}$ bestimmt, der eine Funktion ihres Bogens s sei. Die Gerade durch den Endpunkt von $\underline{r}$ sei durch den in ihr liegenden Einheitsvektor $\underline{e}$ bestimmt, der

ebenfalls eine Funktion von s sei. Ist u der Abstand eines Punktes der Geraden vom Endpunkt von $\underline{r}$, so lautet die Gleichung der Regelfläche in den Parametern s und u

$$\underline{R} = \underline{r} + u\underline{e} \quad , \tag{1a}$$

Daraus folgt

$$d\underline{R} = \underline{e}\,du + (\underline{t} + u\underline{e}')ds \tag{1b}$$

und mit

$$\underline{t}\underline{e} = \cos\Theta \quad , \quad \underline{t}\underline{e}' = \beta \quad , \quad \underline{e}'^2 = \alpha^2 \quad \alpha>0 \tag{2a}$$

für das Bogenelementquadrat der Regelfläche

$$dS^2 = du^2 + 2\cos\Theta\,du\,ds + (1 + 2\beta u + \alpha^2 u^2)ds^2 \tag{2b}$$

Wir bestimmen jetzt weiter den kürzesten Abstand zweier aufeinanderfolgender Erzeugenden der Fläche. Nach den Formeln von Nr. 67 ist (mit einer Vorzeichenänderung!) sein Vektor

$$d\underline{l} = \frac{(d\underline{e}\ \underline{e}\ d\underline{r})}{(\underline{e}\times d\underline{e})^2}(\underline{e}\times d\underline{e}) = \frac{(\underline{e}'\underline{e}\underline{t})}{\alpha^2}(\underline{e}\times\underline{e}')ds \tag{3$_1$}$$

Man nennt die Regelfläche $\left\{\begin{matrix}\text{rechts}\\ \text{links}\end{matrix}\right\}$ drehend, je nachdem

$(\underline{e}'\underline{e}\underline{t}) \gtreqless 0$ ist. Die Fläche ist <u>abwickelbar</u>, eine <u>Torse</u>, wenn $(\underline{e}'\underline{e}\underline{t}) = 0$ ist, was wir jetzt ausschließen (s. dazu Nr. 76). Wir betrachten also nur nicht abwickelbare, sogenannte <u>windschiefe Flächen</u>.

Der Winkel zweier Nachbarerzeugenden ist

$$d\vartheta = \sqrt{(\underline{e}\times d\underline{e})^2} = \sqrt{\underline{e}^2 d\underline{e}^2 - (\underline{e}d\underline{e})^2} = \sqrt{d\underline{e}^2} = \alpha\,ds \tag{3$_2$}$$

Da $(\underline{e}'\underline{e}\underline{t})^2 = \begin{vmatrix}\alpha^2 & 0 & \beta\\ 0 & 1 & \cos\Theta\\ \beta & \cos\Theta & 1\end{vmatrix} = \alpha^2\sin^2\Theta - \beta^2$ und $|\underline{e}'\underline{e}\underline{t}| = \sqrt{\alpha^2\sin^2\Theta - \beta^2}$

ist, so wird

$$\frac{dl}{ds} = \frac{|\underline{e}\underline{e}'\underline{t}|}{\alpha} = \frac{\sqrt{\alpha^2\sin^2\Theta - \beta^2}}{\alpha} \quad , \quad |\alpha\sin\Theta| > |\beta|\,! \tag{3$_3$}$$

Der Fußpunkt des kürzesten Abstands, der sogenannte <u>Zentralpunkt</u> der Erzeugenden hat den Ortvektor

$$\underline{R} = \underline{r} - \frac{(\underline{e}\times d\underline{r})(\underline{e}\times d\underline{e})}{d\underline{e}^2}\,\underline{e} = \underline{r} - \frac{d\underline{r}d\underline{e}}{d\underline{e}^2}$$

oder

$$\underline{R} = \underline{r} - \frac{\beta}{\alpha^2}\underline{e} \qquad (4a)$$

Bei veränderlichen s stellt (4a) die Kurve der Fußpunkte des kürzesten Abstands, die sogenannte Striktionslinie dar. Sie fällt mit der gegebenen Direktrix zusammen, wenn $\beta = \underline{t}\underline{e} = 0$ ist. Der Vektor $d\underline{l}$ und der Winkel $d\vartheta$ können bei gegebener Fläche nicht von der auf ihr gewählten Direktrix abhängen, daher auch nicht die Größe

$$\frac{|d\underline{l}|}{d\vartheta} = \frac{1}{\alpha^2}\sqrt{\alpha^2\sin^2\Theta - \beta^2} = \nu \qquad (5)$$

der sogenannte Verteilungsparameter.
Für die Striktionslinie ist (4b) $dR = (\underline{t} - (\frac{\beta}{\alpha^2})'\underline{e} - \frac{\beta}{\alpha^2}\underline{e}')ds$

Daraus folgt $d\underline{R}\underline{e}' = 0$, d.h. die Tangente der Striktionslinie steht senkrecht auf $\underline{e}'$. Sie fällt mit der Richtung des kürzesten Abstands aber nur dann zusammen, wenn

$d\underline{b} \times d\underline{R}$, d.h. $(\underline{e}\times\underline{e}')\times\underline{t} - (\frac{\beta}{\alpha^2})'(\underline{e}\times\underline{e}')\times\underline{e} - \frac{\beta}{\alpha^2}(\underline{e}\times\underline{e}')\times\underline{e}' =$
$= \left\{\cos\Theta - (\frac{\beta}{\alpha^2})'\right\}\underline{e}' = 0$ ist, d.h. unter der Bedingung

$$\cos\Theta = (\frac{\beta}{\alpha^2})' \qquad (4c)$$

Beispiel (Vgl. Nr. 59) Striktionlinie des Konoids $z - mx = f(\frac{y}{x})$ oder $x = u$, $y = \lambda u$, $z = f(\lambda) + mu$, so daß $\underline{r} = (0,0,f(\lambda))$,

$$\underline{e} = \frac{1, \lambda, m}{\sqrt{1 + \lambda^2 + m^2}} , \qquad ds = dz = f'(\lambda)d\lambda$$

$$\underline{e}' = \frac{(-\lambda, 1+m^2, -m\lambda)}{f'(\lambda)(1 + \lambda^2 + m^2)^{3/2}} , \qquad \alpha^2 = \frac{1 + m^2}{f'^2(\lambda)(s + \lambda^2 + m^2)^2} ,$$

$$\underline{t} = (0, 0, 1) , \qquad \beta = -\frac{m\lambda}{f'(z)(1 + z^2 + m^2)^{3/2}}$$

$$-\frac{\beta}{\alpha^2} = \frac{m\lambda}{1 + m^2}(1 + \lambda^2 + m^2)^{1/2}f(\lambda) .$$

Daher ist die Striktionslinie mit $m = \tan\alpha$

$$x = \lambda f'(\lambda)\sin\alpha\cos\alpha , \quad y = \lambda^2 f'(\lambda)\sin\alpha\cos\alpha , \quad z = f(\lambda) + \lambda f'(\lambda)\sin^2\alpha$$

114. Wir kennen schon die Fundamentalgrößen 1. Ordnung

$$E = 1, \; F = \cos\Theta , \; G = 1 + 2\beta u + \alpha^2 u^2$$
$$D^2 = \sin^2\Theta + 2\beta u + \alpha^2 u^2 \qquad (1)$$

D^2 ist für $u = -\frac{\beta}{\alpha^2}$, d.h. den Zentralpunkt am kleinsten. Weiter ist

$$\underline{R}_1 = \underline{e}\ , \quad \underline{R}_2 = \underline{t} + u\underline{e}'\ , \quad \underline{N} = \frac{\underline{e}\times\underline{t} + u\,\underline{e}\times\underline{e}'}{D} \tag{2}$$

$$\underline{R}_{11} = 0\ , \quad \underline{R}_{12} = \underline{e}'\ , \quad \underline{R}_{22} = \underline{t}' + u\underline{e}'' \tag{3}$$

$$\underline{L} = 0\ , \quad \underline{M} = \frac{(\underline{e}'\underline{e}\underline{t})}{D}, \quad \underline{N} = \frac{(\underline{e}\underline{t}\underline{t}') + u\{(\underline{e}\underline{e}'\underline{t}') - (\underline{e}\underline{e}''\underline{t})\} + u^2(\underline{e}\underline{e}'\underline{e}'')}{D} \tag{4}$$

$$\underline{K} = \frac{LN - M^2}{D^2} = -\frac{\alpha^2\sin^2\Theta - \beta^2}{D^4} < 0\ , \quad H = \frac{\underline{DN} - 2\cos\Theta(\underline{e}\underline{e}'\underline{t})}{D^3} \tag{5}$$

Wir nehmen jetzt an, die Direktrix sei die Striktionslinie, d.h. es sei $\beta = 0$. Dann gelten die Gleichungen

$$E = 1\ , \quad F = \cos\Theta\ , \quad G = 1 + \alpha^2u^2\ , \quad D^2 = \sin^2\Theta + \alpha^2u^2 \tag{1'}$$

$$\underline{R}_1 = \underline{e},\ \underline{R}_2 = \underline{t} + e\underline{e}'\ , \quad \underline{N} = \frac{\underline{e}\times\underline{t} + u(\underline{e}\times\underline{e}')}{\sqrt{\sin^2\Theta + \alpha^2u^2}} \tag{2'}$$

Für den Zentralpunkt ist $u = 0$, d.h. $\underline{N}_0 = \frac{\underline{e}\times\underline{t}}{\sin\Theta}$ und damit

$$\underline{N}_0 \times \underline{N} = \frac{u\alpha}{\sqrt{\sin^2\Theta + \alpha^2u^2}}\,\underline{e}\ ,$$

da auch dem Vorzeichen nach $(\underline{e}'\underline{e}\underline{t}) = \alpha\sin\Theta$ ist. Ist φ der Winkel zwischen $\underline{N}_0$ und $\underline{N}$, so ist also

$$\sin\varphi = \frac{\alpha u}{\sqrt{\sin^2\Theta + \alpha^2u^2}}\ , \qquad \tan\varphi = \frac{\alpha u}{\sin\Theta}\ .$$

Für $-\infty < u < +\infty$ ist $-\frac{\pi}{2} < \varphi < \frac{\pi}{2}$, d.h. die Berührebene dreht sich um den $\sphericalangle\,\pi$, wenn der Flächenpunkt die Erzeugende durchläuft.

Aufgabe Untersuche a) die Binormalen- b) die Hauptnormalenfläche einer Raumkurve.

Für die geodätische Krümmung einer Flächenkurve ist (vgl. Nr. 105)

$$K_g = (\underline{N}\ \underline{r}'\ \underline{r}'')$$

Für die Direktrix ist $u = 0$, $\underline{N} = \frac{\underline{e}\times\underline{t}}{\sin\Theta}$,

$$K_g = \frac{(\underline{e}\times\underline{t})(\underline{t}\times\underline{t}')}{\sin\Theta} = \frac{-\underline{e}\underline{t}'}{\sin\Theta} = \frac{-(\underline{e}\underline{t})' + \underline{e}'\underline{t}}{\sin\Theta} = \frac{\Theta'\sin\Theta + \beta}{\sin\Theta}$$

d.h.

$$K_g = \Theta' + \frac{\beta}{\sin\Theta} \tag{6}$$

Ist $K_g = 0$, so ist die Direktrix eine geodätische Linie. Ist $\Theta' = 0$, so trifft sie die Erzeugende unter konstantem Winkel.

Ist $\beta = 0$, so ist die Direktrix die Striktionslinie. Wenn aber zwei der Größen Kg, Θ', β verschwinden, tut es auch die dritte. Daher gilt der

Satz Trifft eine Flächenkurve alle Erzeugenden, so ziehen zwei der folgenden Eigenschaften die dritte nach sich: a) die Kurve ist geodätisch, b) sie ist die Striktionlinie, c) sie trifft die Erzeugenden unter konstantem Winkel (vgl. Satz 3 der Nr. 109).

115. Aufgaben 1. Die Flächennormalen einer Regelfläche entlang einer Erzeugenden bilden ein hyperbolisches Paraboloid mit dem Zentralpunkt als Scheitel.

2. Unter welchen Bedingungen ist die Direktrix einer Regelfläche a) eine geodätische Linie ($\Theta'\sin\Theta + \beta = 0$), b) eine Haupttangentenkurve ($(\underline{e}\underline{t}\underline{t}') = 0$, d.h. $m = \pm \sin\Theta$), c) eine Krümmungslinie?

3. Die Flächennormalen entlang einer Asymptotenlinie einer Fläche erzeugen eine Regelfläche mit der Asymptotenlinie als Striktionslinie.

4. Untersuche a) das Zylindroid

$$z = h\,\frac{x^2 - y^2}{x^2 + y^2} \qquad \text{(vgl. Nr. 175)}$$

b) die Regelfläche $x + y\lambda = 3\lambda(1 + \lambda^2)$, $y + 2z\lambda = \lambda^2(3 + 4\lambda^2)$ (Striktionslinie ist $x = 3\lambda$, $y = 3\lambda^2$, $z = 2\lambda^3$).

§ 2. Minimalflächen. Nr. 116–119

116. Minimalfläche heißt eine Fläche, deren mittlere Krümmung

$$H = \frac{EN - 2\,FM + GL}{D^2} = 0 \tag{1}$$

ist. Bei ihr gilt also

$$R_2 = - R_1 \tag{2}$$

Die Indikatrix ist eine rechtwinkelige Hyperbel. Die Asymptotenlinien bilden ein Orthogonalsystem und halbieren die Winkel der Krümmungslinien.

Die Minimalflächen verdanken ihren Namen der wie folgt zu gewinnenden Eigenschaft: Verändert man eine Fläche dadurch, daß man jeden ihrer Punkte um ein sehr kleines Stück $\nu(u,v)\varepsilon$, wo ν eine beliebige Funktion von u und v, ε eine sehr kleine Konstante ist, in Richtung der Normalen verschiebt, so gewinnt man eine Nachbarfläche

$$\overline{\underline{r}} = \underline{r} + \varepsilon\,\nu\,\underline{N} \tag{3}$$

Daraus folgt

$$\overline{\underline{r}}_1 = \underline{r}_1 + \varepsilon(\nu_1\underline{N} + \nu\underline{N}_1) \quad , \quad \overline{\underline{r}}_2 = \underline{r}_2 + \varepsilon(\nu_2\underline{N} + \nu\underline{N}_2)$$

und damit, wenn man höhere Potenzen von ε vernachlässigt

$$\begin{aligned} &\overline{E} = E + 2\varepsilon\nu\,\underline{r}_1\underline{N}_1 = E - 2\varepsilon\nu L \ , \quad \overline{F} = F - 2\varepsilon\nu M \quad , \\ &\overline{G} = G - 2\varepsilon\nu N \\ &\overline{D}^2 = D^2 - 2\nu(EN - 2FM + GL)\varepsilon = D^2(1 - 2\varepsilon\nu H) \quad , \\ &\overline{D} = D(1 - \varepsilon\nu H) \end{aligned} \tag{4}$$

Also wird das Flächendifferential
$d^2\overline{J} = \overline{D}\,dudv = D(1 - \varepsilon\nu H)dudv = d^2J - \varepsilon\nu\,DH\,dudv$, seine Änderung also

$$d^2\overline{J} - d^2J = -\varepsilon\nu\,Hd^2J \tag{5_1}$$

Die Änderung der Gesamtfläche also

$$\overline{J} - J = -\varepsilon\iint \nu H\,d^2J \tag{5_2}$$

Wir fragen nun nach der <u>Fläche kleinsten Inhalts</u>, der "<u>Minimalfläche</u>" durch eine geschlossene Flächenkurve C. Wir ändern die durch C gehende Fläche in der vorigen Weise ab. Dann ist $\overline{J} \gtrless J$, je nachdem $\varepsilon \gtrless 0$ oder $\varepsilon \lessgtr 0$ ist. Die Fläche kann also nur dann eine Minimalfläche sein, wenn die rechte Seite von (5_2) für jede Funktion ν verschwindet, d.h. wenn $H = 0$ ist. Ob die genannte Fläche dann wirklich ein Minimum des Inhaltes bekommt, bleibt freilich näherer Untersuchung vorbehalten. Doch nennt man alle Flächen, für die $H = 0$ ist, <u>Minimalflächen</u>

117. Wir bestimmen jetzt die Minimalflächen. Dazu wählen wir als Parameterlinien $u = \text{const}$ und $v = \text{const}$ [1] die <u>Minimalkurven</u> $ds^2 = 0$, setzen also $E = 0$, $G = 0$, $F \neq 0$. Dann folgt aus $H = 0$ sofort $M = 0$, d.h. $\underline{r}_{12}\underline{N} = 0$. Nun müssen die zweiten partiellen Ableitungen $\underline{r}_{11}$, $\underline{r}_{12}$, $\underline{r}_{22}$ von $\underline{r}$ durch 3 linear unabhängige Vektoren, z.B. $\underline{N}$, $\underline{r}_1$, $\underline{r}_2$ darstellbar sein. Da $\underline{r}_{11}\underline{N} = L$, $\underline{r}_{12}\underline{N} = M$, $\underline{r}_{22}\underline{N} = N$ ist, so gilt ein Ansatz

$$\begin{aligned} \underline{r}_{11} = L\underline{N} + l\underline{r}_1 + \lambda\underline{r}_2 \quad , \quad &\underline{r}_{12} = M\underline{N} + m\underline{r}_1 + \mu\underline{r}_2 \\ &\underline{r}_{22} = N\underline{N} + n\underline{r}_1 + \nu\underline{r}_2 \end{aligned} \tag{$\times$}$$

woraus wegen $M = 0$, $\underline{r}_{12} = m\underline{r}_1 + \mu\underline{r}_2$
Durch innere Multiplikation mit $\underline{r}_1$ und $\underline{r}_2$ erhält man aber aus ($\times$) je zwei Gleichungen für die Koeffizienten l, λ ; m, μ ; n, ν

---

1) u und v sind natürlich keine Vektoren

und indem man die Gleichungen (5) der Nr. 105 benützt, die Gleichungen (5c) der Nr. 107, woraus hervorgeht, daß $m = 0$, $\mu = 0$ ist. Also ist $\underline{r}_{12} = 0$.
Aus dieser Differentialgleichung folgt aber

$$\underline{r} = \underline{a}(u) + \underline{b}(v)$$

wo der Vektor $\underline{a}$ eine Funktion von u allein, der Vektor $\underline{b}$ eine Funktion von v allein ist.
Die Kurven u = const gehen durch eine Schiebung aus den Kurven $\underline{r} = \underline{b}(v)$, die Kurven v = const durch eine Schiebung aus den Kurven $\underline{r} = \underline{a}(u)$ hervor. Eine solche Fläche nennt man eine Schiebfläche. Wir haben den

Satz 1 Jede Schiebfläche enthält zwei Scharen von je ∞' kongruenten und gleichgestellten Kurven. Diese Scharen sind kongruent (warum?). In unserem Falle ist $\underline{r}_1 = \underline{a}'(u)$, $\underline{r}_1^2 = E = 0$, d.h. $\underline{a}'^2 = 0$ und $\underline{r}_2 = \underline{b}'(v)$, $\underline{r}_2^2 = G = 0$, d.h. $\underline{b}'^2 = 0$

Satz 2 Jede Minimalfläche ist eine Schiebfläche, die entsteht, indem man eine Minimalkurve ohne Änderung der Gestalt und Stellung an einer anderen Minimalkurve entlang schiebt

$$\underline{r} = \underline{a}(u) + \underline{b}(v) \quad , \quad \underline{a}'^2 = 0 \quad , \quad \underline{b}'^2 = 0$$

118. Nach Nr. 104 können wir nun die beiden Minimalkurven in der Gestalt

$$\underline{a}(u) = \left(\frac{1}{2}\int(1-u^2)F(u)du \; , \; \frac{i}{2}\int(1+u^2)F(u)du, \; \int uF(u)du\right)$$

$$\underline{b}(v) = \left(\frac{1}{2}\int(1-v^2)G(v)dv \; , \; \frac{i}{2}\int(1+v^2)G(v)dv, \; \int vG(v)dv\right)$$

annehmen. Dabei ist noch zu beachten, daß bei i an sich noch zwei Vorzeichen möglich sind und wir daher bei der 2. Kurve auch das - Zeichen wählen können, aber tatsächlich entstehen so nicht zwei verschiedene Flächen. Denn wenn wir im 1. Fall neue Parameter $u = -\frac{1}{\bar{v}}$, $v = \bar{u}$ einführen und

$$-\frac{1}{v^4}F\left(-\frac{1}{v}\right) = G(v), \qquad G(\bar{u}) = F(u)$$

setzen, so gehen die Gleichungen bis auf eine Bezeichnungsänderung in die des 2. Falles über. Also brauchen wir nur ein Zeichen zu berücksichtigen. Wir wählen wegen des Folgenden das untere, schreiben also für die Minimalfläche

$$\underline{r} = \Big(\frac{1}{2}\int(1-u^2)F(u)du + \frac{1}{2}\int(1-v^2)G(v)dv \quad , \tag{1}$$
$$\frac{i}{2}\int(1+u^2)F(u)du - \frac{i}{2}\int(1+v^2)G(v)dv \quad ,$$
$$\int uF(u)du + \int vG(v)dv\Big)$$

Daraus folgt

$$\left\{\begin{matrix} \underline{r}_1 = (\frac{1}{2}(1-u^2)F(u) & , & \frac{i}{2}(1+u^2)F(u) & , & uF(u) \\ \underline{r}_2 = (\frac{1}{2}(1-v^2)G(v) & , & -\frac{i}{2}(1+v^2)G(v) & , & vG(v) \end{matrix}\right\} \quad (2)$$

$$E = \underline{r}_1^2 = 0 \ , \ F = \underline{r}_1\underline{r}_2 = \frac{1}{2}(uv+1)^2F(u)G(v) \ , \ G = \underline{r}_2^2 = 0 \quad D = iF \quad (3)$$

$$\underline{N} = \frac{\underline{r}_1 \times \underline{r}_2}{D} = (\frac{u+v}{uv+1} \ , \ -i\frac{u-v}{uv+1} \ , \ \frac{uv-1}{uv+1}) \quad (4)$$

$$L = \underline{N}\underline{r}_{11} = -F(u) \ , \ M = \underline{N}\underline{r}_{12} = 0 \ , \ N = \underline{N}\underline{r}_{22} = -G(v) \quad (5)$$

$$K = -\frac{4}{(uv+1)^2F(u)G(v)} \quad (6)$$

Die Differentialgleichungen der Asymptotenlinien bzw. Krümmungslinien sind

$$F(u)du^2 + G(v)dv^2 = 0 \quad \text{bzw.} \quad F(u)du^2 - G(v)dv^2 = 0 \quad (7)$$

Wann ist nun eine Minimalfläche reell?
Zunächst muß $\underline{N}$ reell sein. Sind $\bar{u}$ und $\bar{v}$ die zu u und v konjugierten Größen, so müssen $(u+v)(\bar{u}\bar{v}+1)$, $-i(u-v)(\bar{u}\bar{v}+1)$, $(uv-1)(\bar{u}\bar{v}+1)$ reell sein, d.h. die Gleichungen

$$(u+v)(\bar{u}\bar{v}+1) = (\bar{u}+\bar{v})(uv+1) \ ,$$
$$-i(u-v)(\bar{u}\bar{v}+1) = i(\bar{u}-\bar{v})(uv+1),$$
$$(uv-1)(\bar{u}\bar{v}+1) = (\bar{u}\bar{v}-1)(uv+1)$$

gelten. Daraus folgt

$$(u\bar{u}-1)v = (v\bar{v}-1)\bar{u} \quad , \quad (u\bar{u}-1)\bar{v} = (v\bar{v}-1)u$$

$$\frac{v}{\bar{v}} = \frac{\bar{u}}{u}$$

Mit den zwei ersten Gleichungen ist also auch die dritte erfüllt. Die dritte liefert $v = \varrho\bar{u}$, $\bar{v} = \varrho u$. Da aber $\bar{v} = \bar{\varrho}u$ sein muß, so ist also $\bar{\varrho} = \varrho$, d.h. reell. Damit wird die 1. Gleichung $\varrho(u\bar{u}-1)\bar{u} = (\varrho^2u\bar{u}-1)\bar{u}$, oder $(\varrho-1)(\varrho u\bar{u}+1) = 0$, d.h. $\varrho = 1$, $v = \bar{u}$.
u und v müssen also konjugiert imaginär sein. Wir ersetzen
u durch $u + vi$, v durch $u - vi$

wo u und v reell sind. Seien dann ferner

$$F(u) \rightarrow F(u+vi) = A(u,v) + iB(u,v)$$
$$G(v) \rightarrow G(u-vi) = C(u,v) - iD(u,v)$$

in ihre reellen und imaginären Bestandteile aufgelöst. Dann ist die 3. Koordinate z von $\underline{r}$

$$z = \int (u + vi)(A + Bi)(du + idv) + \int (u - vi)(C - iD)(du - idv)$$

Der imaginäre Teil des Integranden ist

$$(Av + Bu - Cv - Du)du + (Au - Bv - Cu + Dv)dv$$

Soll er verschwinden, so muß

$$\left\{\begin{matrix} (A - C)v + (B - D)u = 0 \\ (A - C)u - (B - D)v = 0 \end{matrix}\right\}$$

sein, d.h. C = A, D = B. Also müssen auch F und G konjugiert sein. Bedeutet R jetzt vorübergehend, daß von dem nachfolgenden Ausdruck nur der reelle Teil genommen werden soll, so hat man den Satz von Weierstrass. Jede reelle Minimalfläche (mit Ausnahme der Ebene) ist von der Gestalt

$$\underline{r} = \left(R\int \frac{1}{2}(1 - w^2)F(w)dw\ ,\ R\frac{i}{2}\int (1 + w^2)F(w)dw\ ,\ R\int wF(w)dw\right)$$

wo F(w) eine beliebige Funktion von w = u + vi, $\bar{w}$ zu w konjugiert und u, v die reellen Parameter sind. Da dann

$$ds^2 = \frac{1}{2}(w\bar{w} + 1)^2 F(w)G(\bar{w})dwd\bar{w}$$
$$= \frac{1}{2}(u^2 + v^2 + 1)\ F(u + vi)F(u - iv)(du^2 + dv^2)$$

ist, so sind u und v isometrische Parameter.

119. Aufgaben. 1. $F = -\frac{ic}{w^2}$, gibt, wenn man bei z noch die Konstante $\frac{c}{2}\pi$ addiert,

$$\underline{r} = \left(\frac{c}{2}\,\frac{v(1 - u^2 - v^2)}{u^2 + v^2}\ ,\ \frac{c}{2}\,\frac{u(u^2 + v^2 - 1)}{u^2 + v^2}\ ,\ - c \arctan \frac{u}{v}\right)$$

Setzt man

$$\frac{2u}{u^2 + v^2 - 1} = \frac{c \sin \breve{v}}{\breve{u}}\ ,\qquad \frac{2v}{1 - u^2 - v^2} = \frac{c \cos \breve{v}}{\breve{u}}$$

so kommt die Wendelfläche $\underline{r} = (\bar{u} \cos \bar{v},\ \bar{u} \sin \bar{v},\ c\bar{v})$ (vgl. Nr. 93, 3, in Nr. 97, 1)

2. $F = -\frac{c}{w^2}$ gibt mit $u = e^{-u+iv}$ das Katenoid

$$\underline{r} = (c \operatorname{ch} u \cos v,\ c \operatorname{ch} u \sin v,\ cu)$$

die Drehfläche der Kurve $x = c \operatorname{ch} \frac{z}{u}$

3. $F = \frac{2}{1 - u^4}$ gibt

$$\underline{r} = \left(R \arctan(u + iv),\ R \arctan(iu - v),\ R\,\frac{1}{2}\ln\frac{1 + (u + iv)^2}{1 - (u + iv)^2}\right)$$

$$= \left(\arctan\frac{2u}{1 - u^2 - v^2},\ \arctan\frac{-2v}{1 - u^2 - v^2},\ \frac{1}{2}\ln\frac{(1 - u^2 - v^2)^2 + 4u^2}{(1 - u^2 - v^2)^2 + 4v^2}\right)$$

oder

$$z = \frac{1}{2}\ln\frac{1 + \tan^2 x}{1 + \tan^2 y} = \ln\frac{\cos y}{\cos x}\ ,$$ die sogenannte

Scherk'sche Minimalfläche [1]. Sie ist die einzige Minimalfläche von der Form $z = f(x) + g(y)$, also nicht nur eine imaginäre, sondern zugleich eine reelle Schiebfläche.

4. Die einfachste (reelle) algebraische Minimalfläche ist die sogenannte Ennepersche Fläche $\underline{r} = (3u(1 + v^2) - u^3, 3v(1 + u^2) - v^3, 3(u^2 - v^2))$ (Vgl. Nr. 97, 3a). Sie ist von der 9. Ordnung. Die Geraden $x \pm y = 0$, $z = 0$ liegen auf ihr und sind Symmetrieachsen. Die Parameterkurven sind Krümmungslinien, sie sind rationale ebene Kurven in den Ebenen

$$x + uz - 3u - 2u^3 = 0 \quad \text{und} \quad -y + vz + 3v + 2v^3 = 0$$

Die Asymptotenlinien haben die Gleichungen $u \pm v = \text{const}$ und sind Raumkurven 3. Ordnung. Verbindet man irgend einen Punkt u der Parabel $\underline{r} = (4u, 0, 2u^2 - 1)$ mit irgend einem Punkt v der Parabel $\underline{r} = (0, 4v, -2v^2 + 1)$ und errichtet auf der Verbindungsstrecke die Mittellotebene, so umhüllen diese Ebenen die Fläche.

5. Untersuche die Minimalfläche $\sin z = \operatorname{sh} x \operatorname{sh} y$.

6. Beweise: Die Wendelfläche ist die einzige Minimalregelfläche.

7. $F = 1 - \frac{1}{w^4}$ gib die Hennebergsche Minimalfläche

$$\begin{cases} x = u\left(1 - \frac{1}{u^2 + v^2}\right)\left[1 - \frac{1}{3}(u^2 - 3v^2)\left\{1 + \frac{1}{u^2 + v^2} + \frac{1}{(u^2 + v^2)^2}\right\}\right] \\ y = -v\left(1 - \frac{1}{u^2 + v^2}\right)\left[1 - \frac{1}{3}(v^2 - 3u^2)\left\{1 + \frac{1}{u^2 + v^2} + \frac{1}{(u^2 + v^2)^2}\right\}\right] \\ z = (u^2 - v^2)\left(1 - \frac{1}{(u^2 + v^2)^2}\right) \end{cases}$$

Sie ist eine einseitige Fläche.

---

1) Diskussion bei G. Scheffers, Einführung in die Theorie der Flächen, Leipzig 1922, S. 322 und 323.

120. Böschungsfläche heißt eine abwickelbar Fläche, deren Berührebenen mit einer festen Ebene einen konstanten Winkel bilden. Die feste Ebene sei die xy-Ebene, γ sei der feste Winkel. Wir sehen von dem Fall ab, daß die Berührebenen durch einen Punkt gehen, die Fläche also ein Kegel ist, können die Gleichung einer Berührebene, also in der Form

$$ux + vy + wz = 1 \tag{1}$$

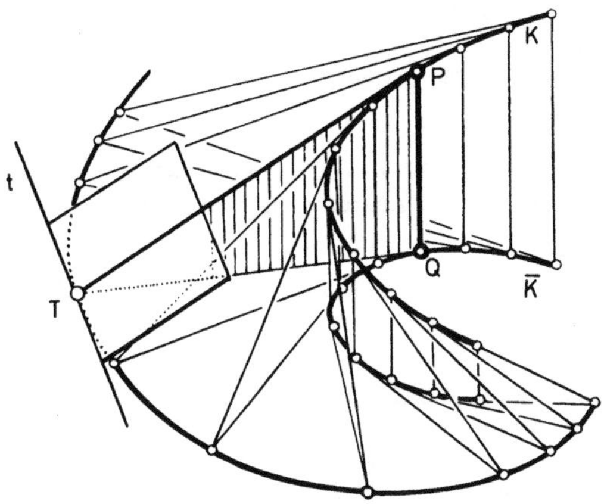

Bild 50

annehmen. u v w sind proportional zu den Richtungskosinussen des Ursprungslotes der Ebene und es ist

$$\cos^2\gamma = \frac{w^2}{u^2 + v^2 + w^2}\,, \quad (u^2 + v^2)\cot^2\gamma = w^2 \tag{2}$$

Setzt man

$$u = \frac{\cos\varphi}{p}\,, \qquad v = \frac{\sin\varphi}{p}\,, \tag{3}$$

so kommt

$$w = \frac{\cot\gamma}{p} \tag{4}$$

und aus (1) wird

$$x\cos\varphi + y\sin\varphi + z\cot\gamma = p\,, \tag{5}$$

wo p nun eine Funktion von φ sein muß. Die Erzeugende g der Böschungsfläche ist durch (5) und ihre Ableitungsgleichung

$$-x\sin\varphi + y\cos\varphi = \frac{dp}{d\varphi} \tag{6}$$

bestimmt. (6) stellt eine horizontalprojizierende (hpr) Ebene senkrecht zur Ebene (5) dar, ist also die hpr-Ebene von g. Die Ebenen (5) schneiden die xy-Ebene in den Tangenten t einer Kurve C, und die Tangenten t stehen ebenfalls senkrecht auf den Ebenen (6). Diese schneiden also die xy-Ebene in den Normalen n der Kurve C. Diese umhüllen die Evolute $\bar{K}$ von C; die Erzeugenden g umhüllen die Gratlinie oder Rückkehrkante K der Böschungsfläche, also ist die Evolute von C die Projektion der Gratlinie C auf z = 0. Man erkennt überdies, daß K eine Schraubenlinie des Zylinders ist, dessen senkrechter Querschnitt die Evolute $\bar{K}$ von C ist. Denn ihre Tangenten bilden mit z = 0 den konstanten $\sphericalangle\gamma$. Also gilt der

Satz Die Böschungsflächen sind die Tangentenflächen der allgemeinen Schraubenlinien.

121. Die Böschungsfläche hat die Gleichungen (5), (6), ihre Gratlinie außer (5) und (6) noch die 2. Ableitungsgleichung

$$x \cos\varphi + y \sin\varphi = -\frac{d^2p}{d\varphi^2} \tag{7}$$

von (5), also die Parameterdarstellung

$$x = -\frac{dp}{d\varphi}\sin\varphi - \frac{d^2p}{d\varphi^2}\cos\varphi \ , \quad y = \frac{dp}{d\varphi}\cos\varphi - \frac{d^2p}{d\varphi^2}\sin\varphi \ , \quad z = \tan\gamma\left(p + \frac{d^2p}{d\varphi^2}\right) \tag{8}$$

(Bild 51 a, b, c)

1. Beispiel Die Kurve K sei die Ellipse

$$x = a\cos\psi \quad , \quad y = b\sin\psi \tag{9}$$

Ihre Tangente hat die Gleichung

$$\frac{x}{a}\cos\psi + \frac{y}{b}\sin\psi = 1 \quad , \tag{10}$$

also ist

$$\frac{\cos\psi}{a} = \frac{\cos\varphi}{p} \ , \quad \frac{\sin\psi}{b} = \frac{\sin\varphi}{p} \tag{11}$$

$$p = \sqrt{a^2\cos^2\varphi + b^2\sin^2\varphi} \ , \quad \cos\psi = \frac{a\cos\varphi}{p} \ , \quad \sin\psi = \frac{b\sin\varphi}{p} \tag{11}$$

und (5) wird zu

$$x\cos\varphi + y\sin\varphi + z\cot\gamma = \sqrt{a^2\cos^2\varphi + b^2\sin^2\varphi} \tag{12}$$

Nun wird

$$-x\sin\varphi + y\cos\varphi = -\frac{(a^2 - b^2)\sin\varphi\cos\varphi}{\sqrt{a^2\cos^2\varphi + b^2\sin^2\varphi}} \tag{13}$$

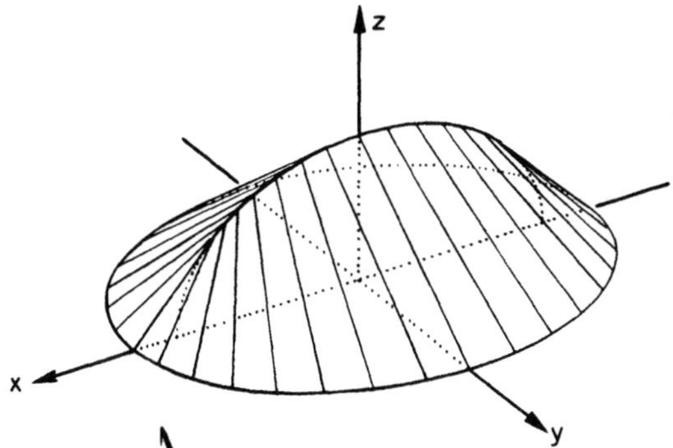

Bild 51 a

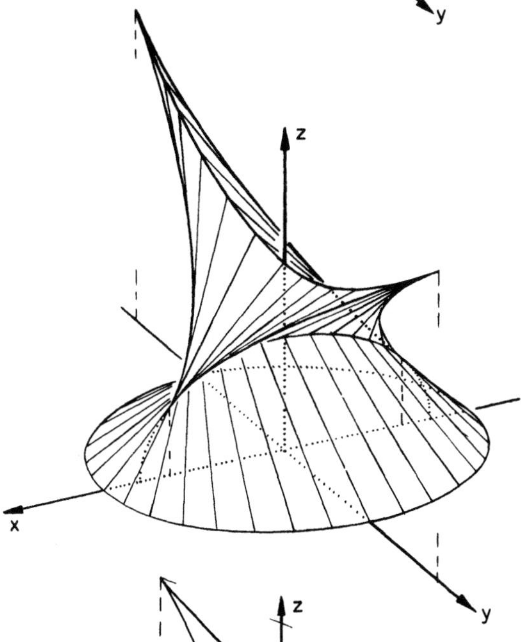

Bild 51 b

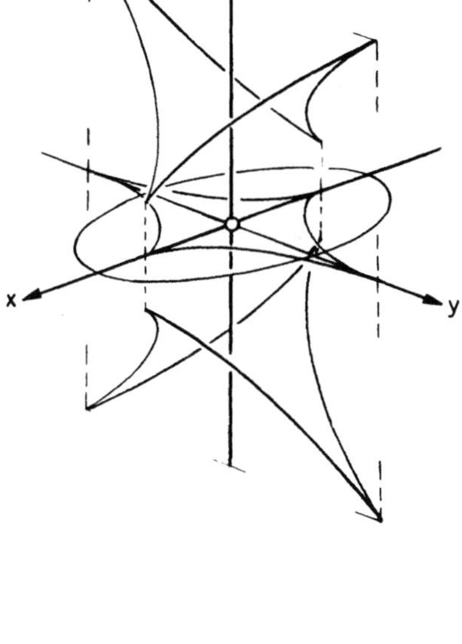

Bild 51 c

wobei die Quadratwurzel rechts zwei Vorzeichen haben kann (wie γ) (12) und (13) sind die Parametergleichungen der Böschungsfläche. Sie ist symmetrisch zu den 3 Koordinatenebenen und schneidet diese in drei Kegelschnitten als Doppelkurven, nämlich $z = 0$ in der gegebenen Ellipse, $x = 0$ in der Hyperbel

$$\frac{z^2}{a^2\tan^2\gamma} - \frac{y^2}{a^2 - b^2} = 1 \qquad (14)$$

und $y = 0$ in der Ellipse

$$\frac{x^2}{a^2 - b^2} + \frac{z^2}{b^2\tan^2\gamma} = 1 \qquad (15)$$

Die Gratlinie ist wegen

$$\frac{d^2p}{d\varphi^2} = -\frac{(a^2 - b^2)(a^2\cos^4\varphi - b^2\sin^4\varphi)}{(a^2\cos^2\varphi + b^2\sin^2\varphi)^{3/2}} \qquad (16)$$

$$x = \frac{a^2(a^2 - b^2)\cos^3\varphi}{(a^2\cos^2\varphi + b^2\sin^2\varphi)^{3/2}}, \quad y = -\frac{b^2(a^2 - b^2)\sin^3\varphi}{(a^2\cos^2\varphi + b^2\sin^2\varphi)^{3/2}}$$

$$z = \frac{a^2b^2\tan\gamma}{(a^2\cos^2\varphi + b^2\sin^2\varphi)^{3/2}} \qquad (17)$$

Ihre Horizontalprojektion ist die "elliptische" Astroide (KB Nr. 216)

$$a^{2/3}x^{2/3} + b^{2/3}y^{2/3} = (a^2 - b^2)^{2/3} \quad , \qquad (18)$$

ihre Vertikalprojektion die "elliptische" Astroide

$$(a^2 - b^2)^{1/3}\tan^{2/3}\gamma\, x^{2/3} + b^{2/3}z^{2/3} = a^{4/3}\tan^{2/3}\gamma \quad , \qquad (19)$$

ihre Seitenprojektion die "hyperbolische" Astroide

$$a^{2/3}z^{2/3} - (a^2 - b^2)^{1/3}\tan^{2/3}\gamma\, y^{2/3} = b^{4/3}\tan^{2/3}\gamma \quad , \qquad (20)$$

(Vgl. Bild 51 c)
(18) ist die Evolute der gegebenen Ellipse. Die Kurven (19) und (20) sind affin zu den Evoluten der zwei Doppelkegelschnitte (15) und (18).

2. Beispiel Die Kurve K sei die Parabel

$$y^2 = 2qx \qquad (21)$$

(Bild 52). Ihre Tangente hat die Gleichung

$$x\cos\varphi + y\sin\varphi = -\frac{q\sin^2\varphi}{2\cos\varphi} \qquad (22)$$

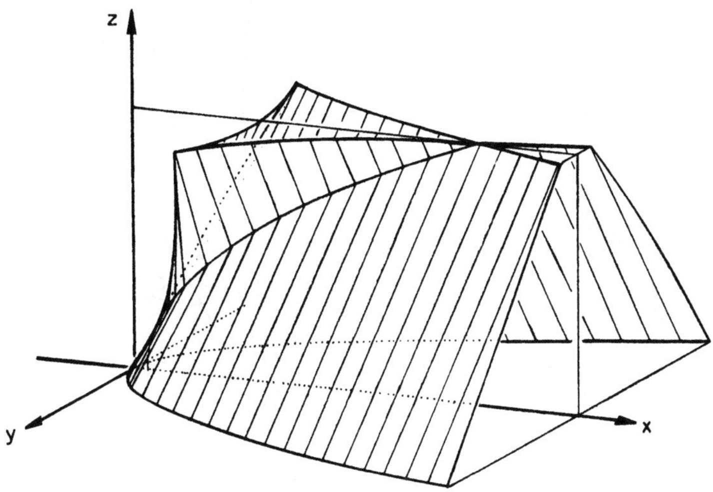

Bild 52

Die Gleichungen der Böschungsfläche sind

$$\left\{\begin{aligned} x\cos\varphi + y\sin\varphi - z\cot\gamma^{\;1)} &= -\frac{q}{2}\frac{\sin^2\varphi}{\cos\varphi} \\ -x\sin\varphi + y\cos\varphi &= -\frac{q}{2}\frac{\sin\varphi(1+\cos^2\varphi)}{\cos^2\varphi} \end{aligned}\right\} \qquad (23)$$

oder

$$x = \frac{q}{2}\tan^2\varphi + z\cot\gamma\cos\varphi\ , \quad y = -q\tan\varphi + z\cot\gamma\sin\varphi \qquad (24)$$

Die Gleichungen der Gratlinie werden

$$x = q\,\frac{2+\sin^2\varphi}{2\cos^2\varphi}\ , \quad y = q\tan^3\varphi\ , \quad z = \frac{q\tan\gamma}{\cos^3\varphi} \qquad (25)$$

oder

$$qy^2 = \left(\frac{2(x-q)}{3}\right)^3 \qquad (26)$$

Evolute der Parabel (21) und

$$z^{2/3}\cot^{2/3}\gamma - y^{2/3} = q^{2/3} \qquad (27)$$

Doppelparabel ist außer (21) noch

$$z^2 = 2\,q\tan^2\gamma\left(x - \frac{q}{2}\right) \qquad (28)$$

---

1) Um mit Bild 52 in Übereinstimmung zu kommen, müssen wir γ durch $\pi - \gamma$ ersetzen. In dem Bild ist dann $q = 1$, $\cot\gamma = \frac{1}{2}$.

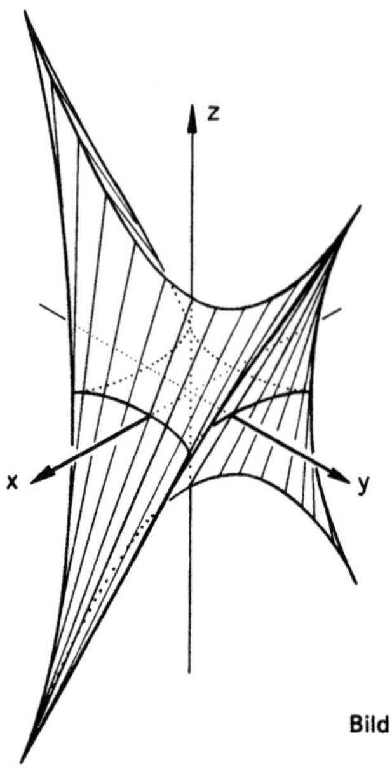

Bild 53 a

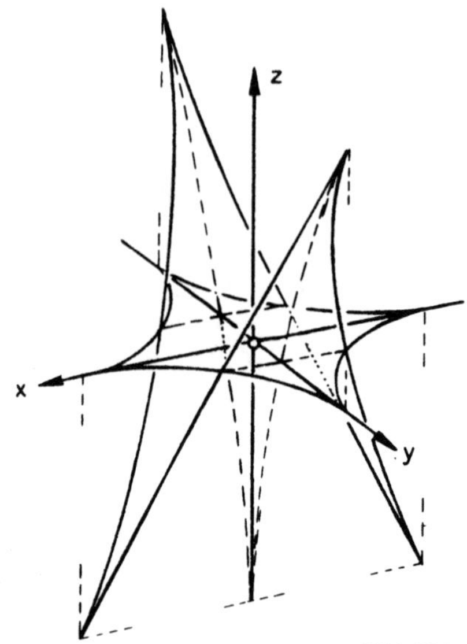

Bild 53 b

3. <u>Beispiel</u> Die Astroide

$$x = a\cos^3\varphi \quad , \quad y = a\sin^3\varphi \tag{29}$$

(Bild 53) hat die Böschungsfläche

$$\begin{aligned} x\cos\varphi + y\sin\varphi - z\cot\gamma\ {}^{1)} &= a\sin\varphi\cos\varphi , \\ -x\sin\varphi + y\cos\varphi &= a\cos^2\varphi - a\sin^2\varphi \end{aligned} \tag{30}$$

oder

$$x = a\sin^3\varphi + z\cot\varphi\cos\varphi \quad , \quad y = a\cos^3\varphi + z\cot\gamma\sin\varphi \tag{31}$$

Die Gleichungen der Gratlinie werden mit $\varphi \to \varphi + \frac{\pi}{4}$

$$\frac{x+y}{\sqrt{2}} = 2a\cos^3\varphi \quad , \quad \frac{x-y}{\sqrt{2}} = 2a\sin^2\varphi , \quad z = \frac{3a}{2}\tan\gamma\cos 2\varphi \tag{32}$$

Die Doppelkurven sind außer (29) noch

$$\begin{aligned} x &= -a\frac{\cos 2\varphi}{\sin\varphi} \quad , \quad z\cot\gamma = -\frac{a\cos^3\varphi}{\sin\varphi} \\ y &= a\frac{\cos 2\varphi}{\cos\varphi} \quad , \quad z\cot\gamma = -\frac{a\sin^3\varphi}{\cos\varphi} \end{aligned} \tag{33}$$

---

1) Siehe <u>Anmerkung</u> Seite 195 .

Aufgaben Ermittle die Böschungsflächen für

1. $q^2 y = x^3$
2. $q y^2 = x^3$
3. $y = a \operatorname{ch} \frac{x}{a}$ (Kettenlinie KB Nr. 275).

122. Man kann vorschreiben, daß die Böschungsfläche eine gegebene Ebene berühren soll. Man hat dann diejenigen Berührebenen der gegebenen Fläche zu suchen, die mit $z = 0$ einen konstanten $\sphericalangle \gamma$ bilden. Wir nehmen den einfachsten Fall der Fläche

$$z = f(x,y) \tag{1}$$

und setzen wie üblich zur Abkürzung

$$\frac{\partial z}{\partial x} = p \quad , \quad \frac{\partial z}{\partial y} = q \quad , \quad \frac{\partial^2 z}{\partial x^2} = r \quad , \quad \frac{\partial^2 z}{\partial x \partial y} = s \quad , \quad \frac{\partial^2 z}{\partial y^2} = t \tag{2}$$

Dann ist

$$\frac{dp}{dx} = r + sy' \quad , \quad \frac{dq}{dx} = s + ty' \tag{3}$$

Der Richtungskosinus einer Berührebene mit $z = 0$ ist

$$\cos\gamma = \frac{1}{\sqrt{1 + p^2 + q^2}} \quad ,$$

woraus

$$p^2 + q^2 = \tan^2\gamma \tag{4}$$

die Bedingungsgleichung zwischen x und y ist, die auf (1) die Berührkurve der Böschungsfläche bestimmt. Die Berührebenen welche diese bestimmt, sind

$$Z - z = p(X - x) + q(Y - y) \tag{5}$$

wo nun y, z, p, q Funktionen von x sind.
Die Böschungsfläche ist nun durch (5) und deren Ableitungsgleichung

$$-p - qy' = (r + sy')(X - x) + (s + ty')(Y - y) - p - qy' \tag{6}$$

d.h.

$$(r + sy')(X - x) + (s + ty')(Y - y) = 0 \tag{7}$$

bestimmt. Aus (4) aber folgt

$$p(r + sy') + q(s + ty') = 0 \tag{8}$$

aus (7) und (8) also

$$q(X - x) - p(Y - y) = 0 \tag{9}$$

(9) ist die horizontalprojizierende Ebene durch $x|y|z$ senkrecht zur Böschungsebene (5). (5) und (9) bestimmen die Böschungsfläche, wobei noch die Gleichungen (1) und (4) bestehen. Aus (5) und (9) folgen mit (4)

$$\tan^2\gamma(X - x) = p(Z - z) \quad , \quad \tan^2\gamma(Y - y) = q(Z - z) \tag{10}$$

als Parametergleichungen der Böschungsfläche.

Um die Gratlinie zu bestimmen, hat man (9) nochmals nach x abzuleiten und bekommt

$$(s + ty')(X - x) - (r + sy')(Y - y) - q + py' = 0 \tag{11}$$

Aus (8) aber folgt

$$y' = -\frac{pr + qs}{ps + qt} \tag{12}$$

und damit

$$s + ty' = -\frac{p(rt - s^2)}{ps + qt} \quad , \quad r + sy' = \frac{q(rt - s^2)}{ps + qt} \tag{13}$$

$$-q + py' = -\frac{p^2r + 2\,pqs + q^2t}{ps + qt} \tag{14}$$

Also kommt aus (11)

$$p(X - x) + q(Y - y) + \frac{rp^2 + 2\,spq + tq^2}{rt - s^2} = 0 \tag{15}$$

Die Gratlinie hat also nach (10), (5) und (15) die Gleichungen

$$\left\{\begin{aligned} X &= x - \cot^2\gamma\, p.\frac{rp^2 + 2\,spq + tq^2}{rt - s^2} \\ Y &= y - \cot^2\gamma\, q.\frac{rp^2 + 2\,spq + tq^2}{rt - s^2} \\ Z &= z - \frac{rp^2 + 2\,spq + tq^2}{rt - s^2} \end{aligned}\right\} \tag{16}$$

wobei noch (1) und (4) gelten

Beispiel Die Fläche sei

$$\frac{x^2}{a^2} + \frac{y^2}{b^2} + \frac{z^2}{c^2} = 1 \tag{17}$$

Die Böschungsfläche wird

$$\left\{\begin{array}{l} \tan^2\gamma(X - x) = -\frac{c^2x}{a^2z}(Z - z) \\ \tan^2\gamma(Y - y) = -\frac{c^2y}{b^2z}(Z - z) \end{array}\right\} \tag{18}$$

Ihr Schnitt mit Z = 0 ist

$$a^2X = (a^2 + c^2\cot^2\gamma)x,, \quad , \quad b^2Y = (b^2 + c^2\cot^2\gamma)\, y \tag{19}$$

Nun ist, da

$$p^2 + q^2 = \frac{c^4}{z^2}\left(\frac{x^2}{a^4} + \frac{y^2}{b^4}\right) = \tan^2\gamma \tag{20}$$

ist und (17) gilt

$$\frac{(a^2 + c^2\cot^2\gamma)x^2}{a^4} + \frac{(b^2 + c^2\cot^2\gamma)y^2}{b^4} = 1 \tag{21}$$

Der Schnitt mit Z = 0

$$\frac{X^2}{a^2 + c^2\cot^2\gamma} + \frac{Y^2}{b^2 + c^2\cot^2\gamma} = 1 \tag{22}$$

ist also eine <u>Ellipse</u>. Für ihre Halbachsenquadrate a'^2 und b'^2 gilt

$$a'^2 - b'^2 = a^2 - b^2 \tag{23}$$

Alle Ellipsen (22) für veränderliches γ sind also <u>konfokal</u>.

<u>Aufgaben</u> 1. Versuche die Gleichung der Böschungsfläche (18) zu bestimmen. (Anl. (18) ist linear in x und y).

2. Bestimme mittels (16) die Gleichungen der Gratlinie, insbesonders ihre Projektion auf die Koordinatenebenen. Diejenige auf z = 0 ist die Evolute von (22).

3. Löse das Problem auch für die anderen Flächen 2. Ordnung.

§ 4. Schraubenlinien und Schraubenflächen, Spiralen und Loxodromen. Nr. 123–133 [1]

(A) Algebraisches

123. **Eine** gemeine Schraubenlinie entsteht durch Schraubung eines Punktes, d.h. seine Drehung um eine Achse im Abstand a von ihr um den $\sphericalangle \varphi$ und seine Schiebung parallel zur Achse um die Strecke $\frac{\varphi h}{2\pi}$. h heißt die Ganghöhe, die der Punkt für $\varphi = 2\pi$ erreicht. Ihren in Nr. 72 (Bild 27a) hergeleiteten Eigenschaften fügen wir noch folgende hinzu:

Ist $a|0|0$ die Anfangslage des Punktes, so hat er nach der Schraubung die Koordinaten

$$x = a\cos\varphi \quad , \quad y = a\sin\varphi \quad , \quad z = \frac{h}{2\pi}\varphi \tag{1}$$

Ist die aber $a\cos\alpha | a\sin\alpha | 0$, so kommt statt (1)

$$x = a\cos(\varphi + \alpha) \quad , \quad y = a\sin(\varphi + \alpha) \quad , \quad z = \frac{h}{2\pi}\varphi \tag{2}$$

Die Projektion der Schraubenlinie (2) auf die yz-Ebene ist also

$$y = a\sin\left(\frac{2\pi z}{h} + \alpha\right) \tag{3}$$

d.h. für beliebiges α stets dieselbe Sinuslinie

Die Zentralprojektion der Schraubenlinie vom Punkt $Z(0|0|-c)$ aus auf die xy-Ebene ergibt sich aus den Gleichungen

$$\frac{x}{a\cos\varphi} = \frac{y}{a\sin\varphi} = \frac{z+c}{\frac{h}{2\pi}\varphi + c} \tag{4}$$

des projizierenden Strahls mit $z = 0$, nämlich

$$x = \frac{ac\cos\varphi}{\frac{h}{2\pi}\varphi + c} \quad , \quad y = \frac{ac\sin\varphi}{\frac{h}{2\pi}\varphi + c} \tag{5}$$

---

1) Auf die geometrische Konstruktion der Schraubenlinien und -flächen, d.h. die Entstehung der Bilder 54 a,b,...,m können wir nicht eingehen. Wir verweisen auf

G. Scheffers, Lehrbuch der Darstellenden Geometrie, 2. Bd., Berlin 1920, S. 320 ff und S 348 ff.

K. Rohn und E. Papperitz, Lehrbuch der Darstellenden Geometrie, 1. Bd., Leipzig 1906, S. 379 ff.

K. Strubecker, Vorlesungen über Darstellende Geometrie, Göttingen 1958, S. 251 ff.

oder in den Polarkoordinaten $x = r\cos\varphi$, $y = r\sin\varphi$

$$r = \frac{2\pi ac}{h}\cdot\frac{1}{\varphi + \frac{2\pi c}{h}} \qquad \text{oder mit} \qquad \frac{2\pi ac}{h} = 1,\ \varphi + \frac{c}{h} \to \varphi \tag{6}$$

$$r\varphi = 1 \tag{7}$$

Die Zentralprojektion ist also eine <u>hyperbolische Spirale</u> (KB Nr. 277) Die Parallelprojektion der Schraubenlinie parallel zur Richtung $\cos\alpha \mid \cos\beta \mid \cos\gamma$ auf die xy-Ebene ergibt sich aus den Gleichungen

$$\frac{x - a\cos\varphi}{\cos\alpha} = \frac{y - a\sin\varphi}{\cos\beta} = \frac{z - \frac{h\varphi}{2\pi}}{\cos\gamma} \tag{8}$$

mit $z = 0$ nämlich

$$x = a\cos\varphi - \frac{h\cos\alpha}{2\pi\cos\gamma}\varphi \quad , \quad y = a\sin\varphi - \frac{h\cos\beta}{2\pi\cos\gamma}\varphi \tag{9}$$

Durch eine Drehung der Kurve um den $\sphericalangle\psi$ und eine Schiebung um einen Vektor mit den Komponenten p und q geht (9) über in

$$\begin{aligned} x &= a\cos(\varphi+\psi) - h\,\frac{\cos\alpha\cos\psi - \cos\beta\sin\psi}{2\pi\cos\gamma}\varphi + c \\ y &= a\sin(\varphi+\psi) - h\,\frac{\cos\beta\cos\psi + \cos\alpha\sin\psi}{2\pi\cos\gamma}\varphi + d \end{aligned} \tag{10}$$

Wählt man ψ so, daß

$$\cos\beta\cos\psi + \cos\alpha\sin\psi = 0 \quad , \tag{11}$$

$$\operatorname{tg}\psi = -\frac{\cos\beta}{\cos\alpha}, \quad \sin\psi = -\frac{\cos\beta}{\sin\gamma}, \quad \cos\psi = +\frac{\cos\alpha}{\sin\gamma} \tag{12}$$

so kommt

$$x = a\cos(\varphi+\psi) + \frac{h\varphi}{2\pi}\tan\gamma + c \quad , \quad y = a\sin(\varphi+\psi) + d \tag{13}$$

Führt man mittels $\varphi + \psi = \frac{3\pi}{2} - \varphi'$ den neuen Parameter φ' ein und wählt c und d geeignet, so kommt

$$x = \frac{h\tan\gamma}{2\pi}\varphi' - a\sin\varphi' \quad , \quad y = \frac{h\tan\gamma}{2\pi} - a\cos\varphi' \tag{14}$$

Der Vergleich mit Gleichung (9_1) der Nr. 283 des Kb zeigt, daß unsere Kurve eine

$$\left\{\begin{matrix}\text{gestreckte}\\ \text{gemeine}\\ \text{verschlungene}\end{matrix}\right\}$$ <u>Zykloide</u> darstellt, je nachdem

$$\tan\gamma \gtreqless \frac{2\pi a}{h} \tag{15}$$

ist. Die Parametergleichungen der Tangente der Schraubenlinie sind

$$x = a(\cos\varphi - \sigma\sin\varphi), \quad y = a(\sin\varphi + \sigma\cos\varphi), \quad z = \frac{h}{2\pi}(\varphi + \sigma) \qquad (16)$$

Sie stellen bei veränderlichen φ und σ die abwickelbare Tangentenfläche der Schraubenlinie oder abwickelbare Schraubenfläche dar. Sie trifft die xy-Ebene in der Kurve

$$x = a(\cos\varphi + \varphi\sin\varphi), \quad y = a(\sin\varphi - \varphi\cos\varphi), \qquad (17)$$

die nach KB 284 eine Kreisevolvente ist (Geometrischer Beweis?)

124. Schraubenflächen. Führt statt eines Punktes eine Kurve C

$$x = f(t), \quad y = g(t), \quad z = k(t) \qquad (1)$$

eine Schraubung um die z-Achse aus, so entsteht die allgemeine Schraubenfläche. Ist $x_0 | y_0 | z_0$ ein beliebiger Punkt von C, so geht er durch die Schraubung (φ, h) in den Punkt

$$x = x_0\cos\varphi - y_0\sin\varphi, \quad y = x_0\sin\varphi + y_0\cos\varphi, \quad z = z_0 + \frac{h}{2\pi}\varphi \qquad (2)$$

über, also ist

$$x = f(t)\cos\varphi - g(t)\sin\varphi, \quad y = f(t)\sin\varphi + g(t)\cos\varphi, \qquad (3)$$

$$z = k(t) + \frac{h}{2\pi}\varphi \qquad (3)$$

die Gleichung der Schraubenfläche.
Als Meridian bezeichnet man den Schnitt der Fläche mit der Ebene y = 0. Für ihn folgt

$$\tan\varphi = -\frac{g(t)}{f(t)}, \quad \sin\varphi = -\frac{g(t)}{\sqrt{f^2(t) + g^2(t)}}, \quad \cos\varphi = \frac{f(t)}{\sqrt{f^2(t) + g^2(t)}} \qquad (4)$$

$$x = \sqrt{f^2(t) + g^2(t)}, \quad y = 0, \quad z = kt - \frac{h}{2\pi}\arctan\frac{g(t)}{f(t)} \qquad (5)$$

125. Ist die Kurve (1) eine Gerade, so erhält man eine Schraubenregelfläche. (Bild 54a) Bildet die Gerade mit der Achse den $\measuredangle(\frac{\pi}{2} - \alpha)$ und ist a ihr kürzester Abstand von der Achse, so sind ihre Gleichungen

$$x = \sigma\cos\alpha, \quad y = -a, \quad z = \sigma\sin\alpha \qquad (6)$$

und

$$x = \sigma\cos\alpha\cos\varphi + a\sin\varphi \quad ,$$
$$y = \sigma\cos\alpha\sin\varphi - a\cos\varphi \quad , \qquad (7)$$
$$z = \sigma\sin\alpha + \frac{h}{2\pi}\varphi \quad ,$$

die Flächengleichungen. Der Meridian ist

$$x = \frac{a}{\sin\varphi} \quad , \quad z = a\tan\alpha\cot\varphi + \frac{h}{2\pi}\varphi \qquad (8)$$

Die Bilder 54 e bis m stellen verschiedene Arten der Schraubenflächen dar, die der Leser in der oben angegebenen Literatur erläutert findet.

Man hat verschiedene besondere Fälle:
(a.) Wählt man

$$\tan\alpha = \frac{h}{2\pi a} \quad , \qquad (9)$$

so hat man die abwickelbare Schraubenfläche (Bild 54 b und c) (16) der Nr. 123. Dabei hat man σ durch $\frac{\sigma}{\sin\alpha}\frac{h}{2\pi}$ und φ durch $\frac{\pi}{2}+\varphi$ zu ersetzen.
(b.) Trifft die Gerade die z-Achse, so sind

$$x = \sigma\cos\alpha \quad , \quad y = 0 \quad , \quad z = \sigma\sin\alpha \qquad (10)$$

ihre Gleichungen und

$$x = \sigma\cos\alpha\cos\varphi \quad , \quad y = \sigma\cos\alpha\sin\varphi \quad , \quad z = \sigma\sin\alpha + \frac{h}{2\pi}\varphi \qquad (11)$$

die Flächengleichung der Korkzieherfläche oder schiefen oder scharfgängigen Schraubenfläche.
Ihr Meridian ist die z-Achse, ihr Schnitt mit $z = 0$ in Polarkoordinaten

$$r = -\frac{h}{2\pi}\cot\alpha \cdot \varphi \quad , \qquad (12)$$

also eine Archimedische Spirale (KB Nr. 276).
(c.) Trifft die Gerade die z-Achse unter $\frac{\pi}{2}$, so ist $\alpha = 0$, und sind

$$y = 0 \quad , \quad z = 0 \qquad (13)$$

ihre Gleichungen,

$$x = \sigma\cos\varphi \quad , \quad y = \sigma\sin\varphi \quad , \quad z = \frac{h}{2\pi}\varphi \qquad (14)$$

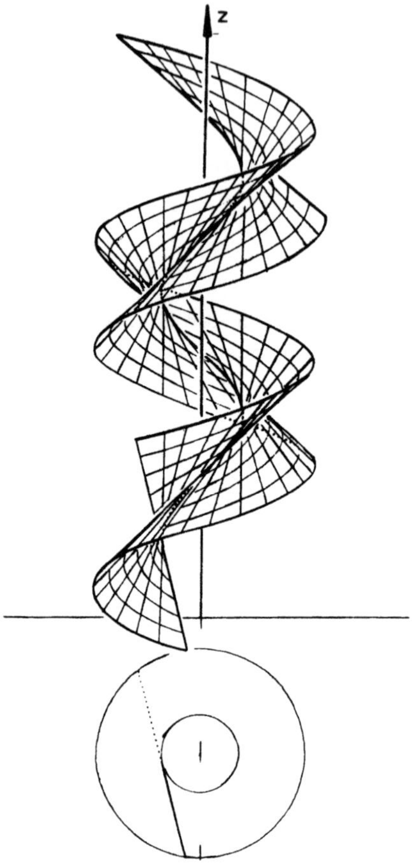

Bild 54 a

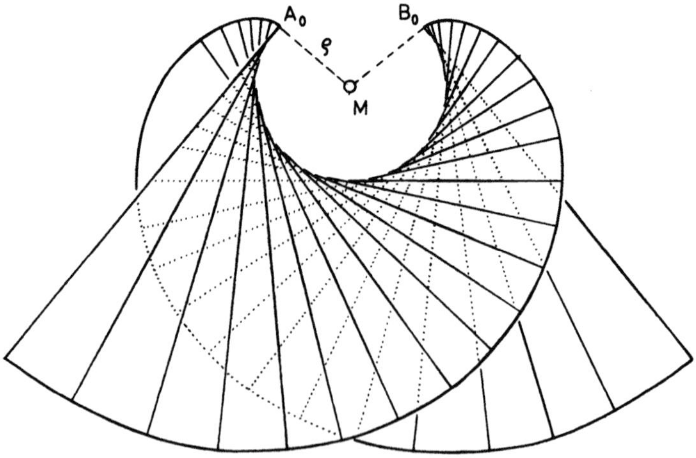

Bild 54 b

125

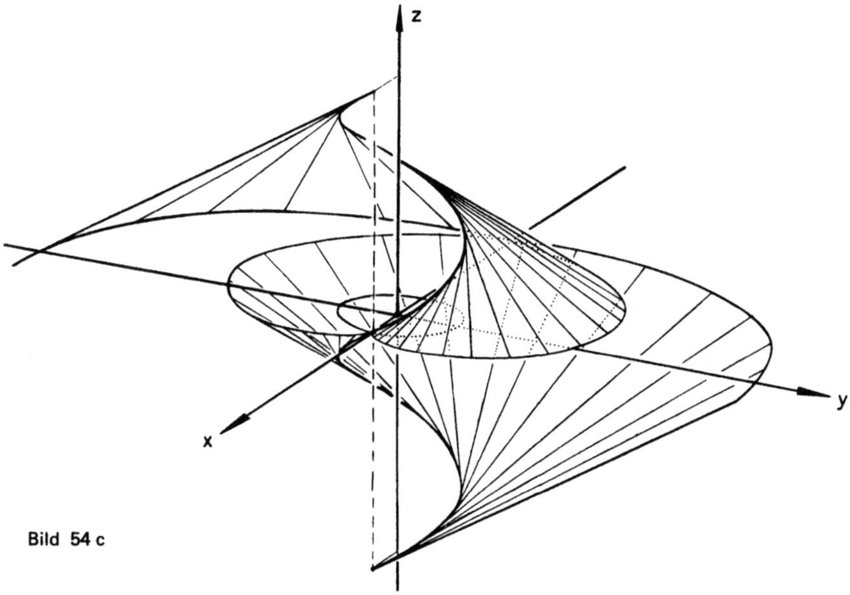

Bild 54 c

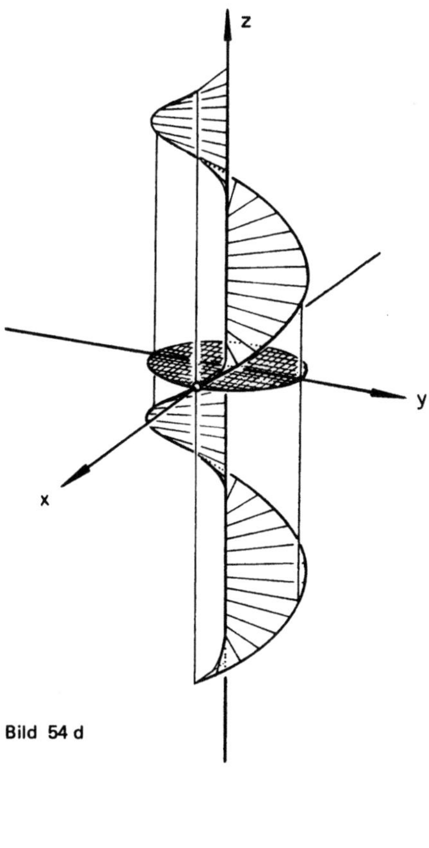

Bild 54 d

Bild 54 e

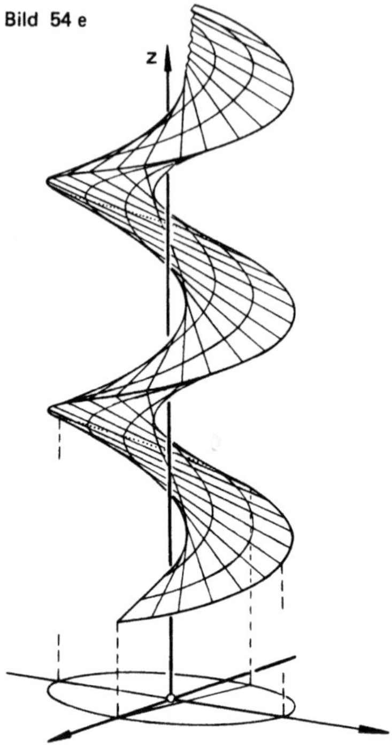

Bild 54 g

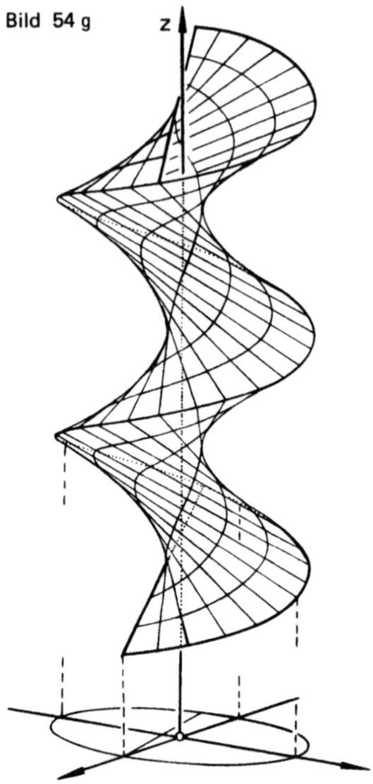

Bild 54 f

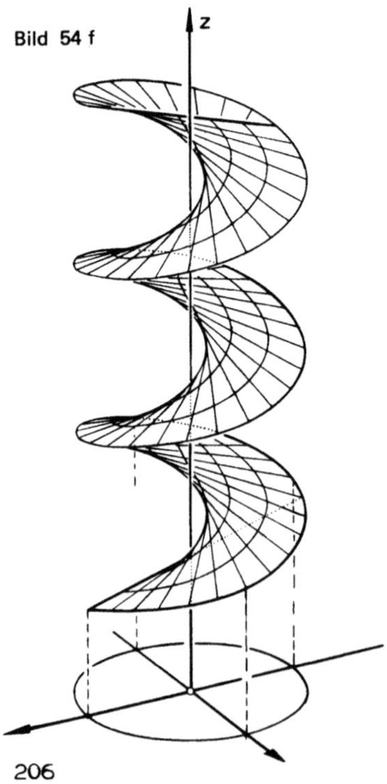

Bild 54 h

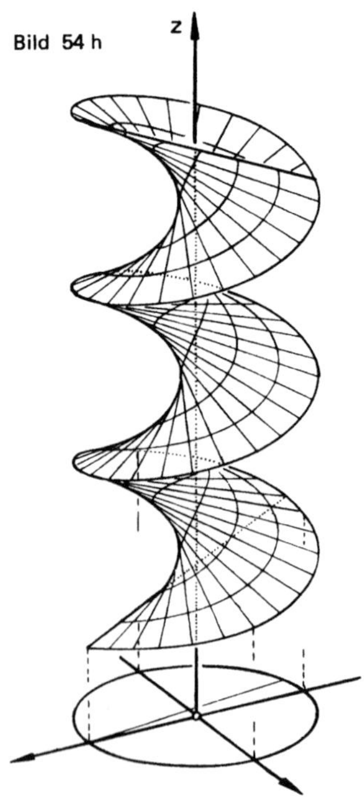

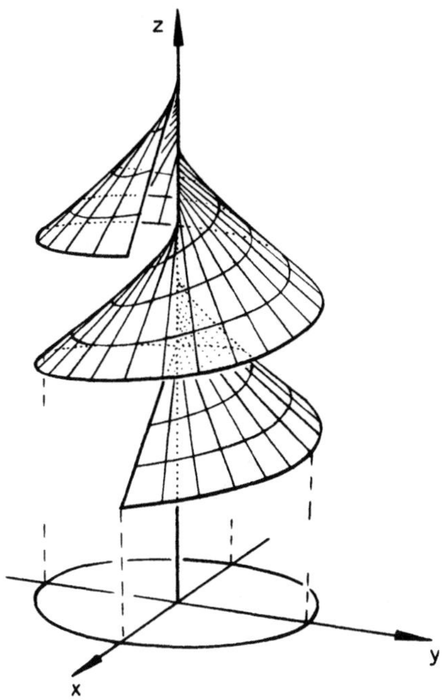

Bild 54 i

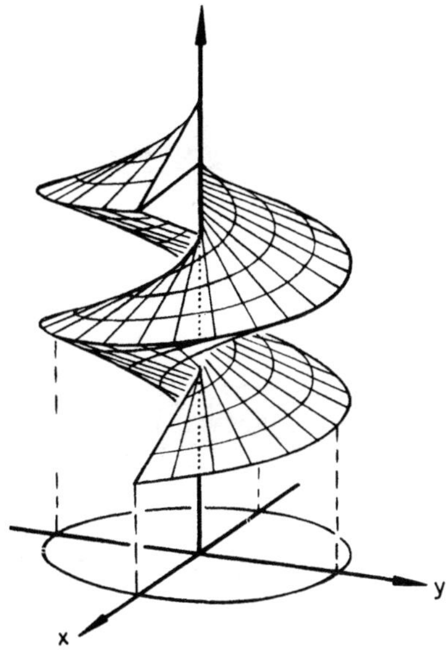

Bild 54 k

Die Gleichungen der Wendelfläche (Bild 54d bis m) oder geraden oder flachgängigen Schraubenflächen oder Minimalschraubenfläche (Vgl. Nr. 93, 3 Nr. 97, 1. und besonders Nr. 119, 1). Eine Ebene $y = mz$ durch die x-Achse trifft die Fläche in einer Kurve, deren Horizontalprojektion die Polargleichung

$$r = \frac{mh}{2\pi} \frac{\varphi}{\sin\varphi} \qquad (15)$$

hat, also eine Quadratrix ist. (KB Nr. 272).

126. Ist der Hauptmeridian ein Kreis

$$x = a + l\cos t \quad , \quad y = 0 \quad , \quad z = l\sin t \qquad (16)$$

so entsteht die 1. Kreisschraubenfläche

$$x = (a+l\cos t)\cos\varphi \ , \quad y = (a+l\cos t)\sin\varphi \ , \quad z = l\sin t + \frac{h}{2\pi}\varphi \ (17)$$

Der Schnitt mit der xy-Ebene ist in Polarkoordinaten

$$r = a \pm \sqrt{l^2 - \frac{h^2}{4\pi^2}\varphi^2} \qquad (18)$$

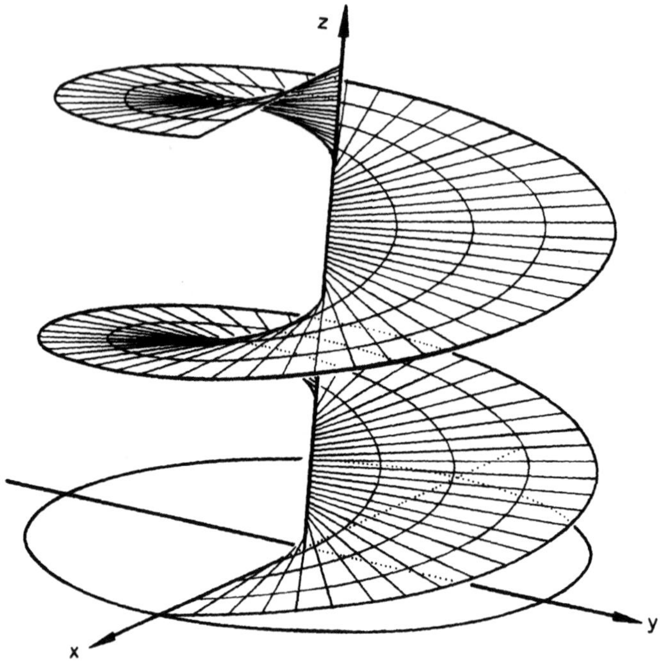

Bild 54 l

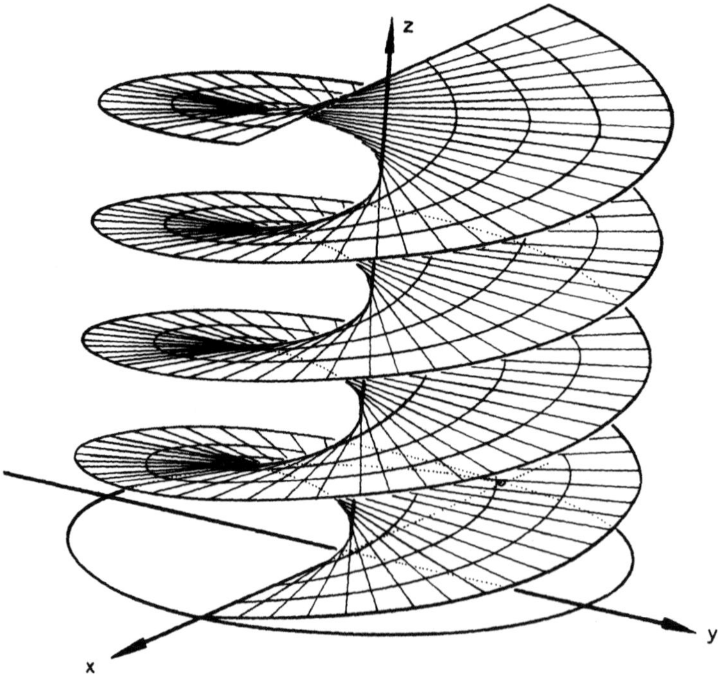

Bild 54 m

Ist die ergänzende Kurve der Kreis

$$x = a + l\cos t \quad , \quad y = l\sin t \quad , \quad z = 0 \qquad (19)$$

so entsteht die 2. Kreisschraubenfläche, wenn man statt $\varphi + t$ den neuen Parameter ψ einführt

$$x = a\cos\varphi + l\cos\psi \quad , \quad y = a\sin\varphi + l\sin\psi \quad , \quad z = \frac{h}{2\pi}\varphi \qquad (20)$$

Der Meridian ist

$$x = a\cos\varphi \pm \sqrt{l^2 - a^2\sin^2\varphi} \quad , \quad z = \frac{h}{2\pi}\varphi \qquad (21)$$

Für l = a wird (21) die Cosinuslinie

$$x = 2a\cos\frac{2\pi z}{h} \qquad (22)$$

127. Die Schraubenröhrenfläche ist die Hüllfläche einer Kugel mit konstantem Radius l, deren Mittelpunkt eine Schraubenlinie beschreibt. Die Kugelgleichung ist

$$(x - a\cos\varphi)^2 + (y - a\sin\varphi)^2 + (z - \frac{h}{2\pi}\varphi)^2 = l^2 \qquad (23)$$

Für die Hüllfläche gilt die Ableitungsgleichung

$$(x - a\cos\varphi)\sin\varphi - (y - a\sin\varphi)\cos\varphi - \frac{h}{2\pi a}(z - \frac{h}{2\pi}\varphi) = 0 \ , \qquad (24)$$

welche die Ebene durch den Kugelmittelpunkt senkrecht zur Schraubenlinie darstellt. Zu ihr nehmen wir noch mit einem neuen Parameter ψ die Gleichung

$$(x - a\cos\varphi)\cos\varphi + (y - a\sin\varphi)\sin\varphi = l\cos\psi \qquad (25)$$

(Was für eine Ebene stellt sie dar?)
Die Gleichungen der Fläche werden

$$x = a\cos\varphi + l\left(\frac{h}{\sqrt{4\pi^2a^2 + h^2}}\sin\varphi\sin\psi + \cos\varphi\cos\psi\right)$$

$$y = a\sin\varphi + l\left(-\frac{h}{\sqrt{4\pi^2a^2 + h^2}}\cos\varphi\sin\psi + \sin\varphi\cos\psi\right) \qquad (26)$$

$$z = \frac{h}{2\pi}\varphi + \frac{2\pi a}{\sqrt{4\pi^2a^2 + h^2}}\, l\sin\psi$$

(B) Differentialgeometrisches

128. Für die Schraubenregelfläche (7) der Nr. 125 sind die Parameterlinien σ = const Schraubenlinien, die Parameterli-

nien φ = const die erzeugenden Geraden. Wir berechnen die Fundamentalgrößen. Es wird

$$\left\{\begin{aligned} &\frac{\partial x}{\partial\sigma} = \cos\alpha\cos\varphi\,, \quad \frac{\partial y}{\partial\sigma} = \cos\alpha\sin\varphi\,, \quad \frac{\partial z}{\partial\sigma} = \sin\alpha \\ &\frac{\partial x}{\partial\varphi} = -\sigma\cos\alpha\sin\varphi + a\cos\varphi\,, \quad \frac{\partial y}{\partial\varphi} = \sigma\cos\alpha\cos\varphi + a\sin\varphi\,, \\ &\qquad\qquad\qquad \frac{\partial z}{\partial\varphi} = \frac{h}{2\pi} \end{aligned}\right\} \tag{1}$$

$$\left.\begin{aligned} &E = 1\,, \quad F = a\cos\alpha + \frac{h\sin\alpha}{2\pi}\,, \quad G = \sigma^2\cos^2\alpha + a^2 + \frac{h^2}{4\pi^2} \\ &D^2 = EG - F^2 = (a\sin\alpha - \frac{h}{2\pi}\cos\alpha)^2 + \sigma^2\cos^2\alpha = b^2 + \sigma^2\cos^2\alpha \end{aligned}\right\} \tag{2}$$

Flächennormale

$$-(b\sin\varphi + \sigma\sin\alpha\cos\alpha\cos\varphi) \mid b\cos\varphi - \sigma\sin\alpha\cos\alpha\sin\varphi \mid \sigma\cos^2\alpha \tag{3}$$

$$\left\{\begin{aligned} &\frac{\partial^2 x}{\partial\sigma^2} = 0\,, \quad \frac{\partial^2 x}{\partial\sigma\partial\varphi} = -\cos\alpha\sin\varphi\,, \quad \frac{\partial^2 x}{\partial\varphi^2} = -\sigma\cos\alpha\cos\varphi - a\sin\varphi \\ &\frac{\partial^2 y}{\partial\sigma^2} = 0\,, \quad \frac{\partial^2 y}{\partial\sigma\partial\varphi} = \cos\alpha\cos\varphi\,, \quad \frac{\partial^2 y}{\partial\varphi^2} = -\sigma\cos\alpha\sin\varphi + a\cos\varphi \\ &\frac{\partial^2 z}{\partial\sigma^2} = 0\,, \quad \frac{\partial^2 z}{\partial\sigma\partial\varphi} = 0\,, \quad \frac{\partial^2 z}{\partial\varphi^2} = 0 \end{aligned}\right\} \tag{4}$$

$$L = 0\,, \quad DM = b\cos\alpha\,, \quad DN = ab + \sigma^2\sin\alpha\cos^2\alpha \tag{5}$$

$$D(Ld\sigma^2 + 2Md\sigma d\varphi + Nd\varphi^2) = d\varphi\{2b\cos\alpha d\sigma + (ab + \sigma^2\sin\alpha\cos^2\alpha)d\varphi\} \tag{6}$$

Asymptotenlinien (a) φ = const , d.h. die erzeugenden Geraden

$$\text{(b)} \quad d\varphi = -\frac{2b\cos\alpha d\sigma}{ab + \sigma^2\sin\alpha\cos^2\alpha} \tag{7}$$

1. Fall: $b = 0$ nochmals φ = const

2. Fall: $b > 0$ $\quad \sigma = -\sqrt{\frac{ab}{\sin\alpha\cos^2\alpha}}\tan\left(\sqrt{\frac{a}{b}\sin\alpha}\,\frac{\varphi - \varphi_0}{2}\right)$

3. Fall: $b < 0$ $\quad \sigma = -\sqrt{\frac{ab}{\sin\alpha\cos^2\alpha}}\operatorname{th}\left(\sqrt{\frac{a}{b}\sin\alpha}\,\frac{\varphi - \varphi_0}{2}\right)$

Krümmungslinien

$$(EM - FL)du^2 + (EN - GL)dudv + (FN - GM)dv^2 = 0 \tag{8}$$

d.h.

$$b\cos\alpha d\sigma^2 + (ab + \sigma^2\sin\alpha\cos^2\alpha)d\sigma d\varphi +$$
$$+ \frac{h}{2\pi}(b^2 + \sigma^2\cos^2\alpha)d\varphi^2 = 0$$

Krümmungsmaß

$$K = \frac{1}{R_1R_2} = \frac{LN - M^2}{D^2} = -\left(\frac{b\cos\alpha}{b^2 + \sigma^2\cos^2\alpha}\right)^2 \qquad (9)$$

Mittlere Krümmung

$$H = \frac{1}{R_1} + \frac{1}{R_2} = \frac{EN - 2FM + GL}{D^2} = \frac{\sin\alpha}{\sqrt{b^2 + \sigma^2\cos^2\alpha}} + \qquad (10)$$

$$+ \frac{b\sin\alpha(a\cos\alpha + \frac{h}{2\pi}\sin\alpha)}{\sqrt{b^2 + \sigma^2\cos^2\alpha}}$$

Daraus folgt für die speziellen Regelschraubenflächen

(a.) <u>Abwickelbare Fläche</u> $K = 0$ Krümmungslinie $\varphi = \text{const}$ und

$$\sigma = -\sqrt{a^2 + \frac{h^2}{4\pi^2}}\varphi + \text{const}$$

$$x = (c - a\varphi)\cos\varphi + a\sin\varphi\ ,\quad y = (c - a\varphi)\sin\varphi - a\cos\varphi\ ,$$

$$z = \frac{ch}{2\pi a}$$

(b.) <u>Korkzieherfläche</u> $a = 0$, Asymptotenlinien $\sigma = -\frac{h}{\pi\varphi\sin\alpha} +$
$+ \text{const}$

$$x = -\frac{h\cos^2\alpha}{\pi\sin\alpha}\frac{\cos\varphi}{\varphi} + c\cos\alpha\cos\varphi \quad ,$$

$$y = -\frac{h\cos^2\alpha}{\pi\sin\alpha}\frac{\sin\varphi}{\varphi} + c\cos\alpha\sin\varphi \quad ,$$

$$z = \frac{h}{2\pi}\left(\varphi - \frac{2\cos\alpha}{\varphi}\right) + c\sin\alpha$$

$$H = \frac{\tan\alpha}{\sqrt{\frac{h^2}{4\pi^2} + \sigma^2}} \quad , \quad K = -\frac{4\pi^2h^2}{(h^2 + 4\pi^2\sigma^2)^2}$$

(c.) <u>Wendelfläche</u>: Asymptotenlinien $\varphi = \text{const}$ und $\sigma = \text{const}$
Krümmungslinien

$$d\varphi = \frac{d\sigma}{\sqrt{\frac{h^2}{4\pi^2} + \sigma^2}} \quad , \quad \sigma = \frac{h}{2\pi}\operatorname{sh}\varphi + \text{const}$$

$$x = \left(\frac{h}{2\pi}\operatorname{sh}\varphi + c\right)\cos\varphi\ ,\quad y = \left(\frac{h}{2\pi}\operatorname{sh}\varphi + c\right)\sin\varphi\ ,\quad z = \frac{h}{2\pi}\varphi$$

Krümmungsmaß

$$K = -\left(\frac{2\pi h}{h^2 + 4\pi^2\sigma^2}\right)^2 ,$$

Mittlere Krümmung $H = 0$: <u>Minimalfläche</u>

129. Wir wollen noch einen berühmten Satz beweisen. Wir nehmen die Gleichung des Meridians einer Schraubenfläche in der Gestalt

$$z = f(r) \tag{1}$$

an, wo r der Abstand eines Meridianpunktes von der Schraubenachse ist. Dann ist die Gleichung der Schraubenfläche

$$x = r\cos\varphi \;,\quad y = r\sin\varphi \;,\quad z = f(r) + \frac{h}{2\pi}\varphi \tag{2}$$

das Bogenelementquadrat wird

$$ds^2 = \left\{1 + (f'(r))^2\right\}dr^2 + \frac{h}{\pi}f'(r)\,dr\,d\varphi + \left(r^2 + \frac{h^2}{4\pi^2}\right)d\varphi^2 \tag{3}$$

Statt des Parameters φ führen wir nun einen neuen Parameter $\overline{\varphi}$ ein mittels

$$\varphi = k\overline{\varphi} - \frac{h}{2\pi}\int\frac{f'(r)\,dr}{r^2 + \frac{h^2}{4\pi^2}} \tag{4}$$

und erhalten so

$$ds^2 = \left(1 + \frac{r^2 f'(r)^2}{r^2 + \frac{h^2}{4\pi^2}}\right)dr^2 + k^2\left(r^2 + \frac{h^2}{4\pi^2}\right)d\overline{\varphi}^2 \tag{5}$$

Das Bogenelementquadrat einer Drehfläche mit dem Meridian

$$\overline{z} = g(\overline{r}) \tag{6}$$

und dem Drehwinkel $\overline{\varphi}$ lautet

$$ds^2 = \left\{(1 + (g'(\overline{r}))^2\right\}d\overline{r}^2 + \overline{r}^2 d\overline{\varphi}^2 \tag{7}$$

Identifiziert man (5) und (7), so muß

$$\overline{r}^2 = k^2\left(r^2 + \frac{h^2}{4\pi^2}\right) \;,\quad r^2 = \frac{\overline{r}^2}{k^2} - \frac{h^2}{4\pi^2} \tag{8}$$

$$\left\{(1 + (g'(\overline{r}))^2\right\}d\overline{r}^2 = \left(1 + \frac{r^2(f'(r))^2}{r^2 + \frac{h^2}{4\pi^2}}\right)dr^2 \tag{9}$$

sein. Aus (8) folgt $\overline{r}\,d\overline{r} = k^2 r\,dr$, (10)

d,h, $$dr = \frac{\overline{r}\,d\overline{r}}{k\sqrt{\overline{r}^2 - k^2\frac{h^2}{4\pi^2}}} \;,\quad d\overline{r} = \frac{kr}{\sqrt{r^2 + \frac{h^2}{4\pi^2}}}dr \tag{11}$$

und ferner

$$\frac{r^2(f'(r))^2}{r^2 + \frac{h^2}{4\pi^2}} = \left(1 - \frac{k^2h^2}{4\pi^2\overline{r}^2}\right)\left[f'\left(\sqrt{\frac{\overline{r}^2}{k^2} - \frac{h^2}{4\pi^2}}\right)\right]^2 \tag{12}$$

Also kann man aus (9) entweder

$$g(\bar r) = \int \sqrt{\frac{\bar r^2}{k^2(\bar r^2 - \frac{k^2h^2}{4\pi^2})} - 1 + \frac{1}{k^2}\left[f'\left(\sqrt{\frac{\bar r^2}{k^2} - \frac{h^2}{4\pi^2}}\right)\right]^2}\, d\bar r \qquad (13)$$

oder

$$f(r) = \int \sqrt{k^2 - 1 - \frac{h^2}{4\pi^2 r^2} + k^2\left(g'\left(k\sqrt{r^2 + \frac{h^2}{4\pi^2}}\right)\right)^2}\, dr \qquad (14)$$

herleiten. Damit kommt

Satz 1 Man kann eine Schraubenfläche stets auf eine Drehfläche abwickeln und umgekehrt.

1. Beispiel $f(r) = \text{const} = 0$, $f'(r) = 0$, $k = 1$. Dann kommt

$$g(\bar r) = \int \frac{h}{2\pi} \frac{d\bar r}{\sqrt{\bar r^2 - \frac{h^2}{4\pi^2}}} = \frac{h}{2\pi} \operatorname{Arch} \frac{2\pi \bar r}{h}$$

$$\bar r = \frac{h}{2\pi} \operatorname{ch}\left(\frac{2\pi}{h} \bar z\right)$$

Satz 2 Die Wendelfläche $x = r\cos\varphi$, $y = r\sin\varphi$, $z = \frac{h}{2\pi}\varphi$ ist auf die Drehfläche der Kettenlinie, das sogenannte Katenoid abwickelbar. Die Erzeugenden der Schraubenfläche gehen in die Meridiane des Katenoids, die Achse $r = 0$ in den Kehlkreis $\bar r = \frac{h}{2\pi}$ des Katenoids über [1].

2. Beispiel $f(r) = r\tan\alpha$, $f'(r) = \tan\alpha$, $k = \tan\alpha$

Dann kommt

$$g(\bar r) = \cot\alpha \int \frac{\bar r\, d\bar r}{\sqrt{\bar r^2 - \frac{\tan^2\alpha\, h^2}{4\pi^2}}} = \cot\alpha \sqrt{\bar r^2 - \frac{\tan^2\alpha\, h^2}{4\pi^2}}$$

$$\frac{\bar r^2}{\left(\frac{h\tan\alpha}{2\pi}\right)^2} - \frac{\bar z^2}{\left(\frac{h}{2\pi}\right)^2} = 1$$

Satz 3 Die Korkzieherfläche ist auf ein einschaliges Drehhyperboloid abwickelbar. Die Achse der Schraubenfläche geht in den Kehlkreis des Hyperboloids und die Erzeugenden gehen in die eine Schar der Hyperboloiderzeugenden über.

1) In G. Scheffers, Einführung in die Theorie der Flächen, Berlin 1922, S. 363 finden sich eindrucksvolle Figuren, die den Übergang der Wendelfläche in das Katenoid zeigen.

Der Beweis des 2. Teiles von Satz 2 und Satz 3 erfolgt so:
Zu Satz 2 : Die Gleichungen der beiden Flächen sind

$$x = r\cos\varphi\ ,\ y = r\sin\varphi,\quad z = \frac{h}{2\pi}\varphi\ ;$$
$$\bar{x} = \bar{r}\cos\bar{\varphi}\ ,\ \bar{y} = \bar{r}\sin\bar{\varphi},\quad \bar{z} = \frac{h}{2\pi}\operatorname{ar\,ch}\frac{2\pi}{h}\bar{r}$$

Nach (4) und (5) ist

$$\bar{\varphi} = \varphi\ ,\quad \bar{r}^2 = r^2 + \frac{h^2}{4\pi^2}$$

$r = 0$ gibt $\bar{r} = \frac{h}{2\pi}$, also $\bar{x} = \frac{h}{2\pi}\cos\varphi,\ \bar{y} = \frac{h}{2\pi}\sin\varphi,\ \bar{z} = 0$
$\varphi = \text{const}$ gibt $\bar{\varphi} = \text{const}$.

Zu Satz 3 : Die Gleichungen der Flächen sind

$$x = r\cos\varphi,\ y = r\sin\varphi,\ z = \frac{h}{2\pi\varphi}\ ;$$
$$\bar{x} = \bar{r}\cos\bar{\varphi},\ \bar{y} = \bar{r}\sin\bar{\varphi},\ \bar{z} = \sqrt{\cot^2\alpha\,\bar{r}^2 - \frac{h^2}{4\pi^2}}$$

Nach (4) und (8) ist

$$\bar{\varphi} = \varphi + \arctan\frac{2\pi r}{h}\quad ,\quad \bar{r}^2 = \tan^2\alpha\left(r^2 + \frac{h^2}{4\pi^2}\right)$$

So kommt, da

$$\arctan\frac{2\pi r}{h} = \arccos\frac{\frac{h}{2\pi}}{\sqrt{r^2 + \frac{h^2}{4\pi}}} = \arcsin\frac{r}{\sqrt{r^2 + \frac{h^2}{4\pi}}}$$

$$\bar{r} = \tan\alpha\sqrt{r^2 + \frac{h^2}{4\pi^2}}$$

ist,

$$\bar{x} = \tan\alpha\left(\frac{h}{2\pi}\cos\varphi - r\sin\varphi\right),\ \bar{y} = \tan\alpha\left(\frac{h}{2\pi}\sin\varphi + r\cos\varphi\right),\ \bar{z} = r\ .$$

$r = 0$ gibt $\bar{x} = \frac{h}{2\pi}\tan\alpha\cos\varphi,\ \bar{y} = \frac{h}{2\pi}\tan\alpha\sin\varphi\ ,\ \bar{z} = 0$
$\varphi = \text{const}$ gibt eine Schar Erzeugender des Hyperboloids.

(C) Allgemeine Schraubenlinien

130. Bei den Schraubenflächen beschreibt jeder Punkt eine gemeine Schraubenlinie. In Nr. 73 lernten wir die allgemeinen Schraubenlinien kennen, die auf einem beliebigen horizontalprojizierenden Zylinder liegen und dessen Mantellinien unter einem konstanten Winkel treffen. Eine solche ist nach Nr. 120 die Gratlinie einer Böschungsfläche und man sollte sie daher besser Böschungslinien nennen, da sie keine Schraubenflächen bestimmen.

Ihre Parametergleichungen sind nach Nr. 121 (8)

$$x = -\left(\frac{dp}{d\varphi}\sin\varphi + \frac{d^2p}{d\varphi^2}\cos\varphi\right), \qquad (1)$$

$$y = \frac{dp}{d\varphi}\cos\varphi - \frac{d^2p}{d\varphi^2}\sin\varphi, \quad z = \tan\gamma\left(p + \frac{d^2p}{d\varphi^2}\right) \qquad (1)$$

Bezeichnet man die Ableitungen nach φ durch übergesetzte Punkte, so folgt in Vektorform (Einheitsvektoren $\underline{e}_1$, $\underline{e}_2$, $\underline{e}_3$ in den Koordinatenachsen

$$\underline{r} = -(\dot p \sin\varphi + \ddot p\cos\varphi)\underline{e}_1 + (\dot p\cos\varphi - \ddot p\sin\varphi)\underline{e}_2 + \tan\gamma(p + \ddot p)\underline{e}_3 \qquad (2)$$

$$\dot{\underline{r}} = (\dot p + \dddot p)(-\cos\varphi\underline{e}_1 - \sin\varphi\underline{e}_2 + \tan\gamma\underline{e}_3) \qquad (3)$$

$$\ddot{\underline{r}} = (\ddot p + \ddddot p)(-\cos\varphi\underline{e}_1 - \sin\varphi\underline{e}_2 + \tan\gamma\underline{e}_3) + (\dot p + \dddot p)(\sin\varphi\underline{e}_1 - \cos\varphi\underline{e}_2) \qquad (4)$$

$$\dddot{\underline{r}} = (\dot p + \dddot p)(\cos\varphi\underline{e}_1 + \sin\varphi\,\underline{e}_2) + \ldots \qquad (5)$$

$$ds = (\dot p + \dddot p)\frac{d\varphi}{\cos\gamma} \qquad (6)$$

$$\varkappa = \frac{\cos^2\gamma}{\dot p + \dddot p} \qquad (7)$$

$$\tau = \varkappa\tan\gamma \qquad (8)$$

Aus (1_3) und (6) folgt weiter

$$ds = \frac{dz}{\sin\gamma}, \quad s = \frac{z}{\sin\gamma}, \quad ds^2 = dx^2 + dy^2 + dz^2 = \frac{dz^2}{\sin^2\gamma} \qquad (9)$$

$$dx^2 + dy^2 = \cot^2\gamma\, dz^2 \qquad (10)$$

131. Die Gleichung (10), die wie (9) ganz unabhängig von der Funktion $p(\varphi)$ ist, dient dazu, die allgemeine Schraubenlinie oder Böschungslinie noch auf eine andere Weise zu ermitteln. Da eine solche durch zwei durch sie gehende Flächen bestimmt ist und auf jeder Fläche Böschungslinie ist, braucht man nur die Böschungslinien auf einer gegebenen Fläche zu bestimmen. Das geschieht am einfachsten mittels (10).

Beispiel Eine Drehfläche 2. Ordnung hat die Gleichung

$$x^2 + y^2 = Az^2 + 2Bz + C \qquad (11)$$

Dabei hat man einen Kegel für $A = \tan^2\alpha$, $B = 0$, $C = 0$,
ein Drehparaboloid für $A = 0$, $B = p$, $C = 0$,
ein Drehellipsoid für

$$A = -\frac{a^2}{b^2}, \quad B = 0, \quad C = a^2,$$

ein einschaliges Drehhyperboloid für

$$A = \frac{a^2}{c^2} \quad , \quad B = 0 \quad , \quad C = + a^2$$

ein zweischaliges Drehhyperboloid für

$$A = \frac{a^2}{c^2} \quad , \quad B = 0 \quad , \quad C = - a^2$$

Wir setzen

$$x = r\cos\varphi \quad , \quad y = r\sin\varphi \quad , \tag{12}$$

also

$$r^2 = Az^2 + 2\,Bz + C \quad , \quad r\,dr = (Az + B)dz \tag{13}$$

Für das Bogenelementquadrat der Horizontalprojektion der Böschungslinie folgt

$$d\sigma^2 = dx^2 + dy^2 = dr^2 + r^2 d\varphi^2 = \cot^2\gamma\, dz^2 = \cot^2\gamma\,\frac{r^2 dr^2}{(Az + B)^2} = \cot^2\gamma\,\frac{r^2 dr^2}{Ar^2 - (AC - B^2)} \tag{14}$$

so daß

$$d\varphi^2 = \frac{(\cot^2\gamma - A)r^2 + AC - B^2}{r^2\{Ar^2 - (AC - B^2)\}}\, dr^2 \tag{15}$$

(a) Kegel Sei $\cot^2\alpha\cot^2\gamma - 1 = \frac{1}{\lambda^2}$ (Es muß $\cot\alpha\cot\gamma > 1$, $\alpha + \gamma < \frac{\pi}{2}$ sein!), so kommt $\frac{dr}{r} = \lambda d\varphi$, $r = r_o e^{\lambda\varphi}$. Die Grundkurve des durch die Schraubenlinie gehenden Zylinders ist also eine logarithmische Spirale (KB Nr. 278). Die Gleichungen der Schraubenlinie sind

$$x = r_o e^{\lambda\varphi}\cos\varphi \ , \quad y = r_o e^{\lambda\varphi}\sin\varphi \ , \quad z = r_o\cot\alpha\, e^{\lambda\varphi}$$

(b) Drehparaboloid

$$\varphi = \int_o^{\psi} \frac{\sqrt{\cot^2\gamma\, r^2 - p^2}}{rp}\, dr$$

Mit $r = \frac{p\tan\gamma}{\cos\psi}$ kommt $\varphi = \int_o^{\psi} \tan^2\psi\, d\psi = \tan\psi - \psi$ oder mit $\tan\psi = u$

$$\begin{cases} x = p\tan\gamma(\cos u + u\sin u) \ , \\ y = p\tan\gamma(\sin u - u\cos u) \ , \\ z = \frac{p}{2}\tan^2\gamma(1 + u^2) \end{cases}$$

Die Horizontalprojektion ist also ein Kreisevolvente (KB Nr. 284)

(c) Kugel für A = − 1, B = 0, C = a^2. Es wird

$$\varphi = \frac{1}{\sin\gamma}\int \frac{1}{r}\sqrt{\frac{r^2 - a^2\sin^2\gamma}{a^2 - r^2}}\,dr \quad ,$$

so daß a $\sin\gamma < r <$ a ist. Sei

$$\frac{r^2 - a^2\sin^2\gamma}{a^2 - r^2} = \lambda^2 \quad ,$$

dann ist

$$r^2 = a^2\,\frac{\lambda^2 + \sin^2\gamma}{1 + \lambda^2} \quad , \qquad a^2 - r^2 = \frac{a^2\cos^2\gamma}{1 + \lambda^2}$$

$$r\,dr = a^2\cos^2\gamma\,\frac{\lambda\,d\lambda}{(1 + \lambda^2)^2} \quad ,$$

also

$$\varphi = \frac{1}{\sin\gamma}\int\frac{\cos^2\gamma\,\lambda^2 d\lambda}{(1 + \lambda^2)(\sin^2\gamma + \lambda^2)} = \frac{1}{\sin\gamma}\int\Bigl(\frac{1}{1 + \lambda^2} -$$

$$- \frac{\sin^2\gamma}{\sin^2\gamma + \lambda^2}\Bigr)ds = \frac{1}{\sin\gamma}\arctan\lambda - \arctan\frac{\lambda}{\sin\gamma}$$

Sei $\lambda = \tan\psi$, so kommt $r^2 = a^2(\sin^2\psi + \sin^2\gamma\cos^2\psi)$

$$\varphi = \frac{\psi}{\sin\gamma} - \arctan\frac{\tan\psi}{\sin\gamma} = \frac{\psi}{\sin\gamma} - \operatorname{arc\,cos}\frac{a\sin\gamma\cos\psi}{r} =$$

$$= \frac{\psi}{\sin\gamma} - \operatorname{arc\,sin}\frac{a\sin\psi}{r}$$

$$\left.\begin{aligned} x &= r\cos\varphi = a\sin\gamma\cos\psi\cos\frac{\psi}{\sin\gamma} + a\sin\psi\sin\frac{\psi}{\sin\gamma} \\ y &= r\sin\varphi = a\sin\gamma\cos\psi\sin\frac{\psi}{\sin\gamma} - a\sin\psi\cos\frac{\psi}{\sin\gamma} \end{aligned}\right\} \qquad (16)$$

$$z = a\cos\gamma\cos\psi \qquad (16)$$

oder indem man die Produkte $\cos\psi\cos\frac{\psi}{\sin\gamma}$ u.s.f. in Summen verwandelt

$$\left.\begin{aligned} x &= -\frac{a}{2}(1-\sin\gamma)\cos\frac{1+\sin\gamma}{\sin\gamma}\psi + \frac{a}{2}(1+\sin\gamma)\cos\frac{1-\sin\gamma}{\sin\gamma}\psi \\ y &= -\frac{a}{2}(1-\sin\gamma)\sin\frac{1+\sin\gamma}{\sin\gamma}\psi + \frac{a}{2}(1+\sin\gamma)\sin\frac{1-\sin\gamma}{\sin\gamma}\psi \\ z &= a\cos\gamma\cos\psi \end{aligned}\right\} \qquad (17)$$

Die Gleichungen (16) stellen unsere Schraubenlinie dar. Man erhält sie geometrisch, indem man auf der gegebenen Kugel einen

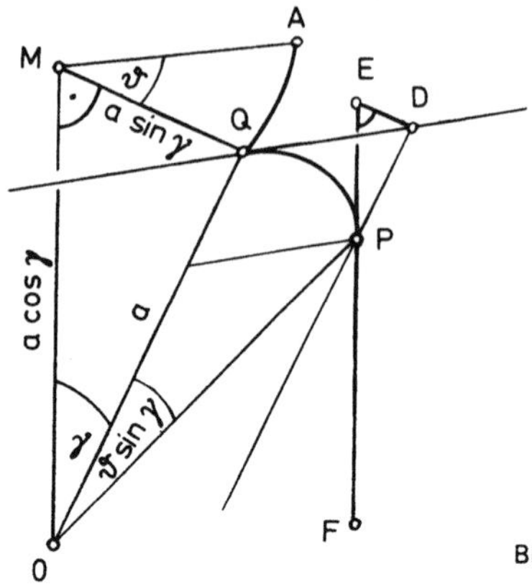

Bild 55 a

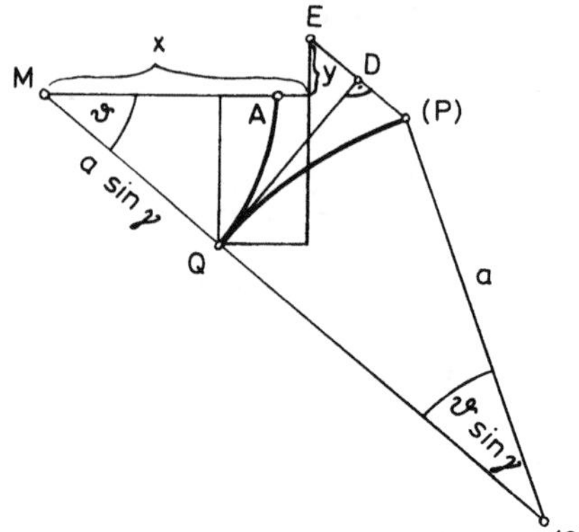

Bild 55 b

Großkreis, dessen Ebene mit der z-Achse den $\sphericalangle \gamma$ bildet ohne zu gleiten, auf dem Kleinkreis mit dem Radius $R = a \sin\gamma$ abrollen läßt. Ein **Punkt des Großkreises** beschreibt die entstehende sphärische Epizykloide, unsere **Schraubenlinie**. Es ist nämlich (Bild 55, a und b)

$$\widehat{AQ} = \widehat{PQ} = a\vartheta\sin\gamma, \quad \overline{QD} = a\sin(\vartheta\sin\gamma), \quad \overline{PD} = a - a\cos(\vartheta\sin\gamma)$$
$$\overline{DE} = \overline{PD}\sin\gamma = a\sin\gamma - a\sin\gamma\cos(\vartheta\sin\gamma)$$
$$\overline{PE} = \overline{PD}\cos\gamma = a\cos\gamma - a\cos\gamma\cos(\vartheta\sin\gamma)$$

$$\left.\begin{aligned} x &= a\sin\gamma\cos\vartheta + a\sin(\vartheta\sin\gamma)\sin\vartheta - \\ &\quad -(a\sin\gamma - a\sin\gamma\cos(\vartheta\sin\gamma))\cos\vartheta \\ y &= a\sin\gamma\sin\vartheta - a\sin(\vartheta\sin\gamma)\cos\vartheta - \\ &\quad -(a\sin\gamma - a\sin\gamma\cos(\vartheta\sin\gamma))\sin\vartheta \\ z &= a\cos\gamma - (a\cos\gamma - a\cos\gamma\cos(\vartheta\sin\gamma)) \end{aligned}\right\}$$

oder

$$\left.\begin{aligned} x &= a\sin\gamma\cos(\vartheta\sin\gamma)\cos\vartheta + a\sin(\vartheta\sin\gamma)\sin\vartheta \\ y &= a\sin\gamma\cos(\vartheta\sin\gamma)\sin\vartheta - a\sin(\vartheta\sin\gamma)\cos\vartheta \\ z &= a\cos\gamma\cos(\vartheta\sin\gamma) \end{aligned}\right\} \qquad (18)$$

Mit

$$\vartheta = \frac{\psi}{\sin\gamma} \qquad (19)$$

geht (18) in (16) über. Setzt man weiter

$$\psi = \frac{\sin\gamma}{1 + \sin\gamma}\,\chi \quad , \quad \vartheta = \frac{\chi}{1 + \sin\gamma} \qquad (20)$$

so wird (17) zu

$$x = -\frac{a}{2}(1 - \sin\gamma)\cos\chi + \frac{a}{2}(1 + \sin\gamma)\cos\frac{1-\sin\gamma}{1+\sin\gamma}\chi$$

$$y = -\frac{a}{2}(1 - \sin\gamma)\sin\chi + \frac{a}{2}(1 + \sin\gamma)\sin\frac{1-\sin\gamma}{1+\sin\gamma}\chi \tag{21}$$

$$z = a\cos\gamma\cos\frac{\sin\gamma}{1+\sin\gamma}\chi$$

Ändert man die Richtung der x- und y-Achse in die entgegengesetzten und setzt man

$$\frac{a}{2}(1 - \sin\gamma) = r - R \quad , \quad \frac{a}{2}(1 + \sin\gamma) = r \tag{22}$$

so wird (s. o.)

$$R = a\sin\gamma\,, \quad r = \frac{1}{2}(R + a)\,, \quad \frac{1-\sin\gamma}{1+\sin\gamma} = \frac{r-R}{r} \tag{23}$$

also zu

$$x = (r - R)\cos\chi - r\cos\frac{r-R}{r}\chi\,,$$

$$y = (r - R)\sin\chi - r\sin\frac{r-R}{r}\chi\,, \tag{24}$$

$$z = a\sin\gamma\cos\frac{R}{2r}$$

Die Horizontalprojektion unserer Schraubenlinie ist also, da $r > R$ ist, eine Hypozykloide (KB Nr. 226). $H(R,r,r)$, $r > R$.

Sie ist wie die Schraubenlinie eine geschlossene, algebraische Kurve, wenn $\frac{R}{r}$ und damit $\sin\gamma$ rational ist.

Die Zylinder über den Kreisen mit Radius r schneiden die Kugel in Vivianischen Fenstern.

(d.) Mittelpunktsdrehfläche 2. Ordnung. Ihre Schraubenlinien erhält man am einfachsten durch eine (reelle oder imaginäre) affine Transfomation der Kugel. Doch können wir nicht mehr darauf eingehen.

Aufgabe Zeige, daß die Schraubenlinie auf dem Drehparaboloid (b.) mit den Mantellinien des Kegels durch sie mit Spitze im Brennpunkt $0|0|\frac{p}{2}$ des Parboloids ebenfalls den konstanten $\sphericalangle\gamma$ bildet.

(D) Spiralen oder Loxodromen

132. Wir behandeln noch einige sich den vorigen anschließende Raumkurven, die den Namen Spiralen oder Loxodromen tragen, das letztere, wenn sie die Meridiane einer Drehfläche unter konstantem $\sphericalangle\gamma$ treffen.

1. Aufgabe Die sogenannte konische Spirale ist der Schnitt eines Drehkegels

$$x^2 + y^2 = z^2 \tan^2 \alpha \qquad (1)$$

mit einer Wendelfläche

$$x = r\cos\varphi \ , \quad y = r\sin\varphi \ , \quad z = \frac{h}{2\pi}\varphi \ . \qquad (2)$$

Ihre Horizontalprojektion ist die archimedische Spirale (KB Nr. 276) $r = \frac{h\tan\alpha}{2\pi}\varphi$. Untersuche die konische Spirale näher!

2. Aufgabe Die Pappussche Spirale (Pappus von Alexandria, um + 320) entsteht, wenn der Meridian einer Kugel sich mit gleichförmiger Geschwindigkeit um seine Achse dreht und ein Punkt P des Meridians vom Pol N aus sich gleichförmig auf dem Meridian bewegt, als Ort von P. Pappus nimmt dazu an, daß, wenn der Meridian eine volle Umdrehung macht, P einen Viertelkreis beschreibt.

Lösung: Auf der Kugel sei N Ursprung eines sphärischen Polarkoordinatensystems mit $\widehat{NP} = \varrho$ und dem $\sphericalangle\varphi$ von $\widehat{NP}$ mit der Anfangslage des Meridians (Bild 56). Dann ist

$$\varphi = c\varrho \ , \quad 2\pi = c\,\frac{\pi}{2} \ , \qquad (1)$$

also

$$\varphi = 4\varrho \qquad (2)$$

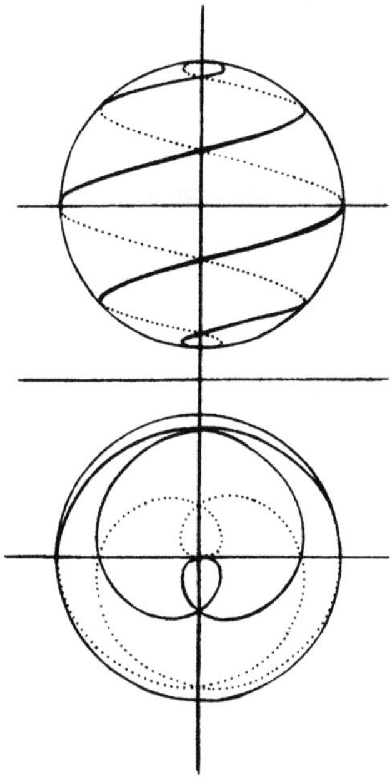

Bild 56

Die Kugel habe den Ursprung als Mittelpunkt und den Radius a, ON sei die z-Achse, dann ist die Parameterdarstellung der Spirale

$$x = a\cos 4\varrho \sin\varrho = \frac{a}{2}(\sin 5\varrho - \sin 3\varrho) \qquad (3)$$

$$\left.\begin{aligned} y &= a\sin 4\varrho \sin\varrho = \frac{a}{2}(\cos 3\varrho - \cos 5\varrho) \\ z &= a\cos\varrho \end{aligned}\right\} \qquad (3)$$

Ersetzt man ϱ durch $\pi + \varrho$, so kommt $-x|-y|-z$ statt $x|y|z$, O ist also Kurvenzentrum. Setzt man $\tan \frac{\varrho}{2} = t$, so ergibt sich, daß die Kurve rational von der 10. Ordnung ist. Sind r, φ die Polarkoordinaten in der xy-Ebene, so kommt

$$r = a \sin \frac{\varphi}{4} \tag{4}$$

Nach KB Nr. 234 ist das eine Rosenkurve 10. Ordnung. Die xz-Projektion der Kurve ist

$$a^8x^2 = (a^2 - z^2)(8z^4 - 8a^2z^2 + a^4)^2 \tag{5}$$

Aufgaben 1. Untersuche die Kurve genauer. (Vgl. dazu G. Loria, Vorlesungen über Darstellende Geometrie, 2. Bd., Leipzig 1913, S. 123 ff.).
2. Untersuche die Pappus'sche Spirale, wenn c in (1) einen beliebigen, rationalen Wert hat, z.B. $c = 1;\ 2;\ 3;\ \frac{1}{2};\ \frac{3}{2}$

133. Die Loxodrome einer Drehfläche

$$x = r\cos\varphi \quad , \quad y = r\sin\varphi \quad , \quad z = f(r) \quad , \tag{1}$$

welche deren Meridian unter konstantem $\sphericalangle\ \beta$ trifft, erhält man so: Aus (1) folgt

$$\left.\begin{aligned} dx &= dr\cos\varphi - r\sin\varphi\, d\varphi \\ dy &= dr\sin\varphi + r\cos\varphi\, d\varphi \\ dz &= f'(r)dr \end{aligned}\right\} \tag{2}$$

Für den Meridian (φ = const) gilt $\delta\varphi = 0$, also

$$\delta x = \delta r\cos\varphi \quad , \quad \delta y = \delta r\sin\varphi \quad , \quad \delta z = f'(r)\delta r \tag{3}$$

Nun ist

$$\cos\beta = \frac{dx\delta x + dy\delta y + dz\delta z}{\sqrt{dx^2 + dy^2 + dz^2}\sqrt{\delta x^2 + \delta y^2 + \delta z^2}} = \frac{\sqrt{1 + f'^2(r)}}{\sqrt{1 + r^2\left(\frac{d\varphi}{dr}\right)^2 + f'^2(r)}} \tag{4}$$

also

$$\varphi\cot\beta = \int \frac{\sqrt{1 + f'^2(r)}}{r}\, dr \tag{5}$$

1. Beispiel Der Kegel $z = r\cot\alpha$ liefert $r = r_0 e^{\varphi\cot\beta\sin\alpha}$, also die Kegelschraubenlinie der Nr. 131, (a) mit

$$\cos^2\alpha\cot^2\gamma = \sin^2\alpha + \tan^2\beta \quad , \quad \sin\gamma = \cos\alpha\cos\beta$$

2. Beispiel Die Kugel $r^2 + f^2(r) = a^2$ liefert

$$\varphi\cot\beta = \int \frac{a\, dr}{r\sqrt{a^2 - r^2}}$$

oder mit $r = a \sin\psi$

$$\varphi\cot\beta = \ln\tan\frac{\psi}{2}\quad,\quad \tan\frac{\psi}{2} = e^{\varphi\cot\beta}\quad,\quad \sin\psi = \frac{1}{\mathrm{ch}(\varphi\cot\beta)}$$

$$x = \frac{a\cos\varphi}{\mathrm{ch}(\varphi\cot\beta)}\ ,\ y = \frac{a\sin\varphi}{\mathrm{ch}(\varphi\cot\beta)}\ ,\ z = \tanh(\varphi\cot\beta)$$

Die Loxodrome windet sich also undendlich oft um die Pole.
$\varphi = 0$ gibt $a|0|0$, $\varphi \to \infty$ $0|0|a$

Aufgaben Bestimme die Loxodromen
a) des Paraboloids $x^2 + y^2 = 2\,pz$,
b) des Katenoids

$$z = a\ \mathrm{ch}\frac{\sqrt{x^2+y^2}}{a}\ ,$$

c) des Katenoids $\sqrt{x^2+y^2} = a\,\mathrm{ch}\,\frac{z}{a}$

134. Schlußbemerkung zum 3. Abschnitt

Die Differentialgeometrie untersucht nun weiter z.B. die sogenannte Zentrafläche, d.h. die aus zwei Mänteln bestehende Ortsfläche aller Hauptkrümmungsmittelpunkte einer Fläche. Ein solcher kann in eine Kurve C ausarten. Dann ist die gegebene Fläche die Hüllfläche einer ∞^1-Schar von Kugeln mit Mittelpunkten auf C, eine sogenannte Kanalfläche. Artet auch der zweite Mantel in eine Kurve aus, so besitzt die gegebene Fläche zwei Scharen kreisförmiger Krümmungslinien. Auf diese Flächen, die sogenannten Dupinschen Zykliden, werden wir von einer anderen Seite her ausführlich zu sprechen kommen (s. Nr. 201 ff). Die Zentrafläche, die Kanalfläche weiter die Parallelflächen

$\underline{R} = \underline{a} + c\underline{N}$, c konstant, zu einer Fläche mit Flächennormale $\underline{N}$, dazu die Evolventen einer Fläche zu untersuchen, würde wie vieles andere hier zu weit führen, da sie zwar gewiß speziellen Charakter haben, aber für unser Vorhaben noch zu allgemein sind.

2. Abteilung. Spezielle Flächen und Raumkurven

Einleitung

135. Schon im Vorwort haben wir von den Schwierigkeiten gesprochen, die sich der Abfassung eines Flächen- und Raumkurvenbuches entgegenstellen. War beim Kurvenbuch das Wasserbecken eines kleinen Gartens mit einer kleinen Gießkanne auszuschöpfen, so wird beim Flächenbuch das Bassin zu einem Ozean. Die Schwierigkeit besteht aber nicht nur im Umfang des vorhandenen Stoffs, sondern mehr noch in seiner theoretischen Bewältigung. Schon spezielle Flächenfamilien geben Anlaß zu ausgedehnten Theorien, die den Charakter des Elementaren bei weitem übersteigen. So entsteht das Paradoxon, daß von einem an sich darzustellenden Riesenstoff nur ganz wenig dargestellt werden kann, es sei denn, man entschlöße sich, nur zu berichten und von den Beweisen abzusehen. Dies Verfahren schlagen die Enzyklopädie der mathematischen Wissenschaften und das Pascalsche Repertorium ein, die beiden bisher leider einzigen Werke in deutscher Sprache, die über unseren Stoff zusammenhängend Bericht erstatten. Eigentlich sollten wir die betreffenden Teile der beiden Werke hier einfach abdrucken. Da dies aber unmöglich ist, so wollen wir wenigstens etwas ausführlicher über sie berichten (also über Berichte berichten) um dem Leser einen zwar noch sehr lückenhaften aber dafür kurzen Überblick über diejenigen speziellen Flächen und Raumkurven zu verschaffen, die entweder wegen ihrer Fülle oder wegen der nichtelementaren Methoden ihrer Behandlung in unserem Buche fehlen müssen.

136. E. Pascal, Repertorium der höheren Mathematik, 2. Aufl., 2. Band: Geometrie, 2. Hälfte: Raumgeometrie. Leipzig und Berlin 1922.
Die Kapitel 25 bis 29 enthalten eine vollständige Übersicht über die Flächen 2. Ordnung, ihre Gestalt und Einteilung, ihre ebenen Schnitte, ihre Fokaleigenschaften, über die Systeme 2. Ordnung, sowie die Raumkurven 3. und 4. Ordnung.
Die Kapitel 30 bis 33 sind der allgemeinen Theorie der algebraischen Flächen gewidmet: Kapitel 30, §4 behandelt die mehrfachen Punkte und Linien der Fläche, §7 die Klasse und den umschriebenen Kegel eines Punktes, Kapitel 21, §2 die Hessesche

Fläche, §3 die Theorie der Reziprokalflächen, Kapitel 32, §2 die gestaltlichen Eigenschaften der Raumkurven und Flächen, §3 die Regelflächen.

Kapitel 34 behandelt die Flächen 3. Ordnung, §13 insbesondere diejenigen mit einer endlichen Zahl von Doppelpunkten, von denen die Art XVI mit 4 konischen Punkten die für uns wichtigsten sind. (s. unseren VIII. Abschnitt, §1,) §16 die kubischen Regelflächen, §17 u.a. die Zykliden 3. Ordnung, sowie eine Reihe von Sonderflächen (s. unseren VIII. Abschnitt §1, z.B! das Zylindroid s. unseren V. Abschnitt, §9).
Kapitel 35 enthält die Theorie nicht der allgemeinen, sondern besondere Flächen 4. Ordnung: §1 die rationalen Flächen, §2 insbesondere die Kummersche Fläche (auf die wir nicht eingehen können), §3 das sogenannte Cayleysche Tetraedroid und die Fresnelsche Wellenfläche (s. unseren VI. Abschnitt, §2), §4 die Flächen 4. Ordnung mit einer Doppelgeraden, §5 diejenigen mit einem Doppelkegelschnitt, §§6 und 7 die Theorie der Zykliden (s. unseren VII. Abschnitt), §8 die Steinersche Römerfläche (s. unseren VIII. Abschnitt), §9 die Regelflächen 4. Grades.
Kapitel 36 bringt die allgemeine Theorie der algebraischen Raumkurven, Kapitel 37 die besonderen algebraischen Raumkurven und ihre abwickelbaren Tangentenflächen, Kapitel 38 die rationalen Transformationen des Raumes, §3 darin insbesondere die quadratischen Transformationen (darunter die Inversion, s. unseren X. Abschnitt). Kapitel 39 die algebraische Liniengeometrie, Kapitel 40 bis 42 die Differentialgeometrie.

Von der großen, vor dem 2. Weltkrieg ziemlich abrupt abgeschlossenen <u>Enzyklopädie der mathematischen Wissenschaften</u> sind für uns aus dem <u>III. Band Geometrie</u> folgende Hefte wichtig: III 2 (Algebraische Geometrie) Hefte 6, 8 bis 11; III 3 (Differentialgeometrie) Heft 2 und 3. Der Inhalt der Enzyklopädie ist zwar weithin unvollständig, weil die rasend fortschreitende neuere Entwicklung vollständig fehlt, dagegen immer noch sehr brauchbar in bezug auf die "klassischen" Ergebnisse, die allein für uns in Frage kommen.

III 2, Heft 6 enthält die allgemeine Theorie der algebraischen Flächen, Heft 8 die algebraische Liniengeometrie, Heft 9 die algebraischen Raumkurven und abwickelbare Flächen (Nr. 59 und 60 insbesonders die Raumkurven 4. Ordnung 2. Spezies) III 2, Heft 10 ist den Flächen 3. Ordnung gewidmet und bringt eine ausgezeichnete Übersicht über die historische Entwicklung der Haupteigenschaften und den systematischen Ausbau der Theorie. (Die Nr. 23 enthält Hinweise auf spezielle, bei uns nicht be-

handelte Flächen, die Nr. 24 das Zylindroid). III 2, Heft 11 behandelt die Theorie der Flächen 4. und höherer Ordnung. Dem Leser tritt dabei der ganze Kampf mit dem unbesiegbaren Umfang des zu behandelten Stoffes vor Augen und die Notwendigkeit der Beschränkung auf spezielle Flächen, die selber wieder Anlaß zu allgemeinen Theorien großen Umfangs geben.
Die Hauptkategorie solcher Flächen sind die von Kummer entdeckten Flächen 4. Ordnung mit Scharen von Kegelschnitten, die in 11 Nummern abgehandelt werden: Nr. 4 ist den Zykliden, Nr. 7 der Steinerschen Römerfläche, Nr.11 der Kummerschen Fläche, Nr. 12 den Regelflächen 4. und höherer Ordnung, Nr. 13 metrisch bemerkenswerten Flächen 4. und höherer Ordnung gewidmet: Gerade Nr. 13 enthält noch vielen Stoff, der noch in keinem Lehrbuch dargestellt ist und daher in unserem Buch behandelt werden müßte: nur wenig davon konnte darin aufgenommen werden.
III 3, Heft 2 und 3 behandelt in der Differentialgeometrie besondere transzendente Kurven und Flächen, bei den transzendenten Raumkurven insbesonders die von uns nicht erörterten Bertrandschen Kurven, weiter die allgemeinen Schraubenlinien und die Loxodromen (s. unsern Abschnitt III, 11. Kapitel, §§4 und 5), bei den Flächen die Regelflächen, die zyklischen Flächen (s. unsern Abschnitt VII)
die Schraubenflächen (s. unsern Abschnitt III, 11. Kapitel, §4), die Schiebflächen
die Minimalflächen (s. unsern Abschnitt III, 11. Kapitel, §2) und zahlreiche andere, auf die wir nicht eingehen können.

4. Abschnitt. Algebraische Flächen: Allgemeines

§ 1. Fläche F_n. Reguläre und singuläre Punkte, Berührebene und Berührkegel im Ursprung. Nr. 137–141

137. Gleichungsformen einer algebraischen Fläche

Wir müssen nun doch unsere Abteilung "Spezielle Kurven und Flächen" mit einem Minimum allgemeiner Theorie beginnen, die freilich noch viel mehr als im KB auf spezielle Gebilde zugeschnitten ist. Die im folgenden aufgezählten Funktionen φ_i,

$$\left.\begin{aligned} \varphi_1 &= B_0x + B_1y \\ \varphi_2 &= C_0x^2 + 2\,C_1xy + C_2y^2 \\ \varphi_3 &= D_0x^3 + 3\,D_1x^2y + 3\,D_2xy^2 + D_3y^3 \\ &\vdots \\ \varphi_n &= E_0x^n + \binom{n}{1}E_1x^{n-1}y + \dots + \binom{n}{n-1}E_{n-1}xy^{n-1} + E_ny^n \end{aligned}\right\} \quad (1)$$

heißen Binärformen 1., 2., 3., ..., n. Grades in den homogenen Veränderlichen x und y. Sie besitzen 2, 3, 4, ..., n + 1 Glieder. Fügt man noch die Konstante $\varphi_0 = A_0$ hinzu, so stellt

$$f_n = \varphi_0 + \varphi_1 + \dots + \varphi_{n-1} + \varphi_n = 0 \quad (2)$$

die Gleichung einer ebenen algebraischen Kurve n. Grades dar. Setzt man in (2) $\frac{x}{z}$, $\frac{y}{z}$ statt x, y, so stellt z^nf_n eine Ternärform n. Grades in den homogenen Veränderlichen oder Koordinaten x, y, z dar. Schreibt man statt z^nf_n wieder f_n (so daß f_n homogen vom n. Grade in x, y, z ist), so hat die Ternärform f_n $1 + 2 + \dots n + (n + 1) = \frac{1}{2}\,n + 2\,(n + 1)$ Glieder. Die Gleichung

$$F_n = f_0 + f_1 + f_2 + \dots + f_{n-1} + f_n = 0 \quad (3)$$

stellt dann die Gleichung einer algebraischen Fläche n. Grades des dreidimensionalen Raumes dar.

Die Veränderlichen x, y, z bedeuten nichthomogene affine Koordinaten. Zur geometrischen Veranschaulichung werden wir sie meistens in der speziellen Form der rechtwinkeligen Cartesischen Koordinaten verwenden. Schreibt man

$$\frac{x_1}{x_0}\,,\ \frac{x_2}{x_0}\,,\ \frac{x_3}{x_0} \quad \text{statt} \quad x,\ y,\ z,$$ [1)]

1) Es ist sehr zweckmäßig, die homogenisierende Veränderliche, statt wie im 2. Abschnitt mit x_4, jetzt mit x_0, die Koordinaten mit $x_0|x_1|x_2|x_3$ statt $x_1|x_2|x_3|x_4$ zu bezeichnen.

so stellt $x_0^n F_n$ eine Quaternärform n. Grades in den homogenen Veränderlichen $x_1|x_2|x_3|x_0$ dar. Sie hat $\frac{1 \cdot 2}{2} + \frac{2 \cdot 3}{2} + \frac{3 \cdot 4}{2} + \ldots + \frac{n(n+1)}{2} + \frac{(n+1)(n+2)}{2} = \frac{1}{6}(n+1)(n+2)(n+3)$ Koeffizienten, was sich mittels eines Schlusses von n auf n + 1 ergibt. In der räumlichen Veranschaulichung sind $x_0|x_1|x_2|x_3$ homogene projektive Koordinaten. Sie können entweder als beliebige Tetraederkoordinaten oder auch so gedeutet werden, daß $x_0 = 0$ die Gleichung der Fernebene darstellt.

Schreiben wir statt $x_0^n F_n$ wieder kurz F_n, so stellt

$$F_n = x_0^n f_0 + x_0^{n-1} f_1 + x_0^{n-2} f_2 + \ldots + x_0 f_{n-1} + f_n = 0 \tag{4}$$

wo $f_i = f_i(x_1|x_2|x_3)$ eine Ternärform i. Grades in $x_1\ x_2\ x_3$ bedeutet, die Gleichung der algebraischen Fläche n. Grades in den homogenen Koordinaten $x_0\ x_1\ x_2\ x_3$ dar.

138. Gewöhnliche Flächenpunkte. Elliptische und hyperbolische Punkte. In den nichthomogenen (affinen) Koordinaten $x|y|z|1$ lautet die ausführlich geschriebene Flächengleichung

$$\begin{aligned} F_n = A_0 &+ (B_0 x + B_1 y + B_2 z) \\ &+ (C_0 x^2 + 2C_1 xy + 2C_2 xz + C_3 y^2 + 2C_4 yz + C_5 z^2) \\ &+ f_3 + \ldots + f_n = 0 \end{aligned} \tag{5}$$

Ist $A_0 = 0$, so liegt der Ursprung auf der Fläche. Schneidet man diese dann mit dem Ursprungsstrahl durch $a|b|c|1$

$$x = a\lambda \quad , \quad y = b\lambda \quad , \quad z = c\lambda \tag{6}$$

so kommt

$$\begin{aligned} F_n = (B_0 a + B_1 b + B_2 c)\lambda + (C_0 a^2 + 2C_1 ab + 2C_2 ac + C_3 b^2 + \\ + 2C_4 bc + C_5 c^2)\lambda^2 + \ldots = 0 \end{aligned} \tag{7}$$

Von den Schnittpunkten der Geraden mit der Fläche fällt der Punkt, der dem Wert $\lambda = 0$ des Parameters entspricht, in den Ursprung. Falls die B_i nicht alle drei verschwinden, heißt ein solcher Punkt ein gewöhnlicher oder regulärer Punkt der Fläche.

Ist mindestens einer der Koeffizienten $B_i \neq 0$, so hat die Bedingung

$$B_0 a + B_1 b + B_2 c = 0 \tag{8}$$

für die Gerade (6) zur Folge, daß sie im Ursprung zwei zusammenfallende Punkte mit der Fläche gemeinsam hat, also Flächentangente im Ursprung ist. Die Gerade (6) genügt dann der Gleichung

$$B_0x + B_1y + B_2z = 0 \quad , \quad B_0^2 + B_1^2 + B_3^2 \neq 0 \qquad ^{1)} \qquad (9)$$

Alle Ursprungstangenten liegen also in der Ebene (9), der Berührebene der Fläche im Ursprung.
Sind auch noch alle Koeffizienten der Ternärformen $f_1, f_2, \ldots, f_k$ gleich 0, aber nicht die von f_{k+1}, so sondert sich aus (7) der Faktor λ^{k+1} ab. Man sagt dann, die Gerade (6) berühre die Fläche in k. Ordnung.
Im Falle $k = 0$ kann man durch Drehung des Koordinatensystems erreichen, daß die Gleichung der Berührebene die Form $z = 0$ erhält. In diesem Fall lautet die Flächengleichung

$$\begin{aligned} F_n = z + C_0x^2 + 2C_1xy + 2C_2xz + C_3y^2 + 2C_4yz + \\ + C_5z^2 + f_3 + \ldots + f_n = 0 \end{aligned} \qquad (10)$$

Die Ebene $z = 0$ (die der Repräsentant einer beliebigen Ebene ist), schneidet die Fläche nach der ebenen algebraischen Kurve

$$z = 0, \; f_n = C_0x^2 + 2C_1xy + C_3y^2 + \varphi_3 + \ldots + \varphi_n = 0 \qquad (11)$$

Diese Kurve hat im Ursprung einen Doppelpunkt, der

$$\left.\begin{array}{l}\text{Einsiedler}\\ \text{Spitze}\\ \text{Knoten}\end{array}\right\}$$

ist, je nachdem $C_0C_3 - C_1^2 \gtreqless 0$ ist. Dieser Punkt heißt ein

$$\left.\begin{array}{l}\text{elliptischer}\\ \text{parabolischer}\\ \text{hyperbolischer}\end{array}\right\} \text{Flächenpunkt.}$$

Denn eine Ebene $z = \varepsilon$ in der Nähe von $z = 0$ trifft die Fläche bei kleinen ε, x und y in

$$\left.\begin{array}{l}\text{der Ellipse}\\ \text{dem Parallelenpaar}\\ \text{der Hyperbel}\end{array}\right\} \quad C_0x^2 + 2C_1xy + C_3y^2 = -\varepsilon$$

wobei im 1. und im 2. Falle ε so zu wählen ist, daß $C_0\varepsilon < 0$ ist. Lautet die Flächengleichung $F_n = f_1 + f_2 + \ldots + f_n = 0$, so ist der Ursprung ein parabolischer Punkt, wenn die Ebene $f_1 = 0$ den Kegel $f_2 = 0$ längs einer Mantellinie berührt. Die einfachsten Beispiele für einen elliptischen bzw. hyperbolischen Punkt im Ursprung geben das Drehparaboloid $z = x^2 + y^2$

---

1) Wenn wir die B_i als reell voraussetzen!

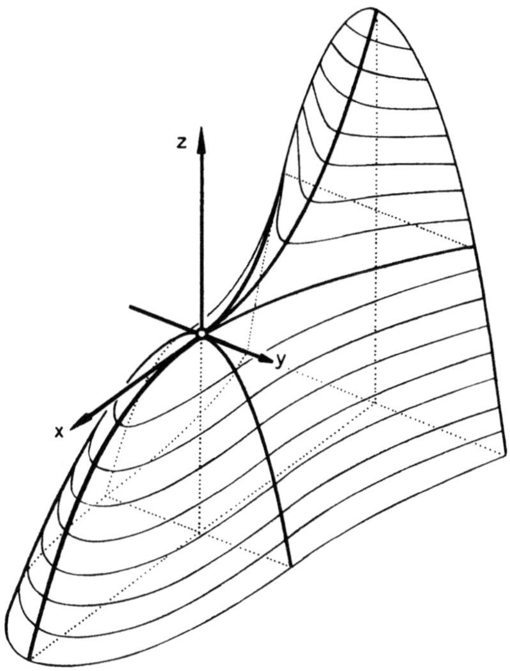

Bild 57

bzw. das hyperbolische Paraboloid $z = x^2 - y^2$. Das einfachste Beispiel für einen parabolischen Punkt (Bild 57) die Fläche

$$2z = \frac{y^2}{R_2} + \alpha x^3 \qquad (\times)$$

(In dem Bild 57 ist $R_2 = -1$, $\alpha = -\frac{1}{40}$).
Die parabolischen Punkte einer Fläche bilden ihre parabolische Kurve. Beim letzten Beispiel ist diese die Parabel $y^2 = 2R_2 z$, $x = 0$; denn alle Punkte dieser Parabel sind parabolisch für die Fläche (vgl. Nr. 148). Überhaupt zerfällt die Fläche in zwei Mäntel: für $x > 0$ hat sie lauter elliptische, für $x < 0$ lauter hyperbolische Punkte

Aufgabe Untersuche die Fläche (×) genau.

139. Singuläre Flächenpunkte: Konische Punkte

Sind in Gleichung (5) außer A_o auch alle B_i gleich 0, nicht aber alle C_i, so lautet die Flächengleichung

$$F_n = C_o x^2 + 2C_1 xy + 2C_2 xz + C_3 y^2 + 2C_4 yz + \\ + C_5 z^2 + f_3 + \ldots + f_n = 0 \quad . \qquad (12)$$

139

Jetzt hat jede Gerade (6) der Nr. 138 durch den Ursprung mit der Fläche zwei zusammenfallende Punkte gemeinsam. Diejenigen Geraden aber, für welche

$$C_0a^2 + 2C_1ab + 2C_2ac + C_3b^2 + 2C_4bc + C_5c^2 = 0 \qquad (13)$$

ist, berühren die Fläche in 2. Ordnung. Sie sind die Mantellinien des Kegels 2. Grades

$$f_2 = C_0x^2 + 2C_1xy + 2C_2xz + C_3y^2 + 2C_4yz + C_5z^2 = 0 \qquad (14)$$

mit Spitze im Ursprung. Dabei ist zunächst vorausgesetzt, daß die Determinante

$$\Delta = \begin{vmatrix} C_0 & C_1 & C_2 \\ C_1 & C_3 & C_4 \\ C_2 & C_4 & C_5 \end{vmatrix} \neq 0 \qquad (15)$$

ist. Der Kegel (14) kann nullteilig sein, dann ist der Ursprung ein isolierter Punkt der Fläche, oder aber einteilig. Ein einfaches Beispiel für einen singulären Punkt mit einteiligem Kegel gibt (Bild 58) die Fläche

$$x^2 + y^2 - \frac{1}{4} z^2 - \frac{1}{18} xz^2 = 0 \qquad (16)$$

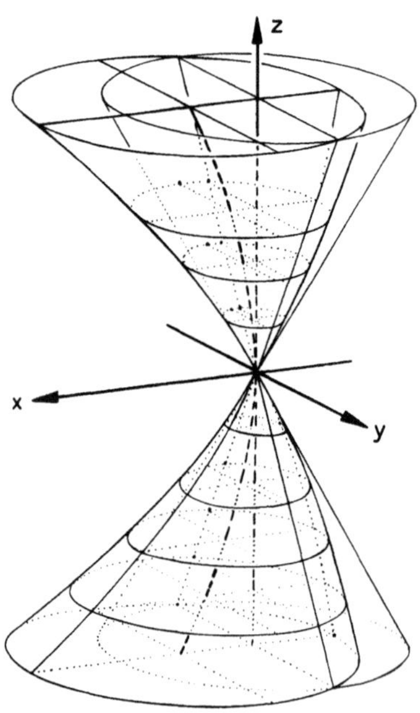

Bild 58

Die Ebene $z = \text{const}$ schneidet die Fläche nach Kreisen, deren Mittelpunkte auf der Parabel $y = 0$, $z^2 = 36x$ liegen. $x = 0$ schneidet in den Geraden $z = \pm 2y$. $y = 0$ schneidet in einem "Kinderhemd" (KB Nr. 119).
Der Ursprung heißt ein konischer Punkt oder ein konischer Knoten der Fläche.
Die Kegel $f_2 = 0$ und $f_3 = 0$ haben im allgemeinen Fall 6 gemeinsame Erzeugende, welche die Fläche in 3. Ordnung berühren. Im speziellen treten sehr zahlreiche Sonderfälle auf (s. z.B. die Fläche (16)), auf die wir nicht eingehen können.

140. Singuläre Flächenpunkte: Biplanare Punkte

Es ist jetzt der Fall zu untersuchen, daß die Determinante Δ in Gleichung (15) der Nr. 139 verschwindet, ohne daß alle ihre Unterdeterminanten verschwinden, so daß sie den Rang 2 hat.
Der Kegel $f_2 = 0$ zerfällt dann in zwei Ebenen. Der im Ursprung O befindliche singuläre Punkt heißt dann biplanarer Punkt oder biplanarer Knoten, kurz Biknoten (englisch binode). Die beiden Ebenen heißen Biebenen, ihre Schnittlinien die Biachse. Die Biebenen können reell oder konjugiert-imaginär sein: Die Biachse ist stets reell. Von den 6 gemeinsamen Erzeugenden von $f_2 = 0$ und $f_3 = 0$ liegen jetzt drei in jeder Biebene.
Macht man die Biachse zur Achse $x = 0$, $y = 0$, so kann man im Falle reeller Biebenen die Gleichung der Fläche in der Gestalt

$$(Ax + By)(A'x + B'y) + f_3 + \ldots + f_n = 0 \qquad (17)$$

schreiben. Jede der Biebenen schneidet die Fläche nach einer Kurve, die im Ursprung einen dreifachen Punkt hat. Die 2 mal 3 gemeinsamen Erzeugenden von $f_2 = 0$ und $f_3 = 0$ sind, wenn sie verschieden sind, die Tangenten in den beiden dreifachen Punkten (Beweis als Aufgabe!).
1. Beispiel (Bild 59). Die Fläche

$$F \equiv x^2 - y^2 - \tfrac{1}{8}z^3 - x^2y^2 = 0 \qquad (18)$$

wird von $z = 0$ in einer Kohlenspitzkurve (KB Nr. 171) geschnitten. Die Biebenen in O sind $x \mp y = 0$. $x = 0$ und $y = 0$ schneiden die Fläche in zwei entgegengesetzt gerichteten Neilschen Parabeln. Die Biachse gehört der Fläche nicht an.
Aufgabe Schneide die Fläche mit den Ebenen $z = \text{const}$. Die Geraden $y = \pm 1$, $z = \text{const}$ sind Asymptoten, die Geraden $y = \pm 1$, $z = -2$ liegen ganz auf der Fläche.
2. Beispiel (Bild 60)

$$F \equiv x^2 + y^2 + (z - a)^3 = 0 \qquad (19)$$

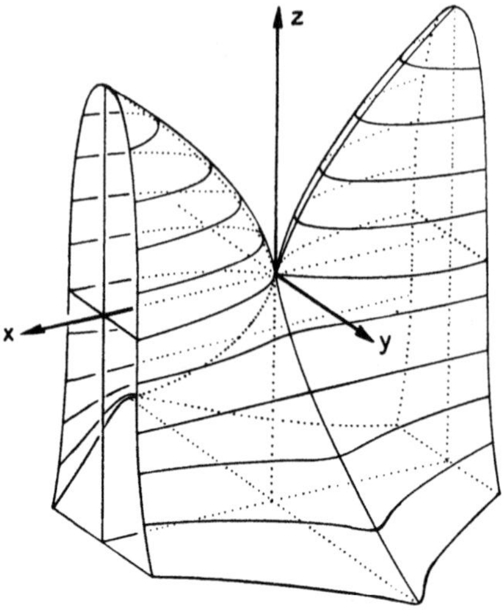

Bild 59

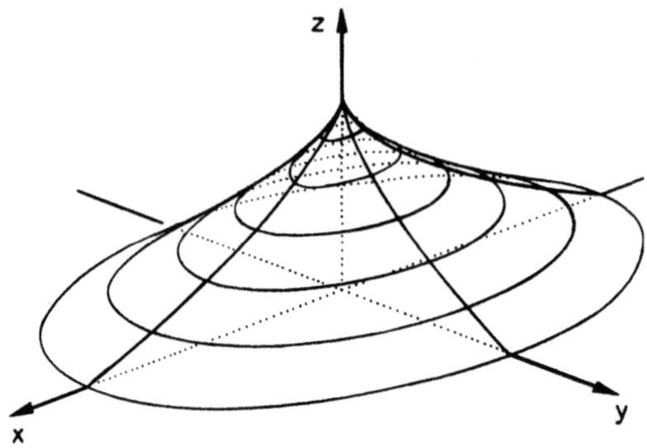

Bild 60

Die Drehfläche der Neilschen Parabel $x^2 = (z - a)^3$ hat den Biknoten $0|0|a$ mit den Biebenen $x \mp iy = 0$. $0|0|a$ ist Spitze. Die Fläche hat, wie wir später sehen werden (Nr. 151) auch noch die Punkte $x = \pm iy$, $z = 0$, $t = 0$ als Biknoten mit den Biebenen $x \mp iy = 0$, $t = 0$.

141. Singuläre Punkte: Uniplanare Punkte

Nun fehlt noch der Fall, daß die Determinante Δ in Gleichung (15) der Nr. 139 nur den Rang 1 hat. Der Kegel $f_2 = 0$ artet dann in eine Doppelebene, die Uniebene aus, der Ursprung ist uniplanarer Punkt, uniplanarer Knoten, kurz Uniknoten (engl. unode). Die Gleichung der Fläche kann in die Gestalt

$$z^2 + f_3 + \dots + f_n = 0 \qquad (20)$$

gebracht werden.

1. Beispiel (Bild 61)

$$F = z^2 - \frac{xy^2}{9} + x^3 = 0 \qquad (21)$$

(die "Libelle"). Die Uniebene $z = 0$ schneidet die Fläche in den drei reellen Geraden $x = 0$, $z = 0$; $y - 3x = 0$, $z = 0$; $y + 3x = 0$, $z = 0$.

Aufgabe Untersuche die Fläche (21) genauer.

2. Beispiel (Bild 62)

$$F = z^2 + \frac{4}{9}xy^2 + x^3 = 0$$

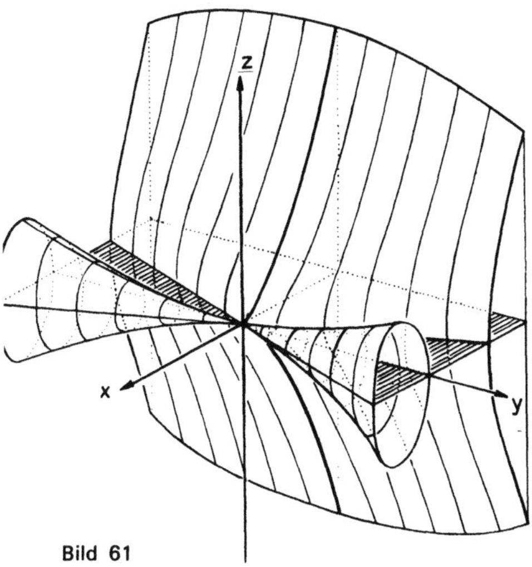

Bild 61

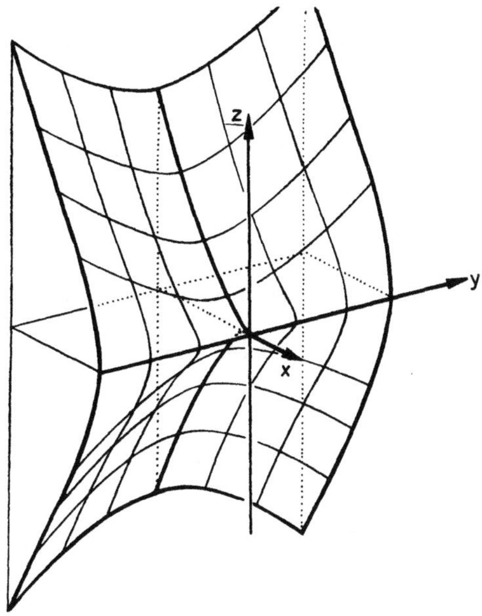

Bild 62

Die Uniebene $z = 0$ schneidet in der reellen Geraden $x = 0$, $z = 0$ und den beiden konjugiert-imaginären Geraden $y = \pm \frac{3}{2} ix$, $z = 0$. Bild 62 ist charakteristisch für das Aussehen eines Uniknotens in diesem Fall. Er erinnert in seiner Umgebung an die Form einer Hautfalte, die mit Daumen und Zeigefinger durch leichtes Kneifen angehoben wird: Daher der Name Kniffpunkt oder Zwickpunkt (engl. pinch-point) für den Uniknoten in diesem Fall. Im allgemeinen Fall (20), wenn die Ordnung von $F_n = 0 > 3$ ist, sind die drei Geraden der beiden Beispiele die Tangenten des dreifachen Punktes $z = 0$, $f_3 = 0$ im Ursprung.

Aufgaben

1. Untersuche die Fläche (22) genauer.
2. Untersuche die Flächen

a. $z^2 - \frac{xy^2}{9} + x^3 - y^4 = 0$,

b. $z^2 + \frac{4}{9} xy^2 + x^3 - y^4 = 0$

§ 2. Fläche F_n in einem beliebigen endlichen Punkt. Berührebene, Ordnung und Klasse. Nr. 142–144

142. Wir gehen jetzt von der Flächengleichung

$$F_n \equiv x_0^n f_0 + x_0^{n-1} f_1 + x_0^{n-2} f_2 + \dots + x_0 f_{n-1} + f_n = 0 \qquad (1)$$

aus, wo $x_0|x_1|x_2|x_3$ je nach Bedarf homogene Tetraederkoordinaten oder Cartesische Koordinaten mit Fernebene $x_0 = 0$ darstellen können.

Die Gleichungen der Verbindungsgeraden der Punkte p und q mittels des Parameters λ sind (KB Nr. 24)

$$\varrho x = p + \lambda q \tag{2}$$

Wir entwickeln nach dem Taylorschen Satz

$$F(p + \lambda q) = \varphi(\lambda) = \varphi(0) + \varphi'(0)\frac{\lambda}{1!} + \varphi''(0)\frac{\lambda^2}{2!} + \dots + \varphi^{(k)}(0)\frac{\lambda^k}{k!} + \dots + \varphi^{(n)}(0)\frac{\lambda^n}{n!} \tag{3}$$

Nun ist

$$\frac{d\varphi(x_0|x_1|x_2|x_3)}{d\lambda} = \frac{\partial\varphi}{\partial x_0}\frac{dx_0}{d\lambda} + \frac{\partial\varphi}{\partial x_1}\frac{dx_1}{d\lambda} + \frac{\partial\varphi}{\partial x_2}\frac{dx_2}{dz} + \frac{\partial\varphi}{\partial x_3}\frac{dx_3}{d\lambda}$$

also

$$F(p + \lambda q) = F(p) + \left(\frac{\partial F}{\partial p_0}q_0 + \frac{\partial F}{\partial p_1}q_1 + \frac{\partial F}{\partial p_2}q_2 + \frac{\partial F}{\partial p_3}q_3\right)\frac{\lambda}{1!} + \left(\frac{\partial F}{\partial p_0}q_0 + \frac{\partial F}{\partial p_1}q_1 + \frac{\partial F}{\partial p_2}q_2 + \frac{\partial F}{\partial p_3}q_3\right)^{(k)}\frac{\lambda^k}{k!} + \dots + F(q)\frac{\lambda^n}{n!} \tag{4}$$

hier ist

$$p^{(k)}\left[F(p)\right] = \left(\frac{\partial F}{\partial p_0}q_0 + \frac{\partial F}{\partial p_1}q_1 + \frac{\partial F}{\partial p_2}q_2 + \frac{\partial F}{\partial p_3}q_3\right)^{(k)} \tag{5}$$

ein sogenanntes symbolisches Produkt, in dessen Entwicklung das Produkt

$$\left(\frac{\partial F}{\partial p_0}\right)^{\alpha_0}\left(\frac{\partial F}{\partial p_1}\right)^{\alpha_1}\left(\frac{\partial F}{\partial p_2}\right)^{\alpha_2}\left(\frac{\partial F}{\partial p_3}\right)^{\alpha_3}$$

durch die partielle Ableitung

$$\frac{\partial^{\alpha_0+\alpha_1+\alpha_2+\alpha_3}F}{\partial p_0^{\alpha_0}\partial p_1^{\alpha_1}\partial p_2^{\alpha_2}\partial p_3^{\alpha_3}}$$

zu ersetzen ist. Man nennt in Verallgemeinerung des Falles $n = 2$ der Fläche 2. Grades

$$P_q^{(k)}\left[F(x)\right] = 0 \tag{6}$$

die **k. Polare** von q in bezug auf $F(x) = 0$. Aus der Symmetrie zwischen p und q folgt

$$\frac{1}{k!} \cdot P_q^{(k)}\left[F(p)\right] = \frac{1}{(n-k)!} \cdot P_p^{(n-k)}\left[F(q)\right] \qquad (7)$$

d.h. der

Satz Liegt ein Punkt P auf der k. Polare von q, so liegt q auf der (n - k). Polare von p.

Die beiden wichtigsten Polaren des Punktes p - beachte den Wechsel der Bezeichnung! - sind die (n - 1). oder ebene Polare

$$\frac{\partial F}{\partial p_0}x_0 + \frac{\partial F}{\partial p_1}x_1 + \frac{\partial F}{\partial p_2}x_2 + \frac{\partial F}{\partial p_3}x_3 = 0 \qquad (8_1)$$

und die (n - 2). Polare oder Polarfläche 2. Grades

$$\frac{\partial^2 F}{\partial p_0^2}x_0^2 + 2\frac{\partial^2 F}{\partial p_0 \partial p_1}x_0x_1 + 2\frac{\partial^2 F}{\partial p_0 \partial p_2}x_0x_2 + 2\frac{\partial^2 F}{\partial p_0\, p_3}x_0x_3 + \qquad (8_2)$$

$$+ \frac{\partial^2 F}{\partial p_1^2}x_1^2 + 2\frac{\partial^2 F}{\partial p_1 \partial p_2}x_1x_2 + 2\frac{\partial^2 F}{\partial p_1 \partial p_3}x_1x_3 +$$

$$+ \frac{\partial^2 F}{\partial p_2^2}x_2^2 + 2\frac{\partial^2 F}{\partial p_2 \partial p_3}x_2x_3 + \frac{\partial^2 F}{\partial p_3^2}x_3^2 = 0 \qquad (8_2)$$

143. Aus (4) folgt, daß eine Gerade die Fläche $F_n = 0$ in n Punkten trifft. n heißt daher die Ordnung der Fläche $F_n = 0$. Die Bedingung, daß die Gerade (2) die Fläche im Punkt P berührt ist

$$F(p) = 0 \quad ,$$

$$F_x(p) \equiv \frac{\partial F}{\partial p_0}q_0 + \frac{\partial F}{\partial p_1}q_1 + \frac{\partial F}{\partial p_2}q_2 + \frac{\partial F}{\partial p_3}q_3 = 0 \qquad (9)$$

oder, wenn man den Punkt q in den laufenden Punkt x verwandelt, die Gleichung (8_1) mit der Bedingung $F(p) = 0$. Da (8_1) in $x_0|x_1|x_2|x_3$ vom 1. Grade ist, so liegen alle Tangenten im Punkt p an die Fläche $F_n = 0$ in einer Ebene, der Berührebene der Fläche in p. Dabei ist aber die Voraussetzung, daß die Größen $\frac{\partial F'}{\partial p_i}$, i = 0, 1, 2, 3 nicht alle verschwinden. Der Punkt p heißt in diesem Falle ein gewöhnlicher oder regulärer Punkt. Sind aber alle

$$\frac{\partial F}{\partial p_i} = 0 \quad , \quad i = 0, 1, 2, 3$$

und damit nach dem Eulerschen Satz über homogene Funktionen (KB Nr. 51) von selbst auch

$$F = \frac{1}{n}\left(p_0\frac{\partial F}{\partial p_0} + p_1\frac{\partial F}{\partial p_1} + p_2\frac{\partial F}{\partial p_2} + p_3\frac{\partial F}{\partial p_3}\right) = 0 \quad ,$$

so heißt p ein singulärer Punkt. Bildet man aus den Koeffizienten

$$\frac{\partial^2 F}{\partial p_i \partial p_k}$$

von (8_2) die sogenannte Hesse'sche Form oder Hesse'sche Determinante

$$H^{1)} = \left|\frac{\partial^2 F}{\partial p_i \partial p_k}\right| , \qquad (11)$$

so ergibt sich

$$p_0 H = \begin{vmatrix} p_0 \frac{\partial^2 F}{\partial p_0^2} & \frac{\partial^2 F}{\partial p_1 \partial p_0} & \cdot & \frac{\partial^2 F}{\partial p_0 \partial p_3} \\ p_0 \frac{\partial^2 F}{\partial p_0 \partial p_1} & \frac{\partial^2 F}{\partial p_1^2} & \cdot & \frac{\partial^2 F}{\partial p_1 \partial p_3} \\ \cdot & \cdot & \cdot & \cdot \\ p_0 \frac{\partial^2 F}{\partial p_0 \partial p_3} & \frac{\partial^2 F}{\partial p_1 \partial p_3} & & \frac{\partial^2 F}{\partial p_3^2} \end{vmatrix}$$

$$= \begin{vmatrix} p_0 \frac{\partial^2 F}{\partial p_0^2} + p_1 \frac{\partial^2 F}{\partial p_1 \partial p_0} + \cdot + p_3 \frac{\partial^2 F}{\partial p_0 \partial p_3} & \cdots \\ p_0 \frac{\partial^2 F}{\partial p_0 \partial p_1} + p_1 \frac{\partial^2 F}{\partial p_1^2} + \cdot + p_3 \frac{\partial^2 F}{\partial p_1 \partial p_3} & \cdots \\ \cdot \quad \cdot \quad \cdot \quad \cdot & \cdots \\ p_0 \frac{\partial^2 F}{\partial p_0 \partial p_3} + p_1 \frac{\partial^2 F}{\partial p_1 \partial p_3} + \cdot\cdot p_3 \frac{\partial^2 F}{\partial p_3^2} & \cdots \end{vmatrix}$$

1) Man verwechsle dieses H nicht mit dem H der mittleren Krümmung (Nr. 25.)

$$= \begin{vmatrix} \frac{\partial}{\partial p_0}(p_0 \frac{\partial F}{\partial p_0} + \dots) - \frac{\partial F}{\partial p_0} & \dots \\ \frac{\partial}{\partial p_1}(p_0 \frac{\partial F}{\partial p_0} + \dots) - \frac{\partial F}{\partial p_1} & \dots \\ \cdot & \cdot \ \dots \\ \frac{\partial}{\partial p_3}(p_0 \frac{\partial F}{\partial p_0} + \dots) - \frac{\partial F}{\partial p_3} & \dots \end{vmatrix} = (n-1) \begin{vmatrix} \frac{\partial F}{\partial p_0}, & \dots \\ \frac{\partial F}{\partial p_1}, & \dots \\ \cdot & \\ \frac{\partial F}{\partial p_3}, & \dots \end{vmatrix}$$

In einem singulären Punkt ist also

$$H = 0 \tag{12}$$

d.h. die Polarfläche 2. Grades (8_2) ist ein Polarkegel. **Man** könnte, wenn es nicht klar wäre, ebenso beweisen, daß alle anderen Polaren Kegel sind.

144. Die Ebenenkoordinaten der Berührebene (8_1) seien $u_0 | u_1 | u_2 | u_3$. Dann ist

$$\varrho u_0 = \frac{\partial F}{\partial x_0}, \ \varrho u_1 = \frac{\partial F}{\partial x_1}, \ \varrho u_2 = \frac{\partial F}{\partial x_2}, \ \varrho u_3 = \frac{\partial F}{\partial x_3} \tag{13}$$

Man erhält (vgl. Nr. 29) die Klassengleichung unserer Fläche $F_n = 0$ der Ordnung n, wenn man die $x_0 | x_1 | x_2 | x_3$ aus den Gleichungen (13) und $F_n = 0$ eliminiert. Sie wird eine Gleichung von der Gestalt

$$\phi(u_0 | u_1 | u_2 | u_3) = 0 \tag{14}$$

von einem Grade ν, der i.a. von n verschieden ist, im Gegensatz zum Beispiel 1 in Nr. 29 und den folgenden Beispielen.

1. Beispiel (Bild 65, siehe auch Nr. 151)

$$F = xy - z^3 = 0 \qquad \text{oder} \quad x_0 x_1 x_2 - x_3^3 = 0 \tag{15}$$

woraus

$$\varrho u_0 = x_1 x_2, \quad \varrho u_1 = x_0 x_2, \quad \varrho u_2 = x_0 x_1, \quad \varrho u_3 = -3x_3^2,$$

so daß

$$\varrho^3 u_0 u_1 u_2 = x_0^2 x_1^2 x_2^2 \quad , \qquad \varrho^3 u_3^3 = -27\, x_3^6$$

also

$$\phi = 27\, u_0 u_1 u_2 + u_3^3 = 0 \quad ,$$

so daß die Fläche eine solche 3. Ordnung und 3. Klasse ist.

2. Beispiel (= 2. Beispiel der Nr. 140, Bild 59)

$$F = x^2 + y^2 + (z - a)^3 = 0 \qquad (16)$$

$$\phi = 27(u_0 + au_3)(u_1^2 + u_2^2) - 4\, u_3^3 = 0$$

Ein Gegenbeispiel ist das

3. Beispiel

$$F = 2\, xy - yz^2 - x^3 = 0 \qquad (17)$$

$$\phi = (2\, u_0 u_1 - u_3^2)^2 - 8\, u_0^3 u_2 = 0$$

(Die Rechnung ist etwas langwierig)

§ 3. Der Berührkegel von einem gegebenen Punkt an eine Fläche F_n. Die Klasse einer Fläche mit singulären Punkten. Die Maximalzahl der Knoten einer Fläche. Nr. 145–148

145. Um die Klasse n' einer Fläche n. Ordnung F = 0 zu bestimmen, benötigen wir den Berührkegel von einem beliebigen Punkt an die Fläche.
Ist p ein Punkt der Fläche F_n, also

$$F(p) = 0 \quad , \qquad (1)$$

so geht die Berührebene in p von F_n durch den gegebenen Punkt q wenn

$$\sum^3 \frac{\partial F}{\partial p_i} q_i = 0 \qquad (2)$$

ist. Bewegt sich die Berührebene bei festem q und veränderlichem p, so umhüllt sie den Berührkegel von q an F_n. Ist x ein Punkt der Mantellinie pq des Kegels, so ist

$$p = x + \lambda q \quad . \qquad (3)$$

Um seine Gleichung zu erhalten, hat man (3) in (1) und (2) einzusetzen und dann λ zu eliminieren. Nun ist aber

$$\frac{d}{d\lambda} F(x + \lambda q) = \sum \frac{\partial F}{\partial p_i} q_i \qquad (4)$$

Also hat man λ aus $F(x + \lambda q) = 0$ und $\frac{d}{d\lambda} F(x + \lambda q) = 0$ zu eliminieren, d.h. die Diskriminante von $F(x + \lambda q) = 0$ in bezug auf λ zu bilden und gleich 0 zu setzen.
Es gilt also der

Satz 1 Der Berührkegel von einem gegebenen Punkt q an eine Fläche F_n berührt sie längs des Schnittes mit der ersten Polaren von q. Weiter gilt

Satz 2 Die erste Polare irgend eines Punktes geht durch jeden konischen Knoten der Fläche. Die Achse jedes Biknotens berührt den Schnitt der ersten Polaren irgend eines Punktes mit der Fläche in 2. Ordnung.

Das letztere folgt aus Gleichung (4) der Nr. 142.

Satz 3 Hat der Schnitt der ersten Polaren von q mit der Fläche einen konischen Knoten in p, so ist die zweite Polare von p ein Kegel mit Spitze in q.

Beweis Die erste Polare von q lautet

$$\sum_{i=0}^{3} \frac{\partial F}{\partial x_i} q_i = 0 \quad . \qquad (\times)$$

Nach (4) der Nr. 142 gilt eine Entwicklung

$$\frac{\partial F(x + \lambda r)}{\partial x_i} = \frac{\partial F}{\partial x_i} + \frac{\partial^2 F}{\partial x_i \partial x_k} r_k \frac{\lambda}{1!} + \ldots ,$$

woraus

$$\sum \frac{\partial F(x + \lambda r)}{\partial x_i} q_i = \sum \frac{\partial F}{\partial x_i} q_i + \sum \frac{\partial^2 F}{\partial x_i \partial x_k} q_i r_k \frac{\lambda}{1!} + \ldots$$

Der Schnitt der ersten Polaren von q mit der Fläche hat nun einen konischen Knoten in p, wenn außer ($\times$) auch

$$\sum \frac{\partial^2 F}{\partial p_i \partial p_k} q_i = 0 \quad \text{ist} \qquad (\times\times)$$

Die zweite Polare von p ist aber

$$\sum \frac{\partial^2 F}{\partial p_i \partial p_k} x_i x_k = 0$$

Diese ist aber ein Kegel mit Spitze in q, wenn ($\times\times$) gilt.

Satz 4 Der Schnitt der zweiten Polaren eines Punktes q mit der Fläche geht durch die Punkte, in denen die Erzeugenden des Berührkegels von q die Fläche in 2. Ordnung berühren und die Anzahl dieser Erzeugenden ist n(n - 1)(n - 2)

Beweis Es ist nach (4) der Nr. 142

$$F(x + \lambda q) = F(x) + \sum \frac{\partial F}{\partial x_i} q_i \lambda + \sum \frac{\partial^2 F}{\partial x_i \partial x_k} q_i q_k \frac{\lambda^2}{2!} + \ldots = 0$$

$$\frac{dF(x + \lambda q)}{d\lambda} = \sum \frac{\partial F}{\partial x_i} q_i + \sum \frac{\partial^2 F}{\partial x_i \partial x_k} q_i q_k \lambda + \ldots = 0$$

Der Berührkegel ist durch diese beiden Gleichungen bestimmt. Er berührt die Fläche 2. Ordnung, wenn

$$\sum \frac{\partial F}{\partial x_i} q_i = 0 \qquad \text{und} \qquad \sum \frac{\partial^2 F}{\partial x_i \partial x_k} q_i q_k = 0$$

ist. Die 2. Gleichung bedeutet die 2. Polare von q. Die Anzahl der Erzeugenden, für die noch $F = 0$ gilt, ist $n(n-1)(n-2)$.

146. Die Klasse einer Fläche $F_n = 0$ ist <u>dual</u> zu ihrer <u>Ordnung</u>, d.h. der Zahl ihrer Schnittpunkte mit einer Geraden. Sie ist also die Anzahl ihrer Berührebenen durch eine beliebige Gerade.

Satz 5 Die Klasse einer Fläche ohne Singularitäten ist $n(n-1)^2$.

Beweis Seien A und B zwei Punkte einer festen Geraden q, P der Berührpunkt einer Berührebene durch AB. Die ersten Polaren von A und von B gehen durch P. Die Zahl der Punkte P ist also gleich der Zahl der Schnittpunkte der Fläche mit den ersten Polaren zweier Punkte A und B auf g, d.h. nach dem Theorem von Bézont $n(n-1)^2$.

Satz 6 Der Grad des Berührkegels an eine Fläche ohne Singularitäten ist $n(n-1)$. Die Klasse des Kegels ist gleich derjenigen der Fläche, also $n(n-1)^2$ 1).

Beweis Ist S die Spitze des Berührkegels und besitzt die Fläche keine Singularitäten, so gibt es eine Ebene durch S, die durch keine Singularitäten geht. Ihr Schnitt mit der Fläche ist also eine Kurve des Grades n ohne Singularitäten von der Klasse $n(n-1)$:

Soviele Tangenten gibt es von S an die Fläche. Da jede Tangente Erzeugende des Kegels ist, so ist sein Grad $n(n-1)$ 2). Die Klasse des Kegels ist gleich der Zahl seiner Berührebenen durch eine beliebige Gerade durch seinen Scheitel. Jede dieser Berührebenen ist eine solche der Fläche und umgekehrt, also ist die Klasse des Kegels gleich derjenigen der Fläche.
Nun ist die Klasse eines Kegels gleich der Anzahl der Berührebenen durch eine Gerade g, welche die Kegelspitze enthält. Schneidet eine nicht durch die Spitze gehende Ebene g in P und den Kegel in der Kurve K, so ist die Klasse des Kegels und damit die Klasse unserer Ausgangsfläche gleich der Klasse der ebenen algebraischen Kurve K.

Satz 7 Besitzt die Fläche eine Knotenkurve des Grades d mit lauter singulären Knotenpunkten, eine sogenannte Doppelkurve und eine Spitzenkurve des Grades r mit lauter Rückkehrpunkten, so ist die Anzahl der Tangenten im Beweis von S 6, d.h. der Grad des Kegels nach der 1. Plückerschen Formel $n(n-1) - 2d - 3r$.

---

1) Der Kegel besitzt natürlich zwei Klassengleichungen, aber die eine, die lineare Gleichung seiner Spitze ist ohne Einfluß auf die Zahl, welche die Klasse angibt.
2) Eine beliebige feste Gerade bestimmt nämlich mit S eine Ebene der genannten Art, trifft also den Kegel in $n(n-1)$ Punkten.

Satz 8 Jede an einen Punkt S an eine Kurve gezogene Doppeltangente ist eine Knotenerzeugende des Berührkegels von S an die Fläche und jede stationäre, d.h. in 2. Ordnung berührende Tangente eine Spitzenerzeugende des Kegels. Der Berührkegel an eine Fläche ohne Singularitäten besitzt n(n - 1)(n - 2) Spitzenerzeugende.

Beweis Ist SAB eine Doppeltangente an die Fläche in A und B, dann sind die Berührebenen an die Fläche in A und B auch Berührebenen an den Berührkegel von S entlang der Erzeugenden SAB. Und, da diese i.a. nicht zusammenfallen, hat der Kegel zwei Berührebenen, die ihn entlang AB berühren. Daher ist SAB eine "Knotenerzeugende" des Kegels.

Ist S mit den Koordinaten q_i die Spitze des Berührkegels an die Fläche, so ergibt sich nach Nr. 145 seine Gleichung aus

$$F(x + \lambda q) = F(x) + \sum \frac{\partial F}{\partial x_i} q_i \lambda + \sum \frac{\partial^2 F}{\partial x_i \partial x_k} q_i q_k \frac{\lambda^2}{2!} + \ldots = 0$$

$$\frac{d}{d\lambda} F(x + \lambda q) = \sum \frac{\partial F}{\partial x_i} q_i + \sum \frac{\partial^2 F}{\partial x_i \partial x_k} q_i q_k \lambda + \ldots = 0$$

durch Elimination von λ. Die Mantellinie SA habe nun in $A(p_0 | p_1 | p_2 | p_3)$ eine Berührung 2. Ordnung mit der Fläche F, dann ist

$$F(p) = 0 \quad , \quad \sum \frac{\partial F}{\partial p_i} q_i = 0 \quad , \quad \sum \frac{\partial^2 F}{\partial p_i \partial p_k} q_i q_k = 0 \qquad \text{(o)}$$

Die einzige Berührebene von A an die Fläche und den Kegel ist

$$\sum \frac{\partial F}{\partial p_i} x_i = 0 \qquad \text{(oo)}$$

Die erste Polare von S ist $\sum \frac{\partial F}{\partial x_i} q_i = 0$ und es ist

$$\sum \frac{\partial F}{\partial x_i} q_i \Big|_{x_i \to x_i + \lambda q_i} = \sum \frac{\partial F}{\partial x_i} q_i + \sum \frac{\partial^2 F}{\partial x_i \partial x_k} q_i q_k + \ldots \qquad \text{(ooo)}$$

Die erste Polare geht also gemäß (o) durch A, und $p + \lambda q$ ist nach (ooo) gemeinsame Tangente an ihr u. der Fläche.

Jede Ebene durch SA trifft die Fläche und ihre 1. Polare in bezug auf S in zwei Kurven der Grade n und n - 1 mit SA als gemeinsamer Tangente in A, die sich außerdem in n(n - 1) - 2 Punkten schneiden, SA ist also jedenfalls Doppelerzeugende des Kegels. Die einzige Berührebene an den Kegel in A ist (oo), also ist SA Spitzenerzeugende des Kegels. Nach Satz 4 ist deren Anzahl

n(n - 1)(n - 2).

Satz 9 Durch einen beliebigen Punkt gibt es bei einer singularitätsfreien Fläche $\frac{1}{2}n(n-1)(n-2)(n-3)$ Doppeltangenten.

Beweis Sind n' und ν Grad (Ordnung) und Klasse des Berührkegels, d und r die Zahl seiner Knoten- und Spitzenerzeugenden, so ist nach Plücker (KB Nr. 61) $\nu = n'(n'-1) - 2d - 3r$, nach Satz 6 und 5

$$n' = n(n-1) \quad , \quad \nu = n(n-1)^2 \quad , \quad r = n(n-1)(n-2) \quad ,$$

also

$$d = \frac{1}{2}n(n-1)(n-2)(n-3)$$

Satz 10 Jede Erzeugende eines Berührkegels aus einem beliebigen Punkt, die durch einen konischen Knoten der Fläche geht, ist eine Knotenerzeugende und umgekehrt, jede Erzeugende, die durch einen Biknoten geht, ist eine Spitzenerzeugende und umgekehrt. Besitzt die Fläche C konische Knoten und B Biknoten, so ist ihre Klasse

$$\nu = n(n-1)^2 - 2C - 3B \qquad (5)$$

Beweis Ist A ein konischer Knoten der Fläche, S die Spitze des Berührkegels, dann sind die Berührebenen durch SA an den Berührkegel der Fläche in dem konischen Knoten Berührebenen der Fläche und damit des Kegels mit Spitze S. Also ist SA Knotenerzeugende des Kegels. Umgekehrt: Ist SA Knotenerzeugende des Kegels, so gibt es einen konischen Knoten A auf der Fläche. Der Beweis ist sehr einfach: Durch O müssen zwei Berührebenen gehen, die O zum Berührpunkt haben. Ist O der Ursprung, so kann die Flächengleichung nur $F \equiv f_2 + f_3 + \ldots f_n = 0$ lauten. Um den 2. Teil des Satzes zu beweisen, wählen wir das Tetraederkoordinatensystem so, daß der Punkt S ($q_0 = 0$, $q_1 = 0$, $q_2 = 0$, $q_3 = 1$) Spitze des Berührkegels wird (Bild 63), der Punkt O

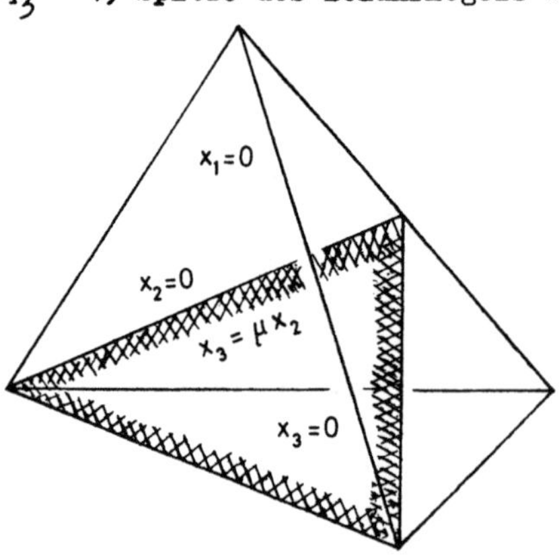

Bild 63

(Ursprung 1 0 0 0) der Biknoten der Fläche ist, $x_2 = 0$, $x_3 = 0$, d.h. OC seine Biachse. Die Biebenen, die nicht durch die Kegelspitze gehen sollen, sind dann etwa $x_3 = 0$ und $x_3 - \mu x_2 = 0$, so daß die Flächengleichung

$$F_n = 3x_3(x_3 - \mu x_2)x_0^{n-2} + (\varphi_3 + 3\varphi_2 x_3 + 3\varphi_1 x_3^2 + \varphi_0 x_3^3)x_0^{n-3} + (\psi_4 + 4\psi_3 x_3 + 6\psi_3 x_3^2 + 4\psi_1 x_3^3 + \psi_0 x_3^4)x_0^{n-4} + \dots + f_n = 0 \tag{6}$$

lautet, wo φ_i und ψ_i Binärformen i. Grades in x_1 und x_2 sind und f_n eine Ternärform in x_1, x_2, x_3 ist. Statt (6) kann man auch schreiben

$$\begin{aligned} F_n = {} & \varphi_3 x_0^{n-3} + \psi_4 x_0^{n-4} + \dots + \chi_n + x_3(-3\mu x_2 x_0^{n-2} + \\ & 3\varphi_2 x_0^{n-3} + \dots + \chi_{n-1}) + x_3^2(3x_0^{n-2} + 3\varphi_1 x_0^{n-3} + \\ & 6\psi_2 x_0^{n-4} + \dots + \chi_{n-2}) + x_3^3(\varphi_0 x_0^{n-3} + 4\psi_1 x_0^{n-4} + \\ & \chi_{n-3}) + \dots + \chi_3^n \chi_0 = 0 \end{aligned} \tag{7}$$

wo χ_i eine Binärform i. Grades in x_1 und x_2 ist.
Um die Gleichung des Berührkegels von der Ecke S(0 0 0 1) aus zu erhalten, hat man λ aus $F(x_0, x_1, x_2, x_3 + \lambda)$ und $\frac{\partial F}{\partial x_3} = 0$ zu eliminieren. Hier kann man aber $x_3 + \lambda$ oder, indem man einfach $\lambda = 0$ setzt, x_3 selbst als Parameter ansehen, so daß die Gleichung des Berührkegels einfach die Diskriminante von $F(x) = 0$ in bezug auf x_3 ist.

Leider läßt sich die Rechnung für allgemeines n nicht durchführen. Wir beschränken uns auf $n = 3$ und überlassen den auch noch wichtigen Fall $n = 4$ dem Leser als nützliche Aufgabe. Für $n = 3$ ist

$$F_3 = \varphi_0 x_3^3 + 3(x_0 + \varphi_1)x_3^2 + 3(-\mu x_0 x_2 + \varphi_2)x_3 + \varphi_3 = 0 \tag{8}$$

Die Algebra lehrt (KB Nr. 72), daß die Diskriminante in bezug auf x_3

$$4\{\varphi_0(-\mu x_0 x_2 + \varphi_2) - (x_0 + \varphi_1)^2\}\{\varphi_3(x_0 + \varphi_1) - (-\mu x_0 x_2 + \varphi_2)^2\} - \{\varphi_0\varphi_3 - (x_0 + \varphi_1)(-\mu x_0 x_2 + \varphi_2)\}^2 = 0 \tag{9}$$

lautet. Entwickelt man nach Potenzen von x_0, so kommt

$$3\mu^2 x_2^2 \cdot x_0^4 - (\varphi_3 + \mu^3 \varphi_0 x_2^3)x_0^3 + \dots = 0 \tag{10}$$

Daraus folgt

(a.) daß die Ebene $x_2 = 0$ (9) so schneidet, daß aus der linken Seite von (9) sich der Faktor x_1^3 absondert, die Ebene $x_2 = 0$ also in 2. Ordnung berührt, d.h. stationär ist,

(b.) nach der Theorie der ebenen Kurven, daß z.B. in der Ebene $x_3 = 0$ der Ursprung $O(x_0 = 1\ 0\ 0\ 0)$ Spitze mit Tangente OC, SO also Spitzenerzeugende des Kegels ist. Umgekehrt: Ist SO Spitzenerzeugende des Kegels, so gibt es auf SO einen Biknoten der Fläche (Beweis?).

Aus der 1. Plückerschen Formel ergibt sich also nach (b.) der angegebene Ausdruck für ν als Klasse des Kegels und damit der Fläche 3. Ordnung. Denn eine nicht durch die Kegelspitze gehende Ebene schneidet jede Knotenerzeugende in einem Doppelpunkt, jede Spitzenerzeugende in einem Rückkehrpunkt. Damit ist die Klasse einer Fläche 3. Ordnung mit Singularitäten bestimmt. Hat nun eine Fläche C konische Knoten und B Biknoten, sind n' und ν Grad und Klasse des Berührkegels, d und r die Anzahl seiner Knoten- und Spitzenerzeugenden, δ und ϱ die Anzahl seiner Doppel- und stationären Berührebenen, so ist

$$n' = n(n-1) \quad , \quad \nu = n(n-1)^2 - 2C - 3B \quad ,$$
$$r = n(n-1)(n-2) + B \quad , \quad d = \frac{1}{2} n(n-1)(n-2)(n-3) + C \tag{11}$$

Nach den Plückerschen Formeln (KB Nr. 61) ist

$$\begin{aligned} \varrho &= 3n'(n'-2) - 6d - 8r \quad , \\ n' &= \nu(\nu-1) - 2\delta - 3\varrho \quad , \\ \nu &= n'(n'-1) - 2d - 3r \end{aligned} \tag{12}$$

Daraus folgt noch

$$\begin{aligned} \varrho &= 4n(n-1)(n-2) - 6C - 8B \quad , \\ 2\delta &= (\nu-5)^2 + 8n' - 3r - 25 = \\ &= (n(n-1)^2 - 2C - 3B - 5)^2 - n(n-1)(3n-14) - 25 - 3B \end{aligned} \tag{13}$$

<u>Satz 11</u> Die stationären Berührebenen an den Berührkegel berühren die Fläche in den Punkten, in denen die Berührkurve die parabolische Kurve schneidet.

<u>Beweis</u> Er ist schon mit dem Beweis von Satz 10 erbracht: $x_2 = 0$ ist stationär, O ist die Spitze, liegt also auf der parabolischen Kurve.

147. Ist p ein Punkt der Fläche, so hat die Hessesche Determinante H der Nr. 143 den Rang 3, wenn die Polare (8_2) der Nr. 142 ein <u>Kegel 2. Grades</u> ist. Dann ist p ein <u>konischer Punkt</u>.

Hat aber H nur den Rang 2, so zerfällt (8_2) in zwei Ebenen, p ist ein biplanarer Punkt. Hat H den Rang 1, so zerfällt (8_2) in eine Doppelebene, p ist ein uniplanarer Punkt. Ist

$$\frac{\partial F}{\partial p_i} \not\equiv 0 \quad ,$$

so ist p ein parabolischer Punkt, wenn die Ebene (8_1) der Nr. 142 die Fläche 2. Grades (8_2) längs einer einzigen Geraden berührt. Dann muß dies ein Kegel (oder Zylinder) sein, also zerfallen, d.h. es muß H = 0 sein.

Satz 12 Die parabolischen Punkte einer Fläche F = 0 liegen auf der parabolischen Kurve F = 0, H = 0.

Beispiel Die Fläche

$$F = \alpha x^3 + \frac{y^2}{R_2} - 2z = 0$$

oder

$$\alpha x_1^3 + \frac{x_0 x_2^2}{R_2} - 2x_0^2 x_3 = 0$$

hat die Hessesche Form

$$\begin{vmatrix} -4x_3 & 0 & \frac{2x_2}{R_2} & -4x_0 \\ 0 & 6\alpha x_1 & 0 & 0 \\ \frac{2x_2}{R_2} & 0 & \frac{2x_0}{R_2} & 0 \\ -4x_0 & 0 & 0 & 0 \end{vmatrix} = -192\,\frac{\alpha x_0^3 x_1}{R_2}$$

Die parabolische Kurve besteht also aus der Parabel x = 0, $y^2 = 2R_2 z$ und der Ferngeraden x = 0, t = 0 der yz - Ebene.

148. Wir wollen jetzt noch die Maximalzahl der konischen Knoten einer Fläche zu bestimmen suchen. Setzt man B = 0, so werden die Formeln der Nr. 146 zu

$$\begin{aligned} &n' = n(n-1) \quad , \quad \nu = n(n-1)^2 - 2C \quad , \\ &d = \tfrac{1}{2}\, n(n-1)(n-2)(n-3) + C \quad , \\ &r = n(n-1)(n-2) \quad , \quad \varrho = 4n(n-1)(n-2) - 6C \quad , \\ &2\delta = (n(n-1)^2 - 2C - 5)^2 - n(n-1)(3n-14) - 25 \end{aligned} \tag{14}$$

Aus der Formel für 2δ geht hervor, daß $\lambda = n(n-1)(3n-14) + 25$ eine ungerade Zahl sein muß und die Zahl $\mu = \pm\{n(n-1)^2-2C-5\}$ so beschaffen sein muß, daß $\mu^2 \geqq \lambda$ ist. Damit C Maximalzahl wird, muß μ die kleinste ungerade Zahl sein, deren Quadrat nicht kleiner als λ ist. Außerdem muß ν positiv, d.h.

$C < \frac{n(n-1)^2}{2}$ und ϱ nicht negativ, d.h. $C \leqq \frac{2n(n-1(n-2)}{3}$

sein. Für $n = 3$ bis $n = 6$ erhält man dann

(a) $n = 3$ $C < 6$, $C \leqq 4$, $\lambda = -5$, also $C = 4$

(b) $n = 4$ $C < 18$, $C \leqq 16$, $\lambda = 1$, also $C = 16$, da $(31 - 2C)^2 \geqq 1$

(c) $n = 5$ $C < 40$, $C \leqq 40$, $\lambda = 45$, $(75 - 2C)^2 \geqq 45$, $C = 34$,

(d) $n = 6$ $C < 75$, $C \leqq 80$, $\lambda = 145$, $(145 - 2C)^2 \geqq 145$, $C = 66$

Man hat also folgende Tafel

n	C	n'	ν	d	r	ϱ	δ
3	4	6	4	4	6	0	3
4	16	12	4	28	24	0	0
5	34	20	12	94	60	36	2
6	66	30	18	246	120	84	24

(15)

§ 4. Die Singularitäten der Flächen 3. Ordnung. Nr. 149–154

149. Wir wenden das in §3 Gefundene auf die Flächen 3. Ordnung an. Die Formeln (11) bis (13) der Nr. 147 geben für $n = 3$

$$\begin{cases} n' = 6, \quad \nu = 12 - 2C - 3B, \quad d = C, \quad r = 6 + B \\ \varrho = 24 - 6C - 8B, \quad \delta = 27 - 14C + \frac{(2C + 3B)^2 - 45B}{2} \end{cases} \qquad (\times)$$

Also gilt für

$\nu =$	3	4	5	6	7	8	9	10	12
$2C + 3B =$	9	8	7	6	5	4	3	2	0

und damit

$\nu =$	3	4	5	6	7	8	9	10	12
$C =$	0	4|1	2	3|0	1	2	0	1	0
$B =$	3	0|2	1	0|2	1	0	1	0	0

Wir werden aber sehen, daß bei $\nu = 4, 5, 6, 7, 8$ die C und B sich auch in "höhere" Singularitäten verwandeln können und ähnliches gilt von den Zahlen d, r, δ, ϱ der Tafel

$\nu =$	3	4	5	6	7	8	9	10	12
d =	0	4|1	2	3|0	1	2	0	1	0
r =	9	6|8	7	6|8	7	6	7	6	6
δ =	0	3|0	1	3|0	3	7	9	15	27
ϱ =	0	0|2	4	6|8	10	8	16	18	24

Da ein konischer Knoten ν um 2 vermindert, bezeichnet man ihn auch mit C_2, ebenso bezeichnet man den "einfachen" Biknoten mit B_3. Wir werden sehen, daß es außerdem noch Biknoten B_4, B_6 gibt und dazu Uniknoten U_6, U_7, U_8.

150. Ist der Ursprung Singularität, so ist ihre Art aus der Flächengleichung unmittelbar zu erkennen. Liegt aber die Singularität nicht im Ursprung, so findet man zunächst alle Singularitäten $p_0\ p_1\ p_2\ p_3$ durch Auflösen der Gleichungen

$$\frac{\partial F}{\partial p_0} = 0 \quad , \quad \frac{\partial F}{\partial p_1} = 0 \quad , \quad \frac{\partial F}{\partial p_2} = 0 \quad , \quad \frac{\partial F}{\partial p_3} = 0 \tag{1}$$

soweit sie miteinander verträglich sind. Eine solche Singularität ist nach Nr. 148 ein konischer Knoten, wenn die Hessesche Determinante

$$H = \left| \frac{\partial^2 F}{\partial p_i \partial p_k} \right| \tag{2}$$

vom Range 3 ist, also selbst verschwindet, aber mindestens eine nicht verschwindende Unterdeterminante 3. Grades besitzt. Dann ist

$$\sum \frac{\partial^2 F}{\partial p_i \partial p_k} x_i x_k = 0 \tag{3}$$

die Gleichung des Kegels mit Spitze $p_0\ p_1\ p_2\ p_3$.
Die Singularität ist ein Biknoten, wenn H vom Range 2 ist, also alle Unterdeterminanten 3. Grades von H verschwinden, während mindestens eine Unterdeterminante 2. Grades von Null verschieden ist. Die Singularität ist ein Uniknoten, wenn H vom Rang 1 wenn alle Unterdeterminanten 2. Grades von H verschwinden, ohne daß alle ihre Elemente Null werden.
Beim Biknoten zerfällt (3) in zwei Ebenen, beim Uniknoten in eine Doppelebene. Den Rang von H erkennt man bei einfachen Beispielen (s.u.) direkt, indem man (3) bildet.

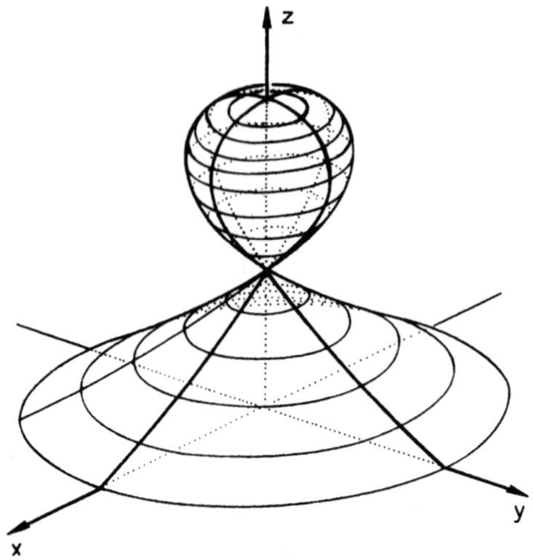

Bild 64

151. 1. Beispiel (Bild 64)

$$F = x^2 + y^2 - z^2 + z^3 = 0 \quad \text{oder}$$
$$x_0(x_1^2 + x_2^2 - x_3^2) + x_3^3 = 0 \tag{4}$$

Als singuläre Punkte ergeben sich der konische Knoten im Ursprung $1|0|0|0$ mit Berührkegel $x^2 + y^2 - z^2 = 0$ und die beiden Biknoten $x = \pm iy$, $z = 0$ mit den Biebenen $x \mp iy = 0$, $t = 0$. Die Klasse der Fläche ist also

$$\nu = 12 - 2.1 - 3.2 = 4$$

In der Tat ergibt eine allerdings umständliche Rechnung die Klassengleichung

$$4(u_1^2 + u_2^2)^2 - (u_1^2 + u_2^2)(27u_0^2 + 36u_0u_3 + 8u_3^2) +$$
$$+ 4u_3^3(u_0 + u_3) = 0$$

2. Beispiel (= 1. Beispiel der Nr. 144) (Bild 65)

$$F = xy - z^3 = 0 \quad \text{oder} \quad x_0x_1x_2 - x_3^3 = 0 \tag{5}$$

Singuläre Punkte und zwar Biknoten sind
(a.) der schon als solcher bekannte Ursprung $(1|0|0|0)$ mit den Biebenen $x = 0$, $y = 0$, deren Achse nicht auf $F = 0$ liegt,
(b.) der Fernpunkt $0|1|0|0$ der x-Achse mit den Biebenen $y = 0$, $t = 0$,
(c.) der Fernpunkt $0|0|1|0$ der y-Achse mit den Biebenen $x = 0$, $t = 0$. Auch die beiden anderen Biachsen liegen nicht auf der

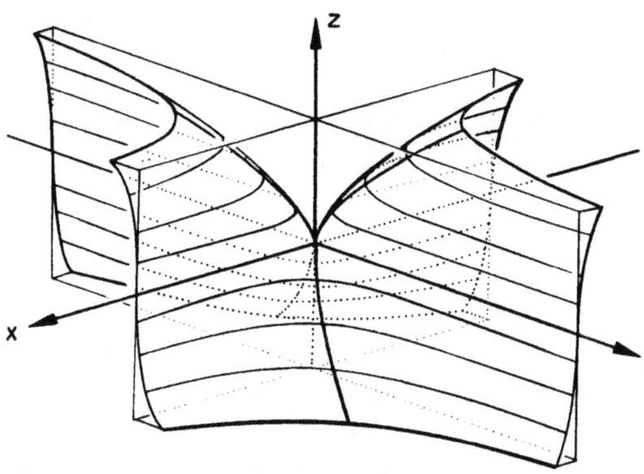

Bild 65

Fläche. Die Klasse der Fläche ist also $\nu = 12 - 3.3 = 3$. In der Tat ist die Klassengleichung (s. Nr. 144)

$$27\, U_0 u_1 u_2 + u_3^3 = 0 \quad .$$

<u>Aufgabe</u> Untersuche die Fläche genauer.

3. <u>Beispiel</u> (= 1. Beispiel der Nr. 141, Bild 61 dort)

$$F = z^2 - \frac{xy^2}{9} + x^3 = 0 \tag{6}$$

Singulärer Punkt ist nur der schon als <u>Uniknoten</u> bekannte Ursprung. Als Klassengleichung erhält man durch eine nicht ganz einfache Rechnung

$$3u_1^4u_2^2 + \frac{1}{3}\, u_0u_1^3u_3^2 - 54\, u_1^2u_2^4 - 27\, u_0u_1u_2^2u_3^2 + 243u_2^6 + \frac{9}{4}\, u_0^2u_3^4 = 0$$

Also ist die Klasse $\nu = 6 = 12 - 6$.

Der <u>Uniknoten</u> zählt also entweder soviel wie 3 konische Knoten oder soviel wie 2 Biknoten.

<u>Aufgabe</u> Untersuche die Fläche genauer

4. <u>Beispiel</u> (Bild 93a in Nr. 182)

$$F = 4y^2 + xyz - 2x^3 = 0 \quad \text{sogenannte } \underline{\text{Cayleysche Fläche}} \tag{7}$$

Sie hat als singuläre Punkte alle Punkte der Geraden $x = 0$, $y = 0$. Diese ist also <u>Doppelgerade</u> der Fläche, die übrigens eine <u>Regelfläche</u> ist. Jeder Punkt $c'|0|0|c \neq 0$ von $x = 0$, $y = 0$ ist <u>Biknoten</u> mit den Biebenen $x_2 = 0$, $c\, x_1 + 4c'x_2 = 0$, z.B. der Fernpunkt $0|0|0$. Der Ursprung $c'|0|0|0$ ist <u>Uniknoten</u> mit der Uniebene $y = 0$.

Die Klassengleichung wird

$$u_0^2u_1 + 4\, u_0u_1u_3 + 2\, u_3^3 = 0 \tag{8}$$

Also ist $\nu = 3 = 12 - 9$.

Zählt man den Uniknoten als zwei Biknoten, so zählt die Doppelgerade wie 3 kollineare konische Knoten.

152. Biknoten auf Flächen 3. Ordnung. Hat eine F_3 im Ursprung einen Biknoten, so läßt sich ihre Gleichung in der Form schreiben

$$F_3 = \varphi_2 + \psi_0 z^3 + \psi_1 z^2 + \psi_2 z + \psi_3 \quad , \tag{9}$$

wo die φ_2 und ψ_i Binärformen in x und y vom Grade ihres Index sind. In der Literatur (Salmon Fiedler, analytische Geometrie des Raumes II. Bd. 1880, S. 371 ff und W. Fr. Meyer, Enzyklopädie der Math. Wiss. III, 2. 2B S. 1448 ff) werden die Fälle zweier reeller und zweier konjugiert-imaginärer Biebenen so angenommen:

$$F_3 = xy + \psi_0 z^3 + \psi_1 z^2 + \psi_2 z + \psi_3 \tag{9_1}$$

$$F_3 = x^2 + y^2 + \psi_0 z^3 + \psi_1 z^2 + \psi_2 z + \psi_3 \tag{9_2}$$

Dann werden die Flächen 3. Ordnung so unterschieden:

1. Fall $\psi_0 \neq 0$.

Die Biachse x = 0, y = 0 gehört der Fläche nicht an. Der Bipunkt ist ein B_3

1. Beispiel (= 2. Beispiel der Nr. 151, Bild 65)

$$F_3 \equiv xy - z^3 = 0 \tag{10}$$

mit der Klassengleichung $\phi \equiv w^3 + 27\,uv = 0$

Die Fläche hat 3 Biknoten B_3, also die Klasse

$\nu = 12 - 3 3 = 3$ 1)

2. Beispiel (= 2. Beispiel der Nr. 140, Bild 60)

$$F_3 = x^2 + y^2 + z^3 = 0 \tag{11}$$

mit der Klassengleichung $\phi = 4w^3 - 27(u^2 + v^2) = 0$

Die Fläche hat die Biknoten 1|0|0|0; 0|±i|1|0 mit je zwei komplexen Biebenen. Wieder ist $\nu = 12 - 3.3 = 3$

2. Fall $\psi_0 = 0$;

die Linearform $\psi_1(x\,y)$ ist nicht Faktor der quadratischen Form $\varphi_2(x\,y)$. Jetzt gehört die Biachse x = 0, y = 0 der Fläche

1) Den allgemeinen Beweis (ohne die Klassengleichung zu bestimmen) müssen wir hier und auch bei den anderen nicht einfachen Biknoten und Uniknoten, mit Ausnahme des 4. Beispiels schuldig bleiben, da er viel mehr an Theorie erfordert.

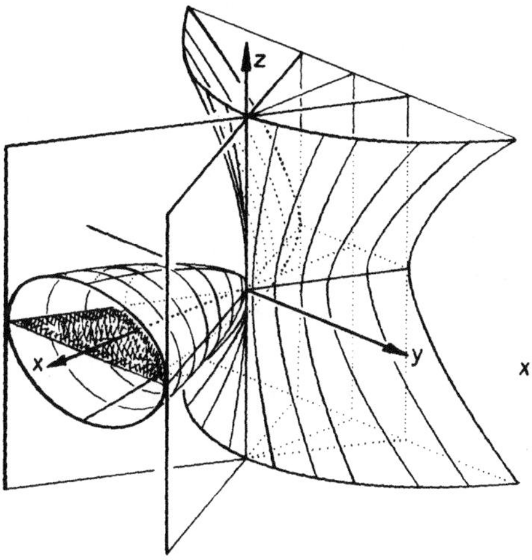

Bild 66

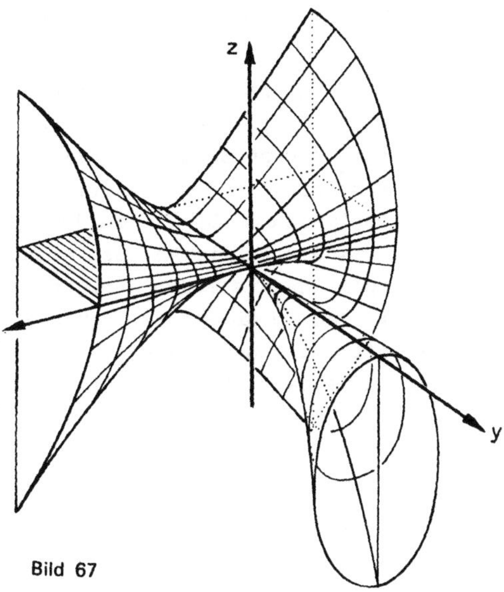

Bild 67

an. Wir behaupten, der Biknoten ist ein B_4. Wir zeigen dies am

3. Beispiel (Bild 66)

$$F_3 \equiv x^2 - 4y^2 - xz^2 = 0 \tag{13}$$

mit der Klassengleichung $\phi \equiv u_0^2 u_2^2 - 4u_0 u_1 u_3^2 + u_3^4 = 0$
Der Ursprung ist wiederum Biknoten, dessen Achse $x = 0$, $y = 0$ auf der Fläche liegt. F_3 hat außerdem die Punkte $0|\pm 2|1|0$ als konische Knoten mit den Berührzylindern $z^2 = 2x \mp 4y$. Also ist wieder $\nu = 12 - 2.2 - B_4$, $B_4 = 4$.

3. Fall $\psi_0 = 0$;
die Linearform $\psi_1(x|y)$ ist der Faktor der quadratischen Form $\varphi_2(x|y)$. Jetzt sind zwei reelle Biebenen vorhanden und die eine berührt die Fläche entlang der Biachse.

4. Beispiel (Bild 67)

$$F \equiv 2\,xy - yz^2 - x^3 = 0 \tag{7}$$

Als Singularitäten ergeben sich der schon bekannte Biknoten im Ursprung mit Biachse $x = 0$, $y = 0$, die auf der Fläche liegt, und außerdem der Fernpunkt $0|0|1|0$ der y-Achse als konischer Knoten mit dem Berührzylinder $2x - z^2 = 0$. Die Klassengleichung wird

$$(2u_0 u_1 - u_3^2)^2 - 8u_0^3 u_2 = 0 \quad .$$

Also ist $\nu = 4 = 12 - 8 = 12 - 2.1 - B_6$, also $B_6 = 6$. Der Biknoten ist also kein "einfacher" B_3, sondern ein B_6.

Aufgabe Untersuche die Fläche genauer.

Bei Salmon Fiedler und Meyer a.a.O. wird hier fälschlicherweise ein B_5 angenommen. Wir wollen daher zeigen, wie man auch ohne Kenntnis der Klassengleichung, d.h. von ν (das man ja erst bestimmen möchte) sich davon überzeugen kann, daß ein B_6 vorliegt. Wir bestimmen dazu einen geeigneten Berührkegel und schneiden ihn mit einer geeigneten Ebene. Dann ist nach Satz 6 der Nr. 146 ν die Klasse der ebenen Schnittkurve.

Als Spitze des Zylinders (!) nehmen wir den Fernpunkt $0|1|1|0$. Dann hat eine Mantellinie die Gleichungen

$$x = y + \lambda \quad , \qquad z = \mu \quad . \tag{o}$$

Sie berührt die Fläche, wenn $y^3 + (3\lambda - 2)y^2 + (3\lambda^2 + \mu^2 - 2\lambda)y + \lambda^3 = 0$ eine Doppelwurzel hat, also die Diskriminante dieser Gleichung verschwindet. Das gibt nach KB Nr. 72 eine Bedingung, aus der man mittels (o) λ und μ zu eliminieren hat, um die Kegelgleichung zu erhalten. Der Schnitt des Kegels mit $y = 0$ ergibt sich also, indem man in der Bedingung einfach $\lambda = x$, $\mu = z$ setzt. Daher ist die Kurvengleichung

$$16x^2 - 32x^3 - 16xz^2 + 24x^2z^2 + 4z^4 + \dots = 0$$

oder

$$(x - \tfrac{1}{2} z^2)^2 - 2x^3 + \tfrac{3}{2} x^2z^2 + \dots = 0$$

Nach KB Nr. 138 ist der Ursprung ein Oskulationsknoten. Nun entsteht nach KB Nr. 146, 1. und 3. Satz ein solcher durch Zusammenrücken von 3 Doppelpunkten. Er erniedrigt die Klasse also um $2.3 = 6$ Einheiten. Also ist der Biknoten mit B_6 zu bezeichnen.

4. Fall $\varphi_0 = 0$, $\psi_1 = 0$

Jetzt lautet die Flächengleichung

$$F_3 = \varphi_2 + \psi_2 z + \psi_3 = 0 \tag{9'}$$

Bei Meyer wird der Ursprung hier als B_6 angenommen. In Wirklichkeit liegt aber eine Regelfläche vor, wie aus der Parameterdarstellung $y = \lambda x$, $\varphi_2(1|\lambda) + \psi_2(1|\lambda)z + \psi_3(1|\lambda)x = 0$ folgt.

153. Uniknoten auf Flächen 3. Ordnung. Die Gleichung der Fläche 3. Ordnung hat, wenn der Uniknoten im Ursprung liegt die Gestalt

$$F_3 = x^2 + \psi_0 z^3 + \psi_1 z^2 + \psi_2 z + \psi_3 = 0 \qquad (14)$$

wo die ψ_i Binärformen i. Grades in x und y sind.
Die doppelt zählende Berührebene im Uniknoten x = 0 trifft den kubischen Kegel

$$f_3 = \psi_0 z^3 + \psi_1 z^2 + \psi_2 z + \psi_3 = 0$$

in drei Geraden. Je nachdem diese alle verschieden sind, oder zwei von ihnen, oder alle drei zusammenfallen, ergeben sich drei Arten des Uniknotens
1. Beispiel (= 1. Beispiel der Nr. 141, Bild 61)

$$F_3 = z^2 - \frac{xy^2}{9} + x^3 = 0 \qquad (15)$$

hat als einzige Singularität den Uniknoten im Ursprung. Da sich als Klassengleichung

$$\phi = (2u_1^3 - 162u_1u_2^2 - 27u_0u_3^2)^2 - 4(u_1^2 + 27u_2^2)^3 = 0$$

ergibt, so ist $6 = \nu = 12 - U_6$, also tatsächlich $U_6 = 6$.
2. Beispiel (Bild 68)

$$F_3 = z^2 + \frac{1}{2}x^2y + \frac{1}{4}y^2z = 0 \qquad (16)$$

Die Berührebene z = 0 schneidet den Kegel $f_3 = 0$ in der doppelt zählenden Gerade z = 0, x = 0 und der einfach zählenden z = 0, y = 0. Der Uniknoten im Ursprung ist die einzige Singularität der Fläche. Die Klassengleichung ist

$$\phi_5 = u_0(9u_1^2 + 8u_2u_3)^2 + 32(3u_1^2u_2 - 2u_0u_3^2)(4u_2^2 + 3u_0u_3) = 0$$

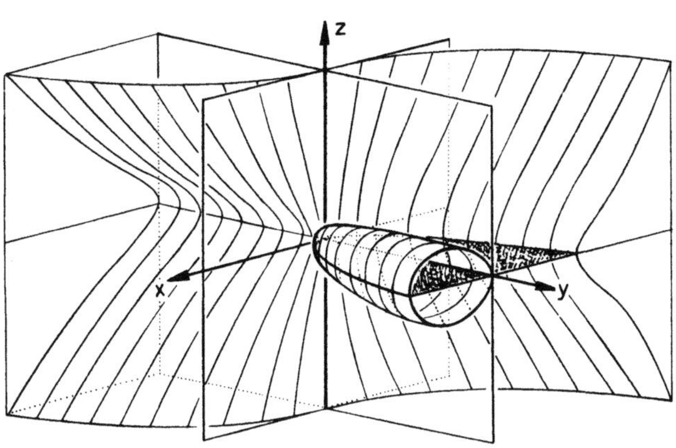

Bild 68

Also ist $5 = \nu = 12 - U_7$, d.h. tatsächlich $U_7 = 7$.

Aufgabe Untersuche die Fläche (16)

3. Beispiel (Bild 69).

Aus dem vorhergehenden Beispiel wird durch die projektive Transformation $x \to x$, $y \to 2t$, $z \to -y$, $t \to \frac{z}{16}$ die Fläche

$$F = 16(x^2 - y) + y^2 z = 0 \quad . \qquad (17)$$

Sie hat den uniplanaren Fernpunkt 0|0|0|1 mit der Uniebene $y = 0$.

Aufgabe Untersuche die Fläche

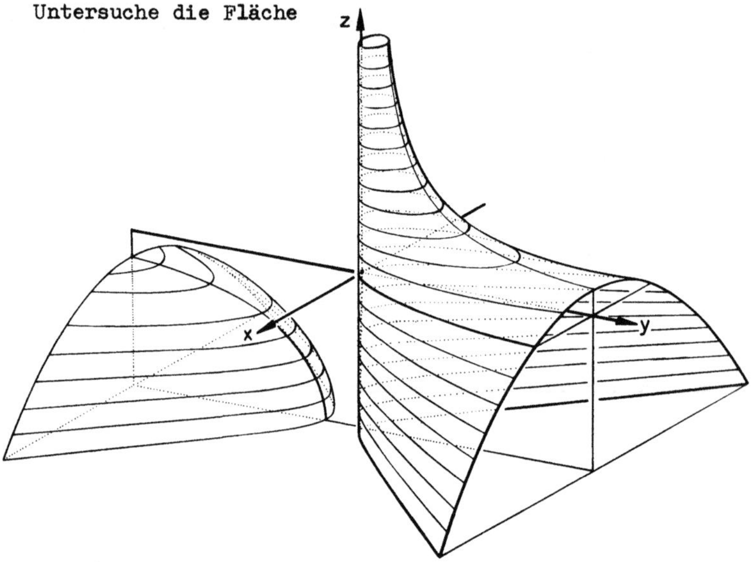

Bild 69

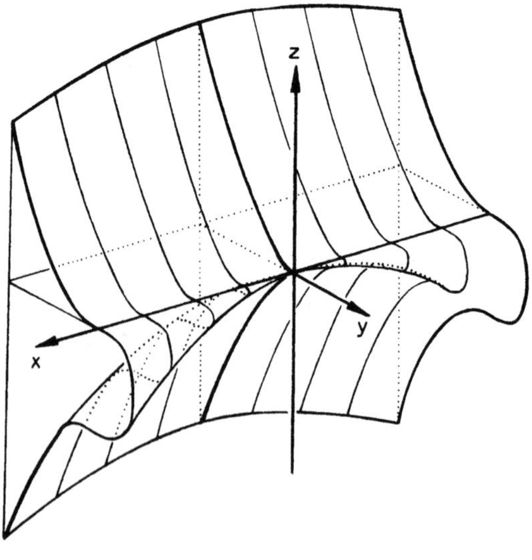

Bild 70

4. Beispiel (Bild 70)

$$F_3 = 16z^2 + 16y^3 + x^2z = 0 \qquad (18)$$

mit der Klassengleichung

$$\phi = 432u_1^4 - 4u_0u_2^3 + 216u_0u_1^2u_3 + 27u_0^2u_3^2 = 0$$

Die Berührebene $z = 0$ trifft die Fläche in der dreifach zählenden Geraden $z = 0$, $y = 0$. Der Uniknoten 1|0|0|0 ist die einzige Singularität und zwar ein U_8. Denn es ist $4 = \nu = 12 - U_8$, d.h. tatsächlich $U_8 = 8$.

Aufgabe Untersuche die Fläche (18).

154. Wir schließen mit 2 Beispielen von Flächen vierter Ordnung, bei denen der Ursprung ein Biknoten U_8 und zwar ein Kniffpunkt ist und welche die Geraden $x = 0$, $z = 0$ und $x = 0$, $t = 0$ als Doppelgeraden enthalten, deren Klasse und Klassengleichung wir aber nicht zu bestimmen vermochten.

5. Beispiel [1] (Bild 71a)

$$F_4 = z^2 + \frac{x^3}{6} + \frac{x^2y^2}{36} = 0 \qquad (19)$$

6. Beispiel (Bild 71b)

$$F_4 = z^2 + 2x^3 - \frac{x^2y^2}{16} = 0 \qquad (20)$$

Aufgabe Untersuche die beiden Flächen.

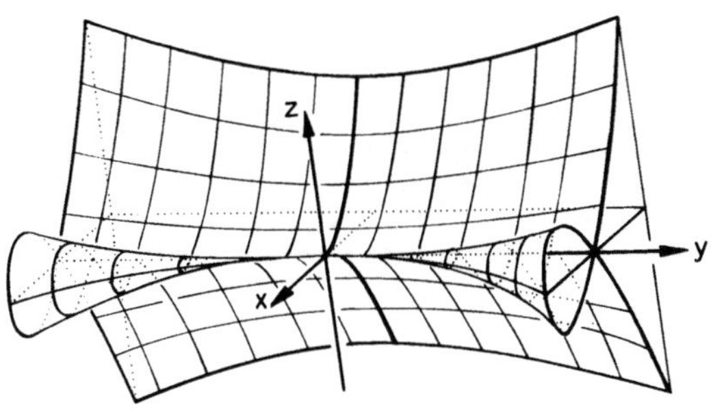

Bild 71 a

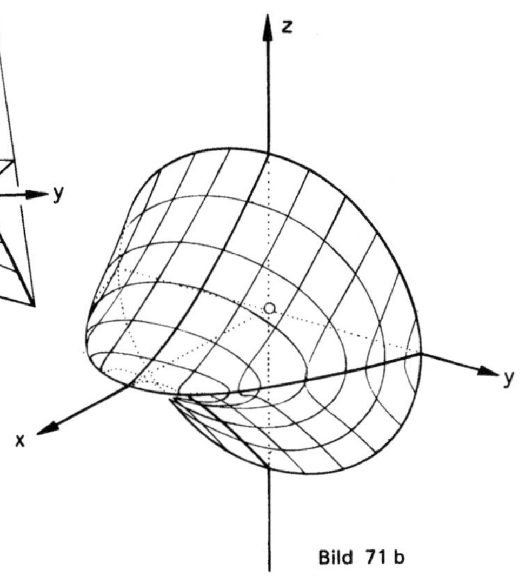

Bild 71 b

1) Das Bild zeigt die Fläche $36z^2 + 6(x - 6)^3 + (x - 6)^2y^2 = 0$.

155. Die Ebenensingularitäten erhält man durch Dualisierung der Punktsingularitäten. Wir wollen diese Untersuchung für die einfachsten Fälle durchführen. Dabei sollen namentlich die gestaltlichen Verhältnisse geklärt werden.
Der konische Knoten C_2 ist eine Punktsingularität. Die Tangenten in C_2 an die Fläche berühren diese in 2. Ordnung, sie bilden einen Kegel 2. Ordnung mit der Spitze C_2 (Bild 72).
Das duale Gebilde besteht aus Flächentangenten, die in einer Ebene C liegen. Sie umhüllen dort eine ebene Kurve 2. Klasse, einen Kegelschnitt (Bild 73). Man erkennt, daß das zum konischen Knoten duale Gebilde die quadratische Trope oder Kegelschnittstrope ist. Dabei heißt Trope eine Ebene, die eine Fläche längs einer Kurve berührt. Beispiele zeigen die folgenden Flächen:

Aufgaben

1. (Vgl. dazu Nr. 254).
Die Steinersche Fläche hat die Gleichung

$$F = x^2y^2 + y^2z^2 + z^2x^2 + 2axyz = 0 \quad .$$

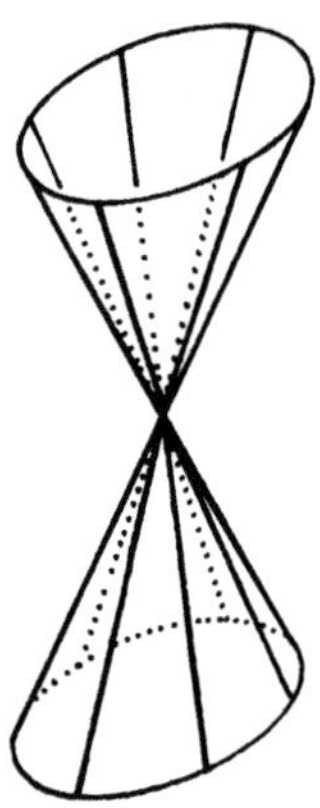

Bild 72

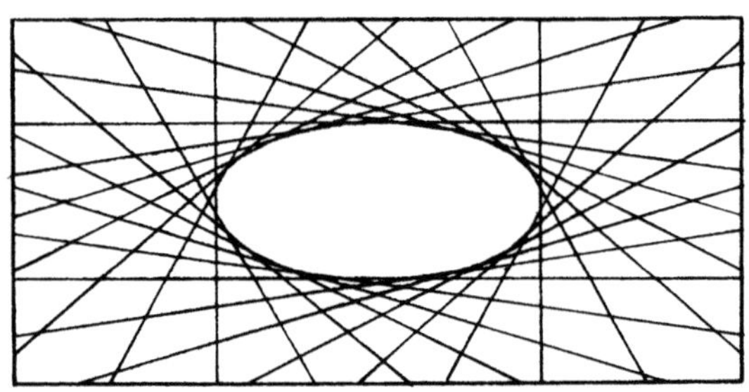

Bild 73

Eine der 4 Tropen ist die Ebene $x + y + z - a = 0$ mit der Berührkurve $x + y + z - a = 0$, $x^2 + xy + y^2 - a(x + y) = 0$.
Diese Kurve ist ein Kreis mit Mittelpunkt $\frac{a}{3}\left|\frac{a}{3}\right|\frac{a}{3}$ und Radius $r = \frac{a}{3}\sqrt{6}$. Wie lauten die Gleichungen der anderen 3 Tropen?

2. (Vgl. dazu Nr. 259).
Bestimme die Gleichungen der 4 Tropen der Fresnelschen Wellenfläche. Zeige, daß die Berührkurven Kreise sind.

156. Der Biknoten B ist ein Grenzfall des konischen Knotens. Der aus den Flächentangenten gebildete Kegel entartet in ein Ebenenpaar. Dieses kann aus zwei reellen oder konjugiert imaginären Ebenen E_1, E_2 bestehen. Die Biachse ist stets reell. Den 1. Fall zeigt Bild 74 . Das duale Gebilde besteht aus einer singulären Ebene $B^{\times}$, welche die Fläche in zwei Punkten A_1, A_2 berührt. Der Kegelschnitt der Trope des Bildes 73 entartet

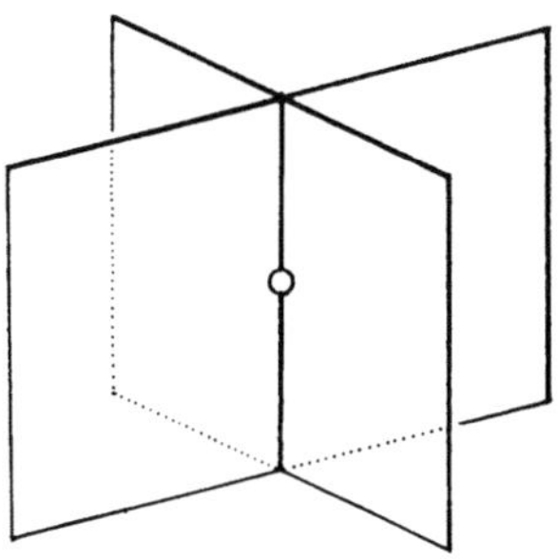

Bild 74

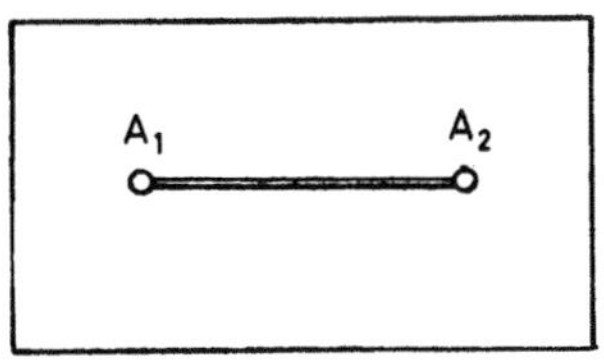

Bild 75

jetzt als Klassengebilde in zwei Punkte: (Bild 75).
Das duale Gebilde kann man als singuläre bipunktal berührende Ebene bezeichnen. Beispiele zeigen folgende Flächen:
1. Beispiel (= 2. Beispiel der Nr. 151, Bild 64).
Die Fläche

$$F = xyt - z^3 = 0$$

mit der Ebenengleichung $\phi = 27u_0u_1u_2 + u_3^3$ besitzt 3 Biknoten. Der eine ist der Punkt B(1|0|0|0) mit den Berührebenen $x = 0$, d.h. $u_0 = 0$, $u_1 = 1$, $u_2 = 0$, $u_3 = 0$ und $y = 0$, d.h. $u_0 = 0$, $u_1 = 0$, $u_2 = 1$, $u_3 = 0$. Ihm entspricht dual in der gleichen Fläche die bipunktale singuläre Ebene $B^{\times}$ ($u_0 = 1$, $u_2 = 0$, $u_3 = 0$, $u_4 = 0$), d.h. $t = 0$, also die Fernebene mit den Berührpunkten $u_1 = 0$, d.h. $y = 0$, $z = 0$, $t = 0$ und $u_2 = 0$, d.h. $x = 0$, $z = 0$, $t = 0$. Vgl. dazu Bild 64 der Nr. 151).
2. Beispiel
Die Fläche mit der Punktgleichung

$$z = ax^2 + b(y^2 - y_0^2)^2 \tag{1}$$

besitzt die Ebene $z = 0$ als Berührebene, welche die Fläche in den beiden Punkten $A_1(1|0|y_0|0)$ und $A_2(1|0|-y_0|0)$ berührt. Die Bilder 76 und 77 zeigen die gestaltlichen Verhältnisse in den beiden möglichen Fällen. In Bild 76 ist $a = \frac{-1}{4}$, $b = \frac{-1}{2000}$, $y_0 = 10$ gewählt. Die Berührpunkte A_1, A_2 sind die einzigen reellen Schnittpunkte der Berührebene mit der Fläche im Endlichen.

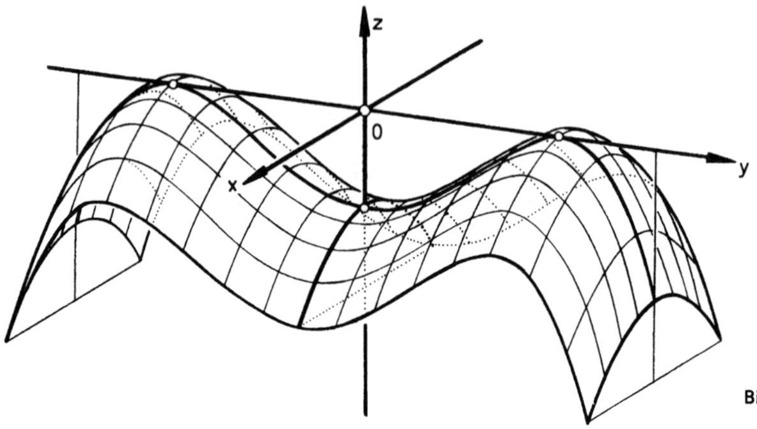

Bild 76

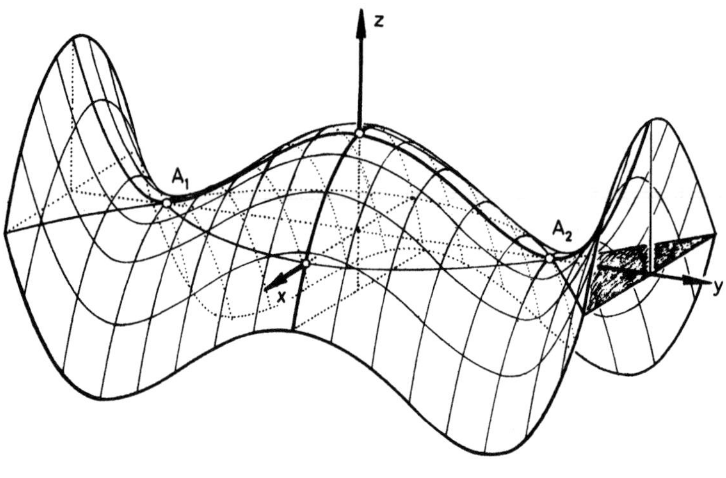

Bild 77

In Bild 77 ist $a = -\frac{1}{2}$, $b = +\frac{1}{2000}$, $y_o = 10$ gewählt. Die Berührpunkte A_1, A_2 sind Doppelpunkte der Schnittkurve der Berührebene $z = 0$ mit der Fläche, die aus 2 Parabeln besteht. Die Ebenengleichung der Fläche heißt

$$\phi = 4b\left[(u_1^2 - 4au_ou_3)^2 - 18a^2y_o^2u_2^2u_3^2\right]\left[(u_1^2 - 4au_ou_3) - \right. \\ \left. - 4aby_o^4u_3^2\right] + a^2u_2^2u_3^2(27u_2^2 - 32u_3^2) = 0 \qquad (1^{\times})$$

Die Fläche ist also von der 4. Ordnung und von der 6. Klasse. Der Charakter der singulären Ebene $z = 0$ ($u_o = 0$, $u_1 = 0$, $u_2 = 0$, $u_3 = 1$) ist ziemlich verwickelt, denn sie berührt die Fläche außer in 0 noch im Fernpunkt $y = 0$, $z = 0$, $t = 0$ der x-Achse. Dort hat die Schnittkurve einen Selbstberührpunkt. Der in Bild 76 und 77 dargestellte Teil der Fläche gibt aber die gestaltlichen Verhältnisse der Berührung einer bipunktalen singulären Ebene getreu wieder.

157. Der Uniknoten U entsteht aus dem quadratischen Knoten C_2, wenn der aus den Tangenten an die Fläche in U gebildete Kegel 2. Ordnung in eine Doppelebene zerfällt. Das dem Uniknoten entsprechende duale Gebilde $U^{\times}$ ist also eine singuläre Ebene, welche die Fläche in der Umgebung des Berührpunktes unipunktal berührt.

3. Beispiel

Die Fläche 4. Ordnung mit der Gleichung

$$z = ax^2 + by^4 \qquad (2)$$

besitzt die Ebene z = 0 als unipunktal berührende Ebene. In Bild 78 ist $a = \frac{1}{2}$, $b = -\frac{1}{3200}$ gewählt. Die Schnittkurve der singulären Ebene z = 0 hat im Berührpunkt O einen Selbstberührpunkt, in dem sich zwei konjugiert-imaginäre Kurvenzweige treffen. In (Bild 79) ist $a = -\frac{1}{2}$, $b = +\frac{1}{3200}$ gewählt. Die Schnittkurve der Fläche mit der singulären Ebene z = 0 hat zwei reelle Zweige, nämlich die Parabeln $y^2 = \mp 40\, x$, die in $\mathcal{O}$ in einem Selbstberührpunkt zusammenhängen.
In den beiden Fällen hat die singuläre Ebene z = 0 einen recht komplizierten Charakter als Singularität. Das zeigt die Ebenengleichung

$$\Phi = 4b(u_1^2 - 4au_0u_2)^3 + 27a^3u_2^4u_3^2 = 0 \qquad (2^{\times})$$

Wird diese Gleichung mit $u_3 = 1$ inhomogen gemacht, so ist das Glied niederster Ordnung $-256a^3bu_0^3$. Die Ebene z = 0, d.h.

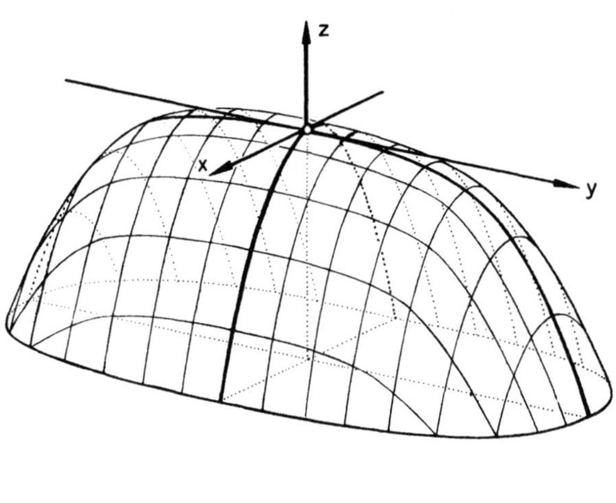

Bild 78

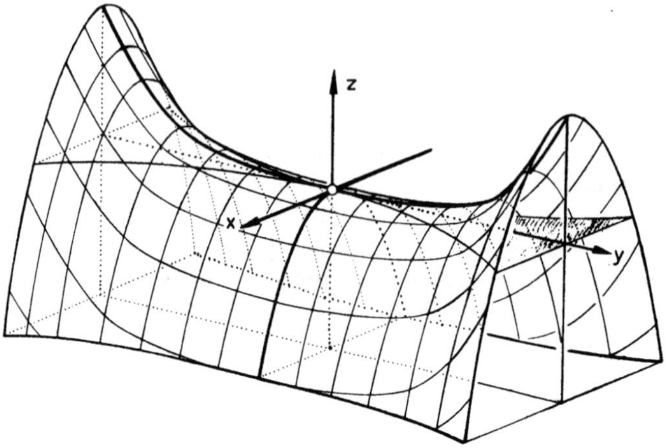

Bild 79

$u_0 = 0$, $u_1 = 0$, $u_2 = 0$, $u_3 = 1$ ist also sogar eine dreifach zählende Ebene. Sie berührt die Fläche außer in $\mathcal{O}$ noch im Fernpunkt $y = 0$, $z = 0$, $t = 0$ der x-Achse. Dort hat die Schnittkurve einen Selbstberührpunkt mit der Ferngeraden $z = 0$, $t = 0$ als Tangente. In der Umgebung des Punktes $\mathcal{O}$ geben aber die beiden Bilder 78 und 79 die gestaltlichen Verhältnisse der unipunktalen Berührung durch eine singuläre Ebene getreu wieder.

4. Beispiel

Die im 2. Beispiel der Nr. 141, (Bild 61) dargestellte Fläche

$$9\, z^2 t + 9\, x^3 + 4\, xy^2 = 0 \quad . \tag{3}$$

Ihre Klassengleichung lautet

$$(12u_1^2 u_2^2 + 27u_2^4 - 8u_0 u_1 u_3^2)^2 + 16u_0 u_3^2 (4u_1^2 - 27u_2^2) \cdot \\ \cdot (2u_1 u_2^2 - u_0 u_3^2) = 0 \tag{3*}$$

Macht man mit $u_3 = 1$ inhomogen, so ergibt als Glied niederster Ordnung dieser Fläche 8. Klasse $27u_0^2 u_2^2$. Der Punkt mit der Gleichung $u_0 = 0$, d.h. der Ursprung (1 0 0 0) hat also den zu der singulären Ebene $z = 0$ dualen Charakter. Diese Ebene ist also eine unipunktal berührende singuläre Ebene.

5. Beispiel (= 4. Beispiel der Nr. 153, Bild 69)

Die Ebene $z = 0$ ist eine unipunktal berührende singuläre Ebene.

6. Beispiel (= Beispiel in Nr. 138, Bild 58)

Die Fläche

$$z = ax^3 + by^2 \tag{4}$$

hat die Klassengleichung

$$\Phi \equiv 2a(u_2^2 - 4bu_0 u_3)^2 + 64\, b^2 u_1^3 u_3 = 0 \tag{4*}$$

Daraus geht hervor, daß die Ebene $z = 0$ mit den Koordinaten $u_0 = 0$, $u_1 = 0$, $u_2 = 0$, $u_3 = 1$ den Charakter einer unipunktal berührenden singulären Ebene hat. Die Schnittkurve der Ebene $z = 0$ mit der Fläche hat in 0 eine Spitze.

158. Eine Doppelkurve D einer Fläche ist eine solche Kurve, für die jeder Punkt auf ihr Biknoten ist. Beispiele finden sich u.a. in den Flächen (Bilder B 18, 18a – c der Nr. 65) wo der Kreis

$$x^2 + y^2 + 2ay = 0 \quad , \quad z = 0$$

die Doppelkurve ist, und (Bilder B 42 – 46), wo die Doppelkurve eine Hyperbel ist.

7. Beispiel (Bild 80).
Die Kurve K mit der Gleichung

$$(z^2 - 36)^2 - 48x^2(x + 3) = 0 \tag{5}$$

hat zwei Knoten $D_1(x = 0,\ z = 6)$ und $D_2(x = 0,\ z = -6)$ und eine Doppeltangente $d = B_1B_2$ mit der Gleichung $x = -3$. Die Drehung von K um die x-Achse zeigt eine Fläche, die den Kreis um 0 mit Radius $\overline{OD_1} = \overline{OD_2}$ als Doppelkurve hat, ferner eine Kreistrope, deren Berührebene aus der Doppeltangente d hervorgeht, während die Berührkurve ein Kreis in dieser Ebene mit dem Durchmesser B_1B_2 ist.
8. Beispiel (Bild 81).
Die Kurve $K^{\times}$

$$4z^2 + x^2(x - 10)(x + 6) = 0 \tag{5$^{\times}$}$$

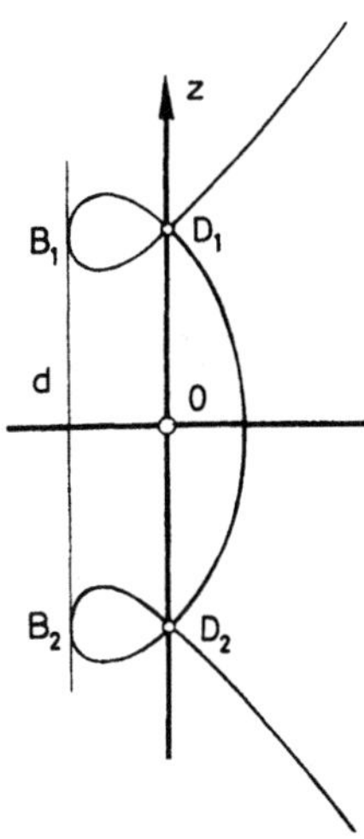

Bild 80

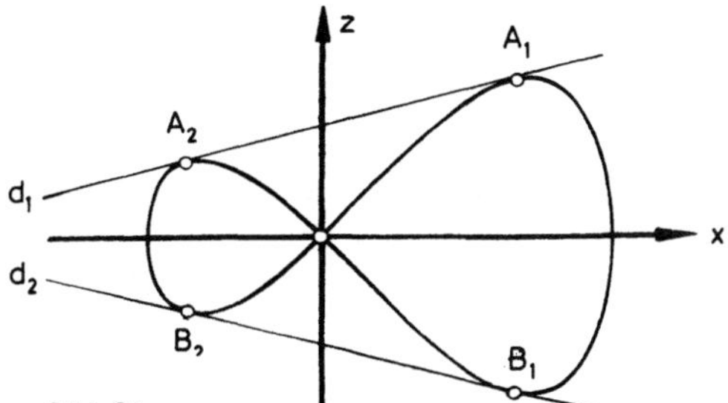

Bild 81

der xz-Ebene zeigt die dualen Vorkommnisse. In σ ist ein Knoten. Die Geraden $d_1 = A_1A_2$ und $d_2 = B_1B_2$ sind Doppeltangenten. Bei Drehung der Kurve $K^\times$ um die x-Achse ergibt sich eine Fläche mit Knoten in O, dessen Tangenten einen Kegel 2. Ordnung bilden. Die Doppeltangenten d_1 und d_2 bzw. ihre Berührpunkte A_1, A_2, B_1, B_2 beschreiben einen der Fläche umschriebenen Kegel, der als doppelt berührender Kegel auftritt. Dieser Kegel hat mit der Fläche zwei Berührkreise gemeinsam. Jede Mantellinie des Kegels ist Doppeltangente der Fläche. Faßt man den Kegel als Ebenengebilde auf, so ist jede Ebene des Kegels eine bipunktal berührende Ebene.

Man erkennt aus diesem Beispiel

(a.) Die zum Knotenpunkt mit Berührkegel 2. Ordnung duale Ebenensingularität ist die Kegelschnittstrope.

(b.) Die zur Doppelkurve (als Punktsingularität) duale Ebenensingularität ist der doppelt berührende umschriebene Kegel. Jede seiner Ebenen ist eine die Fläche bipunktal berührende Ebene.

9. Beispiel

Die in Bild B 18 der Nr. 65 dargestellte Regelfläche 4. Ordnung hat die Gleichung

$$(x^2 + y^2 + 2ay)^2 - z^2(x^2 + y^2) = 0 \tag{6}$$

Sie hat die z-Achse als Doppelgerade und den Kreis

$$x^2 + y^2 + 2ay = 0 \;, \quad z = 0$$

als Doppelkurve. Sie besitzt aber auch einen doppelt berührenden umschriebenen Kegel mit der Gleichung $z^2 = 8ay$. Die Kegelspitze liegt also im Fernpunkt der x-Achse und seine Mantellinien sind parallel zu dieser. Setzt man in (6) $z^2 = 8ay$, so kommt $(x^2 + y^2 - 2ay)^2 = 0$. Die Kurve, nach welcher der singuläre Kegel die Fläche berührt, hat also die Gleichungen

$$x^2 + y^2 - 2ay = 0 \quad , \quad z^2 - 8ay = 0 \tag{7}$$

sie ist also eine Raumkurve 4. Ordnung, deren Horizontalprojektion ein Kreis ist. $y = x \tan\varphi$ gibt die Parameterdarstellung

$$x = a \sin 2\varphi \quad , \quad y = 2\, a \sin\varphi^2 \quad , \quad z = 4\, a \sin\varphi \tag{8}$$

Die Fläche (6) hat die Klassengleichung

$$\phi = u_1^2(u_0^2 - 4a^2u_3^2) + (u_0u_2 - 2au_3^2)^2 = 0 \tag{6'}$$

Daraus ergibt sich, daß das Dualgebilde zur Doppelkurve, also die Menge der bipunktal berührenden Ebenen, bestimmt ist durch die beiden Gleichungen, die sich durch Nullsetzen der beiden in (6') auftretenden quadratischen Faktoren

$$u_1 = 0 \quad , \quad u_0 u_2 - 2au_3^2 = 0 \qquad (7')$$

ergeben. Das sind diejenigen Ebenen, die durch den Fernpunkt der x-Achse gehen (seine Gleichung ist $u_1 = 0$) und den parabolischen Zylinder $z^2 - 8ayt = 0$ berühren, dessen zweite Klassengleichung $u_0 u_2 - 2au_3^2 = 0$ ist.

10. Beispiel

Die in Bild B 112 der Nr. 196 dargestellte Fläche des Affensattels hat die Gleichung

$$F_3 \equiv y(ax^2 - by^2) - zt^2 = 0 \quad , \qquad (9)$$

ihre Klassengleichung ist

$$\Phi_6 \equiv a(27abu_0^2 u_3 + 18bu_1^2 u_2 - 2au_2^3)^2 - 4(au_2^2 + 3bu_1^2)^3 = 0 \qquad (9')$$

Demnach ist die Ebene $z = 0$ ($u_0 = 0$, $u_1 = 0$, $u_2 = 0$, $u_3 = 1$) eine singuläre Ebene. Für $u_3 = 1$ ergibt sich als Glied niederster Potenz $27^2 a^3 b^2 u_0^4$. Der Punkt $u_0 = 0$, d.h. der Ursprung O, der Berührpunkt der Berührebene $z = 0$ besitzt also eine unipunktal berührende 4-Fach zählende singuläre Ebene.

Bemerkung: In den folgenden Abschnitten sind weder bei allen behandelten Einzelflächen die Singularitäten bestimmt, noch ist bei den Aufgaben besonders dazu aufgefordert. Diese Aufforderung sei vielmehr an dieser Stelle ein für alle Male ausgesprochen.

5. Abschnitt. Konoide und andere Regelflächen

§ 1. Allgemeines. Nr. 159 und 160

159. Ein Konoid ist eine Regelfläche, deren Geraden
(1.) eine gegebene Gerade g treffen,
(2.) parallel zu einer gegebenen Ebene α (nicht parallel g) sind, d.h. projektiv ausgedrückt, eine unendlich ferne Leitgerade h_∞ treffen, und
(3.) noch eine weitere Bedingung erfüllen, z.B.
(3a) eine Leitkurve C treffen,
(3b) eine Leitfläche F berühren,
(3c) eine gewisse Zuordnungsbedingung erfüllen, insbesondere, wenn, was durchaus möglich ist, g unf h_∞ zusammenfallen.

Man kann nun die Gleichung eines Konoids ganz allgemein angeben. Wir machen, falls nicht $g = h_\infty$ ist, g zur z-Achse $x = 0$, $y = 0$ eines rechtwinkeligen Koordinatensystems. Die Richtebene α sei $z - mx \equiv \check{z} = 0$, wobei man für $m = 0$, d.h. wenn $g \perp \alpha$ ist, von einem geraden, für $m \neq 0$ von einem schiefen Konoid spricht. Dann sind die Gleichungen einer Erzeugenden

$$y = \lambda x \quad , \quad z - mx = \check{z} = \mu \quad . \tag{1}$$

Sind

$$F(x,y,z) = 0 \quad , \quad G(x,y,z) = 0 \tag{$\times$}$$

die Gleichungen einer Leitkurve, so ergibt sich als Schnittbedingung von ($\times$) mit (1) durch Elimination von x, y, z eine Gleichung

$$f(\lambda,\mu) = 0 \tag{2}$$

Und eine ebensolche folgt, wenn (1) die Leitfläche ($\times$) $F(x,y,z) = 0$ berühren soll. Denn die Berührebene im Punkt $x|y|z$ hat in laufenden Koordinaten $X|Y|Z$ die Gleichung

$$\frac{\partial F}{\partial x}(X - x) + \frac{\partial F}{\partial y}(Y - y) + \frac{\partial F}{\partial z}(Z - z) = 0 \tag{$\times\times$}$$

und es gilt neben (1) auch $Y = \lambda X$, $Z - mX = \mu$. D.h.

$$\frac{Y - y}{X - x} = \frac{y}{x} \quad , \quad Z - z = m(X - x) \quad ,$$

so daß aus ($\times\times$) als Berührbedingung

$$x\,\frac{\partial F}{\partial x} + y\,\frac{\partial F}{\partial y} + mx\,\frac{\partial F}{\partial z} = 0 \tag{$\times\times\times$}$$

folgt. Aus (×), (×××) und (1) folgt dann wieder (2).
Aus (1) und (2) aber folgt die Gleichung des Konoids

$$f\left(\frac{y}{x}, z - mx\right) = 0 \tag{3}$$

160. Man kann nun die Gleichungen der Konoide 2. 3. und 4. Ordnung auf die wir uns i.a. beschränken wollen, sofort angeben. Die Gleichung (3) kann in diesen Fällen in $\frac{y}{x}$ und z nur bzw. linear, in $\frac{y}{x}$ quadratisch, in z linear oder umgekehrt, in $\frac{y}{x}$ kubisch, in z linear oder umgekehrt oder auch in beiden quadratisch sein, womit sich die Gleichungen ergeben

$$(A_0x + A_1y)\check{z} + (B_0x + B_1y) = 0 \tag{A}$$

Konoid 2. Ordnung oder hyperbolisches Paraboloid

$$(A_0x^2 + 2A_1xy + A_2y^2)\check{z} + (B_0x^2 + 2B_1xy + B_2y^2) = 0 \tag{B$_1$}$$

$$(A_0x + A_1y)\check{z}^2 + 2(B_0x + B_1y)\check{z} + (C_0x + C_1y) = 0 \tag{B$_2$}$$

$$(A_0x^3 + 3A_1x^2y + 3A_2xy^2 + A_3y^3)\check{z} + (B_0x^3 + 3B_1x^2y + {} + 3B_2xy^2 + B_3y^3) = 0 \tag{C$_1$}$$

$$(A_0x^2 + 2A_1xy + A_2y^2)\check{z}^2 + 2(B_0x^2 + 2B_1xy + B_2y^2)\check{z} \quad (C_0x^2 + 2C_1xy + C_2y^2) = 0 \tag{C$_2$}$$

$$(A_0x + A_1y)\check{z}^3 + 3(B_0x + B_2y)\check{z}^2 + 3(C_0x + C_1y)\check{z} + {} + (D_0x + D_1y) = 0 \tag{C$_3$}$$

Man stellt sofort fest:
Für (A) sind $g(x = 0, y = 0)$ und $h_\infty(z = 0, t = 0)$ [1] einfache Geraden.
Für (B_1) ist $g = d$ Doppelgerade, $h_\infty = l_\infty$ einfache Gerade,
für (B_2) $g = l$ einfache Gerade, $h_\infty = d_\infty$ Doppelgerade.
Für (C_1) $g = d$ dreifache Gerade, $h_\infty = d^!_\infty$ einfache Gerade,
für (C_2) $g = d$ und $h_\infty = d^!_\infty$ Doppelgeraden,
für (C_3) $g = l$ einfache Gerade, $h_\infty = d_\infty$ dreifache Gerade.
Zu (A) machen wir die Bemerkung, daß die Fläche außer (1) mit

$$\mu = -\frac{B_0 + B_1\lambda}{A_0 + A_1\lambda}$$

noch eine zweite Erzeugendenschar

$$A_0x + A_1y = \lambda, \quad \lambda\check{z} + B_0x + B_1y = 0$$

mit Richtebene $A_0x + A_1y = 0$ enthält.

---

1) Man setzt $\frac{x}{t}, \frac{y}{t}, \frac{z}{t}$ anstelle von x, y, z.

161. Davon gibt es dreierlei.

1. Fall Eine Erzeugende trifft g = d und einen Leitkegelschnitt K, der g = d in einem Punkt schneidet. Dann wird sich eine Gleichung (B_1) ergeben. g = d ist Doppelgerade, $h_\infty = l_\infty$ einfache Gerade.

2. Fall Eine Erzeugende trifft g = l in einem Leitkegelschnitt K, der h = d_∞ in einem Punkt schneidet. Dann wird sich eine Gleichung (B_2) ergeben, g = l ist einfache Gerade, $h_\infty = d_\infty$ Doppelgerade.

3. Fall (vgl. (3c) in Nr. 159). Es ist $g = h_\infty = d_\infty = l_\infty$. Dann trifft d_∞ einen Leitkegelschnitt K. Zwischen den Punkten von d_∞ und K besteht als Zuordnung eine Projektivität. Die Verbindungsgeraden erzeugen das Konoid, das zu den sogenannten Cayleyschen Regelflächen 3. Grades gehört.

Die beiden ersten Fälle zerfallen in je zwei Unterfälle, je nachdem das Konoid gerade oder schief ist.

§ 3. 1. Fall, 1. Unterfall: Gerade Konoide. Nr. 162–164

162. d sei die z-Achse x = 0, y = 0. Die Richtebene ist dann

$$z = 0 \qquad (1_1)$$

Der Kegelschnitt K kann dann nicht in einer Ebene senkrecht d liegen. Durch eine Drehung können wir erreichen, daß er in einer vertikalprojizierenden Ebene liegt, die, da er d in einem Punkte schneiden soll, durch den Ursprung geht. Die Gleichungen von K sind dann

$$z = nx, \quad Ax^2 + 2Bxy + Cy^2 + 2Dx + 2Ey = 0, \quad n \neq 0 \qquad (2_1)$$

Eine Erzeugende hat Gleichungen von der Gestalt

$$y = \lambda x \quad , \quad z = \mu \qquad (3_1)$$

Als Schnittbedingung mit (2_1) ergibt sich sofort

$$(A + 2B\lambda + C\lambda^2)\mu + 2n(D + E\lambda) = 0 \qquad (4_1)$$

Man erkennt schon hier, daß man n = 1 setzen kann, indem man den Kegelschnitt (2_1) durch den gleichartigen

$$z = x \quad , \quad Ax^2 + 2Bxy + Cy^2 + 2nDx + 2nEy = 0$$

ersetzt, nD = D', nE = E' annimmt und statt D' und E' wieder D und E schreibt, so daß anstelle von (2_1) und (4_1)

$$z = x \quad , \quad Ax^2 + 2Bxy + Cy^2 + 2Dx + 2Ey = 0 \qquad (2_1')$$

$$(A + 2B\lambda + C\lambda^2)\mu + 2(D + E\lambda) = 0 \qquad (4_1')$$

tritt. Aus (3_1) und $(4_1')$ ergibt sich die Flächengleichung

$$(Ax^2 + 2Bxy + Cy^2)z + 2x(Dx + Ey) = 0 \quad , \quad C \neq 0 \qquad (5_1)$$

von der Gestalt (B_1) der Nr. 160, die man übrigens durch eine Schiebung längs der z-Achse sofort auf die Form (5_1) bringen kann. (Aufgabe! [1])

163. Die allgemeine Erzeugende ergibt sich aus (3_1) und (4_1) in der Gestalt

$$y = \lambda x \quad , \quad z = -\frac{2(D + E\lambda)}{A + 2B\lambda + C\lambda^2} \qquad (6_1)$$

Wir wollen in unserem Falle als Musterbeispiel für alle anderen Fälle die Aufgabe lösen, alle Kegelschnitte auf unserem Konoid zu bestimmen.

Eine beliebige Ebene durch die Erzeugende (6_1) hat die Gleichung

$$\frac{\nu}{A + 2B\lambda + C\lambda^2}(y - \lambda x) + z + \frac{2(D + E\lambda)}{A + 2B\lambda + C\lambda^2} = 0 \qquad (7_1)$$

Diese Ebene hat mit der Fläche, deren Gleichung wir in der Gestalt

$$z + \frac{2x(Dx + Ey)}{Ax^2 + 2Bxy + Cy^2} = 0 \qquad (o)$$

schreiben, noch einen Kegelschnitt gemeinsam, dessen zweite Gleichung wir erhalten, indem wir (o) von (7_1) abziehen und den Faktor $y - \mu x$ der linken Seite abscheiden, der zur Erzeugenden (6_1) führt. Es bleibt dann

$$\nu(Ax^2 + 2Bxy + Cy^2) + 2\{(2BD - AE + CD\lambda)x + C(D + \varepsilon\lambda)y\} = 0 \quad (8_1)$$

als zweite Gleichung übrig.

---

1) Ist $A_2 = 0$, $A_0 \neq 0$, so vertausche man x- und y-Achse, sind A_0 und A_2 beide Null, so führe man, falls $B_0B_2 - B_1^2 > 0$ ist, noch eine Drehung um die z-Achse aus.

164. Eine Ebene parallel zur Richtebene α treffe d in D und K in P und Q (Bild 82), dann sind DP und DQ zwei Erzeugende. Es kann offenbar zweimal vorkommen, daß DP_1 und DP_2 zusammenfallen. Die betreffenden Erzeugenden t_1 und t_2 heißen Torsallinien, die Ebenen durch sie parallel zu α Torsalebenen, deren Schnittpunkte mit d Kuspidalpunkte. Rechnerisch ergeben sich die Torsalelemente wie folgt:

Die Ebene

$$z = x = \lambda \qquad (9_1)$$

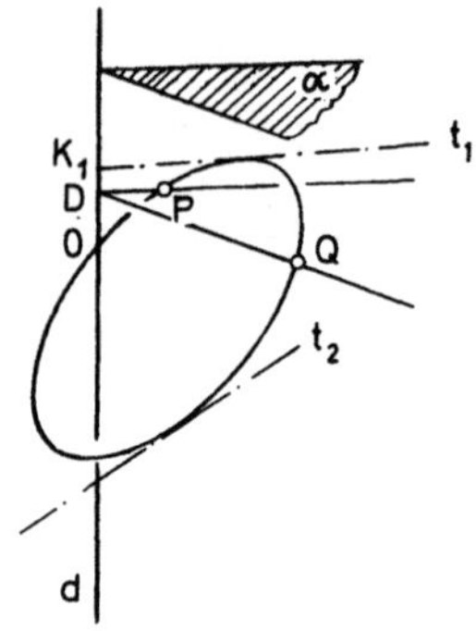

Bild 82

trifft den Kegelschnitt $(2_1')$ in zwei zusammenfallenden Erzeugenden, den Torsallinien, wenn die Gleichung

$$Cy^2 + 2(B\lambda + E)y + A\lambda^2 + 2D\lambda = 0 \qquad (10_1)$$

eine Doppelwurzel y besitzt, also

$$(AC - B^2)\lambda^2 - 2(BE - CD)\lambda - E^2 = 0 \quad , \qquad (11_1)$$

$$\lambda = \frac{BE - CD \pm \sqrt{\Delta_1}}{AC - B^2} \qquad (12_1)$$

ist, wo

$$\Delta_1 \equiv C(AE^2 - 2BDE + CD^2) \neq 0 \qquad (13_1)$$

ist, weil die Fläche sonst zerfällt. Für die Berührpunkte der Torsallinien gilt dann nach (9_1) und (10_1)

$$x_{1,2} = z_{1,2} = \lambda, \; y_{1,2} = -\frac{B\lambda + E}{C} = \frac{C(BD - AE) \mp B\sqrt{\Delta_1}}{C(AC - B^2)} \qquad (14_1)$$

Ist $AC - B^2 = 0$, so sind

$$\lambda_1 = \infty \quad , \qquad \lambda_2 = -\frac{E^2}{BE - CD}$$

die Werte von λ und ist

$$C|-B|C|0 \quad \text{der eine,} \quad \lambda_2|-\frac{B\lambda_2 + E}{C}|\lambda_2|1 \qquad (14_1')$$

der andere Berührpunkt.

Die Gleichungen der <u>Torsallinien</u> werden nach (14_1)

$$Bx + Cy + E = 0 \quad , \quad z = \lambda \qquad (15_1)$$

Die Gleichungen der <u>Torsalebenen</u>

$$z = \lambda \qquad , \qquad (16_1)$$

die <u>Kuspidalpunkte</u>

$$0|0|\lambda|1 \qquad . \qquad (17_1)$$

Ist $AC - B^2 = 0$, so kommt

$$Bx + Cy = 0 \quad , \quad t = 0 \text{ und } Bx + Cy + E = 0 \quad , \quad z = \lambda_2 \qquad (15_1')$$

$$t = 0 \quad \text{und} \quad z = \lambda_2 \qquad (16_1')$$

$$0|0|1|0 \quad \text{und} \quad 0|0|\lambda_2|1 \qquad (17_1')$$

§ 4. 1. Fall, 2. Unterfall: Schiefe Konoide. Nr. 165 und 166

165. d sei wieder die z-Achse $x = 0$, $y = 0$. Die Richtebene sei

$$z - mx = 0 \quad . \qquad (1_2)$$

Der Leitkegelschnitt kann jetzt in der xy-Ebene liegen. Er hat die Gleichungen

$$z = 0 \quad , \quad Ax^2 + 2Bxy + Cy^2 + 2Dx + 2Ey = 0 \qquad (2_2)$$

Eine Erzeugende hat Gleichungen von der Gestalt

$$y = \lambda x \quad , \quad z = mx + \mu \qquad (3_2)$$

Als Schnittbedingung ergibt sich sofort

$$(A + 2B\lambda + C\lambda^2)\mu - 2m(D + E\lambda) = 0 \qquad (4_2)$$

und damit die Flächengleichung

$$(Ax^2 + 2Bxy + Cy^2)(mx - z) + 2mx(Dx + Ey) = 0 \qquad (5_2)$$

Die allgemeine Erzeugende ergibt sich aus (3_2) und (4_2) in der Gestalt

$$y = \lambda x \quad , \quad z = m\left\{x + \frac{2(D + B\lambda)}{A + 2B\lambda + C\lambda^2}\right\} \qquad (6_2)$$

Die Kegelschnitte der Fläche zu bestimmen sei Aufgabe: Gleichungen (7_2) und (8_2),

166. Die Torsalelemente ergeben sich folgendermaßen: Die Ebene

$$z = mx - \lambda \qquad (9_2)$$

trifft den Kegelschnitt (2_2) in zwei zusammenfallenden Punkten, wenn die Gleichung

$$Cm^2y^2 + 2(B\lambda + E)my + A\lambda^2 + 2D\lambda = 0 \qquad (10_2)$$

eine Doppelwurzel y besitzt, also

$(11_2) = (11_1)$ $\qquad (12_2) = (12_1)$ $\qquad (13_2) = (13_1)$

ist. Für die Berührpunkte der Torsallinien gilt dann noch (9_2) und (10_2)

$$x_{1,2} = + \frac{\lambda}{m}, \quad y_{1,2} = - \frac{B\lambda + E}{mC} = \frac{C(BD - AE) \mp B\sqrt{\Delta_1}}{mC(AC - B^2)}$$
$$z_{1,2} = 0 \qquad (14_2)$$

Ist $Ac - B^2 = 0$, so sind $(12_2^1) = (12_1^1)$ die Werte von λ und es ist

$$C|-B|0|0 \text{ der eine, } + \frac{\lambda_2}{m}\Big|- \frac{B\lambda_2 + E}{mC}\Big|0\Big|1 \qquad (14_2^1)$$

der andere Berührpunkt. Die Gleichungen der Torsallinien, werden nach (14_2)

$$Bx + Cy + E = 0 \quad , \quad z = mx - \lambda \ , \qquad (15_2^1)$$

Die Gleichungen der Torsalebenen

$$z = mx - \lambda \quad , \qquad (16_2)$$

die Kuspidalpunkte

$$0|0|-\lambda|1 \qquad (17_2)$$

Ist $Ac - B^2 = 0$, so kommt

$$Bx + Cy = 0,\ t = 0 \quad \text{und} \quad Bx + Cy + E = 0, \quad z = mx - \lambda_2 \qquad (15_2^1)$$

$$t = 0 \quad \text{und} \quad z = mx - \lambda_2 \qquad (16_2^1)$$

$$0|0|1|0 \quad \text{und} \quad 0|0|-\lambda|1 \qquad (17_2^1)$$

167. Diesmal sei die Leitgerade l die z-Achse $x = 0$, $y = 0$. Die Doppelgerade d_∞ $z = 0$, $t = 0$ ist dann die Ferngerade der Richtebene

$$z = 0 \tag{1_3}$$

Der Leitkegelschnitt K liege wie in Nr. 4 in einer Ebene $z = nx$. Er muß dort die Fernebene $t = 0$ im Punkte $z = 0$, $t = 0$ treffen. Ist also $Ax^2 + 2Bxy + Cy^2 + 2Dxt + 2Eyt + Ft^2 = 0$ die Gleichung seiner Horizontalprojektion, so muß $z = 0$, $t = 0$, $x = 0$ sie erfüllen, also $C = 0$ sein. K ist also eine Hyperbel oder Parabel mit den Gleichungen

$$z = nx\ , \quad Ax^2 + 2Bxy + 2Dx + 2Ey + F = 0 \tag{2_3}$$

Eine Erzeugende muß l und d_∞ treffen, also die Gleichungen

$$y = \lambda x, \quad z = \mu \tag{3_3}$$

haben. Die Schnittbedingung wird

$$(A + 2B\lambda)\mu^2 + 2n(D + E\lambda)\mu + n^2F = 0 \tag{4_3}$$

Wie in Nr. 4 können und wollen wir $n = 1$ setzen. Die Flächengleichung wird dann

$$(Ax + 2By)z^2 + 2(Dx + Ey)z + Fx = 0 \tag{5_3}$$

also von der Form (B_2) der Nr. 2, die auch sofort in die Gestalt (5_3) gebracht werden kann (wie?).
Die allgemeine Erzeugende ist

$$z = \lambda\ , \quad (A\lambda^2 + 2D\lambda + F)x + 2\lambda(B\lambda + E)y = 0 \tag{6_3}$$

Die Bestimmung der Kegelschnitte der Fläche sei Aufgabe: (7_3), (8_3).

168. Eine Ebene durch l treffe die Richtebene $z = 0$ in q und K in P und Q. Die Parallelen zu q durch P und Q sind ein Paar Erzeugender (Bild 83). Die Torsalelemente ergeben sich folgenmaßen:
Die Ebene (9_3) $y = \lambda x$ trifft den Kegelschnitt (2_3) in den Torsallinien, wenn die Gleichung

$$(A + 2B\lambda)z^2 + 2(D + E\lambda)z + F = 0 \tag{10_3}$$

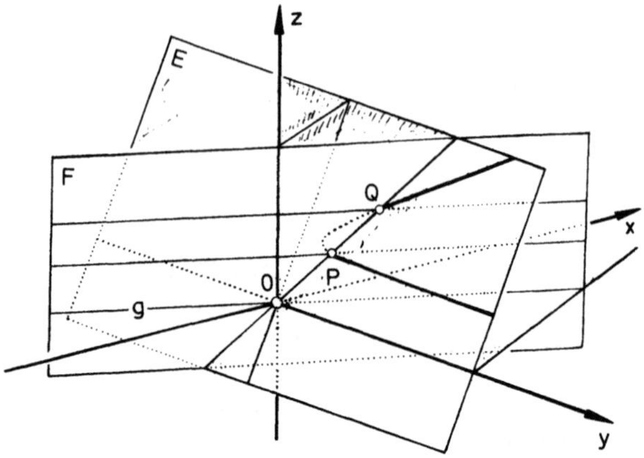

Bild 83

eine Doppelwurzel z hat, also

$$E^2\lambda^2 - 2(BF - DE)\lambda - AF + D^2 = 0 \qquad (11_3)$$

$$\lambda = \frac{BF - DE \pm \sqrt{\Delta_2}}{E^2} \qquad (12_3)$$

ist, wo

$$\Delta_2 = F(AE^2 - 2BDE + B^2F) \neq 0 \qquad (13_3)$$

sein muß. Für die Berührpunkte der Torsallinien gilt dann nach (9_3) und (10_3)

$$x = -2\,\frac{D + E\lambda}{A + 2B\lambda}\;,\quad y = -2\lambda\,\frac{D + E\lambda}{A + 2B\lambda}\;,\quad z = -\frac{2(D + E\lambda)}{A + 2B\lambda} \qquad (14_3)$$

Ist $E = 0$, so sind

$$\lambda_1 = \infty\;,\qquad \lambda_2 = \frac{D^2 - AF}{2BF} \qquad (12_3')$$

die Werte von λ und es ist

$$0|-D|0|B \quad \text{der eine,} \quad 2D|2D\lambda_2|2D|-(A + 2B\lambda_2) \qquad (14_3')$$

der andere Berührpunkt.

Die Gleichungen der Torsallinien werden nach (14_3)

$$y = \lambda x\;,\quad z = -\frac{2(D + E\lambda)}{A + 2B\lambda}\;, \qquad (15_3)$$

Die Gleichungen der Torsalebenen

$$z = -\frac{2(D + E\lambda)}{A + 2B\lambda} \qquad (16_3)$$

Die Kuspidalpunkte sind

$$1 | \lambda | 0 | 0 \qquad (17_3)$$

Ist E = 0, so kommt

$$x = 0,\ z = 0 \text{ und } y = \lambda_2 x\ ,\ z = -\frac{2(D + E\lambda_2)}{A + 2B\lambda_2} \qquad (15_3')$$

$$z = 0 \qquad \text{und} \qquad z = -\frac{D + E\lambda_2}{A + 2B\lambda_2} \qquad (16_3')$$

$$0|1|0|0 \qquad \text{und} \qquad 1|\lambda_2|0|0 \qquad (17_3')$$

§ 6. 2. Fall, 2. Unterfall: Schiefe Konoide. Nr. 169 und 170

169. Sei wieder die Leitgerade l die z-Achse x = 0, y = 0

$$z = mx \qquad (1_4)$$

die Richtebene, deren Ferngerade die Doppelgerade d_∞ ist. Den Leitkegelschnitt K können wir in einer Ebene senkrecht zu l annehmen, so daß er Gleichungen von der Gestalt

$$z = 0\ ,\ Ax^2 + 2Bxy + Cy^2 + 2Dxt + 2Eyt + Ft^2 = 0$$

hat. Er muß aber die Ferngerade z = mx, t = 0 treffen, d.h. es muß C = 0 sein, so daß er wieder eine Hyperbel oder Parabel ist und die Gleichungen

$$z = 0\ ,\ Ax^2 + 2Bxy + 2Dx + 2Ey + F = 0 \qquad (2_4)$$

besitzt.
Eine Erzeugende muß l und d_∞ treffen, also Gleichungen

$$y = \lambda x\ ,\quad z = mx + \mu \qquad (3_4)$$

haben. Die Schnittbedingung mit K wird

$$(A + 2B\lambda)\mu^2 - 2m(D + E\lambda)\mu + m^2F = 0\ . \qquad (4_4)$$

Die Flächengleichung also

$$(Ax + 2By)(mx - z)^2 + 2m(Dx + Ey)(mx - z) + m^2Fx = 0 \qquad (5_4)$$

Die allgemeine Erzeugende ist

$$z = mx + \lambda\ ,\ (A\lambda^2 - 2mD\lambda + m^2F)x + 2\lambda(B\lambda - mE)y = 0 \qquad (6_4)$$

Die Bestimmung der Kegelschnitte auf der Fläche sei wieder Aufgabe. (7_4) und (8_4).

170. Die Torsalelemente ergeben sich so: Die Ebene

$$y = \lambda x \qquad (9_4)$$

trifft K in den Torsallinien, wenn die Gleichung

$$(A + 2B\lambda)x^2 + 2(D + E\lambda)x + F = 0 \qquad (10_4)$$

eine Doppelwurzel hat, also

$$(11_4) = (11_3) \quad , \quad (12_4) = (12_3)$$

gilt. Aus (9_4) und (10_4) folgen die Berührpunkte der Torsallinien

$$x = -\frac{2(D + E\lambda)}{A + 2B\lambda} = -\frac{\mu}{m} \quad , \quad y = -\frac{\lambda\mu}{m} \quad , \quad z = 0 \qquad (14_4)$$

Ist $E = 0$, so sind $(12'_4) = (12'_3)$ die Werte von λ und es sind $0|-D|0|B$ und $2D|2D\lambda_2|0|-(A + 2B\lambda_2)$ die Berührpunkte
Die Gleichungen der <u>Torsallinien</u> werden nach (14_4)

$$y = \lambda x \quad , \quad z = 0 \quad , \qquad (15_4)$$

die Gleichungen der <u>Torsalebenen</u>

$$y = \lambda x \quad , \qquad (16_4)$$

die <u>Kuspidalpunkte</u>

$$1|\lambda|0|0 \; ,$$

Der Fall $E = 0$ sei Aufgabe.

§ 7. 3. Fall. Nr. 171

171. Jetzt falle d mit r_∞ zusammen und sei $z = 0$, $t = 0$, die <u>Richtebene</u> also

$$z = 0 \quad . \qquad (1_5)$$

Der <u>Leitkegelschnitt</u> K, der d_∞ schneiden muß, sei diesmal

$$x - nz = 0 \quad , \quad 2Byz + Cz^2 + 2Dy + 2Ez + F = 0 \qquad (2_5)$$

Für einen Punkt $P_1(x_1|y_1|z_1|1)$ auf ihm gilt

$$x_1 = nz_1 \quad , \quad 2By_1z_1 + Cz_1^2 + 2Dy_1 + 2Ez_1 + F = 0 \quad . \qquad (o)$$

Ein Punkt von d_∞ ist $P_2(x_2|y_2|0|0)$. Das Strahlenbüschel durch den Schnittpunkt von K und d_∞ lautet $x_1 - nz_1 = 0$, $z_1 = \text{const}$, seine zu ihm projektive Seitenprojektion also $z_1 = \text{const}$. Die Punktreihe auf d_∞ ist durch

$$\frac{y_2}{x_2} = \text{const}$$

gegeben. Die Projektivität zwischen Strahlenbüschel und Punktreihe ist durch eine Gleichung

$$\frac{y_2}{x_2} = \frac{\alpha + \beta z_1}{\gamma + \delta z_1} \qquad (3_5)$$

bestimmt. Die Verbindungsgerade P_1P_2 hat nun die Gleichungen

$$\frac{y - y_1}{x - x_1} = \frac{y_2}{x_2} \quad , \quad z = z_1 \qquad (4_5)$$

Die Elimination von $x_1|y_1|z_1$ und $\frac{y_2}{x_2}$ ergibt die Flächengleichung

$$\begin{aligned} 2(Bz + D)\{(\gamma + \delta z)y - (\alpha + \beta z)(x - nz)\} &+ \\ + (\gamma + \delta z)(Cz^2 + 2Ez + F) &= 0 \end{aligned} \qquad (5_5)$$

Die allgemeine Erzeugende ist

$$\begin{aligned} z = \lambda, \quad 2(B\lambda + D)\{(\gamma + \delta\lambda)y - (\alpha + \beta\lambda)(x - n\lambda)\} &+ \\ + (\gamma + \delta\lambda)(C\lambda^2 + 2E\lambda + F) &= 0 \end{aligned} \qquad (6_5)$$

Torsallinie ist die Tangente

$$Bz + D = 0 \quad , \quad t = 0 \qquad (15_5)$$

von K im Schnittpunkt von K und d.
Torsalebene die Ebene durch diese Tangente und d, also

$$Bz + D = 0 \qquad (16_5)$$

Kuspidalpunkt der jener Tangente entsprechende Punkt

$$B\gamma - D\delta \;|\; B\alpha - D\beta \,|\, 0 \,|\, 0 \qquad (17_5)$$

§ 8. 1. Fall, 1. Unterfall: Gerade Konoide. Spezielle Fälle (Haupttangentenkurven aller Konoide). Nr. 172–174

172. Besonderem Interesse begegnen diejenigen Konoide, die Symmetrien aufweisen. Um diese alle zu ermitteln, betrachten wir die allgemeinen Gleichungen (B_1) und (B_2) der Nr. 160 und zwar hier (B_1) mit $m = 0$, also $\check{z} = z$. Das Konoid ist symmetrisch zur z-Achse, da mit $x|y|z$ auch $-x|-y|z$ ihm angehört.

Es ist ferner symmetrisch zur x-Achse und auch zur y-Achse, d.h. zu allen drei Achsen, wenn entweder $A_1 = 0$, $B_0 = 0$, $B_2 = 0$ oder $B_1 = 0$, $A_0 = 0$, $A_2 = 0$ ist. Die Flächengleichung lautet dann entweder

$$z = -\frac{2B_1xy}{A_0x^2 + A_2y^2} \tag{1_1}$$

$$z = -\frac{B_0x^2 + B_2y^2}{2A_1xy} \tag{1_2}$$

(1_1) ist für $B = 0$, $D = 0$ in §3, (5_1) enthalten, (1_2) erhält man aus §3, (5_1) durch eine Parallelverschiebung $z = \breve{z} + h$ in der Gestalt

$$z = -\frac{(Ah + 2D)x^2 + 2(Bh + E)xy + Chy^2}{Ax^2 + 2Bxy + Cy^2},$$

wo man nun

$$A = 0 \quad , \quad C = 0 \quad , \quad h = -\frac{E}{B}$$

zu wählen hat. Die wichtigsten Fälle von (1_1) und (1_2) sind nun

$$z = \frac{2hxy}{x^2 - y^2}, \quad z = h\frac{x^2 - y^2}{2xy}, \quad z = \frac{2hxy}{x^2 + y^2}, \quad z = h\frac{x^2 + y^2}{2xy}$$

Die beiden ersten sind aber identisch, da sie durch eine Drehung um die z-Achse durch $\frac{\pi}{4}$ ineinander übergehen; die beiden letzten gehen dadurch in

$$z = h\frac{x^2 - y^2}{x^2 + y^2} \qquad \text{und} \qquad z = h\frac{x^2 + y^2}{x^2 - y^2}$$

über, Gleichungen, auf die wir in Nr. 173 stoßen werden. Erstes wichtiges spezielles Konoid ist so (Bild 84)

$$z = \frac{2hxy}{x^2 - y^2} \;{}^{1)}, \tag{I}$$

---

1) In Bild 84 ist die Fläche $z = \frac{x^2 - 16y^2}{4xy}$ dargestellt, die aus (I) mit $h = 2$ und der Transformation

$$x \rightarrow \frac{x + 4y}{\sqrt{2}} \quad , \quad y \rightarrow \frac{x - 4y}{\sqrt{2}}$$

entsteht.

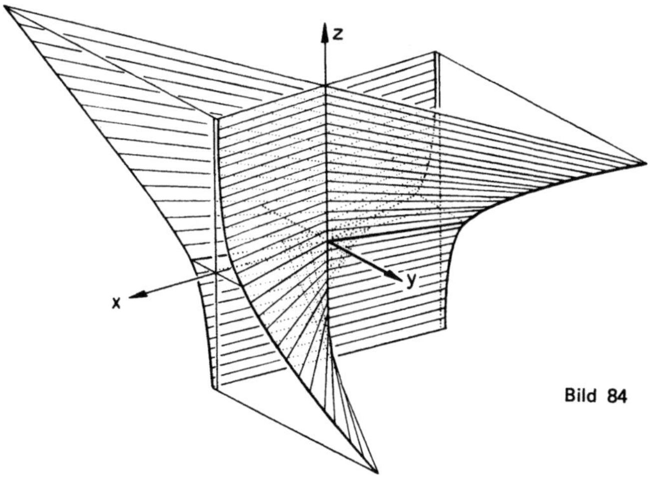

Bild 84

in Parameterform

$$x = r\cos\varphi \quad , \quad y = r\sin\varphi \, , \tag{2}$$

$z = h\tan 2\varphi$ mit den Erzeugenden

$$y = x\tan\varphi \, , \quad z = h\tan 2\varphi \, , \tag{3}$$

Man macht sich ein anschauliches Bild der Fläche, wenn man sie mit dem Kreiszylinder

$$x^2 + y^2 = r^2 \tag{4}$$

schneidet. Auf seiner Oberfläche schneidet das Konoid vier Perioden der Tangenslinie.

$$z = h\tan 2\frac{\breve{x}}{r} \tag{5}$$

aus, die man erhält, wenn man auf dem Zylindergrundkreisumfang eine Abszisse $\breve{x} = r\varphi$ einführt. Die Fläche entsteht, indem man jeden Punkt von (5) mit dem Punkt gleicher Höhe auf der z-Achse verbindet. Für $\breve{x} = 0, \frac{\pi}{2}r, \pi r, \frac{3\pi}{2}r$, wird $z = 0$, für $\breve{x} = \frac{\pi}{4}r, \frac{3\pi}{4}r, \frac{5\pi}{4}r, \frac{7\pi}{4}r$ wird $z = \infty$.

Die Ebenen $y = \pm x$ sind Asymptotenebenen der Fläche, deren Torsalelemente offenbar imaginär sind. Der erzeugende Kegelschnitt ist übrigens

$$z = x \quad , \quad x^2 - (y + h)^2 = h^2 \tag{6}$$

Aufgabe Untersuche die Schnitte von (I) mit den Ebenen $y = \text{const.}$

173. Wir fragen nun weiter nach den sogenannten Haupttangentenkurven unseres Konoids. Wir wollen diese Frage sogleich für alle Konoide

$$z = f\left(\frac{y}{x}\right) \tag{1}$$

beantworten.

Eine Ebene ε durch eine Erzeugende trifft eine Regelfläche 3. Ordnung in dieser und in einem Kegelschnitt, der die Erzeugende außer in einem Punkt der Doppelgeraden noch in einem Punkt P schneidet, der für den Schnitt von ε ein Doppelpunkt ist, so daß ε Berührebene der Fläche in P ist mit der Kegelschnittstangente als einer Tangente, die mit der Fläche drei Punkte gemein hat, also Haupttangente ist. Eine Erzeugende von (1) ist nun

$$y = \lambda x \quad , \quad z = f(\lambda) \quad , \tag{2}$$

eine Ebene durch sie

$$y - \lambda x + \nu\{z - f(\lambda)\} = 0 \tag{3}$$

Die Horizontalprojektion der von der Erzeugenden (2) verschiedenen Kurve C in dieser Ebene ist

$$x + \nu \frac{f(\frac{y}{x}) - f(\lambda)}{\frac{y}{x} - \lambda} = 0 \quad , \tag{4}$$

wo der Bruch durch $\frac{y}{x} - \lambda$ kürzbar ist. Der Schnittpunkt von C mit $y = \lambda x$ ergibt sich offenbar, indem man in diesem Bruch zur Grenze $\lim \frac{y}{x} \to \lambda$ übergeht und es wird seine Abszisse

$$x = -\nu f'(\lambda) \tag{5}$$

Nun benötigen wir die Ableitung y' in diesem Schnittpunkt. Es zeigt sich, daß man in (4) oder

$$y - \lambda x + \nu\left\{f\left(\frac{y}{x}\right) - f(\lambda)\right\} = 0 \tag{6}$$

zweimal nach x ableiten muß. Zuerst kommt

$$y' - \lambda + \nu f'\left(\frac{y}{x}\right) \cdot \frac{xy' - y}{x^2} = 0 \quad , \tag{7}$$

was aber für $y = \lambda x$ nur wieder (5) ergibt. Man leitet also (7) oder

$$\left\{x^2 + \nu x f'\left(\frac{y}{x}\right)\right\} y' - \lambda x^2 - \nu f'\left(\frac{y}{x}\right) y = 0 \tag{8}$$

nochmals nach x ab und erhält

$$x(x + \nu f'(\tfrac{y}{x})y'' + 2x(y' - \lambda) + \nu f'(\tfrac{y}{x}) \frac{(xy' - y)^2}{x^2} = 0 \quad . \tag{9}$$

Im Punkt $y = \lambda x$, $x = -\nu f'(\lambda)$ wird also

$$-2\nu f'(\lambda) + \nu f''(\lambda)(y' - \lambda) = 0$$

oder mit

$$\lambda = \frac{y}{x} \tag{10}$$

$$f''(\tfrac{y}{x}) \cdot \frac{xy' - y}{x} - 2f'(\tfrac{y}{x}) = 0$$

oder

$$\frac{1}{x^4}\left\{x^2 f''(\tfrac{y}{x})\frac{xy' - y}{x^2} - 2\,xf'(\tfrac{y}{x})\right\} = 0 \tag{11}$$

Das Integral hiervon ist

$$\frac{f'(\frac{y}{x})}{x^2} = \text{const}$$

oder

$$x^2 = Cf'(\tfrac{y}{x}) \tag{12_1}$$

Noch schöner sieht (12) in den Polarkoordinaten aus. Mit

$x = r\cos\varphi$, $\frac{y}{x} = \tan\varphi$ folgt $r^2 = C\,\dfrac{f'(\tan\varphi)}{\cos^2\varphi}$.

Dafür kann man mit $f'(\tan\varphi) = F(\varphi)$ einfach

$$r^2 = CF(\varphi) \tag{12_2}$$

schreiben. Also gilt der

Satz Das Konoid $x = r\cos\varphi$, $y = r\sin\varphi$, $z = F(\varphi)$ hat als Horizontalprojektion seiner Tangentenkurven die Kurven $r^2 = CF'(\varphi)$, oder auch das Konoid $z = f(\frac{y}{x})$ die Kurven $x^2 = Cf'(\frac{y}{x})$, wo f nach $\frac{y}{x}$ abzuleiten ist.

Im Falle (I) $z = h\tan 2\varphi$ kommt $r^2 = \dfrac{2C}{\cos^2 2\varphi}$ oder $r\cos 2\varphi = 2c$ oder auch,

wenn man das Koordinatensystem um $\frac{\pi}{4}$ dreht, $r\sin 2\varphi = 2c$ oder in rechtwinkeligen Koordinaten

$$\frac{1}{x^2} + \frac{1}{y^2} = \frac{1}{c^2} \quad \text{(Kreuzkurve, KB Nr. 171).}$$

Ist nicht $z = F(\varphi)$ gegeben und damit $r^2 = CF(\varphi)$ die Lösung, sondern ist

$$\varphi = G(z) \tag{13}$$

gegeben, so ist $F'(\varphi) = \frac{1}{G'(z)}$, also

$$r^2 = \frac{C}{G'(z)} \tag{14}$$

die Lösung.

Aufgabe Zeige, daß der Satz auch gilt, wenn $z - mx$ anstelle von z steht.

174. Die Fläche (B_1) der Nr. 160 oder (5_1) der Nr. 162 kann als Symmetrie nur noch diejenige zur xz-Ebene $y = 0$ und damit zur yz-Ebene $x = 0$ aufweisen. Dann muß $B = E = 0$ sein und die wichtigen Gleichungen der Nr. 162 bis 164 werden

$$(Ax^2 + Cy^2)z + 2Dx^2 = 0 \tag{$\overline{5}_1$}$$

$$y = \lambda x \quad , \quad z = -\frac{2D}{A + C\lambda^2} \tag{$\overline{6}_1$}$$

$$\nu(y - \lambda x) + (A + C\lambda^2)z + 2D = 0 \tag{$\overline{7}_1$}$$

$$\nu(Ax^2 + Cy^2) + 2\,CD(\lambda x + y) = 0 \tag{$\overline{8}_1$}$$

$$\lambda_1 = 0 \quad , \quad \lambda_2 = -\frac{2D}{A} \tag{$\overline{12}_1$}$$

$$x_1 = y_1 = z_1 = 0 \quad \text{und} \quad x_2 = z_2 = \lambda_2 \ , \quad y_2 = 0 \tag{$\overline{14}_1$}$$

$$(A = 0!)\ \lambda_1 = 0 \quad , \quad \lambda_2 = \infty \ , \tag{$\overline{12}_1^!$}$$

$$0|0|0|1 \qquad \text{und} \quad 1|0|1|0 \tag{$\overline{14}_1^!$}$$

$$y = 0 \quad , \quad z = \lambda \ , \tag{$\overline{15}_1$}$$

$$z = \lambda \ , \tag{$\overline{16}_1^!$}$$

$$0|0|\lambda|1 \tag{$\overline{17}_1^!$}$$

$$y = 0 \quad , \quad z = 0 \quad \text{und} \quad y = 0 \quad , \quad t = 0 \tag{$\overline{15}_1^!$}$$

$$z = 0 \quad , \quad t = 0 \tag{$16_1^!$}$$

$$0|0|0|1 \qquad \text{und} \quad 0|0|1|0 \tag{$17_1^!$}$$

Wir wollen nun aber durch eine Parallelverschiebung $z \to z + h$ eine noch schönere und zweckmäßigere Flächengleichung herstellen. Aus (5_1) folgt dann

$$z = \frac{-(Ah + 2D)x^2 - Chy^2}{Ax^2 + Cy^2}$$

Wir bestimmen nun h so, daß $-(Ah + 2D) : h = A$, also $h = -\frac{D}{A}$, $D = -Ah$ und die Flächengleichung

$$z = h\,\frac{Ax^2 - Cy^2}{Ax^2 + Cy^2} \qquad (\overline{\overline{\overline{5}}}_1)$$

die übrigen Gleichungen

$$y = \lambda x \quad , \quad z = h\,\frac{A - C\lambda^2}{A + C\lambda^2} \quad , \qquad (\overline{\overline{\overline{6}}}_1)$$

$$\nu(y - \lambda x) + (A + C\lambda^2)z - h(A - C\lambda^2) = 0 \qquad (\overline{\overline{\overline{7}}}_1)$$

$$\nu(Ax^2 + Cy^2) - 2ACh(\lambda x + y) = 0 \quad , \qquad (\overline{\overline{\overline{8}}}_1)$$

$$\lambda_1 = 0 \quad , \quad \lambda_2 = 2h \quad , \quad . \qquad (\overline{\overline{\overline{12}}}_1)$$

$$x_1 = y_1 = 0 \ , \ z_1 = -h \ , \ x_2 = 2h \ , \ z_2 = h \ , \ y_2 = 0 \quad , \qquad (\overline{\overline{\overline{14}}}_1)$$

$$y = 0 \quad , \quad z = -h \qquad \text{und} \qquad y = 0 \quad , \quad z = h \quad , \qquad (\overline{\overline{\overline{15}}}_1)$$

$$0|0|-h|1 \qquad \text{und} \qquad 0|0|h|1 \qquad (\overline{\overline{\overline{17}}}_1)$$

werden.
Nun ist entweder $AC > 0$ oder $AC < 0$. Durch eine Affinität senkrecht zu $y = 0$ kann man erreichen, daß entweder $C = -A$ oder $C = A$ wird. Damit kommt entweder

$$z = h\,\frac{x^2 + y^2}{x^2 - y^2} \qquad (18_1)$$

oder

$$z = h\,\frac{x^2 - y^2}{x^2 + y^2} \quad . \qquad (II)$$

Die Untersuchung der Fläche (18_1) sei Aufgabe. Die Fläche (II) ist das berühmte Plückersche Konoid, das wir in §9 genau untersuchen werden.
Ist $A = 0$, $C = 1$, $D = -p$, so hat man die Fläche (Bild 85 a und b)

$$y^2 z = 2\,px^2 \quad , \qquad p > 0 \qquad (III_1)$$

mit der Parabel $y^2 = 2\,px$, $z = 0$ als Leitkegelschnitt, für welche (s.o) die Gleichungen

$$y = \lambda x \quad , \quad z = \frac{2p}{\lambda^2} \quad , \qquad (\overline{6}'_1)$$

$$\nu(y - \lambda x) + \lambda^2 z - 2p = 0 \qquad (\overline{7}'_1)$$

$$\nu y^2 - 2p(\lambda x + y) = 0 \quad , \qquad (\overline{8}'_1)$$

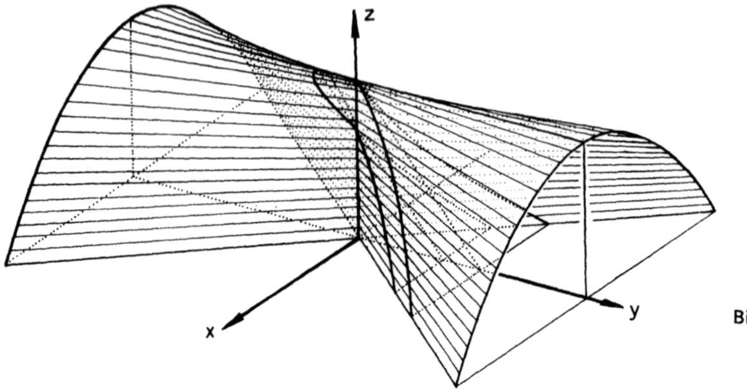

Bild 85 a

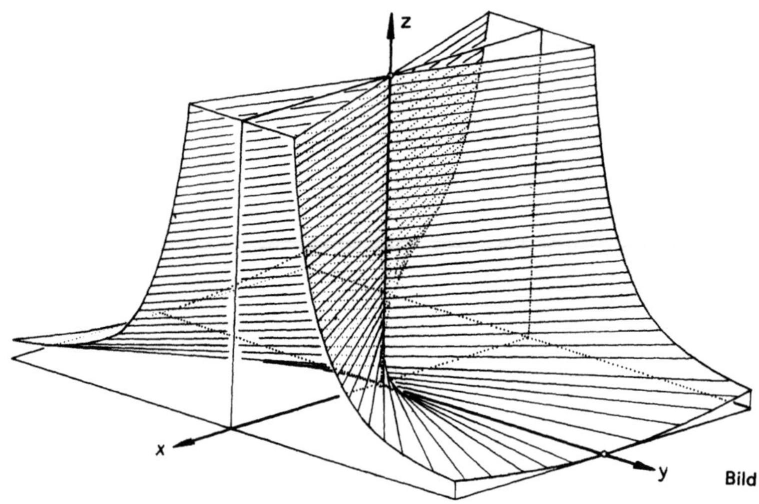

Bild 85 b

$$\lambda_1 = 0 \quad , \quad \lambda_2 = \infty \qquad (\overline{12}'_1)$$

$$0|0|0|1 \quad \text{und} \quad 1|0|1|0 \quad , \qquad (\overline{14}'_1)$$

$$y = 0 \quad , \quad z = 0 \quad \text{und} \quad y = 0 \quad , \quad t = 0 \quad , \qquad (\overline{15}'_1)$$

$$z = 0 \quad \text{und} \quad t = 0 \quad , \qquad (\overline{16}'_1)$$

$$0|0|0|1 \quad \text{und} \quad 0|0|1|0 \qquad (\overline{17}'_1)$$

gelten. Man konstruiere die Fläche vermöge ihrer Erzeugenden und der Parabel $y = 2p$, $x^2 = 2pz$. Die Horizontalprojektion der Haupttangentenkurven sind die Wendeparabeln $y^3 = Cx$ (Bild 85).

§ 9. Das Plückersche Konoid oder Zylindroid. Nr. 175–177 [1]

175. Bei weitem das berühmteste Konoid 3. Ordnung ist das Plückersche (Julius Plücker 1801 - 68) (Bild 86).

$$z = h\,\frac{x^2 - y^2}{x^2 + y^2}\ , \qquad -h \leqq z \leqq +h \tag{II}$$

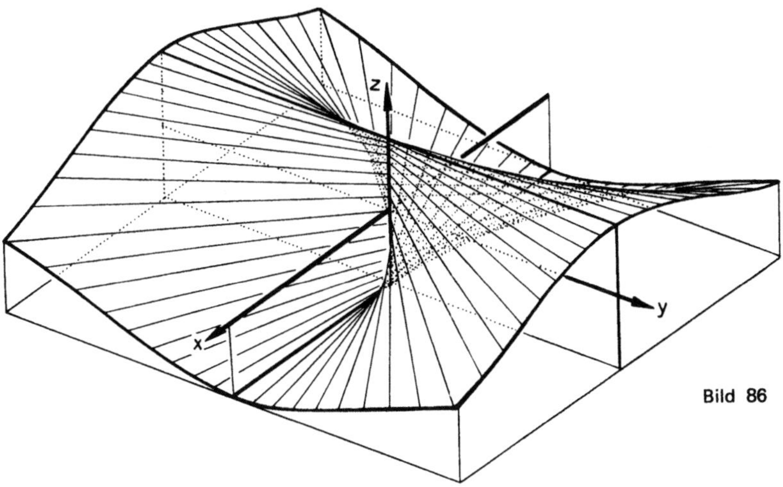

Bild 86

Die wichtigen Gleichungen der Nr. 162 - 164 werden für (II)
Parameterdarstellung:

$$x = r\cos\varphi\ , \quad y = r\sin\varphi\ , \quad z = h\cos 2\varphi\ . \qquad (\tilde{5}_1)$$

$$y = \lambda x\ , \qquad z = h\,\frac{1-\lambda^2}{1+\lambda^2} \qquad (\tilde{6}_1)$$

$$\nu(y - \lambda x) + (1 + \lambda^2)z - (1 - \lambda^2)h = 0 \qquad (\tilde{7}_1)$$

$$\nu(x^2 + y^2) - 2h(\lambda x + y) = 0 \qquad (\tilde{8}_1)$$

Wie bei (I) in Nr. 169 kann man ein anschauliches Bild der Fläche gewinnen, indem man sie mit dem Kreiszylinder

$$x^2 + y^2 = r^2 \qquad [1]$$

schneidet. Auf seiner Obderfläche bestimmt sie zwei Perioden der Cosinuslinie

$$z = h\cos 2\,\frac{\check{x}}{r}\ , \qquad [2]$$

1) Vgl. Müller-Krames, Vorlesungen über Darstellende Geometrie, III. Band, S. 204, S. 270 Fußnote, Wien 1931

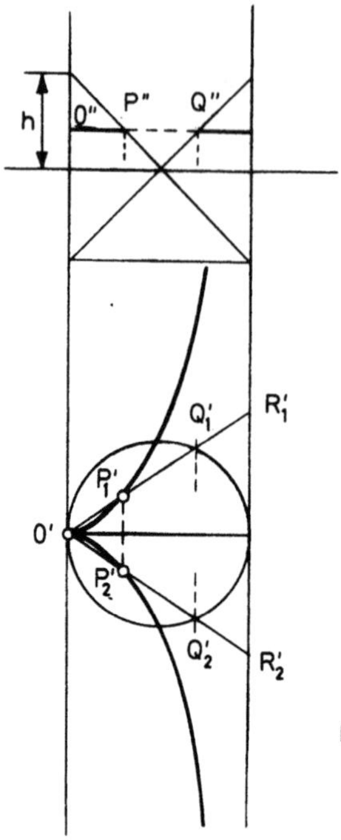

Bild 87

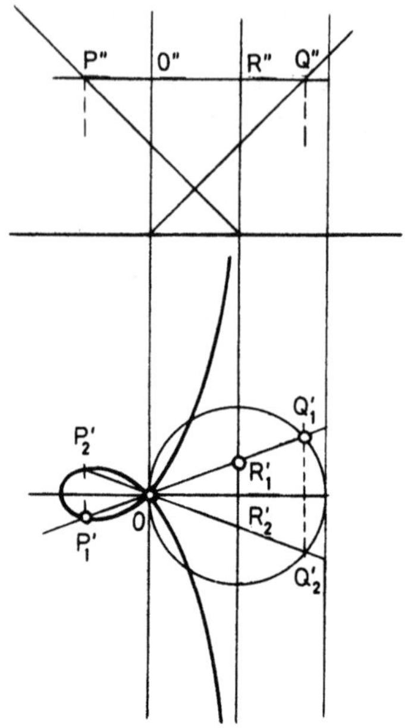

Bild 88

die man erhält, wenn man auf dem Zylindergrundkreisumfang eine Abszisse $\breve{x} = r\varphi$ einführt. Die Fläche erhält man, indem man jeden Punkt von (2) mit dem Punkt gleicher Höhe auf der z-Achse verbindet. Für $\frac{\breve{x}}{r} = 0, \pi$ wird $z = h$, für $\frac{\breve{x}}{r} = \frac{\pi}{2}, \frac{3\pi}{2}$ wird $z = -h$, für $\frac{\breve{x}}{r} = \frac{\pi}{4}, \frac{3\pi}{4}, \frac{5\pi}{4}, \frac{7\pi}{4}$ verschwindet es. Der erzeugende Kreis ist übrigens

$$z = x - h \quad , \quad (x - h)^2 + y^2 = h^2 \ . \qquad [3]$$

Die (Bilder 87 und 88) zeigen die Konstruktion zusammengehöriger Grund- und Aufrisse von Flächenpunkten. Die Ebene

$$z = -x + c \qquad [4]$$

trifft (II) in einer Ebene mit Grundriß

$$y^2 = x^2 \frac{h - c + x}{h + c - x} \quad , \qquad [5]$$

die nach KB Nr. 102 eine Slusesche Konchoide mit $a = h - c$, $b = h + c$, also $h = \frac{b + a}{2}$, $c = \frac{b - a}{2}$ ist. Für $c = h$ ist es eine Kissoide (Bild 87), für $c = 0$ eine Strophoide (Bild 88), für $c = -\frac{h}{3}$ die Begleitkurve der Kissoide, für $c = -\frac{h}{2}$ eine Kurve von Jerabek, für $c = -\frac{h}{2}$ eine Trisektrix von Maclaurin.

Es ist sehr merkwürdig, daß die darstellendgeometrische Konstruktion dieser Kurve zugleich ihre klassische Konstruktion ist.

Aufgaben 1. Schneide die Fläche mit den Ebenen $z = x + c$.
2. Die Schnitte des Konoids mit beliebigen Ebenen $z = Ax + By + C$ sind die allgemeinen rationalen zirkularen Kurven 3. Ordnung mit Singularität im Ursprung (KB Nr. 101).
3. Die Schnitte mit den Ebenen $x = a$ (und $y = b$) sind zur Versiera (KB Nr. 122)

$$y = \frac{a^3}{a^2 + x^2} \qquad [6]$$

affine Kurven. Der in Bild 85a eingezeichnete Weg von einem Punkt der Fläche zurück zu ihm zeigt, daß sie (wie übrigens die Mehrzahl der Regelflächen 3. Ordnung) zu den sogenannten einseitigen Flächen gehört, weil sich nach Durchlaufen des Weges die beiden Seiten der Fläche vertauscht haben und die Flächennormale die Gegenrichtung angenommen hat. G. Darboux hat in seinen berühmten Leçons sur la théorie generale des surfaces, Bd. I, S. 419, übrigens ohne Namensnennung das Plückersche Konoid für $h = \frac{1}{2}$ betrachtet. Die Horizontalprojektion der Haupttangentenkurven unseres Konoids wird nach dem Satz der Nr. 173

$$r^2 = 2\,c^2 \sin 2\varphi \quad \text{oder} \quad (x^2 + y^2)^2 = 4c^2xy \quad . \qquad [7]$$

Durch Drehung des Koordinatensystems um $\frac{\pi}{4}$ kommt

$$(x^2 + y^2)^2 = 2c^2(x^2 - y^2) \quad ,$$

d.h. die Bernoullische Lemniskate (KB Nr. 192). Die Vertikal- und Seitenprojektion der Haupttangentenkurven sind die "Herzkurven"

$$h^4x^4 = c^4(h + z)^3(h - z) \quad \text{und} \quad h^4y^4 = c^4(h - z)^3(h + z) \qquad [8]$$

176. Die Kegelschnitte auf dem Konoid waren durch die Gleichungen (7_1) und (8_1) bestimmt. Führt man mit $\nu = \frac{h}{\varrho\cos\varphi}$ einen neuen Parameter ein, so werden die beiden Gleichungen

$$\left\{\begin{array}{l} h(y\cos\varphi - x\sin\varphi) + \varrho(z - h\cos 2\varphi) = 0 \\ x^2 + y^2 - 2\varrho(x\sin\varphi + y\cos\varphi) = 0 \end{array}\right\} \qquad [9]$$

Die Kegelschnitte sind also Ellipsen, deren Horizontalprojektion Kreise eines parabolischen Kreisbündels mit Mittelpunkten $\varrho\sin\varphi\,|\,\varrho\cos\varphi$ und Radien ϱ sind. In Bild 89 ist ein solcher Kreis im Grundriß oder, was dasselbe ist, in der Ebene $z = -h$

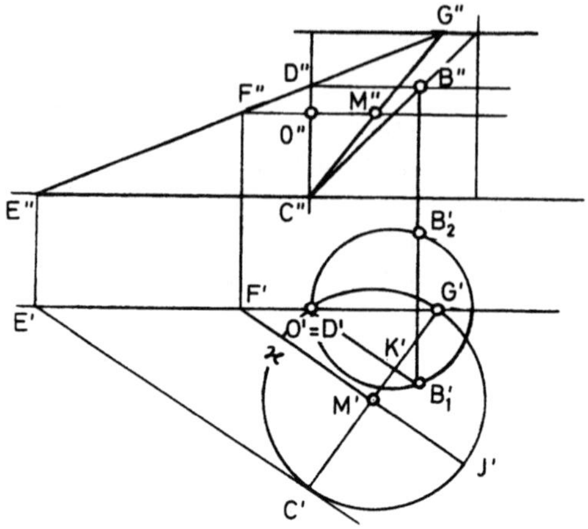

Bild 89

gezeichnet. Die Ebene der Ellipse trifft die Ebene $z = -h$ in der Geraden

$$-y\cos\varphi + x\sin\varphi + 2\varrho\cos^2\varphi = 0 \quad , \qquad [10]$$

die den Kreis [9_2] im Punkt C'

$$(0 \mid 2\varrho\cos\varphi) \qquad [9_2]$$

berührt, in dem er vom Lot von $M(r\sin\varphi \mid r\cos\varphi)$ auf $y = x\tan\varphi$ getroffen wird. Die Ebene der Ellipse trifft $y = 0$ in der Geraden

$$z = h\left(\frac{x}{\varrho}\sin\varphi + \cos 2\varphi\right) \quad , \qquad [11]$$

die von $x = 0$ in $z = h\cos 2\varphi$, d.h. D" geschnitten wird. In Bild 89 trifft die Ebene $z = h\cos 2\varphi$ das Konoid in den beiden Erzeugenden $y = \pm x\tan\varphi$ mit den Projektionen $D'B_1'$, $D'B_2'$ und D"B". [11] trifft $z = h$ in G" mit $x = 2\varrho\sin\varphi$. Die Punkte C M G bilden die große, H M J die kleine Achse ϱ der Schnittellipse. Jene ist

$$a = \frac{\varrho}{\cos\psi} \quad , \qquad [12]$$

wo ψ der Neigungswinkel der Ebene [9] gegen $z = 0$ ist. Nun ist

$$\tan\psi = \frac{D"O"}{M'K} = \frac{h\cos 2\varphi}{O'F'\sin\varphi} = \frac{1}{\varrho} \qquad [13]$$

$$a = \sqrt{\varrho^2 + h^2} \qquad [14]$$

und damit die lineare Exzentrizität

$$f = \sqrt{a^2 - \varrho^2} = h \quad . \qquad [15]$$

Alle Ellipsen des Plückerschen Konoids haben also dieselbe lineare Exzentrizität gleich der halben Höhe h des Konoids. Ihre Mittelpunkte liegen in der Mittelebene $z = 0$ und die Nebenscheitel erfüllen die Projektionen der beiden Erzeugenden auf diese Mittelebene.
Eine solche Ellipse liegt auf einem Kreiszylinder. Die Erzeugenden des Konoids treffen eine Mantellinie OD dieses Zylinders senkrecht und schneiden die Ellipse: Dies ist die zweite Erzeugung des Konoids. (Bild 90).

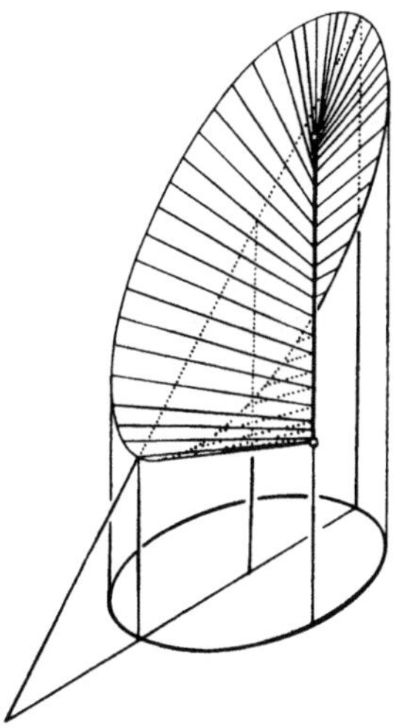

Bild 90

177. Man erhält das Konoid aber auch (dritte Erzeugung) als Ort der gemeinsamen Lote einer Geraden d und der Strahlen s eines Büschels durch einen Punkt S einer Ebene ε, wobei d nicht durch S geht und nicht zu ε parallel ist.
Denn zeichnet man eine Ebene η senkrecht d, die d in D schneidet, so projizieren sich die Strahlen des Büschels und die gemeinsamen Lote so auf η, daß die Projektion der Schnittpunkte eines Strahles s und des zugehörigen gemeinsamen Lotes einen Kreis C bilden. Die Schnittpunkte selbst liegen also auf einer Ellipse, dem Schnitt von ε mit dem senkrechten Kreiszylinder über C: Die 3. Erzeugung kommt also auf die 2. zurück.
Die Ellipse ist aber auch die Fußpunktskurve des Konoids in bezug auf S, wenn man darunter ganz allgemein den Ort der Fußpunkte der Lote von einem Punkt auf die Erzeugenden einer Regelfläche versteht.

In der Liniengeometrie ist das Plückersche Konoid von Julius Plücker zuerst entdeckt worden als der Ort der Achsen aller linearen Strahlenkomplexe eines Büschels. Sind g und h die Leitlinien der Strahlenkongruenz, welche die Komplexe des Büschels gemein haben, und ist d ihre gemeinsame Normale, so ist d die Doppelgerade und der Fernstrahl der Kongruenz die Leitgerade l des Konoids.

Weiter aber ist das Konoid der Ort der Schraubenachsen aller Schraubenlinien, die eine Raumkurve in einem Punkt in 2. Ordnung berühren (s.o. Nr. 72), Der Ort aller Geraden, von denen jede bestimmte Krümmungspunkte trägt (s.o. Nr. 97, b.), der Ort der Geraden, welche die kürzesten Abstände der Nachbarnormalen zu einer gegebenen Normalen einer Fläche tragen s.o. Nr. 100).

Aufgaben 1. Ein Kegel hat die Grundkurve $x^2 = 2pz,\ y = 0$ und die Spitze $0|a|0$. Was ist der Ort der gemeinsamen Lote der z-Achse und der Kegelmantellinien?

$$z = \frac{a^2y^2}{2p(x^2 + y^2)} \quad .$$

2. Desgleichen der z-Achse und einer Schar von Erzeugenden des einschaligen Hyperboloids

$$\frac{x^2}{a^2} + \frac{y^2}{b^2} - \frac{z^2}{c^2} = 1 \qquad \left(z = -\frac{c(a^2 - b^2)xy}{ab(x^2 + y^2)}\right)$$

3. Desgleichen der x-Achse und sonst wie in 2.

$$(cxy^2 - a(b + c)yz + abz^2) = 0$$

§ 10. 1. Fall, 2. Unterfall: Schiefe Konoide. Spezielle Fälle. Nr. 178–180

178. Wir betrachten zunächst nur die zur Ebene $y = 0$ symmetrischen Flächen, setzen also $B = E = 0$. Dann lauten die wichtigen Gleichungen der Nr. 165 und 166

$$(Ax^2 + Cy^2)(mx - z) + 2\,mDx^2 = 0 \qquad (\overline{5}_2)$$

$$y = \lambda x \quad , \quad z = m\left(x + \frac{2D}{A + C\lambda^2}\right) \qquad (\overline{6}_2)$$

$$\lambda_1 = 0 \quad , \quad \lambda_2 = -\frac{2D}{A} \qquad (\overline{12}_2)$$

$$y = 0 \quad , \quad z = 0 \quad \text{und} \quad y = 0 \quad , \quad z = -\frac{2D}{A} \qquad (\overline{15}_2)$$

$$z = mx \quad \text{und} \quad z = mx + \frac{2D}{A} \qquad (\overline{16}_2)$$

$$0|0|0|1 \quad \text{und} \quad 0|0|-\frac{2D}{A}|1 \qquad (\overline{17}_2)$$

Ist aber $A = 0$, d.h. der Leitkegelschnitt eine Parabel, so ist die zweite Torsallinie $y = 0$, $t = 0$, die Torsalebene $t = 0$. Mit $C = 1$, $D = p$ lautet die Flächengleichung dann

$$y^2(mx - z) + 2\,mpx^2 = 0 \quad , \qquad (III_2)$$

deren Untersuchung Aufgabe sei.
Der Leitkegelschnitt ist ein Kreis, wenn $A = C = 1$, $D = -a$ ist. Die Flächengleichung stellt dann mit $m = 1$ das sogenannte Küppersche Konoid [1)]

$$(x^2 + y^2)(z - x) + 2\,ax^2 = 0 \qquad \text{dar,} \qquad (IV)$$

dessen Untersuchung ebenfalls Aufgabe sei.
Seine Striktionslinie ist

$$x = \frac{2\lambda^2 a}{(1+\lambda^2)^2} \quad , \quad y = \frac{2\lambda^3 a}{(1+\lambda^2)^2} \quad , \quad z = -\frac{2a}{(1+\lambda^2)^2}$$

oder

$$(x^2 + y^2)^2 = 2\,axy^2 \ , \ x^3 + y^2 z = 0 \quad , \quad (x - z)^2 + 2az = 0$$

179. Als besonderes Beispiel einer nicht symmetrischen Fläche behandeln wir nun das folgendermaßen entstehende Konoid. Durch einen Punkt Q (Bild 91) des Kreises $z = 0$, $x^2 + y^2 - 2ax = 0$, dessen Radius MQ mit der x-Achse den $\sphericalangle\ \varphi$ bilde, zieht man die Parallele QD zur x-Achse und errichtet auf ihr die zur xy-Ebene senkrechte Ebene. In dieser zieht man durch Q die Gerade QP, die mit QD nach der Seite der wachsenden x den $\sphericalangle\ \frac{\varphi}{2}$ bildet. Gesucht ist die Regelfläche, die QP beschreibt. Ein Konoid ist sie,

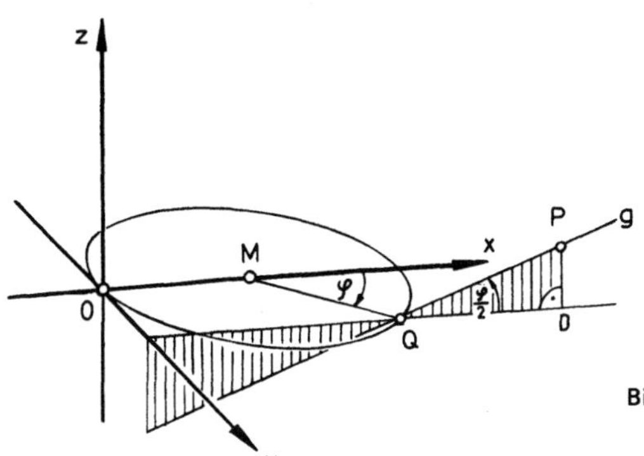

Bild 91

1) E. Seepka und P. Ernst, Monatshefte für Math. und Phys. 9, 1898, S. 2 - 16 und 17, 1906, S. 309 - 313.

weil die Erzeugenden alle parallel $y = 0$ laufen. Daß sie einseitig ist, erkennt man daraus, daß wenn φ um 2π wächst, $\frac{\varphi}{2}$ nur um π wächst, also die Gerade QP zwar wieder mit sich zur Deckung kommt, nicht aber mit dem Speer $\overline{QP}$. Als Parametergleichungen in den Parametern φ und $\overline{QP} = u$ erhält man sofort

$$x = a(1 + \cos\varphi) + u \cos\frac{\varphi}{2} \quad , \quad y = a \sin\varphi \quad , \quad z = u \sin\frac{\varphi}{2} \qquad (1)$$

Elimination von u ergibt

$$x = 2a \cos^2\frac{\varphi}{2} + z \cot\frac{\varphi}{2} \quad , \quad y = 2a \sin\frac{\varphi}{2} \cos\frac{\varphi}{2} \qquad (2)$$

Daraus kommt $x - y \cot\frac{\varphi}{2} = z \cot\frac{\varphi}{2}$, $\cot\frac{\varphi}{2} = \frac{x}{y + z}$

$$\cos^2\frac{\varphi}{2} = \frac{x^2}{x^2 + (y + z)^2}$$

und damit aus (2)

$$\frac{y}{y + z} = \frac{2\,ax}{x^2 + (y + z)^2} \qquad (2_1)$$

oder

$$2a(y + z)x = y\left\{x^2 + (y + z)^2\right\} \qquad (3)$$

Die Fläche ist also ein Konoid 3. Ordnung. Die Erzeugende (2) trifft die yz-Ebene in $z = -a \sin 2\varphi$, $y = a \sin 2\varphi$, so daß $y + z = 0$ ist. Also ist

$$x = 0 \quad , \quad y + z = 0 \qquad (4)$$

die Doppelgerade d. Um (3) auf eine bekannte Normalform zu bringen, drehen wir das Koordinatensystem um die x-Achse durch $\frac{\pi}{4}$. Mit

$$y = \frac{\bar{y} - \bar{z}}{\sqrt{2}} \quad , \quad z = \frac{\bar{y} + \bar{z}}{\sqrt{2}} \qquad (5)$$

wird (3), wenn man die Querstriche wieder wegläßt und noch die x- und y-Achse vertauscht

$$(2x^2 + y^2)(z - x) + 4\,axy = 0 \qquad (6)$$

Die weitere Rechnung sei Aufgabe. Die Ebenen $z = \pm a\sqrt{2}$ treffen die Fläche in Kurven 3. Ordnung mit Spitzen im Ursprung.

Aufgaben 1. Stelle in Bild 91 das Dreieck PQD nicht parallel zur xz-Achse sondern zur yz-Ebene und beweise, daß das Konoid

$$(a - x)y^2 = (a + x)(a - x + z)^2$$

mit der Doppelgeraden $y = 0$, $z = x - a$ entsteht (Ursprung ist M!).
2. Setzt man in den Gleichungen der drei singulären Newtonschen Parabeln (KB Nr. 96 und 97) z statt a, so entsteht die Fläche $a_o y^2 = x^2(x + z)$, die für $z > 0$ die Parabola nodata, $z = 0$ die Parabola cuspidata, $z < 0$ die Parabola punctata als Schnitt liefert.
Sie ist ein Konoid. Doppelgeraden $x = 0$, $y = 0$ und die Leitgeraden $x + z = 0$. $t = 0$.

180. Das vorige Beispiel gibt Anlaß zu einem anderen, das kein Konoid, sondern eine Regelfläche 3. Ordnung mit endlicher Doppelgeraden d und endlicher Leitgeraden l ist. Es entsteht aus dem vorigen dadurch, daß man das Dreieck PQD nicht parallel zur xz-Ebene, sondern im Strahl MQ senkrecht zur xy-Ebene stellt. Es ist dadurch berühmt, daß es ein sogenanntes Möbiussches Band darstellt, das freilich nicht wie das klassische Möbiussche Band in eine Ebene abwickelbar ist (Bild 92 a und b). Das bedeutet: Schneidet man aus der Fläche einen Streifen "parallel"

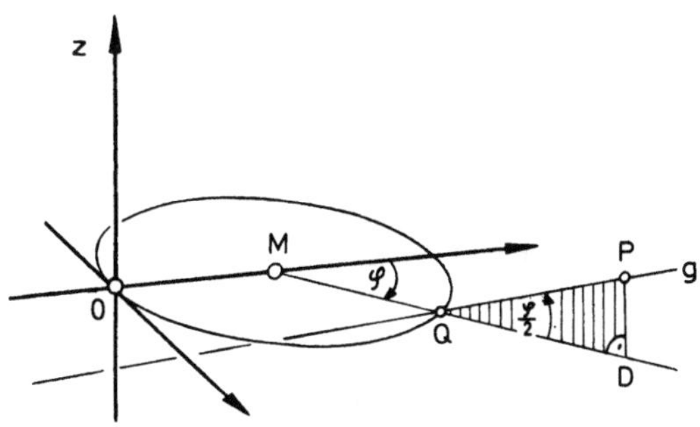

Bild 92 a

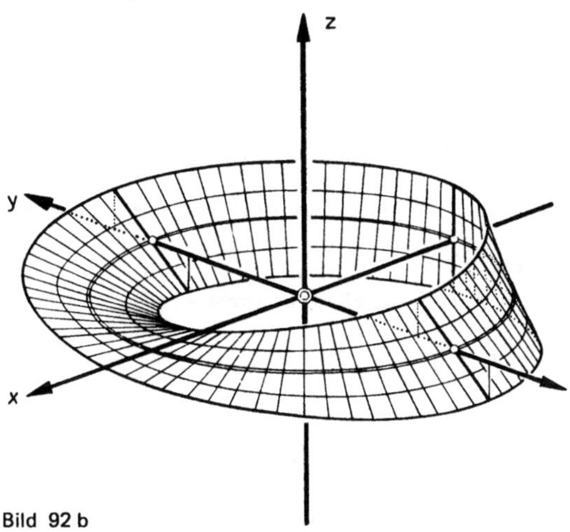

Bild 92 b

zum Grundkreis, also mittels $u = \pm c$, so muß man ihn noch längs QP zerschneiden, um ihn zweiseitig zu machen (ohne daß er dann in eine Ebene abwickelbar ist). [1]

Als Flächengleichungen in u und φ ergeben sich diesmal, zunächst bezogen auf den Ursprung M statt O

$$x = (a+u \cos \tfrac{\varphi}{2})\cos\varphi \;,\; y = (a+u \cos \tfrac{\varphi}{2})\sin\varphi \;,\; z = u \sin\tfrac{\varphi}{2} \tag{1}$$

oder

$$x = (a + z \cot \tfrac{\varphi}{2})\cos\varphi \quad , \quad y = (a + z \cot \tfrac{\varphi}{2})\sin\varphi \tag{2}$$

Daraus folgt

$$\tan\varphi = \frac{y}{x} = \frac{2 \cot \frac{\varphi}{2}}{\cot^2 \frac{\varphi}{2} - 1} \;,\; \sqrt{x^2 + y^2} - a = z \cot \tfrac{\varphi}{2} \;,$$

also

$$\frac{2z(\sqrt{x^2 + y^2} - a)}{(\sqrt{x^2 + y^2} - a)^2 - z^2} = \frac{y}{x} \;,$$

$$y(\sqrt{x^2 + y^2} - a)^2 - 2\,xz(\sqrt{x^2 + y^2} - a) - yz^2 = 0$$

Wir lösen nach $\sqrt{x^2 + y^2} - a$ auf und erhalten

$$(y \mp z)\sqrt{x^2 + y^2} = xz + ay$$

Die Probe mit (2) ergibt, daß das Minuszeichen gilt, also

$$(y - z)^2.(x^2 + y^2) = (xz + ay)^2$$

ist. Daraus folgt aber weiter nach Abscheiden des Faktors y

$$y \left\{x^2 + (y - z)^2 - a^2\right\} - 2(x + a)xz = 0 \tag{3}$$

Man hat also eine Regelfläche 3. Ordnung, die auf den Ursprung O bezogen die Gleichung

$$y \left\{(y - z)^2 + x(x - 2a)\right\} - 2x(x - a)z = 0 \tag{4}$$

bekommt.

Eine Ebene durch die Gerade

$$y - z = 0 \quad , \quad x = 0 \quad , \tag{5}$$

---

1) Die Frage Abwickelbarkeit eines Möbiusbandes hat W. Wunderlich, über ein abwickelbares Möbiusband, Monatshefte für Math. 66, 1962, S. 276 - 289 endgültig untersucht.

nämlich

$$y - z = \lambda x \tag{6}$$

trifft die Fläche außer in $x^2 = 0$ noch in der Geraden

$$(1 - \lambda^2)z = \lambda\{(1 + \lambda^2)x - 2a\} \tag{7}$$

Daraus folgt, daß (5) die Doppelgerade der Fläche ist. Die Leitgerade l ist offenbar das Lot

$$x = a \quad , \quad y = 0 \tag{8}$$

in M auf $z = 0$.
Um (4) auf eine Normalform zu bringen, bei der die Doppelgerade d als z-Achse erscheint, vollziehen wir die Drehung

$$y \to \frac{y + z}{\sqrt{2}} \quad , \quad z \to \frac{-y + z}{\sqrt{2}}$$

und erhalten so die Fläche

$$y(2y^2 + 3x^2 - 4ax) + z(2y^2 - x^2) = 0 \tag{9}$$

mit den Erzeugenden

$$y = \lambda x \quad , \quad (1 - 2\lambda^2)z = \lambda\{(2\lambda^2 + 3)x - 4a\} , \tag{10}$$

der Doppelgeraden d $x = 0$, $y = 0$ und der Leitgeraden l

$$x = a \quad , \quad y + z = 0 \quad . \tag{11}$$

Die Ebene

$$y + z = \mu(x - a) \tag{12}$$

durch die Leitgerade trifft (8) in den beiden Erzeugenden

$$\mu(x^2 - 2y^2) - 4xy = 0 \quad , \tag{13}$$

die reell nicht zusammenfallen können, so daß die Torsalelemente imaginär sind.
Die Ebene $y = z$ trifft die Fläche in dem gegebenen Kreis mit der Horizontalprojektion

$$z = 0 \quad , \quad (x - a)^2 + 2y^2 = a^2 \quad . \tag{14}$$

Die Fernkurve der Fläche ist

$$t = 0 \quad , \quad y(y - z)^2 + x^2(y - 2z) = 0 \tag{15}$$

Mit den absoluten Fernkreis $x^2 + y^2 + z^2 = 0$, $t = 0$ ergibt sich als Schnitt $z = 0$ dreifach zählend: Die Fläche gehört also zu denen, die den Fernkreis in den Punkten $1|\pm 1|0|0$ oskulieren [1].

Die Ebene

$$z = -2y \tag{16}$$

schneidet die Fläche (3) (I) in ihrer sogenannten Striktionslinie, d.h. derjenigen Linie, in deren Punkten die Flächenerzeugenden den kleinsten Abstand haben (vgl. Nr. 113).
Diese hat die Grundrißellipse

$$5x^2 + 9y^2 + 4ax - a^2 = 0 \tag{17}$$

Aufgabe Zeige die Einseitigkeit der Fläche mittels der Richtungskosinusse der Flächennormalen, die proportional zu

$$\frac{\partial y \partial z}{\partial u \partial v} - \frac{\partial z \partial y}{\partial u \partial v} \;\Big|\; \frac{\partial z \partial x}{\partial u \partial v} - \frac{\partial x \partial z}{\partial u \partial v} \;\Big|\; \frac{\partial x \partial y}{\partial u \partial v} - \frac{\partial y \partial x}{\partial u \partial v}$$

sind. Während x, y, z gegenüber der Transformation $u \to -u$, invariant sind, ändern jene das Vorzeichen.

§ 11. 2. Fall: Spezielle Fälle. Nr. 181

181. **Aufgaben** Untersuche die Flächen

1. $xz^2 - 2\,ayz - \varepsilon a^2 x = 0 \quad , \qquad \varepsilon = \pm 1$

Haupttangentenkurven

$$x^2 = \frac{Cz^2}{z^2 + \varepsilon a^2}$$

2. $yz^2 = c^2 x$

3. $x(x - z)^2 - 2ay(x - z) - \varepsilon a^2 x = 0 \quad , \qquad \varepsilon = \pm 1$

4. $y(x - z)^2 = c^2 x$

§ 12. 3. Fall: Spezielle Fälle. Nr. 182

182. Die Normalform der sogenannten Cayleyschen Fläche ist

$$z^3 - 2\,axz + 2\,a^2 y = 0 \tag{V}$$

---

1) Vgl. E. Müller - J. Krames, Vorlesungen über Darstellende Geometrie, III. Bd., Wien 1931, S. 234 - 242. Dort tritt S. 139 unsere Fläche als Fläche (6) auf.

Die Erzeugenden sind

$$z = \lambda \quad , \quad y = \frac{\lambda x}{a} - \frac{\lambda^3}{2a^2} \tag{1}$$

Die Fläche trifft die xz-Ebene in der x-Achse und der Parabel

$$z^2 = 2ax \quad , \tag{2}$$

die yz-Ebene in der Wendeparabel

$$z^3 = -2a^2 y \quad . \tag{3}$$

Damit kann man sie schon zeichnen, was der Leser ausführe.
Der <u>scheinbare Umriß</u> U' der Fläche in bezug auf die xy-Ebene ist die Hüllkurve der Geraden

$$y = \frac{\lambda x}{a} - \frac{\lambda^3}{2a^2} \quad ,$$

also die <u>Neilsche Parabel</u>

$$y^2 = \frac{8}{27a} x^3 \quad . \tag{4}$$

Dem Umriß U' entspricht auf (V) die Kurve mit dem Aufriß

$$z^2 = \frac{2\,ax}{3} \tag{5}$$

und Seitenriß

$$y = \frac{z^3}{2a^2} \quad . \tag{6}$$

Der Umriß U auf der Fläche selbst ist als Raumkurve 3. Ordnung also eine <u>kubische</u> Parabel.
Die Kegelschnitte auf (V) ergeben sich durch Elimination von y aus (V) und (1) nach Abscheiden von $z - \lambda$ als die Parabeln

$$2a^2 y = 2a\lambda x - \lambda^3 \quad , \quad (z + \tfrac{\lambda}{2})^2 = 2a(x - \tfrac{3\lambda^2}{8a}) \tag{7}$$

Ihre Aufrisse umhüllen die Parabel

$$z^2 = \frac{32ax}{3} \quad , \tag{8}$$

ihre Grundrisse die Kurve (4). Übt man auf die Cayleysche Fläche

$$z^3 - 2axzt + 2a^2yt^2 = 0$$

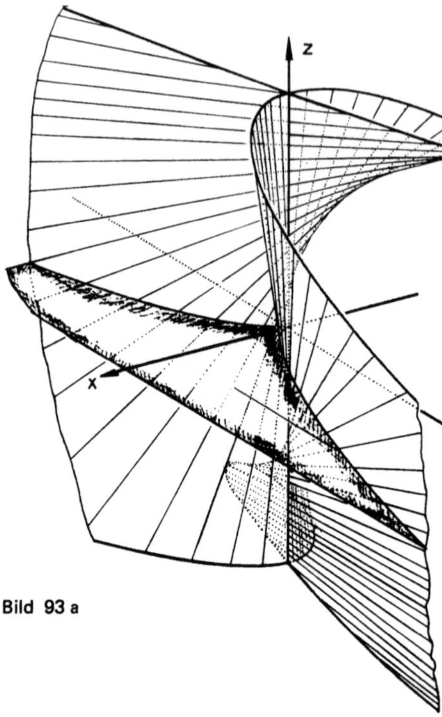

Bild 93 a

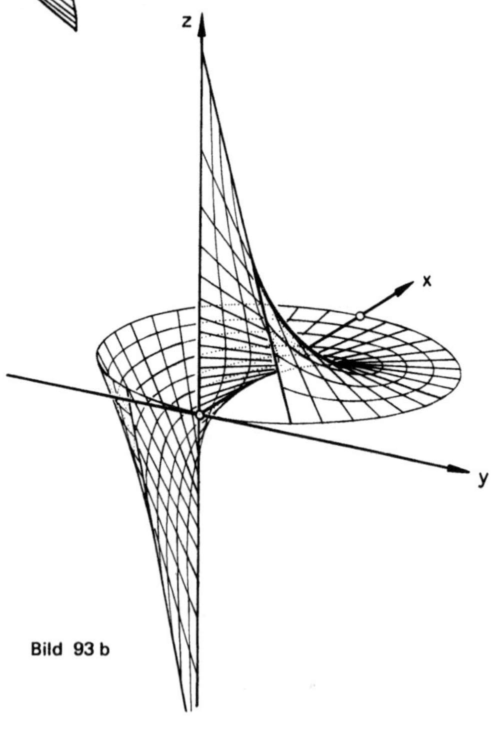

Bild 93 b

die projektive Transformation $x \to \frac{1}{4} z,\ y \to t,\ z \to -x,\ t \to \frac{1}{a} y$ aus, so folgt die Gleichung

$$4 y^2 t + xyz - 2 x^3 = 0 \quad , \qquad (V')$$

die in Bild 93a dargestellt ist.
Eine zweite projektive Transformation

$$x \to \frac{1}{2} \sqrt[3]{c^2}(2\ rt - x) \quad , \quad y \to rz \quad , \quad z \to \sqrt[3]{cy} \quad , \quad t \to \frac{1}{a} x$$

liefert

$$cy(x^2 + y^2 - 2\ rxt) + 2\ rx^2 z = 0 \quad , \qquad (V'')$$

eine Gleichung,die in (Bild 93b) dargestellt ist.

§ 13. Konoide 4. Ordnung: Allgemeines. Nr. 183

183. Während die Konoide 3. Ordnung verhältnismäßig leicht zu überblicken sind (obwohl es im einzelnen namentlich hinsichtlich ihres Verhaltens zum absoluten Kugelkreis noch zahlreiche Möglichkeiten der Unterteilung gibt), ist der Gesamtüberblick über die Konoide 4. Ordnung schon sehr schwer und wir müssen uns auf das äußerste beschränken. Immerhin sei über die Regelfläche 4. Ordnung (RF_4) überhaupt folgendes gesagt. R. Sturm (1841 - 1919) hat im 1. Band seiner Liniengeometrie in synthetischer Behandlung, Leipzig 1892 zwölf Hauptarten von RF_4 unterschieden. Uns mag allerdings eine Einteilung auf Grund der Art der möglichen Doppelkurve in sechs Gattungen genügen.

1. Gattung Die RF_4 vom Geschlecht 1, die von einer allgemeinen Ebene in einer Quartik mit 2 Doppelpunkten oder ihren Ausartungen geschnitten wird.
Art I nach Sturm: Doppelkurve besteht aus 2 windschiefen Doppelgeraden. Liegt die eine von ihnen im Unendlichen, so bekommt man das Konoid C_2 der Nr. 168. Die Fläche entsteht als Ort der Geraden, die zwei Geraden und eine diese einmal treffende ebene Kubik c_3 schneiden.
Art II nach Sturm: Die Doppelgeraden fallen zusammen. Zwischen den Punkten c_3 und denen der Doppelgeraden g besteht eine (2,1)-Korrespondenz. Trifft g die c_3 in O, so liegen die Punktepaare von c_3, die den Punkten von g entsprechen, mit O in einer Geraden, so daß das Strahlenbüschel (O) auf die Punktereihe g perspektiv bezogen ist. Je nachdem g die z-Achse

$(x = 0, y = 0)$ oder die Ferngerade der Ebene $z = 0$, $(z = 0, t = 0)$ ist, hat man in schiefwinkeligen Koordinaten die Gleichungen

$$(x - yz)^2 + 2f_2(x|y)(x - yz) + f_4(x|y) = 0$$

oder

$$(x - yz)^2 + 2f_2(x|t)(x - yz) + f_4(z|t) = 0$$

wo f_2 und f_4 Binärformen sind. Die 2. Gleichung stellt ein Konoid vor.
Alle weiteren Gattungen sind vom Geschlecht 0, also rational.

2. Gattung Die abwickelbare RF_4 [1]. Sie ist die Tangentenfläche einer Raumkurve 3. Ordnung und ist bei dieser behandelt. (6. Kapitel)

3. Gattung (Art IX bis XII bei Sturm). Die RF_4 mit einer dreifachen Geraden, je nachdem sie im Endlichen $(x = 0, y = 0)$ oder Unendlichen $(z = 0, t = 0)$ liegt, hat man

$$\left.\begin{aligned} u_0x^3 + 3\,u_1x^2y + 3\,u_2xy^2 + u_3y^3 = 0 \\ u_0z^3 + 3\,u_1z^2t + 3u_2\,zt^2 + u_3t^3 = 0 \end{aligned}\right\}$$

wo die u_i Linearformen in x, y, z, t sind. Dazu gehören die Konoide C_2 und C_3 in Nr. 160.

4. Gattung (Art III und IV nach Sturm). Die RF_4 mit irreduzibler kubischer Doppelkurve. Sie ist der Ort der Verbindungsgeraden entsprechender Punkte von zwei projektiv aufeinander bezogenen Raumkegelschnitten (Art III) oder der Ort der eine gegebene Gerade treffenden Sekanten einer gegebenen Raumkurve 3. Ordnung.

5. Gattung (Art V und VI nach Sturm). Die RF_4 mit Doppelkurve, die aus einem Kegelschnitt K und einer ihn treffenden Geraden g besteht.

6. Gattung (Art VII und VIII nach Sturm). Die RF_4 hat eine aus drei Doppelgeraden bestehende Doppelkurve, deren eine g_1 die beiden anderen in zu einander windschiefen Geraden g_2 und g_3 trifft. Die Fläche entsteht für $g_2 \neq g_3$ als Ort der Geraden, die zwei windschiefe Geraden und einen sie nicht treffenden Kegelschnitt schneidet (Art VII). Für $g_2 = g_3$ entsteht Art VIII, die man aus einer anderen Erzeugung der Art VII gewinnt,

---

1) Eine solche RF_3 gibt es nicht.

auf die wir hier nicht eingehen können. Längs $g_2 = g_3$ berührt sich die Fläche selbst. Zur Theorie der RF_4 vergleiche insbesonders das in Anmerkung [1] der Nr. 180 genannte Buch und Rohn - Papperitz, Lehrbuch der Darstellenden Geometrie, 3. Bd., Leipzig 1906.

§ 14. Spezielle Konoide 4. Ordnung. Nr. 184–186

184. Wir beginnen mit der 6. Gattung und legen eine der Geraden g_2 und g_3 ins Unendliche. Wir betrachten nur gerade Konoide, nehmen also g_2 als z-Achse $x = 0$, $y = 0$ und g_3 als Ferngerade $z = 0$, $t = 0$. Der Kegelschnitt kann so gedreht werden, daß er die Gleichungen

$$x = nz + a \quad , \quad Az^2 + 2Bzy + Cy^2 + 2Dz + 2Ey + F = 0 \tag{1}$$

besitzt. Eine Erzeugende ist

$$y = \lambda x \quad , \quad z = \mu \quad , \tag{2}$$

die Schnittbedingung

$$A\mu^2+2B\lambda\mu(n\mu+a)+C\lambda^2(n\mu+a)^2+2D\mu+2E\lambda(n\mu+a)+F = 0 \tag{3}$$

Dann lautet die Flächengleichung

$$x^2(Az^2+2Dz+F) + 2xy(nz+a)(Bz+E) + Cy^2(nz+a)^2 = 0 \tag{4}$$

Die Fläche wird von der Ebene $x = nz + y$ außer in dem Kegelschnitt (1) noch in der Geraden

$$x = 0 \quad , \quad nz + a = 0 \tag{5}$$

geschnitten: Das ist die 3. Doppelgerade g_1 der Fläche, die im Falle $n = 0$ in die Ferngerade

$$x = 0 \quad , \quad t = 0 \tag{6}$$

übergeht. Dann lautet die Flächengleichung

$$x^2(Az^2 + 2Dz + F) + 2axy(Bz + E) + Ca^2y^2 = 0 \tag{4^{\times}}$$

Die Fernkurve der Fläche (4) ist

$$z^2(Ax^2 + 2Bnxy + Cn^2y^2) = 0 \tag{7}$$

also die Doppelgerade g_3 ($z = 0$, $t = 0$) nebst zwei Erzeugenden im Falle $n = 0$ der Doppelgeraden g_1 ($x = 0$, $t = 0$).

Die Ebenen durch g_2 und g_3 treffen die Fläche in Erzeugenden, durch g_1, nämlich

$$\nu x = nz + a \tag{8}$$

und in Kegelschnitten, die anstelle von (1) treten können. Für $n \neq 0$ kann man also $n = 1$ und übrigens $a = 0$ setzen, so daß aus (4) endgültig

$$x^2(Az^2+2Dz+F) + 2xyz(Bz+E) + Cy^2z^2 = 0 \tag{4$^{\times\times}$}$$

wird.

Torsallinien entstehen auf doppelte Weise:

Zwei Mantellinien $y = \lambda_1 x$ und $y = \lambda_2 x$ fallen zusammen, wenn ($4^\times$) bzw. ($4^{\times\times}$) eine Doppelwurzel λ bekommt, was beide Male für

$$(AC - B^2)z^2 - 2(BE - CD)z + (FC - E^2) = 0 \tag{9}$$

der Fall ist. Es wird dann

$$\lambda = -\frac{Bz + E}{Cz} \tag{10$^\times$}$$

bzw.

$$\lambda = -\frac{Bz + E}{Ca} \tag{10$^{\times\times}$}$$

Zwei Mantellinien $z = \mu_1$ und $z = \mu_2$ fallen zusammen, wenn ($4^\times$) bzw. ($4^{\times\times}$) eine Doppelwurzel μ bekommt, was für

$$(AF - D^2)x^2 - 2a(BD - AE)xy + (AC - B^2)y^2 = 0 \text{ und für} \tag{11}$$

$$(AF - D^2)x^2 - 2(DE - BF)xy + (CF - E^2)y^2 = 0$$

der Fall ist. Es wird dann

$$\mu = -\frac{Dx + Bay}{Ax} \tag{12$^\times$}$$

bzw.

$$\mu = -\frac{x(Dx + Ey)}{Ax^2 + 2Bxy + Cy^2} \tag{12$^{\times\times}$}$$

Das gibt dann je 4 Kuspidalpunkte auf

$x = 0$, $y = 0$	$0\|0\|z_1\|1$	und	$0\|0\|z_2\|1$	aus (9)
	$0\|0\|\mu_1\|1$	und	$0\|0\|\mu_2\|1$	aus ($12^\times$) bzw. ($12^{\times\times}$)

auf

$z = 0$, $t = 0$	$1\|\lambda_1\|0\|0$	und	$1\|\lambda_2\|0\|0$	aus ($10^\times$) bzw. ($10^{\times\times}$)
	$x_1\|y_1\|0\|0$	und	$x_2\|y_2\|0\|0$	aus (11)

185. Das berühmte Konoid der 6. Gattung ist das gerade Kreiskonoid, der Cono-cuneus oder Kegelkeil von John Wallis (1616 - 1703) (Bild 94 a und b). Hier lauten die Gleichungen

$$x = a \quad , \quad z^2 + (y - b)^2 = r^2 \quad , \qquad (\bar{1})$$

$$x^2(z^2 - r^2) + (bx - ay)^2 = 0 \qquad (\bar{4}^{x})$$

Der einfachste Fall ist b = 0 mit

$$x = a \quad , \quad z^2 + y^2 = r^2 \quad , \qquad (\check{1})$$

$$x^2z^2 - r^2x^2 + a^2y^2 = 0 \qquad (VI) \equiv (\check{4}^{x})$$

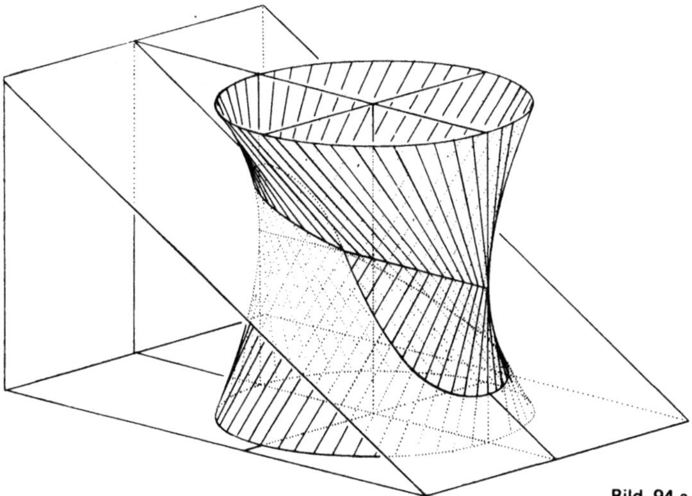

Bild 94 a

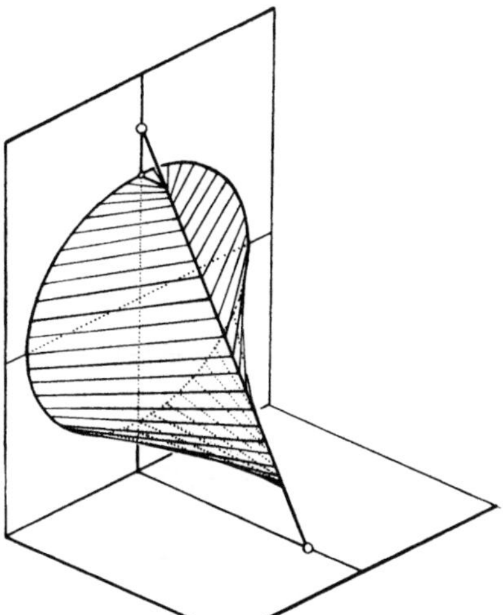

Bild 94 b

Die Schnitte parallel $x = 0$ sind die Ellipsen

$$\frac{y^2}{\left(\frac{rc}{a}\right)^2} + \frac{z^2}{r^2} = 1 \quad , \tag{13}$$

die parallel $y = 0$ die Kurven

$$x^2 = \frac{a^2 b^2}{r^2 - z^2} \quad , \tag{14}$$

die Schnitte mit $z = x + h$ Achterkurven (KB Nr. 203), insbesonders $h = -r$ eine Herzkurve.
Das gerade Konoid findet praktische Anwendung als Wölbfläche des Eingangs in einem runden Turm oder in ein Kuppelgewölbe. Die Leitgerade g_2 fällt dann zusammen mit der Achse des Zylinders oder dem vertikalen Durchmesser der Kugel. Die Wölbfläche kann dann als Stück eines Kreiskonoids gewählt werden, dessen Leitkreis ungefähr in der Mitte der Wölbfläche liegt, sie wird dann von zwei Zylinder- bzw. Kegelschnitten begrenzt. Ist

$$x^2 + y^2 = a^2 \tag{15}$$

der Zylinder, so sind

$$z^2 = \frac{a^2 r^2 + (a^2 - r^2) y^2}{a^2 - y^2} \tag{16}$$

und

$$x^2 = \frac{a^4}{a^2 + r^2 - z^2} \tag{17}$$

Seiten- und Aufriß der Schnittlinie mit dem Konoid. Ist

$$x^2 + y^2 + z^2 = r^2 \tag{18}$$

die Kugel, so ist der Grundriß der Schnittlinie eine Kappakurve

$$y^2 = \frac{x^4}{a^2 - x^2} \tag{19}$$

(KB Nr. 156). Konstruiere die Kurve darstellend geometrisch!

Aufgaben 1. Bestimme und untersuche das gerade Kreiskonoid mit $z = x$, $y^2 + (z - c)^2 = r^2$ als erzeugendem Kreis.
2. Desgleichen das schiefe Kreiskonoid mit $z = 0$ als Richtebene , $x = nz$, $y = r$ als Doppelgerade und $x = a$, $y^2 + z^2 = r^2$ als erzeugendem Kreis.

3. Desgleichen das Parabelkonoid mit $z = 0$ als Richtebene $x = 0$, $y = 0$ als Doppelgerade und $z = x + c$, $y^2 = 2cz$ als Leitparabel.

186. An die Stelle der Bedingung, einen Kegelschnitt zu treffen, kann die andere treten, eine Fläche 2. Ordnung zu berühren. Als Beispiel betrachten wir das schiefe Kugelkonoid mit Symmetrieebene (Bild 95) und der Richtebene $z = 0$, der Doppelgeraden g_2

$$x = nz \quad , \quad y = 0 \tag{1}$$

und der Leitkugel

$$x^2 + y^2 + z^2 - 2ax + p = 0 \quad , \quad p \gtreqless 0 \quad . \tag{2}$$

Eine Erzeugende ist

$$y = \lambda x + q \quad , \quad z = \mu \quad . \tag{3}$$

Die Schnittbedingung mit (1) wird (Bild 95)

$$n\lambda\mu + q = 0 \; , \tag{4}$$

so daß $q = -n\lambda\mu$ und

$$y = \lambda(x - n\mu) \quad , \quad z = \mu \tag{3'}$$

Für die Abszissen der Schnittpunkte von (3') mit (2) gilt die Gleichung

$$(1 + \lambda^2)x^2 - 2(a + n\lambda^2\mu)x + \mu^2(1 + \lambda^2 n^2) + p = 0 \tag{5}$$

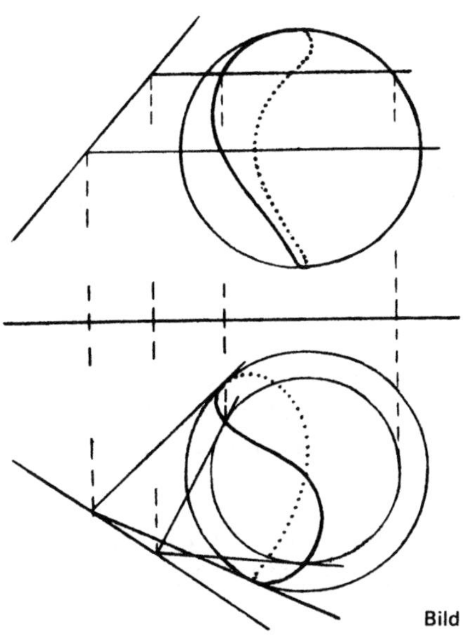

Bild 95

Die Berührbedingung wird also

$$\left\{(1 + n^2)\mu^2 - 2na\mu + p\right\} \lambda^2 + \mu^2 + p - a^2 = 0 \qquad (6)$$

Damit wird die Flächengleichung

$$\left\{(1 + n^2)z^2 - 2naz + p\right\} y^2 + (z^2 + p - a^2)(x - nz)^2 = 0 \qquad (7)$$

Für die Berührpunkte gilt dann mit (5)

$$x = \frac{a + n\lambda^2\mu}{1 + \lambda^2} \quad , \qquad (8)$$

woraus durch Elimination von λ und μ

$$(x - a)(x - nz) + y^2 = 0 \qquad (9)$$

folgt. (7) und (9) bestimmen die Berührkurve, daraus folgt für deren Aufriß noch

$$(x - a)\left\{(1 + n^2)z^2 - 2naz + p\right\} = (z^2 + p - a^2)(x - nz) \qquad (10)$$

Unsere Fläche gehört aber nicht zur 6. Gattung, sondern zur 1. Gattung. Die dafür notwendige Bedingung erhält man, indem man (7) so mit einer Ebene $x = \nu z + q$ schneidet, daß die verlangte c_3 entsteht, was unter der Bedingung

$$(1 + n^2)q^2 + 2naq(\nu - n) + p(\nu - n)^2 = 0 \qquad (11)$$

möglich ist. Das schiefe Kugelkonoid wird zum geraden mit $n = 0$ und der Gleichung

$$(z^2 + p)(x^2 + y^2) - a^2x^2 = 0 \quad . \qquad (VII)$$

Die Berührkurve ist

$$x^2 + y^2 - ax = 0 \quad , \quad z^2 = ax - p \quad , \qquad (12)$$

also leicht zu konstruieren [1].

§ 15. Weitere Regelflächen 4. Ordnung. Nr. 187–191

187. Die folgenden Flächen versuchen wir zwar in die Einteilung der RF_4 der Nr. 183 einzuordnen, müssen aber von einer allgemeinen Theorie dieser Gattungen außer dem Bruchstück bei

1) Für eine darstellend-geometrische Behandlung der Kugelkonoide vergleiche G. Loria, Vorlesungen über Darstellende Geometrie, Bd. II, Leipzig 1913, S. 244.

der 6. Gattung in Nr. 184 ganz absehen. Auch gehorcht die Reihenfolge der Beispiele keinem Gesetz und die Untersuchung im einzelnen sei oft Übungsaufgabe für den Leser.

I. Aufgabe Eine Gerade trifft die z-Achse und die Gerade $x = 2a$, $z = 0$, und bildet mit der xy-Ebene den konstanten $\sphericalangle \gamma$. Die von ihr beschriebene RF_4 hat die Gleichung

$$x^2z^2\cot^2\gamma - (x - 2a)^2(x^2 + y^2) = 0 \qquad (\times)$$

Sie gehört zur 6. Gattung mit der z-Achse als g_1, $x = 2a$, $z = 0$ als g_2 und $x = a$, $z = (x - a)\tan\gamma$ als g_3. Ein Leitkegelschnitt ist z.B. die Hyperbel

$$x = a \quad , \quad \frac{z^2}{(a \tan\gamma)^2} - \frac{y^2}{a^2} = 1$$

II. Aufgabe Fläche des schiefen Durchgangs oder Le biais passe dit Corne de vache heißt die RF_4, deren Geraden die y-Achse $x = 0$, $z = 0$ und die beiden Kreise (Bild 96)

$$\begin{aligned} y &= b \quad , \quad (x - a)^2 + z^2 = r^2 \\ &\text{und} \\ y &= -b \quad , \quad (x + a)^2 + z^2 = r^2 \qquad r \lessgtr a \end{aligned} \qquad (1)$$

schneiden. Eine beliebige Erzeugende ist

$$\begin{aligned} z &= \lambda x \\ x &= \mu y + p \end{aligned}$$

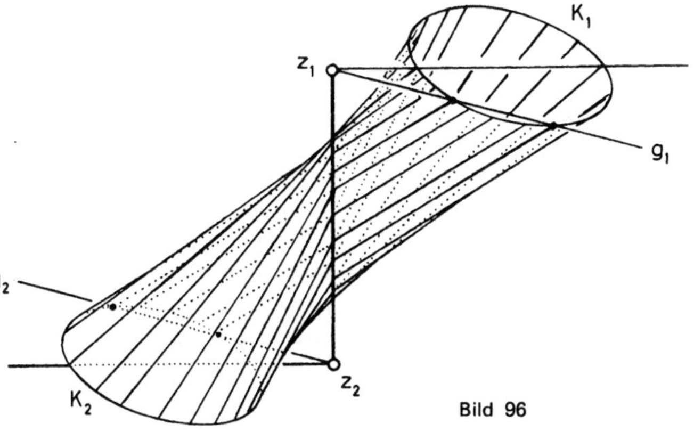

Bild 96

Die Schnittbedingungen mit den beiden Kreisen ergeben sofort

$$p\{a - \mu(1 + \lambda^2)b\} = 0$$

und (2)

$$(\mu b - a)^2 + \lambda^2\mu^2 b^2 + (1 + \lambda^2)p^2 = r^2$$

p = 0 führt auf den Ursprungskegel mit den beiden Kreisen (1) als Grundkreisen, $p \neq 0$ ergibt die RF_4

$$f \equiv \{x^2 + z^2 - \frac{a}{b}xy\}^2 + (a^2 - r^2)z^2 - r^2x^2 = 0 \quad r \lessgtr a \qquad \text{(VIII)}$$

Die Fernebene trifft die Fläche in dem Doppelkegelschnitt

$$t = 0 \quad , \quad x^2 + z^2 - \frac{a}{b}xy = 0 \qquad (3)$$

Die Fläche gehört also zur 5. Gattung der RF_4.
Die yz-Ebene trifft die Fläche in der Doppelgeraden

$$\left.\begin{array}{l} x = 0 \\ z = 0 \end{array}\right\}$$

und den Geraden

$$\begin{array}{l} x = 0 \\ z = \pm\sqrt{r^2 - a^2} \end{array}$$

Die xz-Ebene trifft sie in der Lemniskate von Booth

$$y = 0 \quad , \quad (x^2 + z^2)^2 = r^2x^2 - (a^2 - r^2)z^2 \qquad (4)$$

(KB. Nr. 190). Die xy-Ebene trifft sie in der Doppelgeraden

$$\left.\begin{array}{l} x = 0 \\ z = 0 \end{array}\right\}$$

und den Geraden

$$\left.\begin{array}{l} z = 0 \\ y = \frac{b}{a}(x \mp r) \end{array}\right\} \qquad (5)$$

Sie ist übrigens symmetrisch zur Ebene z = 0, zur z-Achse und zum Ursprung. Je zwei Erzeugende liegen zu z = 0 symmetrisch und schneiden sich in einem Punkt der y-Achse. Jede Ebene durch diese schneidet die Fläche in zwei parallelen von 0 gleichweit abstehenden Erzeugenden. Die Erzeugenden haben die Gleichungen

$$z = \lambda x \quad , \quad (1 + \lambda^2)x - \frac{a}{b}y = \pm\sqrt{(r^2 - a^2)\lambda^2 + r^2} \,, \qquad (6)$$

Die in $z = 0$ liegenden (5) $z = 0,\ x - \frac{a}{b}y = \pm r$ sind Torsallinien mit den Torsalebenen $x - \frac{a}{b}y = \pm r$, ebenso diejenigen, für die

$$(r^2 - a^2)\lambda^2 + r^2 = 0 \quad , \quad \lambda = \pm \frac{r}{\sqrt{a^2 - r^2}}$$

ist, mit den Gleichungen

$$z = \pm \frac{r}{\sqrt{a^2 - r^2}}\,x \quad , \quad y = \frac{ab}{a^2 - r^2}\,x$$

und den Torsalebenen

$$z = \pm \frac{r}{\sqrt{a^2 - r^2}}\,x \quad .$$

Die Vertikalebenen

$$y = \frac{b}{a}\left\{(1 + \lambda^2)x \mp \sqrt{(r^2 - a^2)\lambda^2 + r^2}\right\} \tag{7}$$

durch zwei Erzeugende treffen die Fläche nach je einem Kegelschnitt, nämlich zwei Hyperbeln (7) und

$$z^2 - \lambda^2 x^2 \pm 2\sqrt{(r^2 - a^2)\lambda^2 + r^2}\,x + r^2 - a^2 = 0 \tag{8}$$

Die Ebenen (7)

$$y = \frac{b}{a}\left\{\mu x \pm \sqrt{(r^2 - a^2)\mu + a^2}\right\}$$

umhüllen in $z = 0$ die Hyperbel

$$x\left\{abx - (a^2 - r^2)y\right\} + \frac{b}{4a}(a^2 - r^2)^2 = 0 \tag{9}$$

mit den Asymptoten $x = 0$ und $y = \frac{abx}{a^2 - r^2}$ (s.o.)

Die Hyperbel (9) und die Geraden (5) bilden den ersten scheinbaren Umriß U_1' der Fläche (allerdings nur derjenigen Stücke von U_1', die sich an die Asymptote $x = 0$, $z = 0$ anschließen und in den Punkten (10) endigen.
Die Geraden (5) berühren die Hyperbel in den Punkten

$$\mp \frac{a^2 - r^2}{2r} \;\Big|\; \mp b\,\frac{a^2 + r^2}{2\,ar} \quad . \tag{10}$$

Der 1. Umriß U_1 selbst auf der Fläche ist durch (9), (5) und seinen Aufriß

$$\frac{x^2}{\left(\frac{a^2 - r^2}{2r}\right)^2} - \delta\,\frac{z^2}{\left(\frac{1}{2}\sqrt{\delta(a^2 - r^2)}\right)^2} = 1 \qquad \delta = \pm 1 \tag{11}$$

bestimmt. Es sei noch besonders darauf hingewiesen, daß (7) und (8) für beliebige Werte von $\mu = 1 + \lambda^2$ gelten, auch für solche, für die $\lambda^2 < 0$ wird, die Erzeugenden also imaginär sind. Dazu gehört z.B. $\mu = 0$, was auf die Leitkreise (1) führt.

Weitere Aufgaben

1. Bestimme den Seitenriß von U_1
2. Bestimme U_1 mittels der Gleichungen $f = 0$ und $\frac{\partial f}{\partial z} = 0$
3. Was ist der zweite Umriß U_2 der Fläche?
4. Bestimme den 3. Umriß U_3 aus $f = 0$ und $\frac{\partial f}{\partial x} = 0$
5. Schneide die Fläche mit Ebenen $y = \text{const}$, $x = \text{const}$, $z = \text{const}$.
6. Desgleichen mit den Ebenen $y = \frac{b}{a}(x - c)$
7. Ermittle die in Nr. 187 erhaltenen Kurven durch darstellend geometrische Konstruktion
8. Zeige, daß die Fläche für $r = a$ in zwei Hyperboloide zerfällt.

188. Man kann Flächen dadurch gewinnen, daß man in irgend einer Kurvengleichung eine Konstante zur z-Koordinate macht. Die Schnitte $z = \text{const} = 1$ sind dann die Höhenlinien. Ein Beispiel sei die Konchoide des Nikomedes (KB Nr. 167).

III. Aufgabe Untersuche die Fläche

$$(x - a)^2 (x^2 - z^2) + x^2y^2 = 0 \tag{1}$$

Sie ist (Bild 97) eine RF_4 mit den Erzeugenden

$$z = \lambda x \quad , \quad y = \pm\sqrt{\lambda^2 - 1}\,(x - a) \quad , \tag{2}$$

den Doppelgeraden

$$g_1(x = 0,\ t = 0),\ g_2(x - a = 0,\ y = 0),\ g_3(x = 0,\ z = 0)$$

und dem Leitkegelschnitt

$$x = \frac{a}{2} \quad , \quad z^2 - y^2 = \frac{a^2}{4} \quad , \tag{3}$$

also eine RF_4 von der 6. Gattung. Ihre Fernkurve zerfällt in

$x = 0$, $t = 0$ und $x^2 + y^2 - z^2 = 0$, $t = 0$. Alle Schnitte $z = 1 \lessgtr a$ sind Konchoiden des Nikomedes. Die Schiebung $x - a \to x$ läßt erkennen, daß die Fläche für $\gamma = \frac{\pi}{4}$ dieselbe ist wie die in der I. Aufgabe.

Weitere Aufgaben

1. Untersuche die Punkte der Doppelgeraden auf ihre Singularität.

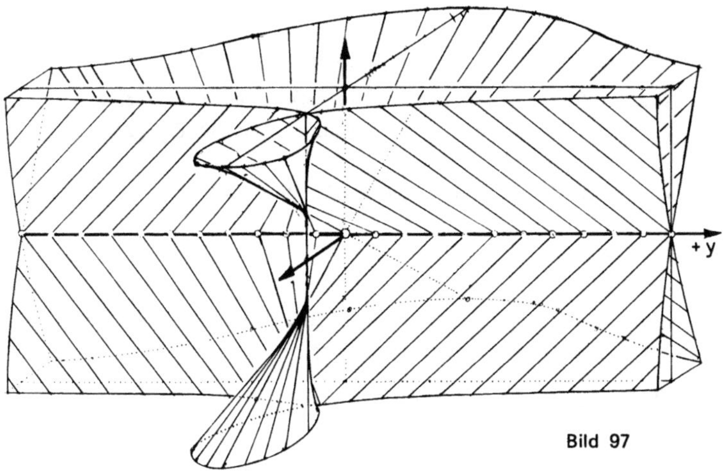

Bild 97

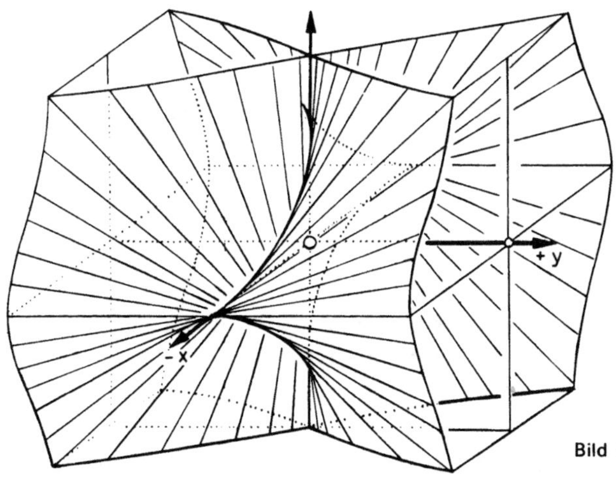

Bild 98

2. Bestimme die Schnitte der Fläche mit den Ebenen $x \pm z = 1$ und den Drehhyperboloiden $x^2 + y^2 - z^2 = \pm 1^2$.

IV. Aufgabe Aus den Kohlenspitzenkurven (KB Nr. 171) entsteht mit $b = z$ die Fläche

$$x^2 (y^2 + z^2) - a^2y^2 = 0 \tag{3}$$

Sie hat (Bild 98) die Erzeugenden

$$z = \lambda y \quad , \quad x = \pm \frac{a}{\sqrt{1 + \lambda^2}} \quad , \tag{4}$$

die Doppelgraden

$g_1(x = 0,\ y = 0),\ g_2(y = 0,\ z = 0),\ g_3(x = 0,\ t = 0)$,

ist also ein Konoid der 6. Gattung. Alle Schnitte $z = b$ sind Kohlenspitzenkurven, die Schnitte $y = \text{const}$ sind zu Külpschen Konchoiden affin (KB Nr. 172).

Die Ebenen $y = \lambda x$ treffen in Ellipsen mit dem Aufriß

$$\frac{x^2}{a^2} + \frac{z^2}{(\lambda a)^2} = 1 \quad ,$$

die Ebenen $z = \lambda x$ in zu Kappakurven (KB Nr. 156) affinen Kurven. Die Hauptttangenten sind nach Nr. 173

$$(y^2 + z^2)^3 = c^4 z^2 \quad , \quad r^2 = c^2 \sin\varphi \quad .$$

Weitere Aufgaben

1. Aus der Seiltänzerkurve (KB Nr. 162) entsteht die Fläche RF_4 $y^2(z^2 - x^2) = x^2(a - x)^2$
2. Aus der Kampyla des Eudoxus (KB Nr. 206) entsteht die Kegelfläche 4. Ordnung $x^4 = z^2(x^2 + y^2)$.

V. Aufgabe Eine Gerade trifft stets die z-Achse, den Kreis

$$z = 0 \quad , \quad x^2 + y^2 - 2\,rx = 0 \tag{1}$$

und dazu einen Kreis

$$x = a \quad , \quad y^2 + z^2 = l^2 \quad , \tag{2}$$

dessen Radius l die halbe von der Geraden $z = 0$, $x = a$ aus dem Kreis (1) ausgeschnittene Sehne ist, so daß

$$l^2 = 2\,ra - a^2 \tag{3}$$

ist. Welche Regelfläche beschreibt die Gerade? Die Erzeugende sei

$$\left.\begin{aligned} y &= \lambda x \\ z &= \mu x + \nu \end{aligned}\right\} \tag{4}$$

Sie trifft den Kreis (1) unter der Bedingung

$$\nu = -\frac{2r\mu}{1 + \lambda^2} \quad , \tag{5}$$

den Kreis (2) unter der Bedingung

$$\lambda^2 a^2 + \mu^2\left(a - \frac{2r}{1 + \lambda^2}\right)^2 = l^2$$

oder wegen (3)

$$a^2(\lambda^2 a^2 - l^2) + \mu^2\frac{(-l^2 + \lambda^2 a^2)^2}{(1 + \lambda^2)^2} = 0$$

oder

$$a^2(1 + \lambda^2)^2 + \mu^2(\lambda^2 a^2 - l^2) = 0 \qquad (6)$$

Damit ergibt sich die Fläche

$$a^2(x^2 + y^2 - 2\,rx)^2 + z^2(a^2y^2 - l^2x^2) = 0 \qquad (7)$$

Sie ist eine RF_4 mit der Doppelgeraden $x = 0$, $y = 0$ und Doppelkurve $z = 0$, $x^2 + y^2 - 2\,rx = 0$, also von der 5. Gattung. Die Schnitte $z = \text{const}$ sind bizirkulare Kurven 4. Ordnung.

189. VI. Aufgabe Eine Gerade trifft die Leitgeraden $x = a$, $z = 0$ und $x = -a$, $y = 0$, so, daß ihre Strecke zwischen diesen die konstante Länge $2l > 2a$ hat. Welche Regelfläche beschreibt sie?

Die Gleichungen der Erzeugenden (Bild 99) sind

$$\frac{x - a}{-2a} = \frac{y - \lambda}{-\lambda} = \frac{z}{\mu} \qquad (1)$$

Zwischen λ und μ besteht die Bedingungsgleichung

$$4a^2 + \lambda^2 + \mu^2 = 4l^2 \qquad (2a)$$

oder

$$\lambda^2 + \mu^2 = 4(l^2 - a^2) = 4c^2 \qquad (2b)$$

Mit (1) und (2) folgt als Flächengleichung

$$f = \frac{y^2}{(a + x)^2} + \frac{z^2}{(a - x)^2} - \frac{c^2}{a^2} = 0 \qquad (IX)$$

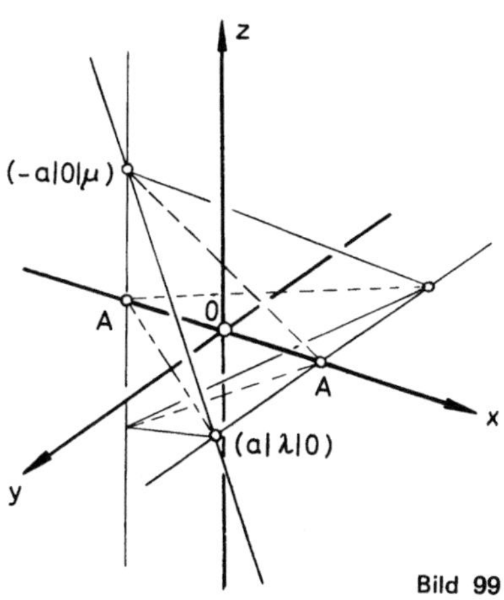

Bild 99

Die Fläche hat noch zwei andere geometrische Eigenschaften
(1.) Sie trifft die yz-Ebene im Leitkreis

$$x = 0 \quad , \quad y^2 + z^2 = c^2 \tag{3}$$

Darauf gründet sich die einfachste Konstruktion der Erzeugenden in Bild 99.
(2.) Die Neigungswinkel der Geraden (1) gegen die Achsen folgen aus

$$\cos\alpha = \frac{2a}{\varrho} \quad , \quad \cos\beta = \frac{\lambda}{\varrho} \quad , \quad \cos\gamma = -\frac{\mu}{\varrho}$$

woraus wegen

$$\cos^2\alpha + \cos^2\beta + \cos^2\gamma = 1 \quad \text{und (2a)} \quad \varrho = 2l \quad ,$$

so daß $\cos\alpha = \frac{a}{l}$

$$\tan\alpha = \frac{c}{a} \tag{4}$$

ist. Die Erzeugenden haben also gegen die yz-Ebene konstante Neigung. In den Bildern wählen wir

$$\alpha = \frac{\pi}{4} \quad , \quad c = a \quad , \quad l = a\sqrt{2} \tag{5}$$

in den Rechnungen sei $c \neq a$. Die Fläche heiße Reiterfläche.
Die Fläche ist eine RF_4.

$$f^{\times} \equiv (a - x)^2y^2 + (a + x)^2z^2 - \tan^2\alpha(a^2 - x^2)^2 = 0 \tag{IX$^{\times}$}$$

mit

$$\left.\begin{aligned}
&\frac{1}{2}\frac{\partial f^{\times}}{\partial x} = -(a - x)y^2 + (a + x)z^2 + 2\tan^2\alpha\, x(a^2 - x^2) \\
&\frac{1}{2}\frac{\partial f^{\times}}{\partial y} = (a - x)^2 y \quad , \quad \frac{1}{2}\frac{\partial f^{\times}}{\partial z} = (a - x)^2 z \\
&\frac{1}{2}\frac{\partial f^{\times}}{\partial t} = a(a - x)y^2 + a(a + x)z^2 - 2\tan^2\alpha\, a^2(a^2 - x^2)
\end{aligned}\right\} \tag{6$^{\times}$}$$

Die Fernkurve ist

$$t = 0 \quad , \quad x^2(y^2 + z^2 - \tan^2\alpha\, x^2) = 0 \quad . \tag{7}$$

Doppelgeraden sind

$$\begin{aligned}
&x = a \quad , \quad z = 0 \quad , \quad x = -a \quad , \quad y = 0 \quad ; \\
&x = 0 \quad , \quad t = 0 \quad .
\end{aligned} \tag{8}$$

Die Fläche ist also von der 6. Gattung.

Sie wird von den Ebenen $x = \text{const} \neq a$ und $\neq -a$ in lauter Ellipsen geschnitten. Ein Schrägbild der Fläche entsteht so am einfachsten (Bild 100 und 101). Für eine Grund- und Aufrißzeichnung legen wir das Achsenkreuz anders (Bild 102). Die Erzeugenden der Fläche sind entweder

$$z = \lambda(x - a) \quad , \quad y = \pm \frac{\sqrt{c^2 - a^2\lambda^2}}{a}(a + x) \tag{9a}$$

oder

$$y = \mu(x + a) \quad , \quad z = \pm \frac{\sqrt{c^2 - a^2\mu^2}}{a}(a - x) \tag{9b}$$

Torsallinien sind also

$$y = 0 \quad , \quad z = \pm \frac{c}{a}(x - a) \tag{10a}$$

$$z = 0 \quad , \quad y = \pm \frac{c}{a}(x + a) \tag{10b}$$

Wir bestimmen weiter die Umrisse der Fläche für Bild 101. Aus (IX) folgt

$$\left.\begin{aligned} \frac{1}{2}\frac{\partial f}{\partial x} &= -\frac{y^2}{(a+x)^3} + \frac{z^2}{(a-x)^3} \\ \frac{1}{2}\frac{\partial f}{\partial y} &= \frac{y}{(a+x)^2} \quad , \quad \frac{1}{2}\frac{\partial f}{\partial z} = \frac{z}{(a-x)^2} \\ \frac{1}{2}\frac{\partial f}{\partial t} &= -\frac{ay^2}{(a+x)^3} - \frac{az^2}{(a-x)^3} \end{aligned}\right\} \tag{6}$$

Der Vertikalumriß folgt aus $f = 0$, $\frac{\partial f}{\partial y} = 0$ und wird (10a):

$A'A_1$ und $A'A_2$

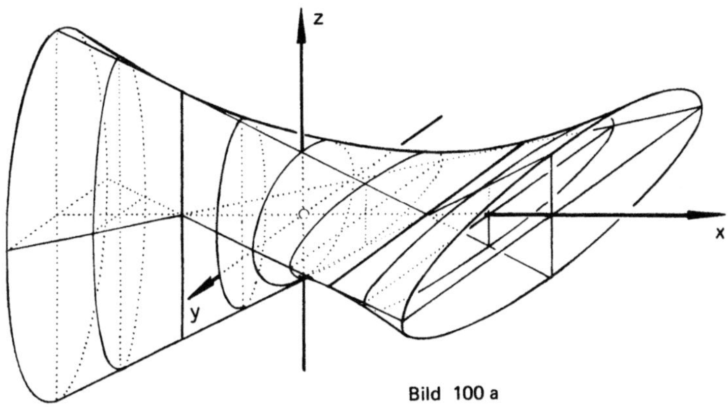

Bild 100 a

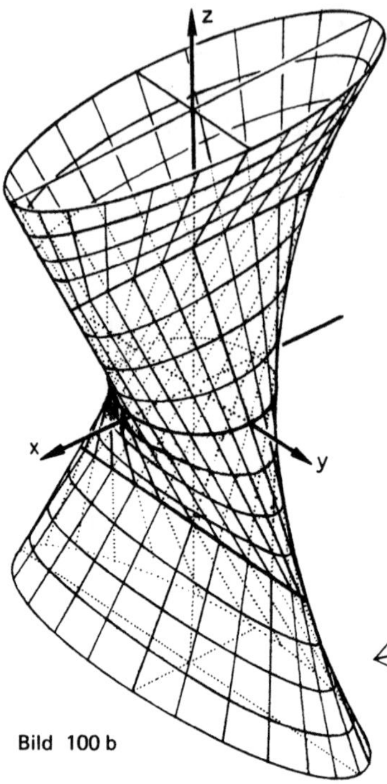

Bild 100 b

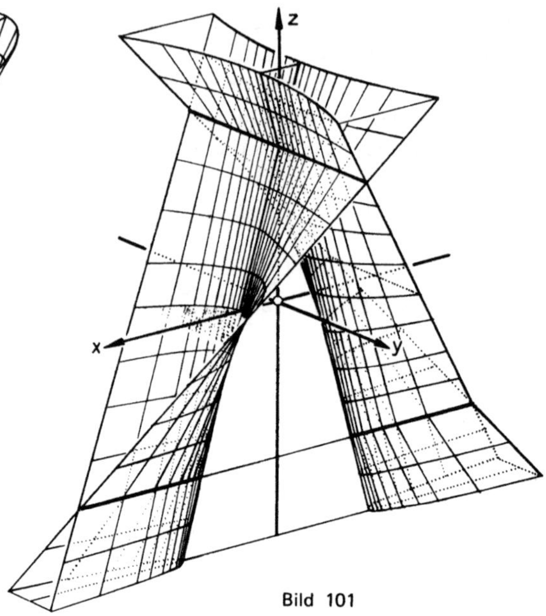

Bild 101

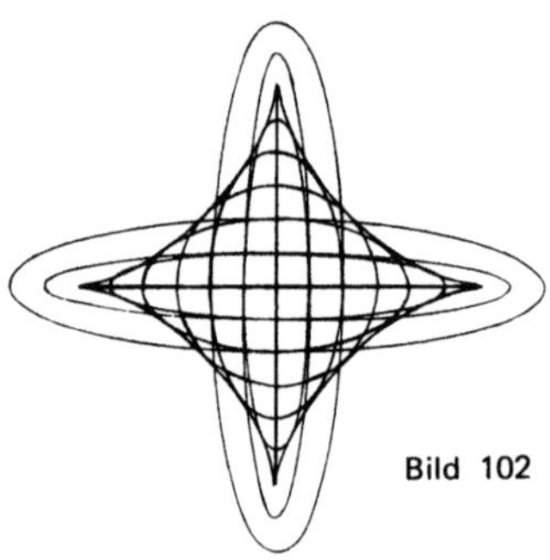

Bild 102

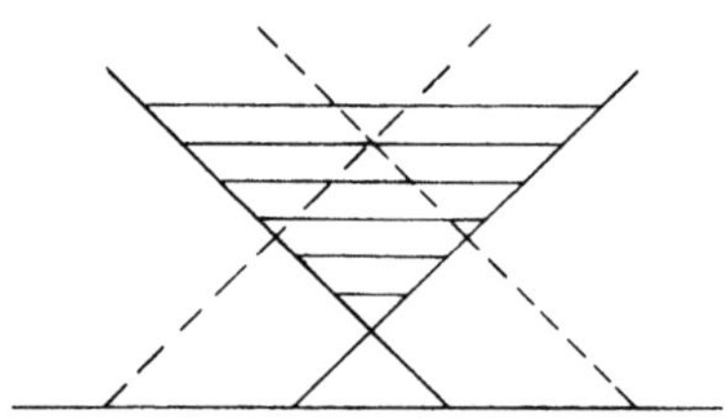

Der Horizontalumriß wird nur von den Ellipsen zwischen $x = -a$ und $x = +a$ erzeugt. Er folgt rechnerisch aus

$$f = 0 \quad , \quad \frac{\partial f}{\partial x} = 0 \quad . \tag{11}$$

Daraus folgt

$$\frac{y^2}{z^2} = \frac{(a + x)^3}{(a - x)^3} \quad , \quad \frac{a + x}{a - x} = \frac{y^{2/3}}{z^{2/3}} \quad .$$

$$a + x = \sigma y^{2/3} \quad , \quad a - x = \sigma z^{2/3} \quad , \quad 2a = \sigma(y^{2/3} + z^{2/3}) \quad ,$$

aus (IX) also

$$\frac{y^{2/3} + z^{2/3}}{\sigma^2} = \frac{c^2}{a^2} ,$$

also

$$y^{2/3} + z^{2/3} = (2c)^{2/3} \tag{12}$$

d.h. die durch die Strecke 2c erzeugte Astroide (KB Nr. 216). Wir schneiden unsere Fläche ferner mit dem Zylinder

$$y^2 + z^2 = c^2 \tag{13}$$

Außer dem Leitkreis erhält man die Schnittkurve mit der Parabola nodata (KB Nr. 96 und 97)

$$y^2 = \frac{c^2}{4a^3}(a + x)^2(2a - x) \tag{14}$$

als Seitenprojektion. Der Schnitt mit dem Zylinder

$$z^2 + x^2 = c^2 \tag{15}$$

ist eine Kurve mit der Seitenprojektion

$$y^2 = \frac{x(l^2x - 2ac^2)(a + x)^2}{a^2(a - x)^2} \tag{16}$$

Der Schnitt mit der Kugel

$$x^2 + y^2 + z^2 = c^2 \tag{17}$$

ist außer dem Leitkreis eine Kurve mit der Parabola nodata

$$y^2 = \frac{(2ac^2 - l^2x)(a + x)^2}{4a^3} \tag{18}$$

als Seitenprojektion. Ihre Horizontalprojektion folgt so: (IX) ergibt

$$(a^2 + x^2)(y^2 + z^2) - 2\,ax(y^2 - z^2) = \frac{c^2}{a^2}(a^2 - x^2)^2$$

und mit (17)

$$l^2\left\{y^2 + z^2 - \frac{(a^2 - c^2)^2}{l^2}\right\}(y^2 + z^2 - c^2) = -2a^3(y^2 - z^2)x$$

Quadriert folgt mit (17)

$$l^4(y^2 + z^2 - c^2)(y^2 + z^2 - \frac{(a^2 - c^2)^2}{l^2})^2 = 4a^6(y^2 - z^2)^2 \tag{19}$$

Für $c = a$ ist das die Rosenkurve (KB Nr. 234)

$$(y^2 + z^2)^3 = 4a^2y^2z^2 \qquad \text{oder} \qquad r = a \sin 2\varphi \tag{20}$$

Weitere Aufgaben

1. Untersuche die Schnitte der Fläche (IX) mit den Ebenen $z = \text{const.}$
2. Desgleichen mit den Kegeln $y^2 + z^2 = x^2$ und $z^2 + x^2 = y^2$
3. Zeige, daß der Rauminhalt des von der Fläche und ihren beiden scharfen Kanten begrenzten Körpers $\frac{4\pi}{3}ac^2$ ist.
4. Beweise, daß die Haupttangentenkurven der Fläche durch

$$\frac{y}{z} = C\left(\frac{a + x}{a - x}\right)^3 \tag{21}$$

gegeben sind. Dreht man das Koordinatensystem um die x-Achse durch $\frac{\pi}{4}$, so wird die Gleichung (IX) zu

$$f^{xx} = \frac{(y - z)^2}{(a + x)^2} + \frac{(y + z)^2}{(a - x)^2} - \frac{2c^2}{a^2} = 0 \tag{IX^{xx}}$$

mit

$$\left.\begin{aligned}
\frac{1}{2}\frac{\partial f^{xx}}{\partial x} &= -\frac{(y - z)^2}{(a + x)^3} + \frac{(y + z)^2}{(a - x)^3} \\
\frac{1}{2}\frac{\partial f^{xx}}{\partial y} &= \frac{(y - z)}{(a + x)^2} + \frac{(y + z)}{(a - x)^2} \\
\frac{1}{2}\frac{\partial f^{xx}}{\partial z} &= -\frac{(y - z)}{(a + x)^2} + \frac{(y + z)}{(a - x)^2} \\
\frac{1}{2}\frac{\partial f^{xx}}{\partial t} &= -\frac{a(y - z)^2}{(a + x)^3} - \frac{a(y + z)^2}{(a - x)^3}
\end{aligned}\right\} \tag{6}$$

Der Horizontalumriß ändert sich geometrisch nicht. Der Vertikalumriß aber folgt aus

$$\frac{z + y}{z - y} = \frac{(a - x)^2}{(a + x)^2},$$

$$z + y = \sigma(a - x)^2,\quad z - y = \sigma(a + x)^2,\quad \sigma^2(a + x)^2 + \sigma^2(a - x)^2 = \frac{2c^2}{a^2},$$

$$\sigma^2 = \frac{c^2}{a^2(a^2 + x^2)},\quad z = \sigma(a^2 + x^2),$$

$$\frac{z^2}{c^2} - \frac{x^2}{a^2} = 1 , \tag{22}$$

seine Seitenprojektion aus

$$y^2 = \frac{4\,c^2x^2}{a^2 + x^2} \tag{23}$$

zeichne sie!
Der Schnitt der Fläche mit $y = 0$ ist

$$z^2 = \frac{c^2(a^2 - x^2)^2}{a^2(a^2 + x^2)} \tag{24}$$

also eine Quartik mit den Doppelpunkten $\pm\, a|0|0$, den Waagepunkten $0|0|\pm\, c$ und den Asymptoten $z = \pm \frac{c}{a}\,x$.
Zeichnung!
Weitere Aufgaben
1. Untersuche die Schnitte der Fläche (IX)[xx] mit $z = \text{const.}$
2. Desgleichen mit den Kegeln $y^2 + z^2 = x^2$ und $z^2 + x^2 = y^2$
3. Desgleichen mit der Kugel $x^2 + y^2 + z^2 = c^2$
Wir schließen mit der Bemerkung, daß in (Bild 101) (bis auf eine Affinität) der "hyperbolische" Fall der Reiterfläche mit der Gleichung

$$\frac{x^2}{4(z - 8)^2} - \frac{y^2}{(z + 8)^2} - \frac{1}{64} = 0 \tag{25}$$

abgebildet ist. Sie heiße Gardinenfläche.
Ihre Untersuchung sei Aufgabe.

190. VII. Aufgabe Untersuche die aus der Pascalschen Schnecke (KB Nr. 198) mit z statt l entstehenden RF_4

$$(x^2 + y^2 - 2ax)^2 - z^2(x^2 + y^2) = 0 \tag{X}$$

Die Erzeugenden sind

$$y = \lambda x \quad , \quad (1 + \lambda^2)x \pm \sqrt{1 + \lambda^2}\,z = 2a \tag{1}$$

Daraus folgt (Bild 103)

$$\overline{OR}_1 = \frac{2a}{\sqrt{1 + \lambda^2}}$$

Andererseits ist auch

$$\overline{OH} = \frac{2a}{\sqrt{1 + \lambda^2}}$$

also $\sphericalangle R_1HO = \sphericalangle R_2HO = \frac{\pi}{4}$
Die Erzeugenden schneiden also den Kreis $x^2 + y^2 - 2ax = 0$ und die z-Achse und bilden mit dieser den $\sphericalangle\, \frac{\pi}{4}$. Die Fläche heiße die Krinoline (Bild 104).
Der Ort der Berührpunkte der bipunktal berührenden singulären Tangenten.

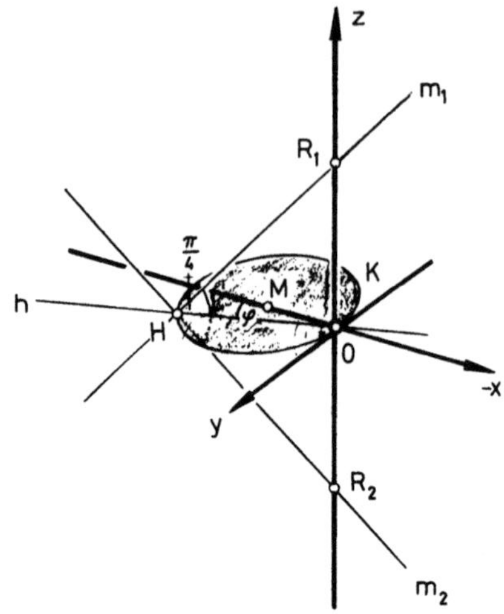

Bild 103

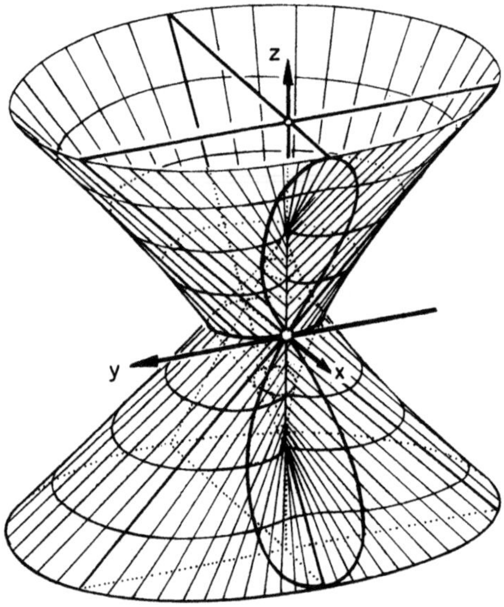

Bild 104

VIII. Aufgabe Untersuche die Fläche

$$y^2(z-a)^2 = ax^2z \quad . \tag{1}$$

Die Fläche ist eine RF_4 mit den Erzeugenden

$$y = \pm \frac{\sqrt{a\mu}}{\mu - a}x \ , \quad z = \mu \tag{2}$$

und den Doppelgeraden $x = 0$, $z = 0$; $y = 0$, $z = 0$; $y = 0$, $t = 0$

IX. Aufgabe Eine Gerade bewegt sich so, daß sie stets die Raumkurve $x^2 + y^2 = a^2$, $z^2 + x^2 = b^2$, zweimal und dazu noch die z-Achse schneidet. Zeige, daß sie auf einer der drei Flächen $b^2(x^2 + y^2) = a^2(z^2 + x^2)$, $(b^2 - z^2)(x^2 + y^2) = a^2x^2$, $(a^2 - y^2)(z^2 + x^2) = b^2x^2$ liegt und untersuche die beiden letzteren.

191. Eine besondere Familie stellen die sogenannten Normalenflächen dar, d.h. die Flächen, die von den Normalen einer gegebenen Fläche längs irgend einer Flächenkurve gebildet werden. RF_4 werden die Normalenflächen der Flächen 2. Ordnung F_2 längs ebener Schnitte E [1]. Eine solche ist identisch mit der Normalenfläche längs E des der F_2 längs E umschriebenen Kegels (oder Zylinders). Wir können uns daher auf die Normalenflächen längs eines "Kegel"schnittes oder Zylinderschnittes beschränken und nehmen als Beispiel die

X. Aufgabe Bestimme die Normalfläche eines "elliptischen" Kegels mit Spitze $0|0|-h$ und Grundkurve

$$z = 0 \quad , \quad \frac{x^2}{a^2} + \frac{y^2}{b^2} = 1 \quad , \quad a \neq b \quad . \tag{1}$$

Man zeige allgemein, daß der Kegel mit Spitze $0|0|-h$ und Grundkurve

$$z = 0 \quad , \quad f(x|y) = 0 \tag{1$^\times$}$$

die Gleichung

$$f\left(\frac{hx}{z + h} \,\middle|\, \frac{hy}{z + h}\right) = 0 \tag{2$^\times$}$$

hat, in unserem Fall also die Gleichung

$$h^2\left(\frac{x^2}{a^2} + \frac{y^2}{b^2}\right) = (z + h)^2 \quad . \tag{2}$$

Die Berührebene im Punkt $x_1|y_1|0$ ist

$$h\left(\frac{x_1x}{a^2} + \frac{y_1y}{b^2}\right) = z + h \tag{3}$$

Die Normale also

$$\frac{a^2(x - x_1)}{hx_1} = \frac{b^2(y - y_1)}{hy_1} = -z \tag{4}$$

---

1) Das Nähere siehe bei E. Müller - J. Krames, Vorlesungen über darstellende Geometrie, III. Band, S. 273 ff

Die Elimination von x_1 und y_1 aus (4) und

$$\frac{x_1^2}{a^2} + \frac{y_1^2}{b^2} = 1 \qquad (5)$$

liefert die Flächengleichung

$$\frac{a^2x^2}{(a^2 - hz)^2} + \frac{b^2y^2}{(b^2 - hz)^2} = 1 \quad . \qquad (X)$$

Man zeige, daß sie die drei Doppelgeraden

$$x = 0 \;,\; z = \frac{a^2}{h} \;;\; y = 0 \;,\; z = \frac{b^2}{h} \;;\; z = 0 \;,\; t = 0 \qquad (6)$$

und den Leitkegelschnitt (1) besitzt.
Unsere Fläche ist eng verwandt mit der Fläche (IX) und geht in diese durch die affine Transformation

$$\bar{x} = \frac{a}{h}x \;,\; \bar{y} = \frac{b}{h}y \;,\; \bar{z} = z - \frac{a^2 + b^2}{2h} \qquad (7)$$

über. Denn dann entsteht die Gleichung

$$\frac{\bar{x}^2}{(c - \bar{z})^2} + \frac{\bar{y}^2}{(c + \bar{z})^2} = 1 \;,\; c = \frac{a^2 - b^2}{2h} \qquad (8)$$

Übrigens besitzt auch (X) oder

$$\frac{x^2}{(a - \frac{h}{a}z)^2} + \frac{y^2}{(b - \frac{h}{b}z)^2} = 1 \qquad (9)$$

sogar zwei Kreisschnitte $z = z_0$, für die

$$a - \frac{h}{a}z_0 = \pm (b - \frac{h}{b}z_0)$$

also

$$z_0 = \pm \frac{ab}{h} \qquad (10)$$

ist. Nur befinden sie sich nicht im arithmetischen, sondern im geometrischen Mittel zwischen den Schnitten (6).

Weitere Aufgaben:
Bestimme die Normalflächen für die Grundkurven

1. $z = 0 \;,\; \frac{x^2}{a^2} - \frac{y^2}{b^2} = 1$ und

2. $z = 0 \;,\; y^2 = 2px + \nu x^2 \;,\; \nu \lesseqgtr 0$

des Kegels mit Spitze $0|0|h$;

2. für die Ellipse, die aus dem Zylinder $x^2 + y^2 = a^2$ durch die Ebene $z = mx$ ausgeschnitten wird;

3. für den Grundkreis $z = 0,\ x^2 + y^2 = r^2$ des Kegels mit Spitze $a|0|-h$;
4. für die Parabel, die aus dem Zylinder $y^2 = 2px$ durch die Ebene $z = mx$ ausgeschnitten wird.

§ 16. Einige Regelflächen höherer als 4. Ordnung. Nr. 192 und 193

192. I. Aufgabe Eine Gerade schneidet die z-Achse und den Kreis

$$z = 0 \quad , \quad x^2 + y^2 - 2ax = 0 \quad . \tag{1}$$

Die Strecke zwischen den beiden Schnittpunkten ist gleich dem Kreisdurchmesser. Bestimme die Regelfläche.

Es ist (Bild 105) $\triangle AOP \cong \triangle QPO$, also $Q(0|0|2a\sin\varphi)$ und $P(2a\cos^2\varphi|2a\cos\varphi\sin\varphi|0)$. Die Gleichungen von PQ lauten

$$\frac{x}{\cos^2\varphi} = \frac{y}{\sin\varphi\cos\varphi} = \frac{z - 2a\sin\varphi}{-\sin\varphi} \tag{1}$$

Die Gleichung der Regelfläche wird

$$x = \lambda\cos^2\varphi \quad , \quad y = \lambda\sin\varphi\cos\varphi \quad , \quad z = (2a - \lambda)\sin\varphi \tag{2}$$

oder

$$y^2(x^2 + y^2 - 2ax)^2 - x^2(x^2 + y^2)z^2 = 0 \tag{3}$$

Sie ist also von der 6. Ordnung mit $x = 0$, $y = 0$ als vierfacher $y = 0$, $z = 0$ als Doppelgeraden und $z = 0$, $x^2 + y^2 - 2ax = 0$ als Doppelkurve. Die Ebenen $z = \text{const} = c$ schneiden die Fläche in der Kurve mit der Polargleichung

$$r = 2a\cos\varphi \pm c\cot\varphi \quad . \tag{4}$$

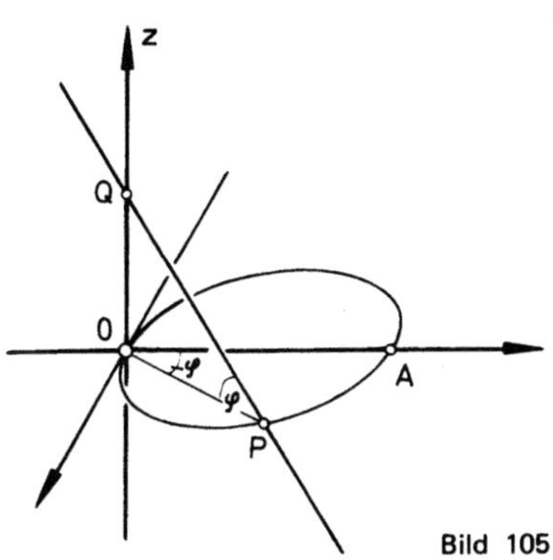

Bild 105

Ihre Konstruktionen zeigen Bild 106 a und b . Die Gleichung

$$y^2(x^2 + y^2)^2 - 4axy^2(x^2 + y^2) + x^2\left\{(4a^2-c^2)y^2-c^2x^2\right\} = 0 \qquad (5)$$

zeigt, daß der Ursprung vierfacher Punkt ist mit den einfachen Tangenten

$$y = \pm \frac{c}{\sqrt{4a^2 - c^2}}\, x = \pm\, x \tan\alpha \quad , \qquad (6)$$

die für $c < 2a$ reell sind, und der Selbstberührpunktstangente $x = 0$. Die Asymptoten im Doppelpunkt $x = 0$, $t = 0$ sind $y = \pm c$. Für $c = 2a$ wird der Ursprung beim einen Kurvenzweig ein Spitzpunkt mit Tangente $x = 0$. Für $c > 2a$ bleibt nur der Selbstberührpunkt übrig.
Die Ebenen $x = c$ schneiden die Fläche in den Kurven

$$z = \pm \frac{y(y^2 + c^2 - 2ac)}{c(c^2 + y^2)^{1/2}} \quad , \qquad (7)$$

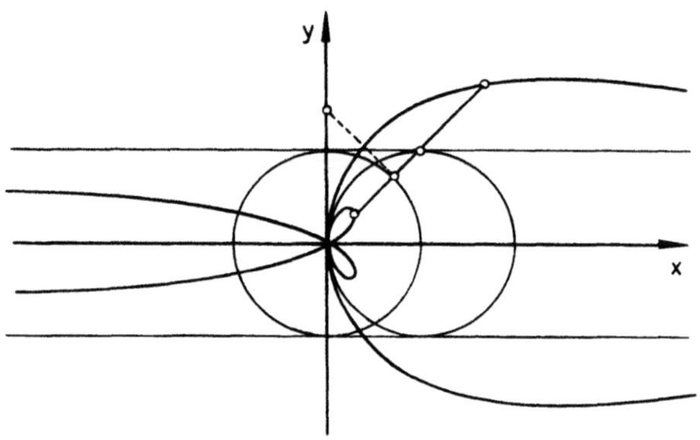

Bild 106 a

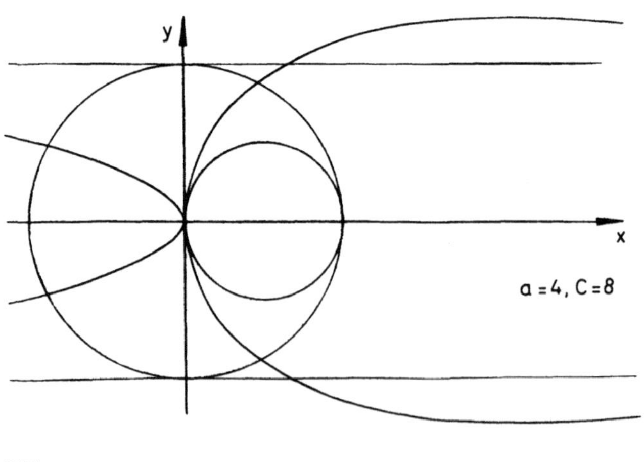

Bild 106 b

für c = 2a in

$$z = \pm \frac{y^3}{2a(4a^2 + y^2)^{1/2}} \tag{8}$$

Bei (7) sind 0|0,

$$z' = \mp \frac{l^2}{c^2} \quad , \quad \pm l|0 \quad , \quad z' = \pm \frac{2l^2}{c\sqrt{2ac}}$$

Doppelpunkte, wenn $c < 2a$, $2ac - c^2 = l^2$ ist, ferner $y^2 = \frac{c}{4}(\sqrt{c^2 + 16ac} - 3c)$, $z = \pm \ldots$ Waagepunkte, während die Wendepunkte imaginär sind. Ist aber $c > 2a$, $c^2 - 2ac = l^2$, so sind nur die Doppelpunkte 0|0, $z' = \pm \frac{l^2}{c^2}$ reell, die Waage- und Wendepunkte imaginär.

193. II. Aufgabe In der xz-Ebene (Bild 107) liegt die Parabel

$$y = 0 \quad , \quad x^2 = 2p(z - a) \quad , \tag{1}$$

in der yz-Ebene die Parabel

$$x = 0 \quad , \quad y^2 = -2p(z + a) \quad . \tag{2}$$

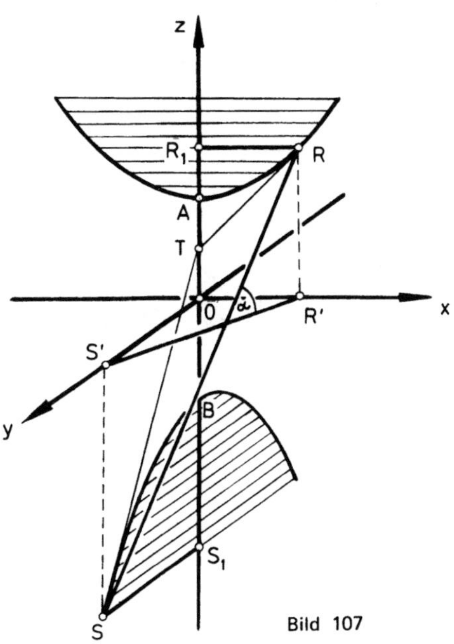

Bild 107

Diese beiden Parabeln sind Leitkurven einer abwickelbaren Regelfläche, deren Erzeugende man so erhält: Man zieht von einem Punkt T der z-Achse die Tangenten TR und TS an die beiden Parabeln, dann ist RS die Flächenerzeugende. Nun ist

$$\overline{RR_1}^2 = p\,\overline{TR_1} \quad , \tag{3}$$

$$\overline{SS_1}^2 = p\,\overline{TS_1} \quad , \tag{4}$$

$$\overline{RR_1}^2 + \overline{SS_1}^2 = \overline{OR'}^2 + \overline{OS'}^2 = \overline{R'S'}^2 = p(\overline{TR_1} + \overline{TS_1}) = \tag{5}$$

$$= p\,\overline{R_1S_1} = p.2\,\overline{AB} = 4\,ap = \text{const}$$

Die Gerade R'S' der xy-Ebene umhüllt den 1. scheinbaren Umriß unserer Fläche in Gestalt einer <u>Astroide</u>, deren erzeugende Strecke $2\sqrt{ap}$ ist. Eine ihrer Spitzen liegt also in $2\sqrt{ap}|0|0$, was dem Punkte $0|0|3a$ entspricht. Weiter ist

$$\overline{RS}^2 = \overline{R'S'}^2 + \overline{R_1S_1}^2 = 4\,ap + 16a^2 = 4a(p + 4a) = \text{const} \tag{6}$$

$$\tan\alpha = \frac{\overline{R_1S_1}}{\overline{R'S'}} = 2\sqrt{\frac{a}{p}} = \text{const} \quad . \tag{7}$$

Die Fläche ist also geometrisch auf drei Arten zu gewinnen. Sie hat die beiden Parabeln als Leitkurven und ist
(1.) <u>abwickelbar</u> (s.u.)
(2.) eine <u>Böschungsfläche</u>
mit der Neigung (7) gegen die xy-Ebene (s.u.),
(3.) eine Regelfläche mit dem konstanten Abschnitt $2\sqrt{a(p+4a)}$ der Erzeugenden zwischen den Parabeln.
Wir wollen (1.) und (2.) jetzt beweisen. Der Punkt R hat nach (1) die Koordinaten

$$x_1|0|\frac{x_1^2}{2p} + a \quad ,$$

daher ist

$$\overline{OT} = \overline{OR_1} - 2\,\overline{AR_1} = z_1 - 2\,\frac{x_1^2}{2p} = a - \frac{x_1^2}{2p} \tag{8}$$

Der Punkt S hat nach (2) die Koordinaten $0|y_2|-\frac{y_2^2}{2p} - a$, daher ist

$$\overline{OT} = \overline{OS_1} + 2\,\overline{S_1B} = -\frac{y_2^2}{2p} - a + 2\,\frac{y_2^2}{2p} - a \tag{9}$$

Daher muß

$$\overline{OT} = a - \frac{x_1^2}{2p} = \frac{y_2^2}{2p} - a \quad ,$$

$$x_1^2 + y_2^2 = 4\,ap \tag{10}$$

$$x_1 = 2\sqrt{ap}\cos\varphi \quad , \quad y_2 = 2\sqrt{ap}\sin\varphi \tag{11}$$

sein, was die Parameterstellung des ergänzenden Kreises der Astroide ist. Jetzt haben R und S die Koordinaten

$$2\sqrt{ap}\cos\varphi \mid 0 \mid a(2\cos^2\varphi + 1) \tag{12}$$

$$0 \mid 2\sqrt{ap}\sin\varphi \mid -a(2\sin^2\varphi + 1) \tag{13}$$

und RS bekommt die Gleichungen

$$\frac{x - 2\sqrt{ap}\cos\varphi}{-2\sqrt{ap}\cos\varphi} = \frac{y}{2\sqrt{ap}\sin\varphi} = \frac{z - (1+2\cos^2\varphi)a}{-4a} = \frac{1-\lambda}{2} \tag{14}$$

wo der Parameter λ die Punkte der Erzeugenden bestimmt.
Die Fläche bekommt also die Parameterdarstellung

$$x = \sqrt{ap}(1+\lambda)\cos\varphi,\; y = \sqrt{ap}(1-\lambda)\sin\varphi,\; z = a(\cos 2\varphi + 2\lambda) \tag{15}$$

oder indem man $x_1 | x_2 | x_3$ statt $x | y | z$ schreibt

$$x_1 = y_1 + \lambda z_1 \quad , \quad x_2 = y_2 + \lambda z_2 \quad , \quad x_3 = y_3 + \lambda z_3, \tag{16}$$

wo

$$\left.\begin{array}{l} y_1 | y_2 | y_3 = \sqrt{ap}\cos\varphi \mid \sqrt{ap}\sin\varphi \mid a\cos 2\varphi \\ z_1 | z_2 | z_3 = \sqrt{ap}\cos\varphi \mid -\sqrt{ap}\sin\varphi \mid 2a \end{array}\right\} \tag{17}$$

ist.
Nun ist die Bedingung, daß (16) eine abwickelbare Fläche darstellt, wenn wir die Ableitungen nach φ mit Strichen bezeichnen

$$\begin{vmatrix} y_1' & z_1 & z_1' \\ y_2' & z_2 & z_2' \\ y_3' & z_3 & z_3' \end{vmatrix} = 0 \quad ^{1)} \tag{18}$$

Sie ist nach (17) erfüllt.
Der Wert von λ in Funktion von φ im Schnittpunkt zweier aufeinanderfolgender Erzeugender folgt aus

$$\frac{y_1' + \lambda z_1'}{z_1} = \frac{y_2' + \lambda z_2'}{z_2} = \frac{y_3' + \lambda z_3'}{z_3} \tag{19}$$

In unserem Falle wird

$$\lambda = \cos 2\varphi \quad . \tag{20}$$

Also hat die Gratlinie der Regelfläche die Parametergleichungen

$$x = 2\sqrt{ap}\cos^3\varphi \;,\quad y = 2\sqrt{ap}\sin^3\varphi \;,\quad z = 3a\cos 2\varphi \tag{21}$$

1) Vergleiche Nr. 113.

Ihre Horizontalprojektion umhüllt die Astroide

$$x^{2/3} + y^{2/3} = (4ap)^{1/3} \tag{22}$$

ihre Vertikal- und Seitenprojektion die Neilschen Parabeln

$$(z + 3a)^3 = \frac{54a^2}{p} x^2 \quad , \quad (-z + 3a)^3 = \frac{54a^2}{p} y^2 \tag{23}$$

Der laufende Punkt P der Gratlinie teilt $\overline{RS}$ im Verhältnis

$$\overline{RP} : \overline{PS} = \sin^2\varphi : \cos^2\varphi \tag{24}$$

Die Gleichung der Berührebene an (15) in laufenden Koordinaten X|Y|Z lautet

$$\begin{vmatrix} X - x & \frac{\partial x}{\partial\varphi} & \frac{\partial x}{\partial\lambda} \\ Y - y & \frac{\partial y}{\partial\varphi} & \frac{\partial y}{\partial\lambda} \\ Z - z & \frac{\partial z}{\partial\varphi} & \frac{\partial z}{\partial\lambda} \end{vmatrix} = 0 \tag{25}$$

Ihre Richtungsfaktoren werden also

$$\varrho\cos\alpha = -2a\cos\varphi \quad , \quad \varrho\cos\beta = 2a\sin\varphi \quad , \quad \varrho\cos\gamma = \sqrt{ap} \quad ,$$

so daß

$$\varrho^2 = 4a^2 + ap \quad , \quad \cos\gamma = \frac{\sqrt{ap}}{\sqrt{4a^2 + ap}}, \quad \tan\gamma = 2\sqrt{\frac{a}{p}} \quad ,$$

d.h. (7) gilt.

Aus (15) folgt weiter

$$\left.\begin{aligned} 2\,ax &= \sqrt{ap}(2a + z - a\cos 2\varphi)\cos\varphi \\ 2\,ay &= \sqrt{ap}(2a - z + a\cos 2\varphi)\sin\varphi \end{aligned}\right\} \tag{26}$$

Der Schnitt mit der Geraden

$$x = \frac{\sqrt{ap}}{2a}(\mu z + m) \quad , \quad y = \frac{\sqrt{ap}}{2a}(\nu z + n) \tag{27}$$

zeigt, indem man

$$\cos\varphi = \frac{1 - t^2}{1 + t^2} \quad , \quad \sin\varphi = \frac{2t}{1 + t^2} \tag{28}$$

setzt, daß die Fläche von der 8. Ordnung ist.

Der Schnitt der Fläche mit der xy-Ebene ergibt sich aus (15) mit $z = 0$, $\lambda = -\frac{1}{2}\cos 2\varphi$ und bekommt die Gleichung

$$27\,ap(x^2 - y^2)^2 + 4(x^2 + y^2 - ap)^3 = 0 \quad . \tag{29}$$

6. Abschnitt. Weitere Flächen 3., 4. und höherer Ordnung

§ 1. Flächen, die durch Bewegung eines Kreises entstehen. Nr. 194 und 195

194. I. Aufgabe (Verallgemeinerung des böhmischen Gewölbes). Ein Kreis mit konstantem Radius a bewegt sich parallel zur yz-Ebene und sein Mittelpunkt beschreibt den Kreis

$$z = 0 \quad , \quad x^2 + y^2 = r^2 \quad . \tag{1}$$

Welche Fläche beschreibt er?
Die Parametergleichungen der Fläche sind (Bild 108 a und b)

$$x = r\cos u \quad , \quad y = r\sin u + a\cos v \; , \; z = a\sin v \tag{2}$$

Die Flächengleichung wird

$$(-x^2 + y^2 + z^2 + r^2 - a^2)^2 = 4y^2(r^2 - x^2) \tag{3}$$

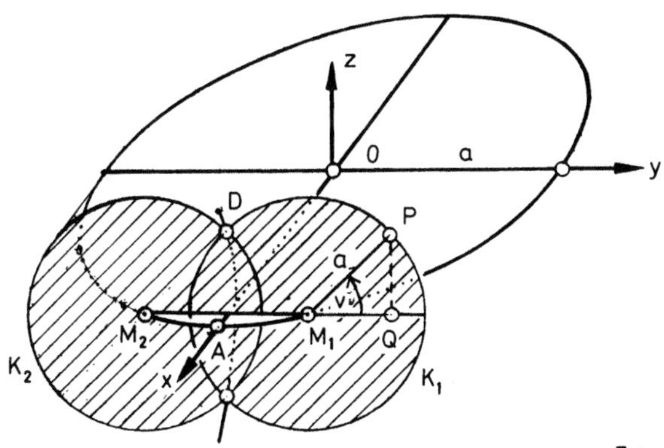

Bild 108 a

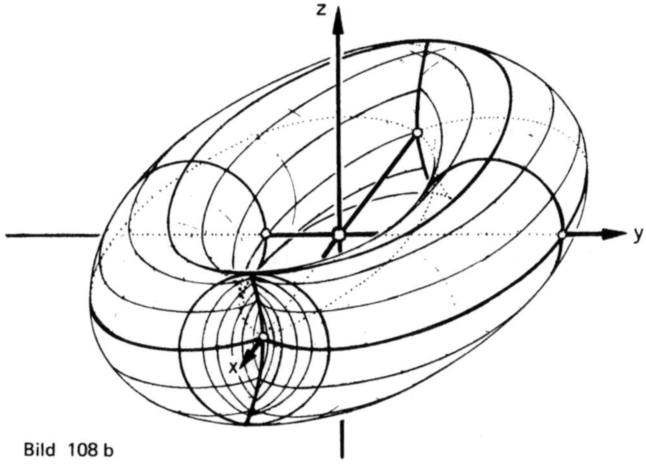

Bild 108 b

Insbesondere für $a = r$ ist sie

$$(-x^2 + y^2 + z^2)^2 = 4y^2(r^2 - x^2) \tag{3'}$$

Die Fläche hat die Doppelkurve

$$y = 0 \quad , \quad x^2 - z^2 = r^2 - a^2 \quad , \tag{4}$$

die für $r = a$ in die Geraden

$$y = 0 \quad , \quad z = \pm x$$

zerfällt.
Nimmt man statt (1) die Parabel $z = 0$, $y^2 = 2\,px$, so kommt die Flächengleichung $(y^2 - 2px - z^2 + a^2)^2 = 4y^2(a^2 - z^2)$.

Untersuche sie!

II. Aufgabe Ein Kreis bewegt sich parallel zur xz-Ebene, schneidet die y-Achse, und sein Mittelpunkt wandert auf dem Kegelschnitt

$$z = 0 \quad , \quad y^2 = Ax^2 + 2Bx + C \quad . \tag{1}$$

Welche Fläche entsteht? Der Kreis hat die Gleichungen

$$y = y_1 \quad , \quad x^2 + z^2 - 2x_1x = 0 \quad , \tag{2}$$

wobei

$$y_1^2 = Ax_1^2 + 2Bx_1 + C \tag{3}$$

ist. Die Flächengleichung wird

$$4x^2y^2 = A(x^2 + z^2)^2 + 4Bx(x^2 + z^2) + 4Cx^2 \tag{4}$$

Besondere Fälle

1. $A = -\dfrac{b^2}{\varepsilon a^2}$, $B = 0$, $C = \varepsilon b^2$, $\varepsilon = \pm 1$

2. $A = 0$, $B = p$, $C = 0$

$$xy^2 = p(x^2 + z^2) \tag{5}$$

III. Aufgabe Ein Kreis trifft stets die windschiefen Geraden

$$x = a \quad , \quad y = z \tan\alpha \quad \text{und} \quad x = -a \quad , \quad y = -z \tan\alpha \tag{1}$$

und hat den Mittelpunkt im Ursprung. Welche Fläche beschreibt er? Seine Gleichungen sind von der Gestalt

$$x^2 + y^2 + z^2 = \lambda^2 \quad , \quad y = \mu x + \nu z \tag{2}$$

Als Schnittbedingungen ergeben sich

$$\nu = 0 \quad , \quad (\lambda^2 - a^2)\sin^2\alpha = a^2\mu^2 \tag{3}$$

und damit folgt die Flächengleichung

$$x^2(x^2 + y^2 + z^2 - a^2)\sin^2\alpha = a^2y^2 \tag{4}$$

Doppelgeraden sind $x = 0$, $y = 0$ und $x = 0$, $t = 0$. $y = 0$ schneidet in $x = 0$ und $x^2 + z^2 = a^2$. Die Ebenen $x = \text{const} = c$ schneiden in den Kegelschnitten

$$(c^2\sin^2\alpha - a^2)y^2 + (c^2\sin^2\alpha)z^2 = c^2\sin^2\alpha(a^2 - c^2)$$

$c > \frac{a}{\sin\alpha}$: nullteilig, $c = \frac{a}{\sin\alpha}$: imaginäre Geraden,

$a < c < \frac{a}{\sin\alpha}$: Hyperbeln, $a = c$: Geraden $z = \pm y \cot\alpha$

$c < a$: Hyperbeln, $c = 0$, $y^2 = 0$

IV. Aufgabe Der Mittelpunkt einer Kugel mit Radius r wandert auf der z-Achse. Vom Punkt $2l|0|0$ legt man die Berührkegel an sie. Was ist der Ort der Berührkurve?

Die Polarebene des Punktes $2l|0|0$ in bezug auf die Kugel

$$x^2 + y^2 + (z - \lambda)^2 = r^2 \tag{1}$$

ist

$$2lx - \lambda(z - \lambda) = r^2 \tag{2}$$

Die Elimination von λ ergibt die Flächengleichung

$$(x^2 + y^2 - 2lx)^2 + z^2(x^2 + y^2 - r^2) = 0 \tag{3}$$

Je nachdem $2l \gtreqless r$ ist, hat die Fläche ganz verschiedenes Aussehen. Der "Thaleskreis"

$$z = 0 \quad , \quad x^2 + y^2 - 2lx = 0 \tag{4}$$

ist Doppelkurve der Fläche. Diese wird von $y = 0$ in der Kurve

$$y = 0 \quad , \quad z^2 = \frac{x^2(2l - x)^2}{r^2 - x^2} \tag{5}$$

geschnitten, die für $2l \neq \pm r$ die Doppelpunkte $0|0|0$ und $2l|0|0$ mit den Richtungsfaktoren $\pm \frac{2l}{r}$ bzw. $\mp \frac{2l}{\sqrt{r^2 - 4l^2}}$ der Tangenten besitzt, $x = \pm r$ sind die Asymptoten.

195. V. Aufgabe Ein Kreis schneidet die y-Achse in $0|a\sqrt{\varepsilon}|0$ und $0|-a\sqrt{\varepsilon}|0$, $\varepsilon = \pm 1$ oder 0 und die Parabel

$$y = 0 \quad , \quad z^2 = 2px \quad (p > 0) \quad . \tag{1}$$

Als Fläche ergibt sich die F_5

$$(2px - z^2)\left\{2px(x^2 + z^2) + \varepsilon a^2 z^2\right\} = 2\,pxy^2z^2 \tag{2}$$

Die y-Achse ist mehrfache Gerade,
$-p + \sqrt{p^2 + \varepsilon a^2} \,|\, 0 \,|\, \pm\sqrt{-2p^2 + 2p\sqrt{p^2 + \varepsilon a^2}}$, $\varepsilon = +1$ sind singuläre Punkte auf der Parabel (1). Für $\varepsilon = 0$ zerfällt die Fläche in $x = 0$ und

$$(2px - z^2)(x^2 + z^2) = y^2z^2 \tag{3}$$

mit der y-Achse als mehrfacher Geraden und $0|0|0$ als biplanarem Punkt.
Der Schnitt mit $y = 0$ ist die gegebene Parabel und eine <u>Kissoide</u>. Sehr interessant sind die Schnitte mit den Ebenen $x = \text{const} = x_0$. Der Leser diskutiere diese Kurven 4. Ordnung an Hand des KB.
VI. <u>Aufgabe</u> Die Fläche der Krümmungskreise der Normalschnitte einer gegebenen Fläche in einem gegebenen Punkt O mit den Hauptkrümmungsradien r_1 und r_2 hat, wenn man O als Ursprung, die Hauptkrümmungsrichtungen in O als x- und y-Achse und die Flächennormale als z-Achse wählt, nach Nr. 97, Aufgabe 2 die Gleichung

$$\left(\frac{x^2}{r_1} + \frac{y^2}{r_2}\right)(x^2 + y^2 + z^2) - 2z(x^2 + y^2) = 0 \tag{1}$$

Wir diskutieren sie im Falle $r_1 > r_2 > 0$, $z > 0$. Ihre Schnitte $z = \text{const} = c$ sind von viererlei Art (Bild 109)

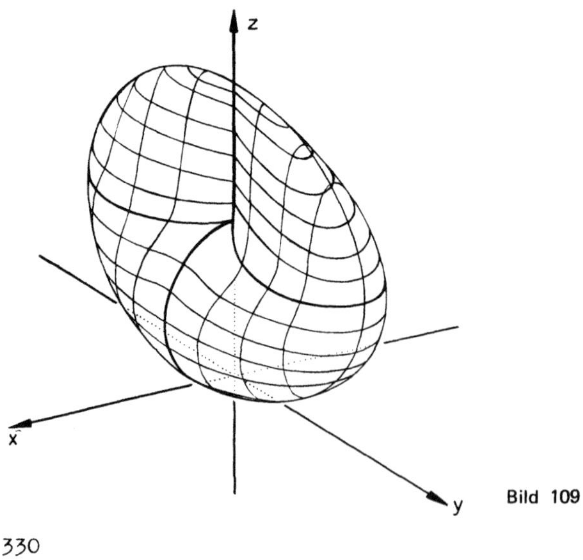

Bild 109

(a) $c < 2r_2$ Geschlossene Kurve Ursprung isolierter Punkt
(b) $c = 2r_2$ Ursprung Selbstberührpunkt mit $x = 0$ als Tangente
(c) $2r_2 < c < 2r_1$ Ursprung Doppelpunkt
(d) $c \geqq 2r_1$ Fläche nullteilig, Ursprung und Gerade $x = 0$, $y = 0$, einzige reelle Bestandteile.

Die z-Achse ist Doppelgerade der Fläche. Reell durchdringt sich die Fläche längs der Strecke zwischen 0 und $0|0|r_2$ auf der z-Achse. Die Fläche ist das Musterbeispiel einer einseitigen Fläche und das einfachste endliche Bild der perspektiven Ebene [1]

Weitere Aufgaben

1. Untersuche die Schnitte mit $x = \text{const}$ und $y = \text{const}$.
2. Untersuche die Fläche für $r_1 > 0 > r_2$, d.h. $r_2 = -r_2'$, insbesondere den Fall $r_2 = -r_1$.
3. Übt man auf die Fläche die Inversion (s. Nr. 214)

$$\bar{x} = \frac{a^2x}{x^2+y^2+z^2}, \quad \bar{y} = \frac{a^2y}{x^2+y^2+z^2}, \quad \bar{z} = \frac{a^2z}{x^2+y^2+z^2}$$

aus, so entsteht aus ihr das Plückersche Konoid

$$z = a^2 \frac{\frac{x^2}{2r_1} + \frac{y^2}{2r_2}}{x^2+y^2}$$

Durch die Schiebung

$$z \to z + \frac{1}{4}\left(\frac{1}{r_1} + \frac{1}{r_2}\right)a^2$$

entsteht nämlich

$$z = \frac{1}{4}\left(\frac{1}{r_1} - \frac{1}{r_2}\right) a^2 \frac{x^2-y^2}{x^2+y^2}$$

4. Die Polargleichung der Kurve $z = c$ ist

$$r^2 = \frac{2c}{\frac{\cos^2\varphi}{r_1} + \frac{\sin^2\varphi}{r_2}} - c^2$$

Berechne die Fläche der Kurve für die Fälle (a) bis (b) und damit den Rauminhalt der Fläche (Sehr schöne, etwas umfangreiche Aufgabe).

VII. Aufgabe Ein Kreis vom Radius r bewegt sich so, daß seine Ebene stets durch die z-Achse geht und

---

1) S. D. Hilbert - S. Cohn-Vossen, anschauliche Geometrie, Berlin 1932, S. 276 - 280.

(a.) sein Mittelpunkt auf $x = a$, $z = 0$ wandert,
(b.) er stets $x = a$, $z = 0$ trifft. Welche Flächen entstehen?

(a.) $(x - a)^2(x^2 + y^2) = (r^2 - z^2)x^2$,

(b.) $(x - a)^4(x^2 + y^2)^2 + 2x^2(x - a)^2.(z^2 - 2r^2)(x^2 + y^2) + x^4z^4 = 0$

VIII. Aufgabe Ein Kreis vom Radius r bewegt sich so, daß die Endpunkte eines Durchmessers die x- und z-Achse beschreiben und die Kreisebene senkrecht zur xz-Ebene ist. Die entstehende Fläche hat die Gleichung

$$(y^2(x^2 + y^2 + z^2) - 2r^2(x^2 + z^2))^2 = 4r^2(r^2 - y^2)(x^2 - z^2)^2$$

Zeige, daß

$$x = \pm z \quad , \quad z^2 = \frac{y^4}{2(2r^2 - y^2)}$$

Doppelkurven sind. (Wie kann man das geometrisch einsehen?)
Die 4 Punkte $\pm \frac{r}{\sqrt{2}} \,|\, \delta r \,|\, \pm \frac{r}{\sqrt{2}}$, $\delta = \pm 1$ sind singuläre Punkte.
Die 3 Geraden

$$x = 0 \ , \ y = 0 \ ; \ y = 0 \ , \ z = 0 \ ; \ y = 0 \ , \ t = 0 \quad (\times)$$

sind Selbstberührgeraden. Sie schneiden sich in 3 Punkten. Nur 0|0|0 ist nicht isoliert. Hier sind zwei reelle Selbstberührpunkte der Fläche vereinigt. Auf den Geraden (×) sind noch die Punkte

$x = \pm 1$, $y = z = 0$, $x = 0$, $y = 0$, $z = \pm 1$; $x = i$,
$y = i$, $z = t = 0$

ausgezeichnet. In ihnen "verlassen" die Selbstberührgeraden die Fläche und jede durch einen dieser Punkte gelegte Ebene hat mit der Fläche eine Kurve gemein, die dort eine Spitze höherer Art zeigt. Die Ebenen $y = \text{const}$ ($\neq \pm 1$ und $\neq 0$) schneiden die Fläche in kongruenten Ellipsen mit vertauschten Achsen, die Ebenen $y = \pm 1$ berühren die Fläche nach Kreisen, die Ebene $y = 0$ trifft in "Strecken".
Der scheinbare Vertikalumriß der Fläche ist die Astroide

$$x^{2/3} + z^{2/3} = (2r)^{2/3} \quad .$$

§ 2. Weitere Flächen vermischter Art. Nr. 196–200

196. I. Aufgabe Was ist der Ort der Punkte, deren senkrechte Entfernungen von den Schenkeln eines rechten Winkels eine konstante Summe oder Differenz haben?

Wir machen die Schenkel zur x- und y-Achse und erhalten als 1. Form der Flächengleichung

$$f = \delta\sqrt{x^2 + z^2} + \varepsilon\sqrt{y^2 + z^2} = a \quad , \qquad \delta, \varepsilon = \pm 1 \qquad (1)$$

mit

$$\frac{\partial f}{\partial x} = \frac{x}{\delta\sqrt{x^2 + z^2}} \ , \quad \frac{\partial f}{\partial y} = \frac{y}{\varepsilon\sqrt{y^2 + z^2}} \ , \quad \frac{\partial f}{\partial z} = \qquad (2)$$

$$= \frac{z}{\delta\sqrt{x^2 + z^2}} + \frac{z}{\varepsilon\sqrt{y^2 + z^2}}$$

Daraus folgt: Der Horizontalumriß $\frac{\partial f}{\partial z} = 0$, d.h. $z = 0$,

$$\delta x + \varepsilon y = a \qquad (3)$$

besteht aus 4 Geraden. Die Seiten des von ihnen bestimmten Quadrats entsprechen der Summe, ihre Verlängerungen der Differenz der Entfernungen. Der Umriß ist zugleich Spur in $z = 0$
Der Vertikalumriß $\frac{\partial f}{\partial y} = 0$, $y = 0$, $\delta\sqrt{x^2 + z^2} = a - \varepsilon z$, d.h.

$$x^2 = -2\varepsilon a\left(z - \frac{\varepsilon a}{2}\right) \qquad (4)$$

besteht aus 2 Parabeln mit O als Brennpunkt. Er ist zugleich Spur in $y = 0$. Die Projektionen der Fläche sind in den schraffierten Teilen des Bildes 110 enthalten, die Fläche ist also gut erkennbar. Mit Bild 111 sind für $z = c \lessgtr \frac{a}{2}$ die Koordinaten $\pm x|\pm y|\pm z$ von je 8 Punkten der Fläche leicht zu konstruieren.

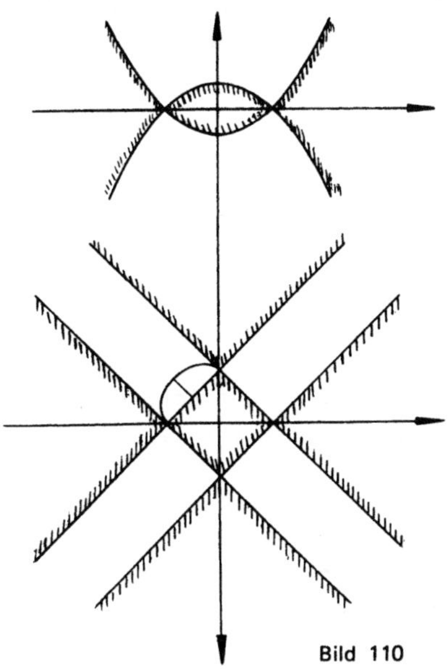

Bild 110

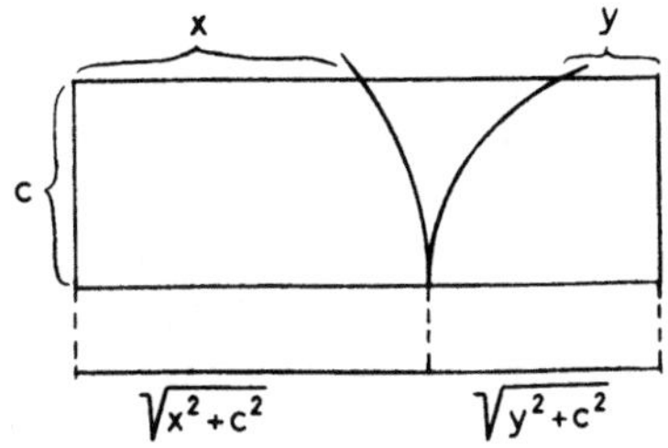

Bild 111

Aus (1) folgt als 2. Form der Flächengleichung

$$f^{\times} = (x^2 - y^2)^2 - 2a^2(x^2 + y^2 + 2z^2) + a^4 = 0 \quad \text{mit} \tag{5}$$

$$\frac{1}{2}\frac{\partial f^{\times}}{\partial x} = -2x(-x^2 + y^2 + a^2)$$

$$\frac{1}{2}\frac{\partial f^{\times}}{\partial y} = -2y(x^2 - y^2 + a^2) \quad , \quad \frac{1}{2}\frac{\partial f^{\times}}{\partial z} = -4\, a^2 z \tag{6}$$

Als singuläre Punkte ergeben sich die 4 Doppelpunkte $\pm a|0|0$, $0|\pm a|0$, die Ecken des Quadrats in Bild 110.

Dreht man das x y - System um $\frac{\pi}{2}$, so folgt die 3. Form der Flächengleichung

$$4x^2y^2 - 2a^2(x^2 + y^2 + 2z^2) + a^4 = 0 \tag{7}$$

$$\frac{1}{2}\frac{\partial f}{\partial y} = 2y(2x^2 - a^2). \tag{8}$$

gibt den Vertikalumriß

$$y = 0 \quad , \quad x^2 + 2z^2 = \frac{a^2}{2} \quad , \tag{9}$$

eine Ellipse mit den Halbachsen $\frac{a}{2}\sqrt{2}$ und $\frac{a}{2}$ (in Bild 110 umgeklappt).

Weitere Aufgaben

1. Bestimme den Schnitt x = const von (5) und (7)
2. Ermittle das Volumen des von der Fläche begrenzten Zentralkerns $\left(V = \frac{\pi^2 a^3}{8}\right)$

II. Aufgabe Ersetze in der I. Aufgabe die konstante Summe oder Differenz durch das konstante Produkt. Die Flächengleichung wird

$$(x^2 + z^2)(y^2 + z^2) = a^4 \tag{1}$$

Horizontalumriß und xy-Spur sind die Hyperbeln

$$xy = \pm a^2 \tag{2}$$

Vertikalumriß und xz-Spur die Kurve

$$x^2 = \frac{a^4 - z^4}{z^2}$$

III. Aufgabe Was ist der Ort der Punkte gleicher Entfernung von der Kugel $x^2 + y^2 + z^2 = r^2$ und der Geraden x = 1, y = 0 [1)]

1) Diese Fläche hat mein im Jahre 1942 in Russland gefallener Schüler Gerhard Miehlich im Dez. 1931 in der Oberprima der Friedrich-Eugens-Oberrealschule in Stuttgart als Jahresarbeit zur Zulassung zur Reifeprüfung erstmals untersucht. Sie heiße daher die Gerhard Miehlich-sche Fläche.

Aus

$$\varepsilon\sqrt{x^2 + y^2 + z^2} + \zeta\sqrt{(x - l)^2 + y^2} = r \quad , \quad \varepsilon, \zeta = \pm 1 \qquad (1)$$

folgt die Flächengleichung (Bild 112 a – c)

$$z^4 + 4lxz^2 + 4(l^2 - r^2)x^2 - 4r^2y^2 - 2(l^2 + r^2)z^2 = 4l(l^2 - r^2)x + (l^2 - r^2)^2 \qquad (2)$$

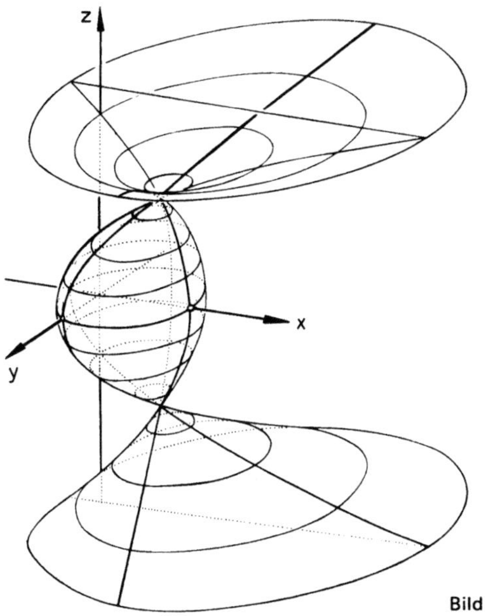

Bild 112 a

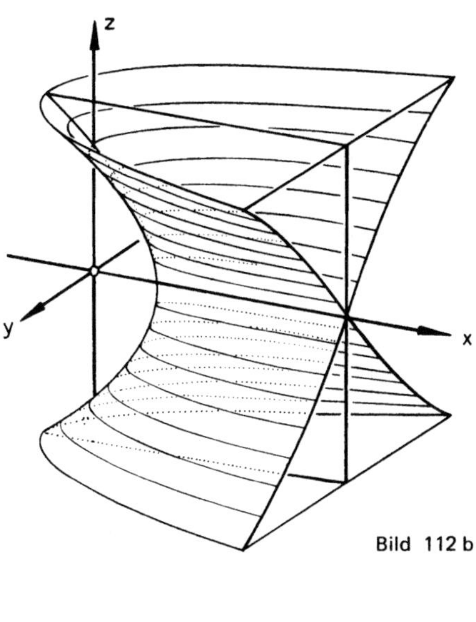

Bild 112 b

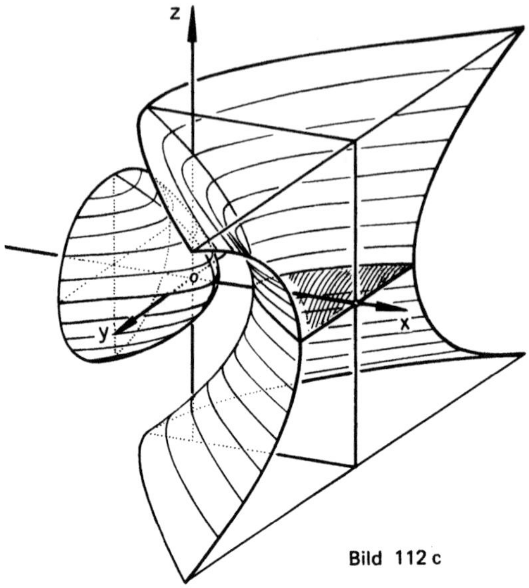

Bild 112 c

Schnitt $z = z_0$

$l \gtrless r$ Mittelpunktskegelschnitte. Ort der Scheitel: (3)

$$z^2 = -2(l \pm r)\left(x - \frac{l \pm r}{2}\right) ,$$

Ort der Mittelpunkte:

$$z^2 = -\frac{2(l^2 - r^2)}{l}\left(x - \frac{l}{2}\right)$$

$$\frac{\left\{x + \dfrac{l(z_0^2 - l^2 + r^2)}{2(l^2 - r^2)}\right\}^2}{\left\{\dfrac{r(z_0^2 + l^2 - r^2)}{2(l^2 - r^2)}\right\}^2} - \frac{\delta y^2}{\left\{\dfrac{z_0^2 + l^2 - r^2}{2\sqrt{\delta(l^2 - r^2)}}\right\}^2} = 1, \quad \delta = \pm 1$$

Besonderer Fall $z_0^2 = r^2 - l^2$: Punktellipse (konische Punkte)

$l = r$ (4)

Parabeln

$$y^2 = \frac{z_0^2}{l}\left\{x - \left(l - \frac{z_0^2}{4l}\right)\right\}$$

Ort der Scheitel:

$$z^2 = -4l(x - l)$$

$l = 0$ (5)

Die Fläche ist die Drehfläche der Parabel $z^2 = -2r(x - \frac{r}{2})$
Im Falle $l < 0$ Rauminhalt innerhalb des in der gegebenen Kugel gelegenen Flächenstücks:

$$V = \frac{\pi r(r^2 - l^2)}{6}$$

IV. Aufgabe Eine Ellipse liegt in der Ebene

$$z = x \tan \alpha \tag{1}$$

und projiziert sich auf die xy-Ebene als Ellipse

$$\frac{x^2}{a^2} + \frac{(y - h)^2}{b^2} = 1 \quad . \tag{2}$$

Sie wird um die z-Achse gedreht. Gesucht die Drehfläche und ihr Meridian.

Drehfläche

$$\left\{x^2 + y^2 + \frac{b^2 - a^2}{a^2} \cot^2\alpha\, z^2 - h^2 - b^2\right\}^2 = \frac{4h^2b^2}{a^2}(a^2 - z^2\cot^2\alpha) \tag{3}$$

Meridian

$$\left\{x^2 + \frac{b^2 - a^2}{a^2} \cot^2\alpha\, z^2 - h^2 - b^2\right\}^2 = \frac{4h^2b^2}{a^2}(a^2 - z^2\cot^2\alpha) \tag{4}$$

Sonderfälle: (a.) $a = b \cos\alpha$. Die Ellipse ist ein Kreis. Der Meridian wird

$$(x^2 + z^2)^2 - 2(b^2 + h^2)x^2 - 2\left\{b^2 - \frac{1 + \cos^2\alpha}{\sin^2\alpha} h^2\right\} z^2 + (b^2 - h^2)^2 = 0 \tag{4_1}$$

(b.) $a = b$. Die Projektion ist ein Kreis. Der Meridian wird

$$(x^2 - h^2 - b^2)^2 = 4h^2(x^2 - z^2\cot^2\alpha) \tag{4_2}$$

Zu (4_1) Der Meridian ist eine Spirische Linie des Perseus (KB Nr. 186) und zwar für

$$l^2 = h^2\cot^2\alpha - b^2\cos^2\alpha \; , \quad a^2 = \frac{h^2}{\sin^2\alpha} \; , \quad k^2 = b^2\sin^2\alpha$$

mit der Bedingung $h > b \sin\alpha$, insbesonders für

$$b = \frac{f}{\sqrt{2 \tan\alpha}} \; , \quad h = f\sqrt{\frac{\tan\alpha}{2}}$$

die Cassinische Kurve (KB Nr. 191), für

$\alpha = \frac{\pi}{4}$, $b = h = \frac{f}{\sqrt{2}}$ die Lemniskate von Bernoulli

(KB Nr. 192), für

$b = h$, $a' = \frac{h}{\sin\alpha}$, $k' = h \sin\alpha$ die Lemniskate von Booth (KB Nr. 190)

Zu (4_2) $b = h$ gibt die zur Achterkurve (KB Nr. 203) affine Kurve $x^4 = 4h^2(x^2 - z^2\cot^2\alpha)$ [1], $\alpha = \frac{\pi}{4}$ die Achterkurve selbst. Bestimme den Meridian, insbesonders im letzten Fall, darstellend- geometrisch (Bild 113).

Verallgemeinerung. Der Grundriß der Ellipse sei ein beliebiger Kreis

$$x^2 + y^2 - 2gx - 2hy = 0 \tag{5}$$

durch den Ursprung. Der Meridian wird

$$(x^2 - 2gz\cot\alpha)^2 = 4h^2(x^2 - z^2\cot^2\alpha) \quad . \tag{6}$$

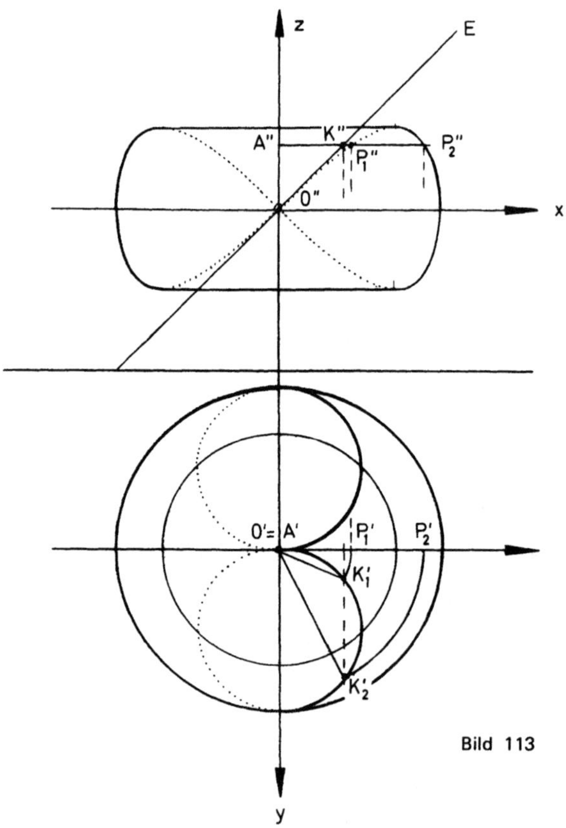

Bild 113

1) Für $\cot\alpha = 2\sqrt{2}$ elementar rektifizierbar.

Quersackkurve mit $a = g \cot\alpha$, $b = h \cot\alpha$. Für $\alpha = \frac{\pi}{4}$ ist die Konstruktion darstellend-geometrisch genau dieselbe wie in KB Nr. 203, Bild 108. Grenzfall $h = 0$!

Weitere Aufgaben

1. Bestimme den Ort der Punkte, deren Abstände von $x = a$, $z = 0$ und $x = -a$, $y = 0$
(a.) eine konstante Summe oder Differenz 1,
(b.) ein konstantes Produkt haben.

2. Desgleichen die Regelfläche, deren Erzeugenden die Geraden $x = a$, $z = y \tan\alpha$ und $x = -a$, $z = -y \tan\alpha$ schneiden und
(a.) sie unter gleichen Winkeln $\alpha \neq \frac{\pi}{4}$ treffen,
(b.) welche Böschungsfläche gleicher Neigung $\alpha = \frac{\pi}{4}$ gegen die xy-Ebene ist,
(c.) den Kreis $x^2 + y^2 = r^2$, $z = 0$ treffen
(d.) den Kegel $z^2 = m^2(x^2 + y^2)$ berühren
(e.) den Zylinder $x^2 + y^2 = r^2$ berühren
(f.) den Zylinder $y^2 + z^2 = r^2$ berühren ($\alpha = \frac{\pi}{4}$)
(g.) die Kugel $x^2 + y^2 + z^2 = r^2$ berühren
} Was ist die Berührkurve? (zu d.–g.)

3. Untersuche das Konoid 3. Gattung $x^3 z = hy^3$ mit den Haupttangentenkurven $x^2 = \pm 2\lambda y$

4. Untersuche die aus der Konchoide des Nikomedes (KB Nr. 167) mit z statt a entstehende Fläche 4. Ordnung $x^2y^2 = (x+z)^2(1^2-x^2)$

5. Desgleichen die aus der Lemniskate von Booth (KB Nr. 190) entstehenden Flächen
(a.) $(x^2 + y^2)^2 - 4az(x^2 + y^2) + 4a^2y^2 = 0$
(b.) $(x^2 + y^2)^2 - 4lz(x^2 + y^2) + 4y^2z^2 = 0$

6. Untersuche die "Schiebungsflächen"
(a.) $(y^2 - 2px)^2 = 8p^3z$
(b.) $(y^2 - 2px)^2 = 4p^2z^2$
(c.) $(y^2 - 2px)^2 = 2pz^3$
der Parabel $z = 0$, $y^2 = 2px$.

7. Die Hefftersche Isogonalflächen [1] sind
(1.) die Isogonalfläche $J_\varphi(P_1,P_2)$ als Ort der Punkte P, deren Verbindungsgeraden mit P_1 und P_2 einen konstanten $\sphericalangle\varphi$ bilden: sie ist ein Kreiswulst (Torus);
(2.) die Isogonalfläche $J_\varphi(g,Q)$ als Ort der Punkte P, für welche die Ebene (P,g) mit dem Strahl PQ einen konstanten $\sphericalangle\varphi$ bildet;

1) L. Heffter, Journal für die reine und angewandte Mathematik, 105, 1895, S 1 und Zeitschrift für Mathematik und Physik 41, 1896, S. 163

(3.) die Isogonalfläche $J_\varphi(g_1,g_2)$ als Ort der Punkte P, für welche die beiden Ebenen (P,g_1) und (P,g_2) einen konstanten $\sphericalangle\ \varphi$ bilden.
Im 2. Fall ergibt sich eine F_4 mit g als Doppelgeraden und Q als Doppelpunkt. Ist g die z-Achse x = 0, y = 0, Q der Punkt a|0|0, so ist ihre Gleichung

$$(x^2 + y^2)\left\{(x - a)^2 + y^2 + z^2\right\} \sin^2\varphi = a^2y^2$$

Im 3. Falle seien x = a, y = +z tan α und x = −a, y = −z tan α die Gleichungen von g_1 und g_2, dann hat die Fläche RF_4 die Gleichung

$$\left\{(x^2 - a^2)\cos 2\alpha + y^2\cos^2\alpha - z^2\sin^2\alpha\right\}^2 - \cos^2\varphi\left\{(x - a)^2 + (y\cos\alpha - z\sin\alpha)^2\right\}\left\{(x + a)^2 + (y\cos\alpha + z\sin\alpha)^2\right\} = 0$$

Für $\varphi = \frac{\pi}{2}$ erhält man das doppelt zählende Hyperboloid

$$(x^2 - a^2)\cos 2\alpha + y^2\cos^2\alpha - z^2\sin^2\alpha = 0 \quad ,$$

für $\varphi = 0$ zwei Kreiszylinder, g_1 und g_2 sind die Doppelgeraden, die RF_4 ist also von der 6. Gattung. Für $2\alpha < \varphi$ besteht die RF_4 aus zwei in sich geschlossenen Mänteln, die sich in g_1 und g_2 durchsetzen. Für $2\alpha > \varphi$ existiert nur ein Mantel, der sich längs der Geraden g_1 und g_2 durchsetzt, die aber nicht in ihrer ganzen Ausdehnung der Fläche angehören. Im Grenzfall $2\alpha = \varphi$ wird die Verbindungsgerade der Punkte $A_1(a|0|0)$ und $A_2(-a|0|0)$ Doppelgerade der Fläche. Man hat einen einzigen Mantel, der sich längs $A_1\ A_2\ g_1\ g_2$ durchsetzt, wo g_1 und g_2 ganz der Fläche angehören. Für a = 0 erhält man einen Isogonalkegel

197. Die Peanosche Fläche ist von ihrem Erfinder Guiseppe Peano (1858 – 1932) im Jahre 1884 ersonnen worden, um die Lückenhaftigkeit der damaligen Theorie der Maxima und Minima der Funktionen z = f(x,y) zweier Veränderlicher x und y nachzuweisen. Dabei konnte bei oberflächlicher Behandlung auch die geometrische Darstellung noch irreführen. Die Gleichung der Fläche lautet

$$2\,rz = (x^2 - 2py)(x^2 - 2qy) \quad , \quad 0 < p < q \qquad (1)$$

wobei in Bild 114 a p = 1, q = 4, r = 160 gewählt ist. (Bild 114 a bis e).
Schneidet man (1) mit einer Ebene

$$y = \mu x \qquad (2)$$

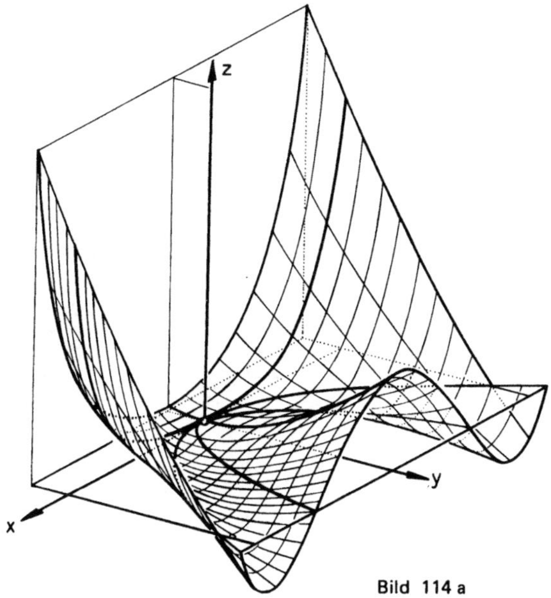

Bild 114 a

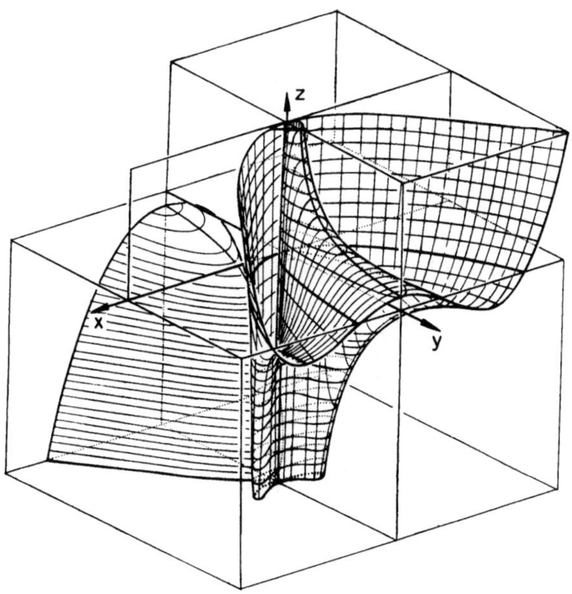

Bild 114 b

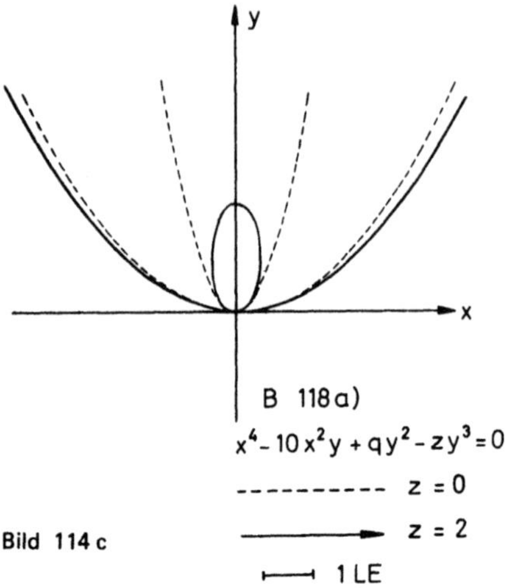

Bild 114 c

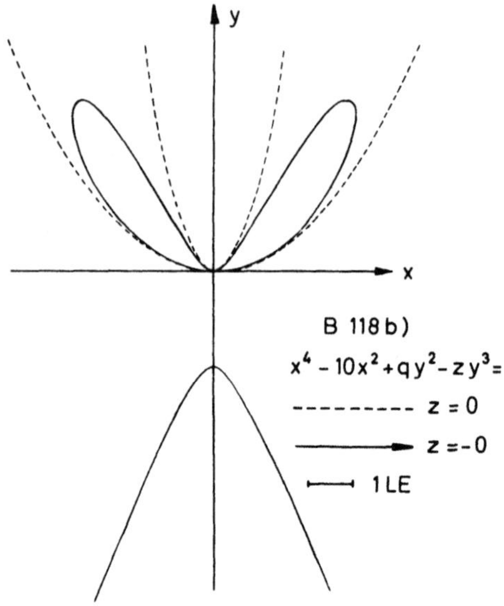

Bild 114 d

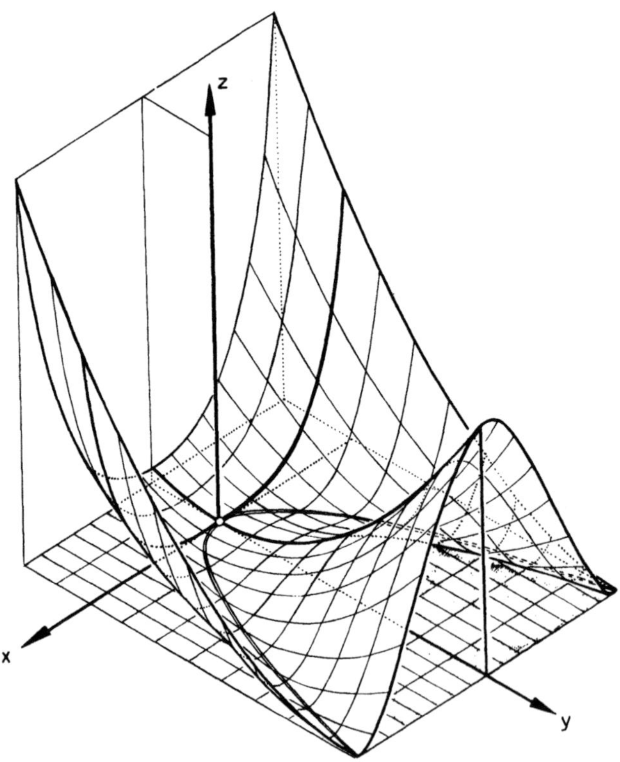

Bild 114 e

durch die z-Achse, so gilt für die Schnittkurve noch

$$2\,rz = x^4 - 2\,\mu(p + q)x^3 + 4\,\mu^2pqx^2 \tag{3}$$

Jeder dieser Schnitte ist eine Parabel 4. Ordnung mit dem Ursprung O als Tiefpunkt, da $rz'' = 4\,\mu^2pq$ ist. Eine flüchtige Betrachtung könnte also zu dem Schlusse verführen, daß O Tiefpunkt der Fläche sei. Die Figur zeigt aber auf einen Blick, daß in dem Streifen zwischen den Parabeln $x^2 - 2py = 0$ und $x^2 - 2qy = 0$ die Fläche unterhalb der xy-Ebene verläuft, also z.B. für den Schnitt

$$x^2 = 2\,\frac{p + \lambda q}{1 + \lambda}\,y \quad , \qquad \lambda > 0 \tag{4}$$

noch die Gleichung

$$2\,rz = -4\,\frac{\lambda(p - q)^2}{(1 + \lambda)^2}\,y^2 \tag{5}$$

gilt. Für diese Parabel ist der Ursprung O aber Hochpunkt.

1. Bemerkung In G. Scheffers, Lehrbuch der Darstellenden Geometrie, 2. Bd. Berlin 1920, S 261 - 263 findet der Leser die Grund- und Aufrißzeichnung der Fläche, aus welcher der Sachverhalt aber viel schwerer zu ersehen ist als aus unserer axonometrischen Darstellung in Bild 114 a.

2. Bemerkung In Bild 114 b findet sich das axonometrische Bild der Fläche $7y^3 = (x^2 - y)(x^2 - 9y)$.

198. Die Fresnelsche Wellenfläche. Fresnel (1788 - 1827) hat bei Begründung der Optik der zweiachsigen Kristalle folgende geometrische Konstruktion der Wellenfläche gefunden.

Gegeben ist ein Ellipsoid

$$\frac{x^2}{a^2} + \frac{y^2}{b^2} + \frac{z^2}{c^2} = 1 \quad , \qquad a > b > c \quad . \tag{1}$$

Auf jeder der durch seinen Mittelpunkt gehenden Ebenen ε trage man senkrecht zu ε von O aus die Länge der beiden Halbachsen ihrer Schnittellipse mit dem Ellipsoid ab. Deren Endpunkte bilden die Wellenfläche.

Lösung Die Schnittebene sei

$$x\cos\alpha + y\cos\beta + z\cos\gamma = 0 \quad . \tag{2}$$

Die beiden Halbachsen der Schnittellipse sind Maximum und Minimum der Entfernung r eines Ellipsenpunktes $x|y|z$ von O. Also muß $r^2 = x^2 + y^2 + z^2$ mit den Nebenbedingungen (1) und (2) Extremum werden. Dann müssen die partiellen Ableitungen der Funktion

$$x^2+y^2+z^2-\lambda(\frac{x^2}{a^2}+\frac{y^2}{b^2}+\frac{z^2}{c^2}-1)+2\mu(x\cos\alpha+y\cos\beta+z\cos\gamma) \qquad (3)$$

verschwinden, d.h. die Gleichungen

$$\begin{aligned} x(1-\frac{\lambda}{a^2}) + \mu\cos\alpha &= 0 \\ y(1-\frac{\lambda}{b^2}) + \mu\cos\beta &= 0 \\ z(1-\frac{\lambda}{c^2}) + \mu\cos\gamma &= 0 \end{aligned} \qquad (4)$$

bestehen. Erweitern wir mit $x|y|z$ und addieren, so kommt wegen (1) und (2)

$$\lambda = x^2 + y^2 + z^2 = r^2 \qquad (5)$$

Trägt man r senkrecht auf ε in O an und nennt $\xi|\eta|\zeta$ die Koordinaten des Endpunktes, so ist

$$\xi = \pm r\cos\alpha \quad , \quad \eta = \pm r\cos\beta \quad , \quad \zeta = \pm r\cos\gamma \qquad (6)$$

also auch

$$r^2 = \xi^2 + \eta^2 + \zeta^2 \qquad (7)$$

So liefern die Gleichungen (4)

$$x = \mu\frac{a^2\cos\alpha}{r^2-a^2} \quad , \quad y = \mu\frac{b^2\cos\beta}{r^2-b^2} \quad , \quad z = \mu\frac{c^2\cos\gamma}{r^2-c^2} \qquad (8)$$

Erweitern wir mit $\cos\alpha|\cos\beta|\cos\gamma$, so kommt wegen (2) und (6) mit $x|y|z$ statt $\xi|\eta|\zeta$

$$f = \frac{a^2x^2}{a^2-r^2} + \frac{b^2y^2}{b^2-r^2} + \frac{c^2z^2}{c^2-r^2} = 0, \; r^2 = x^2+y^2+z^2 \qquad (9)$$

als 1. Form der Flächengleichung. Zieht man sie von $x^2 + y^2 + z^2 = r^2$ ab, so folgt als 2. Form

$$\frac{x^2}{r^2-a^2} + \frac{y^2}{r^2-b^2} + \frac{z^2}{r^2-c^2} = 1 \qquad (10)$$

Schafft man die Nenner weg, so kommt nach Abscheiden von r^2

$$\begin{aligned} f = (x^2+y^2+z^2)(a^2x^2+b^2y^2+c^2z^2) - \{a^2(b^2+c^2)x^2 + \\ + b^2(c^2+a^2)y^2 + c^2(a^2+b^2)z^2\} + a^2b^2c^2 = 0 \end{aligned} \qquad (11)$$

als 3. Form. Mittels der Parameter

$$x^2 + y^2 + z^2 = \rho \quad , \quad a^2x^2 + b^2y^2 + c^2z^2 = \sigma \qquad (12)$$

kommen als Parametergleichungen der Fläche

$$\begin{aligned} x^2 &= \frac{(a^2-\rho)(b^2c^2-\sigma)}{(c^2-a^2)(a^2-b^2)} \\ y^2 &= \frac{(b^2-\rho)(c^2a^2-\sigma)}{(a^2-b^2)(b^2-c^2)} \\ z^2 &= \frac{(c^2-\rho)(a^2b^2-\sigma)}{(b^2-c^2)(c^2-a^2)} \end{aligned} \qquad (13)$$

Das Maximum und Minimum von r fällt bei den Kreisschnitten des Ellipsoids zusammen. Ihnen entsprechen die 4 reellen unter den 16 konischen Punkten der Fläche. Das sieht man so: Jeder Halbstrahl von 0 schneidet sie in zwei Punkten, die nur in den 4 den Kreisschnitten entsprechenden Punkten zusammenfallen. Wegen $a > b > c$ müssen sie in $y = 0$ liegen. Der Schnitt der Fläche mit $y = 0$ zerfällt in die Ellipse

$$\frac{z^2}{a^2} + \frac{x^2}{c^2} = 1 \quad \text{und den Kreis} \quad z^2 + x^2 = b^2 \quad , \qquad (14)$$

die sich in den 4 reellen Punkten

$$\pm c\sqrt{\frac{a^2-b^2}{a^2-c^2}} \; \Big| \; 0 \; \Big| \; \pm a\sqrt{\frac{b^2-c^2}{a^2-c^2}} \qquad (15)$$

schneiden. Die Schnitte mit den anderen Koordinatenebenen sind: Mit $x = 0$ die Ellipse

$$\frac{y^2}{c^2} + \frac{z^2}{b^2} = 1 \quad \text{und der sie umschließenden Kreis} \quad y^2 + z^2 = a^2 \qquad (16)$$

mit $z = 0$ die Ellipse

$$\frac{x^2}{b^2} + \frac{y^2}{a^2} = 1 \quad \text{und der von ihr umschlossene Kreis} \quad x^2+y^2 = c^2 \qquad (17)$$

diese bestimmen je 4 weitere Knoten der Fläche. Das letzte, imaginäre Paar liegt in der Fernebene $t = 0$ und ergibt sich aus $\rho = 0$, $\sigma = 0$. Daß Knotenpunkte vorliegen und wir alle gefunden haben, ergibt sich aus

$$\frac{1}{2}\frac{\partial f^\times}{\partial x} = x\left\{a^2\rho + \sigma - a^2(b^2+c^2)\right\} = 0 \quad ,$$

$$\frac{1}{2}\frac{\partial f^\times}{\partial y} = y\left\{b^2\rho + \sigma - b^2(c^2+a^2)\right\} = 0 \quad ,$$

$$\frac{1}{2}\frac{\partial f^\times}{\partial z} = z\left\{c^2\rho + \sigma - c^2(a^2+b^2)\right\} = 0 \quad ,$$

$$\frac{1}{2}\frac{\partial f^\times}{\partial t} = a^2b^2c^2 - \rho\sigma = 0$$

Die Fläche besteht aus zwei Mänteln, die in den 4 reellen Knoten zusammenhängen (Bild 115 a und b). Bildet man die 2. partiellen Ableitungen, so erhält man als Gleichungen der beiden Kegel in je zwei der reellen Knoten

$$\frac{x^2}{b^2 - c^2} - \frac{a^2 - c^2}{4\,a^2c^2}y^2 + \frac{z^2}{a^2 - b^2} + \frac{a^2 + c^2}{ac\sqrt{(a^2 - b^2)(b^2 - c^2)}}xz = 0 \qquad (19)$$

Die Schnitte ϱ = const sind nach (9) sphärische Kegelschnitte. Um nach Emil Lampe (1840 - 1918) die Klassengleichung der Wellenfläche zu bestimmen, gehen wir von (9) aus. Die Berührebene in $x|y|z$ lautet in laufenden Koordinaten $\xi|\eta|\zeta$

$$\frac{\partial f}{\partial x}(\xi - x) + \frac{\partial f}{\partial y}(\eta - y) + \frac{\partial f}{\partial z}(\zeta - z) = 0 \qquad (20)$$

Mit den Abkürzungen

$$\left.\begin{aligned} &u^2 + v^2 + w^2 = \varrho^2 \quad , \\ &\frac{a^2x^2}{(a^2 - r^2)^2} + \frac{b^2y^2}{(b^2 - r^2)^2} + \frac{c^2z^2}{(c^2 - r^2)^2} = s \quad , \\ &-\frac{1}{2}\left(x\frac{\partial f}{\partial x} + y\frac{\partial f}{\partial y} + z\frac{\partial f}{\partial z}\right) = \lambda \end{aligned}\right\} \qquad (21)$$

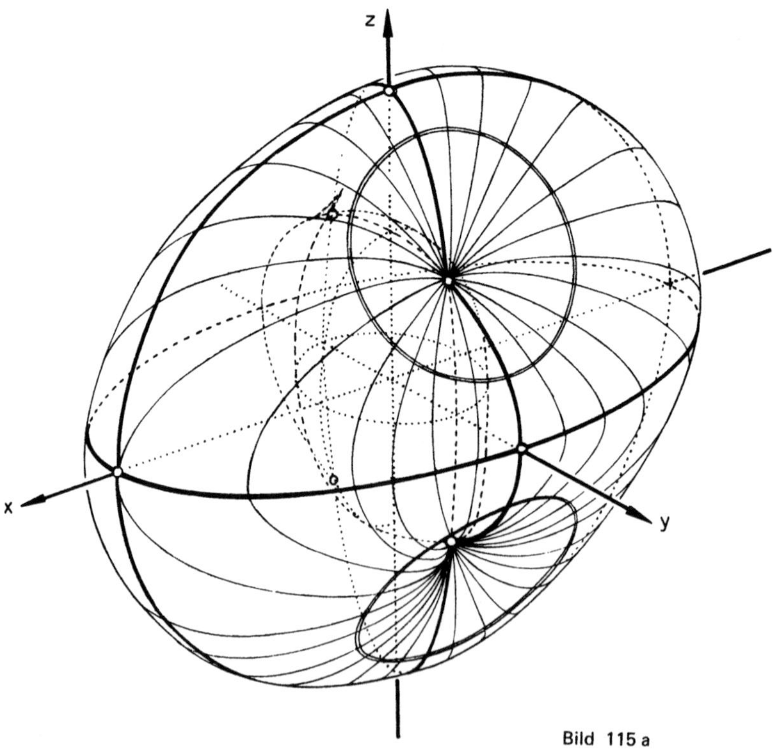

Bild 115 a

folgt

$$\frac{1}{2}\frac{\partial f}{\partial x} = \frac{a^2 x}{a^2 - r^2} + sx, \quad \frac{1}{2}\frac{\partial f}{\partial y} = \frac{b^2 y}{b^2 - r^2} + sy, \quad \frac{1}{2}\frac{\partial f}{\partial z} = \frac{c^2 z}{c^2 - r^2} + sz, \tag{22}$$

Damit wird (20) zu

$$\left(\frac{a^2 x}{a^2 - r^2} + sx\right)\xi + \left(\frac{b^2 y}{b^2 - r^2} + sy\right)\eta + \left(\frac{c^2 z}{c^2 - r^2} + sz\right)\zeta + \lambda = 0 \tag{23}$$

Andererseits lautet die Gleichung der Berührebene in Ebenenkoordinaten $u|v|w$

$$u\xi + v\eta + w\zeta + 1 = 0 \quad , \tag{24}$$

wobei auch

$$ux + vy + wz + 1 = 0 \tag{25}$$

ist.

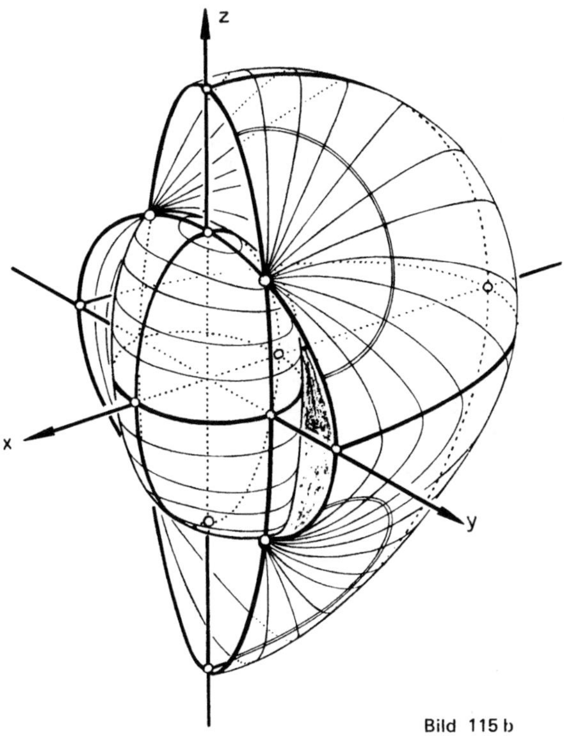

Bild 115 b

Also ist

$$\frac{a^2x}{a^2 - r^2} + sx = \lambda u, \quad \frac{b^2y}{b^2 - r^2} + sy = \lambda v, \quad \frac{c^2z}{c^2 - r^2} + sz = \lambda w \tag{26}$$

Daraus folgt

$$\lambda(ux + vy + wz) \overset{(25)!}{=} -\lambda \overset{(9)!}{=} sr^2 \tag{27}$$

$$\begin{aligned} \lambda^2(u^2 + v^2 + w^2) &= \lambda^2 \varrho^2 = S \frac{a^4x^2}{(a^2 - r^2)^2} + 2\, sS \frac{a^2x^2}{a^2 - r^2} + \\ &+ s^2r^2 \overset{(9)!}{=} S\, a^2x^2 \frac{a^2 - r^2 + r^2}{(a^2 - r^2)^2} + s^2r^2 \overset{(9)!}{=} sr^2 + s^2r^2 \end{aligned} \tag{28}$$

Aus (27) und (28) kommt

$$\lambda^2\varrho^2 = s^2r^4\varrho^2 = sr^2 + s^2r^2 \quad , \qquad sr^2\varrho^2 = 1 + s \quad ,$$

$$s = \frac{1}{\varrho^2r^2 - 1} \tag{29}$$

und

$$\lambda \overset{(27)!}{=} -\frac{r^2}{\varrho^2r^2 - 1} \tag{30}$$

Aus der 1. Gleichung (26) folgt weiter

$$-\frac{r^2u}{\varrho^2r^2 - 1} = x\left(\frac{a^2}{a^2 - r^2} + \frac{1}{\varrho^2r^2 - 1}\right) = \frac{x(a^2\varrho^2 - 1)r^2}{(a^2-r^2)(\varrho^2r^2-1)}$$

oder

$$x = \frac{u(r^2 - a^2)}{a^2\varrho^2 - 1} \tag{31}$$

und daraus

$$\begin{aligned} -\frac{x}{u} = \frac{a^2 - r^2}{a^2\varrho^2 - 1} &= \frac{1 - r^2\varrho^2}{\varrho^2}\left(\frac{1}{a^2\varrho^2 - 1} + \frac{1}{1 - r^2\varrho^2}\right) = \\ &= \frac{1}{-s\varrho^2}\left(\frac{1}{a^2\varrho^2 - 1} - s\right) \end{aligned}$$

oder

$$\left.\begin{aligned} xs\varrho^2 + us &= \frac{u}{a^2\varrho^2 - 1} \\ ys\varrho^2 + vs &= \frac{v}{b^2\varrho^2 - 1} \\ zs\varrho^2 + ws &= \frac{w}{c^2\varrho^2 - 1} \end{aligned}\right\} \tag{32}$$

Erweitert mit u|v|w ergibt

$$-s\varrho^2 + s\varrho^2 = 0 = S\,\frac{u^2}{a^2\varrho^2 - 1} .$$

Daher ist

$$\frac{u^2}{1 - a^2\varrho^2} + \frac{v^2}{1 - b^2\varrho^2} + \frac{w^2}{1 - c^2\varrho^2} = 0 \quad , \quad \varrho^2 = u^2 + v^2 + w^2 \qquad (33)$$

die 1. Form der Klassengleichung der Fresnelschen Fläche. Zieht man sie von $u^2 + v^2 + w^2 = \varrho^2$ ab, so kommt

$$\frac{a^2u^2}{a^2\varrho^2 - 1} + \frac{b^2v^2}{b^2\varrho^2 - 1} + \frac{c^2w^2}{c^2\varrho^2 - 1} = 1 \qquad (34)$$

als 2. Form, und

$$\begin{aligned}&(u^2+v^2+w^2)(b^2c^2u^2+c^2a^2v^2+a^2b^2w^2) - \\ &-\left\{(b^2 + c^2)u^2 + (c^2 + a^2)v^2 + (a^2 + b^2)w^2\right\} + 1 = 0\end{aligned} \qquad (35)$$

als 3. Form. Singuläre Ebenen sind die 4 Ebenen

$$\pm\sqrt{a^2 - b^2}\,x \pm\sqrt{b^2 - c^2}\,z = b\sqrt{a^2 - c^2} \qquad (36)$$

man kann beweisen, daß ihre Berührkurven Kreise sind. Dazu legt man durch die Berührkurven senkrecht zur Ebene

$$\sqrt{a^2 - b^2}\,x + \sqrt{b^2 - c^2}\,z = b\sqrt{a^2 - c^2} \qquad (36_1)$$

Mantellinien

$$\left.\begin{aligned}\sqrt{b^2 - c^2}\,x - \sqrt{a^2 - b^2}\,z &= p\sqrt{a^2 - c^2} \\ y &= q\end{aligned}\right\} \qquad (37)$$

eines Zylinders. Der Schnittpunkt der Ebene mit (37) wird

$$\begin{aligned}x &= \frac{b\sqrt{a^2 - b^2} + p\sqrt{b^2 - c^2}}{\sqrt{a^2 - c^2}} , \\ y &= q , \\ z &= \frac{b\sqrt{b^2 - c^2} - p\sqrt{a^2 - b^2}}{\sqrt{a^2 - c^2}}\end{aligned} \qquad (38)$$

Er muß auf der Wellenfläche liegen. Trägt man (38) in (11) ein, so folgt durch eine algebraische Rechnung zwischen p und q die Bedingungsgleichung

$$\left\{p(bp + \sqrt{a^2 - b^2}\sqrt{b^2 - c^2}) + bq^2\right\}^2 = 0 \qquad (39)$$

Mittels (37) kommt also die Zylindergleichung

$$\frac{(\sqrt{b^2 - c^2}x - \sqrt{a^2 - b^2}z)^2}{a^2 - c^2} + y^2 + \frac{\sqrt{a^2 - b^2}\sqrt{b^2 - c^2}}{b\sqrt{a^2 - c^2}} \cdot \qquad (40)$$

$$\cdot(\sqrt{b^2 - c^2}x - \sqrt{a^2 - b^2}z) = 0$$

$z = 0$ gibt als Schnitt eine Ellipse mit den Halbachsen proportional $\sqrt{a^2 - c^2}$ und $\sqrt{b^2 - c^2}$. Die Mantellinien haben den Richtungsfaktor

$$\tan\alpha = \frac{\sqrt{b^2 - c^2}}{\sqrt{a^2 - b^2}} \qquad (41)$$

Die Querstrecke des Zylinders ist $\sqrt{a^2 - c^2}\sin\alpha = \sqrt{b^2 - c^2}$. Also ist sein Querschnitt, die Berührkurve, ein Kreis.

Bemerkung Eine schöne Ergänzung zum Vorhergehenden ist die Abhandlung von A. Cayley, Sur la surface des ondes, Coll. Math. Papers 13, Nr. 930.

199. Der Affensattel Ein besonderes gestaltliches Vorkommnis bei Flächen zeigt Bild 116 . Die gezeichnete Fläche ist ein Affensattel (Bild 117 a und b).

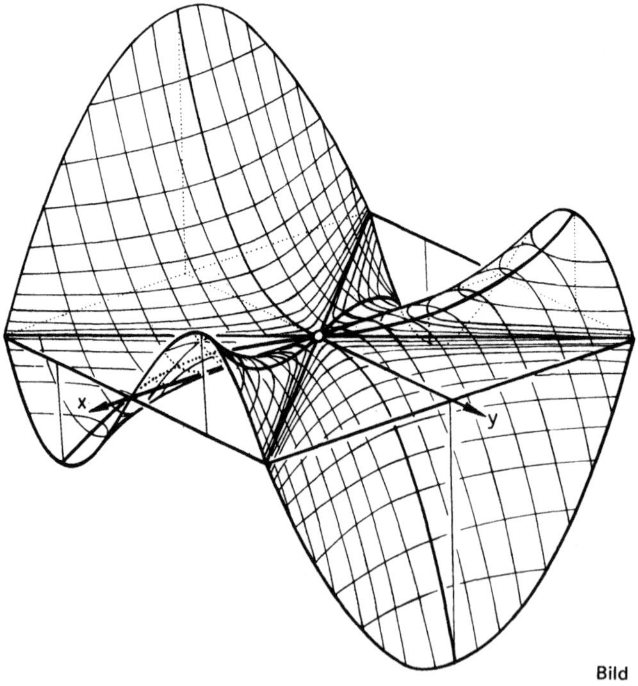

Bild 116

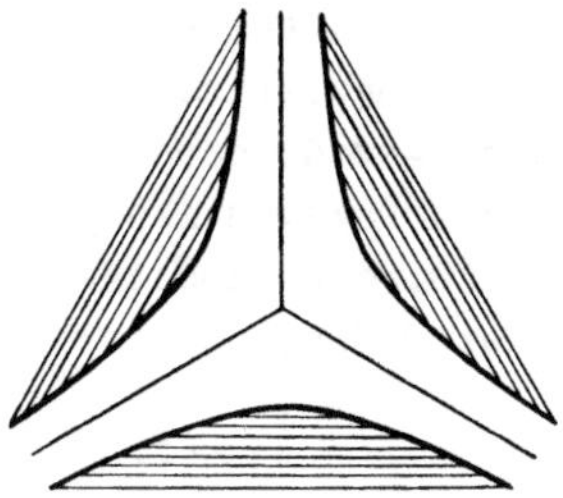

Bild 117 a

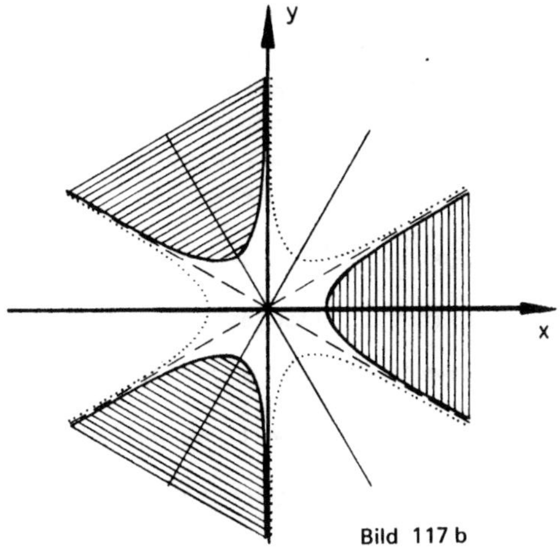

Bild 117 b

Diese bemerkenswerte Form einer Fläche tritt auf bei Hilbert und Cohn - Vossen, Anschauliche Geometrie Berlin 1932. Dort ist der Affensattel schematisch dargestellt durch Strichzeichnungen in Abl. 178 auf Seite 169 und Abt. 213 auf Seite 179. Auf Seite 169 wird die Gestalt des Affensattels dahin gekennzeichnet, daß "in der Paßhöhe drei Gebirge und drei Einsenkungen zusammentreffen". Die Bezeichnung Affensattel rührt daher, "daß der Mensch zum Reiten zwei Vertiefungen braucht, daß aber der Affe eine dritte für seinen Schwanz nötig hat". Auf Seite 170 ist der Verlauf der Indikatrix in der Nähe des Sattelpunktes des Affensattels in Abb. 200 skizziert. Diese Abb. ist durch unserer Abb. 117 a wiedergegeben. Coxeter weist in seinem Buch Unvergängliche Geometrie, Deutsche Übersetzung von J.J. Burckhardt, Basel 1963 in Abschnitt 19. 8 (Die Indikatrix von Dupin) auf Seite 438 darauf hin, daß Abb. 200 bei Hilbert - Cohn - Vossen die Gestalt der Indikatrix fehlerhaft wiedergibt. Coxeter gibt als Beispiel einer Fläche mit Affensattel auf Seite 438 in Aufgabe 4 die Gleichung

$$z = x(x^2 - 3y^2) \qquad (1)$$

Unserem Bild 116 ist die verwandte Gleichung

$$z = y\left(\frac{9x^2}{320} - \frac{y^2}{20}\right) = \frac{y}{320}(3x - 4y)(3x + 4y) \qquad (2)$$

zugrunde gelegt. Die Parallelschnitte zur Ebene $z = 0$ geben die Gestalt der Indikatrizen. Bild 117b gibt die richtige Gestalt der Indikatrizen der Fläche mit Gleichung (1) für z = +8 und z = − 8. Der Nullpunkt ist für den Affensattel ein parabolischer Nabelpunkt. Dieser ist keine Punktsingularität. Gleichung (2) zeigt nämlich, daß eine allgemeine Gerade durch O dort nur einen Schnittpunkt mit der Fläche hat. Dagegen ist die Berührebene im Ursprung, also die Ebene z = 0, eine Ebenensingularität. Das zeigt die Klassengleichung der Fläche

$$z = y(ax^2 - by^2) \quad . \tag{3}$$

Sie lautet in homogenen Koordinaten u|v|w|s

$$a(27abws^2 + 18bu^2v - 2av^3)^2 - 4(av^2 + 3bu^2)^3 = 0 \quad . \tag{4}$$

Setzt man hier w = 1, so hat sie die Gestalt

$$s^4 + s^2G_3(u,v) + G_6(u,v) = 0 \quad , \tag{5}$$

wo G_i in u|v homogen vom Grade i ist. Die Ebene z = 0 oder (u = 0, v = 0, w = 1, s = 0) ist demnach eine singuläre Ebene und zwar die zum uniplanaren vierfachen Punkt duale Ebenensingularität.

Aufgabe Untersuche die Fläche $z = \frac{1}{16}xy(x^2 - y^2)$

200. In den Collected Mathematical Papers von Arthur Cayley (1821 − 95) sind folgende Abhandlungen enthalten, deren Inhalt wir hier wiedergeben müßten, aber nur andeuten können:

(1.) 4. Bd., Nr. 250. Sur la surface qui est l'enveloppe des plans conduits par les points d'un ellipsoide perpendiculairement aux rayons menés par le centre.

Die entsprechende Kurve in der Ebene ist die Kurve von Talbot (KB Nr. 215) von der 6. Ordnung, deren Gleichung Cayley zunächst aufs neue bestimmt. Er sagt, die Fläche habe eine ziemlich große Anzahl von Gestalten, und geht nur auf den Fall ein, in dem die drei Halbachsen a, b, c des Ellipsoids den Bedingungen $a > b\sqrt{2} > 2c$ genügen und bei dem die größte Zahl reeller Singularitäten entsteht. Zum Schlusse bestimmt Cayley die Gleichung 10. Ordnung der Fläche.

(2.) 4. Bd., Nr. 253. Hier behandelt Cayley die Parallelkurve der Ellipse (KB Nr. 219) und entsprechend die Parallelfläche des Ellipsoids.

(3.) 5. Bd., Nr, 313. Hier untersucht Cayley den Ort der Punkte P des Raumes, deren Abstände von den festen Punkten A, B, C die Gleichung $\lambda\overline{AP} + \mu\overline{BP} + \nu\overline{CP} = 0$ erfüllen, die räumliche Verallgemeinerung der bizirkularen Quartiken (KB Nr. 183). Er erhält Flächen 4. Ordnung.

(4.) 5. Bd., Nr. 360. Hier bestimmt Cayley die Hüllfläche 4. Ordnung der Kugeln durch einen gegebenen Punkt $\alpha|\beta|\gamma$ mit Mittelpunkten auf der Ellipse

$$\frac{x^2}{a^2} + \frac{y^2}{b^2} = 1 \quad , \quad z = 0$$

Ihre Gleichung ist

$$(x^2 + y^2 + z^2 - \alpha^2 - \beta^2 - \gamma^2)^2 = 4a^2(x - \alpha)^2 + 4b^2 (y - \beta)^2$$

Unter den Bedingungen

$$\frac{\alpha^2}{a^2 - b^2} - \frac{\gamma^2}{a^2 - b^2} = 1 \quad , \quad \beta = 0$$

stellt sie eine Dupinsche Zyklide dar (vergleiche unseren VII. Abschnitt).

(5.) 8. Bd., Nr. 491 handelt von der Fläche 4. Ordnung, die durch Rotation eines Kegelschnittes um eine beliebige Achse entsteht (vergleiche Nr. 196 IV. Aufgabe).

(6.) 8. Bd., Nr. 520 bringt eine ausführliche, elementare Theorie der Zentrafläche eines Ellipsoids, deren Inhalt wir leider des Umfangs wegen nicht in unser Buch aufnehmen können.

(7.) 9. Bd., Nr. 615. On the Conic Turns behandelt den Torus mit der erzeugenden Ellipse $(x + mz)^2 + z^2 = 1$ in der xz-Ebene (vergleiche (5.)).

7. Abschnitt. Die Zykliden

§ 1. Die Dupinschen Zykliden. Nr. 201–205

201. In Nr. 43 haben wir gesehen, daß eine ebene Kurve des Raumes durch zwei Gleichungen

$$F(x_1 | x_2 | x_3 | x_4) = 0 \quad , \quad r_1x_1 + r_2x_2 + r_3x_3 + r_4x_4 = 0 \tag{o}$$

bestimmt ist. Ihre eine Gleichung in Ebenenkoordinaten ergibt sich aus

$$\varrho u_i = \frac{\partial F}{\partial x_i} + \lambda r_i \quad , \quad i = 1, 2, 3, 4 \tag{oo}$$

und (o) durch Elimination von $x_1 | x_2 | x_3 | x_4$, λ, ϱ. Ist insbesondere

$$F = x_1^2 + x_2^2 + x_3^2 = 0 \quad , \quad x_4 = 0 \tag{1a}$$

der sogenannte absolute Kreis, nach dem die Fernebene $x_4 = 0$ von jeder Kugel geschnitten wird, so kommt $\varrho u_i = x_i$, $i = 1, 2, 3$, $\varrho u_4 = \lambda$, woraus einfach

$$u_1^2 + u_2^2 + u_3^2 = 0 \tag{1b}$$

folgt. Die Gleichung des Ellipsoids

$$\frac{x_1^2}{a^2} + \frac{x_2^2}{b^2} + \frac{x_3^2}{c^2} - 1 = 0 \quad , \quad a > b > c \tag{2a}$$

In Ebenenkoordinaten ergibt sich nach Nr. 29 aus

$$\varrho u_1 = \frac{x_1}{a^2}, \ \varrho u_2 = \frac{x_2}{b^2}, \ \varrho u_3 = \frac{x_3}{c^2}, \ \varrho = \frac{x_1^2}{a^2} + \frac{x_2^2}{b^2} + \frac{x_3^2}{c^2} = 1 \quad , \tag{3}$$

so daß

$$x_1 = a^2u_1 \ , \quad x_2 = b^2u_2 \ , \quad x_3 = c^2u_3 \tag{4}$$

und damit aus (2a)

$$a^2u_1^2 + b^2u_2^2 + c^2u_3^2 - 1 = 0 \tag{2b}$$

(1b) und (2b) bestimmen eine Torse, deren Ebenen auch alle Flächen der Schar

$$a^2u_1^2 + b^2u_2^2 + c^2u_3^2 - u_4^2 + \lambda(u_1^2 + u_2^2 + u_3^2) = 0 \tag{3b}$$

berühren. Diese Flächen sind Hüllkegelschnitte in einer Ebene wenn die Determinante

$$\begin{vmatrix} a^2+\lambda & 0 & 0 & 0 \\ 0 & b^2+\lambda & 0 & 0 \\ 0 & 0 & c^2+\lambda & 0 \\ 0 & 0 & 0 & -1 \end{vmatrix} = 0 \tag{4}$$

ist. Das geschieht außer für $\lambda = \infty$, d.h. den absoluten Kreis noch für $\lambda = -a^2, -b^2, -c^2$ d.h. für die Hüllkegelschnitte

$$\left.\begin{array}{l} \quad + (b^2 - a^2)u_2^2 + (c^2 - a^2)u_3^2 - u_4^2 = 0 \\ (a^2 - b^2)u_1^2 \quad + (c^2 - b^2)u_3^2 - u_4^2 = 0 \\ (a^2 - c^2)u_1^2 + (b^2 - c^2)u_2^2 \quad - u_4^2 = 0 \end{array}\right\} \qquad (5b)$$

Umgekehrt lauten die Ordnungsgleichungen von (3b) und (5b)

$$f = \frac{x_1^2}{a^2 + \lambda} + \frac{x_2^2}{b^2 + \lambda} + \frac{x_3^2}{c^2 + \lambda} - 1 = 0 \qquad (3a)$$

$$\left.\begin{array}{ll} -\frac{x_2^2}{a^2 - b^2} - \frac{x_3^2}{a^2 - c^2} - 1 = 0 \ , & x_1 = 0 \\ \frac{x_1^2}{a^2 - b^2} \qquad - \frac{x_3^2}{b^2 - c^2} - 1 = 0 \ , & x_2 = 0 \\ \frac{x_1^2}{a^2 - c^2} + \frac{x_2^2}{b^2 - c^2} \qquad - 1 = 0 \ , & x_3 = 0 \end{array}\right\} \qquad (5a)$$

Die Kurven (5a) werden von allen gemeinsamen Berührebenen der Fläche (3a) und des absoluten Kreises (1a) berührt. Dies ist die räumliche Verallgemeinerung des Begriffes Brennpunkt [1]. Eine solche Kurve heißt Fokale.

Die Gleichung (3a) zeigt, daß λ willkürlich wählbar ist und durch $\lambda_0 + \lambda'$ ersetzbar ist, wo λ_0 fest und λ' willkürlich wählbar ist: Falls $a^2 > b^2 > c^2$ ist, aber nicht alle drei Größen positiv sind, kann λ_0 stets so gewählt werden, daß $a^2 + \lambda_0 > b^2 + \lambda_0 > c^2 + \lambda_0 > 0$ wird oder auch: Schon von vornherein kann $a^2 > b^2 > c^2 > 0$ gewählt werden, so daß (2a) zurecht als Ellipsoid angenommen wurde. $(5a)_1$ ist ein nullteiliger Kegelschnitt, $(5a)_2$ die Fokalhyperbel, $(5a)_3$ die Fokalellipse. Die Brennpunkte $\pm\sqrt{a^2 - c^2}|0|0$ der ersteren sind die Scheitel der letzteren, die Brennpunkte $\pm\sqrt{a^2 - b^2}|0|0$ der letzeren die Scheitel der ersteren, wobei $\sqrt{a^2 - c^2} > \sqrt{a^2 - b^2}$ ist.

Wir setzen nun zur Abkürzung

$$a^2 - b^2 = b'^2 \ , \quad a^2 - c^2 = c'^2 \ , \quad b^2 - c^2 = c'^2 - b'^2 \ , \qquad (6)$$

$$\frac{b'}{c'} = \nu \ , \qquad (6)$$

so daß $b' < c'$ ist. Dann lauten $(5a)_3$ und $(5a)_2$

$$\frac{x_1^2}{c'^2} + \frac{x_2^2}{c'^2 - b'^2} - 1 = 0 \ , \quad x_2^2 = (c'^2 - b'^2)\left(1 - \frac{x_1^2}{c'^2}\right) \qquad (7_1)$$

$$\frac{x_1^2}{b'^2} - \frac{x_3^2}{c'^2 - b'^2} - 1 = 0 \qquad (7_2)$$

1) Vergleiche KB Nr. 101 und 174

Die Gleichung (3a) stellt für

$\infty > \lambda - c^2$ ein Ellipsoid, $\lambda = -c^2$ die Fokalellipse und die Ebene $x_3 = 0$

$-c^2 > \lambda > -b^2$ ein einschaliges Hyperboloid, $\lambda = -b^2$ die Fokalhyperbel und die Ebene $x_2 = 0$

$-b^2 > \lambda > -a^2$ ein zweischaliges Hyperboloid, $\lambda = -a^2$ die nullteilige Fokalkurve und die Ebene $x_1 = 0$

$-c^2 > \lambda > -\infty$ eine nullteilige Fläche, $\lambda = \pm\infty$ den absoluten Kugelkreis vor.

Sie hat ferner die Normale mit den Richtungsfaktoren.

$$\frac{1}{2}\frac{\partial f}{\partial x_1} = \frac{x_1}{a^2+\lambda}, \quad \frac{1}{2}\frac{\partial f}{\partial x_2} = \frac{x_2}{b^2+\lambda}, \quad \frac{1}{2}\frac{\partial f}{\partial x_3} = \frac{x_3}{c^2+\lambda}$$

Für irgend zwei Flächen "λ" und "$\breve{\lambda}$" ist nun

$$\frac{x_1}{a^2+\lambda}\cdot\frac{x_1}{a^2+\breve{\lambda}} + \text{zykl} = \frac{1}{\breve{\lambda}-\lambda}\left(\frac{x_1^2}{a^2+\lambda} - \frac{x_1^2}{a^2+\lambda'}\right) + \text{zykl} = 0$$

Sie schneiden sich also überall rechtwinklig. Die Flächen (3a) bilden ein dreifach-orthogonales Flächensystem. Durch irgend einen Punkt $y_1|y_2|y_3$ geht je ein Ellipsoid, ein einschaliges Hyperboloid und ein zweischaliges Hyperboloid des Systems. Sind nämlich λ, μ, ν die 3 Wurzeln der Gleichung

$$g(\lambda) = \left(\frac{y_1^2}{a^2+\lambda} + \frac{y_2^2}{b^2+\lambda} + \frac{y_3^2}{c^2+\lambda} - 1\right)(a^2+\lambda)(b^2+\lambda)(c^2+\lambda) = 0$$

so ist $g(\infty) < 0$ wegen des Gliedes $-\lambda^3$

$$g(-c^2) = y_3^2(a^2-c^2)(b^2-c^2) > 0\,,$$

$$g(-b^2) = y_2^2(a^2-b^2)(c^2-b^2) < 0\,,$$

$$g(-a^2) = y_1^2(b^2-a^2)(c^2-a^2) > 0\,.$$

Die Wurzeln liegen also zwischen

$-a^2$ und $-b^2$, $-b^2$ und $-c^2$, $-c^2$ und $+\infty$ q.e.d.

202. Nun sei $P(x_1|x_2|0)$ ein Punkt von (7_1), $\breve{P}(\breve{x}_1|0|\breve{x}_3)$ ein Punkt von (7_2), dann wird nach (7_1) und (7_2)

$$\overline{P\breve{P}}^2 = (x_1-\breve{x}_1)^2 + x_2^2 + \breve{x}_3^2 = \left(\nu x_1 - \frac{\breve{x}_1}{\nu}\right)^2 \qquad (*)$$

Nimmt man also eine Kugel K mit Mittelpunkt auf der Ellipse (7_1) und Radius $\nu x_1 + k$, wo k eine beliebige Konstante ist, und eine Kugel K mit Mittelpunkt auf der Hyperbel (7_2) und Radius $\frac{1}{\nu}\breve{x}_1 + k$, so berühren sich diese Kugeln, da

$$(\nu x_1 + k) - \left(\frac{1}{\nu}\breve{x}_1 + k\right) = \nu x_1 - \frac{1}{\nu}\breve{x}_1$$

ist. Dabei ist aber zu beachten, daß $\nu x_1 + k$ und $\frac{1}{\nu}\check{x}_1 + k$ positiv oder negativ sein kann. Haben sie gleiche Vorzeichen $\delta = \pm 1$, so ist $\delta(\nu x_1 + k) > 0$, $\delta(\frac{1}{\nu}\check{x}_1 + k) > 0$, also $\delta(\nu x_1 + k) - \delta(\frac{1}{\nu}\check{x}_1 + k) = \delta(\nu x_1 - \frac{1}{\nu}\check{x}_1)$, d.h. die Entfernung $\overline{P_1\check{P}_1}$ ist gleich der <u>Differenz</u> der Radien. Haben sie aber verschiedene Vorzeichen $\delta = \pm 1$, so ist etwa $\delta(\nu x_1 + k) > 0$, $-\delta(\frac{1}{\nu}\check{x}_1 + k) > 0$, also $\delta(\nu x_1 + k) \quad -\delta(\frac{1}{\nu}\check{x}_1 + k) = \delta(\nu x_1 - \frac{1}{\nu}\check{x}_1)$ die <u>Summe</u> der Radien. Im 1. Fall berühren sich die Kugeln von <u>innen</u>, im 2. Fall von <u>außen</u>.

Wir haben also zwei Familien von Kugeln. Da x_1 und $\check{x}_1$ beide willkürlich sind, so berührt jede Kugel der einen Familie jede Kugel der anderen. Wir suchen nun die <u>Hüllflächen</u> der beiden Kugelfamilien. Wir werden sehen, daß sie dieselbe Hüllfläche besitzen.

Eine Kugel der 1. Familie hat die Gleichung

$$(X_1 - x_1)^2 + (X_2 - x_2)^2 + X_3^2 = (\nu x_1 + k)^2 \tag{8$_1$}$$

oder nach (7_1)

$$(X_1^2 + X_2^2 + X_3^2 - 2x_1(X_1 + \nu k) - 2x_2X_2 + c'^2 - b'^2 - k^2 = 0 \tag{9$_1$}$$

eine Kugel der 2. Familie dagegen

$$(X_1 - \check{x}_1)^2 + X_2^2 + (X_3 - \check{x}_3)^2 = (\tfrac{1}{\nu}\check{x}_1 + k)^2 \tag{8$_2$}$$

oder nach (7_2)

$$X_1^2 + X_2^2 + X_3^2 - 2\check{x}_1(X_1 + \tfrac{k}{\nu}) - 2\check{x}_3X_3 + b'^2 - c'^2 - k^2 = 0 \tag{9$_2$}$$

Zur Bestimmung der Hüllfläche von (9_1) hat man (9_1) und (7_1) nach x_1 abzuleiten und erhält

$$X_1 + \nu k + \frac{dx_2}{dx_1}X_2 = 0 \quad \text{und} \quad \frac{x_1}{c'^2} + \frac{x_2\frac{dx_2}{dx_1}}{c'^2 - b'^2} = 0 \tag{10}$$

und daraus für den Schnitt zweier Nachbarkugeln die Gleichung der Ebene

$$\frac{x_2}{c'^2 - b'^2}(X_1 + \nu k) - \frac{x_1X_2}{c'^2} = 0 \tag{11$_1$}$$

die zusammen mit (8_1) oder (9_1) den Kreis darstellt, längs dessen die bewegliche Kugel die gesuchte Hüllfläche berührt: Wir nennen ihn daher <u>Berührkreis</u> und haben so eine <u>erste Schar von Berührkreisen</u>. (11_1) hat eine einfache geometrische Bedeutung: Die Ebene (11_1) geht für alle Punkte der Fokalellipse durch die Gerade (12_1)

$$X_1 = -\nu k \quad , \quad X_2 = 0 \tag{12$_1$}$$

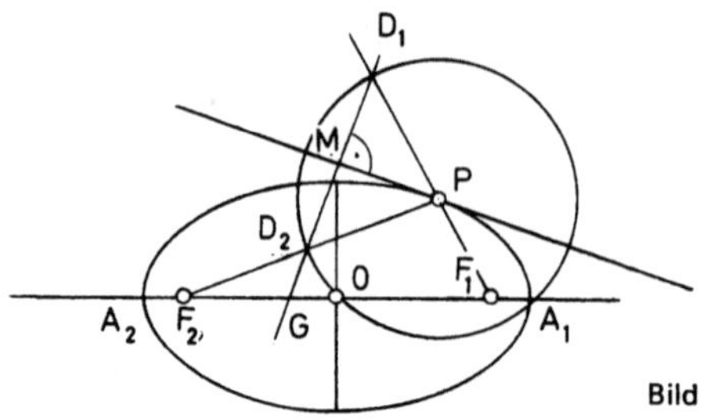

Bild 118

und stellt zusammen mit $X_3 = 0$ eine Parallele durch den Punkt $G(-\nu k|0|0)$ zu der Normalen der Fokalellipse in $P(x_1|x_2|0)$ dar (Bild 118), welche die Brennstrahlen PF_1 und PF_2 von P in D_1 und D_2 schneidet. $\overline{PD}_1 = \overline{PD}_2 = \nu x_1 + k$ ist der Radius der Kugel (8_1), $\overline{MD}_1 = \overline{MD}_2$ der Radius des Berührkreises. Sein Mittelpunkt M beschreibt also die Fußpunktkurve der Fokalellipse in bezug auf G. Der Abstand MP ergibt sich aus der Hesseschen Normalform der linken Seite von (11_1) und wird

$$MP = p = \frac{b'x_2(b'x_1+c'k)}{\sqrt{c'^4x_2^2+(c'^2-b'^2)^2x_1^2}} = \frac{b'x_2(b'x_1+c'k)}{\sqrt{c'^2-b'^2}\sqrt{c'^4-b'^2x_1^2}} \qquad (13_1)$$

Damit wird der Radius des Berührkreises

$$r = +\sqrt{(\nu x_1 + k)^2 - p^2}$$

oder

$$r = \pm\frac{\sqrt{c'^2 - b'^2}(b'x_1 + c'k)}{\sqrt{c'^4 - b'^2x_1^2}} \qquad (14_1)$$

Nun erhält man die gesuchte Hüllfläche, wenn man x_1 und x_2 aus den Gleichungen (9_1), (11_1) und (7_1) eliminiert.

$$(X_1^2 + X_2^2 + X_3^2 + c'^2 - b'^2 - k^2)^2 - 4(c'X_1 + kb')^2 - - 4(c'^2 - b'^2)X_2^2 = 0 \qquad (15_1)$$

Multipliziert man hier aus, so erhält man

$$(X_1^2 + X_2^2 + X_3^2)^2 - 2(b'^2 + c'^2 + k^2)X_1^2 - 2(-b'^2 + c'^2 + + k^2)X_3^2 - 2(b'^2 - c'^2 + k^2)X_2^2 - 8\,kb'c'X_1 + + \underbrace{(b'^2 - c'^2)^2 - 2k^2(b'^2 + c'^2) + k^4}_{-(b' + c' + k)(-b' + c' + k)(b' - c' + k)(b' + c' - k)} = 0 \qquad (16)$$

Aus dieser Gleichung ziehen wir einen sehr wichtigen Schluß. Wenn man bei k und X_1 zugleich das Vorzeichen ändert, so ändert sich (16) nicht. Man kann also den Fall $k<0$ durch Änderung der Richtung der X_1-Achse auf den Fall $k>0$ zurückführen, d.h. k stets positiv annehmen.

203. Man kann nun für die zweite Kugelfamilie mit bezug auf die <u>Fokalhyperbel</u> (7_2) genau dieselbe Betrachtung anstellen. Wir schreiben nur die Gleichungen an und überlassen die Deutung und geometrische Veranschaulichung dem Leser.

$$(X_1 - \breve{x}_1)^2 + X_2^2 + (X_3 - \breve{x}_3)^2 = \left(\frac{1}{\nu}\breve{x}_1 + k\right)^2 \qquad (8_2)$$

oder

$$X_1^2 + X_2^2 + X_3^2 - 2\breve{x}_1\left(X_1 + \frac{k}{\nu}\right) - 2\breve{x}_3 X_3 - b'^2 + c'^2 - k^2 = 0 \qquad (9_2)$$

$$\frac{\breve{x}_3\left(X_1 + \frac{k}{\nu}\right)}{c'^2 - b'^2} + \frac{\breve{x}_1 X_3}{b'^2} = 0 \qquad (11_2)$$

$$X_1 = -\frac{k}{\nu} \quad , \quad X_3 = 0 \qquad (12_2)$$

$$\breve{M}\breve{P} = \breve{p} = \frac{c'\breve{x}_3(c'\breve{x}_1 + kb')}{\sqrt{b'^4\breve{x}_3^2 + (c'^2 - b'^2)^2\breve{x}_1^2}} \qquad (13_2)$$

$$\breve{r} = \pm\frac{\sqrt{c'^2 - b'^2}\,(c'\breve{x}_1 + kb')}{\sqrt{c'^2\breve{x}_1^2 - b'^4}} \qquad (14_2)$$

$$\begin{aligned}&(X_1^2 + X_2^2 + X_3^2 + b'^2 - c'^2 - k^2)^2 - \\ &- 4(b'X_1 + kc')^2 + 4(c'^2 - b'^2)X_3^2 = 0\end{aligned} \qquad (15_2)$$

(14_2) zeigt das Vorhandensein einer <u>zweiten Schar von Berührkreisen</u>. Ausmultiplizieren führt (15_2) in (16) über. Die Hüllfläche (16) ist also dieselbe. Sie wurde von ihrem Entdecker Charles Dupin (1784 - 1873) <u>Zyklide</u> genannt. Wir nennen sie <u>Dupinsche Zyklide</u> zum Unterschied von allgemeineren alsbald zu betrachtenden Flächen.
Wählt man unter den Kugeln (8) drei beliebige aus und fragt nach den Kugeln, die diese berühren, so gibt es deren ∞^1. Ihre Mittelpunkte liegen auf der Fokalhyperbel und sie umhüllen die Zyklide. Von diesem Berührproblem, bei dem die drei gegebenen Kugeln beliebig angenommen waren, ging Dupin aus und gelangte zur Zyklide.
Die Mittelpunkte der drei gegebenen Kugeln liegen dann auf der Fokalellipse und die Kugeln sind drei von ∞^1 verschiedenen mit Mittelpunkten auf letzterer, die alle ∞^1 ebenfalls

die Zyklide bestimmen. Übrigens können sich natürlich die Fokalkegelschnitte vertauschen und auch beide Fokalparabeln sein (siehe den nächsten §3).
Die Gleichungen (15_1) und (15_2) zeigen, daß die Zykliden von den Ebenen

$$c'X_1 + kb' = \pm i \sqrt{c'^2 - b'^2}X_2 \tag{17_1}$$

und

$$b'X_1 + kc' = \pm \sqrt{c'^2 - b'^2}X_3 \tag{17_2}$$

in Kreisen berührt werden, die aus den Kugeln

$$X_1^2 + X_2^2 + X_3^2 = -c'^2 + b'^2 + k^2 \tag{18_1}$$

bzw.

$$X_1^2 + X_2^2 + X_3^2 = c'^2 - b'^2 + k^2 \tag{18_2}$$

ausgeschnitten werden. Diese Kreise bilden die parabolische Kurve der Fläche. Reell sind nur die Ebenen (18_2), die aus der Kugel

$$\frac{X_1^2 + X_2^2 + X_3^2 - b'^2 + c'^2 - k^2}{2\breve{x}_1^2} + X_1 + \frac{k}{\nu} + \frac{\breve{x}_3}{\breve{x}_1} X_3 = 0 \tag{9_2}$$

und

$$\frac{1}{b'^2} - \left(\frac{\breve{x}_3}{\breve{x}_1}\right)^2 \frac{1}{c'^2 - b'^2} = \frac{1}{\breve{x}_1^2} \quad \text{vermöge} \quad \breve{x}_1 \to \infty \tag{7_2}$$

entstehen.

204. Die Kugel (8_1) hat den Radius Null für $x_1 = -\frac{k}{\nu} = -k\frac{c'}{b'}$ und x_2 auf (7_1), d.h. in den Knotenpunkten

$$-\frac{kc'}{b'} \;\Big|\; \pm \frac{\sqrt{(c'^2 - b'^2)(b'^2 - k^2)}}{b'} \;\Big|\; 0 \tag{19_1}$$

Sie liegen auf der Fokalellipse und sind die Punkte, in denen auch der Radius r der Gleichung (15_1) verschwindet. Sie sind reell und verschieden nur für $k < b'$ und fallen für $k = b'$ in dem einen linken Scheitel $-c'|0|0$ der Fokalellipse zusammen. Im Falle sie reell sind, nimmt r von

$$r = -(b' - k) \tag{20_1}$$

über Null bis $r = b' + k$ zu.
Dies erkennt man durch genauere Diskussion der Kurve

$$r_1 = \pm \frac{\sqrt{c'^2 - b'^2}\,(b'x_1 + kc')}{\sqrt{c'^4 - b'^2x_1^2}} \tag{14_1}$$

mit x_1 als Abszisse und r als Ordinate, die sehr lehrreich ist und einige Überraschungen bietet.
Die Kugel (8_2) hat den Radius Null für $\breve{x}_1 = -k\nu$ und $\breve{x}_3$ aus (7_2), d.h. in den Knotenpunkten

$$-\frac{kb'}{c'} \Big| 0 \Big| \pm \frac{\sqrt{(c'^2 - b'^2)(k^2 - c'^2)}}{c'} \qquad (19_2)$$

Sie liegen auf der Fokalhyperbel und sind die Punkte, in denen auch r verschwindet. Sie sind reell und verschieden nur für $k \neq c'$ und fallen für $k = c'$ mit dem linken Scheitel $-b'|0|0$ der Fokalhyperbel zusammen. Im Falle sie reell sind, geht $\breve{r}$ von

$$\underset{-b'}{\breve{r}} = -c' + k \quad \text{über Null bis} \quad \underset{b'}{\breve{r}} = c' + k \quad . \qquad (20_2)$$

Dies erkennt man durch Diskussion von

$$\breve{r} = \pm \frac{\sqrt{c'^2 - b'^2}\,(c'x_1 + kb')}{\sqrt{c'^2 x_1^2 - b'^4}} \qquad (14_2)$$

mit $\breve{x}_1$ als Abszisse und $\breve{r}$ als Ordinate.

205. Wir kommen nun zur Einteilung der Dupinschen Zykliden. Sehr einfach ist der

1. Fall $k = 0$. Er gibt die Zyklide, die zu allen drei Koordinatenebenen symmetrisch ist und in den Punkten $0|\pm b'|0$ zwei Knoten hat (Bild 119).

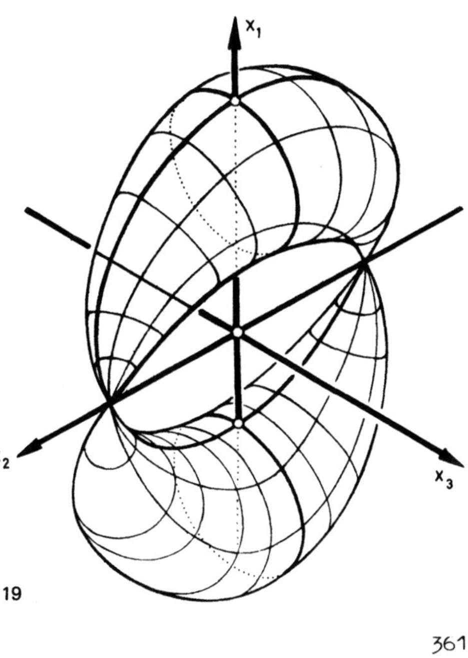

Bild 119

Der Radius

$$r = \frac{\sqrt{c'^2 - b'^2}\,b'x_1}{\sqrt{c'^4 - b'^2x_1^2}} \quad \text{wächst von}$$

$r_{-c'} = -b'$ über $r = 0$ bis $r_{+c'} = b'$

Wir haben die sogenannte symmetrische Hornzyklide oder das symmetrische Zweihorn.

Nun sei $k > 0$. Die Zyklide schneidet, wie man aus (15_2) und (15_1) mit $X_3 = 0$ bzw. $X_2 = 0$ erkennt, die Ebene $x_3 = 0$ in dem Kreispaar

$$K_2^+ : (x_1 - b')^2 + x_2^2 = (c' + k)^2$$

und $\qquad (21_1)$

$$K_2^- : (x_1 + b')^2 + x_2^2 = (c' - k)^2$$

mit dem Radius $c' - k$ oder $k - c'$, die Ebene $x_2 = 0$ in dem Kreispaar

$$K_3^+ : (x_1 - c')^2 + x_3^2 = (b' + k)^2$$

und $\qquad (21_2)$

$$K_3^- : (x_1 + c')^2 + x_3^2 = (b' - k)^2$$

mit dem Radius $b' - k$ oder $k - b'$. K_2^+ und K_2^- schneiden sich im Punktepaar

$$-\frac{c'}{b'}k \;\Big|\; \pm\frac{\sqrt{(c'^2 - b'^2)(b'^2 - k^2)}}{b'} \;\Big|\; 0 \quad , \qquad (19_1)$$

K_3^+ und K_3^- im Punktepaar

$$-\frac{b'}{c'}k \;|0|\; \pm\frac{\sqrt{(c'^2 - b'^2)(k^2 - c'^2)}}{c'} \quad . \qquad (19_2)$$

Nun hat man 5 Fälle zu unterscheiden

2. Fall (Bild 120) $0 < k < b' < c'$. Dann sind die Punkte (19_1) Knoten, K_2^+ und K_2^- schneiden sich also, K_3^+ und K_3^- liegen wegen $2c' > (b' + k) + (b' - k)$ auseinander. Wir haben die allgemeine Hornzyklide oder das allgemeine Zweihorn r wächst von $r_{-c'} = -(b' - k)$ über $r = 0$ bis $r_{+c'} = b' + k$

3. Fall (Bild 121) $0 < k = b' < c'$. Jetzt hat die Zyklide den einen Scheitel $-c'|0|0$ der Fokalellipse als Knoten. K_2^+ und K_2^- berühren sich wegen $(c' + k) - (c' - k) = 2k = 2b'$ von innen, K_3^- ist Nullkreis außerhalb K_3^+ wegen $2c' > b' + k = 2b'$. Wir haben den Grenzfall der Hornzyklide, das Einhorn, r wächst von $r_{-c'} = 0$ bis $r_{c'} = 2b'$.

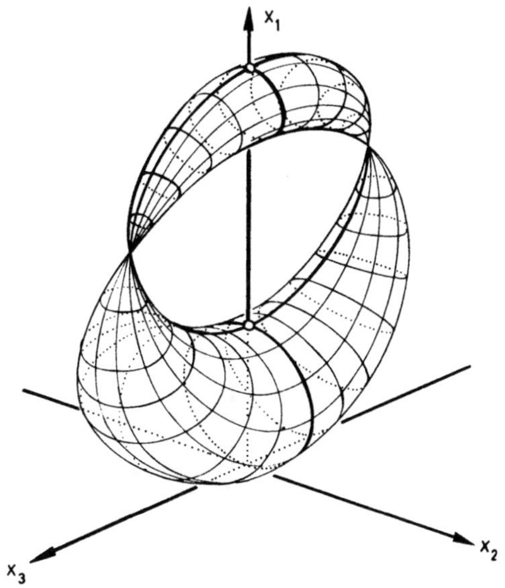

Bild 120

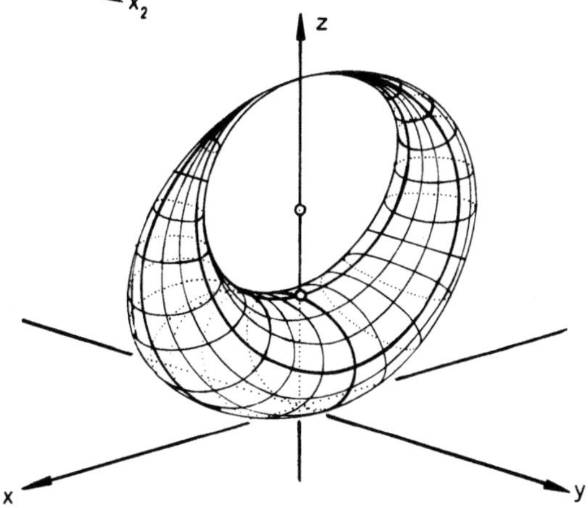

Bild 121

4.Fall (Bild 122 a und b) $0 < b' < k < c'$. Jetzt sind beide Punktepaare (19_1) und (19_2) imaginär. Wegen $(c' + k) - (c' - k) = 2k > 2b'$ liegt K_2^- innerhalb K_2^+, wegen $(b' + k) + (k - b') = 2k < 2c'$ liegen K_3^- und K_3^+ auseinander. Wir haben die Ringzyklide. r wächst von $k - b'$ bis $b' + k$.

5. Fall (Bild 123) $0 < b' < k = c'$. Jetzt fallen die Punkte (19_2) in den einen Knoten $-b' | 0 | 0$, den einen Scheitel der Fokalhyperbel zusammen. K_2^- ist Nullkreis, K_3^- und K_3^+ berühren sich wegen $(b' + k) + (k - b') = 2k = 2c'$ von außen. Wir haben den Grenzfall sowohl der Ring- als der Spindelzyklide, für den ein kurzer Name fehlt. r wächst wiederum von $k - b'$ bis $k + b'$.

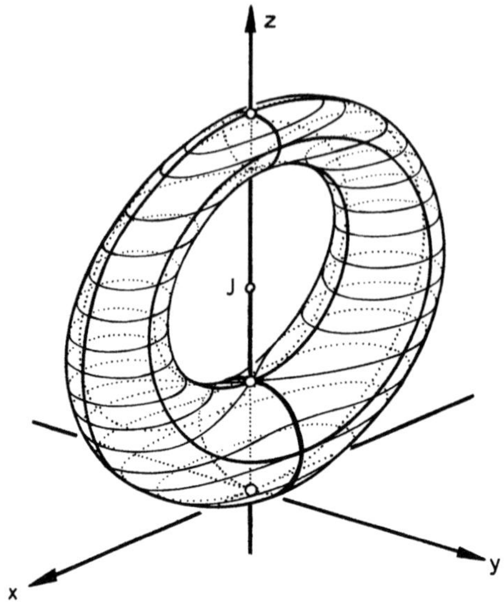

Bild 122 a

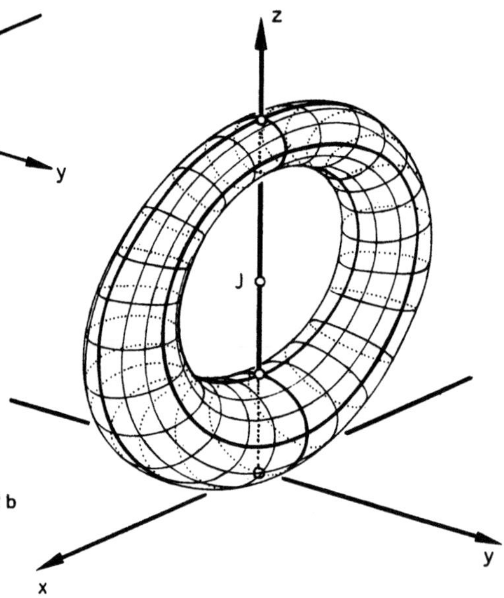

Bild 122 b

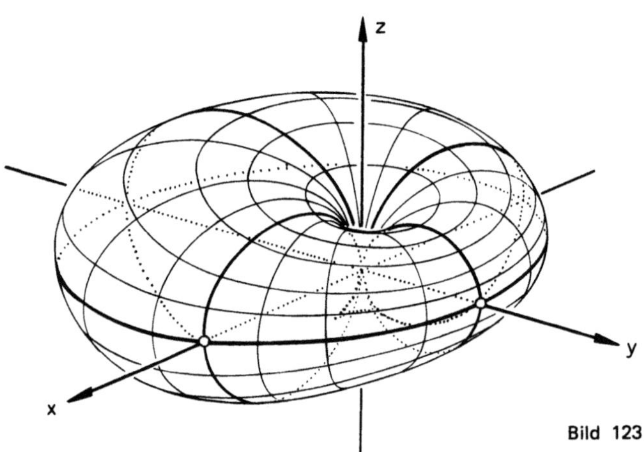

Bild 123

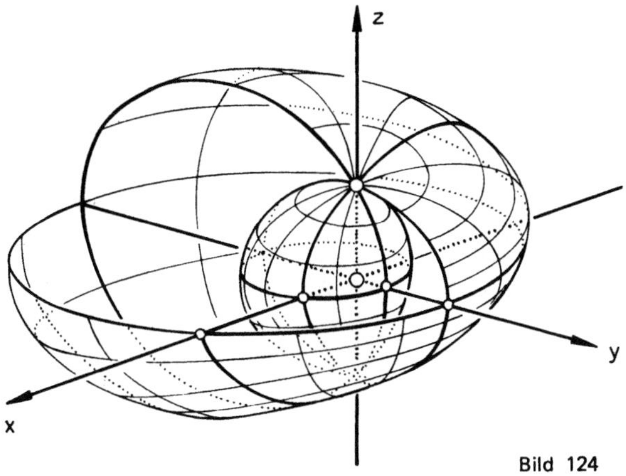

Bild 124

<u>6. Fall</u> (Bild 124) $0 < b' < c' < k$. Jetzt sind die Punkte (19_2) die beiden <u>Knoten</u>. K_3^+ und K_3^- schneiden sich in ihnen, K_2^- liegt wegen $(c' + k)-(k - c') = 2c' > 2b'$ innerhalb K_2^+. Wir haben die <u>Spindelzyklide</u>, die aus zwei in den beiden Knoten sich schneidenden Mänteln besteht, von denen der eine ganz außerhalb des anderen liegt. r wächst wieder von $k - b'$ bis $k + b'$.

Ein besonderer <u>Fall 7</u> des 4. bis 6. Falles ist der <u>Torus</u> mit $b' = 0$. Seine Gleichung (Bild 125 a bis c)

$$(X_1^2 + X_2^2 + X_3^2 + c'^2 - k^2)^2 - c'^2(X_1^2 + X_2^2) = 0 \qquad (15_1)$$

oder

$$\left(\sqrt{X_1^2 + X_2^2} \mp c'\right)^2 + X_3^2 = k^2$$

zeigt, daß er die Drehfläche des Kreises

$$(X_1 - c')^2 + X_3^2 = k^2 \quad , \qquad X_2 = 0$$

um die z-Achse ist. Die Fokalellipse wird zum Kreis

$$x_1^2 + x_2^2 = c'^2 \qquad , \qquad (o)$$

die Fokalhyperbel zur Geraden $x_1 = 0$, $x_2 = 0$.
Die beiden Kugelfamilien werden

$$(X_1 - x_1)^2 + (X_2 - x_2)^2 + X_3^2 = k^2 \quad ,$$

wobei (o) gilt, und

$$X_1^2 + X_2^2 + X_3^2 - 2x_3X_3 - c'^2 - k^2 = \pm 2\sqrt{x_3^2 + c'^2} \quad ,$$

wie aus (9_2) und (7_2) für $\lim \check{x}_1 \to 0$, $\lim b' \to 0$ folgt. Der Torus hat drei Gestalten: <u>Ringtorus</u>, <u>Grenztorus</u> und <u>Spindeltorus</u>.

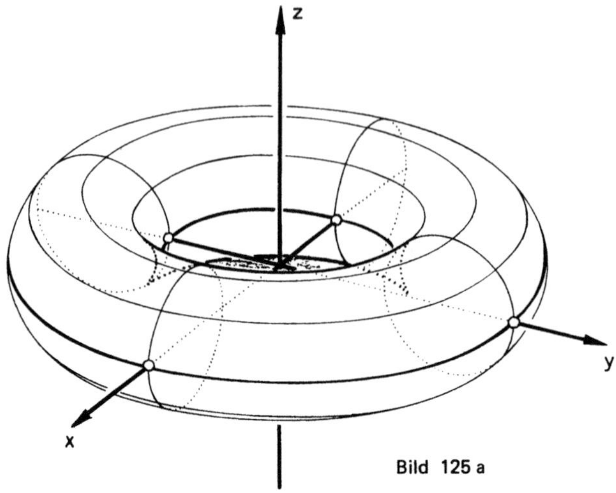

Bild 125 a

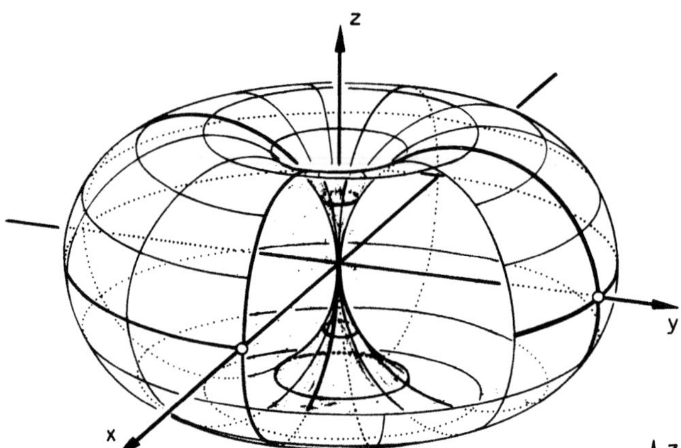

Bild 125 b

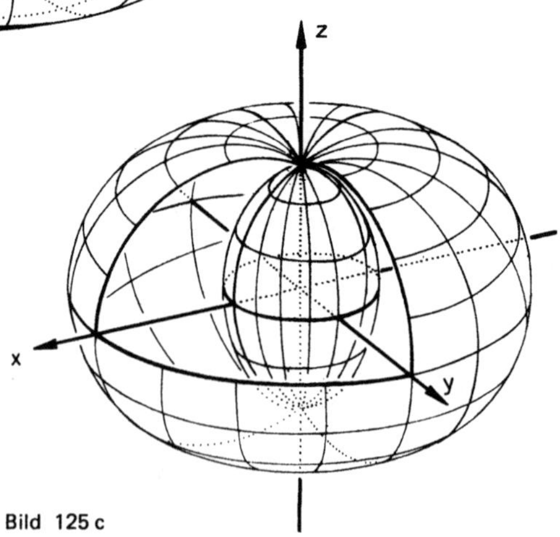

Bild 125 c

Aufgaben

1. Veranschauliche die verschiedenen Fälle durch die Grundrißfigur, in der die Kreise K_2^+ und K_2^- und die Geraden (11_1) eingezeichnet und die Durchmesser der Berührkreise als Kreissehnen stark eingezeichnet werden mögen: Aus diesen Figuren sind die Flächen ganz leicht zu erkennen.

2. Versuche mit der anderen Kugelfamilie dieselbe, anschaulich freilich schwierigere Untersuchung durchzuführen.

3. Aus der Diskussion ergibt sich eine weitere ganz elementare Erzeugung der Zyklide [1]. Der Punkt $G(-\nu k = -\frac{b'}{c'}k|0|0)$ ist der innere Ähnlichkeitspunkt der Kreise K_2^+ und K_2^- der Ebene $x_3 = 0$ (Beweis?). Die Zyklide entsteht so: Man ziehe durch G eine Gerade, die zwischen den Kreisen K_2^+ und K_2^- die Strecken $\overline{D_1D_2}$ und $\overline{D_1'D_2'}$ bestimmt. Die Kreise über $\overline{D_1D_2}$ und $\overline{D_1'D_2'}$ als Durchmesser in den Ebenen durch D_1D_2 und $D_1'D_2'$ senkrecht zu $x_3 = 0$ erzeugen die Zyklide. Dabei haben bei der Horn- und der Ringzyklide die Strecken $\overline{D_1D_2}$ und $\overline{D_1'D_2'}$ keinen Punkt gemeinsam, bei der Spindelzyklide aber eine innerhalb K_2^- liegende Strecke. Zeige, daß die Zyklide ebenso mittels der Kreise K_3^+ und K_3^- und ihres inneren Ähnlichkeitspunktes $(-\frac{k}{\nu} = -\frac{c'}{b'}k|0|0)$ erzeugt werden kann. Bestätige das Gesagte durch Rechnung. Was entsteht, wenn man die äußeren Ähnlichkeitspunkte benützt?

Noch eine rein geometrische Darstellung der Dupinschen Zykliden findet man in Rohn-Papperitz, Lehrbuch der Darstellenden Geometrie, III. Bd., Leipzig 1908, S. 283 - 289.

§ 2. Die parabolischen Zykliden. Nr. 206

206. Die Gleichung eines elliptischen Paraboloids sei

$$\frac{x_2^2}{\alpha_2} + \frac{x_3^2}{\alpha_3} - 2x_1 = 0 \qquad \alpha_2 > \alpha_3 > 0 \tag{1a}$$

---

1) Vergleiche die Abhandlung von K. Kommerell, elementargeometrische Behandlung der Dupinschen Zykliden, Zeitschrift für math. und nat. Unterricht 49, 1918, S. 79 - 95, deren Methode elementarsynthetisch ist. Eine weitere Darstellung der Theorie der Dupinschen Zykliden findet sich in R. v. Lilienthal, Vorlesungen über Differentialgeometrie, Band II_I, 1913, Seite 126 - 146.
Endlich sei noch auf die Abhandlung von A. Cayley, on the cyclide, Coll. Math. Papers IX, Nr. 569 hingewiesen.

In Ebenenkoordinaten ergibt sich nach Nr. 39 aus

$$\varrho u_1 = -1\ , \quad \varrho u_2 = \frac{x_2}{\alpha_2}\ , \quad \varrho u_3 = \frac{x_3}{\alpha_3}\ , \quad \varrho = -x_1 + \frac{x_2^2}{\alpha_2} \quad \frac{x_3^2}{\alpha_3} = x_1 \qquad (2)$$

die Gleichung

$$\alpha_2 u_2^2 + \alpha_3 u_3^2 - 2u_1 = 0 \qquad (1b)$$

Mit dem absoluten Kreis

$$u_1^2 + u_2^2 + u_3^2 = 0 \qquad (3)$$

bestimmt (1b) eine Torse, deren Ebenen alle Flächen der Schar

$$\alpha_2 u_2^2 + \alpha_3 u_3^2 - 2u_1 + \lambda(u_1^2 + u_2^2 + u_3^2) = 0 \qquad (4b)$$

berühren. Sie zerfallen in Kegelschnitte, wenn die Determinante

$$\begin{vmatrix} \lambda & 0 & 0 & -1 \\ 0 & \alpha_2 + \lambda & 0 & 0 \\ 0 & 0 & \alpha_3 + \lambda & 0 \\ -1 & 0 & 0 & 0 \end{vmatrix} = 0\ , \qquad (5)$$

d.h. $\lambda = -\alpha_2$ oder $-\alpha_3$ ist, also in die Fokalparabeln

$$\left.\begin{aligned} \alpha_2 u_1^2 + (\alpha_2 - \alpha_3)u_3^2 + 2u_1 = 0 \\ \alpha_3 u_1^2 - (\alpha_2 - \alpha_3)u_2^2 + 2u_1 = 0 \end{aligned}\right\} \qquad (6b)$$

(4b) und (6b) besitzen die Ordnungsgleichungen

$$\frac{x_2^2}{\alpha_2 + \lambda} + \frac{x_3^2}{\alpha_3 + \lambda} - 2x_1 - \lambda = 0 \quad ^{1)} \qquad (4a)$$

$$\frac{x_2^2}{\alpha_2 - \alpha_3} - 2x_1 + \alpha_3 = 0 \quad ^{1)} \qquad (6a)$$

$$-\frac{x_3^2}{\alpha_2 - \alpha_3} - 2x_1 + \alpha_2 = 0 \qquad (6a)$$

Die Gleichung (4a) stellt für

$\infty > \lambda > -\alpha_3$	"rechte" elliptische Parabolpide,
$-\alpha_3 > \lambda > -\alpha_2$	hyperbolische Paraboloide.
$\alpha_2 > \lambda > -\infty$	"linke" elliptische Paraboloide dar.

1) Siehe Anmerkung 1) der nächstfolgenden Seite.

Aufgabe

Beweise entsprechend Nr. 201, daß ein dreifach orthogonales Flächensystem vorliegt, von dem durch jeden Punkt $y_1|y_2|y_3$ des Raumes je eine der eben genannten Flächen geht. Nun gehen wir genau so vor wie in Nr. 202 und bestimmen zwei Kugelfamilien, deren Kugelmittelpunkte die Fokalparabeln durchlaufen, während jede Kugel der einen Familie jede der anderen berührt. Wir schreiben nur die entsprechenden Gleichungen mit denselben Nrn wie in §1 an.

$$\overline{P\check{P}^2} = \left\{(x_1 - \alpha_3) - (\check{x}_1 - \alpha_2)\right\}^2 \qquad (\times)$$

$$(X_1 - x_1)^2 + (X_2 - x_2)^2 + X_3^2 = (x_1 - \alpha_3 + k)^2 \qquad (8)$$

---

1) Man könnte die Gleichungen (4a) und (6a) noch vereinfachen. Man setze $\lambda_0 + \lambda$ anstelle von λ und dann $\alpha_2 + \lambda_0 = 2\alpha$, $\alpha_3 + \lambda_0 = -2\alpha$, so daß

$$\alpha = \frac{\alpha_2 - \alpha_3}{4}, \qquad \lambda_0 = -\frac{\alpha_2 + \alpha_3}{2}$$

wird. Dann tritt anstelle von (4a) (6a), wenn man noch die Schiebung $x_1 \to x_1 + \frac{\alpha_2 + \alpha_3}{4}$ ausübt.

$$\frac{x_2^2}{2\alpha + \lambda} + \frac{x_3^2}{-2\alpha + \lambda} - 2x_1 - \lambda = 0, \qquad (4a)^\times$$

$$\frac{x_2^2}{4\alpha} - 2x_1 - 2\alpha = 0 \quad \text{und} \quad -\frac{x_3^2}{4\alpha} - 2x_1 + 2\alpha = 0 \qquad (6a)^\times$$

oder

$$X_1^2 + X_2^2 + X_3^2 - 2x_1(X_1 - \alpha_2 + k) - 2x_2X_2 - (\alpha_2 - \alpha_3)\alpha_3 - (\alpha_3 - k)^2 = 0 \qquad (9_1)$$

$$x_2(X_1 - \alpha_2 + k) + (\alpha_2 - \alpha_3)X_2 = 0 \qquad (11_1)$$

woraus

$$x_2 = \frac{-(\alpha_2 - \alpha_3)X_2}{X_1 - \alpha_2 + k}$$

und mit (6a)

$$2x_1 = \frac{(\alpha_2 - \alpha_3)X_2^2}{(X_1 - \alpha_2 + k)^2} + \alpha_3$$

$$X_1 = \alpha_2 - k, \quad X_2 = 0 \qquad (12_1)$$

$$(X_1 - \alpha_2 + k)(X_1^2 + X_2^2 + X_3^2) - \alpha_3(X_1 - \alpha_2 + k)^2 + (\alpha_2 - \alpha_3)X_2^2 - \left\{(\alpha_2 - \alpha_3)\alpha_3 + (\alpha_3 - k)^2\right\}(X_1 - \alpha_2 + k) = 0 \qquad (15_1)$$

oder

$$X_1(X_1^2 + X_2^2 + X_3^2) - (\alpha_2 + \alpha_3 - k)X_1^2 - (\alpha_3 - k)X_2^2 - \\ - (\alpha_2 - k)X_3^2 + (\alpha_2\alpha_3 - k^2)X_1 - (\alpha_2 - k)(\alpha_3 - k)k = 0 \tag{16}$$

Andererseits kommt

$$(X_1 - \check{x}_1)^2 + X_2^2 + (X_3 - \check{x}_3)^2 = (\check{x}_1 - \alpha_2 + k)^2 \tag{8_2}$$

oder

$$X_1^2 + X_2^2 + X_3^2 - 2\check{x}_1(X_1 - \alpha_3 + k) - 2\check{x}_3X_3 + (\alpha_2 - \alpha_3)\alpha_2 - \\ (\alpha_2 - k)^2 = 0 \tag{9_2}$$

$$\check{x}_3(X_1 - \alpha_3 + k) - (\alpha_2 - \alpha_3)X_3 = 0 \tag{11_2}$$

woraus

$$\check{x}_3 = \frac{(\alpha_2 - \alpha_3)X_3}{X_1 - \alpha_3 + k}$$

und mit (6b)

$$2\check{x}_1 = -\frac{(\alpha_2 - \alpha_3)X_3^2}{(X_1 - \alpha_3 + k)^2} + \alpha_2$$

$$X_1 = \alpha_3 - k \quad , \quad X_3 = 0 \tag{12_2}$$

$$(X_1 - \alpha_3 + k)(X_1^2 + X_2^2 + X_3^2) - \alpha_2(X_1 - \alpha_3 + k)^2 - (\alpha_2 - \alpha_3)X_3^2 + \\ + \left\{(\alpha_2 - \alpha_3)\alpha_2 - (\alpha_2 - k)^2\right\}(X_1 - \alpha_3 + k) = 0 \tag{15_2}$$

Der Schnitt mit $X_2 = 0$ ergibt die Gerade

$$X_1 = \alpha_2 - k \qquad \text{bei } (15_1) \tag{12_1}$$

und den Kreis

$$(X_1 - \frac{\alpha_3}{2})^2 + X_3^2 = (\frac{\alpha_3}{2} - k)^2 \qquad \text{bei } (15_2) \tag{22_1}$$

Der Schnitt mit $X_3 = 0$ aber die Gerade

$$X_1 = \alpha_3 - k \tag{12_2}$$

und den Kreis

$$(X_1 - \frac{\alpha_2}{2})^2 + X_2^2 = (\frac{\alpha_2}{2} - k)^2 \tag{22_2}$$

(12_1) und (22_1) treffen sich in

$$\alpha_2 - k \mid 0 \mid \pm\sqrt{(\alpha_2 - \alpha_3)(2k - \alpha_2)} \quad , \tag{16_1}$$

(12_2) und (22_2) in

$$\alpha_3 - k \mid \pm\sqrt{(\alpha_2 - \alpha_3)(\alpha_3 - 2k)} \mid 0 \qquad (16_2)$$

Die Ebenen der Berührkreise treffen sich in der Geraden

$$X_1 = \alpha_2 - k \quad , \quad X_2 = 0 \qquad (12_3)$$

Ihr Punkt $\alpha_2 - k \mid 0 \mid 0$ liegt auf dem Kreis (22_2).
Auf demselben Wege wie in Nr. 202 erhält man den Radius aus

$$r = \frac{\sqrt{\alpha_2 - \alpha_3(x_1 - \alpha_3 + k)}}{\sqrt{2x_1 + \alpha_2 - 2\alpha_3}} \qquad (14_1)$$

Die durch (14_1) $r = y$, $x_1 = x$ dargestellten Kurve ist übrigens eine <u>Cubique mixte</u> (KB Nr. 95, Fig. 32 und 33), hat zwei Gestalten, je nachdem

$\frac{\alpha_2}{2} \gtrless k$ ist und zerfällt für $\frac{\alpha_2}{2} = k$

in eine Gerade und eine Parabel.
Wir haben an sich nun 5 Fälle zu unterscheiden.

1. <u>Fall</u> (Bild 126) $k < \frac{\alpha_3}{2} < \frac{\alpha_2}{2}$.
Die Punkte (16_2) sind die beiden Knoten der <u>parabolischen Hornzyklide</u>

2. <u>Fall</u> (Bild 127) $k = \frac{\alpha_3}{2} < \frac{\alpha_2}{2}$.
Der Grenzfall der <u>parabolischen Hornzyklide</u> oder <u>Ringzyklide</u> mit einem Knoten

3. <u>Fall</u> (Bild 128) $\frac{\alpha_3}{2} < k < \frac{\alpha_2}{2}$.
Keine Knoten , <u>Parabolische Ringzyklide</u>.

4. <u>Fall</u> $\frac{\alpha_3}{2} < k = \frac{\alpha_2}{2}$

5. <u>Fall</u> $\frac{\alpha_3}{2} < \frac{\alpha_2}{2} < k$

Der 4. und 5. Fall sind aber mit dem 1. und 2. Fall identisch. Das sieht man am schnellsten so ein. Wir wählen gemäß Anmerkung 1) $\alpha_2 = 2\alpha$, $\alpha_3 = -2\alpha$, dann geht die Zyklidengleichung (16) über in

$$X_1(X_1^2 + X_2^2 + X_3^2) + kX_1^2 + (2\alpha + k)X_2^2 - (2\alpha - k)X_3^2 - \qquad (16^{x})$$
$$- (4\alpha^2 + k^2)X_1 + (4\alpha^2 - k^2)k = 0$$

Diese Gleichung ändert sich nicht, wenn man k mit -k, X_1 mit $-X_1$ und X_2 mit X_3 vertauscht. Unsere drei ersten Fälle erfüllen jetzt die Bedingungen $k < -\alpha$, $k = -\alpha$, $k < \alpha$, die zwei letzten Fälle aber $k = \alpha$ und $k > \alpha$. Mit $-k$ statt k wird daraus $k = -\alpha$ und $-k > \alpha$ oder $k < -\alpha$ q.e.d.

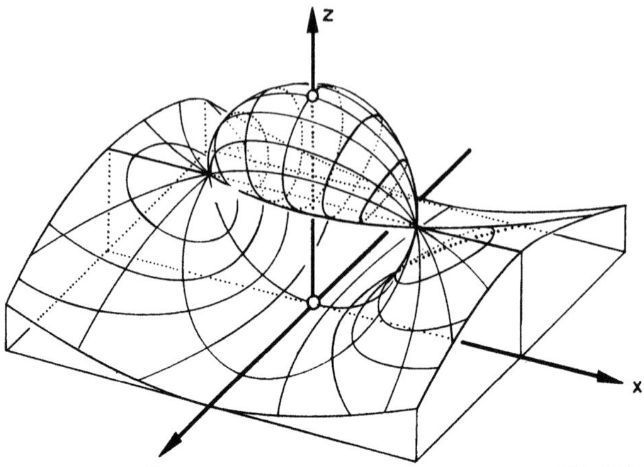

Bild 126

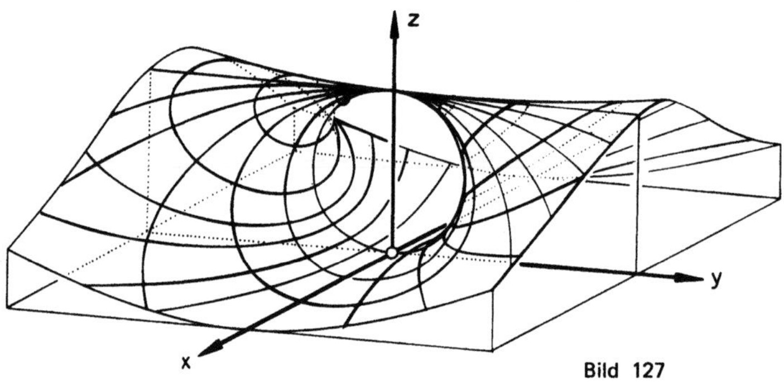

Bild 127

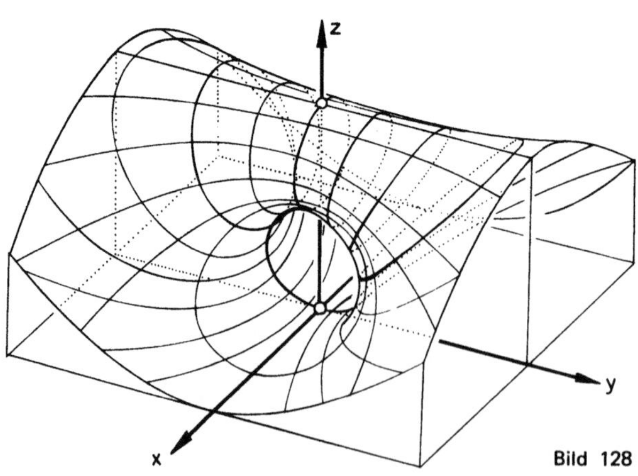

Bild 128

Aufgaben

1. Veranschauliche die drei Fälle durch eine Grundrißfigur, in welche der Kreis (22_2) und die Gerade (12_2) einzuzeichnen und die Durchmesser der Berührkreise stark zu zeichnen sind: Auf diese Weise sind die Flächen leicht zu erkennen.

2. Versuche mit der anderen Kugelfamilie dieselbe Veranschaulichung durchzuführen.

3. Übertrage die Aufgabe 3. der Nr. 205 auf die parabolische Zyklide.

§ 3. Die differentialgeometrische Behandlung der Zykliden. Nr. 207–210

207. Wir ermitteln zuerst eine **Parameterdarstellung** für die Gleichung der Zyklide. Die Gleichungen (11_1) und (11_2) von Nr. 202 und 203 zeigen, daß die beiden Berührkreisscharen der Dupinschen Zyklide durch zwei Gleichungen der Gestalt

$$X_2 = \lambda'(c'X_1 + kb') \quad \text{und} \tag{1_1}$$

$$X_3 = \mu'(b'X_1 + kc') \tag{1_2}$$

dargestellt werden. Nun geht durch jeden Punkt P der Zyklide je ein solcher Kreis. P ist also der Schnitt von (1_1) und (1_2) mit (15_1) bzw. (15_2) der Nr. 202 und 203. Setzt man (1_1) und (1_2) in (15_1) oder (15_2) ein, so erhält man X_3 als Funktion von λ' und μ' und damit für X_1 X_2 X_3 eine Parameterdarstellung in λ' und μ'. Nun wird in (15_1) und (15_2) der Nr. 203 und 202, wenn man zur Abkürzung

$$c'^2 - b'^2 = a'^2 \tag{2}$$

setzt

$$(c'X_1 + kb')^2 + a'^2X_2^2 = (1 + \lambda'^2a'^2)(c'X_1 + kb')^2 \tag{3_1}$$

und

$$(b'X_1 + kc')^2 - a'^2X_2^2 = (1 - \mu'^2a'^2)(b'X_1 + kc')^2 \tag{3_2}$$

Es bedeutet nun eine große Vereinfachung, wenn man statt λ' und μ' die neuen Parameter λ und μ vermöge

$$1 + \lambda'^2a'^2 = \lambda^2 \tag{4_1}$$

und

$$1 - \mu'^2a'^2 = \mu^2 \tag{4_2}$$

einführt, dann wird umgekehrt

$$\lambda'^2 = \frac{\lambda^2 - 1}{a'^2} \quad , \qquad \mu'^2 = \frac{1 - \mu^2}{a'^2} \tag{5_1}$$

und es kommt

$$X_2 = \frac{\sqrt{\lambda^2 - 1}}{a'}(c'X_1 + kb') \quad , \tag{6_1}$$

$$X_3 = \frac{\sqrt{1 - \mu^2}}{a'}(b'X_1 + kc') \quad , \tag{6_2}$$

wo die Quadratwurzeln je zwei Vorzeichen haben können, so daß bei gegebenem X_1 durch (6) schon 4 Zyklidenpunkte bestimmt sind. Ferner wird nun

$$X_1^2 + X_2^2 + X_3^2 - k^2 = \frac{1}{a'^2}\{(\lambda^2c'^2 - \mu^2b'^2)X_1^2 + \\ + 2kb'c'(\lambda^2 - \mu^2)X_1 + k^2(\lambda^2b'^2 - \mu^2c'^2)\} \tag{7}$$

und aus (15_1) der Nr. 202

$$X_1^2 + x_2^2 + x_3^2 - k^2 + a'^2 = 2\lambda(c'X_1 + kb') \quad , \tag{8_1}$$

wo $\lambda \gtrless 0$ sein kann, so daß

$$(\lambda^2c'^2 - \mu^2b'^2)X_1^2 - 2c'\left\{\lambda a'^2 - k(\lambda^2 - \mu^2)b'\right\}X_1 + \\ + k^2(\lambda^2b'^2 - \mu^2c'^2) + a'^4 - 2\lambda ka'^2b' = 0 \tag{9_1}$$

woraus durch eine elegante Rechnung

$$X_1 = \frac{c'(\lambda a'^2 - k(\lambda^2 - \mu^2)b') + \mu a'^2(b' + \delta\lambda k)}{\lambda^2c'^2 - \mu^2b'^2} \quad , \tag{10_1}$$

wo $\mu \gtrless 0$ sein kann

$$\begin{aligned} c'X_1 + kb' &= a'^2 \cdot \frac{c' + \mu k}{\lambda c' - \mu b'} \quad , \\ b'X_1 + kc' &= a'^2 \cdot \frac{b' + \lambda k}{\lambda c' - \mu b'} \end{aligned} \tag{11_1}$$

und damit

$$\left.\begin{aligned} X_1 &= \frac{a'^2}{c'}\,\frac{c' + \mu k}{\lambda c' - \mu b'} - \frac{kb'}{c'} = \frac{a'^2}{b'}\,\frac{b' + \lambda k}{\lambda c' - \mu b'} - \frac{kc'}{b'} \\ X_2 &= \sqrt{\lambda^2 - 1}\,a'\,\frac{c' + \mu k}{\lambda c' - \mu b'} \quad , \end{aligned}\right\} \tag{12_1}$$

also dasselbe erhalten. So kommt schließlich

$$X_1 = \frac{c'^2 - b'^2}{c'} \cdot \frac{c' + \mu k}{\lambda c' - \mu b'} - \frac{kb'}{c'} = \frac{c'^2 - b'^2}{b'} \frac{b' + \lambda k}{\lambda c' - \mu b'} - \frac{kc'}{b'}$$

$$X_2 = \pm \sqrt{\lambda^2 - 1}\sqrt{c'^2 - b'^2}\frac{c' + \mu k}{\lambda c' - \mu b'}, \qquad (12)$$

$$X_3 = \pm \sqrt{1 - \mu^2}\sqrt{c'^2 - b'^2}\frac{b' + \lambda k}{\lambda c' - \mu b'}.$$

208. Wir betrachten nun λ und μ als die für die Differentialgeometrie brauchbaren Parameter und berechnen die Fundamentalgrößen 1. und 2. Ordnung. Wir erhalten

$$E = \frac{(c'^2 - b'^2)(c' + \mu k)^2}{(\lambda^2 - 1)(\lambda c' - \mu b')^2},$$

$$F = 0, \quad G = \frac{(c'^2 - b'^2)(b' + \lambda k)^2}{(1 - \mu^2)(\lambda c' - \mu b')^2} \qquad (13)$$

$$EG - F^2 = \frac{(c'^2 - b'^2)^2(c' + \mu k)^2(b' + \lambda k)^2}{(\lambda^2 - 1)(1 - \mu^2)(\lambda c' - \mu b')^4} \qquad (14)$$

Also stehen die Parameterlinien, d.h. jeder Kreis der 1. Schar auf jedem Kreis der 2. Schar senkrecht [1].
Weiter wird das Bogenelementquadrat

$$ds^2 = \frac{c'^2 - b'^2}{(\lambda c' - \mu b')^2}\left\{(c' + \mu k)^2 \frac{d\lambda^2}{\lambda^2 - 1} + (b' + \lambda k)^2 \frac{d\mu^2}{1 - \mu^2}\right\} \qquad (15)$$

$$L = \frac{(c'^2 - b'^2)\,\mu(c' + \mu k)}{(\lambda^2 - 1)(\lambda c' - \mu b')^2}, \quad M = 0,$$

$$N = \frac{(c'^2 - b'^2)\,\lambda(b' + \lambda k)}{(1 - \mu^2)(\lambda c' - \mu b')^2} \qquad (16)$$

und damit

$$L d\lambda^2 + 2M d\lambda\, d\mu + N d\mu^2 = \frac{c'^2 - b'^2}{(\lambda c' - \mu b')^2}\left\{\frac{\mu(c' + \mu k)}{\lambda^2 - 1} d\lambda^2 + \frac{\lambda(b' + \lambda k)}{1 - \mu^2} d\mu^2\right\} \qquad (17)$$

Die Differentialgleichung der Krümmungslinien wird nach Nr. 94 (2_3) einfach

$$d\lambda\, d\mu = 0 \qquad (18)$$

---

1) Einen elementaren Beweis dafür siehe in der in Anmerkung [1] der Nr. 205 genannten Abhandlung.

woraus λ = const, μ = const, d.h. außer beiden Berührkreisscharen sind sie die Krümmungslinien der Zyklide, die sich in allen Punkten senkrecht durchkreuzen.
Das Krümmungsmaß wird nach (7) der Nr. 95

$$K = \frac{\lambda\mu}{(b' + \lambda k)(c' + \mu k)} \tag{19}$$

Es wird Null für $\lambda = 0$ und $\mu = 0$, d.h. nach (8_1) und (18_1) in Nr. 203 für die parabolische Kurve der Fläche.
Die Hauptkrümmungsradien sind

$$R_1 = k + \frac{b'}{\lambda} \quad , \quad R_2 = k + \frac{c'}{\mu} \tag{20}$$

Die mittlere Krümmung wird nach (6) der Nr. 95

$$H = \frac{\lambda}{b' + \lambda k} + \frac{\mu}{c' + \mu k} \tag{21}$$

209. Wir fragen noch nach den Örtern der Hauptkrümmungsmittelpunkte $y_1|y_2|y_3$ für R_1 und $z_1|z_2|z_3$ für R_2
Ist $\bar{r}$ der Ortsvektor eines Flächenpunktes, $\bar{N}$ der Einheitsvektor der Flächennormalen in ihm, so ist der Ortsvektor der Hauptkrümmungsmittelpunkte $R_i = \bar{r} + R_i\bar{N}$, $i = 1, 2$
Die Komponenten von $\bar{N}$ werden

$$\frac{\lambda b' - \mu c'}{\lambda c' - \mu b'} \Bigg| -\sqrt{\lambda^2 - 1}\,\frac{\sqrt{c'^2 - b'^2}\,\mu}{\lambda c' - \mu b'} \Bigg| -\sqrt{1 - \mu^2}\,\frac{\sqrt{c'^2 - b'^2}\,\lambda}{\lambda c' - \mu b'} \tag{22}$$

Damit kommt für R_1

$$z_1 = \frac{b'}{\mu} \quad , \quad z_2 = 0 \quad , \quad z_3 = \mp\frac{\sqrt{c'^2 - b'^2}\,\sqrt{1-\mu^2}}{\mu} \tag{23}$$

d.h. die Fokalhyperbel

$$\frac{x_1^2}{b'^2} - \frac{x_3^2}{c'^2 - b'^2} = 1 \quad , \quad x_2 = 0 \quad ,$$

für R_2

$$y_1 = \frac{c'}{\lambda} \quad , \quad y_2 = \pm\frac{\sqrt{c'^2 - b'^2}\,\sqrt{\lambda^2 - 1}}{\lambda} \quad , \quad y_3 = 0 \tag{24}$$

d.h. die Fokalellipse

$$\frac{x_1^2}{c'^2} + \frac{x_2^2}{c'^2 - b'^2} = 1 \quad , \quad x_3 = 0$$

Die Dupinschen Zykliden haben also die, übrigens für sie charakteristische Eigenschaft, daß ihre Zentrafläche in zwei Kurven, die Fokalkegelschnitte zerfällt.

210. Für die <u>parabolischen Zykliden</u> gelten nach (11_1) und (11_2) der Nr. 206 die Gleichungen

$$X_2 = -\lambda'(X_1 - \alpha_2 + k) \quad , \quad X_3 = -\mu'(X_1 - \alpha_3 + k) \qquad (25)$$

der Berührebenen. (15_1) und (15_2) der Nr. 206 werden damit

$$X_1^2 + X_2^2 + X_3^2 + \left\{\lambda'^2(\alpha_2 - \alpha_3) - \alpha_3\right\}(X_1 - \alpha_2 + k) - \left\{(\alpha_2 - \alpha_3)\alpha_3 + (\alpha_3 - k)^2\right\} = 0 \qquad (26_1)$$

$$X_1^2 + X_2^2 + X_3^2 - \left\{\mu'^2(\alpha_2 - \alpha_3) + \alpha_2\right\}(X_1 - \alpha_3 + k) + \left\{(\alpha_2 - \alpha_3)\alpha_2 - (\alpha_2 - k)^2\right\} = 0 \qquad (26_2)$$

und daraus ergibt sich die <u>Parameterdarstellung</u>

$$X_1 = \frac{\alpha_2\lambda'^2 + \alpha_3\mu'^2 + 2\varkappa}{1 + \lambda'^2 + \mu'^2} - \varkappa \qquad (27)$$

$$X_2 = \lambda' \frac{(\alpha_2 - \alpha_3)\mu'^2 + \alpha_2 - 2\varkappa}{1 + \lambda'^2 + \mu'^2}$$

$$X_3 = \mu' \frac{-(\alpha_2 - \alpha_3)\lambda'^2 + \alpha_3 - 2\varkappa}{1 + \lambda'^2 + \mu'^2} \qquad (27)$$

<u>Aufgabe</u> Bestimme die differentialgeometrischen Größen für die parabolischen Zykliden und zeige, daß der Ort der Hauptkrümmungsmittelpunkte aus den beiden Fokalparabeln besteht.

§ 4. Die Zykliden und die Inversion. Nr. 211–213

211. Wir verschieben die <u>Hornzyklide</u> $0 < k < b' < c'$ mit der Gleichung (15_2) der Nr. 203 parallel, so daß der Knotenpunkt

$$-\frac{kc'}{b'} \,\Big|\, -\frac{\sqrt{(c'^2 - b'^2)(b'^2 - k^2)}}{b'} \,\Big|\, 0$$

Ursprung wird, ersetzen also x_1 und x_2 durch $x_1 - \frac{kc'}{b'}$ und $x_2 - \frac{a'\sqrt{b'^2 - k^2}}{b'}$.

Dann kommt als Zyklidengleichung

$$\left(x_1^2 + x_2^2 + x_3^2 - \frac{2kc'}{b'}x_1 - \frac{2a'\sqrt{b'^2 - k^2}}{b'}x_2\right)^2 - 4b'^2x_1^2 - 4a'^2x_3^2 = 0 \qquad (1)$$

Nun üben wir auf die Zyklide eine Inversion aus mit dem neuen Ursprung als Inversionszentrum und dem Entfernungsquadrat

$$p = \frac{4a'^2(b'^2 - k^2)}{b'^2}$$

der beiden Knotenpunkte als Inversionspotenz. Diese räumliche Inversion ist die Verallgemeinerung der ebenen Inversion (KB Nr. 239) [1] und hat die Gleichungen

$$x_i \to \frac{px_i}{x_1^2 + x_2^2 + x_3^2}, \quad i = 1, 2, 3,$$

$$x_1^2 + x_2^2 + x_3^2 \to \frac{p^2}{x_1^2 + x_2^2 + x_3^2} \tag{2}$$

Damit wird (1) zu

$$\left(\frac{2\,kc'}{b'} x_1 + \sqrt{p}\, x_2 - p\right)^2 - 4b'^2x_1^2 + 4a'^2x_3^2 = 0 \tag{3}$$

Der im Ursprung gelegene Knotenpunkt ist jetzt Fernpunkt, der andere Knoten

$$-\frac{kc'}{b'} \Big| + \frac{a'\sqrt{b'^2 - k^2}}{b'} \Big| 0$$

ist Fixpunkt. Wir verschieben das Koordinatensystem so, daß er Ursprung wird. Mit

$$x_2 \to x_2 + \frac{2a'\sqrt{b'^2 - k^2}}{b'}$$

wird (3) zu

$$\left(\frac{kc'}{b'} x_1 + \frac{a'\sqrt{b'^2 - k^2}}{b'} x_2\right)^2 = b'^2x_1^2 - a'^2x_3^2 \tag{4}$$

Diese Fläche ist offenbar ein Kegel mit Spitze im Ursprung. Wir behaupten, daß sie ein Drehkegel ist. Wir drehen das Koordinatensystem um die x_3-Achse durch den $\sphericalangle\, \varphi$, setzen also

$$\left.\begin{aligned} x_1 &\to x_1\cos\varphi - x_2\sin\varphi \\ x_2 &\to x_1\sin\varphi + x_2\cos\varphi \end{aligned}\right\} \tag{5}$$

und erhalten aus (4)

$$\begin{aligned} &\left\{\left(\frac{kc'}{b'}\cos\varphi + \frac{a'\sqrt{b'^2 - k^2}}{b'}\sin\varphi\right)x_1 + \left(-\frac{kc'}{b'}\sin\varphi + \right.\right. \\ &\left.\left. + \frac{a'\sqrt{b'^2 - k^2}}{b'}\cos\varphi\right)x_2\right\}^2 = b'^2(x_1\cos\varphi - x_2\sin\varphi)^2 - a'^2x_3^2 \end{aligned} \tag{6}$$

---

1) Ausführlich kommen wir darauf in der Nr. 214 - 218 zurück.

Wir bestimmen nun φ so, daß das Produktglied mit x_1x_2 verschwindet. Eine elegante Rechnung gibt

$$\tan 2\varphi = \frac{-2ka'c'\sqrt{b'^2-k^2}}{b'^2(c'^2+k^2)-2k^2c'^2}, \quad \cos 2\varphi = \frac{b'^2(c'^2+k^2)-2k^2c'^2}{b'^2(c'^2-k^2)}$$

$$\cos\varphi = \frac{c'\sqrt{b'^2-k^2}}{b'\sqrt{c'^2-k^2}}, \quad \sin\varphi = -\frac{ka'}{b'\sqrt{c'^2-k^2}} \qquad (7)$$

Damit wird (6) einfach zu

$$x_1^2 = \sin^2\alpha(x_1^2 + x_2^2 + x_3^2) \qquad (8)$$

wo

$$\alpha = \arc\sin\sqrt{\frac{c'^2-b'^2}{c'^2-k'^2}} \qquad (9)$$

ist. (8) ist aber ein Drehkegel und man hat den

Satz 1 Die allgemeine Hornzyklide geht durch Inversion aus einem senkrechten Kreiskegel hervor
Der Satz gilt auch, wenn $k = 0$ ist.

212. Für das Einhorn ist $k = b'$ und der Knoten ist $-c'|0|0$. Die Flächengleichung ist nach (15_2) der Nr. 203

$$(x_1^2 + x_2^2 + x_3^2 - c'^2)^2 - 4b'^2(x_1 + c')^2 + 4(c'^2 - b'^2)x_3^2 = 0 \qquad (10)$$

Die Schiebung $x_1 \to x_1 - c'$ gibt

$$(x_1^2 + x_2^2 + x_3^2 - 2c'x_1)^2 - 4b'^2x_1^2 + 4a'^2x_3^2 = 0 \qquad (11)$$

Die Inversion (2) mit $p = 2a'^2$ aber gibt

$$(x_1 - c')^2 + x_3^2 = b'^2 \quad , \quad \text{d.h.} \qquad (12)$$

Satz 2 Das Einhorn geht durch eine Inversion aus einem senkrechten Kreiszylinder hervor.
Aufgabe Beweise dieselben Sätze für die Spindelzyklide und ihren Grenzfall. Anleitung: Gleichung (15_1) der Nr. 202 und Doppelpunkt (19_2) der Nr. 204, kurz: Vertauschung von b' und c'.

Damit ist für alle Zykliden mit reellen Knoten eine sehr einfache Erzeugung gefunden. Nur der Fall der Ringzyklide entzieht sich ihr.

213. Satz 3 Alle Zykliden gehen durch Inversion aus einem Torus hervor. Der Beweis dieses Satzes ist merkwürdig langwierig, wenn man ihn elementar führen will und muß hier wegbleiben. Der Satz ist wichtig für den Fall der Ringzyklide, die durch Inversion nicht in eine reelle Fläche 2. Ordnung verwandelt werden kann.

§ 5. Die Eigenschaften der Inversion. Nr. 214–218

214. Eine räumliche Inversion ordnet jedem Punkt P eines Ursprungstrahles OP einen Punkt $\overline{P}$ auf OP zu, so daß $\overrightarrow{OP} = r$ und $\overrightarrow{O\overline{P}} = \overline{r}$ gleichgerichtet sind und

$$\overrightarrow{OP} \cdot \overrightarrow{O\overline{P}} = r\,\overline{r} = \text{const} = p = +\,a^2 \tag{1}$$

ist. Sind α, β, γ die Richtungskosinusse von OP und $O\overline{P}$, so ist

$$\overline{r}\cos\alpha = \overline{x} = \frac{p\cos\alpha}{r} = \frac{p\,r\cos\alpha}{r^2} = \frac{p\,x}{x^2+y^2+z^2}$$

also

$$\overline{x} = \frac{px}{x^2+y^2+z^2} \qquad \overline{y} = \frac{py}{x^2+y^2+z^2} \qquad \overline{z} = \frac{pz}{x^2+y^2+z^2} \tag{2}$$

Da die Inversion involutorisch ist, kann man in (2) P und $\overline{P}$ vertauschen. Sind P_1 und P_2 zwei Punkte, $\overline{P}_1$ und $\overline{P}_2$ ihre Bilder, so ist

$$\overline{x}_2 - \overline{x}_1 = \frac{px_2}{r_2^2} - \frac{px_1}{r_1^2},$$

$$\overline{d}_{12}^2 = (\overline{x}_2 - \overline{x}_1)^2 + (\overline{y}_2 - \overline{y}_1)^2 + (\overline{z}_2 - \overline{z}_1)^2 =$$

$$= \frac{p^2}{r_2^2} - \frac{2p^2(x_2x_1 + y_2y_1 + z_2z_1)}{r_1^2r_2^2} + \frac{p^2}{r_1^2} = \frac{p^2(x_1^2 + y_1^2 + z_1^2)}{r_1^2r_2^2} -$$

$$- \frac{2p^2(x_2x_1 + y_2y_1 + z_2z_1)}{r_2^2r_1^2} + \frac{p^2(x_2^2 + y_2^2 + r_2^2)}{r_2^2r_1^2} = \frac{p^2d_{12}^2}{r_1^2r_2^2},$$

$$\overline{d}_{12} = \frac{p}{r_1r_2}\,d_{12} \tag{3}$$

Daraus folgt die Gleichheit der Doppelverhältnisse

$$\frac{\overline{d}_{13}}{\overline{d}_{23}} : \frac{\overline{d}_{14}}{\overline{d}_{24}} = \frac{d_{13}}{d_{23}} : \frac{d_{14}}{d_{24}} \tag{4}$$

ohne daß die Strecke $\overline{d}_{ik}$ das Bild von d_{ik} ist.
Ferner folgt für zwei Nachbarpunkte $x|y|z$ und $x + dx|y + dy|z + dz$

$$d\overline{s} = \frac{p}{r^2}\,ds = \frac{\overline{r}^2 ds}{p} \tag{5}$$

Für zwei andere Nachbarpunkte $x|y|z$ und $x + \delta x|y + \delta y|z + \delta z$ ist

$$\delta\overline{s} = \frac{p\,\delta s}{r^2} \tag{6}$$

Die Bogenelemente ds und δs schließen einen $\measuredangle\ \alpha$ ein, die Elemente $d\bar{s}$ und $\delta\bar{s}$ einen Winkel $\bar{\alpha}$, so daß

$$\cos\alpha = \frac{dx\delta x + dy\delta y + dz\delta z}{ds\delta s} \quad , \quad \cos\bar{\alpha} = \frac{d\bar{x}\delta\bar{x} + d\bar{y}\delta\bar{y} + d\bar{z}\delta\bar{z}}{d\bar{s}\delta\bar{s}} \qquad (7)$$

Nun folgt aus (2) mit

$$xdx + ydy + zdz = rdr \quad , \quad x\delta x + y\delta y + z\delta z = r\delta r \qquad (8)$$

$$d\bar{x} = \frac{pdx}{r^2} - \frac{2pxdr}{r^3},\ dx\delta x = \frac{p^2dx\,\delta x}{r^4} - \frac{2p^2x(dr\,\delta x + \delta r dx)}{r^5} +$$

$$+ \frac{4p^2x^2dr\,\delta r}{r^6} \quad , \quad d\bar{x}\,\delta\bar{x} + d\bar{y}\,\delta\bar{y} + d\bar{z}\,\delta\bar{z} = \frac{p^2}{r^4}(dx\,\delta x + dy\,\delta y +$$

$$+ dz\,\delta z) - \frac{2p^2}{r^2}(r\,\delta r.dr + rdr.\,\delta r) + \frac{4p^2}{r^4}\,dr\,\delta r \quad , \quad \text{d.h.}$$

$$d\bar{x}\,\delta\bar{x} + d\bar{y}\,\delta\bar{y} + d\bar{r}\,\delta\bar{z} = \frac{p^2}{r^4}(dx\,\delta x + dy\,\delta y + dz\,\delta z) \quad , \qquad (9)$$

so daß aus (7), (5) und (6)

$$\cos\bar{\alpha} = \cos\alpha \qquad (10)$$

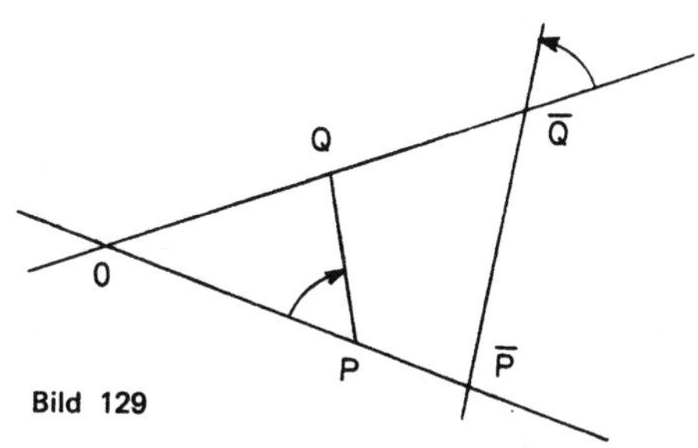

Bild 129

folgt, woraus $\bar{\alpha} = -\alpha$, wie das Bild 129 von zwei Paaren entsprechender Punkte P, $\bar{P}$; Q, $\bar{Q}$ für den Grenzfall Q $\to$ P, $\bar{Q} \to \bar{P}$ deutlich zeigt. Wir haben die

<u>1. Eigenschaft der Inversion.</u>
Die Inversion ist <u>winkeltreu</u> oder <u>konform</u>.
Dies gilt vor allem für die rechten Winkel:

<u>Satz 1</u> Orthogonale Flächen und Linien bleiben nach einer Inversion orthogonal.

215. Einer Kugel

$$A(x^2 + y^2 + z^2) - 2(Bx + Cy + Dz) + E = 0 \quad , \quad AE \neq 0 \qquad (11)$$

entspricht die <u>Kugel</u>

$$E(x^2 + y^2 + z^2) - 2p(Bx + Cy + Dz) + Ap^2 = 0 \quad , \qquad (12)$$

einer durch 0 gehenden Kugel E = 0 also eine Ebene und umgekehrt. Rechnen wir also die Ebenen mit zu den Kugeln und ebenso die Geraden mit zu den Kreisen, so haben wir die

2. Eigenschaft der Inversion

Die Inversion ist kugeltreu und damit auch kreistreu.

Soll die Kugel (11) sich selbst entsprechen, so muß

$$E = p\,A \quad , \qquad (13)$$

also mit $A = 0$ ihre Gleichung

$$Bx + Cy + Dz = 0 \qquad (14)$$

sein, sie selbst eine Ebene durch den Ursprung. Ist aber $A \neq 0$, so kommt mit $A = 1$ die Kugel

$$x^2 + y^2 + z^2 - 2(Bx + Cy + Dz) + p = 0 \quad . \qquad (15)$$

Das Radiusquadrat von (15) ist

$$R^2 = B^2 + C^2 + D^2 - p = r_m^2 - a^2 \qquad (16)$$

wo r_m der Abstand des Kugelmittelpunktes vom Ursprung ist, d.h. die Kugel (15) trifft die Inversionskugel

$$x^2 + y^2 + z^2 = p \qquad (17)$$

orthogonal. Nennt man eine Figur anallagmatisch, wenn sie einer Inversion gegenüber invariant ist, so hat man die

3. Eigenschaft der Inversion.

Alle Kugeln (und damit auch alle Kreise), welche die Inversionskugel orthogonal schneiden, sind anallagmatisch.

216. Satz 2 Bei einer Inversion entspricht einer Minimalgeraden eine Minimalgerade.

Beweis Minimalgerade heißt eine Gerade, die den absoluten Kreis

$$x^2 + y^2 + z^2 = 0 \quad , \qquad t = 0 \qquad (1)$$

trifft. Eine Gerade durch den Punkt $x_0|y_0|z_0$ hat in homogenen Koordinaten die Gleichungen

$$\frac{x - x_0 t}{\alpha} = \frac{y - y_0 t}{\beta} = \frac{z - z_0 t}{\gamma} \qquad (2)$$

oder

$$x = x_0 t + \alpha\lambda \quad , \quad y = y_0 t + \beta\lambda \quad , \quad z = z_0 t + \gamma\lambda \qquad (3)$$

Sie trifft (1), wenn

$$\alpha^2 + \beta^2 + \gamma^2 = 0 \qquad (4)$$

ist. Setzt man

$$x_0^2 + y_0^2 + z_0^2 = A \quad , \qquad \alpha x_0 + \beta y_0 + \gamma z_0 = B \qquad (5)$$

so entspricht (3) für t = 1 bei der Inversion

$$\bar{x} = \frac{px}{x^2 + y^2 + z^2}, \quad \bar{y} = \frac{py}{x^2 + y^2 + z^2}, \quad \bar{z} = \frac{pz}{x^2 + y^2 + z^2} \tag{6}$$

das Gebilde

$$\bar{x} = \frac{p(x_0 + \alpha\lambda)}{A + 2B\lambda}, \quad \bar{y} = \frac{p(y_0 + \beta\lambda)}{A + 2B\lambda}, \quad \bar{z} = \frac{p(z_0 + \gamma\lambda)}{A + 2B\lambda} \tag{7}$$

Daraus folgt

$$\lambda = \frac{A\bar{x} - px_0}{p\alpha - 2B\bar{x}} = \frac{A\bar{y} - py_0}{p\beta - 2B\bar{y}} = \frac{A\bar{z} - pz_0}{p\gamma - 2B\bar{z}} \tag{8}$$

Damit kommen die Gleichungen

$$(A\beta - 2By_0)\bar{x} - (A\alpha - 2Bx_0)\bar{y} = p(\beta x_0 - \alpha y_0)$$
$$(A\gamma - 2Bz_0)\bar{x} - (A\alpha - 2Bx_0)\bar{z} = p(\gamma x_0 - \alpha z_0) \quad ,$$

die ersichtlich eine Gerade darstellen, die durch den Bildpunkt

$$\bar{x}_0 = \frac{px_0}{A}, \quad \bar{y}_0 = \frac{py_0}{A}, \quad \bar{z}_0 = \frac{pz_0}{A} \tag{10}$$

von $x_0|y_0|z_0$ geht und die Richtungsfaktoren

$$A\alpha - 2Bx_0 | A\beta - 2By_0 | A\gamma - 2Cz_0 \tag{11}$$

besitzt, für die

$$(A\alpha - 2Bx_0)^2 + (A\beta - 2By_0)^2 + (A\gamma - 2Bz_0)^2 = -4AB.B + 4B^2A = 0 \tag{12}$$

ist. Sie ist also ebenfalls eine <u>Minimalgerade</u>.
Wir wählen als Richtungsfaktoren statt (11)

$$\bar{\alpha} = \alpha - \frac{2B}{A} x_0, \quad \bar{\beta} = \beta - \frac{2B}{A} y_0, \quad \bar{\gamma} = \gamma - \frac{2B}{A} z_0 \tag{13}$$

oder wegen (10) auch

$$\bar{\alpha} = \alpha - \frac{2B}{p} \bar{x}_0, \quad \bar{\beta} = \beta - \frac{2B}{p} \bar{y}_0, \quad \bar{\gamma} = \gamma - \frac{2B}{p} \bar{z}_0 \tag{14}$$

Man erkennt sofort, daß die gegebene Minimalgerade (2) und ihr Bild

$$\frac{x - \bar{x}_0}{\bar{\alpha}} = \frac{y - \bar{y}_0}{\bar{\beta}} = \frac{z - \bar{z}_0}{\bar{\gamma}} \tag{15}$$

den Schnittpunkt S

$$x_0 - \frac{A - p}{2B}\alpha \Big| y_0 - \frac{A - p}{2B}\beta \Big| z_0 - \frac{A - p}{2B}\gamma \tag{16}$$

besitzen und auf dem Minimalkegel mit der Spitze in S

$$x^2 + y^2 + z^2 - 2(x_0 - \frac{A-p}{2B}\alpha)x - 2(y_0 - \frac{A-p}{2B}\beta)y - 2(z_0 - \frac{A-p}{2B}\gamma)z + p = 0 \quad (17)$$

liegen.

217. Ein Punkt des absoluten Kreises sei

$$\alpha \mid \beta \mid \gamma \quad , \quad (18)$$

so daß (4) gilt. Die absolute Tangente in ihm ist

$$\alpha x + \beta y + \gamma z = 0 \quad , \quad t = 0 \quad (19)$$

Eine beliebige Ebene durch sie, eine sogenannte Minimalebene, hat die Gleichung

$$\alpha x + \beta y + \gamma z + \delta = 0 \quad . \quad (20)$$

Nun ist die allgemeine Lösung von (4) mittels des Parameters λ

$$\sigma\alpha = 1 - \lambda^2 \quad , \quad \sigma\beta = 2\lambda \quad , \quad \sigma\gamma = i(1 + \lambda^2) \quad (21)$$

Mit

$$\sigma\delta = -2f(\lambda) \quad (22)$$

stellt

$$(1 - \lambda^2)x + 2\lambda y + i(1 + \lambda^2)z = 2f(\lambda) \quad (23)$$

bei veränderlichem λ eine Minimalebene dar, die eine Torse, eine sogenannte Fokaltorse erzeugt. Die Gleichungen der Erzeugenden sind (23) und die Ableitung von (23) nach λ

$$-\lambda x + y + i\lambda z = f'(\lambda) \quad (24)$$

Die Rückkehrkante der Torse folgt aus (23), (24) und der Ableitung von (24) nach λ

$$-x + iz = f''(\lambda) \quad (25)$$

(23) und (24) ergeben

$$\begin{aligned} (1 + \lambda^2)x &= -i(1 - \lambda^2)z + 2(f - \lambda f') \\ (1 + \lambda^2)y &= -2i\lambda z + 2\lambda f + (1 - \lambda^2)f' \end{aligned} \quad (26)$$

als Erzeugende, (23) und (25) ergeben die Rückkehrkante

$$x = f - \lambda f' - \frac{1-\lambda^2}{2}f'' , \quad y = f' - \lambda f'' , \quad iz = f - \lambda f' + \frac{1+\lambda^2}{2}f'' \quad (27)$$

Ihre Tangente hat die Richtungsfaktoren

$$\frac{dx}{d\lambda} = -\frac{1-\lambda^2}{2}f''' , \quad \frac{dy}{d\lambda} = -\lambda f''' , \quad \frac{dz}{d\lambda} = \frac{1}{i}\,\frac{1+\lambda^2}{2}f''' \quad (28)$$

so daß

$$\left(\frac{dx}{d\lambda}\right)^2 + \left(\frac{dy}{d\lambda}\right)^2 + \left(\frac{dz}{d\lambda}\right)^2 = 0 \quad (29)$$

ist. Die Rückkehrkante ist also eine sogenannte Minimalkurve mit Bogenlänge Null: Die Minimalgeraden gehören mit dazu. Die Gleichungen der Tangente der Rückkehrkante sind

$$\xi = x + \mu\frac{dx}{d\lambda}\ ,\quad \eta = y + \mu\frac{dy}{d\lambda}\ ,\quad \zeta = z + \mu\frac{dz}{d\lambda} \qquad (30)$$

Sie trifft den absoluten Kreis- ist also Minimalgerade - in einem Punkt, dessen μ aus

$$\xi^2 + \eta^2 + \zeta^2 = 0$$

folgt. Nun ist wegen (29)

$$\xi^2 + \eta^2 + \zeta^2 = x^2 + y^2 + z^2 + 2(x\frac{dx}{d\lambda} + y\frac{dy}{d\lambda} + z\frac{dz}{d\lambda}).\mu \qquad (32)$$

und es kommt

$$x^2 + z^2 + y^2 = -(2f - 2\lambda f' + \lambda^2 f'')f'' + y^2 = f'^2 - 2ff'' \qquad (33)$$

und

$$2(x\frac{dx}{d\lambda} + y\frac{dy}{d\lambda} + z\frac{dz}{d\lambda}) = \frac{d}{d\lambda}(x^2 + y^2 + z^2) = -2ff''' \ , \qquad (34)$$

also wird

$$f'^2 - 2ff'' - 2ff'''\mu = 0 \ ,$$

$$\mu = \frac{f'^2 - 2ff''}{2ff'''} \qquad (35)$$

Der Schnittpunkt der Tangente mit dem absoluten Kreis ist also

$$\left.\begin{aligned} \xi &= f - \lambda f' - \frac{1-\lambda^2}{4}(\frac{f'^2}{f}) \ ,\quad \eta = f' - \frac{\lambda}{2}(\frac{f'^2}{f}) \\ i\zeta &= f - \lambda f' + \frac{1+\lambda^2}{4}(\frac{f'^2}{f}) \end{aligned}\right\} \qquad (36)$$

218. Nun lautet die Gleichung der den absoluten Kreis berührenden Minimalebene (23) in homogenen Koordinaten

$$ux + vy + wz + \vartheta t = 0 \qquad \text{wo} \qquad (37)$$

$$\sigma u = 1 - \lambda^2,\ \sigma v = 2\lambda\ ,\ \sigma w = i(1 + \lambda^2),\ \sigma\vartheta = -2f(\lambda) \qquad (38)$$

ist. Ist nun $F(x|y|z|t) = 0$ die Ordnungsgleichung,

$$\Phi(u|v|w|\vartheta) = 0 \qquad (40)$$

die Klassengleichung einer Fläche in homogenen Punkt- bzw. Ebenenkoordinaten, so lautet die Bedingung dafür, daß (37) Berührebene von (40) ist

$$\Phi\{1 - \lambda^2 | 2\lambda | i(1 + \lambda^2) | -2f(\lambda)\} = 0 \qquad (41)$$

Dies ist eine Gleichung für $f(\lambda)$, so daß die Gleichungen (26) die Fokaltorse, die Gleichungen (27) ihre Rückkehrkante in bezug auf die Fläche (40) darstellen.

Die Tangente (30) der Rückkehrkante lautet ausführlich

$$\begin{aligned} \xi &= f - \lambda f' - \frac{1-\lambda^2}{2}(f'' + \mu f''') \quad , \\ \eta &= f' - \lambda(f'' + \mu f''') \\ i\zeta &= f - \lambda f' + \frac{1+\lambda^2}{2}(f'' + \mu f''') \end{aligned} \tag{42}$$

Sie ist eine Minimalgerade und enthält einen reellen Punkt, ihren sogenannten Fokalpunkt, den wir für den Fall, daß sich $f(\lambda)$ aus (41) als reelle Funktion berechnen läßt, sofort angeben können. Es muß dann $\zeta = 0$, d.h.

$$f'' + \mu f''' = -\frac{2(f - \lambda f')}{1 + \lambda^2} \quad , \tag{43}$$

also

$$\xi = \frac{2(f - \lambda f')}{1 + \lambda^2}, \quad \eta = \frac{2\lambda}{1 + \lambda^2} f + \frac{1 - \lambda^2}{1 + \lambda^2} f' \tag{44}$$

sein. Für veränderliches λ stellt (44) die Fokalkurve der Fokaltorse dar. Ist z.B.

$$F = \frac{x^2}{a^2} + \frac{y^2}{b^2} + \frac{z^2}{c^2} - t^2 = 0 \quad , \tag{45}$$

so wird

$$\Phi = a^2u^2 + b^2v^2 + c^2w^2 - \vartheta^2 = 0 \tag{46}$$

und es kommt

$$\begin{aligned} 4f^2(\lambda) &= a^2(1 - \lambda^2)^2 + 4b^2\lambda^2 - c^2(1 + \lambda^2)^2 = \\ &= c'^2(1 + \lambda^2)^2 - 4b'^2\lambda^2 \end{aligned} \tag{47}$$

$$2ff' = \lambda\left\{c'^2(1 + \lambda^2) - 2b'^2\right\} \tag{48}$$

$$\frac{\xi}{c'} = \frac{c'(1 - \lambda^2)}{2f} \quad , \quad \frac{\eta}{\sqrt{c'^2 - b'^2}} = \frac{2\sqrt{c'^2 - b'^2}\cdot\lambda}{2f} \tag{49}$$

also

$$\frac{\xi^2}{c'^2} + \frac{\eta^2}{c'^2 - b'^2} = 1 \tag{50}$$

wie es sein muß (siehe Nr. 207).

Da (47) und (48) nur von $c'^2 = a^2 - c^2$, $b'^2 = a^2 - b^2$ abhängen, so haben alle Flächen

$$F_\nu = \frac{x^2}{a^2 + \nu} \quad \frac{y^2}{b^2 + \nu} \quad \frac{z^2}{c^2 + \nu} = 1 \tag{51}$$

dieselbe Fokalellipse. Die Flächen heißen konfokal.

219. Def. 1. Der Ausdruck

$$\equiv (x-a)^2+(y-b)^2+(z-c)^2-r^2 \equiv p$$
$$\equiv x^2+y^2+z^2-2(ax+by+cz)+d$$

heißt die Potenz der Kugel

$$K \equiv (X-a)^2+(Y-b)^2+(Z-c)^2-r^2 \equiv$$
$$\equiv X^2+Y^2+Z^2-2(aX+bY+cZ)+d=0$$

im Punkt $P(x|y|z)$. Es ist

$$p=\begin{Bmatrix}+t^2\\0\\-s^2\end{Bmatrix}, \text{ je nachdem } P \begin{cases}\text{außerhalb}\\\text{auf}\\\text{innerhalb}\end{cases}$$

K liegt. t^2 ist das Quadrat des Tangentenabschnittes, s^2 das der Halbsehne durch P.

Satz 1 Der Ort der Punkte, in denen die nichtkonzentrischen Kugeln

$$K_i \equiv x^2+y^2+z^2-2(a_ix+b_iy+c_iz)+d_i=0\,,\quad i=1,2 \tag{3}$$

die gleiche Potenz haben, ist die Potenzebene

$$K_1=K_2\quad. \tag{4}$$

Sie ist senkrecht zur Mittelpunktslinie von K_1 und K_2 und enthält alle Schnittpunkte (den Berührpunkt) von K_1 und K_2.

Def. 2. Kugeln mit derselben Potenzebene heißen koaxial.

Sie bilden ein Kugelbüschel. Je nachdem sie $\begin{cases}\text{einen Kreis}\\\text{einen Punkt}\\\text{keinen Punkt}\end{cases}$ gemeinsam haben, heißt das Büschel $\begin{cases}\text{elliptisch}\\\text{parabolisch}\\\text{hyperbolisch}\end{cases}$

Satz 2 Der Ort der Punkte, in denen die drei zu je zweien nicht konzentrischen Kugeln (3) von Satz 1, $i=1,2,3$ die gleiche Potenz haben, ist die Potenzlinie

$$K_1=K_2=K_3\quad, \tag{5}$$

oder es sind die drei Potenzebenen bei kollinearen Kugelmittelpunkten parallel.

Def. 3. Kugeln mit derselben Potenzlinie bilden ein Kugelbündel. Je nachdem sie
- zwei Punkte
- einen Punkt
- keinen Punkt

gemein haben oder auch einen Kreis
- nach seinen Durchmessern
- vom Radius Null
- senkrecht

schneiden, heißt das Bündel
- elliptisch
- parabolisch
- hyperbolisch

Satz 3 Die Potenzebenen von vier zu je zwei nicht konzentrischen Kugeln sind entweder alle parallel (wenn die Kugelmittelpunkte kollinear sind), oder parallel zu einer Geraden (wenn die Kugelmittelpunkte koplanar sind), oder sie gehen durch einen Punkt, ihr Potenzzentrum $K_1 = K_2 = K_3 = K_4$

Def. 4. Kugeln mit demselben Potenzzentrum bilden ein Kugelgebüsch. Je nachdem es eine Kugel gibt, die alle Kugeln orthogonal schneidet oder eine solche, aus der die Kugeln Großkreise ausschneiden, oder alle Kugeln durch einen Punkt gehen, heißt das Gebüsch
- hyperbolisch
- elliptisch
- parabolisch

Satz 4 Wird eine Kugel von zwei anderen senkrecht oder nach Großkreisen geschnitten, so liegt ihr Mittelpunkt auf der Potenzebene der beiden und wird von jeder mit ihnen koaxialen Kugel senkrecht oder nach einem Großkreis geschnitten.

Satz 5 Haben die Kugeln eines Büschels keinen gemeinsamen Punkt, so gibt es unter ihnen zwei Grenzkugeln vom Radius Null, die invers zu jeder Büschelkugel sind. Jede Kugel durch sie schneidet alle Büschelkugeln senkrecht. Alle diese Kugeln bilden das zu dem Kugelbüschel konjugierte Kugelbündel.

Satz 6 Haben die Kugeln eines Büschels einen gemeinsamen Kreis, so bilden alle sie senkrecht schneidenden Kugeln das zum Kugelbüschel konjugierte Kugelbündel.

Satz 7 Haben die Kugeln eines Büschels einen Berührpunkt gemeinsam, so bilden alle sie senkrecht schneidenden Kugeln das zum Kugelbüschel konjugierte Kugelbündel durch jenen Punkt.

Satz 8 Drei Kugeln, die keinem Kugelbüschel angehören, bestimmen ein Kugelbündel, vier Kugeln, deren Mittelpunkte nicht komplanar sind, ein Kugelgebüsch.

Satz 9 Ein zu einem Kugelbüschel inverses System ist entweder ein Kugelbüschel oder ein Ebenenbüschel durch eine Gerade oder ein Büschel von Parallelebenen.

Satz 10 Ein zu einem Kugelbündel inverses System ist entweder ein Kugelbündel oder ein Ebenenbündel durch einen Punkt oder ein Ebenenbündel parallel zu einer Geraden.

Satz 11 Ein zu einem Kugelgebüsch inverses System ist entweder ein Kugelgebüsch oder die Gesamtheit aller Ebenen.

220. Wir wollen für die Kugelmannigfaltigkeit noch kanonische Gleichungsformen angeben.
Das Kugelbüschel mit der x-Achse als Mittelpunktslinie und der yz-Ebene als Potenzebene hat die Gleichung

$$x^2 + y^2 + z^2 - 2\lambda x + p = 0 \quad , \quad \lambda \text{ veränderlich}, \ p \gtreqless 0 \qquad (7)$$

Das zu ihm konjugierte Kugelbündel hat die Gleichung

$$x^2 + y^2 + z^2 - 2\mu y - 2\nu z - p = 0 \quad , \quad \mu, \nu \text{ veränderlich} \qquad (8)$$

Die 3 Fälle der Sätze 5 bis 7 treten ein für $p \gtreqless 0$.

Das Kugelgebüsch mit dem Ursprung als Potenzzentrum hat die Gleichung

$$x^2 + y^2 + z^2 - 2\lambda x - 2\mu y - 2\nu z + p = 0 \qquad (9)$$

$$\lambda, \mu, \nu \text{ veränderlich} \quad p \gtreqless 0$$

Endlich wollen wir noch beweisen

Satz 12 Zwei zueinander inverse Kugeln bilden mit ihrer Inversionskugel ein Kugelgebüsch

Beweis Zwischen

$$K_1 \equiv x^2 + y^2 + z^2 - 2ax + E = 0$$

und ihrer an der Inversionskugel

$$K \equiv x^2 + y^2 + z^2 - p = 0$$

inversen Kugel

$$K_2 \equiv x^2 + y^2 + z^2 - \frac{2pa}{E} x + \frac{p^2}{E} = 0$$

besteht die Identität

$$K \equiv \frac{pK_1 - EK_2}{p - E}$$

§ 7. Zykliden, die ein dreifach orthogonales Flächensystem bilden. Nr. 221 und 222

221. Wir kommen jetzt auf die Nummern 211 bis 213 zurück. Wir haben dort die Hornzykliden (Zweihorn und Einhorn) durch Schiebungen und eine Inversion in einem senkrechten Kreiskegel bzw. Kreiszylinder verwandelt.
Nun gibt es bei einem senkrechten Kreiszylinder zwei Büschel von Ebenen, die zu ihm und untereinander orthogonal sind:
(1.) das Büschel der Ebenen durch seine Achse,
(2.) das senkrecht zu seiner Achse, sie sind es zu jedem Kreiszylinder derselben Achse: Diese Kreiszylinder und die beiden Ebenenbüschel bilden ein dreifach orthogonales Flächensystem (übrigens das System der "Zylinderkoordinatenflächen"). Geht man nun zu dem Einhorn zurück, so geht dieses Flächensystem wegen der Invarianz der rechten Winkel bei Bewegungen und Inversionen wiederum in ein dreifach orthogonales über, bestehend aus einem Büschel von Zylindern mit denselben Knoten und zwei Kugelbüscheln. Wir wollen diese bestimmen.
Die Zylindergleichung war

$$(x_1 - c')^2 + x_3^2 = b'^2 \tag{1}$$

Sie entstand durch die Inversion

$$x_i \rightarrow \frac{2a'^2 x_i}{x_1^2 + x_2^2 + x_3^2} \tag{2}$$

aus dem Einhorn

$$(x_1^2 + x_2^2 + x_3^2 - 2c'x_1)^2 - 4b'^2 x_1^2 + 4a'^2 x_3^2 = 0 \tag{3}$$

Die beiden Ebenenbüschel sind

$$x_2 = \text{const} = \frac{a'}{\lambda} \quad \text{senkrecht zur Zylinderachse} \tag{4}$$

$$x_1 - c' = \mu x_3 \quad \text{durch die Zylinderachse} \tag{5}$$

Das Büschel (4) entsteht aus dem Kugelbüschel

$$x_1^2 + x_2^2 + x_3^2 - 2\lambda a' x_2 = 0 \tag{6}$$

Durch den Schnitt von (3) und (6) geht auch

$$(c'x_1 - \lambda a' x_2)^2 - b'^2 x_1^2 + a'^2 x_3^2 = 0$$

oder

$$x_1^2 - 2\lambda \frac{c'}{a'} x_1 x_2 + \lambda^2 x_2^2 + 2\lambda a' x_2 - x_1^2 - x_2^2 = 0$$

oder

$$x_2 = \frac{2\lambda}{a'(\lambda^2 - 1)} \{c'x_1 - a'^2\} \tag{7}$$

Die Schiebung $x_1 \to x_1 + c'$ gibt nun die Gleichung (1_1) der Nr. 207 in der Gestalt

$$x_2 = \frac{2\lambda}{a'(\lambda^2 - 1)} (c'x_1 + b'^2) \tag{8}$$

Das Kugelbüschel schneidet also aus dem Einhorn die 1. Berührkreisfamilie aus, wie es sein muß.
Das Büschel (5) entsteht aus dem Kugelbüschel

$$x_1^2 + x_2^2 + x_3^2 - \frac{2a'^2}{c'} x_1 + \frac{2a'^2}{c'} \mu x_3 = 0 \tag{9}$$

Durch den Schnitt von (3) und (9) geht auch das Ebenenpaar

$$(\frac{b'^2}{c'} x_1 + \frac{a'^2}{c'} \mu x_3)^2 - b'^2 x_1^2 + a'^2 x_3^2 = 0$$

oder

$$(x_1 - \mu x_3)^2 = \frac{c'^2}{b'^2}(1 + \mu^2)x_3^2$$

oder

$$x_1 = (\pm \frac{c'}{b'} \sqrt{1+\mu^2} + \mu)x_3 \ , \tag{10}$$

das durch die Schiebung $x_1 \to x_1 + c'$ in die Gleichung (1_2) der Nr. 207 mit

$$\mu' = \frac{1}{\pm c'\sqrt{1 + \mu^2} + \mu b'} \tag{11}$$

übergeht, so daß also das Kugelbüschel aus dem Einhorn die 2. Berührkreisfamilie ausschneidet.

Aufgabe. Bestimme ebenso die beiden Kugelbüschel und ihre Schnitte mit dem Zweihorn, die dem Ebenenbüschel durch die Achse des Kreiskegels und dem Büschel der konzentrischen Kugeln um die Spitze des Bildkreiskegels entsprechen und zeige, daß sie aus dem Zweihorn die beiden Berührkreisfamilien ausschneiden.

222. Der Torus hat nach (12_1) der Nr. 207 die Parameterdarstellung $(b' = 0)$

$$X_1 = \frac{c' + \mu k}{\lambda} \ , \quad X_2 = \frac{\sqrt{\lambda^2 - 1}}{\lambda}(c' + \mu k), \ X_3 = \sqrt{1-\mu^2}k \tag{11}$$

Elimination von λ liefert die Kreisfamilie

$$X_1^2 + X_2^2 = (c' + \mu k)^2 \ , \quad X_3 = \pm \sqrt{1 - \mu^2}k \tag{12}$$

parallel zur x_1x_2-Ebene, Elimination von μ die Kreisfamilie

$$(x_1 - \frac{c'}{\lambda})^2 + (x_2 - \frac{c'\sqrt{\lambda^2 - 1}}{\lambda})^2 + x_3^2 = k^2$$
$$x_2 = \sqrt{\lambda^2 - 1}\; x_1 \qquad (13)$$

Man kann zeigen, daß sie durch eine Inversion in die beiden Kreisfamilien der Ringzykliden übergeht, welche den Torus in diese verwandelt (vergleiche Nr. 213).

§ 8. Die allgemeinen Zykliden 4. Ordnung. Nr. 223–229 [1]

223. Wir definieren die allgemeinen Zykliden durch die Forderung, daß sie den absoluten Kreis

$$x_1^2 + x_2^2 + x_3^2 = 0 \quad , \quad x_4 = 0 \qquad (1)$$

als Doppelkurve besitzen. Dann muß ihre Gleichung die Gestalt

$$f_o(x_1^2 + x_2^2 + x_3^2)^2 - 2f_1(x_1^2 + x_2^2 + x_3^2)x_4 + f_2x_4^2 = 0 \qquad (2)$$

haben, wo f_o eine Konstante,

$$f_1 = a_1x_1 + a_2x_2 + a_3x_3$$

und f_2 eine homogene Form 2. Grades in $x_1|x_2|x_3|x_4$ ist. Ist $f_o = 0$, so hat man eine durch den absoluten Kreis gehende Fläche 3. Ordnung. Sei $f_o = 1$, dann bringt die Parallelverschiebung $x_i \to x_i + a_i$, $i = 1,2,3$ (2) in die Gestalt

$$(x_1^2 + x_2^2 + x_3^2)^2 + g_2x_4^2 = 0 \quad ,$$

wo g_2 die Gestalt von f_2 hat. Eine Drehung um den Ursprung endlich stellt die kanonische Form

$$(x_1^2 + x_2^2 + x_3^2)^2 - 4(A_1x_1^2 + A_2x_2^2 + A_3x_3^2) +$$
$$+ 8(B_1x_1 + B_2x_2 + B_3x_3) - 4C = 0 \qquad (3)$$

her.

Besitzt die Zyklide einen endlichen Doppelpunkt, so läßt sie sich entweder als Inverse einer Fläche 2. Grades oder als Fußpunktsfläche einer solchen gewinnen.

Ist nämlich der Nullpunkt O der Doppelpunkt, so ist f_2 in (2) eine homogene Form 2. Grades in $x_1|x_2|x_3$. Die Inversion

$$\frac{x_1}{\bar{x}_1} = \frac{x_2}{\bar{x}_2} = \frac{x_3}{\bar{x}_3} = \frac{p}{\bar{x}_1^2 + \bar{x}_2^2 + \bar{x}_3^2} \qquad (4)$$

---

1) Vergleiche zum Folgenden G. Darboux, Principes de géometrie analytique, Paris 1917, S. 407 ff. Eine sehr schöne Darstellung findet sich auch bei C. M. Jessop, Quadric surfaces with singular points, Cambridge 1916, Ch. V.

ergibt dann in $\bar{x}_1|\bar{x}_2|\bar{x}_3$ geschrieben

$$f_2 - 2pf_1 + p^2 = 0 \quad , \tag{5}$$

also eine Fläche 2. Grades.

Wir suchen weiter die Hüllfläche der Ebene, die man im Zyklidenpunkt $P(x_1|x_2|x_3)$ auf OP errichten kann. Die Ebene hat die Gleichung

$$x_1x_4X_1 + x_2x_4X_2 + x_3x_4X_3 - (x_1^2 + x_2^2 + x_3^2)X_4 = 0 \quad ,$$

also die Ebenenkoordinaten

$$\varrho u_1 = x_1x_4 \; , \; \varrho u_2 = x_2x_4 \; , \; \varrho u_3 = x_3x_4 \; , \; \varrho u_4 = -(x_1^2+x_2^2+x_3^2) \tag{6}$$

Dazu gilt (2) mit f_2 als homogener quadratischer Form in $x_1|x_2|x_3$. Mit (6) folgt

$$f_2 + 2f_1u_4 + u_4^2 = 0 \quad , \tag{7}$$

wo f_1 und f_2 in den u_i geschrieben sind, also eine Fläche 2. Grades, deren Fußpunktsfläche offenbar die Zyklide ist [1)]

Übrigens ist (7) die zu (5) in bezug auf die Inversionskugel

$$x_1^2 + x_2^2 + x_3^2 - px_4^2 = 0 \tag{8}$$

reziproke Fläche. Denn die Polarebene von $x_1|x_2|x_3|x_4$ in bezug auf (8) hat die Koordinaten

$$\varrho u_1 = x_1 \quad , \quad \varrho u_2 = x_2 \quad , \quad \varrho u_3 = x_3 \quad , \quad \varrho u_4 = -px_4 \tag{9}$$

Aus (5) oder $f_2 - 2pf_1x_4 + p^2x_4^2 = 0$ wird dann sofort (7).

224. Die Schnitte der Zykliden mit den Ebenen sind bizirkulare Kurven 4. Ordnung, diejenigen mit ihren Berührebenen solche mit dem Berührpunkt als Doppelpunkt. Die ebenen Schnitte der Zykliden 3. Ordnung sind zirkulare Kurven 3. Ordnung. Der Schnitt der Zyklide (2) mit der Kugel

$$x_1^2 + x_2^2 + x_3^2 = 2g_1x_4 \tag{10}$$

wo g_1 eine homogene lineare Form in $x_1|x_2|x_3|x_4$ ist, geht durch die Fläche 2. Ordnung

$$4g_1^2 - 4f_1g_1 + f_2 = 0 \tag{11}$$

ist also eine Raumkurve 4. Ordnung 1. Spezies, die man hier speziell eine <u>sphärische biquadratische Kurve</u> nennt. Berührt (10) die Zyklide, so hat der Schnitt im Berührpunkt einen Doppelpunkt. Ist dieser der Nullpunkt mit $x_3 = 0$ als Berührebene, so ist $g_1 = ax_3$, $f_2 = \check{f}_2 + 2Dx_3x_4$, wo $\check{f}_2$ homogen in $x_1|x_2|x_3$ ist. (11) erhält die Gestalt

$$4a^2x_3^2 - 4af_1x_3 + \check{f}_2 + \frac{D}{a}(x_1^2 + x_2^2 + x_3^2) = 0 \quad , \tag{11'}$$

---

1) Wir werden auf diese Zykliden im 9. Abschnitt näher eingehen.

ist also ein Kegel. Jede Inversion mit O als Pol verwandelt, da sie den Kegel unverändert läßt, die Schnittkurve in einen Kegelschnitt. Berührt die Kugel die Zyklide in zwei Punkten, so ist ihr Schnitt mit der Zyklide die Inversion eines Kegelschnittes mit Doppelpunkt, d.h. eines Geradenpaares, besteht also aus zwei Kreisen. Liegt umgekehrt ein Kreis auf der Zyklide, so muß seine Ebene und jede Kugel durch ihn die Zyklide noch in einem zweiten Kreise schneiden und daher die Zyklide in zwei Punkten berühren.

225. Um alle Kreise auf der Zyklide zu erhalten, muß man also die Kugeln bestimmen, die sie in zwei Punkten berühren. Man hat dazu durch den Schnitt (10) und (11) eine Fläche 2. Ordnung zu legen, die in zwei Ebenen zerfällt: Dann besteht der Schnitt aus zwei Kreisen. Das wollen wir für die kanonische Form (3) durchführen mit

$$\varepsilon_1 = \alpha_1 x_1 + \alpha_2 x_2 + \alpha_3 x_3 - p \tag{12}$$

Die Schnittkurve ist dann durch

$$\left.\begin{aligned} &(\alpha_1 x_1 + \alpha_2 x_2 + \alpha_3 x_3 - p)^2 - (A_1 x_1^2 + A_2 x_2^2 + A_3 x_3^2) + \\ &2(B_1 x_1 + B_2 x_2 + B_3 x_3) - C = 0 \\ &x_1^2 + x_2^2 + x_3^2 - 2(\alpha_1 x_1 + \alpha_2 x_2 + \alpha_3 x_3) + 2p = 0 \end{aligned}\right\} \tag{13}$$

dargestellt. Nun soll die Fläche

$$\begin{aligned} &(\alpha_1 x_1 + \alpha_2 x_2 + \alpha_3 x_3 - p)^2 - (A_1 x_1^2 + A_2 x_2^2 + A_3 x_3^2) + \\ &+ 2(B_1 x_1 + B_2 x_2 + B_3 x_3) - C - \lambda\{x_1^2 + x_2^2 + x_3^2 - \\ &- 2(\alpha_1 x_1 + \alpha_2 x_2 + \alpha_3 x_3) + 2p\} = 0 \end{aligned} \tag{14}$$

zwei Ebenen darstellen. Dann muß die Koeffizientendeterminante

$$\begin{vmatrix} \alpha_1^2 - (\lambda + A_1) & \alpha_1\alpha_2 & \alpha_1\alpha_3 & B_1 - \alpha_1(p - \lambda) \\ \alpha_1\alpha_2 & \alpha_2^2 - (\lambda + A_2) & \alpha_2\alpha_3 & B_2 - \alpha_2(p - \lambda) \\ \alpha_1\alpha_3 & \alpha_2\alpha_3 & \alpha_3^2 - (\lambda + A_3) & B_3 - \alpha_3(p - \lambda) \\ B_1 - \alpha_1(p - \lambda) & B_2 - \alpha_2(p - \lambda) & B_3 - \alpha_3(p - \lambda) & -C + p^2 - 2\lambda p \end{vmatrix} \tag{15}$$

der Fläche (14) den Rang 2 haben, d.h. alle ihre Unterdeterminanten 3. Ordnung müssen verschwinden. Dazu genügt das Verschwinden der umrahmten und der Determinante

$$\begin{vmatrix} \alpha_1\alpha_2 & \alpha_1\alpha_3 & B_1 - \alpha_1(p - \lambda) \\ \alpha_2^2 - (\lambda + A_2) & \alpha_2\alpha_3 & B_2 - \alpha_2(p - \lambda) \\ B_2 - \alpha_2(p - \lambda) & B_3 - \alpha_3(p - \lambda) & -C + p^2 - 2\lambda p \end{vmatrix} \tag{16}$$

Alle drei Determinanten sind Superdeterminanten der Determinante

$$\begin{vmatrix} \alpha_1\alpha_2 & \alpha_1\alpha_3 \\ \alpha_2^2 - (\lambda + A_2) & \alpha_2\alpha_3 \end{vmatrix} = \alpha_1\alpha_3(\lambda + A_2) \tag{17}$$

die nicht verschwinden darf. Mit diesen drei verschwinden aber, wie man leicht nachrechnet, alle Superdeterminanten von (15) und damit nach dem Satze von Kronecker überhaupt alle Determinanten 3. Ordnung von (15).

So kommen der Reihe nach die drei Bedingungsgleichungen

$$\frac{\alpha_1^2}{\lambda + A_1} + \frac{\alpha_2^2}{\lambda + A_2} + \frac{\alpha_3^2}{\lambda + A_3} = 1 \tag{18}$$

$$p = \lambda + \frac{\alpha_1 B_1}{\lambda + A_1} + \frac{\alpha_2 B_2}{\lambda + A_2} + \frac{\alpha_3 B_3}{\lambda + A_3} \tag{19}$$

$$\frac{B_1^2}{\lambda + A_1} + \frac{B_2^2}{\lambda + A_2} + \frac{B_3^2}{\lambda + A_3} - C - \lambda^2 = f(\lambda) = 0 \tag{20}$$

Nun führt aber das Verschwinden von α_1 und α_3 in (17) auf keine anderen als die Bedingungen (18) bis (20) für $\alpha_1 = 0$ oder $\alpha_3 = 0$ und $\lambda + A_2 = 0$ ergibt $\alpha_2 = 0$, $B_2 = 0$, d.h. wiederum die Gleichungen (18) bis (20) ohne die Glieder mit Nenner $\lambda + A_2$. Die Gleichungen (18) bis (20) sind also die notwendigen und hinreichenden Bedingungen dafür, daß die Fläche (14) in zwei Ebenen zerfällt.

(20) ist vom 5. Grade in λ. Die doppelberührenden Kugeln der Zyklide verteilen sich also auf fünf verschiedene Serien.

Die Gleichung (18) stellt für den Ort des Mittelpunktes $\alpha_1|\alpha_2|\alpha_3$ einer berührenden Kugel eine Fläche 2. Grades dar: Die 5 zu den 5 Serien gehörenden Flächen sind <u>homofokal</u>.

Eine doppelt berührende Kugel hat die Gleichung

$$\begin{aligned} x_1^2 + x_2^2 + x_3^2 - 2\alpha_1\left(x_1 - \frac{B_1}{\lambda + A_1}\right) - 2\alpha_2\left(x_2 - \frac{B_2}{\lambda + A_2}\right) - \\ - 2\alpha_3\left(x_3 - \frac{B_3}{\lambda + A_3}\right) + 2\lambda = 0 \end{aligned} \tag{21}$$

Im Punkt

$$\frac{B_1}{\lambda + A_1} \,\Big|\, \frac{B_2}{\lambda + A_2} \,\Big|\, \frac{B_3}{\lambda + A_3} \tag{22}$$

haben die Kugeln (21) einer Serie dieselbe Potenz

$$\frac{B_1^2}{(\lambda + A_1)^2} + \frac{B_2^2}{(\lambda + A_2)^2} + \frac{B_3^2}{(\lambda + A_3)^2} + 2\lambda = -f'(\lambda) \tag{23}$$

Er ist also das gemeinsame Potenzzentrum aller Kugeln einer Serie. Die Kugel um ihn mit Radius $\sqrt{-f'(\lambda)}$ schneidet also alle Kugeln rechtwinklig. Ihre Gleichung ist

$$x_1^2 + x_2^2 + x_3^2 - \frac{2B_1}{\lambda + A_1}x_1 - \frac{2B_2}{\lambda + A_2}x_2 - \frac{2B_3}{\lambda + A_3}x_3 - 2\lambda = 0 \qquad (24)$$

Der Radius $\sqrt{-f'(\lambda)}$ ist Null nur für eine vielfache Wurzel von (20). Dann gehen alle Kugeln der Serie durch den Punkt (22). Die 5 Kugeln (24) für die 5 Serien sind zu je zweien orthogonal. Für zwei Kugeln verschiedener Serien λ und λ' folgt nämlich aus (20)

$$f(\lambda) - f(\lambda') = (\lambda' - \lambda)\left\{\frac{B_1^2}{(\lambda + A_1)(\lambda' + A_1)} + \frac{B_2^2}{(\lambda + A_2)(\lambda' + A_2)} + \frac{B_3^2}{(\lambda + A_3)(\lambda' + A_3)} + \lambda + \lambda'\right\} = 0 \qquad (25)$$

Dies ist aber die Orthogonalitätsbedingung für die beiden Kugeln. Wir haben den

Satz von Moutard Eine Zyklide ist auf 5 verschiedenen Arten die Hüllfläche einer Serie von Kugeln, die eine gegebene Kugel senkrecht schneiden und deren Mittelpunkte eine feste Fläche 2. Grades beschreiben.

226. Man hat nun umgekehrt folgende

1. Aufgabe [1] Eine Kugel treffe stets die Kugel

$$x_1^2 + x_2^2 + x_3^2 = p \qquad (26)$$

orthogonal und ihr Mittelpunkt beschreibe die Mittelpunktsfläche 2. Grades

$$A_1(x_1 - a_1)^2 + A_2(x_2 - a_2)^2 + A_3(x_3 - a_3)^2 = 1 \quad . \qquad (27)$$

Welche Fläche umhüllt sie?

Lösung Der Kugelmittelpunkt sei $y_1|y_2|y_3$, ihre Gleichung also

$$x_1^2 + x_2^2 + x_3^2 - 2(y_1x_1 + y_2x_2 + y_3x_3) + p = 0 \qquad (28)$$

Dann gilt

$$A_1(y_1 - a_1)^2 + A_2(y_2 - a_2)^2 + A_3(y_3 - a_3)^2 = 1 \quad , \qquad (29)$$

1) Vergleiche dazu KB Nr. 182.

Betrachtet man y_1 und y_2 als unabhängige Veränderliche, y_3 als abhängige, so folgt aus (28) und (29)

$$\left.\begin{array}{l} x_1 + x_3 \dfrac{\partial y_3}{\partial y_1} = 0 \\ x_2 + x_3 \dfrac{\partial y_3}{\partial y_2} = 0 \end{array}\right\} \quad (30)$$

und

$$\left.\begin{array}{l} A_1(y_1 - a_1) + A_3(y_3 - a_3) \dfrac{\partial y_3}{\partial y_1} = 0 \\ A_2(y_2 - a_2) + A_3(y_3 - a_3) \dfrac{\partial y_3}{\partial y_2} = 0 \end{array}\right\} \quad (31)$$

Aus (30) und (31) folgt

$$\frac{A_1(y_1 - a_1)}{x_1} = \frac{A_2(y_2 - a_2)}{x_2} = \frac{A_3(y_3 - a_3)}{x_3} = p \quad (32)$$

Die Elimination von y_1, y_2, y_3 aus (28), wo man $y_i - a_i + a_i$ anstelle von y_i, $i = 1,2,3$ schreibe, ergibt die Zyklide

$$\left\{x_1^2 + x_2^2 + x_3^2 - 2(a_1x_1 + a_2x_2 + a_3x_3) + p\right\}^2 = 4\left(\frac{x_1^2}{A_1} + \frac{x_2^2}{A_2} + \frac{x_3^2}{A_3}\right) \quad (33)$$

Man führe die Rechnung der Nr. 225 für diese Gleichung durch und zeige, daß

$$\lambda_0 = -\frac{1}{2}(a_1^2 + a_2^2 + a_3^2 - p) \quad (34)$$

die Daten der Aufgabe liefert, während die übrigen Werte von λ die Gleichung 4. Grades

$$\frac{A_1a_1^2}{1 + A_1(\lambda - \lambda_0)} + \frac{A_2a_2^2}{1 + A_2(\lambda - \lambda_0)} + \frac{A_3a_3^2}{1 + A_3(\lambda - \lambda_0)} + \lambda + \lambda_0 = 0 \quad (35)$$

erfüllen.

2. Aufgabe Löse die 1. Aufgabe für den Fall, daß der Kugelmittelpunkt das Paraboloid

$$A_2(x_2 - a_2)^2 + A_3(x_3 - a_3)^2 - 2B_1(x_1 - a_1) = 0$$

beschreibt (Vergleiche Nr. 229).

Die Gleichung (35) ist gegenüber der Inversion

$$\bar{x}_i = \frac{px_i}{x_1^2 + x_2^2 + x_3^2} \qquad i = 1,2,3$$

invariant, die Fläche (33) also anallagmatisch. Das gilt auch, wenn anstelle von (27) eine ganz allgemeine Fläche tritt.

3. Aufgabe Bestimme die Hüllfläche einer von zwei Parametern abhängigen Familie von Kugeln K, die zu einer gegebenen Kugel (26) orthogonal sind [1].
Hier tritt anstelle von (29) eine Parameterdarstellung

$$y_1 = y_1(\lambda, \mu) \quad , \quad y_2 = y_2(\lambda, \mu) \quad , \quad y_3 = y_3(\lambda, \mu) \quad , \qquad (29')$$

anstelle von (30) und (31)

$$\frac{\partial y_1}{\partial \lambda}x_1 + \frac{\partial y_2}{\partial \lambda}x_2 + \frac{\partial y_3}{\partial \lambda}x_3 = 0 \; , \; \frac{\partial y_1}{\partial \mu}x_1 + \frac{\partial y_2}{\partial \mu}x_2 + \frac{\partial y_3}{\partial \mu}x_3 = 0 \qquad (30')$$

Mit

$$\frac{\partial y_2}{\partial \lambda}\frac{\partial y_3}{\partial \mu} - \frac{\partial y_2}{\partial \mu}\frac{\partial y_3}{\partial \lambda} = z_1$$

$$\frac{\partial y_3}{\partial \lambda}\frac{\partial y_1}{\partial \mu} - \frac{\partial y_3}{\partial \mu}\frac{\partial y_1}{\partial \lambda} = z_2 \qquad (31')$$

$$\frac{\partial y_1}{\partial \lambda}\frac{\partial y_2}{\partial \mu} - \frac{\partial y_1}{\partial \mu}\frac{\partial y_2}{\partial \lambda} = z_3$$

kommt aus (28) und (30) die Parameterdarstellung

$$x_i = z_i \frac{y_1z_1 + y_2z_2 + y_3z_3 \pm W}{z_1^2 + z_2^2 + z_3^2} \; ,$$

$$x_1^2 + x_2^2 + x_3^2 = \frac{(y_1z_1 + y_2z_2 + y_3z_3 \pm W)}{z_1^2 + z_2^2 + z_3^2} \qquad (33')$$

wo

$$W = \sqrt{(y_1z_1 + y_2z_2 + y_3z_3)^2 - p(z_1^2 + z_2^2 + z_3^2)}$$

ist. Die zu (33') inversen Punkte sind aber

$$\bar{x}_i = z_i \frac{y_1z_1 + y_2z_2 + y_3z_3 \mp W}{z_1^2 + z_2^2 + z_3^2}$$

also dieselben Punkte. Die Gleichungen (29') stellen den Ort der Mittelpunkte der beweglichen Kugeln dar, die sogenannte Deferente. Die Gleichungen (30') besagen, daß die Inversionsstrahlen nach $x_1|x_2|x_3$ auf der Berührebene der Deferente senkrecht stehen oder diese Mittellotebene über der Verbindungsstrecke der beiden zugehörigen Punkte der anallagmatischen Fläche ist. Es gilt aber auch die Umkehrung dieser Aufgabe, der

Satz Jede anallagmatische Fläche läßt sich so wie in der 3. Aufgabe erzeugen.

1) Vergleiche KB Nr. 261.

Beweis. Ist F die anallagmatische Fläche, P einer ihrer Punkte und E die Berührebene in ihm, so gibt es eine Kugel K, welche die Inversionskugel C senkrecht schneidet und E in P berührt. Da auch K anallagmatisch ist, so entspricht dem Punkt P ein Punkt $\overline{P}$, der auf K und F liegt und diese berühren sich auch in $\overline{P}$. K berührt also F zweifach. Mit P nimmt K Lagen an und der Mittelpunkt M von K beschreibt eine Fläche, die Deferente.

227. Für die Dupinsche Zyklide (16) der Nr. 202 ist

$$A_1 = \frac{b'^2 + c'^2 + k^2}{2},\quad A_2 = \frac{-b'^2 + c'^2 + k^2}{2},$$

$$A_3 = \frac{b'^2 - c'^2 + k^2}{2}$$

$$B_1 = -kb'c',\quad B_2 = 0,\quad B_3 = 0\quad, \tag{36}$$

$$C = -\frac{1}{4}\left\{(b'^2 - c'^2)^2 - 2k^2(b'^2 + c'^2) + k^4\right\}$$

Nun gelten, wenn man in (18) bis (20) zuvor die Nenner wegschafft, folgende Gleichungen

$$(\lambda + A_2)(\lambda + A_3)\left\{(\lambda + A_1)(\lambda^2 + C) - B_1^2\right\} = 0 \tag{37}$$

$$\alpha_1^2(\lambda + A_2)(\lambda + A_3) + \alpha_2^2(\lambda + A_3)(\lambda + A_1) + \alpha_3^2(\lambda + A_1)(\lambda + A_2) = (\lambda + A_1)(\lambda + A_2)(\lambda + A_3) \tag{38}$$

$$(\lambda + A_2)(\lambda + A_3)\left\{(p - \lambda)(\lambda + A_1) - \alpha_1 B_1\right\} = 0 \tag{39}$$

Daraus ergibt sich

$$\lambda = -A_2\quad,\quad \alpha_2 = 0\quad; \tag{40$_1$}$$

$$\lambda = -A_3\quad,\quad \alpha_3 = 0 \tag{40$_2$}$$

$$\left.\begin{aligned} &(\lambda + A_1)(\lambda^2 + C) - B_1^2 = 0\,, \\ &\frac{\alpha_1^2}{\lambda + A_1} + \frac{\alpha_2^2}{\lambda + A_2} + \frac{\alpha_3^2}{\lambda + A_3} = 1 \\ &(p - \lambda)(\lambda + A_1)\,\alpha_1 B_1 = 0 \end{aligned}\right\} \tag{40$_3$}$$

Das Ebenenpaar (14) lautet

$$(\alpha_1 x_1 + \alpha_2 x_2 + \alpha_3 x_3 - p + \lambda)^2 - (A_1 + \lambda)x_1^2 - (A_2 + \lambda)x_2^2 - (A_3 + \lambda)x_3^2 - 2kb'c'x_1 - C - \lambda^2 = 0\quad, \tag{41}$$

Die Kugel (13_3) aber

$$x_1^2 + x_2^2 + x_3^2 - 2(\alpha_1 x_1 + \alpha_2 x_2 + \alpha_3 x_3 - p) = 0 \tag{42}$$

Für (40_1) kommt das Ebenenpaar

$$(\alpha_1 x_1 + \alpha_3 x_3 - p - A_2)^2 - b'^2 x_1^2 + a'^2 x_3^2 - 2kb'c'x_1 - k^2c'^2 = 0 \quad (41_1)$$

Diese Gleichung hat die Determinante

$$\begin{vmatrix} \alpha_1^2 - b'^2 & \alpha_1\alpha_3 & \alpha_1(p + A_2) + kb'c' \\ \alpha_1\alpha_3 & \alpha_3^2 + a'^2 & \alpha_3(p + A_2) \\ \alpha_1(p + A_2) + kb'c' & \alpha_3(p + A_2) & (p + A_2)^2 - k^2c'^2 \end{vmatrix} = 0 \quad (43)$$

woraus

$$p + A_2 = -\alpha_1 k \frac{c'}{b'} \quad (44)$$

was sich auch aus der 3. Klammer von (39) ergeben hätte.

Mit (44) folgt aus (41_1)

$$x_1 + k\frac{c'}{b'} = \frac{-\alpha_1\alpha_3 \pm \sqrt{-\alpha_1^2 a'^2 + \alpha_3^2 b'^2 + a'^2 b'^2}}{\alpha_1^2 - b'^2} x_3 \quad (45)$$

Dies sind keine anderen Ebenen als die Ebenen (1_2) der Nr. 207, die aus der <u>Dupinschen Zyklide</u> die eine Berührkreisfamilie ausschneiden. Die entsprechenden Kugeln (42_1) berühren die Zyklide nicht nur in zwei Punkten, sondern längs des ganzen Kreises, falls man ihren Mittelpunkt auf der <u>Fokalhyperbel</u>

$$\frac{\alpha_1^2}{b'^2} - \frac{\alpha_3^2}{a'^2} = 1 \quad , \quad \alpha_2 = 0$$

wählt. Die Kugeln schneiden dagegen die Zykliden nach zwei Ebenen (45), wenn ihre Mittelpunkte außerhalb der Fokalhyperbel in $\alpha_2 = 0$ liegen.

Nur im 1. Fall ist die Zyklide Lösung der Aufgabe 1 in Nr. 226, wobei die Fläche 2. Grades in einen Kegelschnitt ausartet.

<u>Aufgabe</u> Zeige, daß der Fall (40) ebenso auf die andere Berührkreisfamilie führt.

Nun bleibt noch (40_3). Die 1. Gleichung liefert mit

$$\lambda + \frac{b'^2 + c'^2 + k^2}{2} = \lambda'$$

die Gleichung

$$\lambda'^3 - (b'^2 + c^2 + k^2)\lambda'^2 + (c'^2k^2 + k^2b'^2 + b'^2c'^2)\lambda' - k^2b'^2c'^2 = 0$$

mit den Wurzeln

$$\lambda_1' = k^2 \quad , \quad \lambda_2' = b'^2 \quad , \quad \lambda_3' = c'^2$$

d.h. mit den Wurzeln

$$\lambda_1 = -\frac{b'^2 + c'^2 - k^2}{2}, \quad \lambda_2 = -A_2, \quad \lambda_3 = -A_3$$

Die Fälle λ_2 und λ_3 sind erledigt und es bleibt noch der Fall λ_1 übrig. Hier kommt aus (40_3)

$$\frac{\alpha_1^2}{k^2} + \frac{\alpha_2^2}{k^2 - b'^2} + \frac{\alpha_3^2}{k^2 - c'^2} = 1 \tag{47}$$

und

$$p = -\frac{b'^2 + c'^2 - k^2}{2} - \alpha_1 \frac{b'c'}{k} \tag{48}$$

Durch eine elegante Rechnung erhält man mittels (47) als Gleichungen der beiden Ebenen (41)

$$x_1 + \frac{\alpha_1}{\alpha_1^2 - k^2}(\alpha_2 x_2 + \alpha_3 x_3) + \frac{b'c'}{k} = \pm \frac{k}{\alpha_1^2 - k^2}\left\{\alpha_3\sqrt{\frac{k^2 - b'^2}{c'^2 - k^2}}\,x_2 + \alpha_2\sqrt{\frac{c'^2 - k^2}{k^2 - b'^2}}\,x_3\right\} \tag{49}$$

während die Kugel (42)

$$x_1^2 + x_2^2 + x_3^2 - 2\alpha_1 x_1 - 2\alpha_2 x_2 - 2\alpha_3 x_3 - b'^2 - c'^2 + k^2 - 2\alpha_1\frac{b'c'}{k} = 0 \tag{50}$$

ist.

<u>Aufgabe</u> Untersuche die Lösung für die besonderen Fälle

$b' = 0$, $k = 0$, $k = b'$, $k = c'$.

228. Die aus (14) entspringenden Kreisebenen kann man sehr leicht erhalten. Man braucht nur die durch die Kreise gehenden Kugeln zu Ebenen werden, also deren Mittelpunktskoordinaten $\to \infty$ streben zu lassen. Sei $\alpha_1 = \alpha_1'\nu$, $\alpha_2 = \alpha_2'\nu$, $\alpha_3 = \alpha_3'\nu$ wo die Verhältnisse $\alpha_1' : \alpha_2' : \alpha_3'$ endlich bleiben, so werden (18) und (21) für $\nu \to \infty$ zu

$$\frac{\alpha_1'^2}{\lambda + A_1} + \frac{\alpha_2'^2}{\lambda + A_2} + \frac{\alpha_3'^2}{\lambda + A_3} = 0 \tag{51}$$

und

$$\alpha_1'\left(x_1 - \frac{B_1}{\lambda + A_1}\right) + \alpha_2'\left(x_2 - \frac{B_2}{\lambda + A_2}\right) + \alpha_3'\left(x_3 - \frac{B_3}{\lambda + A_3}\right) = 0 \quad {}^{1)} \tag{52}$$

Die Kreisebenen (52) umhüllen bei veränderlichen α_1', α_2', α_3' den Kegel

---

1) Siehe Anmerkung 1) der nächsten Seite.

1) Diese Gleichungen werden für die Dupinschen Zykliden einfach

$$\alpha_1'(x_1 + \frac{b'c'}{k}) + \alpha_2'x_2 + \alpha_3'x_3 = 0 \qquad (52')$$

und

$$\frac{\alpha_1'^2}{k^2} + \frac{\alpha_2'^2}{k^2 - b'^2} - \frac{\alpha_3'^2}{c'^2 - k^2} = 0 \quad , \qquad (51')$$

die anstelle der Gleichungen (47) und (49) oben treten. Sie umhüllen den Kegel

$$k^2(x_1 + \frac{b'c'}{k})^2 + (k^2 - b'^2)x_2^2 - (c'^2 - k^2)x_3^2 = 0 \qquad (53')$$

Wie lauten die Gleichungen für die besonderen Fälle

$b' = 0$, $k = 0$, $k = b'$, $k = c'$?

Die Gleichung (52') muß nun identisch sein mit (49). Durch Koeffizientenvergleichung und Auflösen nach α_2 und α_3 erhält man mit

$$(*) \sqrt{\frac{k^2 - b'^2}{c'^2 - k^2}} = \nu , \alpha_2 = \frac{\alpha_1\alpha_2' - K\nu\alpha_3'}{\alpha_1'} , \alpha_3 = \frac{\frac{K}{\nu}\alpha_2' - \alpha_1\alpha_3'}{\alpha_1'}$$

während α_1 ganz willkürlich bleibt. Dann wird (50) zu

$$x_1^2 + x_2^2 + x_3^2 - 2\alpha_1(x_1 + \frac{b'c'}{k'}) - 2\,\frac{\alpha_1\alpha_2' - k\nu\alpha_3'}{\alpha_1'}\,x_2 - - 2\,\frac{\frac{k}{\nu}\alpha_2' - \alpha_1\alpha_3'}{\alpha_1'}\,x_3 - b'^2 - c'^2 + k^2 = 0 \qquad (50')$$

mit willkürlichem α_1. Es gibt also nur ∞^1 Ebenen, die nach Kreisen schneiden, aber ∞^2 Kugeln, die in zwei Punkten berühren.

$$(\lambda + A_1)(x_1 - \frac{B_1}{\lambda + A_1})^2 + (\lambda + A_2)(x_2 - \frac{B_2}{\lambda + A_2})^2 + + (\lambda + A_3)(x_3 - \frac{B_3}{\lambda + A_3})^2 = 0 \qquad (53)$$

– vergleiche die Rechnung in Nr. 226 –, oder mit (20).

$$V = (\lambda + A_1)x_1^2 + (\lambda + A_2)x_2^2 + (\lambda + A_3)x_3^2 - 2B_1x_1 - 2B_2x_2 - - 2B_3x_3 + \lambda^2 + C = 0 \qquad (54)$$

Es gibt 5 solche Kegel, wenn λ der Gleichung (20) genügt. Wählt man aber λ beliebig, so daß $f(\lambda) \neq 0$, also die Diskriminante von (54) nicht verschwindet, so stellt (54) eine allgemeine Fläche 2. Ordnung dar mit einer Hüllfläche, die man erhält, wenn man die Diskriminante von (54) in bezug auf λ gleich Null setzt. So folgt

$$x_1^2 + x_2^2 + x_3^2 + 2\lambda = 0 \tag{55}$$

und die Gleichung (3) der Zyklide! Man hat den

Satz Die Flächen 2. Ordnung (54) mit beliebigem λ sind der Zyklide einbeschrieben längs sphärischer Kurven, die der Kugel (55) angehören. Fünf der Flächen 2. Ordnung werden Kegel, die Hüllflächen der Ebenen, welche die Zyklide in Kreisen schneiden. Wir nennen diese Flächen mit Darboux die Flächen V. Es gibt 4 Flächen V, die eine gegebene Ebene $u_1|u_2|u_3|u_4$ berühren. Denn die Klassengleichung von (54) wird

$$\left\{\frac{B_1^2}{\lambda + A_1} + \frac{B_2^2}{\lambda + A_2} + \frac{B_3^2}{\lambda + A_3} - C - \lambda^2\right\}\left\{\frac{u_1^2}{\lambda + A_1} + \frac{u_2^2}{\lambda + A_2} + \frac{u_3^2}{\lambda + A_3}\right\} - \left\{\frac{B_1 u_1}{\lambda + A_1} + \frac{B_2 u_2}{\lambda + A_2} + \frac{B_3 u_3}{\lambda + A_3} + u_4\right\}^2 = 0 \tag{56}$$

229. Nun lassen sich alle unsere Ergebnisse singemäß von drei auf zwei Dimensionen übertragen und führen auf den dem Satz von Moutard entsprechenden

Satz Eine bizirkulare Kurve 4. Ordnung ist auf vier verschiedene Arten Hüllkurve einer Schar von Kreisen, die einen gegebenen Kreis senkrecht schneiden und deren Mittelpunkte einen festen Kegelschnitt beschreiben. Sie ist weiter entsprechend der Gleichung (54) die Hüllkurve einer Familie von Kegelschnitten, unter denen vier in Geradenpaare zerfallen, deren Scheitel sich in den Inversionspolen befinden. Die Zyklide wird nun von einer beliebigen Ebene $u_1|u_2|u_3|u_4$ nach einer bizirkularen Kurve Σ geschnitten, die diesem Satz genügt. Die Fläche V schneidet die Ebene nach einem Kegelschnitt, der Σ einbeschrieben ist, da die Zyklide die Hüllfläche von V ist. Vier der Kegelschnitte zerfallen in Geradenpaare, deren Scheitel die Berührpunkte von V mit der Berührebene $u_1|u_2|u_3|u_4$ sind und zugleich die Inversionspole von Σ.

Wir fragen weiter noch nach den Flächen V, die eine gegebene Gerade

$$x_1 = y_1 + \rho\alpha_1 \quad , \quad x_2 = y_2 + \rho\alpha_2 \quad , \quad x_3 = y_3 + \rho\alpha_3 \tag{57}$$

berühren. Wir benötigen dazu die Tatsache, daß zwischen der Gleichung (3) der Nr. 223 unserer Zyklide und der Gleichung (54) der Fläche V die Identität

$$\begin{aligned}\Phi &= (x_1^2 + x_2^2 + x_3^2)^2 - 4(A_1x_1^2 + A_2x_2^2 + A_3x_3^2) + \\ &+ 8(B_1x_1 + B_2x_2 + B_3x_3) - 4C = (x_1^2+x_2^2+x_3^2+2\lambda)^2 - 4V\end{aligned} \tag{58}$$

besteht. Die Gerade (57) schneidet V in 2 Punkten, deren Werte von ϱ die Gleichung

$$\begin{aligned}V(\varrho) &= V(y_1|y_2|y_3)+2\{(\lambda + A_1)\alpha_1y_1 + (\lambda + A_2)\alpha_2y_2 + (\lambda + A_3)\alpha_3y_3 \\ &- (B_1\alpha_1+B_2\alpha_2+B_3\alpha_3)\}\cdot\varrho + \{(\lambda+A_1)\alpha_1^2+(\lambda+A_2)\alpha_2^2+(\lambda+A_3)\alpha_3^2\}\varrho^2=0\end{aligned} \tag{59}$$

befriedigen, während ihre Schnittpunkte mit der Zyklide nach (58) die Gleichung

$$\begin{aligned}\Phi(\varrho) &= \{y_1^2 + y_2^2 + y_3^2 + 2\lambda + 2(\alpha_1y_1 + \alpha_2y_2 + \alpha_3y_3)\varrho + \\ &+ \varrho^2\}^2 - 4V(\varrho) = 0\end{aligned} \tag{60}$$

erfüllen. Berührt nun die Gerade die Fläche V in $y_1|y_2|y_3$, so bleibt in (59) nur

$$V(\varrho) = \{(\lambda + A_1)\alpha_1^2 + (\lambda + A_2)\alpha_2^2 + (\lambda + A_3)\alpha_3^2\}\varrho^2 \tag{61}$$

übrig und für ihre Schnittpunkte mit Φ folgt aus (60)

$$\begin{aligned}&\{y_1^2 + y_2^2 + y_3^2 + 2\lambda + 2(\alpha_1y_1 + \alpha_2y_2 + \alpha_3y_3)\varrho + \varrho^2\}^2 - \\ &- 4\{(\lambda + A_1)\alpha_1^2 + (\lambda + A_2)\alpha_2^2 + (\lambda + A_3)\alpha_3^2\}\varrho^2 = 0\end{aligned} \tag{62}$$

eine Gleichung, die sofort in zwei quadratische zerfällt. Sind P und P' die dem 1. Faktor von (62), Q und Q' die dem 2. Faktor entsprechenden Schnittpunkte mit Φ, so ergibt sich sofort

$$\overline{OP}\cdot\overline{OP'} = \overline{OQ}\cdot\overline{OQ'} = y_1^2 + y_2^2 + y_3^2 + 2\lambda\,,$$

wo O der Berührpunkt von V ist.
Ist aber (57) eine irgendwie gegebene Gerade, so fragt es sich, wie viele Flächen V sie berühren. Dann muß die Diskriminante von (59) hinsichtlich ϱ verschwinden und das gibt für λ eine Gleichung 3. Grades.

§ 9. Die allgemeinen Zykliden 3. Ordnung oder parabolischen Zykliden. Nr. 230–233

230. Die Zykliden 3. Ordnung oder parabolischen Zykliden haben nach Nr. 223, (2) mit $f_0 = 0$ die Gleichung

$$2f_1(x_1^2 + x_2^2 + x_3^2) - f_2 = 0$$

 230

oder

$$-(a_1x_1 + a_2x_2 + a_3x_3)(x_1^2 + x_2^2 + x_3^2) + A_1x_1^2+A_2x_2^2+A_3x_3^2 + \tag{1}$$
$$+ 2B_1x_2x_3+2B_2x_3x_1+2B_3x_2x_1+2C_1x_1+2C_2x_2+2C_3x_3+D = 0 \quad .$$

Wir zeigen zunächst, daß man diese Gleichung durch die Transformation

$$\left.\begin{aligned} x_1 &= \alpha_1\check{x}_1 + \beta_1\check{x}_2 + \gamma_1\check{x}_3 + \delta_1 \\ x_2 &= \alpha_2\check{x}_1 + \beta_2\check{x}_2 + \gamma_2\check{x}_3 + \delta_2 \\ x_3 &= \alpha_3\check{x}_1 + \beta_3\check{x}_2 + \gamma_3\check{x}_3 + \delta_3 \end{aligned}\right\} \tag{2}$$

wo

$$\begin{pmatrix} \alpha_1 & \beta_1 & \gamma_1 \\ \alpha_2 & \beta_2 & \gamma_2 \\ \alpha_3 & \beta_3 & \gamma_3 \end{pmatrix}$$

die Matrix einer orthogonalen Substitution ist (vergleiche Nr. 226) auf die <u>kanonische Form</u>

$$-\check{x}_3(\check{x}_1^2+\check{x}_2^2+\check{x}_3^2)+\check{A}_1\check{x}_1^2+\check{A}_2\check{x}_2^2+2\check{C}_1\check{x}_1+2\check{C}_2\check{x}_2+2\check{C}_3\check{x}_3+\check{D} = 0 \tag{3}$$

bringen kann.[1)]

Seien in (1) $a_1|a_2|a_3$ die Richtungskosinusse der Ebene $a_1x_1 + a_2x_2 + a_3x_3 = 0$, so daß

$$a_1^2 + a_2^2 + a_3^2 = 1 \tag{4}$$

ist, so erhält man für die α, β, γ durch Eintragen von (2) und (1) die 6 Bedingungsgleichungen

$$a_1\alpha_1 + a_2\alpha_2 + a_3\alpha_3 = 0 \tag{5}$$

$$a_1\beta_1 + a_2\beta_2 + a_3\beta_3 = 0 \tag{6}$$

$$a_1\delta_1+a_2\delta_2+a_3\delta_3=A_1\gamma_1^2+A_2\gamma_2^2+A_3\gamma_3^2+2B_1\gamma_2\gamma_3+2B_2\gamma_3\gamma_1+2B_3\gamma_1\gamma_2 \tag{7}$$

$$\begin{aligned}\alpha_1(A_1\beta_1+B_3\beta_2+B_2\beta_3)+\alpha_2(B_3\beta_1+A_2\beta_2+B_1\beta_3)+\alpha_3(B_2\beta_1+B_1\beta_2+ \\ +A_3\beta_3) = 0\end{aligned} \tag{8}$$

$$\begin{aligned}(a_1\gamma_1+a_2\gamma_2+a_3\gamma_3)(\alpha_1\delta_1+\alpha_2\delta_2+\alpha_3\delta_3) = \alpha_1(A_1\gamma_1+B_3\gamma_2+B_2\gamma_3)+ \\ + \alpha_2(B_3\gamma_1+A_2\gamma_2+B_1\gamma_3) + \alpha_3(B_2\gamma_1+ B_1\gamma_2+A_3\gamma_3)\end{aligned} \tag{9}$$

$$\begin{aligned}(a_1\gamma_1+a_2\gamma_2+a_3\gamma_3)(\beta_1\delta_1+\beta_2\delta_2+\beta_3\delta_3) = \beta_1(A_1\gamma_1+B_3\gamma_2+B_2\gamma_3)+ \\ + \beta_2(B_3\gamma_1+A_2\gamma_2+B_1\gamma_3) + \beta_3(B_2\gamma_1+B_1\gamma_2+A_3\gamma_3)\end{aligned} \tag{10}$$

---

1) Auf diese Form kann (nach Vertauschung der Indizes 1 und 3) die Gleichung (16) der Nr. 206 stets durch die Verschie - bung

$$x_3 \to x_3 + \frac{\alpha_1 + \alpha_2 - k}{3} \qquad \text{gebracht werden}$$

Nun folgt aus (5) und (6) sofort wegen (4)

$$\gamma_1 = a_1 \quad , \quad \gamma_2 = a_2 \quad , \quad \gamma_3 = a_3 \tag{11}$$

und damit werden (9) und (10) zu

$$\begin{aligned}\alpha_1\delta_1+\alpha_2\delta_2 + \alpha_3\delta_3 &= \alpha_1(A_1a_1 + B_3a_2 + B_2a_3) + \\ &+\alpha_2(B_3a_1 + A_2a_2 + B_1a_3) + \alpha_3(B_2a_1 + B_1a_2 + A_3a_3)\end{aligned} \tag{12}$$

$$\begin{aligned}\beta_1\delta_1 + \beta_2\delta_2 + \beta_3\delta_3 &= \beta_1(A_1a_1 + B_3a_2 + B_2a_3) + \\ &+\beta_2(B_3 a_1 + A_2a_2 + B_1a_3) + \beta_3(B_2a_1 + B_1a_2 + A_3a_3)\end{aligned} \tag{13}$$

während (7) zu

$$a_1\delta_1+a_2\delta_2+a_3\delta_3=A_1a_1^2+A_2a_2^2+A_3a_3^2+2B_1a_2a_3+2B_2a_3a_1+2B_3a_1a_2 \tag{14}$$

wird. Aus (12) und (13) folgt sofort

$$\begin{aligned}\delta_1 &= A_1a_1 + B_3a_2 + B_2a_3 + \sigma a_1 \quad , \\ \delta_2 &= B_3a_1 + A_2a_2 + B_1a_3 + \sigma a_2 \quad , \\ \delta_3 &= B_2a_1 + B_1a_2 + A_3a_3 + \sigma a_3 \quad ,\end{aligned} \tag{15}$$

und daraus

$$\delta_1a_1+\delta_2a_2+\delta_3a_3=A_1a_1^2+A_2a_2^2+ A_3a_3^2 + 2B_1a_2a_3+2B_2a_3a_1+2B_3a_1a_2+\sigma \tag{16}$$

oder wegen (14) $\sigma = 0$, d.h.

$$\begin{aligned}\delta_1 &= A_1a_1 + B_3a_2 + B_2a_3 \quad , \\ \delta_2 &= B_3a_1 + A_2a_2 + B_1a_3 \quad , \\ \delta_3 &= B_2a_1 + B_1a_2 + A_3a_3\end{aligned} \tag{17}$$

zur Bestimmung von α_1, α_2, α_3; β_1, β_2, β_3 bleiben (5), (6), (8) und

$$\begin{aligned}&\alpha_1\beta_1 + \alpha_2\beta_2 + \alpha_3\beta_3 = 0 \quad , \\ &\alpha_1^2+ \alpha_2^2+ \alpha_3^2= 1 \quad , \quad \beta_1^2+ \beta_2^2+ \beta_3^2= 1\end{aligned} \tag{18}$$

Setzt man

$$\left.\begin{aligned}A_1\alpha_1 + B_3\alpha_2 + B_2\alpha_3 &= u_1 \\ B_3\alpha_1 + A_2\alpha_2 + B_1\alpha_3 &= u_2 \\ B_2\alpha_1 + B_1\alpha_2 + A_3\alpha_3 &= u_3\end{aligned}\right\} \tag{19}$$

so folgt daraus und aus (5)

$$\begin{vmatrix} A_1 & B_3 & B_2 & u_1 \\ B_3 & A_2 & B_1 & u_2 \\ B_2 & A_1 & A_3 & u_3 \\ a_1 & a_2 & a_3 & 0 \end{vmatrix} = D_1u_1 + D_2u_2 + D_3u_3 = 0 \tag{20}$$

Aus (8) oder

$$u_1\beta_1 + u_2\beta_2 + u_3\beta_3 = 0 \qquad (21)$$

$$a_1\beta_1 + a_2\beta_2 + a_3\beta_3 = 0 \qquad (6)$$

$$\alpha_1\beta_1 + \alpha_2\beta_2 + \alpha_3\beta_3 = 0 \qquad (18)$$

folgt

$$\begin{vmatrix} u_1 & u_2 & u_3 \\ a_1 & a_2 & a_3 \\ \alpha_1 & \alpha_2 & \alpha_3 \end{vmatrix} = 0 \qquad (22_1)$$

oder

$$(a_2\alpha_3 - a_3\alpha_2)u_1 + (a_3\alpha_1 - a_1\alpha_3)u_2 + (a_1\alpha_2 - a_2\alpha_1)u_3 = 0 \qquad (22_2)$$

Jetzt kommt aus (20) und (22_2)

$$\tau\, u_1 = (a_1\alpha_2 - a_2\alpha_1)D_2 - (a_3\alpha_1 - a_1\alpha_3)D_1 =$$

$$= (\alpha_1 D_1 + \alpha_2 D_2 + \alpha_3 D_3)\, a_1 - (a_1 D_1 + a_2 D_2 + a_3 D_3)\alpha_1$$

$$= - \begin{vmatrix} A_1 & B_3 & B_2 & a_1 \\ B_3 & A_2 & B_1 & a_2 \\ B_2 & B_1 & A_3 & a_3 \\ a_1 & a_2 & a_3 & 0 \end{vmatrix} \alpha_1$$

oder

$$u_i = \varrho\,\alpha_i \qquad i = 1,2,3 \qquad (23)$$

Für ϱ ergibt sich aus (19) dann die Säkulargleichung

$$\begin{vmatrix} A_1 - \varrho & B_3 & B_2 \\ B_3 & A_2 - \varrho & B_1 \\ B_2 & B_1 & A_3 - \varrho \end{vmatrix} = 0$$

die sicher eine reelle Wurzel hat, für die aus (19) dann $\alpha_1 : \alpha_2 : \alpha_3$ und damit (18) $\alpha_1, \alpha_2, \alpha_3$ folgt. Aus (6) und (18) folgt dann $\beta_1, \beta_2, \beta_3$.

231. Nun ist die kanonische Form

$$-x_3(x_1^2+x_2^2+x_3^2)+A_1x_1^2+A_2x_2^2+2C_1x_1+2C_2x_2+2C_3x_3+D = 0 \qquad (1)$$

gesichert. Wir suchen nun wieder die Kreise auf dieser Fläche. Sie mögen durch die Kugel

$$x_1^2 + x_2^2 + x_3^2 - 2(\alpha_1x_1 + \alpha_2x_2 + \alpha_3x_3 - p) = 0 \qquad (2)$$

ausgeschnitten werden. Der Schnitt von (1) und (2) liegt auch auf der Fläche 2. Ordnung

$$\begin{aligned} &- 2x_3(\alpha_1 x_1 + \alpha_2 x_2 + \alpha_3 x_3 - p) + A_1 x_1^2 + A_2 x_2^2 + \\ &+ 2C_1 x_1 + 2C_2 x_2 + 2C_3 x_3 + D = 0 \end{aligned} \tag{3}$$

und auf dem Büschel

$$\begin{aligned} &-2x_3(\alpha_1 x_1 + \alpha_2 x_2 + \alpha_3 x_3 - p) + A_1 x_1^2 + A_2 x_2^2 + 2C_1 x_1 + \\ &+ 2C_2 x_2 + 2C_3 x_3 + D + \lambda\{x_1^2 + x_2^2 + x_3^2 - 2(\alpha_1 x_1 + \alpha_2 x_2 + \\ &+ \alpha_3 x_3 - p)\} = 0 \end{aligned} \tag{4}$$

Eine Fläche dieses Büschels zerfällt in zwei Ebenen, wenn die Determinante

$$\begin{vmatrix} A_1 + \lambda & 0 & -\alpha_1 & C_1 - \lambda\alpha_1 \\ 0 & A_2 + \lambda & -\alpha_2 & C_2 - \lambda\alpha_2 \\ -\alpha_1 & -\alpha_2 & -2\alpha_3 + \lambda & C_3 + p - \lambda\alpha_3 \\ C_1 - \lambda\alpha_1 & C_2 - \lambda\alpha_2 & C_3 + p - \lambda\alpha_3 & D + 2\lambda p \end{vmatrix} \tag{5}$$

den Rang 2 hat. Das gibt die Bedingungsgleichungen

$$\frac{\alpha_1^2}{A_1 + \lambda} + \frac{\alpha_2^2}{A_2 + \lambda} + 2\alpha_3 - \lambda = 0 \tag{6}$$

$$p = \lambda^2 - \lambda\alpha_3 - \frac{\alpha_1 C_1}{A_1 + \lambda} - \frac{\alpha_2 C_2}{A_2 + \lambda} - C_3 \tag{7}$$

$$\lambda^3 - 2\lambda C_3 - \frac{C_1^2}{A_1 + \lambda} - \frac{C_2^2}{A_2 + \lambda} + D \equiv f(\lambda) = 0 \tag{8}$$

Es gibt also auch bei den Zykliden 3. Ordnung fünf Scharen von Kreisschnitten. Der Kugelmittelpunkt liegt bei jeder Schar auf einem Paraboloid und die fünf Paraboloide sind homofokal.

Die Gleichung der doppeltberührenden Kugel wird

$$\begin{aligned} &x_1^2 + x_2^2 + x_3^2 - 2\alpha_1\left(x_1 + \frac{C_1}{A_1 + \lambda}\right) - 2\alpha_2\left(x_2 + \frac{C_2}{A_2 + \lambda}\right) - \\ &- 2\alpha_3(x_3 + \lambda) + 2\lambda^2 - 2C_3 = 0 \end{aligned} \tag{9}$$

Im Punkt

$$-\frac{C_1}{A_1 + \lambda} \;\Big|\; -\frac{C_2}{A_2 + \lambda} \;\Big|\; -\lambda \tag{10}$$

hat die Kugel (9) die Potenz

$$\frac{C_1^2}{(A_1 + \lambda)^2} + \frac{C_2^2}{(A_2 + \lambda)^2} + 3\lambda^2 - 2C_3 = f'(\lambda) \tag{11}$$

Also schneidet sie die feste Kugel um (10)

$$x_1^2 + x_2^2 + x_3^2 + \frac{2C_1x_1}{A_1+\lambda} + \frac{2C_2x_2}{A_2+\lambda} + 2\lambda x_3 - 2\lambda^2 + 2C_3 = 0 \qquad (12)$$

orthogonal. Die fünf so zu den fünf Wurzeln von (6) gehörigen Orthogonalkugeln (12) sind zu je zwei orthogonal.
Ihre Mittelpunkte liegen auf der Zyklide.
Hier schließt sich nun die 2. Aufgabe der Nr. 226 an, sowie die

Aufgabe

Entsprechend den Entwicklungen in Nr. 227 und der Anmerkung in Nr. 228 wende man die Theorie der Nr. 231 auf die Dupinsche parabolische Zyklide (16) der Nr. 206 an.

232. Man kann die Kreisschnitte der Zyklide noch auf einem anderen Wege finden. Die Zyklide (2) trifft die Fernebene $x_4 = 0$ im absoluten Kreis und in der Ferngeraden $x_3 = 0$, $x_4 = 0$ der x_1x_2-Ebene. Auch jede Kreisebene (4) muß mit der Zyklide noch eine Gerade gemeinsam haben, die keine Minimalgerade ist, also die Gerade $x_3 = 0$, $x_4 = 0$ treffen muß. Die Geraden der Fläche sind also parallel zur Ebene $x_3 = 0$. Die Ebene $x_3 = -\lambda$ trifft nun (1) im Kegelschnitt

$$(A_1+\lambda)x_1^2+(A_2+\lambda)x_2^2+2C_1x_1+2C_2x_2-2C_3\lambda+D+\lambda^3 = 0 \qquad (13)$$

oder nach (8)

$$(A_1+\lambda)\left(x_1+\frac{C_1}{A_1+\lambda}\right)^2+(A_2+\lambda)\left(x_2+\frac{C_2}{A_2+\lambda}\right)^2+f(\lambda) = 0 \qquad (14)$$

Dieser zerfällt in zwei Geraden, wenn $f(\lambda) = 0$ ist, d.h. (8) gilt. Diese Geraden sind

$$\sqrt{A_1+\lambda}\left(x_1+\frac{C_1}{A_1+\lambda}\right) - \sqrt{-A_2-\lambda}\left(x_2+\frac{C_2}{A_2+\lambda}\right) = 0 \quad , \qquad (15)$$

treffen sich also im Punkt (10)! Dieser ist der Berührpunkt der Ebene $x_3 = -\lambda$ mit der Zyklide $F(x_1|x_2|x_3)$. Deren Berührebene in $x_1|x_2|x_3$ lautet nämlich

$$\frac{\partial F}{\partial x_1}(\xi_1 - x_1) + \frac{\partial F}{\partial x_2}(\xi_2 - x_2) + \frac{\partial F}{\partial x_3}(\xi_3 - x_3) = 0$$

und diese Gleichung wird für (10) einfach

$$\xi_3 = x_3 = -\lambda \qquad (16)$$

Die Ebene (16) schneidet die Zyklide in drei ein Dreieck bildenden Geraden, ist also eine dreifache Berührebene.

Wir betrachten jetzt zwei beliebige Ebenen, je eine durch die Geraden (15). Sie treffen die Zyklide in Kreisen und schneiden sich in einer Geraden durch (10), die außer (10) noch zwei Punkte enthalten muß, die auf jenen Kreisen liegen müssen, so daß diese in (10) dieselbe Potenz besitzen, also auf derselben Kugel liegen, wie man die Ebenen auch wählen mag. Dies ist die Kugel (12). Man hat den

Satz Betrachtet man irgend eine der fünf dreifach berührenden Ebenen $x_3 = -\lambda$, so gibt es eine Kugel, die ihren Berührpunkt zum Mittelpunkte hat und die Berührkurve des Berührkegels mit Spitze in (10) an die Zyklide enthält.

Zum Abschluß bemerken wir noch, ohne es zu beweisen, daß die Flächen 2. Ordnung V der Zykliden 4. Ordnung bei den Zykliden 3. Ordnung in das Büschel der Kegelschnitte der Zyklide entarten, dessen Achse die Gerade $x_3 = 0$, $x_4 = 0$ ist, in der die Zyklide die Fernebene, angesehen vom absoluten Kreise, trifft.

233. Wir schließen die §§8 und 9 mit einer punktweisen Erzeugung der Zykliden, die von John Casey (1820 - 91) stammt.

1. Hilfssatz Für den Abstand p des Mittelpunktes der Mittelpunktsfläche 2. Grades $Ax^2 + By^2 + Cz^2 = 1$ von deren Berührebene gilt

$$p^2 = \frac{\alpha^2}{A} + \frac{\beta^2}{B} + \frac{\gamma^2}{C} \quad , \qquad (1)$$

wo $\alpha|\beta|\gamma$ die Richtungskosinusse der Normalen sind.

Beweis Die Berührebene ist

$$Ax_1x + By_1y + Cz_1z = 1 \quad .$$

Sei $\alpha x + \beta y + \gamma z - p = 0$ ihre Hesse-Gleichung, so muß

$$Ax_1 = \frac{\alpha}{p} \quad , \quad By_1 = \frac{\beta}{p} \quad , \quad Cz_1 = \frac{\gamma}{p}$$

sein. Damit folgt aus

$$Ax_1^2 + By_1^2 + Cz_1^2 = 1$$

sofort (1).

2. Hilfssatz Für den Abstand des Paraboloids $By^2 + Cz^2 - 2x = 0$ gilt entsprechend

$$2p\alpha + \frac{\beta^2}{B} + \frac{\gamma^2}{C} = 0 \quad . \qquad (2)$$

Satz Ist $\overline{OT}$ das Lot vom Punkt O auf die Berührebene einer Fläche 2. Grades $Ax^2 + By^2 + Cz^2 = 1$ oder $By^2 + Cz^2 - 2x = 0$, und sind P und P' zwei Punkte auf OT, so daß $\overline{TP} = \overline{TP'}$ und $\overline{OT}^2 - \overline{PT}^2 = \overline{OT}^2 - \overline{P'T}^2 = \text{const} = \pm l^2$ ist, so ist der Ort von P und P' eine Zyklide.

Beweis Sei $\alpha x + \beta y + \gamma z - p = 0$ die Berührebene der Fläche 2. Grades und seien $x_1|y_1|z_1$ die Koordinaten von O in bezug auf den Mittelpunkt der Mittelpunktsfläche bzw. den Scheitel des Paraboloids, so ist

$$\overline{OT} = \alpha x_1 + \beta y_1 + \gamma z_1 - p \tag{2}$$

$$\overline{OT}^2 - \overline{PT}^2 = \overline{OP}(2\overline{OT} - \overline{OP}) = \pm l^2$$

oder

$$\overline{OP}^2 - 2\overline{OP}\,\overline{OT} \pm l^2 = 0 \tag{3}$$

Nun sei $\overline{OP} = r$ und seien

$$x = r\alpha \quad , \quad y = r\beta \quad , \quad z = r\gamma \tag{4}$$

die Koordinaten von P in bezug auf ein Koordinatensystem durch O parallel dem der Fläche 2. Grades. Dann kommt aus (3) und (1)

$$r^2 - 2(x_1 \cdot \alpha r + y_1 \cdot \beta r + z_1 \cdot \gamma r) \pm l^2 = 2pr \tag{5}$$

Nun sind die Koordinaten des Mittelpunktes bzw. Scheitels der Fläche 2. Grades in bezug auf $O(-x_1|-y_1|-z_1)$. Schreibt man dafür $x_1|y_1|z_1$, so kommt aus (1) und (4) bzw. (2) und (4)

$$p^2r^2 = \frac{x^2}{A} + \frac{y^2}{B} + \frac{z^2}{C} \tag{6}$$

bzw.

$$2\,prx = 2pr^2\alpha = -\frac{y^2}{B} - \frac{z^2}{C} \tag{7}$$

und damit aus (5)

$$\left\{x^2 + y^2 + z^2 + 2(x_1x + y_1y + z_1z) \pm l^2\right\}^2 = 4\left(\frac{x^2}{A} + \frac{y^2}{B} + \frac{z^2}{C}\right) \tag{8}$$

bzw.

$$x\left\{x^2 + y^2 + z^2 + 2(x_1x + y_1y + z_1z) \pm l^2\right\} + \frac{y^2}{B} + \frac{z^2}{C} = 0. \tag{9}$$

Durch die Parallelverschiebung $x \to x - x_1$, $y \to y - y_1$, $z \to z - z_1$, geht (8) in die Normalform (3) der Nr. 222

$$\left\{x^2 + y^2 + z^2 - (x_1^2 + y_1^2 + z_1^2 \mp l^2)\right\}^2 = 4\left\{\frac{(x - x_1)^2}{A} + \frac{(y - y_1)^2}{B} + \frac{(z - z_1)^2}{C}\right\} \tag{10}$$

über, durch die Schiebung $x \to x - \frac{2x_1}{3}$, $y \to y - y_1$, $z \to z - z_1$, (9) in die Normalform (3) der Nr. 213.

Aufgabe Wie müssen $x_1|y_1|z_1$, $\pm l^2$, A, B, C gewählt werden, daß eine Dupinsche Zyklide entsteht?

§ 10. Die pentasphärischen Koordinaten einer Kugel. Nr. 234–239 [1]

234. Eine Kugel mit Mittelpunkt $\alpha_1|\beta_1|\gamma_1$ und Radius R_1 hat in laufenden Koordinaten $\xi|\eta|\zeta$ die Gleichung

$$K_1 \equiv (\xi-\alpha_1)^2+(\eta-\beta_1)^2+(\zeta-\gamma_1)^2-R_1^2=0 \tag{1}$$

Liegt der Punkt $P(\xi|\eta|\zeta)$ nicht auf der Kugel, so stellt die linke Seite K_1 von (1) die <u>Potenz der Kugel</u> in $\xi|\eta|\zeta$ dar.

Liegt P $\left\{\begin{matrix}\text{außerhalb}\\ \text{innerhalb}\end{matrix}\right\}$ der Kugel, so ist K_1 gleich dem

$\left\{\begin{matrix}\text{positiven Quadrat } + t^2 \text{ des Tangentenabschnittes } t\\ \text{negativen Quadrat } - s^2 \text{ der Halbsehne } s\end{matrix}\right\}$

durch P. Wir werden nun die Größe

$$\sigma x_1 = \frac{K_1}{R_1} \tag{2}$$

als eine von <u>fünf</u> neuen Koordinaten des Punktes P einführen, die homogen sind und zwischen denen eine quadratische Gleichung besteht, so daß sie wiederum nur <u>drei</u> von einander unabhängige Bestimmungszahlen für P darstellen.
Da sich aber herausstellen wird, daß die Ebenen des Raumes, (auf unserem jetzigen Standpunkt aber <u>nicht</u> die Punkte!) mit zu den Kugeln gehören, so fragt es sich, was x_1 bedeutet, wenn K_1 eine Ebene ist.
Ist $\xi_0|\eta_0|\zeta_0$ ein festbleibender Punkt der Kugel (1), so rücke ihr Mittelpunkt $\alpha_1|\beta_1|\gamma_1$ auf der Geraden

$$\alpha_1=\xi_0+R_1\alpha_0 \quad , \quad \beta_1=\eta_0+R_1\beta_0 \quad , \quad \gamma_1=\zeta_0+R_1\gamma_0 \tag{3}$$

ins Unendliche, wo $\alpha_0|\beta_0|\gamma_0$ deren Richtungskosinusse sind. Man erhält nun

$$\frac{K_1}{R_1}=\frac{\sum(\xi-\xi_0-R_1\alpha_0)^2-R_1^2}{R_1}=\frac{\sum(\xi-\xi_0)^2}{R_1}-2\sum\alpha_0(\xi-\xi_0)$$

also

$$\lim_{R_1\to\infty}\frac{K_1}{R_1}=-2\sum\alpha_0(\xi-\xi_0)=-2(\alpha_0\xi+\beta_0\eta+\gamma_0\zeta-p_0) \tag{5}$$

wo nun die Klammer rechts den Abstand des Punktes $\xi|\eta|\zeta$ von der Ebene

$$H_1=\alpha_0\xi+\beta_0\eta+\gamma_0\zeta-p_0 \tag{6}$$

---

1) Vergleiche fürs Folgende G. Darboux, <u>Principes de géométrie analytique</u>, Paris 1917, Livre V.

darstellt. Es ist also dann

$$\sigma x_1 = -2H_1 \qquad (2^{\times})$$

die neue Koordinate. Wir führen nun fünf Kugeln und damit anstelle der drei nicht homogenen Koordinaten $\xi|\eta|\zeta$ fünf homogene sogenannte pentasphärische Koordinaten in bezug auf diese fünf Fundamental- oder Koordinatenkugeln

$$\sigma x_i = \frac{K_i}{R_i} \qquad i = 1,2, \ldots, 5 \qquad (I)$$

ein (wobei jederzeit anstelle von $\frac{K_i}{R_i}$ die Größe $-2H_i$ treten kann).

Zwischen diesen 5 Koordinaten besteht aber eine homogene quadratische Gleichung, die man nach Darboux auf folgende elegante Weise finden kann.

$$K_{ij} = (\xi_i - \xi_j)^2 + (\eta_i - \eta_j)^2 + (\zeta_i - \zeta_j)^2 - R_i^2 - R_j^2 \qquad (7)$$

die gemeinsame Potenz der Kugeln K_i und K_j.

Nun multiplizieren wir die beiden 6-reihigen, aber 5-spaltigen Matrizen

$$\left\| \xi_i^2 + \eta_i^2 + \zeta_i^2 - R_i^2 , \; \xi_i, \; \eta_i, \; \zeta_i, \; 1 \right\| \; i = 1,2, \ldots 6$$

und

$$\left\| 1, \; -2\xi_j, \; -2\eta_j, \; -2\zeta_j, \; \xi_j^2 + \eta_j^2 + \zeta_j^2 - R_j^2 \right\| \; j = 1,2, \ldots 6$$

miteinander, was bekanntlich eine Determinante vom Werte Null gibt. So kommt einfach

$$|K_{ij}| = 0 \qquad (8)$$

Nun habe die 6. Kugel den Radius $R_6 = 0$ und den Mittelpunkt $\xi|\eta|\zeta$, dann ist

$$K_{i6} = K_{6i} = (\xi - \xi_i)^2 + (\eta - \eta_i)^2 + (\zeta - \zeta_i)^2 - R_i^2, \; K_i, \quad K_{66} = 0 \qquad (9)$$

so daß aus (8)

$$\begin{vmatrix} K_{11} & K_{12} & \cdots\cdots & K_{15} & K_1 \\ K_{21} & K_{22} & \cdots\cdots & K_{25} & K_2 \\ \cdot & \cdot & & \cdot & \cdot \\ \cdot & \cdot & & \cdot & \cdot \\ K_{51} & K_{52} & \cdots\cdots & K_{55} & K_5 \\ K_1 & K_2 & \cdots\cdots & K_5 & 0 \end{vmatrix} = 0 \,, \qquad (II)$$

d.h. die gesuchte quadratische Gleichung zwischen den K_i wird.

235. Eine beliebige weitere Kugel hat, wenn man $\frac{\alpha}{\varepsilon}\varrho\,|\,\frac{\beta}{\varepsilon}\varrho\,|\,\frac{\gamma}{\varepsilon}\varrho$ anstelle von $\alpha_1|\beta_1|\gamma_1$ setzt, wobei ϱ eine willkürliche reelle Konstante ist, die man gleich 1 setzen könnte, eine Gleichung der Gestalt

$$\varepsilon(\xi^2+\eta^2+\zeta^2)-2\varrho(\alpha\xi+\beta\eta+\gamma\zeta)+\varrho^2 D=0 \tag{10}$$

Ihr Radiusquadrat ist

$$R^2=\frac{\alpha^2+\beta^2+\gamma^2-D\varepsilon}{\varepsilon^2}\varrho^2 \tag{11}$$

Setzt man $D=\delta+\varepsilon$, $E=-\delta+\varepsilon$, so wird der Zähler rechts

$$\alpha^2+\beta^2+\gamma^2+\delta^2-\varepsilon^2 \tag{0}$$

rein quadratisch. Für alle Rechnungen ist es nun aber geschickt, wenn er die Summe von 5 Quadraten wird. Man setzt daher $-i\varepsilon$ statt ε [1], also

$$D=\delta-i\varepsilon \quad , \quad E=-(\delta+i\varepsilon)$$

und erhält so

$$R^2=\frac{\alpha^2+\beta^2+\gamma^2+\delta^2+\varepsilon^2}{(\delta+\varepsilon i)^2}\varrho^2 \tag{12}$$

Da α, β, γ, δ, ε aber homogen sind, kann man für sie noch

$$\alpha^2+\beta^2+\gamma^2+\delta^2+\varepsilon^2=1 \tag{III}$$

vorschreiben und erhält damit aus (12) nach Größe und Vorzeichen

$$R=\frac{\varrho}{\delta+\varepsilon i} \tag{13}$$

Und damit für den Mittelpunkt $\xi_m|\eta_m|\zeta_m$ und den Radius der Kugel (10)

$$\xi_m=-\frac{\alpha\varrho}{\delta+i\varepsilon}\,,\ \eta_m=-\frac{\beta\varrho}{\delta+i\varepsilon}\,,\ \zeta_m=-\frac{\gamma\varrho}{\delta+i\varepsilon} \tag{IV$_1$}$$

$$R=\frac{\varrho}{\delta+i\varepsilon}\quad ,\quad R^2-\xi_m^2-\eta_m^2-\zeta_m^2=\frac{\delta-i\varepsilon}{\delta+i\varepsilon}\varrho^2 \tag{IV$_2$}$$

Ihre Gleichung aber wird

$$\frac{K}{R}=2\alpha\xi+2\beta\eta+2\gamma\zeta+\delta\frac{\xi^2+\eta^2+\zeta^2-\varrho^2}{\varrho}+i\varepsilon\frac{\xi^2+\eta^2+\zeta^2+\varrho^2}{\varrho}=0 \tag{V}$$

Nimmt man noch eine zweite Kugel mit der Gleichung

$$\frac{K'}{R'}=2\alpha'\xi+2\beta'\eta+2\gamma'\zeta+\delta'\frac{\xi^2+\eta^2+\zeta^2-\varrho^2}{\varrho}+i\varepsilon'\frac{\xi^2+\eta^2+\zeta^2+\varrho^2}{\varrho}=0 \tag{14}$$

und der Bedingung

$$\alpha'^2+\beta'^2+\gamma'^2+\delta'^2+\varepsilon'^2=1 \tag{15}$$

---

1) Man braucht dann, falls zweckmäßig, nur $i\varepsilon$ statt ε zu setzen, um wieder (0) zu erhalten.

hinzu, so folgt der Winkel φ der beiden Kugeln aus

$$\cos\varphi = \frac{R^2 + R'^2 - (\xi_m - \xi'_m)^2 - (\eta_m - \eta'_m)^2 - (\zeta_m - \zeta'_m)^2}{2RR'} =$$

$$= \frac{R^2 - \xi_m^2 - \eta_m^2 - \zeta_m^2 + R'^2 - \xi'^2_m - \eta'^2_m - \zeta'^2_m}{2RR'} +$$

$$+ \frac{2(\xi_m\xi_m' + \eta_m\eta_m' + \zeta_m\zeta_m')}{2RR'}$$

oder mittels (IV)

$$\cos\varphi = \alpha\alpha' + \beta\beta' + \gamma\gamma' + \delta\delta' + \varepsilon\varepsilon' \qquad \text{(VI)}$$

Die Kugeln stehen also senkrecht aufeinander, wenn

$$\alpha\alpha' + \beta\beta' + \gamma\gamma' + \delta\delta' + \varepsilon\varepsilon' = 0 \qquad \text{ist.} \qquad \text{(VII)}$$

236. Nun betrachten wir fünf Kugeln $K_k = 0$ der

$$\frac{K_k}{R_k} = 2\alpha_k\xi + 2\beta_k\eta + 2\gamma_k\zeta + \delta_k\frac{\xi^2 + \eta^2 + \zeta^2 - \varrho^2}{\varrho} + i\,\varepsilon_k\frac{\xi^2 + \eta^2 + \zeta^2 - \varrho^2}{\varrho} = 0 \qquad \text{(VIII)}$$

mit

$$\alpha_k^2 + \beta_k^2 + \gamma_k^2 + \delta_k^2 + \varepsilon_k^2 = 1 \qquad k = 1,2,3,4,5 \qquad (\text{IX}_1)$$

sie seien paarweise orthogonal, d.h. es sei

$$\alpha_k\alpha_l + \beta_k\beta_l + \gamma_k\gamma_l + \delta_k\delta_l + \varepsilon_k\varepsilon_l = 0 \qquad k \neq l \qquad (\text{IX}_2)$$

Dann bilden also die α_k, β_k, γ_k, δ_k, ε_k die Koeffizienten einer orthogonalen Substitution und es gilt auch

$$S\alpha_k^2 = S\beta_k^2 = S\gamma_k^2 = S\delta_k^2 = S\varepsilon_k^2 = 1 \qquad (\text{IX}_3)$$

$$S\alpha_k\beta_k = S\alpha_k\gamma_k = S\alpha_k\delta_k = S\alpha_k\varepsilon_k = S\beta_k\gamma_k = S\beta_k\delta_k = S\beta_k\varepsilon_k = S\gamma_k\delta_k = S\gamma_k\varepsilon_k = S\delta_k\varepsilon_k = 0 \qquad (\text{IX}_4)$$

Die Gleichungen (VIII) und (IV) ergeben dann sofort die Identitäten

$$S\left(\frac{K_k}{R_k}\right)^2 = 0 \;, \quad S\frac{K_k}{R_k^2} = -2 \;, \quad S\frac{1}{R_k^2} = 0 \qquad (\text{X}_1)$$

$$S\frac{\xi_k}{R_k^2} = 0 \;, \quad S\frac{\eta_k}{R_k^2} = 0 \;, \quad S\frac{\zeta_k}{R_k^2} = 0 \qquad (\text{X}_2)$$

$$S\frac{\eta_k\zeta_k}{R_k^2} = 0 \;, \quad S\frac{\zeta_k\xi_k}{R^2} = 0 \;, \quad S\frac{\xi_k\eta_k}{R^2} = 0 \qquad (\text{X}_3)$$

Aus (X_1) folgt noch

$$\underset{k=1}{S} \frac{(K_k - K_h)^2}{R_k^2} = k\, K_h \quad . \qquad (X_4)$$

Diese Gleichung bedeutet geometrisch für die Kugel $K_h = 0$, daß die 4 Potenzebenen $K_k - K_h = 0$ der Kugel K_h und der 4 anderen Kugeln ein Polartetraeder von K_h bilden. Da die Potenzebene von K_k und K_h die Polarebene des Mittelpunktes K_k in bezug auf K_h ist (es ist $K_k \perp K_h$!), so hat das Polartetraeder die Mittelpunkte der vier von K_h verschiedenen Kugeln als Ecken.

Jetzt führen wir die Größen

$$\sigma x_k = \frac{K_k}{R_k} \qquad (XI)$$

als die <u>fünf pentasphärischen Koordinaten</u> des Punktes $\xi|\eta|\zeta$ ein, zwischen denen also die Gleichung (X_1), nämlich

$$S x_k^2 = 0 \qquad (XII)$$

besteht, die keine andere ist als die Gleichung (II), wenn man sie in der Form

$$\begin{vmatrix} \frac{K_{11}}{R_1^2} & \cdots\cdots & \frac{K_{15}}{R_1 R_5} & \frac{K_1}{R_1} \\ \vdots & & & \\ \frac{K_{51}}{R_5 R_1} & \cdots\cdots & \frac{K_{55}}{R_5^2} & \frac{K_5}{R_5} \\ \frac{K_1}{R_1} & \cdots\cdots & \frac{K_5}{R_5} & 0 \end{vmatrix} = 0 \qquad (II)$$

schreibt. Mittels der 2. Gleichung (X_1) folgt übrigens aus (XI)

$$\frac{1}{\sigma} = -\frac{1}{2} S \frac{x_k}{R_k} \qquad (XIII)$$

Weiter folgt aus (XI), (VIII) und (XIII)

$$\xi = \frac{\sigma}{2} S\alpha_k x_k \,, \qquad \eta = \frac{\sigma}{2} S\beta_k x_k \,, \qquad \zeta = \frac{\sigma}{2} S\gamma_k x_k \qquad (XIV_1)$$

$$\xi^2 + \eta^2 + \zeta^2 = \frac{1}{2}\sigma\varrho S(\delta_k - i\varepsilon_k)x_k, \quad \varrho = -\frac{\sigma}{2} S(\delta_k + i\varepsilon_k)x_k \qquad (XIV_2)$$

Aus (XII) folgt, daß sicher eine der Kugeln K_k <u>nullteilig</u> sein muß. Die einfachste Annahme für die Kugeln ist nun: K_1,

K_2, K_3 seien die Koordinatenebenen $\xi = 0$, $\eta = 0$, $\zeta = 0$, so daß $x_1 = -2\xi$, $x_2 = -2\eta$, $x_3 = -2\zeta$ ist. K_4 sei die Kugel $\xi^2 + \eta^2 + \zeta^2 = R^2$, so daß

$$x_4 = \frac{\xi^2 + \eta^2 + \zeta^2 - R^2}{R}$$

ist. Dann muß K_5 die Kugel $\xi^2 + \eta^2 + \zeta^2 = -R^2$ und

$$x_5 = \frac{\xi^2 + \eta^2 + \zeta^2 + R^2}{i.R}$$

sein, damit (XII) erfüllt ist. Außerdem ist

$$x_4 + i\, x_5 = \frac{2(x^2 + y^2 + z^2)}{R} \quad , \quad x_4 - i\, x_5 = -2R \quad .$$

237. Das <u>Entfernungsquadrat</u> zweier Punkte P und P' ist

$$\overline{PP'}^2 = (\xi - \xi')^2 + (\eta - \eta')^2 + (\zeta - \zeta')^2 \tag{16}$$

Bildet man nun nach (XI) und (VIII) $\sigma\sigma' S x_k x'_k$, so kommt dafür

$$S(2\alpha_k\xi + 2\beta_k\eta + 2\gamma_k\zeta + \delta_k \frac{\xi^2 + \eta^2 + \zeta^2 - \varrho^2}{\varrho} + i\varepsilon_k \frac{\xi^2 + \eta^2 + \zeta^2 + \varrho^2}{\varrho})$$

$$\cdot(2\alpha_k\xi' + 2\beta_k\eta' + 2\gamma_k\zeta' + \delta_k \frac{\xi^2 + \eta^2 + \zeta^2 - \varrho^2}{\varrho} +$$

$$+ i\varepsilon_k \frac{\xi'^2 + \eta'^2 + \zeta'^2 + \varrho^2}{\varrho}) = 4(\xi\xi' + \eta\eta' + \zeta\zeta') +$$

$$\frac{(\xi^2 + \eta^2 + \zeta^2 - \varrho^2)(\xi'^2 + \eta'^2 + \zeta'^2 - \varrho^2)}{\varrho^2} -$$

$$- \frac{(\xi^2 + \eta^2 + \zeta^2 + \varrho^2)(\xi'^2 + \eta'^2 + \zeta'^2 + \varrho^2)}{\varrho^2} = -2\left\{(\xi - \xi')^2 + \right.$$

$$\left. + (\eta - \eta')^2 + (\zeta - \zeta')^2\right\}$$

also nach (XIII) und der 1, Gleichung

$$\overline{PP'}^2 = -\frac{2\, S\, x_k x'_k}{S \frac{x_k}{R_k}\, S \frac{x'_k}{R'_k}} = \frac{S(x_k - x'_k)^2}{S \frac{x_k}{R_k}\, S \frac{x'_k}{R'_k}} \tag{XV$_1$}$$

Somit wird das <u>Bogenelementquadrat</u>

$$ds^2 = \frac{S\, dx_k^2}{(S \frac{x_k}{R_k})^2} \tag{XV$_2$}$$

238. Eine Kugel vom Radius R, deren Mittelpunkt die pentasphärischen Koordinaten m_i hat, besitzt nach (XV$_1$) in pentasphärischen Koordinaten die Gleichung

$$S m_k x_k + \frac{R^2}{2} S \frac{m_k}{R_k} S \frac{x_k}{R_k} = 0 \tag{XVI$_1$}$$

Diese ist also in den x_i linear, das ist der wesentliche Dienst, den die pentasphärischen Koordinaten leisten. Sie <u>linearisieren</u> die in der Cartesischen Geometrie quadratische Kugelgleichung. (XVI_1) hat also die Form

$$S\, M_k x_k = 0 \quad . \qquad (XVI_2)$$

wobei, bis auf einen Proportionalitätsfaktor, den wir gleich 1 setzen

$$M_k = m_k + \frac{R^2}{2R_k}\, S\, \frac{m_k}{R_k} \qquad (17)$$

ist. Daraus folgt nach $(X_1)_3$

$$S\, \frac{M_k}{R_k} = S\, \frac{m_k}{R_k} \quad , \qquad (18)$$

so daß also auch

$$m_k = M_k - \frac{R^2}{2R_k}\, S\, \frac{M_k}{R_k} \qquad (19)$$

ist. Wir bilden nun mittels (17)

$$SM_k^2 = Sm_k^2 + R^2\left(S\, \frac{m_k}{R_k}\right)^2 + \frac{R^4}{4} \cdot S\, \frac{1}{R_k^2} \cdot \left(S\, \frac{m_k}{R_k}\right)^2 \quad ,$$

d.h. wegen $(X_1)_3$, (XII) und (18)

$$SM_k^2 = R^2\left(S\, \frac{M_k}{R_k}\right)^2 \qquad \text{oder}$$

$$R^2 = \frac{S\, M_k^2}{\left(S\, \frac{M_k}{R_k}\right)^2} \qquad (XVII_1)$$

und nach (19)

$$m_k = M_k - \frac{1}{2R_k}\, \frac{SM_k^2}{S\, \frac{M_k}{R_k}} \qquad (XVII_2)$$

Die Kugel (XVI_2) ist also ein <u>Punkt</u> bzw. eine <u>Ebene</u>, wenn

$$SM_k^2 = 0 \qquad (XVII_3)$$

bzw.

$$S\, \frac{M_k}{R_k} = 0 \qquad (XVII_4)$$

ist. Man führt nun für die Kugel eine alsbald sich bewährende <u>6. pentasphärische Koordinate</u> M_6 ein, indem man

$$SM_k^2 = -\, M_6^2 \qquad (20)$$

und

$$\sum M_k^2 = 0 \qquad (XVIII_1)$$

setzt, wobei also S die Summierung von 1 bis 5, $\sum$ die Summierung von 1 bis 6 ausdrückt.
Dann folgt aus (XVII_1), auch dem Vorzeichen nach, für R der <u>lineare Ausdruck</u>

$$R = -\frac{i\ M_6}{S\ \frac{M_k}{R_k}}\ , \qquad (XVII_1)^{\times}$$

so daß mit

$$R = i\ R_6 \qquad (21)$$

$$\sum \frac{M_k}{R_k} = 0 \qquad (XVIII_2)$$

folgt. Außerdem kommt

$$m_k = M_k + \frac{i\ RM_6}{2\ R_k}\ . \qquad (22)$$

Endlich hat ein beliebiger Punkt x_k der Kugel (XVI_2) die Potenz

$$K = \overline{PQ}^2 - R^2 = -\frac{2\ Sm_k x_k}{S\ \frac{m_k}{R_k}\ S\ \frac{x_k}{R_k}} - R^2$$

$$= (19)\ \text{und}\ (18)!\ -\frac{2\ Sm_k x_k + R^2 S\ \frac{M_k}{R_k}\ S\ \frac{x_k}{R_k}}{S\ \frac{M_k}{R_k}\ S\ \frac{x_k}{R_k}} - R^2$$

oder

$$K = -\frac{2\ S\ M_k x_k}{S\ \frac{M_k}{R_k}\ S\ \frac{x_k}{R_k}} \qquad (XVIII_2)$$

239. Sind K und K' zwei Kugeln mit den Koordinaten M_k und M_k' den Mittelpunktskoordinaten m_k und m_k' und den Radien R und R', ist d ihr Mittelpunktsabstand, so ist nach (19) und $(X_1)_3$

$$d^2 = -\frac{2\ S\ m_k m_k'}{S\ \frac{m_k}{R_k}\ S\ \frac{m_k'}{R_k}} = -\frac{2\ S\ M_k M_k'}{S\ \frac{m_k}{R_k}\ S\ \frac{m_k'}{R_k}} + R^2 + R'^2 \qquad (23)$$

Also folgt nach (XVII_1) ihr $\sphericalangle \varphi$ aus

$$\cos\varphi = \frac{R^2 + R'^2 - d^2}{2\,RR'} = \frac{S\,M_k M_k'}{RR'S\,\frac{M_k}{R_k}\,S\,\frac{M_k'}{R_k'}} = \frac{S\,M_k M_k'}{\sqrt{SM_k^2}\,\sqrt{SM_k'^2}} \quad ,$$

d.h. aus

$$\cos\varphi = -\frac{SM_k M_k'}{M_6 M_6'} \tag{24}$$

Die Kugeln M_k und M_k' sind also <u>orthogonal</u>, wenn

$$SM_k M_k' = 0 \tag{25}$$

ist, sie berühren sich, wenn

$$SM_k^2 SM_k'^2 - (SM_k M_k')^2 = 0$$

ist. Ist K' die Koordinatenkugel K_k, so ist deren Gleichung $x_k = 0$, also sind ihre Koordinaten M_k' alle Null bis auf $M_k' = 1$, $M_6'^2 = -1$, so daß der $\sphericalangle (K, K_k) = \varphi_k$ aus

$$\cos\varphi_k = \frac{M_k}{i\,M_6}$$

folgt, und

$$M_k = i\,M_6 \cos\varphi_k \tag{27}$$

ist. Damit folgt aus (24)

$$\cos\varphi = S\cos\varphi_k \cos\varphi_k' \tag{28}$$

und insbesonders

$$S\cos^2\varphi_k = 1 \tag{29}$$

Aus (24) folgt weiter

$$4\sin^2\frac{\varphi}{2} = \frac{2\sum M_k M_k'}{M_6 M_6'} = -\frac{\sum (M_k - M_k')^2}{M_6 M_6'} \tag{30}$$

Für zwei Nachbarkugeln folgt also

$$d\varphi^2 = -\frac{\sum dM_k^2}{M_6^2} \tag{31}$$

in bezug auf die Kugel K und den Punkt K' = $P(x_k)$ wird aus (23) noch

$$\frac{d^2 - R^2}{R} = \frac{K}{R} = \frac{2\,SM_k x_k}{iM_6 S\,\frac{x_k}{M_k}} = -\frac{2\,S\,M_k x_k}{RS\,\frac{M_k}{R_k}\,\delta\,\frac{x_k}{R_k}} \tag{32}$$

Wir bestimmen endlich noch näher den durch die beiden Kugeln M_k und M_k' bestimmten Kreis.
Eine beliebige Kugel durch ihn ist

$$S(M_k + \lambda M_k')x_k = 0 \tag{33}$$

Sie ist eine Ebene für

$$S \frac{M_k + \lambda M_k'}{R_k} = 0 \quad ,$$

d.h. mit

$$S \frac{M_k}{R_k} = \alpha \quad , \quad S \frac{M_k'}{R_k} = \beta \tag{34}$$

für $\lambda = -\frac{\alpha}{\beta}$. Die Ebene durch den Schnittkreis ist also

$$S(\beta M_k - \alpha M_k')x_k = 0 \tag{35}$$

die Bedingung, daß die Kugel (33) und die Ebene (35) orthogonal sind, lautet $S(\beta M_k - \alpha M_k')(M_k + \lambda M_k') = 0$ also mit

$$SM_k^2 = A \quad , \quad SM_kM_k' = B \quad , \quad SM_k'^2 = C \tag{36}$$

$$A\beta - B\alpha + (B\beta - C\alpha)\lambda = 0 \quad , \lambda = -\frac{A\beta - B\alpha}{B\beta - C\alpha}$$

Daher ist die Kugel über dem Kreis als Durchmesser

$$S\left\{-(B\beta - C\alpha)M_k + (A\beta - B\alpha)M_k'\right\}x_k \equiv S\,N_kx_k = 0 \tag{37}$$

Nun ist

$$SN_k^2 = (AC - B^2)(C\alpha^2 - 2B\alpha\beta + A\beta^2) \tag{38}$$

$$S\frac{M_k}{R_k} = C\alpha^2 - 2B\alpha\beta + A\beta^2 \tag{39}$$

Also ist das Radiusquadrat des Kreises nach (XVII_1)

$$R^2 = \frac{AC - B^2}{C\alpha^2 - 2B\alpha\beta + A\beta^2} \tag{40}$$

Sein Mittelpunkt aber

$$m_k = -(B\beta - C\alpha)M_k + (A\beta - B\alpha)M_k' - \frac{1}{2R_k}(AC - B^2) \tag{41}$$

Als Berührbedingung der Kugeln M_k und M_k' ergibt sich also wiederum

$$AC - B^2 = 0 \quad . \tag{26}$$

§ 11. Die Zykliden in petasphärischen Koordinaten. Nr. 240–242

240. Wir benötigen zunächst einige Sätze aus der Theorie der quadratischen Formen. Sei

$$f = \sum a_{ik} x_i x_k \quad , \quad a_{ki} = a_{ik} \quad ; \quad i, k = 1,2, \ldots, n \tag{1}$$

eine homogene quadratische Form in n Veränderlichen, so ist sie unter der Bedingung, daß ihre Determinante

$$\Delta = \begin{vmatrix} a_{11} & a_{12} & \cdots & a_{1n} \\ a_{21} & a_{22} & \cdots & a_{2n} \\ \cdot & \cdot & \cdots & \cdot \\ \cdot & \cdot & \cdots & \cdot \\ a_{n1} & a_{n1} & \cdots & a_{nn} \end{vmatrix} = |a_{ik}| \neq 0 \tag{2}$$

ist, auf unendlich viele Weisen als algebraische Summe von n Quadraten darstellbar, die bei reellen a_{ik} nach Sylvester stets dieselbe Anzahl positiver und dieselbe Anzahl negativer Quadrate enthält. Setzt man

$$\frac{1}{2}\frac{\partial f}{\partial x_i} = u_i = \sum a_{ik} x_k \quad , \tag{3}$$

so ist

$$f = \sum u_i x_i \quad , \quad df = 2\sum u_i dx_i = 2\sum x_i du_i \tag{4}$$

Durch Elimination der x_i erhält man die zu f <u>adjungierte</u> Form

$$\Delta f = - \begin{vmatrix} a_{11} & \cdots & a_{1n} & u_1 \\ a_{21} & \cdots & a_{2n} & u_2 \\ \cdot & \cdots & \cdot & \cdot \\ \cdot & \cdots & \cdot & \cdot \\ a_{n1} & \cdots & a_{nn} & u_n \\ u_1 & \cdots & u_n & 0 \end{vmatrix} = \sum A_{ik} u_i u_k = \varphi \tag{5}$$

wobei

$$A_{ik} = A_{ki} = \frac{1}{2}\frac{\partial \Delta}{\partial a_{ik}} \quad , \quad i \neq k \quad , \quad A_{ii} = \frac{\partial \Delta}{\partial a_{ii}} \tag{6}$$

ist. Weiter gilt

<u>Satz 1</u> Ist $\Delta = 0$, so ist φ ein vollständiges Quadrat.

<u>Beweis</u> Nach (5) ist $\varphi \neq 0$. Weiter gilt der Determinantensatz

$$A_{ii}A_{kk} - A_{ik}^2 = \Delta \frac{\partial^2 \Delta}{\partial a_{ii}\,\partial a_{kk}} \tag{$\times$}$$

Ist $\Delta = 0$, so zeigt ($\times$), daß mindestens zwei $A_{ii} \neq 0$ sind.

Sei $A_{nn} \neq 0$ und seien $\alpha_{nn}, \alpha_{n,n+1}, \alpha_{n+1,n}, \alpha_{n+1,n+1}$ die vier Elemente von φ in den zwei letzten Zeilen und Spalten, so gilt

$$\frac{\partial\varphi}{\partial a_{n,n}} \frac{\partial\varphi}{\partial a_{n+1,n+1}} - \left(\frac{\partial\varphi}{\partial a_{n,n+1}}\right)^2 = \varphi \frac{\partial^2\varphi}{\partial a_{nn}\,\partial a_{n+1,n+1}}$$

d.h. in unserem Falle

$$\Delta \frac{\partial\varphi}{\partial a_{n,n}} - \left(\frac{\partial\varphi}{\partial a_{n,n+1}}\right)^2 = \varphi A_{n,n}$$

woraus mit

$$\Delta = 0 \quad , \quad \varphi = - \frac{1}{A_{nn}}\left(\frac{1}{2} \frac{\partial\varphi}{\partial a_{nn}}\right)^2$$

Sind ferner

$$f = \sum a_{ik}x_i x_k \qquad , \qquad g = \sum b_{ik}x_i x_k \tag{7}$$

zwei Formen n. Grades, so ergibt sich die zum Formenbüschel $f + \lambda g$ adjungierte Form so: Sei

$$u_i = \frac{1}{2} \frac{\partial f}{\partial x_i} + \lambda \cdot \frac{1}{2} \frac{\partial g}{\partial x_i} \qquad , \tag{8}$$

so folgt aus (5)

$$f + \lambda g = - \frac{1}{\Delta(\lambda)} \begin{vmatrix} a_{11} + \lambda b_{11} & \cdots & a_{1n} + \lambda b_{1n} & u_1 \\ a_{2k} + \lambda b_{21} & \cdots & a_{2n} + \lambda b_{2n} & u_2 \\ \vdots & & & \\ a_{n1} + \lambda b_{n1} & \cdots & a_{nn} + \lambda b_{nn} & u_n \\ u_n & \cdots & u_n & 0 \end{vmatrix} \tag{9}$$

$$\Delta(\lambda) = \begin{vmatrix} a_n + \lambda b_{11} & \cdots & a_{1n} + \lambda b_{1n} \\ \vdots & & \\ a_{n1} + \lambda b_{n1} & \cdots & a_{nn} + \lambda b_{nn} \end{vmatrix} = |a_{ik} + \lambda b_{ik}| \tag{10}$$

Wir nehmen im Folgenden stets an, daß die Gleichung $\Delta(\lambda) = 0$ lauter <u>verschiedene</u> Wurzeln habe. Dann sind die Unterdeterminanten von $\Delta(\lambda)$ nicht alle Null. Denn es ist

$$\Delta'(\lambda) = \sum \Delta_{ik}(\lambda) b_{ik} \neq 0 \qquad , \tag{11}$$

also sind die $\Delta_{ik}(\lambda)$, d.h. die Koeffizienten von $a_{ik} + \lambda b_{ik}$ in $\Delta(\lambda)$ nicht alle Null. Für jede Wurzel von $\Delta(\lambda) = 0$ ist also die adjungierte Form ein vollständiges Quadrat.

Nun zerlege man die rechte Seite von (9) in Partialbrüche

$$f + \lambda g = \sum \frac{1}{\Delta'(\lambda_k)} \frac{1}{\lambda_k - \lambda} \Phi_k \quad , \tag{12}$$

wo λ_k eine der Wurzeln von $\Delta(\lambda) = 0$ und Φ_k der Wert der adjungierten Form für $\lambda = \lambda_k$ ist. Φ_k ist also ein vollständiges Quadrat

$$\Phi_k = (\alpha_{k_1} u_1 + \dots \alpha_{kn} u_n)^2 \tag{13}$$

Andererseits ist

$$\Phi_k = \begin{vmatrix} a_{11} + \lambda_k b_{11} & \dots & a_{1n} + \lambda_k b_{1n} & u_1 \\ \vdots & & \vdots & \\ a_{n1} + \lambda_k b_{n1} & \dots & a_{nn} + \lambda_k b_{nn} & u_n \\ \vdots & & \vdots & \\ u_1 & & u_n & 0 \end{vmatrix} \tag{14}$$

Ersetzt man in (14) die u durch ihre Werte (8) und schneidet von der (n + 1)-Spalte die vorangehenden, mit x_1, x_2, ..., x_n multiplizierten ab, und von der (n + 1)-Zeile die mit x_1, x_2, ... x_n multiplizierten vorangehenden, so ändert sich Φ_k nicht, wenn man die u_i durch $\frac{1}{2}(\lambda - \lambda_k) \frac{\partial g}{\partial x_k}$ ersetzt und (13) ergibt so

$$\begin{aligned} \Phi_k &= (\lambda - \lambda_k)\left\{\frac{1}{2}\alpha_{11} \frac{\partial g}{\partial x_1} + \dots + \frac{1}{2}\alpha_{n1} \frac{\partial g}{\partial x_n}\right\}^2 = \\ &= (\lambda - \lambda_k)^2 P_k^2 \end{aligned} \tag{15}$$

und damit wird (12) zu

$$f + \lambda g = \sum \frac{\lambda_k - \lambda}{\Delta'(\lambda_k)} P_k^2 \quad , \tag{16}$$

woraus

$$f = \sum \frac{\lambda_k P_k^2}{\Delta'(\lambda_k)} \quad , \quad g = -\sum \frac{P_k^2}{\Delta'(\lambda_k)} \tag{17}$$

f und g sind also in zwei Summen <u>derselben</u> Quadrate zerlegt.

241. Zu jeder Wurzel von (18)

$$\Delta(\lambda) = 0 \tag{18}$$

gehört ein Lösungssystem x_1, x_2, ..., x_n der Gleichungen

$$\frac{\partial f}{\partial x_i} + \lambda \frac{\partial g}{\partial x_i} = 0 \quad . \tag{19}$$

Ist Δ_{ik} die Unterdeterminante von $a_{ik} + \lambda b_{ik}$ in $\Delta(\lambda)$, so gilt für die x_1, x_2, ... x_n

$$\frac{x_i^2}{\Delta_{ii}} = \dots = \frac{x_i x_k}{\Delta_{ik}} = \dots = \frac{1}{\varrho} \tag{20}$$

und

$$\Delta'(\lambda) = \sum \Delta_{ik} b_{ik} = \varrho g(x_1, \ldots, x_n) \qquad (21)$$

Damit also λ eine mehrfache Wurzel von $\Delta(\lambda)$ ist, muß das aus (19) folgende System $x_1, x_2, \ldots, x_n$ auch die Gleichung

$g(x_1, x_2, \ldots, x_n) = 0$

und damit auch

$f(x_1, x_2, \ldots, x_n) = 0$

erfüllen, was aus $\sum u_i x_i = 0 = f + \lambda g$ folgt.

Haben f und g und damit $\Delta(\lambda)$ reelle Koeffizienten, dann ist für eine reelle Wurzel von (18) auch P^2 reell. In den beiden Formen f und g entsprechen dann jeder rellen Wurzel zwei Quadrate $a_k Q_k^2$ und $b_k Q_k^2$, wo Q_k eine reelle Linearform ist, a_k und b_k aber $\gtrless 0$ sind. Hat $\Delta(\lambda) = 0$ zwei imaginäre Wurzeln, so sind die entsprechenden Glieder in (17) von der Form

$$(\alpha + \beta i)(P + Qi)^2 + (\alpha - \beta i)(P - Qi)^2 \qquad (22)$$

und

$$(P + Qi)^2 + (P - Qi)^2$$

In g kommt also $2P^2 - 2Q^2$ vor, d.h. es treten zwei Quadrate mit entgegengesetzten Zeichen auf und mit $\sqrt{\alpha + \beta i}(P + Qi) = P' + Q'i$ ist dasselbe in f der Fall. Daher gilt der

Satz 2 Die eine und die andere der Formen f und g und daher auch jede Linearkombimation af + bg mit reellen Koeffizienten a und b enthält mindestens ebensoviele positive wie negative Quadrate, als es Paare konjugiert imaginärer Wurzeln von $\Delta(\lambda) = 0$ gibt.

Ist also p die Zahl der positiven Quadrate von af + bg, n - p die Zahl der negativen, k die Zahl der Paare von imaginären Wurzeln so ist

$$k \leqq p \quad , \quad k \leqq n - p \quad . \qquad (23)$$

Nach dem Trägheitsgesetz der quadratischen Formen ist p stets dieselbe Zahl, wie man auch die Zerlegung in Quadrate vornimmt. Enthält das Büschel af + bg eine einzige definite Form, so hat (18) lauter reelle Wurzeln. Enthält es eine Form, in der bis auf eines lauter Quadrate desselben Zeichens vorkommen, so hat (18) höchstens ein Paar imaginärer Wurzeln.

242. Die Gleichung (2) der allgemeinen Zyklide in Nr. 223

$$f_0(\xi^2+\eta^2+\zeta^2)^2 - 2(a_1\xi + a_2\eta + a_3\zeta)(\xi^2+\eta^2+\zeta^2)\tau + \tag{1}$$
$$+ 4(a_{11}\xi^2 + 2a_{12}\xi\eta + 2a_{13}\xi\zeta + a_{22}\eta^2 + 2a_{23}\eta\zeta + a_{33}\zeta^2)\tau^2 +$$
$$+ 2(b_1\xi + b_2\eta + b_3\zeta)\tau^3 + c\tau^4 = 0$$

geht mittels der Transformation

$$\left.\begin{array}{l} \varrho x_1 = -2\xi\tau, \quad \varrho x_2 = -2\eta\tau, \quad \varrho x_3 = -2\zeta\tau, \\ \varrho(x_4+ix_5) = \dfrac{\xi^2+\eta^2+\zeta^2}{R}, \quad \varrho(x_4 - ix_5) = -R\tau^2 \end{array}\right\} \tag{2}$$

am Schlusse von Nr. 236 über in die quadratische Gleichung

$$f(x_1|x_2|x_3|x_4|x_5) =$$
$$= f_0R^2(x_4+ix_5)^2 + R(a_1x_1+a_2x_2+a_3x_3)(x_4+ix_5) +$$
$$+ a_{11}x_1^2 + 2a_{12}x_1x_2 + 2a_{13}x_1x_3 + a_{22}x_2^2 + 2a_{23}x_2x_3 + a_{33}x_3^2 + \tag{3}$$
$$+ \frac{1}{R}(b_1x_1+b_2x_2+b_3x_3)(x_4-ix_5) + \frac{c}{R^2}(x_4-ix_5)^2 = 0$$

wobei die Identität $x_1^2+x_2^2+x_3^2+x_4^2+x_5^2 = 0$ gilt, die wir in die Gestalt

$$g(x_1|x_2|x_3|x_4|x_5) = -(x_1^2+x_2^2+x_3^2+x_4^2+x_5^2) = 0 \tag{4}$$

setzen. Umgekehrt ergibt sich aus jeder quadratischen Gleichung

$$f(x_1|x_2|x_3|x_4|x_5) = \sum a_{ik}x_ix_k, \quad a_{ki} = a_{ik}, \quad i,k = 1,2,3,4,5 \tag{5}$$

mittels (2) wieder eine Zyklidengleichung. Aus einer Kugelgleichung

$$A(\xi^2+\eta^2+\zeta^2) - 2(B_1\xi + B_2\eta + B_3\zeta)\tau + C\tau^2 = 0 \tag{6}$$

der sich mit $A = 0$ auch jede Ebenengleichung unterordnet, wird mittels (2) die lineare Gleichung

$$R(x_4+ix_5) + B_1x_1 + B_2x_2 + B_3x_3 - C\,\frac{x_4 - ix_5}{R} = 0 \tag{7}$$

und umgekehrt ergibt sich aus jeder linearen Gleichung

$$\sum B_ix_i = 0 \qquad i = 1,2,3,4,5 \tag{8}$$

wieder eine Kugelgleichung (vergleiche Nr. 238).
Bei (5) ist zu beachten, daß f auch imaginäre Koeffizienten besitzt. Ersetzt man aber x_5 durch $y_5 = ix_5$, so werden die Koeffizienten von f reell und g enthält 4 negative und 1 positives Quadrat.

Sofern die Diskriminante von f + λg lauter verschiedene Wurzeln besitzt, was wir im folgenden annehmen, [1] kann man die beiden Formen f und g in solche überführen, welche dieselben Quadrate enthalten. Dazu löst man die Gleichung 5. Grades

$$\begin{vmatrix} a_{11}-\lambda & a_{12} & a_{13} & a_{14} & a_{15} \\ a_{21} & a_{22}-\lambda & a_{23} & a_{24} & a_{25} \\ a_{31} & & & & \\ a_{41} & & & & \\ a_{51} & & & a_{54} & a_{55}-\lambda \end{vmatrix} = 0 \qquad (9)$$

auf, die lauter reelle Koeffizienten besitzt und verfährt wie in Nr. 240. Da g vier negative Quadrate enthält, besitzt (9) höchstens ein Paar negativer Wurzeln. Es gibt also nur zwei Fälle:

(1.) (9) hat 5 reelle Wurzeln,

(2.) es hat 3 reelle und 2 imaginäre Wurzeln.

Hat (9) eine mehrfache Wurzel, so muß diese reell sein, denn sie kann nur durch Zusammenrücken zweier reeller Wurzeln oder der beiden imaginären Wurzeln in eine reelle entstehen. Nun kann (9) nur dann eine mehrfache Wurzel haben, wenn für sie mindestens ein System von Wurzeln x_i existiert, für das

$$\frac{\partial f}{\partial x_i} + \lambda \frac{\partial g}{\partial x_i} = 0 \quad , \quad g = 0, \; f = 0 \qquad (10)$$

ist, oder, da man wegen der Identität g $\equiv$ 0 stets f + λg anstelle von f setzen kann

$$\frac{\partial(f + \lambda g)}{\partial x_i} = 0 \quad , \quad f + \lambda g = 0, \; g = 0 \qquad (11)$$

(11) drückt aber aus, daß die Zyklide einen Doppelpunkt besitzt und damit durch eine Inversion aus einer Fläche 2. Grades entsteht (Nr. 223).

---

1) Wir erhalten so nur die "allgemeinen" Zykliden. Die Weierstraßsche Theorie der Elementarteiler führt außer diesem ersten "allgemeinen" Fall noch auf 25 (!) weitere, darunter z.B. die Dupinschen Zykliden, vergleiche dazu
M. Bôcher, über die Reihenentwicklungen der Potentialtheorie Leipzig 1894, 1. Abschnitt: Geometrisches über konfokale Zyklidenscharen. Hier liegt noch sehr viel Stoff zu elementarer Untersuchung vor (!) und es zeigt die riesige Fülle der Theorie spezieller (!) Flächen.

Abgesehen von diesem Fall kann man die Form $\sum x_i^2$ in eine andere ebensolche $\sum y_i^2$ und die Zyklidengleichung in

$$\sum a_i y_i^2 = 0 \qquad (12)$$

überführen. Es gilt also

Satz 3 Abgesehen von dem Fall, daß die Zyklide die Inversion einer Fläche 2. Grades ist, läßt sich für sie stets eine solche Gleichung angeben, die kein "Rechtecksglied" $y_i y_k$ enthält. Nun ändert eine Inversion an einer Fundamentalkugel bei der betreffenden pentasphärischen Koordinate nur das Vorzeichen (K_1 in (1) der Nr. 234 geht in $-K_1$, H_1 in $2^{(x)}$ in $-H_1$ über). Da zu jedem Punkt y von (12) 15 andere gehören, deren Koordinaten nur andere Vorzeichen besitzen, so gilt wieder der

Moutardsche Satz Es gibt bei jeder Zyklide 5 zueinander orthogonale Kugeln, so daß die Zyklide den 5 Inversionen an ihnen gegenüber invariant ist.

Die Mittelpunkte der Kugeln nannte Moutard die Hauptpole der Zyklide.

Die 5 Fundamentalkugeln aber können nur zweierlei Lagen zueinander haben:

(1.) Die Gleichung $\Delta(\lambda) = 0$ hat 5 reelle Wurzeln.

Die Quadrate der y_i sind reell, also sind 4 der y_i selbst reell, eines imaginär. Wegen

$$\varrho y_i = \frac{K_i}{R_i}$$

hat y_i^2 dasselbe Vorzeichen wie R_i^2. Von den Fundamentalkugeln sind 4 reell, die fünfte hat einen imaginären Radius, ist "nullteilig".

Da die Kugeln paarweise orthogonal sind, so folgt aus der Betrachtung ihrer Potenzebenen und Potenzgeraden, daß vier ihrer Mittelpunkte ein Tetraeder bilden, dessen Gegenkanten paarweise orthogonal sind und dessen Höhen sich im 5. Kugelmittelpunkt treffen. Nach Nr. 236 besitzt jede der Kugeln das Tetraeder der Mittelpunkte der vier anderen als Polartetraeder. Die Koeffizienten a_i sind alle reell.

Bemerkung Sind $0|0|a_1$, $0|0|-a_2$, $h|a_3|0$, $h|-a_4|0$ die rechtwinkligen Koordinaten der Mittelpunkte A_1, A_2, A_3, A_4 der reellen Kugeln, h der kürzeste Abstand der Gegenkanten A_1A_2 und A_3A_4 so gilt die Bedingungsgleichung $a_1a_2 + a_3a_4 = h^2$ und der Mittelpunkt A_5 der 5. Kugel hat die Koordinaten

$$\frac{a_1a_2}{h}\Big|0\Big|0 \quad .$$

Sind r_1, r_2, r_3, r_4, r_5 die Radien der Kugeln um A_1, A_2, A_3, A_4, A_5, so ist

$$r_1^2 = a_1(a_1 + a_2) \quad , \quad r_2^2 = a_2(a_1 + a_2) \quad , \quad r_3^2 = a_3(a_3 + a_4)$$

$$r_4^2 = a_4(a_3 + a_4) \quad , \quad r_5^2 = -\frac{a_1\, a_2\, a_3\, a_4}{h^2}$$

(2.) Die Gleichung $\Delta(\lambda) = 0$ hat ein Paar imaginärer Wurzeln. Dann sind z.B. y_4 und y_5 konjugiert imaginär. y_1, y_2, y_3 müssen reell sein und sich auf reelle Kugeln beziehen, die sich in zwei reellen Punkten A_1 und A_2 schneiden. Die imaginären Kugeln haben imaginäre Mittelpunkte auf $\overline{A_1A_2}$ und teilen $\overline{A_1A_2}$ harmonisch. Die Koeffizienten a_1, a_2, a_3 sind reell, a_4 und a_5 konjugiert imaginär.

§ 12. Die Zykliden und ihre Hauptkugeln. Nr. 243–247

243. Satz 4 Ist

$$f(x_1\,,\, x_2\,,\, x_3\,,\, x_4\,,\, x_5) = 0 \tag{1}$$

irgend eine Fläche, so stellt

$$S\,\frac{\partial f}{\partial x_i}\, X_i \tag{2}$$

in laufenden Koordinaten X_i eine der die Fläche im Punkt x_i berührenden Kugeln dar.

Beweis Setzt man in (XV_2) der Nr. 237 $dx_k + \delta x_k$ anstelle von dx_k, so kommt

$$d\bar{s}^2 = ds^2 + 2\,\frac{S\; dx_k \delta x_k}{S\,(\frac{x_k}{R_k})^2} + \delta s^2$$

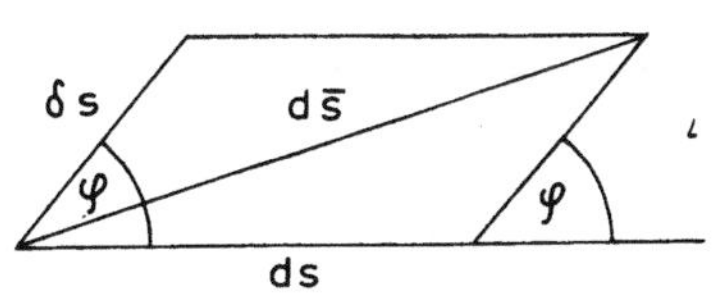

Bild 130

Nach Bild 130 ist aber

$$\cos\varphi = \frac{d\bar{s}^2 - ds^2 - d\sigma^2}{2\, ds\, d\sigma} = \frac{S\; dx_k\, \delta x_k}{S(\frac{x_k}{R_k})^2\, ds\, d\sigma}$$

$$S\; dx\, \delta x_k = 0 \tag{3}$$

bedeutet also das Senkrechtstehen der Fortschreitungsrichtungen dx_k und δx_k. Nun folgt aus (1)

$$S\,\frac{\partial f}{\partial x_k}\, dx_k = 0 \tag{4}$$

für jede Verschiebung auf der Fläche $f = 0$. Setzt man

$$\frac{\partial f}{\partial x_k} = \lambda\, \delta x_k \quad , \tag{5}$$

so bestimmen auch die δx_k eine Verschiebung, für die

$$S\, dx_k\, \delta x_k = 0 \tag{6}$$

ist für alle dx_k in der Fläche, vorausgesetzt, daß wegen

$$S\, x_k^2 = 0 \quad , \quad S\, x_k\, \delta x_k = S\, x_k \frac{\partial f}{\partial x_k} = 0 \tag{7}$$

also f homogen ist, was wir ja voraussetzen. δx_k fällt dann in die Normale der Fläche. Diese und die Kugel X_i haben nach (2) dieselbe Normale: q.e.d.

Weiter ist

$$S\, x_i X_i = 0 \tag{8}$$

wegen $S\, x_i^2 = 0$ die Gleichung einer Kugel mit Radius Null und Mittelpunkt x_i – s. (XVI_2) und (XVII_3) von Nr. 238. Das Berührkugelbüschel in x_i ist also

$$\left(\frac{1}{2} \frac{\partial f}{\partial x_i} + \lambda x_i\right) X_i = 0 \tag{9}$$

Nach (XVII_4) der Nr. 238 ergibt sich das λ der Berührebene aus

$$S \frac{1}{R_i} \frac{\partial f}{\partial x_i} + \lambda S \frac{x_i}{R_i} = 0 \tag{10}$$

244. Auf die Zyklide

$$S\, a_k x_k^2 = 0 \tag{11}$$

angewendet kommt das Berührkugelbüschel

$$S(a_k + \lambda) x_k X_k = 0 \tag{12}$$

Damit die Kugel

$$S\, M_k X_k = 0 \tag{13}$$

dazu gehört, muß

$$x_k = \frac{M_k}{a_k + \lambda} \tag{14}$$

sein. Die Identität $S\, x_k^2 = 0$ gibt dann

$$S \frac{M_k^2}{(a_k + \lambda)^2} = 0 \tag{15}$$

(11) aber gibt $S \dfrac{a_k M_k^2}{(a_k + \lambda)^2} = 0$ also folgt mit (15)

$$S \frac{M_k^2}{a_k + \lambda} = 0 \quad , \tag{16}$$

wobei (15) die Ableitung von (16) ist. Damit M_k berührt, muß die Gleichung 4. Grades in λ (16) eine Doppelwurzel haben. Die Bedingung, daß zwei Wurzeln einer Gleichung 4. Grades in λ zusammenfallen. ist

$$I^3 - 27J^2 = 0 \tag{17}$$

wo I vom 2. Grade, J vom 3. Grade in den Koeffizienten der Gleichung ist. I ist nun eine homogene Funktion 4. Grades der M_i, J eine solche 6. Grades [1]. (17) ist daher in M_i vom 12. Grad. Frägt man, wie viel Berührkugeln durch den Schnitt zweier Kugeln an die Zyklide gehen, so hat man M_i durch $M_i + \mu M_i'$ zu ersetzen und erhält für μ eine Gleichung 12. Grades.

Satz 5 Durch einen Kreis gehen i.a. 12 Berührkugeln an die Zyklide. Werden die Kreise Geraden, so werden die Kugeln zu Ebenen. Die Zyklide ist also von der 12. Klasse.
Sind die Kugeln M_i und M_i' konzentrisch, so haben alle Kugeln $M_i + \lambda M_i'$ denselben Mittelpunkt. Denn nach (23) der Nr. 239 ist dann $S\, m_k m_k'$, also wegen $S\, m_k^2 = 0$ auch $S\, m_k(m_k + \lambda m_k') = 0$
Es gibt also i.a. 12 konzentrische, die Zyklide berührende Kugeln, d.h.

Satz 6 Von einem Punkt gehen i.a. 12 Normalen an die Zyklide. Betrachtet man M_k in (17) als Koordinaten einer Ebene, so stellt (17) die Klassengleichung der Zyklide dar.

245. Der Berührpunkt einer die Zyklide berührenden Kugel ist durch (14) eindeutig bestimmt. Soll die Kugel doppelt berühren, so muß (14) unbestimmt werden, d.h. es muß

$$M_k = 0 \quad , \quad \lambda = - a_k \tag{18}$$

sein. Die Gleichung (16) muß $- a_k$ als Doppelwurzel haben. Nach (15) muß also

$$\underset{i}{S} \frac{M_i^2}{a_i - a_k} = 0 \tag{19}$$

sein, $i \neq k$. Also gilt

Satz 7 Es gibt fünf Familien doppelt berührender Kugeln. Wir wissen, daß jede solche doppeltberührende Kugel K die Zyklide nach zwei Kreisen schneidet. Wir betrachten z.B. diejenige Familie, deren Kugeln K orthogonal zur Fundamantalkugel K_k sind. Die Formeln (14) bestimmen eindeutig die Koordinaten des Berührpunktes außer x_k (!), wofür sich aus $S\, x_k^2 = 0$ zwei

---

1) Vergleiche dazu KB Nr. 73, wo $I = g_2$, $J = g_3$ ist.

entgegengesetzte Werte ergeben. Daher liegen die zwei Berührpunkte der doppelt berührenden Kugel K invers zu K_k und die zwei Kreise, nach denen K die Zyklide schneidet, gehen durch diese Berührpunkte und sind orthogonal zu K_k.
Daraus folgt weiter ohne Rechnung, daß die Fläche der Kugelmittelpunkte einer Kugelfamilie K eine Fläche 2. Ordnung ist. Ist nämlich C irgend einer der Kreise der Zyklide auf einer der Kugeln K, so hat jede Kugel K' durch C mit der Zyklide einen zweiten Kreis C' gemeinsam, muß also die Zyklide in zwei Punkten, den Schnittpunkten von C und C' doppelt berühren: K' gehört zur Kugelfamilie. Da K' nur der Bedingung unterliegt, den Kreis C zu enthalten, so kann man ihren Mittelpunkt beliebig auf der Drehachse von C annehmen.

Satz 8 Der Ort der Mittelpunkte der doppelt berührenden Kugeln einer Familie enthält die Achsen aller Kreise, nach denen diese Kugeln die Zyklide schneiden und ist daher eine zweifache Regelfläche d.h. eine Fläche 2. Grades Q_k, die sogenannte Deferente.

246. Durchläuft die Kugel K eine der Erzeugenden unserer Fläche 2. Ordnung Q_k, so geht sie stets durch einen festen Kreis der Zyklide, dessen Achse jene Erzeugende ist und der sich in der Ebene senkrecht zu jener Erzeugenden durch den Mittelpunkt von K_k befindet. Es gibt zwei solche zu K_k orthogonale Kreisfamilien, die eine hat als Achse die Erzeugenden des einen Systems der Q_k, die andere die Erzeugenden des anderen Systems. Zwei Kreise derselben Familie schneiden sich nicht, zwei Kreise verschiedener Familien befinden sich auf einer doppeltberührenden Kugel, deren Mittelpunkt der Schnittpunkt ihrer Achsen ist und die sich also in zwei (reellen oder imaginären) Punkten schneiden.
Die Ebenen der Kreise gehen durch den Mittelpunkt von K_k und sind senkrecht zu den Erzeugenden von Q_k. Sie umhüllen also einen mit K_k konzentrischen Kegel 2. Grades, der supplementär zu dem Asymptotenkegel von Q_k ist. Jede Berührebene dieses Kegels enthält zwei Kreise, deren Achsen die Erzeugenden von Q_k senkrecht zu der Ebene sind. Daher nennt man diese Ebene eine doppeltberührende Ebene der Zyklide.
Jede solche Ebene schneidet die Zyklide in einer Quartik mit 4 Doppelpunkten, von denen 2 auf dem absoluten Kreis liegen. Sie muß also in zwei Kreise zerfallen (wenn sie nicht in eine Gerade und eine Raumkurve 3. Ordnung zerfällt). Unter dieser Einschränkung bestimmen also die doppeltberührenden Kugeln alle doppeltberührenden Ebenen, die fünf Kegel 2. Grades umhüllen.

Die vorstehenden Sätze beziehen sich auf den allgemeinen Fall. Im besonderen, wenn z.B. K_k eine Ebene ist, befinden sich die Mittelpunkte der Orthogonalkugeln K der betreffenden Familie in dieser Ebene auf einem Kegelschnitt, in den Q_k entartet und dessen Tangenten die Achsen der Kreise auf den Kugeln K sind. Ist die Zyklide von der 3. Ordnung, so treten die in Nr. 233 entwickelten Verhältnisse ein.

247. Jetzt wollen wir das Vorangehende noch durch Rechnung bestätigen. Die doppeltberührenden Kugeln einer Familie waren durch

$$M_k = 0 \qquad (18) \quad \text{und} \quad S \frac{M_i^2}{a_i - a_k} = 0 \quad i \neq k \quad (19)$$

bestimmt. Nun ist der Mittelpunkt einer Kugel K nach (XVII_2) der Nr. 238 gegeben durch

$$m_i = M_i - \frac{1}{2R_i} \frac{S\, M_h^2}{S \frac{M_h}{R_h}} \tag{20}$$

In unserem Falle ist insbesondere

$$m_k = - \frac{1}{2\, R_k} \frac{S\, M_h^2}{S \frac{M_h}{R_h}} \tag{21}$$

Daher kommt

$$M_i = \frac{1}{R_i} (R_i m_i - R_k m_k) \tag{22}$$

und aus (19) folgt

$$\underset{i}{S} \frac{(R_i m_i - R_k m_k)^2}{R_i^2 (a_i - a_k)} = 0 \qquad i \neq k \tag{23}$$

Ist K_i die Potenz eines Punktes in bezug auf K_i, so folgt aus (23)

$$\underset{i}{S} \frac{(K_i - K_k)^2}{R_i^2 (a_i - a_k)} = 0 \qquad i \neq k \tag{24}$$

Sie stellt eine Fläche 2. Ordnung Q_k mit einem aus den Ebenen $K_i - K_k = 0 \quad i \neq k$, k fest, bestehenden Polartetraeder dar, dessen Ecken die von den K_k verschiedenen Eckpunkte der K_i sind. Es ist aber auch Polartetraeder der Kugel K_k mit der Gleichung (X_4) der Nr. 236

$$\underset{i}{S} \frac{(K_i - K_k)^2}{R_i^2} = 0 \qquad i \neq k \quad . \tag{25}$$

§ 13. Konfokale Zykliden. Nr. 248–250

248. Wir betrachten jetzt die Zykliden mit der Gleichung

$$f = \mathop{S}_{i=1}^{5} \frac{x_i^2}{a_i - \lambda} = 0 \tag{1}$$

Nach Nr. 243 ist die Flächennormale von (1) gegeben durch

$$\frac{1}{2}\frac{\partial f}{\partial x_i} = \frac{x_i}{a_i - \lambda} \quad , \tag{2}$$

die von

$$\bar{f} = S \frac{x_i^2}{a_i - \bar{\lambda}} \tag{$\bar{1}$}$$

durch

$$\frac{1}{2}\frac{\partial \bar{f}}{\partial x_i} = \frac{x_i}{a_i - \bar{\lambda}} \tag{$\bar{2}$}$$

Nun ist

$$S \frac{1}{4}\frac{\partial f}{\partial x_i}\frac{\partial \bar{f}}{\partial x_i} = S \frac{x_i^2}{(a_i - \lambda)(a_i - \bar{\lambda})} =$$

$$\frac{1}{\lambda - \bar{\lambda}} S \left(\frac{x_i^2}{a_i - \lambda} - \frac{x_i^2}{a_i - \bar{\lambda}}\right) = 0$$

d.h. die Flächen f und $\bar{f}$ stehen in allen ihren Schnittpunkten senkrecht aufeinander.

Nach (23) und (25) der Nr. 247 ist die Gleichung der erzeugenden Flächen 2. Ordnung Q_k in bezug auf die Kugel K_k für alle Flächen (1) bei veränderlichem λ dieselbe, da ja $(a_i - \lambda) - (a_k - \lambda) = a_i - a_k$ von λ nicht abhängt. Der Schnitt von Q_k mit K_k heißt <u>Fokale</u>, die Zykliden (1) für veränderliches λ heißen <u>konfokal</u>.

Für die Hüllfläche der Fläche (1) gilt neben (1) noch

$$S \frac{x_i^2}{(a_i - \lambda)^2} = 0 \tag{3}$$

Die Normale von (1) hatte die Richtung (2). Die Hüllfläche hat in ihren Berührpunkten mit (1) dieselbe Normale. Für diese folgt aus (3)

$$S\left(\frac{\partial f}{\partial x_i}\right)^2 = 0 \quad ,$$

sie ist also eine Minimalgerade. Nach Nr. 217 sind daher die Berührebenen der Hüllfläche Minimalebenen, diese ist eine Fokaltorse. Ersetzt man in (1) die x_i durch die allgemeinen pentasphärischen Koordinaten (XI) der Nr. 236 mit der Bedeutung (VIII), so lautet der Koeffizient von $(\xi^2 + \eta^2 + \zeta^2)^2$

$$S \frac{(\delta_k + i\varepsilon_k)^2}{\varrho^2(a_k - \lambda)}$$

oder mit (13) der Nr. 235

$$S \frac{1}{R_k^2(a_k - \lambda)} = L \quad .$$

Ist er gleich Null, so hat man eine Zyklide 3. Ordnung. Wegen $(X_1)_3$ in Nr. 236 ist $L = 0$ vom 3. Grade in λ. Es gibt also unter den Zykliden (1) drei solche 3. Ordnung.

Um nun zu einer anschaulichen Darstellung der Zykliden zu gelangen, stellen wir zunächst fest, daß mittels einer linearen Substitution

$$a_i = \frac{\alpha\bar{a}_i + \beta}{\gamma\bar{a}_i + \delta}, \quad \lambda = \frac{\alpha\bar{\lambda} + \beta}{\gamma\bar{\lambda} + \delta}, \quad a_i - \lambda = \frac{(\alpha\delta - \beta\gamma)(\bar{a}_i - \bar{\lambda})}{(\gamma\bar{a}_i + \delta)(\gamma\bar{\lambda} + \delta)} \qquad (4)$$

die Gleichung (1) mittels der Identität $S\, x_i^2 = 0$ in die Gleichung

$$\sum_{i=1}^{5} \frac{x_i^2}{\bar{a}_i - \bar{\lambda}} = 0 \qquad (\mathrm{T})$$

derselben Form übergeht. Insbesondere führt die Wahl

$$\alpha = a_5 \quad , \quad \gamma = 1 \quad , \quad \bar{a}_5 = \infty \qquad (4^{\times})$$

zur Gleichung

$$\sum_{i=1}^{4} \frac{x_i^2}{\bar{a}_i - \bar{\lambda}} = 0 \quad . \qquad (\mathrm{T}^{\times})$$

Sind nun 4 der Fundamentalkugeln reell, die 5., K_5 nullteilig, dann sind alle a_i reell und man kann die Nummerierung der x_i so wählen, daß $a_1 > a_2 > a_3 > a_4$ wird und durch etwaige Abänderung von λ in $\lambda + \lambda_0$, daß $a_4 > 0$ wird. Durch Substitution $(4^{\times})$ geht die Gleichung der Zyklide also über in

$$\frac{x_1^2}{a_1 - \lambda} + \frac{x_2^2}{a_2 - \lambda} + \frac{x_3^2}{a_3 - \lambda} + \frac{x_4^2}{a_4 - \lambda} = 0 \quad , \qquad (1^{\times})$$

wobei $a_1 > a_2 > a_3 > a_4$ erhalten bleibt, oder, indem man als Fundamentalkugeln K_1, K_2, K_4 die Koordinatenebenen und als K_3 die Kugel $x^2 + y^2 + z^2 - R^2$ einführt, was man stets durch eine Inversion erreichen kann, nach Nr. 236

$$\frac{4x^2}{a_1 - \lambda} + \frac{4y^2}{a_2 - \lambda} + \frac{4z^2}{a_4 - \lambda} + \frac{(x^2 + y^2 + z^2 - R^2)^2}{(a_3 - \lambda)R^2} = 0 \qquad (5)$$

$a_1 > a_2 > a_3 > a_4$

Jetzt ist von den in den Koordinatenebenen befindlichen Fokalen nur die Fokale F_1

$$y = 0 \quad , \quad \frac{4x^2}{a_1 - a_2} - \frac{4z^2}{a_2 - a_4} - \frac{(x^2 + z^2 - R^2)^2}{(a_2 - a_3)R^2} = 0 \qquad (6)$$

reell. Die 4. Fokale F_2 ist der sphärische Kegelschnitt

$$x^2 + y^2 + z^2 - R^2 = 0 \, , \quad \frac{x^2}{a_1 - a_3} + \frac{y^2}{a_2 - a_3} - \frac{z^2}{a_3 - a_4} = 0 \qquad (7)$$

Aufgabe Bestimme die Gestalt von (6) (Bild 131)
Die Gleichung (5) stellt ein konfokales System von drei reellen Flächenfamilien dar (Bild 131 a).
Für $a_1 \leq \lambda \leq +\infty$ sind die Flächen nullteilig. Für $a_2 < \lambda < a_3$ bilden sie die 1. reelle Familie $0 < \varepsilon < a_2 - a_1$

$$-\frac{4x^2}{\varepsilon} + \frac{4y^2}{a_2 - a_1 - \varepsilon} + \frac{4z^2}{a_4 - a_1 - \varepsilon} + \frac{(x^2+y^2+z^2-R^2)^2}{(a_3 - a_1 - \varepsilon)R^2} = 0 \qquad (8)$$

Jede der Flächen besteht aus zwei Teilen symmetrisch zur yz-Ebene, für $\varepsilon = a_2 - a_1$ hat man die Fokale F_1.
Für $a_3 < \lambda < a_2$ hat man die 2. reelle Familie $0 < \varepsilon < a_2 - a_3$

$$\frac{4x^2}{a_1 - a_2 - \varepsilon} - \frac{4y^2}{\varepsilon} - \frac{4z^2}{a_2 - a_4 - \varepsilon} - \frac{(x^2+y^2+z^2-R^2)^2}{(a_2 - a_3 - \varepsilon)R^2} = 0 \qquad (9)$$

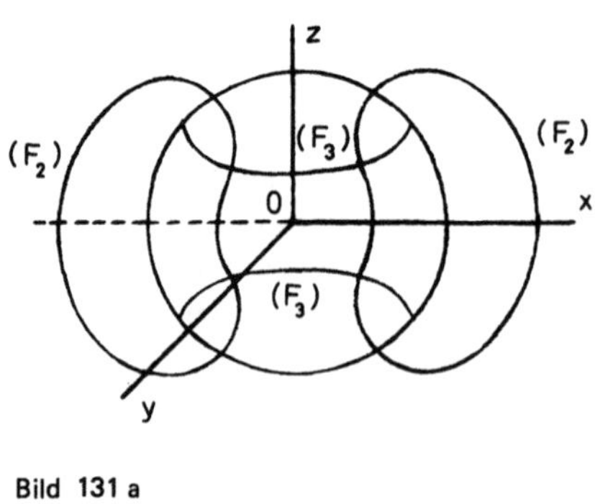

Bild 131 a

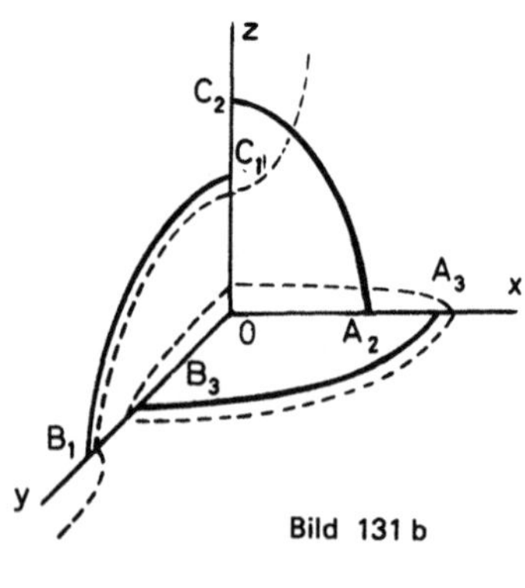

Bild 131 b

Jede der Flächen ist einteilig, für $\varepsilon = 0$ hat man die F_1, für $\varepsilon = a_2 - a_3$ aber F_2.
Für $a_4 < \lambda < a_3$ hat man die 4. reelle Familie $0 < \varepsilon < a_3 - a_4$

$$\frac{4x^2}{a_1 - a_3 + \varepsilon} + \frac{4y^2}{a_2 - a_3 + \varepsilon} - \frac{4z^2}{a_3 - a_4 - \varepsilon} + \frac{(x^2 + y^2 + z^2 - R^2)^2}{\varepsilon} = 0 \quad . \tag{10}$$

Jede der Flächen besteht aus 2 Teilen symmetrisch zur xy-Ebene für $\varepsilon = 0$ hat man die F_2.

<u>Aufgabe</u> Bestimme je eine Fläche der drei Familien genau (seitlichste, höchste, tiefste Punkte).

250. Es kann nun aber der weitere Fall eintreten, daß zwei der Fundamentalkugeln <u>konjugiert imaginär</u> sind. (Vergleiche Nr. 242, (2.)). Macht man wieder, diesmal K_1, K_2, K_3 zu den Koordinatenebenen, dann müssen K_4 und K_5 den Ursprung zum Mittelpunkt haben und konjugiert sein. Die Zyklidengleichung wird, wenn man beachtet, daß auch a_4 und a_5 konjugiert sein müssen und durch eine lineare Substitution in +i und -i übergeführt werden können

$$\frac{4x^2}{\lambda - a_1} + \frac{4y^2}{\lambda - a_2} + \frac{4z^2}{\lambda - a_3} + \frac{(x^2 + y^2 + z^2 - h^2 i)^2}{h^2 i(\lambda - i)} + \frac{(x^2 + y^2 + z^2 + h^2 i)^2}{-h^2 i(\lambda + i)} = 0 \tag{11}$$

oder

$$\frac{(x^2 + y^2 + z^2)^2}{h^2} - h^2 + 2\,\frac{1 + \lambda a_1}{\lambda - a_1}\,x^2 + 2\,\frac{1 + \lambda a_2}{\lambda - a_2}\,y^2 + 2\,\frac{1 + \lambda a_3}{\lambda - a_3}\,z^2 = 0 \tag{12}$$

Setzt man

$$a_1 = \tan\alpha_1 \;,\quad a_2 = \tan\alpha_2 \;,\quad a_3 = \tan\alpha_3 \;,\quad \lambda = \tan\varphi \tag{13}$$

wobei $a_1 < a_2 < a_3$, $\alpha_1 < \alpha_2 < \alpha_3 < \alpha_1 + \pi$ sei, (14)

$$h^2 \cot(\alpha_3 - \alpha_2) = A, \; h^2 \cot(\alpha_1 - \alpha_3) = B, \; h^2 \cot(\alpha_2 - \alpha_1) = C \tag{15}$$

so lautet die Zyklidengleichung

$$\frac{(x^2+y^2+z^2)^2}{h^2} - h^2 + 2x^2\cot(\varphi-\alpha_1)+2y^2\cot(\varphi-\alpha_2)+2z^2\cot(\varphi-\alpha_3) = 0 \tag{16}$$

Die drei Zyklidenfamilien ergeben sich für

$$\left.\begin{array}{lll} a_1 < \lambda < a_2 , & a_2 < \lambda < a_3 , & a_3 < \lambda < +\infty \\ \alpha_1 < \varphi < \alpha_2 , & \alpha_2 < \varphi < \alpha_3 , & \alpha_3 < \varphi < \alpha_1 + \pi \end{array}\right\} \quad (17)$$

Die 3 reellen Fokalen sind

$$\left.\begin{array}{ll} x = 0 & (y^2 + z^2)^2 - h^4 - 2Cy^2 + 2Bz^2 = 0 \\ y = 0 & (z^2 + x^2)^2 - h^4 - 2Az^2 + 2Cx^2 = 0 \\ z = 0 & (x^2 + y^2)^2 - h^4 - 2Bx^2 + 2Ay^2 = 0 \end{array}\right\} \quad (18)$$

Von ihnen ist in Bild 131 a je ein Quadrat gezeichnet.
Jede der drei Familien geht vom Äußeren einer Fokale ins Innere der nächsten (131 b)
Ist $A = B = C$, so wird $\alpha_3 - \alpha_2 = \alpha$, $\alpha_1 - \alpha_3 = \alpha - \pi$, $\alpha_2 - \alpha_1 = \alpha$, also $\alpha = \frac{\pi}{3}$, $\alpha_3 = \alpha_2 + \frac{\pi}{3}$, $\alpha_1 = \alpha_2 - \frac{\pi}{3}$, $A = \frac{h^2}{\sqrt{3}}$.
Die Fokalen sind dann konjugierte Cassinische Kurven (KB Nr. 191)

$$(x^2 + y^2)^2 - \frac{2h^2}{\sqrt{3}}(x^2 - y^2) - h^4 = 0$$

mit den Flachpunkten in den Hochpunkten.

251

8. Abschnitt. Die Römerfläche

§ 1. Eine Fläche 3. Ordnung mit vier Doppelpunkten. Nr. 251–260 [1]

251. In der sogenannten Dreiecksgeometrie ist einer der schönsten Sätze, daß die Fußpunkte der Lote von einem Punkt des Dreiecksumkreises auf die Dreiecksseiten in einer Geraden liegen, der sogenannten Simson-Wallace'schen Geraden und eine der schönsten Entdeckungen Jakob Steiners (1796 - 1863), daß diese Geraden eine dreispitzige Hypozykloide (KB Nr. 179) umhüllen. Wir wollen diese Sätze verallgemeinern und darüber staunen, was aus ihnen im dreidimensionalen Raume wird.

In einem Tetraeder treffen sich die drei Verbindungsstrecken je zweier Gegenkantenmitten im Raumschwerpunkt, der sie halbiert und die Verbindungsstrecken der Ecken mit den Flächenschwerpunkten im Verhältnis 3 : 1 teilt. Wir machen nun eine Verbindungsstrecke 2a von zwei Gegenkantenmitten zur x-Achse, den Schwerpunkt zum Ursprung und nehmen die zwei benützten Gegenkanten senkrecht zur x-Achse und zueinander, sowie gleich lang, nämlich gleich 4b an. Ihre Richtungen seien die der y- und z-Achse (Bild 132). Dann haben die Tetraederecken die rechtwinkligen Koordinaten

A(a|0|-2b), B(-a|2b|0), C(-a|-2b|0), D(a|0|2b)

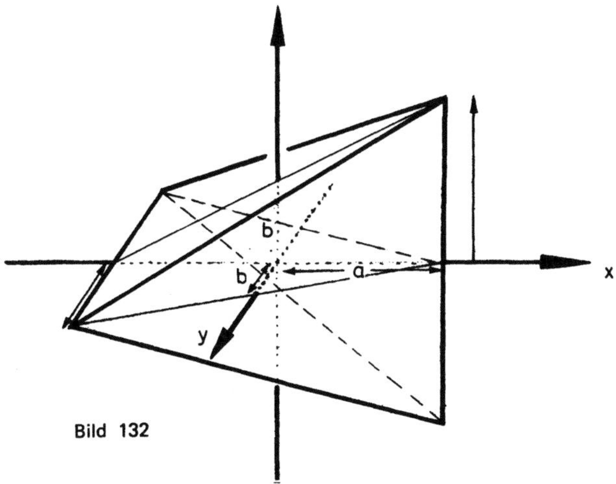

Bild 132

1) Diese Fläche scheint zuerst von Eckhardt, Math. Annalen 5, 1872, s. 33 ff betrachtet zu sein

Das Tetraeder ist regulär, wenn $\overline{BD} = \overline{DA}$ oder

$$(2\sqrt{a^2 + b^2})^2 + (2b)^2 = (4b)^2 \quad ,$$

d.h.

$$a^2 = 2b^2 \quad , \quad b = \frac{a}{2}\sqrt{2} \qquad (1)$$

ist. Doch wollen wir erst in Nr. 4 diese Annahme machen. Die Tetraederhöhen sind alle gleich

$$\frac{4ab}{\sqrt{a^2 + b^2}} \quad .$$

Die vier Seitenflächen haben die Achsenabschnittsgleichungen

$$\left.\begin{array}{ll} DCA\ \frac{x}{a} - \frac{y}{b} - 1 = 0 & DAB\ \frac{x}{a} + \frac{y}{b} - 1 = 0 \\ DBC\ -\frac{x}{a} + \frac{z}{b} - 1 = 0 & ABC\ -\frac{x}{a} - \frac{z}{b} - 1 = 0 \end{array}\right\} \qquad (2)$$

Ihre Hessesche Normalformen ergeben sich alle vier durch Multiplikation mit dem positiven Proportionalitätsfaktor

$$\varrho = \frac{ab}{\sqrt{a^2 + b^2}} \qquad (3)$$

Daher sind

$$\left.\begin{array}{ll} x_2 = \varrho(\frac{x}{a} - \frac{y}{b} - 1) & x_3 = \varrho(\frac{x}{a} + \frac{y}{b} - 1) \\ x_1 = \varrho(-\frac{x}{a} + \frac{z}{b} - 1) & x_4 = \varrho(-\frac{x}{a} - \frac{z}{b} - 1) \end{array}\right\} \qquad (4)$$

die vier Abstände des Punktes $x|y|z$ von den Seitenflächen des Tetraeders. Diese betrachten wir zugleich als normale Tetraederkoordinaten von $x|y|z$ (vergleiche Nr. 34).
Aus (4) folgen umgekehrt die Beziehungen zwischen x_1, x_2, x_3, x_4

$$x_1 + x_2 + x_3 + x_4 = -4\varrho \qquad (5)$$

$$\left.\begin{array}{ll} x_2 + x_3 = -\frac{2\varrho}{a}(a - x) & x_2 - x_3 = -\frac{2\varrho}{b}\,y \\ x_1 + x_4 = -\frac{2\varrho}{a}(a + x) & x_1 - x_4 = \frac{2\varrho}{b}\,z \end{array}\right\} \qquad (6)$$

und als Umkehrung

$$x = \frac{a}{4\varrho}(x_2 + x_3 - x_1 - x_4) \ , \ y = -\frac{b(x_2 - x_3)}{2\varrho} \ , \ z = \frac{b(x_1 - x_4)}{2\varrho} \qquad (7)$$

252. Die Gleichungen des Lotes von $x|y|z$ auf die Seitenfläche DAB lauten in Parameterform und in den laufenden Koordinaten $\xi|\eta|\zeta$

$$\xi = x - \frac{\varrho}{a}\lambda \quad , \quad \eta = y - \frac{\varrho}{b}\lambda \quad , \quad \zeta = z \qquad (8)$$

$\frac{\varrho}{a}|\frac{\varrho}{b}|0$ sind dabei nach (4_1) die Richtungskosinusse des Lotes. Für seinen Fußpunkt F_3 gilt außer (8) noch

$$\varrho\left(\frac{\xi}{a} + \frac{\eta}{b} - 1\right) = 0 \quad . \tag{9}$$

Also kommt für λ die Gleichung

$$\varrho\left(\frac{x}{a} + \frac{y}{b} - 1\right) - \left(\frac{\varrho^2}{a^2} + \frac{\varrho^2}{b^2}\right)\lambda = 0$$

woraus nach (2)

$$\lambda = \varrho\left(\frac{x}{a} + \frac{y}{b} - 1\right) = x_3 \tag{10}$$

Somit haben die Fußpunkte F_1, F_2, F_3, F_4 der vier Lote die Koordinaten

$$\begin{array}{lcl} x + \frac{\varrho}{a}x_1|y|z - \frac{\varrho}{b}x_1 & , & x - \frac{\varrho}{a}x_2|y + \frac{\varrho}{b}x_2|z \\ x - \frac{\varrho}{a}x_3|y - \frac{\varrho}{b}x_3|z & , & x + \frac{\varrho}{a}x_4|y|z + \frac{\varrho}{b}x_4 \end{array} \tag{11}$$

Wir fragen,auf welcher Fläche der Punkt $x|y|z$ liegen muß, damit die vier Fußpunkte (11) in <u>einer</u> Ebene liegen.

Dazu ist notwendig und hinreichend, daß die Determinante

$$\begin{vmatrix} x + \frac{\varrho}{a}x_1 & y & z - \frac{\varrho}{b}x_1 & 1 \\ x - \frac{\varrho}{a}x_2 & y + \frac{\varrho}{b}x_2 & z & 1 \\ x - \frac{\varrho}{a}x_3 & y - \frac{\varrho}{b}x_3 & z & 1 \\ x + \frac{\varrho}{a}x_4 & y & z + \frac{\varrho}{b}x_4 & 1 \end{vmatrix} = 0 \tag{12}$$

ist, oder, wenn man die mit x oder y oder z multiplizierte 4. Spalte von der 1., 2. oder 3. abzieht und dann mit $\frac{\varrho}{a}$, $\frac{\varrho^2}{b^2}$, vereinfacht

$$\begin{vmatrix} x_1 & 0 & -x_1 & 1 \\ -x_2 & x_2 & 0 & 1 \\ -x_3 & -x_3 & 0 & 1 \\ x_4 & 0 & x_4 & 1 \end{vmatrix} = 0 \tag{13}$$

Addiert man zur 1. Spalte die 2. und 3., so kommt nach Vereinfachen mit 2

$$\begin{vmatrix} 0 & 0 & -x_1 & 1 \\ 0 & x_2 & 0 & 1 \\ -x_3 & -x_3 & 0 & 1 \\ x_4 & 0 & x_4 & 1 \end{vmatrix} = 0 \tag{14}$$

oder

$$x_2x_3(x_1 + x_4) + (x_2 + x_3)x_1x_4 = 0 \tag{15}$$

$$\frac{1}{x_1} + \frac{1}{x_2} + \frac{1}{x_3} + \frac{1}{x_4} = 0$$

Dies ist die Gleichung unserer Fläche in normalen Tetraederkoordinaten. Nun ist aber

$$\left.\begin{aligned} x_2 + x_3 &= -\frac{2\rho}{a}(a - x) & x_1 + x_4 &= -\frac{2\rho}{a}(a + x) \\ x_2x_3 &= \rho^2\left(\frac{(a-x)^2}{a^2} - \frac{y^2}{b^2}\right) & x_1x_4 &= \rho^2\left(\frac{(a+x)^2}{a^2} - \frac{z^2}{b^2}\right) \end{aligned}\right\} \tag{16}$$

253. Damit kommt aus (15) nach einigen Umformungen in rechtwinkligen Koordinaten $x|y|z$ die Gleichung unserer Fläche, der Korbfläche

$$\frac{y^2}{a - x} + \frac{z^2}{a + x} = \frac{2b^2}{a} \tag{17}$$

oder, in homogenen Koordinaten $x|y|z|t$

$$f = 2b^2(x^2t-a^2t^3)+a(x+at)y^2-a(x-at)z^2 = 0 \tag{18}$$

Daraus folgt

$$\left.\begin{aligned} &\frac{\partial f}{\partial x} = 4b^2xt + a(y^2 - z^2)\ , \quad \frac{\partial f}{\partial y} = 2a(x + at)y\ , \\ &\frac{\partial f}{\partial z} = -2a(x - at)z\ , \quad \frac{\partial f}{\partial t} = 2b^2x^2 - 6a^2b^2t^2 + a^2(y^2 + z^2) \end{aligned}\right. \tag{19}$$

und durch Nullsetzen ergeben sich vier Knotenpunkte D, A, B, C, nämlich $a|0|\pm 2b$, $-a|\pm 2b|0$.

Um die Geraden auf der Fläche (17) zu bestimmen, ermittelt man die Bedingungen, unter denen eine Gerade von der Form

$$\left.\begin{aligned} y &= mx + p \\ z &= nx + q \end{aligned}\right\} \text{ oder } \left.\begin{aligned} x &= p \\ z &= ny + q \end{aligned}\right\} \text{ oder } \left.\begin{aligned} x &= p \\ y &= q \end{aligned}\right\}$$

auf (17) liegt. Man erhält so die 6 Tetraederkanten. Außerdem liegen aber in der Fernebene $t = 0$ nach (18) noch die Geraden $x = 0$, $t = 0$, $y = \pm z$, $t = 0$.

Die Gestalt der Fläche (17) ist sofort bestimmt (Bild 133). Sie wird von den Ebenen $x = c$ für $-a < c < +a$ in Ellipsen, für $-\infty < c < -a$ und $+a < c < +\infty$ in Hyperbeln, für $x = 0$ insbesonders in einem Kreis geschnitten, für $x = \pm a$ aber in zwei Doppelgeraden.

Aufgabe 1. Bestimme die Flächen (Bild 134 und 135)

1. $\dfrac{y^2}{x - a} + \dfrac{z^2}{x + a} = \dfrac{2b^2}{a}$

2. $\dfrac{y^2}{x - a} - \dfrac{z^2}{x + a} = \dfrac{2b^2}{a}$

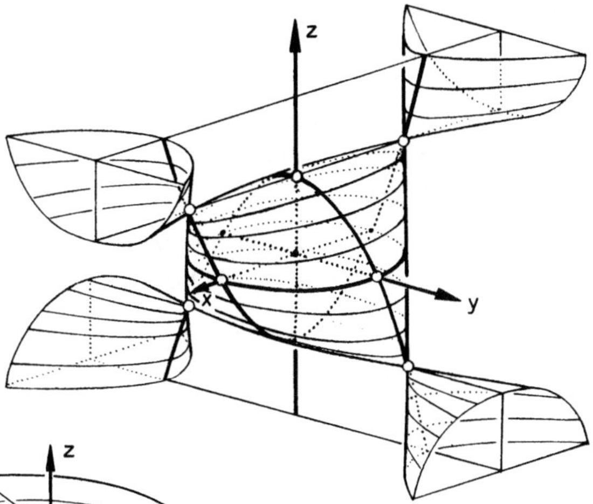

Bild 133

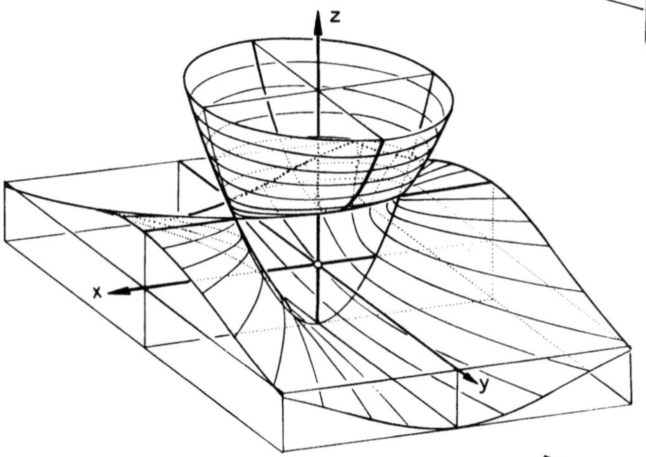

Bild 134

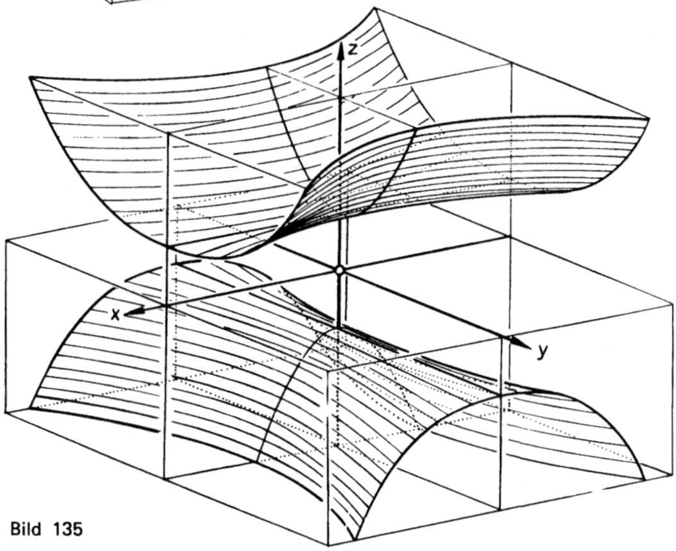

Bild 135

Aufgabe 2. Beweise den Satz von Cayley: Die drei Geraden in der Fernebene sind die Schnittlinien der drei Paar Berührebenen der Fläche längs den drei Paar Gegenkanten des Tetraeders ABCD. (Für die Gleichung (15) lauten die Geradengleichungen $x_2 + x_3 = 0$, $x_1 + x_4 = 0$; $x_3 + x_1 = 0$, $x_2 + x_4 = 0$; $x_1 + x_2 = 0$, $x_3 + x_4 = 0$).

Aufgabe 3. Beweise: Die Haupttangentenkurven der Fläche (15) liegen auf den Flächen 3. Ordnung

$$\lambda^2(x_2x_3 + x_1x_4) + \mu^2(x_3x_1 + x_2x_4) + \nu^2(x_1x_2 + x_3x_4) =$$

wo $\lambda + \mu + \nu = 0$ ist. (E. Lagnerre, Oeuvres, II, p. 275).

254. Die Ordnungsgleichung unserer Fläche in normalen Tetraederkoordinaten war

$$g = \frac{1}{x_1} + \frac{1}{x_2} + \frac{1}{x_3} + \frac{1}{x_4} = 0 \tag{15}$$

Daraus kann man sofort ihre Klassengleichung gewinnen. Bezeichnen wir die zu den Tetraederkoordinaten $x_1|x_2|x_3|x_4$ gehörigen Ebenenkoordinaten um eine Verwechslung mit den zu den rechtwinkligen Koordinaten $x|y|z$ gehörigen $u_1|u_2|u_3|u_4$ zu verwenden, mit $v_1|v_2|v_3|v_4$, so folgt aus (15)

$$\varrho v_i = \frac{\partial g}{\partial x_i} = -\frac{1}{x_i^2}, \text{ also } \frac{1}{x_i} = \varrho'\sqrt{v_i} \quad i = 1,2,3,4,$$

d.h. die Klassengleichung

$$\sqrt{v_1} + \sqrt{v_2} + \sqrt{v_3} + \sqrt{v_4} = 0 \tag{20}$$

oder

$$\left\{(v_1 - v_2 - v_3 + v_4)^2 - 4(v_1v_4 + v_2v_3)\right\}^2 = 64v_1v_2v_3v_4$$

oder

$$(S\, v_i^2 - 2S\, v_kv_l)^2 = 64v_1v_2v_3v_4$$

Um die Gleichung (20) in den Koordinaten $u_1|u_2|u_3|u_4$ zu erhalten, benötigen wir die Transformationsgleichungen der v_i in die u_i. Nun waren (7) mit der Bedingung (5), d.h.

$$x = -a\frac{x_2+x_3-x_1-x_4}{x_1+x_2+x_3+x_4}, \quad y = 2b\frac{x_2-x_3}{x_1+x_2+x_3+x_4}, \quad z = -2b\frac{x_1-x_4}{x_1+x_2+x_3+x_4} \tag{21}$$

oder, wenn wir die Koordinaten $x|y|z$ durch die homogenen Koordinaten $\xi_1|\xi_2|\xi_3|\xi_4$ ersetzen

$$\begin{aligned} \varrho\xi_1 &= -a(x_2 + x_3 - x_1 - x_4) \quad , \quad \varrho\xi_2 = 2b(x_2 - x_3) \\ \varrho\xi_3 &= -\,2b(x_1 - x_4) \quad , \quad \varrho\xi_4 = x_1 + x_2 + x_3 + x_4 \end{aligned} \tag{22}$$

die Transformationsformeln für die Punktkoordinaten.

Zu $\xi_1|\xi_2|\xi_3|\xi_4$ gehören die Ebenenkoordinaten $u_1|u_2|u_3|u_4$, zu $x_1|x_2|x_3|x_4$ aber die Ebenenkoordinaten $v_1|v_2|v_3|v_4$. Also muß

$$\varrho(u_1\xi_1 + u_2\xi_2 + u_3\xi_3 + u_4\xi_4) = v_1x_1 + v_2x_2 + v_3x_3 + v_4x_4$$

eine relative Invariante sein. Nun folgt aus (22)

$$\begin{aligned} \varrho(u_1\xi_1 + u_2\xi_2 + u_3\xi_3 + u_4\xi_4) &= (au_1 - 2bu_3 + u_4)x_1 + \\ &+ (-au_1 + 2bu_2 + u_4)x_2 + (-au_1 - 2bu_2 + u_4)x_3 + \\ &(au_1 + 2bu_3 + u_4)x_4 \end{aligned}$$

Also kommen die gesuchten Transformationsformeln

$$\left.\begin{aligned} \varrho v_1 &= au_1 - 2bu_3 + u_4 \qquad & \varrho v_3 &= -au_1 - 2bu_2 + u_4 \\ \varrho v_2 &= -au_1 + 2bu_2 + u_4 \qquad & \varrho v_4 &= au_1 + 2bu_3 + u_4 \end{aligned}\right\} \tag{23}$$

Mit ihnen wird (20) zu

$$b^2(u_2^2 - u_3^2)^2 + 2a^2u_1^2(u_2^2 + u_3^2) + 2au_1u_4(u_2^2 - u_3^2) = 0 \tag{24}$$

Die Fläche ist also von der 4. Klasse (Klassengleichung der Fläche (17). Mit $b = \frac{a}{2}\sqrt{2}$ wird daraus

$$a(u_2^2 - u_3^2)^2 + 4au_1^2(u_2^2 + u_3^2) + 4u_1u_4(u_2^2 - u_3^2) = 0 \tag{25}$$

und mit

$$u_1 = u_1' \quad , \quad u_2 = \frac{u_2' - u_3'}{\sqrt{2}} \quad , \quad u_3 = \frac{u_2' + u_3'}{\sqrt{2}} \quad , \quad u_4 = u_4' \tag{26}$$

$$a(u_2'^2u_3'^2 + u_3'^2u_1'^2 + u_1'^2u_2'^2) - 2u_1'u_2'u_3'u_4' = 0 \tag{27}$$

Mit (23) wird umgekehrt (22) zu

$$\left.\begin{aligned} \varrho v_1 &= a(u_1' - u_2' - u_3') + u_4' \qquad & \varrho v_3 &= a(-u_1' - u_2' + u_3') + u_4' \\ \varrho v_2 &= a(-u_1' + u_2' - u_3') + u_4' \qquad & \varrho v_4 &= a(u_1' + u_2' + u_3') + u_4' \end{aligned}\right\} \tag{28}$$

Mit

$$\xi_1 = \xi_1' \quad , \quad \xi_2 = \frac{\xi_2' - \xi_3'}{\sqrt{2}} \quad , \quad \xi_3 = \frac{\xi_2' + \xi_3'}{\sqrt{2}} \quad , \quad \xi_4 = \xi_4' \tag{29}$$

wird (22) zu

$$\left.\begin{array}{ll} \varrho\xi_1' = -a(x_2 + x_3 - x_1 - x_4) & \varrho\xi_3' = -a(x_1 + x_2 - x_3 - x_4) \\ \varrho\xi_2' = -a(x_3 + x_1 - x_2 - x_4) & \varrho\xi_4' = x_1 + x_2 + x_3 + x_4 \end{array}\right\} \quad (30)$$

also nicht homogen

$$\left.\begin{array}{lll} x = x' \;, & y = \dfrac{y' - z'}{\sqrt{2}} \;, & z = \dfrac{y' + z'}{\sqrt{2}} \\ x' = x \;, & y' = \dfrac{y + z}{\sqrt{2}} \;, & z' = \dfrac{-y + z}{\sqrt{2}} \end{array}\right\} \quad (31)$$

Man hat also das Koordinatensystem um die x-Achse durch $\frac{\pi}{4}$ zu drehen, um statt (25) die Gleichung (29) zu erhalten.

Aufgabe Zeichne die betreffenden Figuren im Schrägbild.

Setzt man in (27) statt der Ebenenkoordinaten $u_1'|u_2'|u_3'|u_4'$ die Punktkoordinaten $\frac{x'}{a^2}|\frac{y'}{a^2}|\frac{z'}{a^2}|t'$, so erhält man die Gleichung der sogenannten

Reziprokalfläche unserer Fläche (17), die berühmte von Jakob Steiner (1796 - 1863) in Rom 1844 entdeckte Römerfläche.

$$y'^2z'^2 + z'^2x'^2 + x'^2y'^2 - 2ax'y'z' = 0 \qquad (32a)$$

In Tetraederkoordinaten $x_1|x_2|x_3|x_4$ hat sie nach (22) die Gleichung

$$(S\, x_i^2 - 2S\, x_k x_l)^2 = 64\, x_1x_2x_3x_4 \qquad (32b)$$

Auf diese Weise stoßen wir zum ersten Male auf die Römerfläche und zwar ihre spezielle, von Jakob Steiner entdeckte Gestalt. (32a) läßt sofort erkennen, daß der Ursprung dreifacher Punkt der Fläche ist und die Koordinatenachsen ihre Doppelgeraden sind. (Beweis als 1. Aufgabe).

2. Aufgabe Bestimme die Transformationsformeln von (32a) und (32b) für a = 1

($\varrho z_1 = y_2 + y_3 - y_1 - y_4$ und zykl. $\varrho z_4 = y_1 + y_2 + y_3 + y_4$,
$\varrho y_1 = -z_1 + z_2 + z_3 + z_4$ und zykl. $\varrho y_4 = -(z_1 + z_2 + z_3 + z_4)$)

255. Wir bestimmen ferner die Ebene der vier Lotfußpunkte (11) und zwar durch drei geeignete Punkte. Als solche wählen wir den Schwerpunkt der vier Lotfußpunkte mit den homogenen Koordinaten

$$x - \frac{\varrho}{4a}(-x_1 + x_2 + x_3 - x_4) | y - \frac{\varrho}{4b}(x_1 - x_2) | (z - \frac{\varrho}{4b}(x_1 - x_4) | 1$$

sowie die Fernpunkte von F_2F_3 und F_1F_4 mit den Koordinaten

$$\frac{\varrho}{a}(x_3 - x_2) | \frac{\varrho}{b}(x_3 + x_2) | 0 | 0 \quad \text{und} \quad \frac{\varrho}{a}(x_1 - x_4) | 0 | -\frac{\varrho}{b}(x_1 + x_4) | 0$$

Dann wird die Gleichung der Ebene, wenn man (5) und (6) benutzt

$$\begin{vmatrix} \xi & \eta & \zeta & 1 \\ (1 - \frac{\varrho^2}{a^2})x & (1 - \frac{\varrho^2}{2b^2})y & (1 - \frac{\varrho^2}{2b^2})z & 1 \\ y & -(a - x) & 0 & 0 \\ z & 0 & a + x & 0 \end{vmatrix} = 0 \tag{32}$$

oder

$$\begin{aligned}(a^2 - x^2)\xi + (a + x)y\eta - (a - x)z\zeta = (1 - \frac{\varrho^2}{a^2})x \quad (a^2 - x^2) + \\ + (1 - \frac{\varrho^2}{2b^2}) \left\{(a + x)y^2 - (a - x)z^2\right\}\end{aligned} \tag{33}$$

Wir suchen nun die Hüllfläche der Ebene (33). Doch beschränken wir uns auf den Fall $b = \frac{a}{2}\sqrt{2}$, $\varrho^2 = \frac{a^2}{3}$, weil die Rechnung im allgemeinen Fall kaum durchführbar ist. (33) wird dann zu

$$\begin{aligned}(a^2 - x^2)\xi + (a + x)y\eta - (a - x)z\zeta = \\ = \frac{2}{3}\left\{x(a^2 - x^2) + (a + x)y^2 - (a - x)z^2\right\}\end{aligned} \tag{34}$$

und ist durch den Punkt $\frac{2}{3}x \mid \frac{2}{3}y \mid \frac{2}{3}z$ erfüllt.

Zur Bestimmung der Hüllfläche ermitteln wir zunächst für die Fläche (17) im Falle $2b^2 = a^2$, d.h. für

$$\frac{y^2}{a - x} + \frac{z^2}{a + x} = a \tag{35}$$

eine Parameterdarstellung.

Wir führen dazu die <u>Kegelschnittsfunktionen</u> $C\varphi$ und $S\varphi$ ein mit der Grundgleichung $C^2\varphi + k\, S^2\varphi = 1$, wo für Kreisfunktionen $k = +1$, für die Hyperbelfunktionen $k = -1$ ist. Wir setzen

$$x = a\, C\, 2\varphi \quad , \quad a + x = 2\, a\, C^2\varphi \quad , \quad a - x = 2ka\, S^2\varphi\ . \tag{36}$$

Aus (35) wird dann

$$\frac{z^2}{C^2\varphi} + k\, \frac{y^2}{(kS\varphi)^2} = 2a^2 \tag{37}$$

und wir erhalten die Parameterdarstellung

$$x = a\, C\, 2\varphi\ , \quad y = ka\sqrt{2}\ S\varphi\, S\psi\ , \quad z = a\ \sqrt{2}\ C\varphi\ \ C\psi \tag{38}$$

Die Gleichung (34) wird zu

$$S\, 2\varphi\xi + \sqrt{2}(C\varphi\, S\psi\eta - S\varphi\, C\psi\zeta) = \frac{a}{3}(S\, 4\varphi - 2\, S\, 2\varphi C\, 2\psi\,) \tag{39}$$

Um die Hüllfläche zu bestimmen, hat man (39) nach φ und ψ abzuleiten. Man erhält

$$\sqrt{2}\, C\, 2\varphi \xi - (k\, S\varphi\, S\psi \eta + C\varphi C\psi \zeta) = \frac{2\sqrt{2}a}{3}(C\, 4\varphi - C\, 2\varphi C\, 2\psi) \quad (40)$$

$$C\varphi C\psi \eta + k\, S\varphi S\psi \zeta = k.\frac{2\sqrt{2}a}{3}\, S\, 2\varphi\, S\, 2\psi\,. \quad (41)$$

Aus (39) und (40) erhält man durch Elimination von ξ

$$C^3\varphi\, S\psi \eta + k\, S^3\varphi\, C\psi \zeta = k\, \frac{a\sqrt{2}}{3}\, S^3\, 2\varphi \quad (42)$$

Daraus und aus (41) folgt η und ζ . Aus (39) noch ξ , nämlich

$$\xi = 2a\, C\, 2\varphi + \frac{2a}{3}\, C\, 2\psi,\ \eta = k^2\, \frac{8a\sqrt{2}}{3} S^3\varphi S\psi,\ \zeta = \frac{8a\sqrt{2}}{3} C^3\varphi C\psi \quad (43)$$

als <u>Parameterdarstellung der Hüllfläche der Ebene der vier Lotfußpunkte</u>. $\varphi \to -\varphi$ und $\varphi \to \frac{\pi}{\sqrt{k}} - \varphi$ zeigt, daß sie zu $y = 0$ und $z = 0$ symmetrisch ist. Sie ist das räumliche Analogon zur <u>Steinerschen Hypozykloide</u> in der Ebene (KB Nr. 179).

256. Man kann aus (43) sofort ψ eliminieren

$$\frac{\zeta^2}{C^6\varphi} + \frac{\eta^2}{k^3 S^6\varphi} = \frac{128\, a^2}{9} \quad (44a)$$

$$\frac{\zeta^2}{C^6\varphi} - \frac{\eta^2}{k^3 S^6\varphi} = \frac{64\, a}{3}(\xi - 2a\, C\, 2\varphi) \quad (44b)$$

$$\zeta^2 = \frac{32a\, C^6\varphi}{3}(\xi + \frac{2a}{3} - 2a\, C\, 2\varphi) \quad (45)$$

$$\eta^2 = -k^3.\frac{32a\, S^6\varphi}{3}(\xi - \frac{2a}{3} - 2a\, C\, 2\varphi) \quad (45)$$

Führt man $C^2\varphi = \lambda$ als neuen Parameter ein, so kommt

$$\zeta^2 = \frac{32a\,\lambda^3}{3}(\xi + \frac{8a}{3} - 4a\lambda)$$

$$\eta^2 = -\frac{32a(1-\lambda)^3}{3}(\xi + \frac{4a}{3} - 4a\lambda) \quad (46)$$

Jetzt kann man auch λ eliminieren, kommt aber auf eine irrationale Gleichung. Eliminiert man jedoch aus (43) φ , so kommt der Reihe nach

$$\frac{1}{k^{1/3}}\left(\frac{\eta}{S\psi}\right)^{2/3} = \left(\frac{8a\sqrt{2}}{3}\right)^{2/3}.k\, S^2\varphi,\ \left(\frac{\zeta}{C\psi}\right)^{2/3} = \left(\frac{8a\sqrt{2}}{3}\right)^{2/3} C^2\varphi \quad (47)$$

$$\left(\frac{\zeta}{C\psi}\right)^{2/3} + \frac{1}{k^{1/3}}\left(\frac{\eta}{S\psi}\right)^{2/3} = \left(\frac{8a\sqrt{2}}{3}\right)^{2/3} \quad (48a)$$

$$\left(\frac{\zeta}{C\psi}\right)^{2/3} - \frac{1}{k^{1/3}}\left(\frac{\eta}{S\psi}\right)^{2/3} = \left(\frac{8a\sqrt{2}}{3}\right)^{2/3} C\, 2\varphi = \left(\frac{8a\sqrt{2}}{3}\right)^{2/3} \frac{\xi - \frac{2a}{3}\, C\, 2\psi}{2a} \quad (48b)$$

und damit

$$\zeta^2 = \frac{2C^2\psi}{9a}\left(\xi + 2a - \frac{2a}{3} C\, 2\psi\right)^3 \tag{49a}$$

$$\eta^2 = \frac{2k\, S^2\psi}{9a}\left(\xi - 2a - \frac{2a}{3} C\, 2\psi\right)^3 \tag{49b}$$

$C^2\psi = \mu$ ergibt

$$\begin{aligned} \zeta^2 &= \frac{2\mu}{9a}\left(\xi + \frac{8a}{3} - \frac{4a}{3}\mu\right)^3 \\ \eta^2 &= \frac{2(\mu-1)}{9a}\left(\xi - \frac{4a}{3} - \frac{4a}{3}\mu\right)^3 \end{aligned} \tag{50}$$

Jetzt kann man μ eliminieren und erhält so

$$\mu = \frac{\zeta^2}{\zeta^2 - \eta^2} \quad , \quad 9a(\zeta^2 - \eta^2)^4 = 2\left\{\left(\xi + \frac{8a}{3}\right)(\zeta^2 - \eta^2) - \frac{4a}{3}\zeta^2\right\}^3 \tag{51}$$

also eine Fläche 9. Ordnung. Geometrisch ist sie leichter aus den Gleichungen (46) zu gewinnen.

257. Die singulären Stellen der Fläche ergeben sich durch Nullsetzen der Determinanten der Matrix

$$\left\| \begin{matrix} \frac{\partial\xi}{\partial\varphi} & \frac{\partial\eta}{\partial\varphi} & \frac{\partial\zeta}{\partial\varphi} \\ \frac{\partial\xi}{\partial\psi} & \frac{\partial\eta}{\partial\psi} & \frac{\partial\zeta}{\partial\psi} \end{matrix} \right\|$$

Diese werden, vom Faktor $\frac{k^3 \cdot 32a^2}{3}$ abgesehen

$$S^2 2\varphi(S^2\varphi - S^2\psi) \quad , \quad \sqrt{2}\, S\, 2\varphi C\varphi S\psi\, (S^2\varphi - S^2\psi) \quad ,$$
$$- \sqrt{2}\, S\, 2\varphi S\varphi C\psi\, (S^2\varphi - S^2\psi)$$

woraus die Fälle folgen

$$\begin{aligned} S\varphi &= 0 \quad , && \text{(a)} \\ C\varphi &= 0 \quad , && \text{(b)} \\ S^2\varphi &= S^2\psi && \text{(c)} \end{aligned}$$

Dann ist

$$\begin{aligned} &\varphi = 0 \quad \text{oder} \quad \frac{\pi}{\sqrt{k}} && \text{(a)} \\ &\varphi = \frac{\pi}{2\sqrt{k}} \quad \text{oder} \quad \frac{3\pi}{2\sqrt{k}} && \text{(b)} \\ &\psi = \varphi \;,\; \psi = \frac{\pi}{\sqrt{k}} - \varphi \;,\; \psi = -\varphi \;,\; \psi = \frac{\pi}{\sqrt{k}} + \varphi && \text{(c)} \end{aligned}$$

258. Fall (a) ergibt nach (45)

$$\zeta^2 = \frac{32a}{3}\left(\xi - \frac{4a}{3}\right) \quad , \quad \eta = 0 \quad , \tag{52a}$$

Fall (b) aber

$$\eta^2 = -\frac{32a}{3}\left(\xi + \frac{4a}{3}\right) \quad , \quad \zeta = 0 \quad , \tag{52b}$$

259

Fall (c) ergibt nach (43)

$$\xi = \frac{8a}{3}\, c\, 2\varphi , \quad \eta = \delta k^2 . \frac{8a\sqrt{2}}{3} s^4\varphi , \quad \zeta = \varepsilon . \frac{8a\sqrt{2}}{3} c^4\varphi \tag{53}$$

$$\delta = \pm 1 \quad , \quad \varepsilon = \pm 1$$

Daraus folgt

$$\delta\eta - \varepsilon\zeta = -\sqrt{2}\,\xi ,$$

$$\xi + \frac{8a}{3} = \frac{16a}{3} c^2\varphi , \qquad \xi - \frac{8a}{3} = -k\,\frac{16a}{3} s^2\varphi$$

und damit entweder

$$\left.\begin{aligned} \sqrt{2}\,\xi &= \delta\eta - \varepsilon\zeta \\ \left(\xi + \frac{8a}{3}\right)^2 &= \varepsilon . \frac{16a\sqrt{2}}{3}\,\zeta \end{aligned}\right\} \tag{54a}$$

oder

$$\left.\begin{aligned} \sqrt{2}\,\xi &= \delta\eta - \varepsilon\zeta \\ \left(\xi - \frac{8a}{3}\right)^2 &= \delta . \frac{16a\sqrt{2}}{3}\,\eta \end{aligned}\right\} \tag{54b}$$

Die Parabeln (54a) und (54b) schneiden sich in den 4 singulären Punkten $\frac{8a}{3} \mid 0 \mid \frac{\pm 8a}{3}\sqrt{2}$ und $-\frac{8a}{3} \mid \pm \frac{8a}{3}\sqrt{2} \mid 0$, die mit den singulären Punkten $a \mid 0 \mid \pm a\sqrt{2}$ und $-a \mid \pm a\sqrt{2} \mid 0$ der Fläche (35) auf denselben Ursprungsstrahlen liegen, also ebenfalls ein reguläres Tetraeder bilden. Diese Punkte liegen auch auf den Parabeln (50) bzw. (46).

259. Wir bestimmen weiter die Ebenensingularitäten unserer beiden Flächen. Für die Fläche

$$x = x(\varphi,\psi) \quad , \quad y = y(\varphi,\psi) \quad , \quad z = z(\varphi,\psi) \tag{55a}$$

lautet die Gleichung der Berührebene in laufenden Koordinaten $\xi|\eta|\zeta$

$$\begin{vmatrix} \xi - x & \eta - y & \zeta - z \\ \frac{\partial x}{\partial\varphi} & \frac{\partial y}{\partial\varphi} & \frac{\partial z}{\partial\varphi} \\ \frac{\partial x}{\partial\psi} & \frac{\partial y}{\partial\psi} & \frac{\partial z}{\partial\psi} \end{vmatrix} = 0 \quad , \tag{56a}$$

für die Fläche

$$\rho x_1 = f_1(\varphi,\psi) \, , \quad \rho x_2 = f_2(\varphi,\psi) \, , \quad \rho x_3 = f_3(\varphi,\psi) \, , \quad \rho x_4 = f_4(\varphi,\psi) \tag{55b}$$

aber

$$\begin{vmatrix} \xi_1 & \xi_2 & \xi_3 & \xi_4 \\ f_1 & f_2 & f_3 & f_4 \\ \frac{\partial f_1}{\partial\varphi} & \frac{\partial f_2}{\partial\varphi} & \frac{\partial f_3}{\partial\varphi} & \frac{\partial f_4}{\partial\varphi} \\ \frac{\partial f_1}{\partial\psi} & \frac{\partial f_2}{\partial\psi} & \frac{\partial f_3}{\partial\psi} & \frac{\partial f_4}{\partial\psi} \end{vmatrix} = 0 \tag{56b}$$

Für die Fläche (38) erhält man so nach Absonderung des Faktors $2k^2a^2$

$$(S^2\varphi - S^2\psi)\zeta - \sqrt{2}\, S\, 2\varphi(C\varphi S\psi\eta + S\varphi C\psi\zeta) - aC\, 2\varphi(S^2\varphi - S^2\psi) + \\ + aS^2 2\varphi = 0 \qquad (57)$$

Die Parameterdarstellung unserer Fläche in homogenen Ebenenkoordinaten $u_1|u_2|u_3|u_4$ lautet also

$$\begin{aligned} \varrho u_1 &= S^2\varphi - S^2\psi, \quad \varrho u_2 = -\sqrt{2} S\, 2\varphi C\varphi S\psi, \quad \varrho u_3 = -\sqrt{2} S\, 2\varphi S\varphi C\psi, \\ \varrho u_4 &= -a\, C\, 2\varphi(S^2\varphi - S^2\psi) + a\, S^2 2\varphi \end{aligned} \qquad (58)$$

Wir wollen nun die Ebenensingularitäten der Fläche bestimmen. An die Seite von (55a) und (55b) treten, indem man $x|y|z$ mit $u|v|w$, $x_1|x_2|x_3|x_4$ mit $u_1|u_2|u_3|u_4$ vertauscht die entsprechenden Gleichungen der Punkte, d.h. Berührpunkte in Ebenenkoordinaten. Sie wird für (56b)

$$\begin{vmatrix} u_1 & S^2\varphi - S^2\psi & S\, 2\varphi & -S\, 2\psi \\ u_2 & -\sqrt{2} S2\varphi C\varphi S\psi & -\sqrt{2}(2C2\varphi C\varphi - kS2\varphi S\varphi)S\psi & -\sqrt{2} S2\psi C\varphi C\psi \\ u_3 & -\sqrt{2} S2\varphi S\varphi C\psi & -\sqrt{2}(2C2\varphi S\varphi + S2\varphi C\varphi)C\psi & k\sqrt{2} S2\psi S\varphi S\psi \\ u_4 & \cdot & \cdot & \cdot \end{vmatrix} = 0 \qquad (59)$$

Diese Gleichung kennen wir aber schon, abgesehen von dem gemeinsamen Faktor, der die Singularitäten bestimmt.
Gemäß (36) muß sie nämlich

$$aC\, 2\varphi u_1 + ka\sqrt{2}\, S\varphi S\psi u_2 + a\sqrt{2}\, C\varphi C\psi u_3 + u_4 = 0 \qquad (60)$$

heißen. Um den Singularitätsfaktor zu bestimmen, brauchen wir also nur die Unterdeterminante von u_4 in (59) zu berechnen. Sie wird $2\, kS^2 2\varphi(S^2\varphi - S^2\psi)^2$. Das bedeutet, daß die Ebenensingularitäten der Fläche (36) sich für dieselben Werte der Parameter φ und ψ ergeben, wie die Punktsingularitäten der Fläche (48). Aus (51) kommt für $S\varphi = 0$

$$\varrho u_1 = -S^2\psi, \quad \varrho u_2 = 0, \quad \varrho u_3 = 0, \quad \varrho u_4 = a\, S^2\psi,$$

d.h. die Ebene $x = a$,

für $C\varphi = 0$

$$\varrho u_1 = \frac{C^2\psi}{k}, \quad \varrho u_2 = 0, \quad \varrho u_3 = 0, \quad \varrho u_4 = a\frac{S^2\psi}{k}$$

d.h. die Ebene $x = -a$,

für $\psi = \varphi$, $\psi = \frac{\pi}{\sqrt{k}} - \varphi$, $\psi = -\varphi$, $\psi = \frac{\pi}{\sqrt{k}} + \varphi$,

$$\varrho u_1 = 0, \quad \varrho u_2 = -\frac{\delta}{\sqrt{2}} S^2 2\varphi, \quad \varrho u_3 = -\frac{\varepsilon}{\sqrt{2}} S^2 2\varphi,$$

$$\varrho u_4 = a\, S^2\, 2\varphi$$

d.h. die Ebenen $\delta\eta + \varepsilon\zeta = a\sqrt{2}$.

Dreht man das Koordinatensystem um die x-Achse durch $\frac{\pi}{4}$, so werden daraus die den Ebenen $x = \pm a$ entsprechenden Ebenen $y = \pm a$ und $z = \pm a$.
Diese Ebenen enthalten also je eine Tetraederkante und je 2 Doppelpunkte.
Für die Fläche (43) brauchen wir die Gleichung der Berührebene ebenfalls nicht zu bestimmen. Wir besitzen sie in der Gleichung

$$S\,2\varphi\,\xi + \sqrt{2}(C\varphi S\psi\eta - S\varphi C\psi\zeta) + \frac{4ka}{3} S\,2\varphi(S^2\varphi - S^2\psi) = 0 \tag{39}$$

Die Parametergleichungen der Fläche (43) in homogenen Ebenenkoordinaten, d.h. ihrer Klassengleichung, lauten also

$$\varrho u_1 = S\,2\varphi \;,\quad \varrho u_2 = \sqrt{2}\,C\varphi S\psi \;,\quad \varrho u_3 = -\sqrt{2}\,S\varphi C\psi$$
$$\varrho u_4 = \frac{4ka}{3} S\,2\varphi(S^2\varphi - S^2\psi) \qquad . \tag{61}$$

Wir bestimmen nun die <u>Ebenensingularitäten</u> der Fläche.
Nach (58) wird die Gleichung des Berührpunktes

$$\begin{vmatrix} u_1 & S\,2\varphi & 2\,C\,2\varphi & 0 \\ u_2 & \sqrt{2}\,C\varphi S\psi & -k\sqrt{2}\,S\varphi S\psi & \sqrt{2}\,C\varphi C\psi \\ u_3 & -\sqrt{2}\,S\varphi C\psi & -\sqrt{2}\,C\varphi C\psi & k\sqrt{2}\,S\varphi S\psi \\ u_4 & \cdot & \cdot & \cdot \end{vmatrix} = 0 \tag{62}$$

Wir besitzen sie aber schon, abgesehen von dem gemeinsamen Faktor der Ebenensingularitäten. Gemäß (43) ist sie nämlich

$$(2a\,C\,2\varphi + \frac{2a}{3}C\,2\psi)u_1 + k^2.\frac{8a\sqrt{2}}{3}S^3\varphi\,S\psi\,u_2 + \frac{8a\sqrt{2}}{3}C^3\varphi\,C\psi\,u_3 + u_4 = 0 \tag{63}$$

Wir brauchen also wieder nur die Unterdeterminante von u_4 in (62) zu bestimmen. Sie wird einfach $2\,k\,S\,2\varphi(S^2\varphi - S^2\psi)$.
Die Ebenensingularitäten ergeben sich also mittels derselben Parameterwerte wie die Punktsingularitäten. Aus (61) kommt für $S\varphi = 0$

$$\varrho u_1 = 0 \;,\quad \varrho u_2 = \pm S\psi \;,\quad \varrho u_3 = 0 \;,\quad \varrho u_4 = 0 \;,$$

d.h. die Ebene $y = 0$, für $C\varphi = 0$

$$\varrho u_1 = 0 \;,\quad \varrho u_2 = 0 \;,\quad \varrho u_3 = -\frac{\sqrt{2}}{\sqrt{k}}C\psi \;,\quad \varrho u_4 = 0$$

d.h. die Ebene $z = 0$,
für $S^2\varphi = S^2\psi$

$$\varrho u_1 = S\,2\varphi \;,\quad \varrho u_2 = -\frac{\delta}{\sqrt{2}}S\,2\varphi \;,\quad \varrho u_3 = \frac{\varepsilon}{\sqrt{2}}S\,2\varphi \;,\quad \varrho u_4 = 0$$

d.h. die Ebene $\sqrt{2}\,\xi = \delta\eta - \varepsilon\zeta$.

Das sind also die Ebenen der Ebenensingularitäten. Daraus folgt, daß unsere Fläche 4 Knotenpunkte (Doppelpunkte) und 6 Doppelberührebenen besitzt. In jeder der Ebenen liegen 2 Doppelpunkte.

260. Nun fehlt noch die Klassengleichung der Fläche (43) bzw. (61). Die Gleichung ihrer Berührebene war (39), die Parameterform ihrer Klassengleichung also (61). Wir setzen anstelle von (61) zunächst

$$\varrho u_1 = S\,2\varphi\ ,\qquad \varrho^2(u_2^2 - u_3^2) = -2(S^2\varphi - S^2\psi)\ ,$$
$$\varrho^2 . 2u_2u_3 = -S\,2\varphi\, S\,2\psi\ ,\qquad \varrho u_4 = \frac{4ka}{3}\, S\,2\varphi(S^2\varphi - S^2\psi) \tag{64}$$

und erhalten daraus

$$k(S^2\varphi - S^2\psi) = \frac{3u_4}{4au_1} \quad \text{und} \quad \varrho^2 = -\frac{3u_4}{2kau_1(u_2^2 - u_3^2)} \tag{65}$$

$$S\,2\varphi = \varrho u_1\ ,\qquad S\,2\psi = -\varrho\,\frac{2u_2u_3}{u_1} \tag{66}$$

Nun ist

$$S^2 2\varphi - S^2 2\psi = 4(S^2\varphi C^2\varphi - S^2\psi C^2\psi) = 4(S^2\varphi - kS^4\varphi - S^2\psi + $$
$$+ kS^4\psi) = 4(S^2\varphi - S^2\psi)(1 - kS^2\varphi - kS^2\psi)$$

Also kommt mit (66) und (64_2)

$$u_1^2 - \frac{4\,u_2^2u_3^2}{u_1^2} = -2(u_2^2 - u_3^2)(1 - kS^2\varphi - kS^2\psi)\ ,$$

$$k(S^2\varphi + S^2\psi) = 1 + \frac{u_1^4 - 4\,u_2^2u_3^2}{2\,u_1^2(u_2^2 - u_3^2)} \tag{67}$$

Daraus und aus (65) folgt

$$2\,kS^2\varphi = 1 + \frac{u_1^4 - 4\,u_2^2u_3^2}{2\,u_1^2(u_2^2 - u_3^2)} + \frac{3\,u_4}{4\,au_1}$$

also

$$2\,C^2\varphi = 1 - \frac{u_1^4 - 4\,u_2^2u_3^2}{2\,u_1^2(u_2^2 - u_3^2)} - \frac{3\,u_4}{4\,au_1}$$

und damit

$$kS^2 2\varphi = 1 - \left(\frac{u_1^4 - 4\,u_2^2u_3^2}{2\,u_1^2(u_2^2 - u_3^2)} + \frac{3\,u_4}{4\,au_1}\right)^2\ ,$$

also mit (65) und (66)

$$-\frac{3\,u_1u_4}{2\,a(u_2^2 - u_3^2)} = 1 - \left(\frac{u_1^4 - 4\,u_2^2u_3^2}{2\,u_1^2(u_2^2 - u_3^2)} + \frac{3\,u_4}{4\,au_1}\right)^2$$

und nach einigen Umformungen

$$\left\{2a(u_1^4 - 4u_2^2u_3^2) + 3u_1(u_2^2 - u_3^2)u_4\right\}^2 = 8a(u_2^2 - u_3^2) \cdot$$
$$\cdot \left\{2a(u_2^2 - u_3^2) + 3u_1u_4\right\} u_1^4$$

oder

$$\left.\begin{array}{l} 4a^2(u_1^4 - 4u_2^4)(u_1^4 - 4u_3^4) - 12au_1(u_2^2 - u_3^2)(u_1^4 + 4u_2^2u_3^2)u_4 + \\ + 9u_1^2(u_2^2 - u_3^2)^2u_4^2 = 0 \end{array}\right\} \quad (68)$$

Löst man aber nach $3u_1(u_2^2 - u_3^2)u_4$ auf, so kommt entweder

$$3u_1(u_2^2 - u_3^2)u_4 = 2a(u_1^2 + 2u_2^2)(u_1^2 + 2u_3^2)$$

oder

$$3u_1(u_2^2 - u_3^2)u_4 = 2a(u_1^2 - 2u_2^2)(u_1^2 - 2u_3^2)$$

Die Probe mit (61) ergibt, daß nur die 2. Gleichung die richtige sein kann. Also ist die Klassengleichung unserer Fläche 4. Klasse der Hüllfläche der Lotfußpunktsebenen

$$2a(u_1^2 - 2u_2^2)(u_1^2 - 2u_3^2) - 3u_1(u_2^2 - u_3^2)u_4 = 0 \quad (69)$$

§ 2. Die Römerfläche: 1. geometrische Erzeugung. Nr. 261–265 [1]

261. Zwei Mittelpunktsflächen 2. Ordnung mit dem Ursprung als gemeinsamen Mittelpunkt haben in rechtwinkeligen Koordinaten $x_1|x_2|x_3$ die Gleichungen

$$f(x|x) = 1 \qquad \text{und} \qquad g(x|x) = 1 \quad , \quad (1)$$

wo f und g quadratische Ternärformen in $x_1|x_2|x_3$ sind. Ursprungsstrahlen bestimmen wir durch Punkte, deren Koordinaten wir mit griechischen Buchstaben bezeichnen, z.B. $\alpha_1|\alpha_2|\alpha_3$, wobei es nur auf die zwei Verhältnisse $\alpha_1 : \alpha_2 : \alpha_3$ ankommt und nicht notwendig die Beziehung $\alpha_1^2 + \alpha_2^2 + \alpha_3^2 = 1$ bestehen soll.

Die zum Ursprungsstrahl $\alpha_1|\alpha_2|\alpha_3$ konjugierten Diametralebenen der Flächen sind dann

$$f(\alpha|x) = 0 \quad , \quad g(\alpha|x) = 0 \quad (2)$$

Sie fallen zusammen, wenn

$$f_1'(\alpha) = \varrho g_1'(\alpha) \;, \quad f_2'(\alpha) = \varrho g_2'(\alpha) \;, \quad f_3'(\alpha) = \varrho g_3'(\alpha) \quad (3)$$

---

1) Vergleiche für das Folgende: O. Hesse, über Oberflächen 2. Ordnung, Journal für die reine und angewandte Mathematik 18, S. 101 - 118.

ist. Eliminiert man die α, so ergibt sich die charakteristische Gleichung 3. Grades in ϱ, die i.a. drei verschiedene Wurzeln ϱ, σ, τ besitzt, zu denen die Ursprungsstrahlen α, β, γ gehören mögen, so daß außer (3) auch noch die Gleichungen

$$f_1'(\beta) = \sigma g_1'(\beta)\ ,\ f_2'(\beta) = \sigma g_2'(\beta)\ ,\ f_3'(\beta) = \sigma g_3'(\beta) \tag{4}$$

$$f_1'(\gamma) = \tau g_1'(\gamma)\ ,\ f_2'(\gamma) = \tau g_2'(\gamma)\ ,\ f_3'(\gamma) = \tau g_3'(\gamma) \tag{5}$$

gelten. Aus (3) bis (5) folgt wegen der Symmetrie der Bilinearformen $f(x|y)$ und $g(x|y)$.

$$\begin{aligned} f(\beta|\gamma) &= \sigma g(\beta|\gamma) = \tau g(\beta|\gamma)\ , \\ f(\gamma|\alpha) &= \tau g(\gamma|\alpha) = \varrho g(\gamma|\alpha)\ , \\ f(\alpha|\beta) &= \varrho g(\alpha|\beta) = \tau g(\alpha|\beta)\ . \end{aligned}$$

und daraus wegen $\varrho \neq \sigma \neq \tau$

$$f(\beta|\gamma) = 0\ ,\quad f(\gamma|\alpha) = 0\ ,\quad f(\alpha|\beta) = 0 \tag{6}$$

$$g(\beta|\gamma) = 0\ ,\quad g(\gamma|\alpha) = 0\ ,\quad g(\alpha|\beta) = 0 \tag{7}$$

folgt. Man kann nun unabhängig von den Werten von ϱ, σ, τ die 6 Verhältnisgrößen $\alpha_1 : \alpha_2 : \alpha_3$, $\beta_1 : \beta_2 : \beta_3$, $\gamma_1 : \gamma_2 : \gamma_3$ auf ∞^3 Weisen so bestimmen, daß die Gleichungen (6) erfüllt sind und mit diesen Verhältnisgrößen auf ∞^3 Weisen die Koeffizienten der Form $g(x|x)$ so, daß die Gleichungen (7) erfüllt sind und dasselbe ergibt sich bei Vertauschung der beiden Flächen. Aus (3) folgt

$$\begin{aligned} f_2'(\alpha)g_3'(\alpha) - f_3'(\alpha)g_2'(\alpha) &= 0 \\ f_3'(\alpha)g_1'(\alpha) - f_1'(\alpha)g_3'(\alpha) &= 0 \\ f_1'(\alpha)g_2'(\alpha) - f_2'(\alpha)g_1'(\alpha) &= 0 \end{aligned} \tag{8}$$

und dieselben Gleichungen gelten für β und γ.

262. Fügt man den Gleichungen (2) die Gleichung

$$\alpha_1 u_1 + \alpha_2 u_2 + \alpha_3 u_3 = 0 \tag{9}$$

hinzu, die besagt, daß der Ursprungsstrahl in einer Ebene liegt, deren Richtungskosinusse sich wie $u_1 : u_2 : u_3$ verhalten, so ergibt sich durch Elimination der α aus (2) und (9) die Gleichung

$$\begin{vmatrix} u_1 & u_2 & u_3 \\ f_1'(x) & f_2'(x) & f_3'(x) \\ g_1'(x) & g_2'(x) & g_3'(x) \end{vmatrix} = 0 \tag{10}$$

eines Kegels 2. Grades mit Spitze in Ursprung als geometrischer Ort der Schnittlinien der Ebenen (2), die zum Ursprungsstrahl α konjugiert sind. Wenn man also α um O in der Ebene mit den

Koordinaten $u_1|u_2|u_3|u_4$ dreht, so beschreibt die Schnittlinie der zu α in bezug auf die Flächen (1) konjugierten Ebenen den Kegel (10), der selbst die drei Ursprungsstrahlen α, β, γ enthält: Denn aus (8) folgt die Gültigkeit von (10) für $x = \alpha$ und entsprechend für $x = \beta$ und γ. Die Ebene $u_1|u_2|u_3|0$ nennt Poncelet [1] die Direktrix des Kegels (10). Diese Direktrix läßt sich umgekehrt aus zwei Mantellinien des Kegels finden. Denn, da α und x vertauschbar sind, so werden die Schnittlinien der zu zwei Mantellinien des Kegels konjugierten Ebenen Geraden der Ebene $u_1|u_2|u_3|0$ sein.
Konstruiert man weiter zu zwei verschiedenen Direktricen u und v die zwei entsprechenden Kegel, so schneiden sich diese in 4 Mantellinien. Eine von ihnen muß die der Schnittlinie der beiden Direktricen entsprechende Gerade sein, weil diese Gerade ja Mantellinie sowohl des einen als des anderen Kegels sein muß. Die drei anderen Schnittlinien aber müssen die gemeinsamen konjugierten Linien der beiden Kegel sein, da ja jeder Kegel das System je dreier konjugierter Ursprungsstrahlen enthalten muß.
So konstruiert Poncelet die Richtungen der Hauptachsen einer Fläche 2. Ordnung $f(x|x) = 1$, indem er die andere Fläche $g = 1$ als Kugel annimmt. Die beiden Kegel schneiden sich in drei zueinander senkrechten Geraden.

263. Wir stellen nun noch eine sehr merkwürdige, aber die wichtigste Eigenschaft des Kegels (10) auf und müssen dabei erstmals die Koeffizienten von (1) in Erscheinung treten lassen. Sei also

$$f(x) = S a_{ik} x_i x_k \,, \quad g(x) = S\, b_{ik} x_i x_k \,, \quad a_{ki} = a_{ik} \,, \quad b_{ki} = b_{ik} \tag{11}$$

so wird (10) zu

$$h(x) = \begin{vmatrix} u_1 & a_{11}x_1 + a_{12}x_2 + a_{13}x_3 & b_{11}x_1 + b_{12}x_2 + b_{13}x_3 \\ u_2 & a_{21}x_1 + a_{22}x_2 + a_{23}x_3 & b_{21}x_1 + b_{22}x_2 + b_{23}x_3 \\ u_3 & a_{31}x_1 + a_{32}x_2 + a_{33}x_3 & b_{31}x_1 + b_{32}x_2 + b_{33}x_3 \end{vmatrix} =$$

$$= S\, c_{ik} x_i x_k = 0 \tag{12}$$

1) Poncelet, traité des propriétés projectives des figures, p. 397.

Die c_{ik} werden dabei lineare Funktionen der b_{ik}, z.B. wird

$$c_{11} = (u_2a_{31}-u_3a_{21})b_{11}+(u_3a_{11}-u_1a_{33})b_{21}+(u_1a_{21}-u_2a_{11})b_{31}$$

$$2c_{23} = (u_2a_{33}-u_3a_{23})b_{12}+(u_3a_{13}-u_1a_{33})b_{22}+(u_1a_{23}-u_2a_{13})b_{32} +$$

$$+ (u_2a_{32}-u_3a_{22})b_{13}+(u_3a_{12}-u_1a_{32})b_{23}+(u_1a_{22}-u_2a_{12})b_{33}$$

Multipliziert man nun die c_{ik} mit den Unterdeterminanten A_{ik} der a_{ik} in der Determinante $|a_{ik}|$, so kommt das sonderbare und äußerst wichtige Ergebnis

$$A_{11}c_{11} + A_{22}c_{22} + A_{33}c_{33} + 2A_{23}c_{23} + 2A_{31}c_{31} + 2A_{12}c_{12}=0 \quad (13)$$

In dieser Gleichung ist die zweite Fläche $g(x) = 1$ und die Ebene $u_1x_1 + u_2x_2 + u_3x_3 = 0$ völlig verschwunden. Sie bedeutet also: Jeder Kegel $S\, c_{ik}x_ix_k = 0$, der als Mantellinien irgend ein System von 3 in bezug auf die Fläche $f(x) = 1$ konjugierten Ursprungsstrahlen enthält, genügt der Gleichung

$$S\, A_{ik}c_{ik} = 0$$

264. Wir verschieben jetzt die Fläche $g(x) = 0$ parallel, doch so, daß der Ursprung O auf ihr liegt. Dann wird ihre Gleichung

$$g(x|x) + 2(U_1x_1 + U_2x_2 + U_3x_3) = 0 \quad (14)$$

Am Kegel (10) ändert sich gar nichts. Wir suchen nun die Bedingungen, unter denen der Kegel die Fläche (14) in ebenen Kurven schneidet. Dann muß die Form

$$g(x) + 2(U_1x_1 + U_2x_2 + U_3x_3) + \lambda h(x)$$

in zwei Linearfaktoren zerfallen, von denen der eine, da der Kegel seine Spitze im Ursprung hat, die Berührebene $2(U_1x_1 + U_2x_2 + U_3x_3) = 0$ der Fläche (14) darstellt, während der andere, $V_1x_1 + V_2x_2 + V_3x_3 + 1$ sei. Dann kommt

$$g(x) + 2(U_1x_1 + U_2x_2 + U_3x_3) + \lambda h(x) \equiv \quad (15)$$

$$\equiv 2(U_1x_1 + U_2x_2 + U_3x_3)(V_1x_1 + V_2x_2 + V_3x_3 + 1)$$

wo $\lambda = 1$ gesetzt werden kann. Koeffizientenvergleichung ergibt

$$\begin{aligned} b_{11} + c_{11} &= 2U_1V_1 & b_{23} + c_{23} &= U_2V_3 + U_3V_2 \\ b_{22} + c_{22} &= 2U_2V_2 & b_{31} + c_{31} &= U_3V_1 + U_1V_3 \\ b_{33} + c_{33} &= 2U_3V_3 & b_{12} + c_{12} &= U_1V_2 + U_2V_1 \end{aligned} \quad (16)$$

Nimmt man noch die Gleichung (13) hinzu, die besagt, daß der Kegel (10) irgend ein System von den konjugierten Ursprungsstrahlen der Fläche $f(x) = 1$ enthält, so erhält man, wenn man die Gleichungen (16) mit A_{11}, A_{22}, A_{33}, $2A_{23}$, $2A_{31}$, $2A_{12}$ erweitert und summiert, die in den V_i lineare Gleichung

$$S\, A_{ik} U_i V_k = S\, A_{ik} b_{ik} \tag{17}$$

Diese bedeutet aber, daß die Ebene $V_1 x_1 + V_2 x_2 + V_3 x_3 + 1 = 0$ den festen Punkt

$$-\frac{S\, A_{1i} U_i}{S\, A_{ik} b_{ik}} \,\Big|\, -\frac{S\, A_{2i} U_i}{S\, A_{ik} b_{ik}} \,\Big|\, -\frac{S\, A_{3i} U_i}{S\, A_{ik} b_{ik}} \tag{18}$$

enthält. Man hat so den berühmten

Satz von Frégier [1] Wenn man durch einen beliebigen, aber festen Punkt O einer Mittelpunktsfläche 2. Ordnung irgend ein System von drei konjugierten Geraden einer zweiten Mittelpunktsfläche 2. Ordnung legt und die drei Schnittpunkte dieser Geraden mit der ersten Fläche durch eine Ebene verbindet, so geht sie durch einen und denselben Punkt P, welches auch das System der drei konjugierten Geraden sein mag.

Ein besonders schöner Fall ergibt sich, wenn $f(x) = 1$ eine Kugel ist. Der Punkt P des Satzes liegt auf der Geraden durch O, die zur Berührebene der Fläche (14) in O konjugiert ist. Denn legt man durch O die konjugierten Linien, von denen zwei die Fläche (14) berühren, so fallen zwei Schnittpunkte des Systems der konjugierten Geraden durch O zusammen, und die Ebene, welche die drei Schnittpunkte des Systems verbindet, geht notwendigerweise durch die dritte Gerade des Systems, die in bezug auf $f(x) = 1$ konjugiert ist zur Berührebene in O.

265. Nun gibt es bei fester Fläche (14) nach Nr. 261 noch ∞^3 Flächen $f(x) = 1$, aus denen konjugierte Systeme von Ursprungsstrahlen entnommen werden können. Sie lassen sich aus dreien von ihnen linear ableiten, so daß

$$f(x) = \lambda p(x) + \mu q(x) + \nu r(x) \quad , \tag{19}$$

also

$$a_{ik} = \lambda p_{ik} + \mu q_{ik} + \nu r_{ik} \tag{20}$$

ist und die A_{ik} quadratische Funktionen der drei Parameter λ, μ, ν werden. Der zu einer Fläche des Bündels (19) gehörige

---

1) Frégier, théorèmes nouveaux sur les lignes et les surfaces du second ordre, Gerg Ann. VII, p. 97.

Frégiersche Punkt hat also rechtwinklige Koordinaten der Gestalt

$$x_1 = \frac{\varphi(\lambda, \mu, \nu)}{\vartheta(\lambda, \mu, \nu)}, \quad x_2 = \frac{\psi(\lambda, \mu, \nu)}{\vartheta(\lambda, \mu, \nu)}, \quad x_3 = \frac{\chi(\lambda, \mu, \nu)}{\vartheta(\lambda, \mu, \nu)} \qquad (21)$$

wo die φ, ψ, χ, ϑ homogene quadratische Funktionen der Parameter λ, μ, ν sind. Er beschreibt die allgemeine Steinersche Römerfläche, für die K. Weierstraß (1815 - 97) eben diese Parameterdarstellung angegeben hat.

Nimmt man nur ein Büschel von Flächen 2. Ordnung

$$f(x) = \sigma s(x) + \tau t(x) \qquad , \qquad (22)$$

so liegen die Frégierschen Punkte auf einem Kegelschnitt. Dabei kann $s(x) = \lambda_1 p(x) + \mu_1 q(x) + \nu_1 r(x)$, $t(x) = \lambda_2 p(x) + \mu_2 q(x) + \nu_2 r(x)$ sein, so daß der Kegelschnitt (22) einer Steinerschen Fläche angehört.

Spezielle Gestalten der Steinerschen Fläche ergeben sich so:

1. Beispiel Wählt man $b_{ik} = 0$, $i \neq k$, $b_{ii} = 1$, $u_i = 2$ d.h. $g(x) + \Sigma U_i x_i = 0$ als Kugel $(x_1 + 1)^2 + (x_2 + 1)^2 + (x_3 + 1)^2 = (\sqrt{3})^2$, $f(x) = 2\lambda x_2 x_3 + 2\mu x_3 x_1 + 2\nu x_1 x_2$ als hyperbolisches Paraboloid, so kommt

$$x_1 = 2\,\frac{-\lambda^2 + \lambda\mu + \lambda\nu}{\lambda^2 + \mu^2 + \nu^2}, \quad x_2 = 2\,\frac{\lambda\mu - \mu^2 + \mu\nu}{\lambda^2 + \mu^2 + \nu^2}, \quad x_3 = 2\,\frac{\lambda\nu + \mu\nu - \nu^2}{\lambda^2 + \mu^2 + \nu^2}$$

bildet man $-x_1 + x_2 + x_3$, $x_1 - x_2 + x_3$, $x_1 + x_2 - x_3$, so kommt

$$\frac{x_1}{x_2 - x_3} = \frac{\lambda}{\nu - \mu}, \qquad \frac{x_2}{x_3 - x_1} = \frac{\mu}{\lambda - \nu},$$

$$\lambda = \sigma x_1(-x_1+x_2+x_3), \quad \mu = \sigma x_2(x_1-x_2+x_3), \quad \nu = \sigma x_3(x_1+x_2-x_3)$$

und als Flächengleichung

$$x_1^2(-x_1+x_2+x_3)^2 + x_2^2(x_1-x_2+x_3)^2 + x_3^2(x_1+x_2-x_3)^2 = 2(-x_1+x_2+x_3)(x_1-x_2+x_3)(x_1+x_2-x_3)$$

oder mit $x_1 = y_2 + y_3$, $x_2 = y_3 + y_1$, $x_3 = y_1 + y_2$

$$y_1^2(y_2 + y_3)^2 + y_2^2(y_3 + y_1)^2 + y_3^2(y_1 + y_2)^2 = 4y_1y_2y_3 \qquad (\times)$$

Aufgabe Wie lautet die Parameterdarstellung für (×)?

2. Beispiel Ist $\varphi = (-\lambda + \mu + \nu)^2$, $\psi = (\lambda - \mu + \nu)^2$, $\chi = (\lambda + \mu - \nu)^2$, $\vartheta = (-\lambda - \mu - \nu)^2$,

so ist in homogenen Koordinaten $x_1|x_2|x_3|x_4$, wobei

$$\frac{x_1}{x_4} \Big| \frac{x_2}{x_4} \Big| \frac{x_3}{x_4}$$

rechtwinklige Koordinaten sind, $\sqrt{x_1} + \sqrt{x_2} + \sqrt{x_3} + \sqrt{x_4} = 0$ die Gleichung der Steinerschen Fläche (vergleiche Nr. 253, wo die x_i bzw. v_i aber Tetraederkoordinaten bedeuten).

3. Beispiel Ist aber $\sigma y_1 = 2\mu\nu$, $\sigma y_2 = 2\nu\lambda$, $\sigma y_3 = 2\lambda\mu$, $\sigma y_4 = \lambda^2 + \mu^2 + \nu^2$, so daß die y_i aus den vorigen x_i durch lineare Transformation hervorgehen, so ist

$$y_2^2y_3^2 + y_3^2y_1^2 + y_1^2y_2^2 - 2y_1y_2y_3y_4 = 0$$

die Gleichung der Steinerschen Fläche (vergleiche Nr. 253).

Bemerkung In der Abhandlung von A. Clebsch, über die Steinersche Fläche Journal für die reine und angewandte Math. 67, 1867, S. 1- 22, ist gezeigt, daß aus der Gleichung der Steinerschen Fläche

$$x_2^2x_3^2 + x_3^2x_1^2 + x_1^2x_2^2 - 2x_1x_2x_3x_4 = 0 \qquad \text{mit}$$

$$x_1 = \mu\xi_1, \quad x_2 = \mu\xi_2, \quad x_3 = \mu\xi_3, \quad x_4 = \mu\frac{\xi_2^2\xi_3^2+\xi_3^2\xi_1^2+\xi_1^2\xi_2^2}{2\,\xi_1\xi_2\xi_3}$$

oder

$$\varrho x_1 = 2\xi_1^2\xi_2\xi_3, \quad \varrho x_2 = 2\xi_1\xi_2^2\xi_3, \quad \varrho x_3 = 2\xi_1\xi_2\xi_3^2,$$

$$\varrho x_4 = \xi_2^2\xi_3^2 + \xi_3^2\xi_1^2 + \xi_1^2\xi_2^2$$

oder mit

$$\xi_2\xi_3 = \eta_1, \quad \xi_3\xi_1 = \eta_2, \quad \xi_1\xi_2 = \eta_3$$

$$\varrho x_1 = 2\eta_2\eta_3, \quad \varrho x_2 = 2\eta_3\eta_1, \quad \varrho x_3 = 2\eta_2\eta_1, \quad \varrho x_4 = \eta_1^2+\eta_2^2+\eta_3^2 \qquad (\times\times)$$

folgt und dann weiter, daß "im allgemeinen" jede Parameterdarstellung $\varrho x_i = f_i(\eta_1|\eta_2|\eta_3)$, wo die f_i homogene Ternärformen 2. Grades der η_i sind, d.h. jede Parameterdarstellung (21) auf die Normalform $(\times\times)$ gebracht werden kann.

Aufgabe Wie sind die a_{ik} und b_{ik}, U_i und V_i zu wählen, damit sich die Parameterdarstellung des 2. Beispiels ergibt?

§ 3. Die Römerfläche: 2. geometrische Erzeugung. Nr. 266–272 [1]

266. Zur Gewinnung der Römerfläche gehen wir diesmal von einem beliebigen Tetraeder mit den Ecken A(0|0|1|0), B(0|1|0|0), C(1|0|0|0), D(0|0|0|1) (Bild 136) aus und benützen Normalkoordinaten in bezug auf dieses Tetraeder (vergleiche Nr. 24) [2].

1) Vergleiche dazu G. de Longchamps, cours de problèmes de géométrie analytique III, Paris 1899, p. 533 - 582.

2) Wir bezeichnen jetzt Punktkoordinaten mit kleinen, Ebenenkoordinaten mit großen lateinischen Buchstaben.

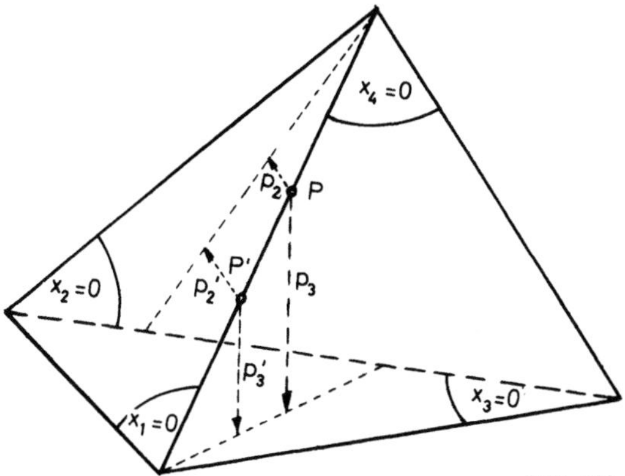

Bild 136

Eine Ebene

$$\frac{A_1x_1}{h_1}+\frac{A_2x_2}{h_2}+\frac{A_3x_3}{h_3}+\frac{A_4x_4}{h_4}=0 \tag{1}$$

schneidet die Kante AB im Punkt P mit den Koordinaten $0|-h_2A_3|h_3A_2|0$, so daß seine Abstände von $x_2=0$ und $x_3=0$

$$p_2=\frac{-h_2A_3}{A_2-A_3}\quad,\quad p_3=\frac{h_3A_2}{A_2-A_3} \tag{2}$$

sind.

Wir bestimmen nun auf $\overline{AB}$ den zu P isotomischen Punkt P', d.h. den Punkt P', für den

$$\overrightarrow{BP'}=-\overrightarrow{AP}\quad,\quad\overrightarrow{AP'}=-\overrightarrow{BP} \tag{3}$$

ist. Hat er die homogenen Koordinaten $0|y_2|y_3|0$, so sind seine Abstände von $x_2=0$ und $x_3=0$

$$p_2'=\frac{y_2}{\frac{y_2}{h_2}+\frac{y_3}{h_3}}\quad,\quad p_3'=\frac{y_3}{\frac{y_2}{h_2}+\frac{y_3}{h_3}} \tag{4}$$

Nun ist aber

$$\overrightarrow{AP}:\overrightarrow{AP'}=p_2:p_2'\quad,\quad\overrightarrow{BP}:\overrightarrow{BP'}=p_3:p_3' \tag{5}$$

also nach (3)

$$(\overrightarrow{AP}.\overrightarrow{BP}):(\overrightarrow{AP'}.\overrightarrow{BP'})=1=\frac{p_2p_3}{p_2'p_3'}\qquad 1)$$

---

1) Alle Gleichungen gelten auch, wenn P auf der Verlängerung von BA, P' auf der von AB liegt.

d.h.

$$-\frac{h_2h_3A_2A_3}{(A_2-A_3)^2}=\frac{y_2y_3}{(\frac{y_2}{h_2}+\frac{y_3}{h_3})^2} \tag{6}$$

woraus wegen P' $\neq$ P

$$y_2 : y_3 = -h_2A_2 : h_3A_3 \tag{6'}$$

folgt. Trifft also die Ebene (1) die Kanten
AB, AC, AD, BC, BD, CD
in

$-h_2A_3 : h_3A_2,\ -h_1A_3 : h_3A_1,\ -h_3A_4 : h_4A_3,$
$-h_1A_2 : h_2A_1,\ -h_2A_4 : h_4A_2,\ -h_1A_4 : h_4A_1$

so sind die isotomischen Punkte

$-h_2A_2 : h_3A_3,\ -h_1A_1 : h_3A_3,\ -h_3A_3 : h_4A_4,$
$-h_1A_1 : h_2A_2,\ -h_2A_2 : h_4A_4,\ -h_1A_1 : h_4A_4$

Diese Punkte liegen auf derselben Ebene

$$\frac{x_1}{A_1h_1}+\frac{x_2}{A_2h_2}+\frac{x_3}{A_3h_3}+\frac{x_4}{A_4h_4}=0 \tag{7}$$

Zwischen den Koordinaten $A_1|A_2|A_3|A_4$ der Ebene (1) und den Koordinaten $A_1' : A_2' : A_3' : A_4'$ der Ebene (7) bestehen also die Gleichungen

$$A_1A_1' = A_2A_2' = A_3A_3' = A_4A_4' \tag{8}$$

Wir nennen das Ebenenpaar isotomisch reziprok.

267. Neben die isotomischen Ebenen treten die isogonalen Punkte. Verbindet man den Punkt $P(a_1|a_2|a_3|a_4)$ mit der Kante $x_1 = 0$, $x_4 = 0$, so gilt

$$a_4x_1 - a_1x_4 = 0 \quad , \quad \frac{x_1}{x_4}=\frac{a_1}{a_4} \tag{9}$$

Bezeichnet man die Ebenen $x_1 = 0$, $x_4 = 0$ mit α_1 und α_4, die Ebene PAB mit π, so gibt es eine isogonale Ebene π', so daß

$$\sphericalangle\,\alpha_1\pi = \sphericalangle\,\pi'\alpha_4 \quad , \text{ und } \quad \sphericalangle\,\alpha_1\pi' = \sphericalangle\,\pi\alpha_4 \tag{10}$$

ist. Die Ebene π' hat dann die Gleichung

$$\frac{x_1}{x_4}=\frac{a_4}{a_1} \quad , \quad a_1x_1 - a_4x_4 = 0 \tag{11}$$

Für einen Punkt $a_1'|a_2'|a_3'|a_4'$ in ihr gilt dann $a_1a_1' = a_4a_4'$. Bestimmt man die isogonalen Ebenen mit den fünf anderen Kanten, so gehen sie alle durch einen Punkt $P'(a_1'|a_2'|a_3'|a_4')$, wenn die Gleichungen

$$a_1a_1' = a_2a_2' = a_3a_3' = a_4a_4' \tag{12}$$

gelten. P und P' heißen <u>isogonal reziprok</u>.

268. Der Punkt $a_1|a_2|a_3|a_4$ hat in den Ebenenkoordinaten $X_1|X_2|X_3|X_4$ die Gleichung

$$\frac{a_1X_1}{h_1} + \frac{a_2X_2}{h_2} + \frac{a_3X_3}{h_3} + \frac{a_4X_4}{h_4} + 0 \tag{13}$$

Die Transformation (8) $X_i \to \frac{1}{X_i}$ ordnet ihm die Fläche 3. Klasse mit der Klassengleichung

$$F = \frac{a_1}{h_1X_1} + \frac{a_2}{h_2X_2} + \frac{a_3}{h_3X_3} + \frac{a_4}{h_4X_4} = 0 \tag{14}$$

zu. Wählt man ein Tetraeder mit $h_1 = h_2 = h_3 = h_4$ [1] und seinen Inkugelmittelpunkt $a_1 = a_2 = a_3 = a_4$, so ist (14) die Reziprokalfläche der Fläche mit der Gleichung (15) der Nr. 252. Ist das nicht der Fall, so nennen wir (14) die <u>allgemeine Steinersche</u> Römerfläche. Wir haben

<u>Satz</u> 1 Die Steinersche Römerfläche entsteht als Hüllfläche der Ebenen, die zu den Ebenen eines Ebenenbündels isotomisch reziprok sind.

Dual zum Vorigen gilt:

Die Ebene $A_1|A_2|A_3|A_4$ hat in Punktkoordinaten die Gleichung

$$\frac{A_1x_1}{h_1} + \frac{A_2x_2}{h_2} + \frac{A_3x_3}{h_3} + \frac{A_4x_4}{h_4} = 0 \tag{13'}$$

Die Transformation (12) $x_i \to \frac{1}{x_i}$ ordnet ihr <u>die Fläche 3. Ordnung</u> mit der Ordnungsgleichung

$$\frac{A_1}{h_1x_1} + \frac{A_2}{h_2x_2} + \frac{A_3}{h_3x_3} + \frac{A_4}{h_4x_4} = 0 \tag{14'}$$

zu. Das ist für ein Tetraeder mit $h_1 = h_2 = h_3 = h_4$ und die Fernebene $A_1 = A_2 = A_3 = A_4$ nichts anderes als die Fläche mit der Gleichung (15) der Nr. 252, d.h. unsere <u>Fläche 3. Ordnung</u>

---

1) Ein solches muß kein reguläres sein, vergleiche das Tetraeder in Nr. 251. Man kann zeigen, daß ein solches <u>gleiche Gegenkanten</u> und <u>kongruente Seitenflächen</u> besitzt.

mit 4 Knotenpunkten. Genau so, wie man aus der Gleichung

$$x_4\left(\frac{A_1}{h_1}x_2x_3+\frac{A_2}{h_2}x_3x_1+\frac{A_3}{h_3}x_1x_4\right)+\frac{A_4}{h_4}x_1x_2x_3=0 \qquad (14')$$

erkennt, daß die Fläche (13') im Punkt 0|0|0|1 einen konischen Knoten mit dem Berührkegel

$$\frac{A_1}{h_1}x_2x_3+\frac{A_2}{h_2}x_3x_1+\frac{A_3}{h_3}x_1x_2=0$$

oder

$$\frac{A_1}{h_1x_1}+\frac{A_2}{h_2x_2}+\frac{A_3}{h_3x_3}=0 \qquad (15')$$

besitzt, erkennt man aus der dualen Gleichung

$$X_4\left(\frac{a_1}{h_1}X_2X_3+\frac{a_2}{h_2}X_3X_1+\frac{a_3}{h_3}X_1X_2\right)+\frac{a_4}{h_4}X_1X_2X_3=0 \qquad (14)$$

daß die Römerfläche in der Ebene mit den Koordinaten 0|0|0|1 eine Berührebene besitzt, welche sie längs des Kegelschnittes

$$\frac{a_1}{h_1}X_2X_3+\frac{a_2}{h_2}X_3X_1+\frac{a_3}{h_3}X_1X_2=0$$

oder

$$\frac{a_1}{h_1X_1}+\frac{a_2}{h_2X_2}+\frac{a_3}{h_3X_3}=0 \qquad (15)$$

berührt. Man hat

Satz 2 Die Steinersche Fläche hat die Tetraederflächen als Ebenen, die sie längs vier Kegelschnitten, den Fundamentalkegelschnitten, berühren.

Aus der Identität

$$\begin{aligned}F &\equiv \left(\frac{h_1X_1}{a_1}\right)^2+\left(\frac{h_2X_2}{a_2}\right)^2+\left(\frac{h_3X_3}{a_3}\right)^2+\left(\frac{h_4X_4}{a_4}\right)^2-\\&\quad -2\left\{\left(\frac{h_2X_2}{a_2}\right)\left(\frac{h_3X_3}{a_3}\right)+\left(\frac{h_3X_3}{a_3}\right)\left(\frac{h_1X_1}{a_1}\right)+\left(\frac{h_1X_1}{a_1}\right)\left(\frac{h_2X_2}{a_2}\right)\right\}-\\&\quad -2\left\{\frac{h_1X_1}{a_1}+\frac{h_2X_2}{a_2}+\frac{h_3X_3}{a_3}\right\}\frac{h_4X_4}{a_4}=\\&\equiv\left(\frac{h_1X_1}{a_1}+\frac{h_2X_2}{a_2}+\frac{h_3X_3}{a_3}-\frac{h_4X_4}{a_4}\right)^2-\\&\quad-4\,\frac{h_1h_2h_3\;X_1X_2X_3}{a_1a_2a_3}\left(\frac{a_1}{h_1X_1}+\frac{a_2}{h_2X_2}+\frac{a_3}{h_3X_3}\right)\end{aligned}$$

geht hervor, daß der Kegelschnitt (15) der Berührkegelschnitt des Kegels mit Spitze

$$\frac{h_1^2}{a_1} \Big| \frac{h_2^2}{a_2} \Big| \frac{h_3^2}{a_3} \Big| - \frac{h_4^2}{a_4}$$

an die Fläche 2. Grades F = 0 ist. Diese enthält also alle 4 Fundamentalkegelschnitte. Der Punkt

$$\frac{h_1^2}{a_1} \Big| \frac{h_2^2}{a_2} \Big| \frac{h_3^2}{a_3} \Big| - \frac{h_4^2}{a_4}$$

ist assoziiert zum dreifachen Punkt M der Römerfläche (siehe Nr. 271).

Aus $(15_1) = (15)$ und (15_2)

$$\frac{a_1}{h_1X_1} + \frac{a_2}{h_2X_2} + \frac{a_3}{h_4X_4} = 0$$

folgt noch

$$\frac{h_3X_3}{a_3} - \frac{h_4X_4}{a_4} = 0 \quad .$$

Die Berührebenen an die beiden Kegelschnitte (15_1) und (15_2) gehen also durch den Punkt

$$0 \,|\, 0 \,\Big|\, \frac{h_3^2}{a_3} \Big| - \frac{h_4^2}{a_4} ,$$

den 4. harmonischen Punkt zum Kuspidalpunkt K_3 (siehe unter Nr. 271). Dieser ist also die Spitze eines Kegels durch die beiden Kegelschnitte. Es gibt 6 solche Kegel, deren Spitzen in der Ebene

$$\frac{a_1x_1}{h_1^2} + \frac{a_2x_2}{h_2^2} + \frac{a_3x_3}{h_3^2} + \frac{a_4x_4}{h_4^2} = 0$$

liegen. Die Kegelschnitte von Satz 2 entstehen übrigens so: Die Verbindungsgerade des Punktes $a_1|a_2|a_3|a_4$ mit der Ecke $D(0\,|\,0|\,0\,|\,1)$ trifft $x_4 = 0$ in $a_1|a_2|a_3|0$. In dieser Ebene $x_4 = 0$ besteht nun zwischen Punkten und Geraden dieselbe Zuordnung wie zwischen den Punkten und Ebenen des Raumes. Der Punkt $a_1|a_2|a_3|0$ in $x_4 = 0$ hat die Gleichung

$$\frac{a_1X_1}{h_1} + \frac{a_2X_2}{h_2} + \frac{a_3X_3}{h_3} = 0$$

Der Geraden $X_1|X_2|X_3$ ist die isotomisch reziproke Gerade

$$\frac{1}{X_1} \Big| \frac{1}{X_2} \Big| \frac{1}{X_3}$$

zugeordnet, die den Kegelschnitt

$$\frac{a_1}{h_1X_1} + \frac{a_2}{h_2X_2} + \frac{a_3}{h_3X_3} = 0$$

umhüllt, der selbst auf diese Weise dem Punkt $a_1|a_2|a_3$ zugeordnet ist.

269. Wie in Nr. 253 erhält man die Ordnungsgleichung der Römerfläche so: Aus (14) folgt

$$\frac{\partial F}{\partial X_i} = -\frac{a_i}{h_iX_i^2} \qquad i = 1,2,3,4 \tag{16}$$

Damit wird die Gleichung des Berührpunktes in der Berührebene $Y_1|Y_2|Y_3|Y_4$

$$\mathop{S}_{i=1}^{4} \frac{a_iX_i}{h_iY_i^2} = 0 \tag{17}$$

Seine Koordinaten sind also

$$\varrho y_i = \frac{a_i}{Y_i^2} \quad , \qquad i = 1 \text{ bis } 4 \tag{18}$$

woraus umgekehrt

$$\sigma Y_i = \sqrt{\frac{a_i}{y_i}} \quad , \qquad i = 1 \text{ bis } 4 \tag{19}$$

und aus (14) die <u>Ordnungsgleichung der Römerfläche</u>

$$\frac{1}{h_1}\sqrt{a_1x_1} + \frac{1}{h_2}\sqrt{a_2x_2} + \frac{1}{h_3}\sqrt{a_3x_3} + \frac{1}{h_4}\sqrt{a_4x_4} = 0 \tag{20}$$

folgt. Hierin sind drei der Quadratwurzeln doppeldeutig. Gemäß Gleichung (20) in Nr. 254 wird die rationale Form von (20)

$$(\mathop{S}_{i=1}^{4} \frac{a_i^2x_i^2}{h_i^4} - 2S\frac{a_ka_lx_kx_l}{h_k^2h_l^2})^2 = 64\frac{a_1a_2a_3a_4}{h_1^2h_2^2h_3^2h_4^2}x_1x_2x_3x_4 \tag{21}$$

270. Wir haben schon 4 Kegelschnitte der Römerfläche gefunden. Weitere, unter denen sich diese 4 befinden, ergeben sich so: Eine Ebene durch die Kante AB ist $\lambda_4x_1 - \lambda_1x_4 = 0$. Sie trifft (20) in zwei Kegelschnitten, deren Projektion auf $x_4 = 0$ von $0|0|0|1$ aus die Kegelschnitte

$$(\frac{1}{h_1}\sqrt{\lambda_1a_1} + \frac{1}{h_4}\sqrt{\lambda_4a_4})\sqrt{\frac{x_1}{\lambda_1}} + \frac{1}{h_2}\sqrt{a_2x_2} + \frac{1}{h_3}\sqrt{a_3x_3} = 0 \tag{22}$$

sind, wo nun die beiden letzten Quadratwurzeln doppeldeutig sind.

<u>Satz 3</u> Die Ebenen durch die Kanten des Koordinatentetraeders schneiden die Römerfläche in einer <u>ersten</u> Familie von je zwei

Kegelschnitten, zu denen die "Doppelkegelschnitte" in den Koordinatenebenen selbst gehören.

271. Wir nennen den Punkt $a_1|a_2|a_3|a_4$ den Fundamentalpunkt M und das Koordinatentetraeder das Fundamentaltetraeder (FT). Durch M und einen festen Punkt P der Kante AB gehen ∞^1 Ebenen, denen lauter durch den isotomischen Punkt P' auf AB gehende Berührebenen der Römerfläche entsprechen. Diese Ebenen umhüllen einen Kegel 2. Grades mit Spitze P'. Denn PM trifft die Tetraederfläche ACD in einem Punkt Q, durch den alle Büschelebenen durch PM gehen. Den Geraden durch Q in ACD entsprechen Geraden, die einen Kegelschnitt umhüllen, die Grundkurve des Kegels mit Spitze P', der die Seiten von ACD berührt und damit überhaupt alle Kanten des FT außer AB.

Von den Geraden durch M, die AB treffen, trifft eine auch CD. Sie treffe AB in P, CD in Q. Den Ebenen durch PQ entsprechen als isotomisch reziprok die Ebenen durch P'Q'. Diese Ebenen umhüllen sowohl den Kegel mit Spitze P' als auch den mit Spitze Q'. Der Kegel muß sich also auf die Doppelgerade P'Q' der Fläche reduzieren. Die Punkte P' und Q' heißen Kuspidalpunkte der Fläche. Die Punkte der Geraden P'Q' sind alle Doppelpunkte der Fläche.

Satz 4 Die Römerfläche besitzt auf jeder der 6 Kanten des Fundamentaltetraeders einen Kuspidalpunkt. Je zwei der Kuspidalpunkte liegen mit dem Fundamentalpunkt in einer Doppelgeraden der Fläche.

Wir erhalten die Koordinaten der Kuspidalpunkte so: Die Ebene ABM hat die Gleichung $a_4x_1 - a_1x_4 = 0$. Sie trifft CD in Q $(a_1|0|0|a_4)$ MQ trifft AB in $P(0|a_2|a_3|0)$. Nach Nr. 260. ist $a_2 = -h_2A_3$, $a_3 = h_3A_2$ also

$$A_2 = \frac{a_3}{h_3}, \quad A_3 = -\frac{a_2}{h_2}$$

und P' bekommt die Koordinaten $0\left|\frac{a_3}{h_3^2}\right|\frac{a_2}{h_2^2},\Big|0$

Q' die Koordinaten $\frac{a_4}{h_4^2}\Big|0\Big|0\Big|\frac{a_1}{h_1^2}.$

Satz 5 Die Kuspidalpunkte der Fläche sind

$$\left.\begin{array}{llll} K_1 & 0\left|\frac{h_2^2}{a_2}\right|\frac{h_3^2}{a_3}\Big|0 & \text{und} & K_1' \; \frac{h_1^2}{a_1}\Big|0\Big|0\Big|\frac{h_4^2}{a_4} \\ K_2 & \frac{h_1^2}{a_1}\Big|0\Big|\frac{h_3^2}{a_3}\Big|0 & \text{und} & K_2' \; 0\Big|\frac{h_2^2}{a_2}\Big|0\Big|\frac{h_4^2}{a_4} \\ K_3 & \frac{h_1^2}{a_1}\Big|\frac{h_2^2}{a_2}\Big|0\Big|0 & \text{und} & K_3' \; 0\Big|0\Big|\frac{h_3^2}{a_3}\Big|\frac{h_4^2}{a_4} \end{array}\right\} \quad (23)$$

ihre Doppelgeraden

$$\frac{a_1x_1}{h_1^2} = \frac{a_4x_4}{h_4^2} \quad , \quad \frac{a_2x_2}{h_2^2} = \frac{a_3x_3}{h_3^2} \tag{24}$$

und zykl. in bezug auf die Ziffern 1, 2, 3.
Die Kuspidalpunkte sind die Punkte, in denen sich die 4 Kegelschnitte in den Seitenflächen des FT berühren.

<u>Satz 6</u> Alle drei Doppelgeraden treffen sich im Punkt

$$\breve{M}\ \frac{h_1^2}{a_1} \Big| \frac{h_2^2}{a_2} \Big| \frac{h_3^2}{a_3} \Big| \frac{h_4^2}{a_4} \quad ,$$

der, wenn $h_1 = h_2 = h_3 = h_4$ ist, der zu M isogonal reziproke Punkt ist. Dieser Punkt ist dreifacher Punkt der Steinerfläche.

<u>Beweis</u> Eine Gerade

$$\rho x_i = \frac{h_i^2}{a_i}(1 + \lambda b_i) \qquad i = 1,2,3,4 \tag{25$_1$}$$

durch $\breve{M}$ trifft die Fläche in 4 Punkten, für welche die Gleichung

$$8\left\{\gamma s_3 + (s_1^2 - 4s_2)s_1\right\}\lambda^3 + \left\{64s_4 - (s_1^2 - 4s_2)^2\right\}\lambda^4 = 0 \tag{25$_2$}$$

gilt, wo $s_1 = Sb_i$, $s_2 = Sb_ib_k$, $s_3 = Sb_ib_kb_l$, $s_4 = b_1b_2b_3b_4$ ist.
Da jede Ebene die drei Doppelgeraden der Römerfläche trifft, so schneidet sie die Fläche in einer Kurve 4. Ordnung mit 3 Doppelpunkten, d.h. in einer <u>rationalen</u> Kurve 4. Ordnung (KB Nr. 144 ff) und da die Römerfläche einen dreifachen Punkt besitzt, ist sie selbst rational. Aus (25$_2$) folgt

$$\lambda = -\frac{8\left\{\gamma s_3 + (s_1^2 - 4s_2)s_1\right\}}{64\,s_4 - (s_1^2 - 4s_2)^2} \tag{25$_3$}$$

Man kann nun diesem Punkt $\frac{h_i^2 b_i}{a_i}$ noch eine Bedingung vorschreiben, z.B. daß er auf der Ebene

$$S\,\frac{a_ix_i}{h_i^2} = 0$$

liegt, d.h. die Bedingung $s_1 = Sb_i = 0$, woraus

$$b_4 = -(b_1 + b_2 + b_3) \quad . \tag{25$_4$}$$

Dann wird (25$_1$)

$$\rho x_i = \frac{h_i^2}{a_i}\left(1 + \frac{4s_3}{s_2^2 - 4s_4}b_i\right) \qquad i = 1,2,3,4. \tag{25$_1'$}$$

also werden die x_i mit (25_4) zu homogenen rationalen Funktionen in den Parametern $b_1 : b_2 : b_3$, allerdings hier von der 4. Ordnung.
Eine viel einfachere Parameterdarstellung von der 2. Ordnung ergibt sich unmittelbar aus (20), nämlich

$$x_1 = \frac{h_1^2}{a_1}(\lambda - \mu - \nu)^2 \;, \quad x_2 = \frac{h_2^2}{a_2}(-\lambda + \mu - \nu)^2 \;,$$
$$x_3 = \frac{h_3^2}{a_3}(-\lambda - \mu + \nu)^2 \;, \quad x_4 = \frac{h_4^2}{a_4}(\lambda + \mu + \nu)^2 \qquad (25')$$

272. Wir stellen nun eine zweite Familie von Kegelschnitten auf der Römerfläche fest. Eine Berührebene schneidet sie in einer Kurve, die im Berührpunkt einen Doppelpunkt hat. Eine solche trifft sie dann aber in 4 Doppelpunkten, da auch ihre Schnittpunkte mit den Doppelgeraden solche sind. Eine Kurve 4. Ordnung mit 4 Doppelpunkten muß aber in 2 Kegelschnitte zerfallen:

Satz 7 Jede Berührebene der Römerfläche schneidet sie in zwei Kegelschnitten.

Dies war die erste Eigenschaft, die Steiner an seiner Fläche entdeckte. Es gilt aber weiter

Satz 8 Jede Ebene durch eine Doppelgerade schneidet die Römerfläche nach einem Kegelschnitt.

Die Gleichung dieser dritten Familie von Kegelschnitten auf der Römerfläche erhält man folgendermaßen:
Die Gleichungen zweier Kuspidalpunkte sind

$$\frac{h_2X_2}{a_2} + \frac{h_3X_3}{a_3} = 0 \quad , \quad \frac{h_1X_1}{a_1} + \frac{h_4X_4}{a_4} = 0 \qquad (26)$$

Eine Ebene durch sie ist

$$\frac{a_1}{h_1}\lambda \,\Big|\, \frac{a_2}{h_2}\mu \,\Big|\, -\frac{a_3}{h_3}\mu \,\Big|\, -\frac{a_4}{h_4}\lambda \qquad (27)$$

Sie trifft die Römerfläche in einer Kurve C. Sei $y_1|y_2|y_3|y_4$ ein Punkt von C, $Y_1|Y_2|Y_3|Y_4$ die Berührebene an die Fläche in ihm. Dann ist seine Gleichung (17)

$$S \frac{a_iX_i}{h_iY_i^2} = 0$$

Mit der Bedingung (14)

$$S \frac{a_i}{h_iY_i} = 0$$

(27) muß (17) erfüllen, also

$$\left(\frac{a_1^2}{h_1^2 Y_1^2} - \frac{a_4^2}{h_4^2 Y_4^2}\right)\lambda + \left(\frac{a_2^2}{h_2^2 Y_2^2} - \frac{a_3^2}{h_3^2 Y_3^2}\right)\mu = 0 \qquad (28)$$

oder mit (14)

$$\left(\frac{a_1}{h_1 Y_1} - \frac{a_4}{h_4 Y_4}\right)\lambda - \left(\frac{a_2}{h_2 Y_2} - \frac{a_3}{h_3 Y_3}\right)\mu = 0 \qquad (29)$$

sein. Elimination von $\frac{a_i}{h_i Y_i}$ aus (14) und (29) gibt Gleichungen der Form

$$\frac{\alpha_k}{Y_k} + \frac{\alpha_l}{Y_l} + \frac{\alpha_m}{Y_m} = 0 \quad , \qquad (30)$$

d.h. als Projektionen von C von jeder Koordinatenecke aus Kegelschnitte. Also ist C selbst ein Kegelschnitt.

§ 4. Die Gestalten der Römerfläche, insbesondere die elliptische Fläche. Nr. 273–275

273. Es gibt vielerlei Gestalten der Römerfläche. Haben die Koordinaten des Fundamentalpunktes (FP) $M(a_1|a_2|a_3|a_4)$ gleiche Vorzeichen, so sind seine Abstände $p_1|p_2|p_3|p_4$ von den Seitenflächen des Fundamentaltetraeders (FT) positiv, er liegt also im Innern des FT und mit ihm alle Punkte (18)

$$\frac{a_1}{Y_1^2} \left| \frac{a_2}{Y_2^2} \right| \frac{a_3}{Y_3^2} \left| \frac{a_4}{Y_4^2} \right.$$

der Fläche. Man hat die elliptische Gattung der Fläche: alle ihre Kegelschnitte sind Ellipsen. Nun gilt der

Satz In einem Tetraeder sind die Höhen dann und nur dann gleich, wenn je zwei Gegenkanten gleich sind.

Die Fläche unserer Nr. 253 ist eine solche elliptische Fläche und ist die gewöhnlich allein betrachtete und von Steiner bevorzugte Fläche, wenn auch noch $a_1 = a_2 = a_3 = a_4$, d.h. M der Inkugelmittelpunkt ist und das Tetraeder regulär ist. Sie zeigen unsere Bilder 137 a und b und sie soll die reguläre Steinerfläche heißen. Haben nicht alle a_i dasselbe Vorzeichen, ist aber

$$S\,\frac{a_i}{h_i} \neq 0 \quad ,$$

so liegt der FP und M außerhalb des FT. Wir haben dann, wie sich in §5 zeigen wird, u.U . die hyperbolische Gattung

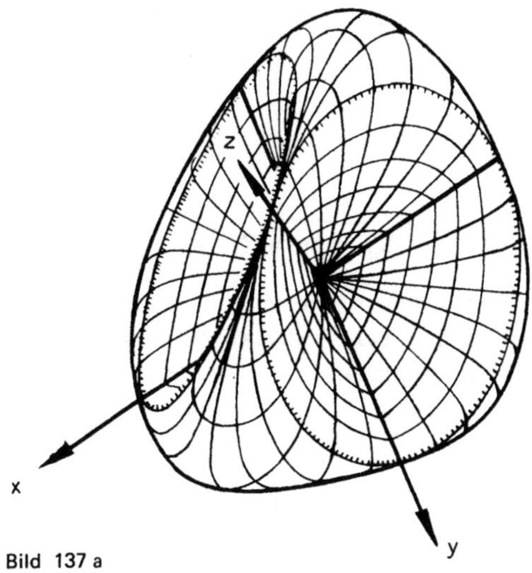

Bild 137 a

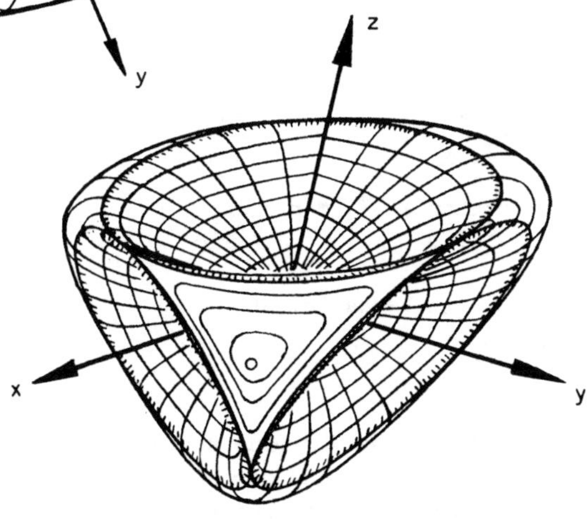

Bild 137 b

der Römerfläche mit zweierlei Gestalten. Die Fläche liegt ganz außerhalb des FT. Ist

$$S \frac{a_i}{h_i} = 0 \quad ,$$

d.h. der FP, M ein Fernpunkt, so hat man, wie sich in §5 zeigen wird, u.U. die parabolische Gattung. Von den beiden letzten Gattungen hat die hyperbolische zwei, die parabolische nur einen ins Unendliche gehenden Teil.
Liegt M auf einer Koordinatenebene, ist z.B. $a_1 = 0$, so reduziert sich die Fläche auf einen Kegel 2. Grades mit Spitze D und einer der Seitenfläche ABC einbeschriebenen Grundkurve. Liegt M in D, wobei die Verhältnisse $a_2 : a_3 : a_4$ endlich bleiben sollen, so geht die Fläche in einen ABC einbeschriebenen Kegelschnitt über. Liegt M aber auf einer Kante, so zerfällt die Fläche in ein Ebenenpaar durch die Gegenkante.

274. Wir wollen jetzt die elliptische Fläche noch genauer bestimmen. Der Punkt mit der Gleichung

$$S\,\frac{x_i X_i}{h_i} = 0$$

befindet sich auf der Fläche (20)

$$\pm\frac{1}{h_1}\sqrt{a_1x_1} \pm \frac{1}{h_2}\sqrt{a_2x_2} \pm \frac{1}{h_3}\sqrt{a_3x_3} \pm \frac{1}{h_4}\sqrt{a_4x_4} = 0\,,$$

die, von der Kombination + + + + abgesehen, in 7 reelle Fälle zerfällt. Wir betrachten zunächst den Teil mit der Zeichenkombination + + + –, d.h. das Flächenstück

$$\frac{1}{h_1}\sqrt{a_1x_1} + \frac{1}{h_2}\sqrt{a_2x_2} + \frac{1}{h_3}\sqrt{a_3x_3} - \frac{1}{h_4}\sqrt{a_4x_4} = 0 \qquad (31)$$

Die Berührebene des Punktes $y_1|y_2|y_3|y_4$ hat dann die Koordinaten

$$\begin{aligned} Y_1 &= +\frac{a_1}{\sqrt{a_1x_1}}\,, \quad Y_2 = +\frac{a_2}{\sqrt{a_2x_2}}\,, \\ Y_3 &= +\frac{a_3}{\sqrt{a_3x_3}}\,, \quad Y_4 = -\frac{a_4}{\sqrt{a_4x_4}} \end{aligned} \qquad (32)$$

Also sind die Verhältnisse

$$\frac{Y_1}{Y_4}\,\Big|\,\frac{Y_2}{Y_4}\,\Big|\,\frac{Y_3}{Y_4}$$

negativ und die Berührebene schneidet das Dreikant des FT mit Spitze D zwischen D und der Ebene ABC, ja sogar zwischen D und den Kuspidalpunkten auf DA, DB, DC. Diese haben nach Satz 5 die Koordinaten

$$K_3'\left(0\,\Big|\,0\,\Big|\,\frac{h_3^2}{a_3}\,\Big|\,\frac{h_4^2}{a_4}\right),\; K_2'\left(0\,\Big|\,\frac{h_2^2}{a_2}\,\Big|\,0\,\Big|\,\frac{h_4^2}{a_4}\right),\; K_1'\left(\frac{h_1^2}{a_1}\,\Big|\,0\,\Big|\,0\,\Big|\,\frac{h_4^2}{a_4}\right) \qquad (33)$$

Für den Schnittpunkt der Berührebene auf DA muß dann (zeichne die Figur!)

$$\frac{a_4}{h_4\sqrt{a_4x_4}} : \frac{a_3}{h_3\sqrt{a_3x_3}} < \frac{h_3^2}{a_3} : \frac{h_4^2}{a_4}\,, \qquad \frac{h_4}{\sqrt{a_4x_4}} < \frac{h_3}{\sqrt{a_3x_3}}$$

sein, was (samt der Umkehrung) stimmt, da

$$\frac{\sqrt{a_4x_4}}{h_4} = \left(\frac{\sqrt{a_1x_1}}{h_1} + \frac{\sqrt{a_2x_2}}{h_2}\right) + \frac{\sqrt{a_3x_3}}{h_3} > \frac{\sqrt{a_3x_3}}{h_3}$$

ist. Also gilt

Satz 9 Jede Berührebene des Flächenstückes (31) trifft das Dreikant mit Spitze D zwischen D und den Kuspidalpunkten auf DA, DB, DC.
Dieses Flächenstück ruht auf den Flächen des Dreikants mit Spitze D mit drei Ellipsenbögen, die den Gleichungen

$$\frac{\sqrt{a_2x_2}}{h_2} + \frac{\sqrt{a_3x_3}}{h_3} = \frac{\sqrt{a_4x_4}}{h_4}, \quad \frac{\sqrt{a_3x_3}}{h_3} + \frac{\sqrt{a_1x_1}}{h_1} = \frac{\sqrt{a_4x_4}}{h_4}$$

$$\frac{\sqrt{a_1x_1}}{h_1} + \frac{\sqrt{a_2x_2}}{h_2} = \frac{\sqrt{a_4x_4}}{h_4}$$

entsprechen und den Doppelkegelschnitten auf DAB, DCA, DBC angehören (Beweis?).
Wir beweisen weiter

Satz 10 Jede Berührebene des Flächenstückes (31) schneidet die Fläche nur in einem einzigen reellen Punkt.

Beweis Sei

$$S\,\frac{a_iX_i}{h_iY_i^2} = 0$$

ein solcher Punkt,

$$S\,\frac{a_iX_i}{h_iZ_i^2} = 0$$

ein beliebiger anderer Punkt des Flächenstückes auf der Berührebene, so gelten die Gleichungen

$$\frac{a_1Y_1}{h_1Z_1^2} + \frac{a_2Y_2}{h_2Z_2^2} = -\left(\frac{a_3Y_3}{h_3Z_3^2} + \frac{a_4Y_4}{h_4Z_4^2}\right) \tag{34}$$

$$\frac{a_1}{h_1Y_1} + \frac{a_2}{h_2Y_2} = -\left(\frac{a_3}{h_3Y_3} + \frac{a_4}{h_4Y_4}\right) \tag{35}$$

$$\frac{a_1}{h_1Z_1} + \frac{a_2}{h_2Z_2} = -\left(\frac{a_3}{h_3Z_3} + \frac{a_4}{h_4Z_4}\right) \tag{36}$$

Multipliziert man je die beiden linken und die beiden rechten Seiten von (34) und (35) untereinander und zieht man das Quadrat der linken bzw. rechten Seite von (36) ab, so kommt

$$\frac{a_1a_2}{h_1h_2Y_1Y_2}\left(\frac{Y_1}{Z_1} - \frac{Y_2}{Z_2}\right)^2 - \frac{a_3a_4}{h_3h_4Y_3Y_4}\left(\frac{Y_3}{Z_3} - \frac{Y_4}{Z_4}\right)^2 = 0 \tag{37}$$

Da $\frac{Y_1}{Y_4} \,\Big|\, \frac{Y_2}{Y_4} \,\Big|\, \frac{Y_3}{Y_4}$ negativ sind, so ist (37) reell nur erfüllt, wenn

$$\frac{Y_1}{Y_2} = \frac{Z_1}{Z_2} \quad , \quad \frac{Y_3}{Y_4} = \frac{Z_3}{Z_4} \tag{38}$$

ist. Aus (35) und (36) folgt dann aber noch

$$\left.\begin{aligned} \frac{a_1}{h_1} + \frac{a_2}{h_2}\frac{Y_1}{Y_2} &= -\frac{Y_1}{Y_3}\left(\frac{a_3}{h_3} + \frac{a_4 Y_3}{h_4 Y_4}\right) \\ \frac{a_1}{h_1} + \frac{a_2}{h_2}\frac{Z_1}{Z_2} &= -\frac{Z_1}{Z_3}\left(\frac{a_3}{h_3} + \frac{a_4 Z_3}{h_4 Z_4}\right) \end{aligned}\right\} \tag{39}$$

und mit (38)

$$\frac{Y_1}{Y_3} = \frac{Z_1}{Z_3} \quad , \qquad \text{d.h.} \quad Z_i = \rho Y_i \qquad \text{q.e.d.}$$

Die 4 Flächenstücke + + + –, + + – +, + – + +, – + + + haben also in bezug auf die Tetraederecken eine kuppelförmige Gestalt. Sie ruhen auf den Tetraederflächen und jede Kuppel berührt sie in drei Ellipsenbögen.

Eine Berührebene $Y_1|Y_2|Y_3|Y_4$ ist parallel zur Tetraederfläche $x_1 = 0$, wenn $Y_2 = Y_3 = Y_4$ ist, also nach

$$S \frac{a_i}{h_i Y_i} = 0$$

für

$$\frac{Y_2}{Y_1} = \frac{Y_3}{Y_1} = \frac{Y_4}{Y_1} = -\frac{\frac{a_2}{h_2} + \frac{a_3}{h_3} + \frac{a_4}{h_4}}{\frac{a_1}{h_1}} \tag{39}$$

Wir wollen beweisen, daß sie der Ecke C am nächsten liegt, und daher ihr Berührpunkt S_1 den Namen <u>Scheitel</u> verdient. Übrigens ist

$$S \frac{a_i X_i}{h_i Y_i^2} = 0$$

seine Berührebene, also sind

$$\left(\frac{a_2}{h_2} + \frac{a_3}{h_3} + \frac{a_4}{h_4}\right)^2 \Big| \frac{a_1 a_2}{h_1^2} \Big| \frac{a_1 a_3}{h_1^2} \Big| \frac{a_1 a_4}{h_1^2} \tag{40}$$

seine Koordinaten. Sei

$$S \frac{a_i X_i}{h_i Z_i^2} = 0$$

die Gleichung irgend eines Flächenpunktes. Durch ihn legen wir ebenfalls die Ebene parallel $x_1 = 0$, für die also $X_2 = X_3 = X_4$ und damit

$$\frac{X_2}{X_1} = \frac{X_3}{X_1} = \frac{X_4}{X_1} = -\frac{\frac{a_1}{h_1 z_1^2}}{\frac{a_2}{h_2 z_2^2} + \frac{a_3}{h_3 z_3^2} + \frac{a_4}{h_4 z_4^2}} \tag{41}$$

ist. Das ist zugleich das Verhältnis der Abstände der Ebenen von der Ebene ABD und der Ecke C. Für die Berührebene war es (39). Nun soll absolut genommen

$$\frac{\frac{a_2}{h_2} + \frac{a_3}{h_3} + \frac{a_4}{h_4}}{\frac{a_1}{h_1}} > \frac{\frac{a_1}{h_1 z_1^2}}{\frac{a_2}{h_2 z_2^2} + \frac{a_3}{h_3 z_3^2} + \frac{a_4}{h_4 z_4^2}} \tag{42}$$

oder

$$\frac{a_1^2}{h_1^2 z_1^2} < \left(\frac{a_2}{h_2} + \frac{a_3}{h_3} + \frac{a_4}{h_4}\right)\left(\frac{a_2}{h_2 z_2^2} + \frac{a_3}{h_3 z_3^2} + \frac{a_4}{h_4 z_4^2}\right)$$

sein. Da aber

$$\frac{a_1}{h_1 z_1} = -\left(\frac{a_2}{h_2 z_2} + \frac{a_3}{h_3 z_3} + \frac{a_4}{h_4 z_4}\right)$$

ist, so kommt

$$0 < \frac{a_3 a_4}{h_3 h_4}\left(\frac{1}{z_3} - \frac{1}{z_4}\right)^2 + \frac{a_4 a_2}{h_4 h_2}\left(\frac{1}{z_4} - \frac{1}{z_2}\right)^2 + \frac{a_2 a_3}{h_2 h_3}\left(\frac{1}{z_2} - \frac{1}{z_3}\right)^2 \tag{43}$$

Da a_2, a_3, a_4 gleiche Vorzeichen haben, ist diese Ungleichung erfüllt und umgekehrt folgt aus ihr wieder (42). Somit:

Satz 11 Die elliptische Römerfläche hat 4 Scheitel, die den Tetraederecken am fernsten liegen.

Man beweist sofort, daß von den Scheiteln S_1, S_2, S_3, S_4 und den zugehörigen Ecken des FT $C = T_1$, $B = T_2$, $A = T_3$, $D = T_4$, die Paare S_i, S_k; T_i, T_k in <u>einer</u> Ebene liegen und $S_i S_k \parallel T_i T_k$ ist. (Der Schnittpunkt von $S_i S_k$ und $T_i T_k$ erfüllt die Gleichung

$$S \frac{a_i}{h_i} = 0$$

und der Schnittpunkt von $S_i T_i$ und $S_k T_k$ ist der FP M). Daher

Satz 12 Das Tetraeder der Scheitel und das Fundamentaltetraeder sind homothetisch mit dem Fundamentalpunkt M als Ähnlichkeitspunkt.

Aufgabe Zeige, daß die vier Berührebenen der Fläche in ihren Scheiteln ebenfalls ein zum FT homothetisches Tetraeder bilden und bestimme das Homothetiezentrum. Zeige, daß die Fläche ganz in diesem Tetraeder enthalten ist.

275. Wir betrachten jetzt diejenigen Teile der Römerfläche, bei denen 2 der Quadrate in Gleichung (20) positiv und 2 andere negativ sind, z.B. den Teil

$$\frac{1}{h_1}\sqrt{a_1x_1} + \frac{1}{h_2}\sqrt{a_2x_2} = \frac{1}{h_3}\sqrt{a_3x_3} + \frac{1}{h_4}\sqrt{a_4x_4} \qquad (44)$$

Er ruht auf den 4 Tetraederflächen auf elliptischen Berührbögen, und zwar auf ABD auf

$$\frac{1}{h_2}\sqrt{a_2x_2} = \frac{1}{h_3}\sqrt{a_3x_3} + \frac{1}{h_4}\sqrt{a_4x_4}$$

auf ACD auf

$$\frac{1}{h_1}\sqrt{a_1x_1} = \frac{1}{h_3}\sqrt{a_3x_3} + \frac{1}{h_4}\sqrt{a_4x_4}$$

auf BCD auf

$$\frac{1}{h_1}\sqrt{a_1x_1} + \frac{1}{h_2}\sqrt{a_2x_2} = \frac{1}{h_4}\sqrt{a_4x_4}$$

auf ABC auf

$$\frac{1}{h_1}\sqrt{a_1x_1} + \frac{1}{h_2}\sqrt{a_2x_2} = \frac{1}{h_3}\sqrt{a_3x_3}$$

Diese Ellipsenbögen begrenzen unseren Flächenteil, der auch die Doppelgeraden K_1K_1' und K_2K_2' enthält.
Wir wollen jetzt Satz 7 der Nr. 272 analytisch beweisen. Während wir auf Grund von Gleichung (37) der Nr. 274 feststellten, daß der Berührpunkt einer Berührebene an die Kuppelteile unserer Fläche der einzige reelle Schnittpunkt der Berührebene mit der Fläche ist, so daß sie von der Berührebene in zwei konjugiert imaginären Kegelschnitten geschnitten wird, zeigt uns jetzt diese Gleichung

$$\frac{a_1a_2}{h_1h_2Y_1Y_2}\left(\frac{Y_1}{Z_1} - \frac{Y_2}{Z_2}\right)^2 - \frac{a_3a_4}{h_3h_4Y_3Y_4}\left(\frac{Y_3}{Z_3} - \frac{Y_4}{Z_4}\right)^2 = 0 \quad , \qquad (37)$$

da jetzt anstelle der Gleichungen (32) der Nr. 274 die Gleichungen

$$Y_1 = +\frac{a_1}{\sqrt{a_1x_1}},\ Y_2 = +\frac{a_2}{\sqrt{a_2x_2}},\ Y_3 = -\frac{a_3}{\sqrt{a_3x_3}},\ Y_4 = -\frac{a_4}{\sqrt{a_4x_4}} \qquad (45)$$

treten, daß aus (37) mit

$$\sqrt{\frac{h_1 a_2 Y_1}{h_2 a_1 Y_2}} = \lambda \quad , \quad \sqrt{\frac{h_4 a_3 Y_4}{h_3 a_4 Y_3}} = \mu \tag{46}$$

$$\lambda \frac{a_1}{h_1 Z_1} - \frac{1}{\lambda} \frac{a_2}{h_2 Z_2} = \pm \left(\frac{1}{\mu} \frac{a_3}{h_3 Z_3} - \mu \frac{a_4}{h_4 Z_4}\right) \tag{47}$$

folgt. Außerdem ist

$$\frac{a_1}{h_1 Z_1} + \frac{a_2}{h_2 Z_2} = -\left(\frac{a_3}{h_3 Z_3} + \frac{a_4}{h_4 Z_4}\right) \tag{48}$$

so daß z.B.

$$(\lambda \mp \mu)\frac{a_1}{h_1 Z_1} + \left(-\frac{1}{\lambda} \mp \mu\right)\frac{a_2}{h_2 Z_2} \mp \left(\frac{1}{\mu} + \mu\right)\frac{a_3}{h_3 Z_3} = 0 \tag{49}$$

ist. Ist $x_1|x_2|x_3|x_4$ der Berührpunkt von $Z_1|Z_2|Z_3|Z_4$ so ist

$$\frac{a_1}{Z_1} = \sqrt{a_1 x_1} \quad , \quad \frac{a_2}{Z_2} = \sqrt{a_2 x_2}, \quad \frac{a_3}{Z_3} = -\sqrt{a_3 x_3}, \quad \frac{a_4}{Z_4} = -\sqrt{a_4 x_4} \tag{50}$$

also

$$(\lambda \mp \mu)\frac{\sqrt{a_1 x_1}}{h_1} + \left(-\frac{1}{\lambda} \mp \mu\right)\frac{\sqrt{a_2 x_2}}{h_2} \pm \left(\frac{1}{\mu} + \mu\right)\frac{\sqrt{a_3 x_3}}{h_3} = 0 \tag{51}$$

Diese Gleichung und die entsprechenden in je drei anderen Koordinaten zeigen, daß die Projektionen der Schnittkurve der Berührebene von den Koordinatenecken aus auf die Gegenflächen des FT und damit diese selbst zwei Kegelschnitte sind.

§ 5. Die hyperbolische und die parabolische Römerfläche. Nr. 276–278

276. Vorbemerkung (Bild 138) Die Seitenflächen des FT $T_1T_2T_3T_4$ des Bildes 138 teilen den Raum in 8 Teile. Wir bezeichnen diese so:

Inneres des Tetraeders: R. Dreikant mit Spitze T_i ohne R: R_i, Scheiteldreikant mit Spitze T_i : R_i', Raumteil an Kante T_iT_k ohne R: R_{ik}.

Sind nun $x_1|x_2|x_3|x_4$ die Koordinaten eines Punktes, so sind diese nun bis auf einen Proportionalitätsfaktor bestimmt. Wir können und wollen aber Punkte − − − − stets durch Multiplikation mit −1 in Punkte + + + +, Punkte + − − −, − + − −, − − + −, − − − +, in Punkte − + + +, + − + +, + + − +, + + + − und Punkte mit je zwei gleichen Vorzeichen in Punkte − − + +, − + − +, + − − + verwandeln. Das hat nun aber zur Folge, daß Punkte von R_i und R_i' sowie Punkte von R_{ik} und R_{lm} $i, k \neq l, m$ dem Vorzeichen nach gleiche Koordinaten haben. Wie sind sie zu trennen?

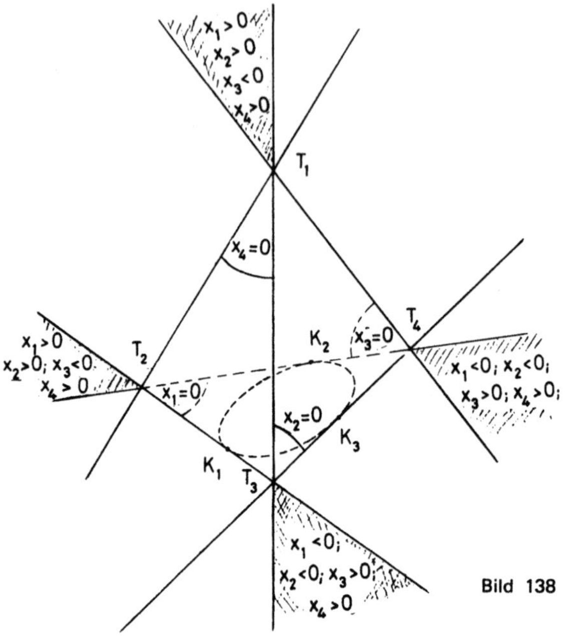

Bild 138

Wir nehmen einen Punkt $x_1|x_2|x_3|x_4 = - + + +$. Seine Abstände $p_1|p_2|p_3|p_4$ von den Tetraederflächen sind in R_1 sicher $- + + +$, in R_1' sicher $+ - - -$. Andererseits ist, wenn man

$$\frac{x_1}{h_1} + \frac{x_2}{h_2} + \frac{x_3}{h_3} + \frac{x_4}{h_4} = N$$

setzt,

$$p_1 = \frac{x_1}{N} \quad , p_2 = \frac{x_2}{N} \quad , p_3 = \frac{x_3}{N} \quad , p_4 = \frac{x_4}{N} \quad .$$

Der Punkt gehört also R_1 an für $N > 0$, R_1' für $N < 0$ und dasselbe gilt für R_i und R_i' $i \neq 1$.
Nehmen wir einen Punkt $x_1|x_2|x_3|x_4 = - - + +$. Er gehört zu T_1T_2 für $N > 0$, zu T_3T_4 für $N < 0$ und Entsprechendes gilt in den beiden anderen Fällen.

277. Die Römerfläche

$$\frac{1}{h_1}\sqrt{-a_1x_1} + \frac{1}{h_2}\sqrt{a_2x_2} + \frac{1}{h_3}\sqrt{a_3x_3} + \frac{1}{h_4}\sqrt{a_4x_4} = 0 \ , \ a_i > 0 \qquad (52)$$

geht aus der elliptischen durch die zentrisch-harmonische Verwandtschaft

$$\varrho\bar{x}_1 = -x_1 \quad , \quad \varrho\bar{x}_2 = x_2 \quad , \quad \varrho\bar{x}_3 = x_3 \quad , \quad \varrho\bar{x}_4 = x_4 \quad , \qquad (53)$$

hervor mit Zentrum 1|0|0|0 und Fixebene $x_1 = 0$. Ihre Fluchtebene ε

$$-\frac{x_1}{h_1} + \frac{x_2}{h_2} + \frac{x_3}{h_3} + \frac{x_4}{h_4} = 0 \tag{54}$$

ist die Mittelebene des FT zwischen Zentrum und Fixebene und geht durch (53) in die Fernebene (25)

$$\frac{x_1}{h_1} + \frac{x_2}{h_2} + \frac{x_3}{h_3} + \frac{x_4}{h_4} = 0$$

über. Alles, was von der elliptischen Fläche zwischen ε und $x_1 = 0$ liegt, geht in den Raum R_1, alles, was zwischen ε und T_1 liegt in den Raum R_1' über. Nun sind die Abstände des Scheitels S_1 von den Koordinatenebenen

$$p_1 = \frac{h_1(M - \frac{a_1}{h_1})}{M} \quad , \quad p_i = \frac{a_1 a_i}{h_1 M(M - \frac{a_1}{h_1})} \quad i=2,3,4 \tag{56}$$

wo

$$M = \frac{a_1}{h_1} + \frac{a_2}{h_2} + \frac{a_3}{h_3} + \frac{a_4}{h_4} \tag{57}$$

ist. Ist nun $p_1 < \frac{h_1}{2}$, d.h.

$$M_1 = -\frac{a_1}{h_1} + \frac{a_2}{h_2} + \frac{a_3}{h_3} + \frac{a_4}{h_4} < 0 \quad ,$$

so liegt die ganze Bildfläche (52) in R_1' und, da die elliptische Fläche die Fluchtebene nicht trifft, trifft die Bildfläche die Fernebene nicht, ist also wieder elliptisch.
Für den dem FPM entsprechenden Punkt $\bar{M}$ ist dann

$$\bar{p}_1 = \frac{a_1}{M_1} < 0, \qquad \bar{p}_i > 0 \quad , \quad i = 2,3,4,$$

d.h. er liegt ebenfalls in R_1. Ist aber $p_1 > \frac{h_1}{2}$ d.h. $M_1 > 0$, so daß $\bar{M}$ in R_1' liegt, so trifft die elliptische Fläche die Fluchtebene in einer reellen Quartik, die Bildfläche also die Fernebene ebenfalls in einer solchen und das Bild vom S_1 liegt in R_1'. Man hat eine hyperbolische Römerfläche mit zwei Zweigen.

Ist endlich

$$p_1 = \frac{h_1}{2} \quad ,$$

d.h. $M = 0$, so liegen $\bar{M}$ und das Bild von S_1 in der Fernebene, man hat eine parabolische Römerfläche mit nur einem Zweig.

Im Falle der hyperbolischen und der parabolischen Fläche ist der Fundamentalkegelschnitt in $x_1 = 0$ eine Ellipse, die drei anderen sind Hyperbeln bzw. Parabeln.
Es sei Aufgabe, zu untersuchen, was jeweils aus den Scheiteln S_2, S_3, S_4 wird. (Bei der parabolischen Fläche liegen sie ebenfalls in der Fernebene).

278. Die Römerfläche

$$\frac{1}{h_1}\sqrt{-a_1x_1}+\frac{1}{h_2}\sqrt{-a_2x_2}+\frac{1}{h_3}\sqrt{a_3x_3}+\frac{1}{h_4}\sqrt{a_4x_4} = 0 \qquad a_i > 0 \tag{59}$$

geht aus der elliptischen durch die axiale harmonische Verwandtschaft

$$\varrho\bar{x}_1 = -x_1 \quad , \quad \varrho\bar{x}_2 = -x_2 \quad , \quad \varrho\bar{x}_3 = x_3 \quad , \quad \varrho\bar{x}_4 = x_4 \tag{60}$$

hervor mit den Achsen T_1T_2 und T_3T_4. Ihre Fluchtebene

$$-\frac{x_1}{h_1} - \frac{x_2}{h_2} + \frac{x_3}{h_3} + \frac{x_4}{h_4} = 0 \tag{61}$$

ist die Mittelebene der FT zwischen T_1T_2 und T_3T_4. Da diese Ebene die elliptische Römerfläche stets reell trifft (analytischer Beweis?) so besteht (59) stets aus zwei in R_{12} und R_{34} befindlichen Zweigen, ist also als hyperbolisch zu bezeichnen, auch wenn

$$S\,\frac{a_i}{h_i} = M = 0$$

ist.

§ 6. Weitere Formen und Erzeugungen der Römerfläche. Nr. 279–281

279. In der Dissertation von K. F. Hartung, metrische Erzeugungsarten der Steinerschen Fläche, Münster i. W. 1928, wird diese als geometrischer Ort entsprechender Punkte in gleichsinnig-kongruenten Tetraedern bestimmt, die einem beliebigen Tetraeder eingeschrieben sind. Er spezialisiert dann das Tetraeder und kommt so zu weiteren metrischen Erzeugungen der Fläche.

280. Unsere Darstellung benützte überall normale Tetraederkoordinaten. Man kann die Gleichung (20) der Nr. 263 aber auch in allgemeinen projektiven Tetraederkoordinaten deuten. Ist keine der Koordinatenebenen Fernebene, so erhält die Römerfläche im wesentlichen dieselbe Gestalt, nur die metrischen Beziehungen ändern sich. Ist aber eine der Koordinaten-

ebenen Fernebene, so ändert sich die Gestalt der Fläche, einer der Fundamentalkegelschnitte fällt ins Unendliche, die anderen werden Parabeln: die Fläche ist eine parabolische Römerfläche. Auf eine solche führt der folgende

Satz Die Steinersche Fläche ist der Ort der Punkte, deren Abstände von zwei windschiefen Geraden als Summe (Differenz) den Abstand dieser Geraden haben.

Beweis (Bild 139) Die Gleichungen der beiden windschiefen Geraden seien

$$g \begin{cases} x = a \\ z = y \tan\alpha \end{cases} \qquad (1)$$

und

$$h \begin{cases} x = -a \\ z = -y \tan\alpha \end{cases} \qquad (2)$$

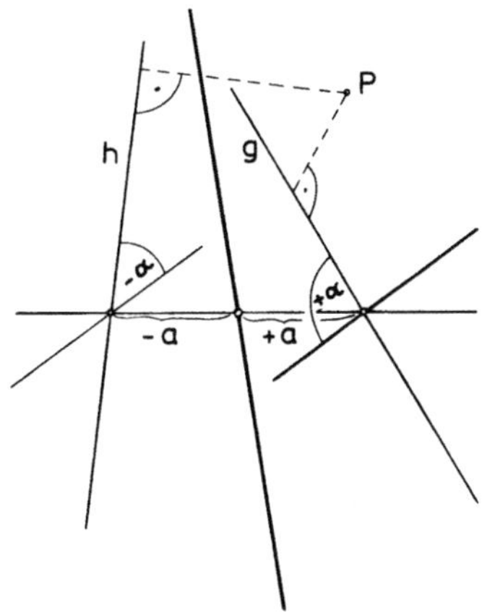

Bild 139

Die Gleichung der Ebene durch $P(x_1|y_1|z_1)$ senkrecht g ist

$$y\cos\alpha + z\sin\alpha = y_1\cos\alpha + z_1\sin\alpha \qquad (3)$$

Der Schnittpunkt mit g wird

$$a\,|\,(y_1\cos\alpha + z_1\sin\alpha)\cos\alpha\,|\,(y_1\cos\alpha + z_1\sin\alpha)\sin\alpha \qquad (4)$$

Entsprechend ist der Schnittpunkt der Ebene durch P senkrecht h mit h

$$-a\,|\,(y_1\cos\alpha - z_1\sin\alpha)\cos\alpha\,|-(y_1\cos\alpha - z_1\sin\alpha)\sin\alpha \qquad (5)$$

Die Quadrate der Abstände dieser Schnittpunkte von g und h sind

$$r^2 = (x_1 - a)^2 + (y_1\sin\alpha - z_1\cos\alpha)^2 \qquad (6)$$

und

$$s^2 = (x_1 + a)^2 + (y_1\sin\alpha + z_1\cos\alpha)^2 \qquad (7)$$

Also wird die Flächengleichung

$$\pm r \pm s = 2a \qquad (8)$$

woraus

$$y^2z^2\sin^2\alpha\cos^2\alpha + a^2(y^2\sin^2\alpha + z^2\cos^2\alpha)t^2 = 2axyz\ t\sin\alpha\cos\alpha \qquad (9)$$

Die Doppelgeraden der Fläche sind

$$y = 0 \quad , z = 0 \quad ; \quad y = 0 \quad , \quad t = 0 \quad ; \quad z = 0 \quad , \quad t = 0 \qquad (10)$$

Übt man die Kollineation $x \to at$ aus, so kommt als Flächengleichung

$$y^2z^2\sin^2\alpha\cos^2\alpha + x^2y^2\sin^2\alpha + x^2z^2\cos^2\alpha = 2axyz\ t\ \sin\alpha\cos\alpha$$

Für $\alpha = \frac{\pi}{4}$ ergibt die Affinität $2x \to x$ die Gleichung (32a) der Nr. 254.

Dies ist unsere im Endlichen gelegene Fläche, also ist (9) eine parabolische Römerfläche.

281. Wir haben in Nr. 271 festgestellt, daß die Römerfläche 3 reelle Doppelgeraden besitzt, die sich in dem dreifachen Punkte der Fläche treffen. Bezieht man die Fläche auf ein i.a. schiefwinkeliges Koordinatensystem, das den dreifachen Punkte als Ursprung und die drei Doppelgeraden als Koordinatenachsen besitzt, so sei die

Aufgabe Beweise, daß die Gleichung der Fläche in die Gestalt

$$f = A_1x_2^2x_3^2 + A_2x_3^2x_1^2 + A_3x_1^2x_2^2 - 2\,Ax_1x_2x_3x_4 = 0$$

gesetzt werden kann.

Zu den Steinerschen Flächen gehören nun aber weitere Fälle und als Grenzfälle diejenigen, bei denen die Doppelgeraden g_1, g_2, g_3 nicht reell und verschieden sind, sondern entweder

(1.) eine reell und zwei komplex konjugiert, oder

(2.) alle reell und zwei von ihnen zusammenfallend, oder

(3.) alle drei reell und zusammenfallend sind.

Ihre Gleichungen, auf deren Herleitung wir nicht eingehen können lauten

$$(1.)\quad A(x_1^2 + x_2^2)^2 + (Bx_1^2 + Cx_2^2)x_3^2 + (x_1^2 + x_2^2)x_3x_4 = 0$$

$$(2.)\quad Ax_1^2x_2^2 + Bx_3^4 + x_1x_3^2x_4 = 0$$

$$(3.)\quad A(x_1^2 - x_2x_3)^2 + x_3^3x_4 = 0$$

Bild 114 c in Nr. 197 stellt ein Bild von (3.) vor, wenn man x_3 und x_4 vertauscht.

§ 7. Nochmals die Fläche 3. Ordnung mit vier Doppelpunkten. Nr. 282

282. Wir kehren nochmals zurück zu der nun verallgemeinerten Fläche 3. Ordnung (14') der Nr. 268 mit 4 Knotenpunkten in den Koordinatenecken.

$$\frac{a_1}{h_1x_1} + \frac{a_2}{h_2x_2} + \frac{a_3}{h_3x_3} + \frac{a_4}{h_4x_4} = 0 \tag{1}$$

oder

$$\frac{a_1}{h_1}x_2x_3x_4 + \frac{a_2}{h_2}x_3x_1x_4 + \frac{a_3}{h_3}x_1x_2x_4 + \frac{a_4}{h_4}x_1x_2x_3 = 0 \tag{2}$$

Sie hat die 6 Kanten des FT als Geraden und außerdem, wie der Ansatz

$$\begin{matrix} x_1 = \alpha x_3 + \beta x_4 \\ x_2 = \gamma x_3 + \delta x_4 \end{matrix} \quad \text{bzw.} \quad \begin{matrix} x_1 = \alpha x_2 \\ x_3 = \beta x_4 \end{matrix}$$

liefert, noch die 3 Geraden

$$\left\{\begin{matrix} \frac{h_1x_1}{a_1} + \frac{h_4x_4}{a_4} = 0 \\ \frac{h_2x_2}{a_2} + \frac{h_3x_3}{a_3} = 0 \end{matrix}\right\} \quad \left\{\begin{matrix} \frac{h_2x_2}{a_2} + \frac{h_4x_4}{a_4} = 0 \\ \frac{h_3x_3}{a_3} + \frac{h_1x_1}{a_1} = 0 \end{matrix}\right\} \quad \left\{\begin{matrix} \frac{h_3x_3}{a_3} + \frac{h_4x_4}{a_4} = 0 \\ \frac{h_1x_1}{a_1} + \frac{h_2x_2}{a_2} = 0 \end{matrix}\right\} \tag{3}$$

die in der Ebene

$$\frac{h_1x_1}{a_1} + \frac{h_2x_2}{a_2} + \frac{h_3x_3}{a_3} + \frac{h_4x_4}{a_4} = 0 \tag{4}$$

liegen. Nur wenn

$$\frac{h_1^2}{a_1} = \frac{h_2^2}{a_2} = \frac{h_3^2}{a_3} = \frac{h_4^2}{a_4}$$

ist, fällt diese mit der Fernebene zusammen. Die Ebene (4) ist die Polarebene des Punktes

$$M\left(\frac{h_1^2}{a_1} \middle| \frac{h_2^2}{a_2} \middle| \frac{h_3^2}{a_3} \middle| \frac{h_4^2}{a_4}\right)$$

in bezug auf das FT, die Geraden (3) treffen je zwei Gegenkanten des FT. Ihre Schnittpunkte sind

$$\frac{a_1}{h_1} \Big| -\frac{a_2}{h_2} \Big| -\frac{a_3}{h_3} \Big| \frac{a_4}{h_4} \;;\; -\frac{a_1}{h_1} \Big| \frac{a_2}{h_2} \Big| -\frac{a_3}{h_3} \Big| \frac{a_4}{h_4} \;;\; -\frac{a_1}{h_1} \Big| -\frac{a_2}{h_2} \Big| \frac{a_3}{h_3} \Big| \frac{a_4}{h_4}$$

Nimmt man als Bezugstetraeder das der Nr. 251 (Bild 132), so ist $h_1 = h_2 = h_3 = h_4$ und mit den Gleichungen (4) der Nr. 251 kommt als Cartesische Flächengleichung

$$\left\{(a_3 + a_2)\frac{x-a}{a} - (a_3 - a_2)\frac{y}{b}\right\}\left\{\frac{(x+a)^2}{a^2} - \frac{z^2}{b^2}\right\} - \\ - \left\{(a_1 + a_4)\frac{x+a}{a} - (a_1 - a_4)\frac{z}{b}\right\}\left\{\frac{(x-a)^2}{a^2} - \frac{y^2}{b^2}\right\} = 0 \tag{6}$$

<u>Aufgaben</u> Die Fläche der Nr. 251 ergibt sich für $a_1|a_2|a_3|a_4$ = $1|1|1|1$, eine der jetzigen Art z.B. für $a_1|a_2|a_3|a_4$ = $-1|-1|+1|+1$ in der Form

$$\frac{y^2}{x-a} + \frac{z^2}{x+a} = \frac{2b^2}{a^2}\,x \quad , \qquad (7_1)$$

für $a_1|a_2|a_3|a_4$ = $-1|+1|-1|+1$ in der Form

$$\frac{y}{b}\left\{\frac{(x+a)^2}{a^2} - \frac{z^2}{b^2}\right\} = \frac{z}{b}\left\{\frac{(x-a)^2}{a^2} - \frac{y^2}{b^2}\right\} \qquad (7_2)$$

für $a_1|a_2|a_3|a_4$ = $-1|+1|+1|+1$ in der Form

$$\frac{y}{b}\left\{\frac{(x+a)^2}{a^2} - \frac{z^2}{b^2}\right\} = \frac{x+a}{a}\left\{\frac{(x-a)^2}{a^2} - \frac{y^2}{b^2}\right\} \qquad (7_3)$$

Bestimme die Flächen (7_1) bis (7_3) und dazu noch die Flächen

$$\frac{y^2}{a-x} + \frac{z^2}{a+x} = \frac{2b^2}{a^2}\,x \qquad (7_4)$$

$$\frac{y}{b}\left\{\left(\frac{x+a}{a}\right)^2 + \frac{z^2}{b^2}\right\} = \frac{z}{b}\left\{\frac{(x-a)^2}{a^2} - \frac{y^2}{b^2}\right\} \qquad (7_5)$$

$$\frac{y}{b}\left\{\frac{(x+a)^2}{a^2} + \frac{z^2}{b^2}\right\} = \frac{z}{b}\left\{\frac{(x-a)^2}{a^2} + \frac{y^2}{b^2}\right\} \qquad (7_6)$$

$$\frac{y}{b}\left\{\frac{(x+a)^2}{a^2} + \frac{z^2}{b^2}\right\} = \frac{x+a}{a}\left\{\frac{(x-a)^2}{a^2} - \frac{y^2}{b^2}\right\} \qquad (7_7)$$

$$\frac{y}{b}\left\{\frac{(x+a)^2}{a^2} + \frac{z^2}{b^2}\right\} = \frac{x+a}{a}\left\{\frac{(x-a)^2}{a^2} + \frac{y^2}{b^2}\right\} \qquad (7_8)$$

9. Abschnitt. Fußpunktsflächen und inverse Flächen

§ 1. Fußpunktsflächen der Flächen 2. Ordnung und einiger Flächen höheren Grades. Nr. 283–286

283. In Nr. 223 haben wir festgestellt, daß eine Zyklide, d.h. eine Fläche, die den absoluten Kreis als Doppelkurve enthält, und die überdies einen Doppelpunkt hat, als inverse oder auch als Fußpunktsfläche einer Fläche 2. Ordnung erzeugbar ist. Mit diesem Spezialfall einer Zyklide wollen wir uns noch kurz beschäftigen. Wir gehen so vor wie im KB Nr. 267 und bestimmen zunächst die Fußpunktsfläche einer beliebigen Fläche in bezug auf den Ursprung, deren Klassengleichung in nichthomogenen Koordinaten $u|v|w$

$$F(u|v|w) = 0 \qquad (1)$$

sei. Nun ist

$$ux + vy + wz + 1 = 0 \qquad (2)$$

die Bedingung, daß der Punkt $x|y|z$ auf der Berührebene $u|v|w$ von (1) liegt. Die Bedingung, daß $x|y|z$ auf dem Lot vom Ursprung auf die Ebene (2) liegt, lautet

$$\frac{x}{u} = \frac{y}{v} = \frac{z}{w} \qquad (3)$$

Die Gleichung der Fußpunktsfläche ergibt sich durch Elimination von $u|v|w$ aus (1) bis (3). Aus (2) und (3) folgt

$$u = -\frac{x}{x^2 + y^2 + z^2}\,,\quad v = -\frac{y}{x^2 + y^2 + z^2}\,,\quad w = -\frac{z}{x^2+y^2+z^2} \qquad (4)$$

Also die gesuchte Gleichung

$$F\left(-\frac{x}{x^2 + y^2 + z^2}\,\middle|\,-\frac{y}{x^2 + y^2 + z^2}\,\middle|\,-\frac{z}{x^2 + y^2 + z^2}\right) = 0 \qquad (5)$$

Nun sind nach Nr. 214 die Gleichungen der Inversion mit Potenz p in bezug auf den Ursprung O

$$\bar{x} = \frac{p\,x}{x^2+y^2+z^2} \qquad \bar{y} = \frac{p\,y}{x^2+y^2+z^2} \qquad \bar{z} = \frac{p\,z}{x^2+y^2+z^2} \qquad (6)$$

Mit $p = 1$ (!) folgt aus (5)

$$F(\bar{x}|\bar{y}|\bar{z}) = 0 \qquad (7)$$

Das ist die Gleichung der zur Fußpunktsfläche in bezug auf den Ursprung inversen Fläche. Sie ist die sogenannte Reziprokalfläche zur Fläche (1) (vergleiche Nr. 223).

284. Nun stelle die Gleichung (1) der Nr. 283 eine beliebige Fläche 2. Klasse dar. R. Müller und U. Graf haben in den Monatsheften für Mathematik und Physik in der Abhandlung
Die Fußpunktsfläche des Strahlenparaboloids, Band 41, 1934, S. 43 - 57, Zykliden als Fußpunktsflächen, Band 44, 1936, S. 43 - 57, Die Fußpunktszykliden der linearen Strahlenkongruenz, Band 47, 1938, S. 13 - 26
diesen Fall ausführlich dargestellt. Leider würde eine Wiedergabe den Umfang unseres Buches sprengen.
Es genüge folgendes:
Da es auf eine Drehung des Koordinatensystems nicht ankommt, kann man die Ordnungsgleichung der Fläche (1) in der Gestalt

$$Ax^2 + By^2 + Cz^2 + 2Dx + 2Ey + 2Fz + G = 0 \tag{8}$$

annehmen. Die Bestimmung der Gleichung (5) sei Aufgabe. Wir beschränken uns auf die zwei Fälle

$$Ax^2 + By^2 + Cz^2 = 1 \tag{9_1}$$

und

$$By^2 + Cz^2 - 2x = 0 \tag{9_2}$$

mit den Klassengleichungen

$$\frac{u^2}{A} + \frac{v^2}{B} + \frac{w^2}{C} = 1 \tag{10_1}$$

und

$$\frac{v^2}{B} + \frac{w^2}{C} - 2u = 0 \tag{10_2}$$

Die Fußpunktsflächen sind also

$$(x^2 + y^2 + z^2)^2 = \frac{x^2}{A} + \frac{y^2}{B} + \frac{z^2}{C} \tag{11_1}$$

und

$$2x(x^2 + y^2 + z^2) + \frac{y^2}{B} + \frac{z^2}{C} = 0 \tag{11_2}$$

Ihre Diskussion sei Aufgabe.

285. Nach Nr. 29 ist die Klassengleichung des Plückerschen Konoids

$$\frac{u^2}{v^2} = \frac{hw + 1}{hw - 1} \tag{12}$$

Seine Fußpunktsfläche in bezug auf den Ursprung ist also

$$(x^2 + y^2)(x^2 + y^2 + z^2) + hz(x^2 - y^2) = 0 \tag{13}$$

<u>Aufgaben</u> Bestimme von weiteren der bisher aufgetretenen speziellen Flächen die Fußpunktsflächen, z.B. von Nr. 144 (15) Nr. 171 (III_1), Nr. 185 (VI), Nr. 198 (33) (Fresnelsche Fläche) und Nr. 268 (14) (Römerfläche).

286. Die "Fußpunktstransformation" der Nr. 283 ist wie die entsprechende Transformation in der Ebene (KB Nr. 268) eine <u>Berührungstransformation</u>, d.h. sich berührende Flächen gehen durch sie in sich berührende Flächen über.
Ist nämlich $P(x|y|z)$ ein Punkt der gegebenen Fläche, deren Ordnungsgleichung wir in der Gestalt (1) $z = f(x|y)$ annehmen, wobei wir noch die Abkürzungen

$$\frac{\partial z}{\partial x} = p, \quad \frac{\partial z}{\partial y} = q, \quad \frac{\partial^2 z}{\partial x^2} = r, \quad \frac{\partial^2 z}{\partial x \partial y} = s, \quad \frac{\partial^2 z}{\partial y^2} = t \tag{2}$$

einführen, so hat die Berührebene in P an die Fläche die Gleichung

$$Z - z = p(X - x) + q(Y - y) \tag{3}$$

Das Ursprungslot auf sie ist

$$\frac{X}{p} = \frac{Y}{q} = \frac{Z}{-1} \tag{4}$$

und damit bekommt der Punkt $\overline{P}(\overline{x}|\overline{y}|\overline{z})$ der <u>Fußpunktsfläche</u> die Koordinaten

$$\overline{x} = Bp \quad , \quad \overline{y} = Bq \quad , \quad \overline{z} = -B \quad \text{wo} \quad B = \frac{px + py - z}{p^2 + q^2 + 1} \tag{5}$$

ist. Betrachtet man nun x und y als Parameter der Fußpunktsfläche, so wird

$$\begin{aligned} \frac{\partial \overline{x}}{\partial x} &= Br + \frac{\partial B}{\partial x} p \quad , \quad \frac{\partial \overline{y}}{\partial x} = Bs + \frac{\partial B}{\partial x} q \quad , \quad \frac{\partial \overline{z}}{\partial x} = -\frac{\partial B}{\partial x} \\ \frac{\partial \overline{x}}{\partial y} &= Bs + \frac{\partial B}{\partial y} p \quad , \quad \frac{\partial \overline{y}}{\partial y} = Bt + \frac{\partial B}{\partial y} q \quad , \quad \frac{\partial \overline{z}}{\partial y} = -\frac{\partial B}{\partial y} \end{aligned} \tag{6}$$

Die Richtungskosinusse der Flächennormalen der Fußpunktsfläche werden

$$\left.\begin{aligned} \frac{\partial \overline{y}}{\partial x}\frac{\partial \overline{z}}{\partial y} - \frac{\partial \overline{y}}{\partial y}\frac{\partial \overline{z}}{\partial x} &= \varrho\{(p^2 + q^2 + 1)x - 2(px+qy-z)p\} = \varrho U \\ \frac{\partial \overline{z}}{\partial x}\frac{\partial \overline{x}}{\partial y} - \frac{\partial \overline{x}}{\partial x}\frac{\partial \overline{z}}{\partial y} &= \varrho\{(p^2 + q^2 + 1)y - 2(px+qy-z)q\} = \varrho V \\ \frac{\partial \overline{x}}{\partial x}\frac{\partial \overline{y}}{\partial y} - \frac{\partial \overline{x}}{\partial y}\frac{\partial \overline{y}}{\partial x} &= \varrho\{(p^2 + q^2 + 1)z + 2(px+qy-z)\} = \varrho W \end{aligned}\right\} \tag{7}$$

Die Gleichung der Berührebene der Fußpunktsfläche im Punkt $\bar{x}|\bar{y}|\bar{z}$ wird also

$$U(X - \bar{x}) + V(Y - \bar{y}) + W(Z - \bar{z}) = 0 \tag{8}$$

Andererseits ist diese aber

$$Z - \bar{z} = \frac{\partial\bar{z}}{\partial\bar{x}}(X - \bar{x}) + \frac{\partial\bar{z}}{\partial\bar{y}}(Y - \bar{y}) \quad , \tag{9}$$

so daß

$$\frac{\partial\bar{z}}{\partial\bar{x}} = \frac{2(px + qy - z)p - (p^2 + q^2 + 1)x}{2(px + qy - z) + (p^2 + q^2 + 1)z} \tag{10}$$

$$\frac{\partial\bar{z}}{\partial\bar{y}} = \frac{2(px + qy - z)q - (p^2 + q^2 + 1)y}{2(px + qy - z) + (p^2 + q^2 + 1)z}$$

wird und in $\frac{\partial\bar{z}}{\partial\bar{x}}$ und $\frac{\partial\bar{z}}{\partial\bar{y}}$ nur die ersten Ableitungen $\frac{\partial z}{\partial x}$, $\frac{\partial z}{\partial y}$, nicht aber die zweiten Ableitungen

$$\frac{\partial^2 z}{\partial x^2}, \frac{\partial^2 z}{\partial x \partial y}, \frac{\partial^2 z}{\partial y^2}$$

auftreten.

Andererseits hat die Kugel über $\overline{OP}$ als Durchmesser die Gleichung

$$X^2 + Y^2 + Z^2 - xX - yY - zZ = 0 \quad , \tag{11}$$

ihre Berührebene im Punkt $\bar{x}|\bar{y}|\bar{z}$, der auf ihr liegt, die Gleichung

$$\bar{x}X + \bar{y}Y + \bar{z}Z - \frac{x}{2}(X + \bar{x}) - \frac{y}{2}(Y + \bar{y}) - \frac{z}{2}(Z + \bar{z}) = 0$$

oder

$$(2\bar{x} - x)X + (2\bar{y} - y)Y + (2\bar{z} - z)Z - x\,\bar{x} - y\,\bar{y} - z\,\bar{z} = 0 \tag{12}$$

Diese Gleichung stimmt aber, wie man sofort nachrechnet, mit (9) überein. Damit ist die Berührebene der Fußpunktsfläche auch geometrisch ermittelt. Alle Flächen mit gleichen x, y, z, p, q erzeugen Flächen mit gleichen $\bar{x}$, $\bar{y}$, $\bar{z}$, $\bar{p}$, $\bar{q}$, die Berührung ist invariant.

§ 2. Inverse Flächen der Flächen 2. Ordnung. Nr. 287

287. Die in bezug auf den Ursprung als Inversionszentrum mit Potenz p inversen Flächen der Flächen (9_1) und (9_2) der Nr. 284 sind

$$(x^2 + y^2 + z^2)^2 = p^2(Ax^2 + By^2 + Cz^2) \tag{14_1}$$

und

$$2x(x^2 + y^2 + z^2) - p(By^2 + Cz^2) = 0 \tag{14_2}$$

Setzt man hier A', B', C' anstelle von A, B, C, so sind die Flächen kongruent mit den Flächen in Nr. 284 für

$$AA' = BB' = CC' = \frac{1}{p^2} \qquad (2_1)$$

bzw.

$$BB' = CC' = -\frac{1}{p} \qquad (2_2)$$

Aufgaben Bestimme in den Aufgaben der Nr. 285 statt der Fußpunktsfläche die inverse Fläche.

§ 3. Negative Fußpunktsflächen. Nr. 288

288. Gegeben sei die Fläche

$$f(x|y|z) = 0 \qquad (1)$$

Verbindet man den Flächenpunkt $P(x|y|z)$ mit dem Ursprung O als Zentrum und errichtet auf OP in P die senkrechte Ebene, so umhüllen die Ebene die negative Fußpunktsfläche von $f(x|y|z) = 0$. Die Gleichung der Lotebene in $P(x|y|z)$ auf OP lautet

$$xX + yY + zZ = x^2 + y^2 + z^2 \qquad (2)$$

Sind x und y die unabhängigen Veränderlichen, so gelten einerseits die Gleichungen

$$\frac{\partial f}{\partial x} + \frac{\partial f}{\partial z}\frac{\partial z}{\partial x} = 0 \quad , \quad \frac{\partial f}{\partial y} + \frac{\partial f}{\partial z}\frac{\partial z}{\partial y} = 0 \qquad (3)$$

andererseits nach (2)

$$X - 2x + (Z - 2z)\frac{\partial z}{\partial x} = 0 \quad , \quad Y - 2y + \frac{\partial z}{\partial y}(Z - 2z) = 0 \qquad (4)$$

Aus (3) und (4) kommt

$$\frac{X - 2x}{\frac{\partial f}{\partial x}} = \frac{Y - 2y}{\frac{\partial f}{\partial y}} = \frac{Z - 2z}{\frac{\partial f}{\partial z}} \qquad (5)$$

Aus (2) und (5) folgt die Parameterdarstellung

$$\left.\begin{array}{l} X = 2x - D\frac{\partial f}{\partial x} \quad , \quad Y = 2y - D\frac{\partial f}{\partial y} \quad , \quad Z = 2z - D\frac{\partial f}{\partial z} \\ D = \dfrac{x^2 + y^2 + z^2}{x\frac{\partial f}{\partial x} + y\frac{\partial f}{\partial y} + z\frac{\partial f}{\partial z}} \quad , \quad f(x|y|z) = 0 \end{array}\right\} \qquad (6)$$

Beispiel Für die Mittelpunktsfläche 2. Ordnung

$$f(x|y|z) \equiv Ax^2 + By^2 + Cz^2 - 1 = 0 \quad ^{1)} \qquad (7)$$

1) Siehe Anmerkung nächste Seite.

ergibt sich

$$\left.\begin{aligned} X &= \{2 - A(x^2+y^2+z^2)\}\,x\,, \\ Y &= \{2 - B(x^2+y^2+z^2)\}\,y\,, \\ Z &= \{2 - C(x^2+y^2+z^2)\}\,z\,. \end{aligned}\right\} \tag{8}$$

Setzt man

$$x^2 + y^2 + z^2 = \sigma \tag{9}$$

so kommt

$$x = \frac{X}{2 - A\sigma}\,, \quad y = \frac{Y}{2 - B\sigma}\,, \quad z = \frac{Z}{2 - C\sigma} \tag{10}$$

und daraus wegen (2) und (7)

$$\frac{X^2}{2 - A\sigma} + \frac{Y^2}{2 - B\sigma} + \frac{Z^2}{2 - C\sigma} = \sigma \tag{11}$$

$$\frac{AX^2}{(2 - A\sigma)^2} + \frac{BY^2}{(2 - B\sigma)^2} + \frac{CZ^2}{(2 - C\sigma)^2} = 1 \tag{12}$$

Die gesuchte Fläche ergibt sich aus (11) und (12) durch Elimination von σ. Da aber (12) die Ableitung von (11) nach σ ist, so erhält man die Flächengleichung durch Nullsetzen der Diskriminante der Gleichung 4. Grades (11) in σ oder auch der Gleichung

$$\begin{aligned} &ABC\sigma^4 - 2(BC + CA + AB)\sigma^3 + \{BCX^2 + CAY^2 + ABZ^2 + \\ &+ 4(A + B + C)\}\sigma^2 - 2\{(B + C)X^2 + (C + A)Y^2 + \\ &+ (A + B)Z^2 + 4\}\sigma + 4(X^2 + Y^2 + Z^2) = 0 \end{aligned} \tag{13}$$

Bildet man die Diskriminante von (13) nach KB Nr. 74, so erkennt man, daß sie in $X|Y|Z$ vom 10. Grade ist. Die Fläche ist also von der 10. Ordnung. Mit $Z = 0$ (und $C = 0$) erhält man entsprechend die Gleichung der Kurve von Talbot durch Nullsetzen der Diskriminante von

$$AB\sigma^3 - 2(A+B)\sigma^2 + (BX^2 + AY^2 - 4)\sigma - 2(X^2 + Y^2) = 0 \tag{14}$$

---

1) Vergleiche dazu A. Cayley, sur la surface qui est l'enveloppe des plans conduits par les points d'un ellipsoide perpendiculairement aux rayons menés par le centre. Coll. Math. Papers IV, 1891, Nr. 250, wo mehr über die Fläche zu finden ist. Sie ist die räumliche Verallgemeinerung der Kurve von Talbot (KB Nr. 215).

Aufgaben Bestimme die negative Fußpunktsfläche von

1. $By^2 + Cz^2 - 2x = 0$
2. $(x^2 + y^2 + z^2)^2 = \frac{x^2}{A} + \frac{y^2}{B} + \frac{z^2}{C}$
3. $2x(x^2 + y^2 + z^2) + \frac{y^2}{B} + \frac{z^2}{C} = 0$

sowie von den Flächen in den Aufgaben der Nr. 285.

§ 4. Die Inversion. Nr. 289 und 290

289. Emil Müller (1861 - 1927), der Wiener Meister der Darstellenden Geometrie hat in der Abhandlung

E. Müller, Die axiale Inversion, Jahresbericht der Deutschen Math. Ver. 25, 1916, Seite 209 - 281

die axialen Punkttransformationen betrachtet. In jeder Ebene parallel zur xy-Ebene wird in Polarkoordinaten $r|\varphi$ die Punkttransformation $\bar{r} = f(r)$, $\bar{\varphi} = \varphi$ ausgeübt. In räumlichen rechtwinkligen Koordinaten lautet diese axiale Punkttransformation dann

$$\bar{x} = \frac{f(\sqrt{x^2 + y^2})}{\sqrt{x^2 + y^2}}\, x \quad , \quad \bar{y} = \frac{f(\sqrt{x^2 + y^2})}{\sqrt{x^2 + y^2}}\, y \quad , \quad \bar{z} = z \tag{1}$$

$f(r) = cr$ gibt eine axiale Kollineation, $f(r) = \frac{p}{r}$ die von E. Müller eingehend untersuchte axiale Inversion

$$\bar{x} = \frac{px}{x^2 + y^2} \quad , \quad \bar{y} = \frac{py}{x^2 + y^2} \quad , \quad \bar{z} = z \tag{2}$$

Die zu einer Geraden, deren Gleichung man in der Form

$$x = a\lambda \quad , \quad y = a \quad , \quad z = ma\lambda \tag{3}$$

annehmen kann (warum?) axial inverse Kurve ist der kubische Kreis

$$\bar{x} = \frac{a\lambda}{1 + \lambda^2} \quad , \quad \bar{y} = \frac{a}{1 + \lambda^2} \quad , \quad \bar{z} = ma\lambda \tag{$\bar{3}$}$$

(vergleiche Nr. 51, wo $b_2 = a$, $a_3 = ma$ und $\frac{1}{\lambda}$ statt λ zu setzen ist). Die zu einer Ebene deren Gleichung man stets in der Form

$$z = mx \tag{4}$$

annehmen kann, axialinverse Fläche ist die Fläche

$$(x^2 + y^2)z = mpx \quad , \tag{$\bar{4}$}$$

deren Untersuchung Aufgabe sei.

Wegen der geometrischen Eigenschaften von (2) muß auf die Müllersche Abhandlung verwiesen werden.

Aufgaben Bestimme die zu

1. $Ax^2 + By^2 + Cz^2 = 1$,

2. $\frac{x^2}{A} + \frac{y^2}{B} - 2z = 0$

3. $\frac{y^2}{B} + \frac{z^2}{C} - 2x = 0$

axialinversen Flächen.

290. L. Eckhart (Sitzungsbericht der Wiener Akademie 131, 1922, Seite 417 - 427) und W. Wunderlich (Monatshefte für Mathematik 67, 1963, Seite 145 - 162) haben die zur axialen Punktverwandtschaft duale axiale Ebenenverwandtschaft untersucht. Eckhart ist dabei auf die Fläche

$$\frac{x^2}{a^2 - z^2} - \frac{y^2}{z^2} = 1 \qquad (5)$$

4. Ordnung und 4. Klasse gestoßen und weiter auf folgende Grenzform der Steinerfläche, die Fläche 4. Ordnung und 3. Klasse

$$z^2(z^2 - 4ax) = 4a^2y^2 \qquad (6)$$

Wir kommen auf sie in Nr. 308 zurück.

Aufgabe Untersuche die Flächen (5) und (6).

10. Abschnitt. Räumliche Cremonatransformationen

§ 1. Allgemeines. Nr. 291–293

291. Im 8. Kapitel des KB haben wir die ebenen ein-eindeutigen quadratischen Punktverwandtschaften behandelt. Sie sind der einfachste Fall der von Luigi Cremona (1830 - 1903) entdeckten nichtlinearen ein-eindeutigen Verwandtschaften der Ebene und des Raumes. Er hat sie alle bestimmt. [1)]
Max Noether (1844 - 1921) bewies, daß die ebenen sich alle, so hoch auch ihr Grad sein mag, aus den quadratischen Verwandtschaften zusammensetzen lassen. Überdies gilt: Ist eine ebene Cremonasche Verwandtschaft vom Grade n, so ist es auch die inverse. Beides gilt im Raum nicht mehr (Das letztere nicht allgemein).
Ist eine räumliche ein-eindeutige Punktverwandtschaft $x \to \bar{x}$

$$\varrho\bar{x}_i = \varphi_i(x_1x_2x_3x_4) \qquad i = 1,2,3,4 \tag{1}$$

vom n. Grade, d.h. sind die φ_i homogene Formen n. Grades in den x_i, und ist ihre inverse $\bar{x} \to x$

$$\varrho x_i = \bar{\varphi}_i(\bar{x}_1,\bar{x}_2,\bar{x}_3,\bar{x}_4) \tag{$\bar{1}$}$$

vom $\bar{n}$. Grade, so ist $\bar{n} = n$ oder auch $\neq n$, wobei wir stets annehmen können, daß $\bar{n} \geq n$ ist. Wir sprechen von einer Verwandtschaft $(n,\bar{n})$ und beschränken uns später auf die Fälle $(2,\bar{n})$. •(3,3).

292. Bei der Verwandtschaft (1) entsprechen dem sogenannten Flächengebüsch

$$\sum_{i=1}^{4} \bar{X}_i\varphi_i(x) = 0 \tag{2}$$

des Gebüschraumes R der Punkte x die Ebenen

$$\sum_{i=1}^{4} \bar{X}_i x_i = 0 \tag{3}$$

---

1) Die umfassende Darstellung findet sich bei Hilda P. Hudson, Cremona transformations in plane and space, Cambridge, 1927, eine sehr ausführliche bei R. Sturm, Die Lehre von den geometrischen Verwandtschaften, 4. Band, 11. Teil, Leipzig 1909 und in der Enzyklopädie der mathematischen Wissenschaft, Band III_2, Heft 12: L. Berzolari, algebraische Transformationen und Korrespondenzen.
Diese Darstellungen gegenüber müssen wir uns aufs äußerste beschränken.

des Ebenenraumes $\bar{R}$ der Punkte $\bar{x}$. Den Punkten x von R entsprechen eindeutig die Punkte $\bar{x}$ von $\bar{R}$ und umgekehrt.
Nun haben drei Ebenen

$$\sum_{i=1}^{4} \bar{A}_i\bar{x}_i = 0 \quad , \quad \sum_{i=1}^{4} \bar{B}_i\bar{x}_i = 0 \quad , \quad \sum_{i=1}^{4} \bar{C}_i\bar{x}_i = 0 \tag{4}$$

einen Punkt $\bar{x}$ gemein, also können auch die entsprechenden Flächen

$$\sum_{i=1}^{4} \bar{A}_i\varphi_i(x) = 0 \quad , \quad \sum_{i=1}^{4} \bar{B}_i\varphi_i(x) = 0 \quad , \quad \sum_{i=1}^{4} \bar{C}_i\varphi_i(x) = 0 \tag{5}$$

des Gebüsches nur <u>einen</u> "beweglichen" d.h. von den $\bar{A}_i$, $\bar{B}_i$, $\bar{C}_i$ abhängigen Punkt x gemein haben. Da sie aber insgesamt n^3 Punkte gemein haben, so müssen $n^3 - 1$ unter ihnen fest sein. Dabei können einige von diesen durchaus noch unendlich viele andere bestimmen, so daß die Flächen des Gebüsches außer Punkten noch Kurven gemein haben. Das System ω ihrer festen gemeinsamen Elemente heißt das <u>erste Fundamentalsystem der Cremonatransformation</u>, die einzelnen

$$\varphi_i(x) = 0 \qquad i = 1,2,3,4 \tag{6}$$

ihre <u>erste Basis</u>. Durch eine <u>lineare</u> Transformation

$$\breve{\varphi}_i(x) = \sum_{k=1}^{4} \lambda_{ik}\varphi_k(x) \qquad i = 1,2,3,4 \quad |\lambda_{ik}| \neq 0 \tag{7}$$

kann stets eine andere Basis eingeführt werden. Entsprechend bilden die

$$\bar{\varphi}_i(\bar{x}) = 0 \tag{$\bar{6}$}$$

die zweite Basis und das System der gemeinsamen Elemente der Flächen

$$\sum_{i=1}^{4} A_i\bar{\varphi}_i(\bar{x}) = 0 \tag{$\bar{5}$}$$

das <u>zweite Fundamentalsystem $\bar{\omega}$ der Cremonatransformation.</u>

293. Zwei Flächen

$$\sum_{i=1}^{4} \bar{A}_i\varphi_i(x) = 0 \quad , \quad \sum_{i=1}^{4} \bar{B}_i\varphi_i(x) = 0 \tag{8}$$

haben das erste Fundamentalsystem ω und dazu ein veränderliches Restsystem ψ gemeinsam. Diesem letzteren allein ist die Gerade $\bar{T}$

$$\sum_{i=1}^{4} \bar{A}_i\bar{x}_i = 0 \quad , \quad \sum_{i=1}^{4} \bar{B}_i\bar{x}_i = 0 \tag{9}$$

der Bildpunkte zugeordnet. l trifft die Ebene

$$\sum_{i=1}^{4} \bar{c}_i \bar{x}_i = 0 \tag{10}$$

in <u>einem</u> Punkt, dessen Bild der einzige frei veränderliche Schnittpunkt der Kurve (8) mit der Fläche

$$\sum_{i=1}^{4} \bar{c}_i \varphi_i(x) = 0 \tag{11}$$

ist. Ihre übrigen Schnittpunkte sind entweder fest oder laufen auf ω.

Sei m der Gesamtgrad des Systems ω (wobei jede mehrfache Kurve oder Berührkurve in der notwendigen Vielfachheit gezählt ist). Dann ist der Grad von ψ gleich $n^2 - m$. Dieser Grad ist gleich der Anzahl der Schnittpunkte von ψ mit einer allgemeinen Ebene

$$\sum_{i=1}^{4} A_i x_i = 0 \quad , \tag{12}$$

also auch der Schnittpunkte der Geraden l mit der Fläche

$$\sum_{i=1}^{4} A_i \bar{\varphi}_i(\bar{x}) = 0 \quad , \tag{13}$$

d.h. es ist

$$n^2 - m = n' \tag{14}$$

gleich dem Grad n' des zweiten Netzes. Entsprechend ist

$$n'^2 - m' = n \quad , \tag{15}$$

wo m' der Grad des 2. Fundamentalsystems der Cremonatransformation ist. Aus (14) und (15) folgt

$$n^2 - n' = m \quad , \tag{16}$$

$$n'^2 - n = m' \tag{17}$$

und weiter

$$\sqrt{n} \leqq n' \leqq n^2 \tag{18}$$

Ist n = 1, so kommt n' = 1. Ist aber n = 2, so kommt n' = 2,3 oder 4, m' = 2,1,0. Ist aber n = 3, so wird n' = 2, ..., 9, m' = 7, ..., 0.

---

1) Dieser Beweis setzt die Theorie der allgemeinen ebenen Cremonatransformationen voraus, s. R. Sturm, a.a.O., § 134

§ 2. Die Cremonaverwandtschaften $(2, \bar{n})$, $\bar{n} = 2, 3, 4$. Nr. 294–297

294. Als Beispiele behandeln wir zunächst, ohne deren Vollständigkeit zu beweisen [1], die 3 möglichen Fälle, wenn $n = 2$ ist. Es handelt sich dann um ein Flächengebüsch 2. Ordnung G_2. Eine Fläche 2. Ordnung ist durch 9 Punkte, ein G_2 also durch 6 feste Punkte bestimmt. Bei unseren 3 Fällen kommen diese 6 Punkte in folgender Verteilung vor.

1. Fall $n = 2$, $\bar{n} = 2$.

5 der Punkte liegen in einer Ebene, bestimmen also einen Kegelschnitt, durch den alle Flächen von G_2 gehen müssen, der 6. feste Punkt liegt außerhalb der Ebene.

2. Fall $n = 2$, $\bar{n} = 3$.

3 der Punkte liegen in einer Geraden, durch die alle Flächen von G_2 gehen, die anderen 3 Punkte liegen außerhalb der Geraden und bestimmen eine Ebene.

3. Fall $n = 2$, $\bar{n} = 4$.

3 der festen Punkte fallen in einen zusammen und bestimmen eine Ebene durch diesen, die alle Flächen von G_2 berühren müssen. Die 3 anderen Punkte liegen außerhalb dieser Ebene und bestimmen selbst eine zweite Ebene.

295. 1. Fall $n = 2$, $\bar{n} = 2$.

Wir legen den Kegelschnitt in die Ebene $x_4 = 0$ und bestimmen ihn mittels des Kegels 2. Grades $F_2(x_1|x_2|x_3) = 0$ mit der Spitze $0|0|0|1$, die der letzte feste Punkt sei, durch den alle Flächen des G_2 gehen müssen. Dann hat G_2 die Gleichung

$$\bar{A}_1x_1x_4 + \bar{A}_2x_2x_4 + \bar{A}_3x_3x_4 + \bar{A}_4F_2(x_1|x_2|x_3) = 0 \quad (1)$$

Die Transformationsgleichungen lauten

$$\varrho\bar{x}_1 = x_1x_4\ ,\ \varrho\bar{x}_2 = x_2x_4\ ,\ \varrho\bar{x}_3 = x_3x_4\ ,\ \varrho\bar{x}_4 = F_2(x_1|x_2|x_3) \quad (2)$$

Daraus folgt

$$\varrho^2F_2(\bar{x}_1|\bar{x}_2|\bar{x}_3) = x_4^2F_2(x_1|x_2|x_3) \quad (3)$$

$$\frac{1}{\varrho}\,x_4^2\bar{x}_4 = \sigma x_4 = F_2(\bar{x}_1|\bar{x}_2|\bar{x}_3)\ ,\ \varrho = \frac{x_4\bar{x}_4}{\sigma}\ ,\ \frac{x_4\bar{x}_4}{\sigma}\,\bar{x}_1 = x_1x_4 \quad (4)$$

$$\bar{\varrho}x_1 = \bar{x}_1\bar{x}_4\ ,\ \bar{\varrho}x_2 = \bar{x}_2\bar{x}_4\ ,\ \bar{\varrho}x_3 = \bar{x}_3\bar{x}_4\ ,\ \bar{\varrho}x_4 = F_2(\bar{x}_1|\bar{x}_2|\bar{x}_3) \quad (\bar{2})$$

Das zweite Fundamentalsystem ist also identisch mit dem ersten, die Transformation involutorisch. Die Flächen 2. Grades

$$\left.\begin{aligned}(\bar{A}_1x_1 + \bar{A}_2x_2 + \bar{A}_3x_3)x_4 + \bar{A}_4F_2(x_1|x_2|x_3) = 0\\ (\bar{B}_1x_1 + \bar{B}_2x_2 + \bar{B}_3x_3)x_4 + \bar{B}_4F_2(x_1|x_2|x_3) = 0\end{aligned}\right\} \quad (5)$$

1) s.S. 495

haben die beiden Kegelschnitte

$$x_4 = 0 \quad , \quad F(x_1|x_2|x_3) = 0 \tag{6}$$

und

$$\left.\begin{aligned} &\bar{B}_4(\bar{A}_1x_1 + \bar{A}_2x_2 + \bar{A}_3x_3) - \bar{A}_4(\bar{B}_1x_1 + \bar{B}_2x_2 + \bar{B}_3x_3) = 0 \\ &(A_1x_1 + A_2x_2 + A_3x_3)x_4 + A_4F_2(x_1|x_2|x_3) = 0 \end{aligned}\right\} \tag{7}$$

gemeinsam. Der letztere geht durch $0|0|0|1$ und schneidet die 3. Gebüschfläche

$$(\bar{C}_1x_1 + \bar{C}_2x_2 + \bar{C}_3x_3)x_4 + \bar{C}_4F_2(x_1|x_2|x_3) = 0 \tag{8}$$

allein in dem veränderlichen Punkt $(\bar{x})$, wobei

$$\bar{x}_1|\bar{x}_2|\bar{x}_3|\bar{x}_4 = \begin{Vmatrix} A_1 & A_2 & A_3 & A_4 \\ B_1 & B_2 & B_3 & B_4 \\ C_1 & C_2 & C_3 & C_4 \end{Vmatrix} \tag{9}$$

ist.

Sonderfälle

(1.) wählt man homogene Cartesische Koordinaten $x_1|x_2|x_3|x_4$ bzw. $\bar{x}_1|\bar{x}_2|\bar{x}_3|\bar{x}_4$ und $F_2(\bar{x}_1|\bar{x}_2|\bar{x}_3|\bar{x}_4) = \frac{1}{p}(\bar{x}_1^2 + \bar{x}_2^2 + \bar{x}_3^2)$, so erhält man die <u>räumliche Inversion</u>. (vergleiche Nr. 283).

(2.) Vertauscht man x_1 und x_4 und wählt wieder homogene Cartesische Koordinaten, setzt aber dann $x_4 = \bar{x}_4 = 1$, so kommt mit $F(x_1|x_2|1) = x_1^2 + x_2^2 - p$ die Transformation

$$\bar{x}_1 = x_1 \quad , \quad \bar{x}_2 = x_2 \quad , \quad \bar{x}_3 = \frac{x_1^2 + x_2^2 - p}{x_3} \tag{10}$$

mit Kreis $x_3 = 0$, $x_1^2 + x_2^2 - p = 0$ und Fernpunkt $0|0|1|0$ als Fundamentalsystem. Das Flächengebüsch ist

$$(A_1x_1 + A_2x_2 + A_4)x_3 + A_3(x_1^2 + x_2^2 - p) = 0 \tag{11}$$

<u>Aufgabe</u> Bestimme die Fläche des Gebüsches **(11)** näher ($x_3 =$ $=$ const!) und ermittle eine geometrische Konstruktion von (9).

(3.) F_2 kann zerfallen. Wir wählen dann $F_2(x_1|x_2|x_3) = x_2x_3$

<u>Aufgabe</u> Untersuche diesen Fall!

(4.) Der letzte feste Punkt kann in einen Punkt des Kegelschnittes übergeführt werden. Er sei zu diesem Zweck <u>nicht</u> die Kegelspitze $0|0|0|1$, sondern der Punkt $1|0|0|\varepsilon$, der in den Punkt $1|0|0|0$ des Kegelschnittes übergehe, dessen Gleichungen jetzt $x_4 = 0$, $F_2 \equiv x_1x_2 - x_3^2 = 0$ seien.

Das Gebüsch G_2 hat zunächst die Gleichung

$$\bar{A}_1(x_1x_2 - x_3^2) + \bar{A}_2x_4^2 + \bar{A}_3x_3x_4 + \bar{A}_4x_2x_4 + \bar{B}\,x_1x_4 = 0 \,. \tag{x}$$

Es enthält $1|0|0|\varepsilon$, wenn $\bar{B}\varepsilon + \bar{A}_2\varepsilon^2 = 0$, d.h. $\bar{B} = - A_2\varepsilon$, für $\varepsilon \to 0$ also $\bar{B} = 0$ ist. Das Gebüsch hat also die Gleichung

$$\bar{A}_1(x_1x_2 - x_3^2) + \bar{A}_2x_4^2 + \bar{A}_3x_3x_4 + \bar{A}_4x_2x_4 = 0 \qquad (12)$$

Die Verwandtschaft lautet

$$\varrho\bar{x}_1 = x_1x_2 - x_3^2 , \quad \varrho\bar{x}_2 = x_4^2 , \quad \varrho\bar{x}_3 = x_3x_4 , \quad \varrho\bar{x}_4 = x_2x_4 \qquad (13)$$

mit der Umkehrung

$$\varrho x_1 = \bar{x}_1\bar{x}_2 + \bar{x}_3^2 , \quad \varrho x_2 = \bar{x}_4^2 , \quad \varrho x_3 = \bar{x}_3\bar{x}_4 , \quad \varrho x_4 = \bar{x}_2\bar{x}_4 \qquad (\overline{13})$$

Die Fläche 2. Grades (12) hat in $1|0|0|0$ die Berührebene $x_2 = 0$. Diese geht durch die Gerade $x_1 = 0$, $x_2 = 0$, längs deren $1|0|0|\varepsilon$ in $1|0|0|0$ lief und die Kegelschnittstangente $x_2 = 0$, $x_4 = 0$ in $1|0|0|0$, ist also fest.
(5.) Der Leser überlege sich selbst weitere Sonderfälle (vergleiche die Enzyklopädie der mathematischen Wiss., a.a.O., Seite 2054).

296. 2. Fall $n = 2$, $\bar{n} = 3$
Als Gerade des 1. Fundamentalsystems wählen wir die Koordinatenachse $x_1 = 0$, $x_2 = 0$. (Bild 140) Die drei übrigen festen Punkte seien die Punkte $0|1|0|0$, $1|0|0|0$, $1|1|0|1 = \varepsilon$ der Ebene $x_3 = 0$. Dann lautet die Gleichung des quadratischen Flächengebüsches G_2

$$\bar{A}_1x_1x_3 + \bar{A}_2x_2x_3 + \bar{A}_3x_1(x_2 - x_4) + \bar{A}_4x_2(x_1 - x_4) = 0 \ , \qquad (1)$$

die Transformation $x \to \bar{x}$ aber

$$\varrho\bar{x}_1 = x_1x_3 , \quad \varrho\bar{x}_2 = x_2x_3 , \quad \varrho\bar{x}_3 = x_1(x_2-x_4) , \quad \varrho\bar{x}_4 = x_2(x_1-x_4) \qquad (2)$$

Die Transformation $\bar{x} \to x$ aber wird

$$\bar{\varrho}x_1 = \bar{x}_1(\bar{x}_1\bar{x}_4 - \bar{x}_2\bar{x}_3) , \quad \bar{\varrho}x_2 = \bar{x}_2(\bar{x}_1\bar{x}_4 - \bar{x}_2\bar{x}_3)$$
$$\bar{\varrho}x_3 = \bar{x}_1\bar{x}_2(\bar{x}_1 - \bar{x}_2) , \quad \bar{\varrho}x_4 = \bar{x}_1\bar{x}_2(\bar{x}_4 - \bar{x}_3) \qquad (\bar{2})$$

ist also vom 3. Grad. Das 2. Fundamentalsystem besteht aus den Koordinatenachsen $\bar{x}_1 = 0$, $\bar{x}_2 = 0$; $\bar{x}_1 = 0$, $\bar{x}_3 = 0$; $\bar{x}_2 = 0$, $\bar{x}_4 = 0$ und der Geraden $\bar{x}_1 = \bar{x}_2$, $\bar{x}_3 = \bar{x}_4$, die einen Punkt von $\bar{x}_1 = 0$, $\bar{x}_2 = 0$ mit einem von $\bar{x}_3 = 0$, $\bar{x}_4 = 0$ verbindet. (Bild 141)

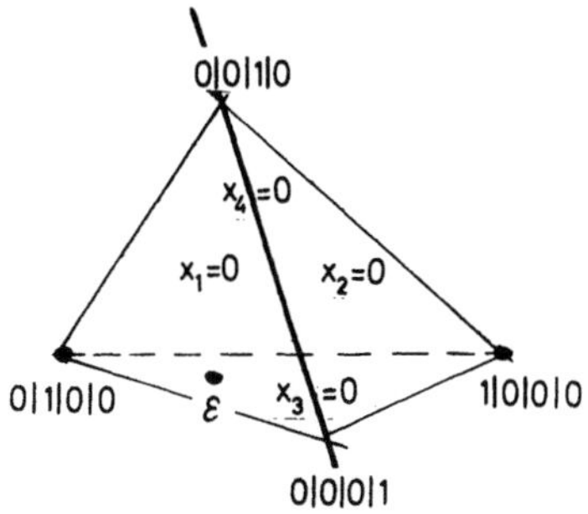

Bild 140

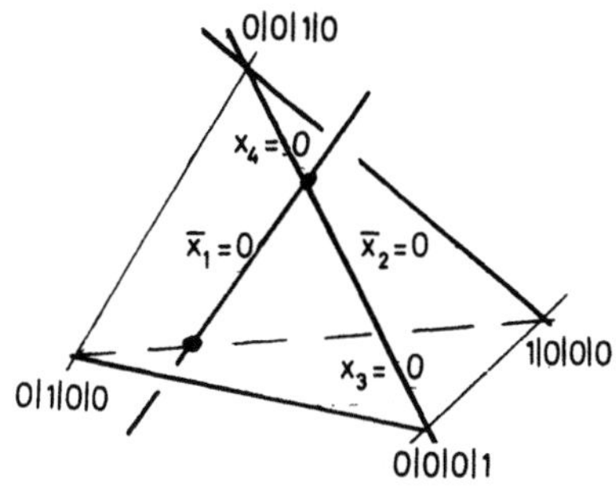

Bild 141

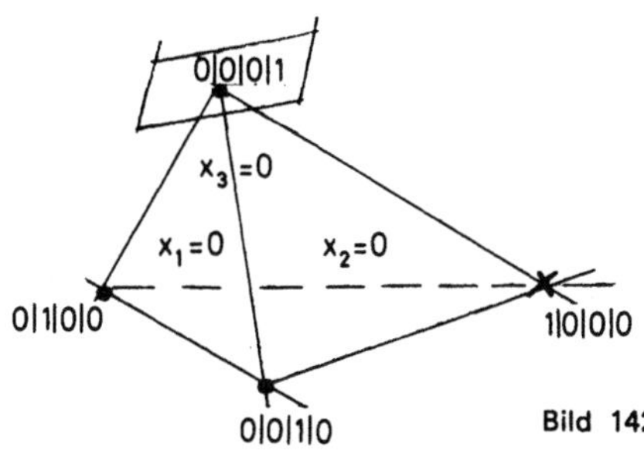

Bild 142

$\bar{x}_1 = 0$, $\bar{x}_2 = 0$ ist die Doppelgerade des Flächengebüsches $\bar{G}_3$ von Regelflächen 3. Ordnung mit den Erzeugenden

$$\begin{aligned} &\bar{x}_2 = \lambda \bar{x}_1 \\ &\lambda(\lambda - 1)A_3\bar{x}_1 = \{A_1 + \lambda(A_2 + A_4)\}\bar{x}_4 - \lambda\{A_1 + \lambda A_2 + A_4\}\,\bar{x}_3 \end{aligned} \tag{3}$$

zu denen $\bar{x}_1 = 0$, $\bar{x}_3 = 0$ für $\lambda = 0$, $\bar{x}_2 = \infty$, $\bar{x}_4 = 0$ für $\lambda = 0$ gehören. Die 2 Flächen 2. Grades

$$\left.\begin{aligned} \bar{A}_1x_1x_3 + \bar{A}_2x_2x_3 + \bar{A}_3x_1(x_2 - x_4) + \bar{A}_4x_2(x_1 - x_4) = 0 \\ \bar{B}_1x_1x_3 + \bar{B}_2x_2x_3 + \bar{B}_3x_1(x_2 - x_4) + \bar{B}_4x_2(x_1 - x_4) = 0 \end{aligned}\right\} \tag{4}$$

haben außer der Geraden $\bar{x}_1 = 0$, $\bar{x}_2 = 0$ noch eine Raumkurve 3. Ordnung gemein, deren Parameterdarstellung man mittels $x_2 = \lambda x_1$ erhält.

297. 3. Fall (Bild 142) $n = 2$, $\bar{n} = 4$.
Die 4 festen Punkte seien 0|0|0|1, 0|1|0|0, 0|0|1|0, 1|0|0|0.
Die Berührebene durch 1|0|0|0 aber $x_2 + x_3 + x_4 = 0$.
Dann lautet die Gleichung des quadratischen Flächengebüsches

$$\bar{A}_1x_1(x_2 + x_3 + x_4) + \bar{A}_2x_2x_4 + \bar{A}_3x_3x_4 + \bar{A}_4x_2x_3 = 0 \quad , \tag{1}$$

die Transformation $x \to \bar{x}$ aber

$$\varrho\bar{x}_1 = x_1(x_2 + x_3 + x_4) \ , \quad \varrho\bar{x}_2 = x_2x_4 \ , \quad \varrho\bar{x}_3 = x_3x_4 \ , \quad \varrho\bar{x}_4 = x_2x_3 \ . \tag{2}$$

Die Transformation $\bar{x} \to x$ aber wird

$$\begin{aligned} \bar{\varrho}x_1 &= \bar{x}_1\bar{x}_2\bar{x}_3\bar{x}_4 \ , \quad \bar{\varrho}x_2 = \bar{x}_2\bar{x}_4(\bar{x}_2\bar{x}_4 + \bar{x}_3\bar{x}_4 + \bar{x}_2\bar{x}_3) \\ \bar{\varrho}x_3 &= \bar{x}_3\bar{x}_4(\bar{x}_2\bar{x}_4+\bar{x}_3\bar{x}_4+ \bar{x}_2\bar{x}_3) \ , \quad \bar{\varrho}x_4 = \bar{x}_2\bar{x}_3(\bar{x}_2\bar{x}_4+\bar{x}_3\bar{x}_4+\bar{x}_2\bar{x}_3) \end{aligned} \tag{$\bar{2}$}$$

ist also vom 4. Grad. Das 2. Fundamentalsystem besteht aus den drei Doppelgeraden $\bar{x}_2 = 0$, $\bar{x}_4 = 0$; $\bar{x}_3 = 0$, $\bar{x}_4 = 0$; $\bar{x}_2 = 0$, $\bar{x}_3 = 0$, die sich in dem dreifachen Punkt $1|0|0|0$ treffen.
Das Gebüsch $\bar{G}_4$ 4. Ordnung besteht also aus lauter Steinerschen Flächen

$$A_1\bar{x}_1\bar{x}_2\bar{x}_3\bar{x}_4 + (A_2\bar{x}_2\bar{x}_4+A_3\bar{x}_3\bar{x}_4+A_4\bar{x}_2\bar{x}_3)\ (\bar{x}_2\bar{x}_4+\bar{x}_3\bar{x}_4+\bar{x}_2\bar{x}_3) = 0. \tag{3}$$

Zwei solche Steinerschen Flächen schneiden sich außer in den Doppelgeraden und dem Kegelschnitt $\bar{x}_1 = 0$, $\bar{x}_2\bar{x}_4 + \bar{x}_3\bar{x}_4 + \bar{x}_2\bar{x}_3 = 0$ noch in einer Raumkurve 4. Ordnung, deren Parameterdarstellung sich mittels $\bar{x}_3 = \lambda\bar{x}_2$ ergibt.

§ 3. Die Cremonatransformation (3,3). Nr. 298

298. Die einfachste ebene Cremonatransformation war (KB S. 349) die <u>Steinersche Verwandtschaft</u>, deren Gleichungen in der Gestalt

$$\varrho\bar{x}_1 = \frac{1}{x_1} \ , \quad \varrho\bar{x}_2 = \frac{1}{x_2} \ , \quad \varrho\bar{x}_3 = \frac{1}{x_3}$$

Ihre Verallgemeinerung im Raum lautet

$$\varrho\bar{x}_i = \frac{1}{x_i} \ , \quad i = 1,2,3,4 \tag{1}$$

oder

$$\varrho\bar{x}_1 = x_2x_3x_4 \ , \quad \varrho\bar{x}_2 = x_3x_1x_4 \ , \quad \varrho\bar{x}_3 = x_1x_2x_4 \ , \quad \varrho\bar{x}_4 = x_1x_2x_3 \tag{1'}$$

Die Transformation ist <u>involutorisch</u>. Das Flächengebüsch

$$\bar{A}_1x_2x_3x_4 + \bar{A}_2x_3x_1x_4 + A_3x_1x_2x_4 + \bar{A}_4x_1x_2x_3 = 0 \tag{2}$$

ist von der 3. Ordnung. Das Fundamentalsystem besteht aus den 6 Koordinatenachsen.
Die Fläche (2) ist unsere <u>Korbfläche</u> (Nr. 251).

11. Abschnitt. Quadratische Komplexe Nr. 299-306

299. In Nr. 38 haben wir den Begriff des Linienkomplexes kennengelernt als die Gesamtheit der Geraden des Raumes, die in Plückerschen Linienkoordinaten eine homogene Gleichung

$$K(p_1|p_2|p_3|p_4|p_5|p_6) = 0 \qquad (1)$$

erfüllen und wir haben dann in Nr. 39 ff den linearen Komplex untersucht, bei dem (1) linear in den p_i ist und die lineare Kongruenz als Gesamtheit der Geraden, die zwei linearen Komplexen angehören. Wir erinnern noch an die Begriffe Komplexkegel und Komplexkurve in Nr. 38.
Jetzt wenden wir uns den quadratischen Komplexen zu, bei denen (1) vom 2. Grad in den p_i ist. Ihre Theorie ist sehr umfangreich, gibt es doch nicht weniger als 49 Arten von ihnen. Wir müssen uns also hier auf ganz wenige Beispiele beschränken.

300. Das 1. Beispiel sei der Tetraedrale Komplex, d.h. die Menge der Geraden, welche die 4 Ebenen eines Tetraeders in vier Punkten mit konstantem Doppelverhältnis schneiden. Sind $x_1|x_2|x_3|x_4$ und $y_1|y_2|y_3|y_4$ zwei Punkte einer solchen Geraden, so ist $\xi = x + \lambda y$ ein allgemeiner Punkt von ihr. Sie trifft dann die Ebene $\xi = 0$ im Punkt mit $\lambda_i = -\frac{x_i}{y_i}$. Das Doppelverhältnis (DV) der 4 Punkte ist dann

$$K = \frac{\frac{x_1}{y_1} - \frac{x_3}{y_3}}{\frac{x_2}{y_2} - \frac{x_3}{y_3}} : \frac{\frac{x_1}{y_1} - \frac{x_4}{y_4}}{\frac{x_2}{y_2} - \frac{x_4}{y_4}} = - \frac{x_3y_1 - x_1y_3}{x_2y_3 - x_3y_2} : \frac{x_1y_4 - x_4y_1}{x_2y_4 - x_4y_2} = -\frac{p_5}{p_4} : \frac{p_1}{p_2}$$

so daß

$$kp_1p_4 + p_2p_5 = 0 \qquad (\times)$$

die Komplexgleichung ist. Nun besteht aber die Identität

$$p_1p_4 + p_2p_5 + p_3p_6 = 0 \qquad (1)$$

Anstelle von (×) kann also die symmetrische Gleichung

$$Ap_1p_4 + Bp_2p_5 + Cp_3p_6 = 0 \qquad (2)$$

treten, aus der umgekehrt

$$k = \frac{A - C}{B - C} \qquad (3)$$

folgt. Dies ist zugleich das DV der vier Ebenen, die man durch die Komplexgeraden und die vier Tetraederecken legen kann (warum?).

301. Der tetraedrale Komplex ergibt sich in metrischer Gestalt noch aus einer anderen geometrischen Ergänzung. Er ist der sogenannte Achsenkomplex einer Fläche 2. Ordnung. Unter einer Achse versteht man dabei das Lot von einem Punkt $P(x_1|x_2|x_3)$ auf seine Polarebene in bezug auf die Fläche 2. Ordnung. Diese sei die Mittelpunktsfläche

$$\frac{\xi_1^2}{A} + \frac{\xi_2^2}{B} + \frac{\xi_3^2}{C} = 1 \quad , \tag{4}$$

so ist

$$\frac{x_1\xi_1}{A} + \frac{x_2\xi_2}{B} + \frac{x_3\xi_3}{C} = 1 \tag{5}$$

die Gleichung der Polarebene

$$\xi_1 = x_1 + \varrho\frac{x_1}{A} \quad , \quad \xi_2 = x_2 + \varrho\frac{x_2}{B} \quad , \quad \xi_3 = x_3 + \varrho\frac{x_3}{C} \tag{6}$$

sind die Gleichungen des Lotes. Seine Linienkoordinaten sind dann

$$\left.\begin{aligned} \sigma p_1 &= \frac{x_1}{A} & \sigma p_4 &= \left(\frac{1}{B} - \frac{1}{C}\right)x_2x_3 \\ \sigma p_2 &= \frac{x_2}{B} & \sigma p_5 &= \left(\frac{1}{C} - \frac{1}{A}\right)x_3x_1 \\ \sigma p_3 &= \frac{x_3}{C} & \sigma p_6 &= \left(\frac{1}{A} - \frac{1}{B}\right)x_1x_2 \end{aligned}\right\} \tag{7}$$

Durch Elimination von x_1, x_2, x_3 folgt

$$Ap_1p_4 + Bp_2p_5 + Cp_3p_6 = 0 \tag{2}$$

Das entsprechende Tetraeder wird von den Koordinatenebenen und der Fernebene gebildet. Die Schnittpunkte von (6) mit den Ebenen $\xi_1 = 0$, $\xi_2 = 0$, $\xi_3 = 0$ sind

$$0\left|\left(1 - \frac{A}{B}\right)x_2\right|\left(1 - \frac{A}{C}\right)x_3, \quad \left(1 - \frac{B}{A}\right)x_1\left|0\right|\left(1 - \frac{B}{C}\right)x_3,$$
$$\left(1 - \frac{C}{A}\right)x_1\left|\left(1 - \frac{C}{B}\right)x_2\right|0$$

Die Komponenten der Zwischenvektoren sind zwischen $x_2 = 0$ und $x_3 = 0$

$$\frac{B-C}{A}x_1 \left| \frac{B-C}{B}x_2 \right| \frac{B-C}{C}x_3 \quad ,$$

zwischen $x_3 = 0$ und $x_1 = 0$

$$\frac{C-A}{A}x_1 \left| \frac{C-A}{B}x_2 \right| \frac{C-A}{C}x_3 \quad ,$$

zwischen $x_1 = 0$ und $x_2 = 0$

$$\frac{A-B}{A}x_1 \,\Big|\, \frac{A-B}{B}x_2 \,\Big|\, \frac{A-B}{C}x_3$$

Das Verhältnis der zwei Vektoren zwischen $x_3 = 0$, $x_1 = 0$ und $x_3 = 0$, $x_2 = 0$ ist also (3).

302. Die Polarebenen von $P(x_1|x_2|x_3)$ und $Q(y_1|y_2|y_3)$ sind

$$\varepsilon: \frac{x_1\xi_1}{A} + \frac{x_2\xi_2}{B} + \frac{x_3\xi_3}{C} = 1 \quad \text{und} \quad \zeta: \frac{y_1\xi_1}{A} + \frac{y_2\xi_2}{B} + \frac{y_3\xi_3}{C} = 1 \qquad (5)$$

Die Linienkoordinaten von PQ sind

$$p_1 = x_1 - y_1,\ p_2 = x_2 - y_2,\ p_3 = x_3 - y_3,\ p_4 = x_2y_3 - y_3x_2,$$
$$p_5 = x_3y_1 - x_1y_3,\ p_6 = x_1y_2 - x_2y_1 \qquad (9)$$

Die reziprokale Polare von PQ ist der Schnitt von ε und ζ mit den Achsenkoordinaten

$$\sigma\pi_1 = u_1 - v_1 = \frac{x_1 - y_1}{A},$$
$$\sigma\pi_2 = u_2 - v_2 = \frac{x_2 - y_2}{B}, \qquad (\bar{9})$$
$$\sigma\pi_3 = u_3 - v_3 = \frac{x_3 - y_3}{C},$$

$$\sigma\pi_4 = u_2v_3 - u_3v_2 = \frac{x_2y_3 - x_3y_2}{BC}$$
$$\sigma\pi_5 = u_3v_1 - u_1v_3 = \frac{x_3y_1 - x_1y_3}{CA} \qquad (\bar{9})$$
$$\sigma\pi_6 = u_1v_2 - u_2v_1 = \frac{x_1y_2 - x_2y_1}{AB}$$

wobei π_4, π_5, π_6 proportional zu deren Richtungskosinussen sind. PQ und seine reziproke Polare stehen also senkrecht aufeinander, wenn

$$\sigma(p_1\pi_4 + p_2\pi_5 + p_3\pi_6) = \frac{p_1p_4}{BC} + \frac{p_2p_5}{CA} + \frac{p_3p_1}{AB} = 0$$

ist, d.h. (2) gilt. Der tetraedrale Komplex besteht also auch aus den Strahlen, die zu ihren reziproken Polaren senkrecht sind. Liegen Pol und Polare vereinigt, so ist die zugehörige Achse Normale der Fläche 2. Ordnung. Also gehört die ganze Kongruenz der Flächennormalen dem Komplex an. Der Komplexkegel des festen Punktes $y_1|y_2|y_3$ hat die Gleichung

$$A(x_1-y_1)(x_2y_3-x_3y_2)+B(x_2-y_2)(x_3y_1-x_1y_3)+C(x_3-y_3)(x_1y_2-x_2y_1)=0$$

oder

$$(B-C)y_1(x_2-y_2)(x_3-y_3)+(C-A)y_2(x_3-y_3)(x_1-y_1)+ \\ + (A-B)y_3(x_1-y_1)(x_2-y_2) = 0 \tag{10}$$

in laufenden Koordinaten $x_1|x_2|x_3$.
Er zerfällt nur, wenn $y_1 = 0$ oder $y_2 = 0$ oder $y_3 = 0$ ist oder auch $y_4 = 0$.
Man nennt den Ort der Spitzen der zerfallenden Komplexkegel die singuläre Fläche des Komplexes. Die singuläre Fläche des tetraedralen Komplexes besteht also aus den Seitenflächen des Fundamentaltetraeders.
Weitere Eigenschaften des tetraedralen Komplexes finden sich bei O. Staude, Analytische Geometrie des Punktepaares, des Kegelschnittes und der Fläche 2. Ordnung, I. Band, Leipzig 1910, § 85.

Aufgabe Zeige, daß der Achsenkomplex des Paraboloids

$$\frac{y^2}{B} + \frac{z^2}{C} = 2x$$

die Gleichung $p_1p_4 = (B - C)p_2p_3$ besitzt und ähnliche Eigenschaften wie derjenige der Mittelpunktsflächen besitzt.

303. Das 2. Beispiel sei der Tangentenkomplex einer Fläche 2. Ordnung. Die Gerade

$$\xi_i = \frac{x_i + \lambda y_i}{1 + \lambda} \qquad i = 1,2,3 \tag{11}$$

berührt die Mittelpunktsfläche 2. Ordnung (4) der Nr. 301, wenn

$$\left(\frac{x_1^2}{A} + \frac{x_2^2}{B} + \frac{x_3^2}{C} - 1\right)\left(\frac{y_1^2}{A} + \frac{y_2^2}{B} + \frac{y_3^2}{C} - 1\right) - \\ - \left(\frac{x_1y_1}{A} + \frac{x_2y_2}{B} + \frac{x_3y_3}{C} - 1\right)^2 = 0$$

oder

$$\frac{(x_1 - y_1)^2}{A} + \frac{(x_2 - y_2)^2}{B} + \frac{(x_3 - y_3)^2}{C} - \\ - \frac{(x_2y_3 - x_3y_2)^2}{BC} - \frac{(x_3y_1 - x_1y_3)^2}{CA} - \frac{(x_1y_2 - x_2y_1)^2}{AB} = 0$$

d.h.

$$BCp_1^2 + CAp_2^2 + ABp_3^2 - Ap_4^2 - Bp_5^2 - Cp_6^2 = 0 \tag{12}$$

Das ist die Gleichung des Tangentenkomplexes.

Nach ($\bar{9}$) der Nr. 302 sind

$$\sigma\pi_1 = \frac{p_1}{A}, \sigma\pi_2 = \frac{p_2}{B}, \sigma\pi_3 = \frac{p_3}{C}$$
$$\sigma\pi_4 = \frac{p_4}{BC}, \sigma\pi_5 = \frac{p_5}{CA}, \sigma\pi_6 = \frac{p_6}{AB} \quad (13)$$

die Linienkoordinaten der zu $p_1|p_2|p_3|p_4|p_5|p_6$ reziproken Polaren. Diese fällt mit $p_1|p_2|p_3|p_4|p_5|p_6$ dann und nur dann zusammen, d.h. stellt eine Erzeugende der Fläche 2. Ordnung dar, wenn

$$\pi_1 = p_4, \ \pi_2 = p_5, \ \pi_3 = p_6, \ \pi_4 = p_1, \ \pi_5 = p_2, \ \pi_6 = p_3 \quad (14)$$

ist. Für die Erzeugende gilt also

$$\sigma p_4 = \frac{p_1}{A}, \sigma p_5 = \frac{p_2}{B}, \sigma p_6 = \frac{p_3}{C},$$
$$\sigma p_1 = \frac{p_4}{BC}, \sigma p_2 = \frac{p_5}{CA}, \sigma p_3 = \frac{p_6}{AB} \quad (15)$$

Multiplikation gibt

$$\sigma^2 = \frac{1}{ABC}, \quad \sigma = \pm\frac{1}{\sqrt{ABC}}$$

Die beiden Scharen von Erzeugenden liegen also in den <u>linearen Komplexen</u>

$$\sqrt{BC}\,p_1 = \pm\sqrt{A}\,p_4, \ \sqrt{CA}\,p_2 = \pm\sqrt{B}\,p_5, \ \sqrt{AB}\,p_3 = \pm\sqrt{C}\,p_6 \quad (16)$$

und auch in den quadratischen Komplexen

$$\left.\begin{array}{lll} p_5p_6 = Ap_2p_3, & p_6p_4 = Bp_3p_1, & p_4p_5 = Cp_1p_2 \\ Bp_3p_5 = Cp_2p_6, & Cp_1p_6 = Ap_3p_4, & Ap_2p_4 = Bp_1p_5 \end{array}\right\} \quad (17)$$

Die linearen Komplexe (16) liegen im Tangentenkomplex (12). Der Komplexkegel eines Punktes $y_1|y_2|y_3$ ist der Berührkegel von ihm an die Fläche 2. Ordnung. Er zerfällt nur, wenn $y_1|y_2|y_3$ auf ihr liegt: Sie ist also die <u>singuläre Fläche</u> des Komplexes.

304. Als 3. <u>Beispiel</u> wählen wir den <u>harmonischen Komplex</u> oder <u>Komplex von Battaglini</u> d.h. die Menge aller Geraden, die zwei Flächen 2. Ordnung in 4 harmonischen Punkten schneiden. Nimmt man an, die Flächen hätten ein gemeinsames Poltetraeder, so lauten ihre Gleichungen in bezug auf dieses

$$A\xi_1^2 + B\xi_2^2 + C\xi_3^2 + D\xi_4^2 = 0, \ A'\xi_1^2 + B'\xi_2^2 + C'\xi_3^2 + D'\xi_4^2 = 0 \quad (18)$$

Nun lauten nach Nr. 23 (IXa) die Gleichungen einer Geraden

$$\left.\begin{array}{l} \xi_2 = m\xi_1 + b \\ \xi_3 = n\xi_1 + c \end{array}\right\} \quad (19)$$

wobei

$$m = \frac{p_2}{p_1}\ , \quad b = \frac{p_6}{p_1}\ , \quad n = \frac{p_3}{p_1}\ , \quad c = -\frac{p_5}{p_1} \tag{20}$$

Für die Schnittpunkte von (19) mit (18) ($\xi_4 = 1$!) ergeben sich die quadratischen Gleichungen

$$\begin{aligned}(A + Bm^2 + Cn^2)\xi_1^2 + 2(mbB + ncC)\xi_1 + Bb^2 + Cc^2 + D = 0 \\ (A'+B'm^2+C'n^2)\xi_1^2 + 2(mbB'+ncC')\xi_1 + B'b^2+C'c^2+D' = 0\end{aligned} \tag{21}$$

Sind x_1 und y_1 die Wurzeln von (21_1), z_1 und t_1 die von (21_2), so ist nach Vieta

$$x_1 + y_1 = -\frac{2(mbB + ncC)}{A + Bm^2 + Cn^2}\ , \quad x_1y_1 = \frac{Bb^2 + Cc^2 + D}{A + Bm^2 + Cn^2} \tag{22_1}$$

$$z_1 + t_1 = -\frac{2(mbB' + ncC')}{A'+B'm^2+C'n^2}\ , \quad z_1t_1 = \frac{B'b^2 + C'c^2 + D}{A' + B'm^2 + C'n^2} \tag{22_2}$$

Nun ist die Bedingung, daß die 4 Schnittpunkte harmonisch liegen

$$(x_1 + y_1)(z_1 + t_1) = 2(x_1y_1 + t_1z_1) \tag{23}$$

Mit (22) folgt daraus

$$(BC' + B'C)(mc - nb)^2 + (CA' + AC')c^2 + (AB' + A'B)b^2 +$$
$$+ (AD' + A'D) + (BD' + B'D)m^2 + (CD' + C'D)n^2 = 0$$

oder mit (20)

$$\left.\begin{aligned}(AD' + A'D)p_1^2 + (BD' + B'D)p_2^2 + (CD' + C'D)p_3^2 + \\ + (BC' + B'C)p_4^2 + (CA' + A'C)p_5^2 + (AB' + A'B)p_6^2 = 0\end{aligned}\right\} \tag{24}$$

als Gleichung des <u>harmonischen Komplexes</u>. Setzt man zur Abkürzung

$$\begin{aligned}&AD' + A'D = \alpha\ , \quad && BD' + B'D = \beta\ , \quad && CD' + C'D = \gamma\ , \\ &BC' + B'C = \alpha'\ , && CA' + A'C = \beta'\ , && AB' + A'B = \gamma'\ , \\ &x_1 - y_1 = \xi_1\ , && x_2 - y_2 = \xi_2\ , && x_3 - y_3 = \xi_3\end{aligned} \tag{25}$$

so wird die Gleichung des Komplexkegels mit Spitze $y_1|y_2|y_3$

$$\begin{aligned}(\alpha + \beta'y_3^2 + \gamma'y_2^2)\xi_1^2 + (\beta + \gamma'y_1^2 + \alpha'y_3^2)\xi_2^2 + (\gamma + \alpha'y_2^2 + \\ + \beta'y_1^2)\xi_3^2 - 2\alpha'y_2y_3\xi_2\xi_3 - 2\beta'y_3y_1\xi_3\xi_1 - 2\gamma'y_1y_2\xi_1\xi_2 = 0\end{aligned} \tag{26}$$

Er zerfällt unter der Bedingung

$$\begin{vmatrix}\alpha y_4^2+\beta'y_3^2+\gamma'y_2^2 & -\gamma'y_1y_2 & -\beta'y_3y_1 \\ -\gamma'y_1y_2 & \beta y_4^2+\gamma'y_1^2+\alpha'y_3^2 & -\alpha'y_2y_3 \\ -\beta'y_3y_1 & -\alpha'y_2y_3 & \gamma y_4^2+\alpha'y_2^2+\beta'y_1^2\end{vmatrix} = 0 \tag{27}$$

und diese Gleichung stellt die singuläre Fläche des Komplexes dar, das sogenannte Tetraedroid, eine Fläche 4. Ordnung mit 16 Doppelpunkten, die zu je vier in den Seitenflächen des Fundamentaltetraeders liegen, dort vier vollständige Vierecke bilden, deren Diagonalpunkte die Tetraederecken sind. Entartet die eine Fläche 2. Ordnung in den absoluten Kugelkreis, so hat man den sogenannten Painvinschen Komplex, dessen singuläre Fläche die Fresnelsche Wellenfläche ist

305. Dieser Painvinsche Komplex ist auch die Menge aller Geraden, von denen zwei zueinander senkrechte Berührebenen an die Mittelpunktsfläche (4) der Nr. 301 gehen.
Eine Ebene durch die Gerade (19) hat die Gleichung

$$m\xi_1 + b - \xi_2 + \lambda(n\xi_1 + c - \xi_3) = 0 \tag{28}$$

Sie ist identisch mit der Berührebene an die Fläche im Punkt $x_1|x_2|x_3$, d.h. mit der Ebene

$$\frac{x_1\xi_1}{A} + \frac{x_2\xi_2}{B} + \frac{x_3\xi_3}{C} - 1 = 0 \quad , \tag{29}$$

wenn

$$x_1 = -A\frac{m + \lambda n}{b + \lambda c}, \quad x_2 = \frac{B}{b + \lambda c}, \quad x_3 = \frac{C\lambda}{b + \lambda c} \tag{30}$$

ist. Dieser Punkt muß auf der Fläche liegen, also muß

$$A(m + \lambda n)^2 + B + C\lambda^2 - (b + \lambda c)^2 = 0$$

oder

$$(An^2 - c^2 + C)\lambda^2 + 2(Amn - bc)\lambda + Am^2 - b^2 + B = 0 \tag{31}$$

sein. Sind λ_1 und λ_2 die Wurzeln von (31), so ist nach Vieta

$$\lambda_1 + \lambda_2 = -2\frac{Amn - bc}{An^2 - c^2 + C} \quad , \quad \lambda_1\lambda_2 = \frac{Am^2 - b^2 + B}{An^2 - c^2 + C} \tag{32}$$

Die beiden Berührebenen sind

$$\begin{aligned} m\xi_1 + b - \xi_2 + \lambda_1(n\xi_1 + c - \xi_3) = 0 \quad \text{und} \\ m\xi_1 + b - \xi_2 + \lambda_2(n\xi_1 + c - \xi_3) = 0 \end{aligned} \tag{33}$$

Sie stehen aufeinander senkrecht, wenn

$$(m + \lambda_1 n)(m + \lambda_2 n) + 1 + \lambda_1\lambda_2 = 0 \tag{34}$$

ist, woraus mit (32) und (20) sofort die Gleichung des Painvinschen Komplexes

$$A(p_2^2 + p_3^2) + B(p_3^2 + p_1^2) + C(p_1^2 + p_2^2) = p_4^2 + p_5^2 + p_6^2 \tag{35}$$

folgt. Die Gleichung des Komplexkegels mit Spitze $y_1|y_2|y_3$ ist mit $x_1 - y_1 = \xi_1$, $x_2 - y_2 = \xi_2$, $x_3 - y_3 = \xi_3$

$$(B+C)\xi_1^2+(C+A)\xi_2^2+(A+B)\xi_3^2=(y_3\xi_2-y_2\xi_3)^2+(y_1\xi_3-y_3\xi_1)^2+ \\ +(y_2\xi_1-y_1\xi_2)^2 \tag{36}$$

Er zerfällt unter der Bedingung

$$\begin{vmatrix} y_2^2+y_3^2-B-C & -y_1y_2 & -y_1y_3 \\ -y_1y_2 & y_3^2+y_1^2-C-A & -y_2y_3 \\ -y_1y_3 & -y_2y_3 & y_1^2+y_2^2-A-B \end{vmatrix} = 0 \tag{37}$$

oder

$$\frac{(B+C)y_1^2}{B+C-r^2} + \frac{(C+A)y_2^2}{C+A-r^2} + \frac{(A+B)y_3^2}{A+B-r^2} = 0 \quad , \tag{38}$$

wo $r^2 = y_1^2 + y_2^2 + y_3^2$ ist. Dies ist aber die Fresnelsche Fläche, die zur Mittelpunktsfläche

$$\frac{y_1^2}{B+C} + \frac{y_2^2}{C+A} + \frac{y_3^2}{A+B} = 1 \tag{39}$$

gehört.

306. Auch die Korbfläche der Nr. 252 bzw. dual dazu die Steinersche Römerfläche sind singuläre Flächen eines quadratischen Komplexes, dessen Gleichungen in der Systematik der quadratischen Komplexe

$$p_1^2 + p_5^2 + p_6^2 + 2\lambda_1 p_3 p_6 + 2\lambda_2 p_2 p_5 = 0 \tag{40}$$

bzw. $\lambda_1 \neq \lambda_2 \neq 0$

$$p_1^2 + p_2^2 + p_4^2 + 2\lambda_1 p_3 p_6 + 2\lambda_2 p_2 p_5 = 0 \tag{$\overline{40}$}$$

lauten. Der Komplexkegel von (40) mit Spitze $y_1|y_2|y_3$ und $x_1 - y_1 = \xi_1$, $x_2 - y_2 = \xi_2$, $x_3 - y_3 = \xi_3$ hat die Gleichung

$$(1 + y_2^2 + y_3^2)\xi_1^2 - 2(\lambda_2 y_3 + y_1y_2)\xi_1\xi_2 + 2(\lambda_1 y_2 - y_1y_3)\xi_1\xi_3 + \\ + y_1^2\xi_2^2 - 2(\lambda_1 - \lambda_2)y_1\xi_2\xi_3 + y_1^2\xi_3^2 = 0 \tag{41}$$

Die singuläre Fläche ist also

$$\begin{vmatrix} 1+y_2^2+y_3^2 & -(\lambda_2y_3+y_1y_2) & \lambda_1y_2-y_1y_3 \\ -(\lambda_2y_3+y_1y_2) & y_1^2 & -(\lambda_1-\lambda_2)y_1 \\ \lambda_1y_2-y_1y_3 & -(\lambda_1-\lambda_2)y_1 & y_1^2 \end{vmatrix} = 0$$

oder nach Abscheiden des Faktors y_1

$$y_1^3 - y_1(\lambda_2^2 y_2^2 + \lambda_1^2 y_3^2) + 2(\lambda_1 - \lambda_2)\lambda_1\lambda_2 y_2 y_3 - (\lambda_1 - \lambda_2)^2 y_1 = 0 \quad (42)$$

Ihre Knotenpunkte sind, wie man leicht errechnet, die 4 Punkte

$$\delta(\lambda_1 - \lambda_2)\,, \quad \frac{\varepsilon(\lambda_1 - \lambda_2)}{\lambda_2}\,, \quad \frac{\delta\varepsilon(\lambda_1 - \lambda_2)}{\lambda_1}\,, \quad \delta = \pm 1,\ \varepsilon = \pm 1$$

Aufgabe.

1. Um einen Überblick über die Strahlen des Komplexes zu gewinnen, bestimme man die Komplexkegel mit den Spitzen $0|0|0$, $y_1|0|0$, $0|y_2|0$, $0|0|y_3$.
2. Zeige mittels (40), daß der Komplexzylinder mit Spitze $y_1|y_2|y_3|0$ die Gleichung

$$y_1^2 + (x_3y_1 - x_1y_3)^2 + (x_1y_2 - x_2y_1)^2 - 2\lambda_1 y_3(x_1y_2 - x_2y_1) -$$
$$-2\lambda_2 y_2(x_3y_1 - x_1y_3)$$

hat. Sein Schnitt mit $x_1 = 0$ ist der Kreis

$$\left(x_2 + \frac{\lambda_1 y_3}{y_1}\right)^2 + \left(x_3 - \frac{\lambda_2 y_2}{y_1}\right)^2 = \frac{\lambda_1^2 y_3^2 + \lambda_2^2 y_2^2 - y_1^2}{y_1^2}$$

bzw. mit $y_1 = 0$ die Gerade $\lambda_1 y_3 x_2 - \lambda_2 y_2 x_3 = 0$

307 308

12. Abschnitt. Verschiedene Flächen

§ 1. Flächen mit ebenen Fallinien. Nr. 307–310

307. In unserem letzten Abschnitt sollen noch Flächen behandelt werden, die sich anderweitiger Einordnung entziehen. Wir beginnen mit den Flächen, die ebene Fallinien besitzen. Mit ihnen hat sich in abschließender Weise W. Wunderlich, Wien, beschäftigt und zwar in folgenden Abhandlungen
(1.) Flächen mit ebenen Fallinien, Monatshefte für Mathematik 65, 1961, Seite 291 - 300,
(2.) Flächen mit Kegelschnitten als Fallinien, Journal für die reine und angewandte Mathematik 108, 1961, Seite 204 - 220,
(3.) Römerflächen mit ebenen Fallinien, Annali di Mat. pura ed applic. (4), 57, 1962, Seite 97 - 108.
In diesen Abhandlungen findet der Leser auch die übrige Literatur über den Gegenstand angegeben. Der beschränkte Raum unseres Buches gestattet es nicht, die Theorie ausführlich zu entwickeln. Es muß genügen, die sich ergebenden Flächen nicht vollständig, sondern nur im großen und ganzen aufzuzählen und, soweit möglich, näher zu kennzeichnen.
Zunächst gibt es einige "triviale" Flächen mit ebenen Fallinien. Ebenen, Zylinder mit horizontalen Mantellinien, Drehflächen mit vertikaler Achse. Weniger trivial sind die Gesimsflächen mit vertikalem Evolutenzylinder: Sie werden von einer ebenen "Profilkurve" erzeugt, deren Ebene auf einem vertikalen Zylinder abrollt, wo die Profilpunkte die Höhenlinien beschreiben, während die Lagen der Profilkurve die Fallinien darstellen.

308. Ein erstes nicht triviales Beispiel ist die von L. Eckhart gefundene Fläche 4. Ordnung

$$\frac{x^2}{1-z^2} - \frac{y^2}{z^2} = 1 \tag{1}$$

Die Höhenlinien z = const sind konfokale Hyperbeln, die Grundrisse der Fallinien also die zugehörigen konfokalen Ellipsen. Die Fallinien selbst werden von den Ebenen z = my ausgeschnitten und sind Kreise.
Beweis Wir bestimmen zunächst ganz allgemein die Differentialgleichung der Fallinien bei gegebener Fläche

$$x = x\,(u,v) \quad , \quad y = y\,(u,v) \quad , \quad z = z\,(u,v) \tag{o}$$

Nach Nr. 28 stehen zwei Tangentenvektoren zueinander senkrecht, wenn

$$E du \partial u + F(du \partial v + \partial u dv) + G dv \partial v = 0 \qquad (oo)$$

ist. Für die Höhenlinien gilt

$$\partial z = \frac{\partial z}{\partial u}\,\partial u + \frac{\partial z}{\partial v}\,\partial v = 0 \qquad (ooo)$$

Aus (oo) und (ooo) ergibt sich durch Elimination von $\partial u : \partial v$ die gesuchte Differentialgleichung der Fallinien

$$\left(\frac{\partial z}{\partial u}F - \frac{\partial z}{\partial v}E\right)du + \left(\frac{\partial z}{\partial u}\,G - \frac{\partial z}{\partial v}\,F\right)dv = 0 \qquad (\times)$$

Die Fläche (1) hat nun die Parameterdarstellung

$$x = \cos u \,\mathrm{ch}\, v \quad , \quad y = \sin u \,\mathrm{sh}\, v \quad , \quad z = \sin u \qquad (2)$$

Daraus errechnet man

$$\frac{\partial z}{\partial v} = 0 \quad , \quad F = 0 \quad , \qquad (3)$$

also gibt ($\times$) $dv = 0$,

$$v = \mathrm{const} \qquad (4)$$

Für die Fallinien ergibt sich aus (2)

$$y = z\,\mathrm{sh}\, v = mz \qquad (5)$$

und

$$\frac{x^2}{\mathrm{ch}^2 v} + \frac{y^2}{\mathrm{sh}^2 v} = 1 \qquad (6)$$

(6) sind mit $\mathrm{sh}\, v = z$ die zu (1) konfokalen Ellipsen,(5) und (6) stellen Kreise mit den Radien $\mathrm{ch}\, v$ dar.

Aufgabe Konstruiere ein Schrägbild der Fläche.

309. Ein zweites Beispiel einer Fläche mit ebenen Fallinien ist

$$y^2 = 2xz^2 + z^4 \qquad (1)$$

Sie ist eine sehr spezielle Steinersche Fläche mit $y = 0,\ z = 0;\ y = 0,\ t = 0;\ z = 0,\ t = 0;$ als Doppelgeraden und dem Fernpunkt der x-Achse als dreifachen Punkt.

Die Höhenlinien $z = \mathrm{const}$ sind Parabeln. Die Fallinien werden vermöge der Parameterdarstellung

$$x = \frac{v^2 - u^2}{2} \quad , \quad y = uv \quad , \quad z = u \qquad (2)$$

wiederum

$$v = \mathrm{const} \qquad (3)$$

Also gilt für sie

$$y = vz \quad , \tag{4}$$

$$z^2 = -2x + v^2 \tag{5}$$

Sie sind ebenfalls Parabeln.

310. Wunderlich findet in der Abhandlung (1.) weiter die Fläche 8. Ordnung

$$x = \pm \operatorname{ch} u \cos v, \quad y = \operatorname{sh} u \sin v, \quad z = \cos(v - \alpha) \tag{1}$$

Die Höhenlinien sind $z = \text{const}$, d.h. $v = \text{const}$, also die Hyperbeln

$$\frac{x^2}{\cos^2 v} - \frac{y^2}{\sin^2 v} = 1 \quad , \quad z = \cos(v - \alpha) \tag{2}$$

Die Fallinien werden $u = \text{const}$, d.h. die Ellipsen

$$\frac{x^2}{\operatorname{ch}^2 u} + \frac{y^2}{\operatorname{sh}^2 u} = 1 \quad , \quad z = \pm \frac{\cos\alpha}{\operatorname{ch} u} x + \frac{\sin\alpha}{\operatorname{sh} u} y \tag{3}$$

$\alpha = \frac{\pi}{2}$ gibt die Eckhartsche Fläche, $\alpha = 0$ aber die Fläche

$$\frac{x^2}{z^2} - \frac{y^2}{1 - z^2} = 1 \tag{4}$$

Ersetzt man in (1) $\cos(v - \alpha)$ durch $A \operatorname{ch} v + B \operatorname{sh} v$, so sind diesmal die Wahlen $A = \operatorname{ch}\alpha$, $B = -\operatorname{sh}\alpha$; $A = -\operatorname{sh}\alpha$, $B = \operatorname{ch}\alpha$; $A = B = \frac{1}{2}$ möglich und man erhält drei Typen von Flächen 8. Ordnung und dazu die Grenzfälle $A = 0$, $B = 1$ mit der Gleichung

$$\frac{x^2}{1 + z^2} + \frac{y^2}{z^2} = 1 \tag{5}$$

und $B = 0$, $A = 1$ mit der Fläche (4).
Ersetzt man in Nr. 309 in (2) $z = u$ durch $u = f(z)$, so folgt als Flächengleichung $y = vf(z)$, $2x = v^2 - f^2(z)$.
Wunderlich beschäftigt sich insbesonders mit dem Fall $z = au^2 + bu$. Nach diesen besonderen Fällen ermittelt er die allgemeinste Lösung des Problems: "Man nehme eine beliebige Torse ψ an, zeichne auf ihr eine einparametrige Schar von Böschungslinien p mit verschiedenen Neigungen aus, suche deren Tangentenflächen Δ auf und bestimme deren Einhüllende ϕ. Die Fallinien von ϕ werden dann in den Tangentialebenen ε von ψ verlaufen, also eben sein".
Dazu kommen dann noch Sonderfälle.
Aufgaben Zeichne Schrägbilder der Flächen (1) auch für $\operatorname{ch}(v - \alpha)$, $\operatorname{sh}(v - \alpha)$, $e^v = \bar{v}$ (Vergleiche dazu die Abhandlung (1.)).

§ 2. Flächen mit Kegelschnitten als Fallinien. Nr. 311–312

311. In Abhandlung (2.) ermittelt Wunderlich insbesonders alle Flächen mit Kegelschnitten als Fallinien. Außer den trivialen Gesimsflächen mit Kegelschnittprofil (siehe Nr. 307) sind es folgende Flächenarten:

(a.) Bei elliptischen Fallinien die Flächen (1) der Nr. 310 und die Fläche

$$\frac{x^2}{1-z^2} - \frac{y^2}{z^2} = 0 \quad ,$$

ein Grenzfall der Eckhartschen Fläche (1) der Nr. 308. Sie stellt ein gerades Kugelkonoid mit der Leitgeraden $x = 0$, $y = 0$ und der Leitkugel $x^2 + y^2 + z^2 - 2y = 0$ dar.

(b.) Bei hyperbolischen Fallinien die folgenden Flächen

(b_1) $x = \operatorname{ch} u \cos v \;,\; y = \operatorname{sh} u \sin v \;,\; z = \operatorname{ch}(u - \alpha)$

(b_2) (4)

(b_3) $x = \operatorname{sh} u \cos v \;,\; y = \operatorname{ch} u \sin v \;,\; z = \operatorname{sh}(u - \alpha)$

(b_4) (5)

(b_5) $x = \operatorname{ch} u \cos v \;,\; y = \operatorname{sh} u \sin v \;,\; z = e^u$

oder

$$x = \tfrac{1}{2}(u + u^{-1})\cos v \;,\; y = \tfrac{1}{2}(u - u^{-1})\sin v \;,\; z = u$$

Der Leser findet eine genaue Diskussion mit treffenden Figuren a.a.O. Bei allen Fällen (a.) und (b.) kann man die z-Koordinaten noch affin strecken.

(c.) Bei parabolischen Fallinien gibt es viel mehr Arten

(c_1) Die Steinersche Fläche

$$x = (u + m)^2 - v^2 \;,\; y = 2(u + m)v \quad , \quad z = u^2 \qquad (1)$$

Die Höhenlinien sind konfokale Parabeln mit dem Ursprung als Brennpunkt.

Aus (1) folgt

$$x + \sqrt{x^2 + y^2} = 2(\sqrt{z} + m)^2$$

und daraus mit $z = m^2 + \bar{z}$

$$(4x\bar{z} + y^2 - 4\bar{z}^2)^2 + 16m^2(xy^2 - 4x\bar{z}^2 - 4\bar{y}^2\bar{z}) - 64m^4y^2 = 0$$

(c_2) Eine Flächenfamilie, die von einer willkürlichen Funktion h(v) abhängt und zu einer ausgedehnten Erörterung mit funktionentheoretischen Beziehungen Anlaß gibt.

(c_3) (c_1) mit $m = 0$ und $z = u$ statt $z = u^2$:

Grenzfall $y^2 = 4z^2(z^2 - x)$ einer Römerfläche

312. In der Abhandlung (3.) geht Wunderlich insbesondere auf diejenigen Flächen mit ebenen Fallinien ein, die Römerflächen sind. Die erste ist die Fläche (1) der Nr. 309. Sie wird ausführlich diskutiert. Die zweite solche Fläche ist die Fläche

$$x = v^2 - u^2 \quad , \quad y = 2uv \quad , \quad z = au^2 + bu$$

der Nr. 310. b = 0, a = 1 gibt den sogenannten Reyeschen Kegel $y^2 = 4xz+4z^2$. Wunderlich diskutiert dann weiter sehr ausführlich den Fall a = 1, b = 1 mit der Gleichung

$$(y^2 - 4xz - 4z^2 - 2x)^2 = 4\,(x^2 + y^2)(4z + 1) \qquad (\times)$$

Der dreifache Punkt dieser Steinerfläche ist $-4|0|0$. Von den drei Doppelgeraden ist eine die x-Achse, die zwei anderen sind imaginär mit den Richtungen $-2i|\pm 2i|: 1$.

Die am Schluß der Nr. 310 angegebene allgemeine Erzeugung von Flächen mit ebenen Fallinien führt in einem besonderen Fall auf die Fläche mit der Gleichung

$$(x^2 + y^2 - z^2)^2 = 4z\left\{(x + z)^2 + y^2\right\} \qquad (\times\times)$$

mit dem Ursprung als dreifachem Punkt.

$x + z = 0,\ y = 0;\ x \pm iy = 0,\ z = 0$ sind die Doppelgeraden.

Für (×) und (××) befinden sich in Abhandlung 3 schöne axonometrische Figuren.

§ 3. Vermischte Aufgaben. Nr. 313

313. Ich konnte das KB mit einem Kapitel von 72 "Vermischten Aufgaben" schließen, die eine Fülle weiterer ebener Kurven enthalten. Viel weniger glücklich steht es hier bei den Flächen und Raumkurven. Ich konnte hier nur wenige Aufgaben sammeln, deren Ergebnisse nicht gar zu verwickelt sind und wäre sehr dankbar, wenn andere mir weitere geeignete Aufgaben mitteilen würden.

(1.) Ein Kreis geht durch die Punkte A(0|0|a) und B(0|0|b) der z-Achse eines rechtwinkeligen Koordinatensystems und einen Punkt D

(a.) der Geraden $z = 0,\ y = h$,

(b.) der Parabel $z = 0,\ y^2 = 2px$. Welche Fläche beschreibt er?

(a.) $hy\{x^2 + y^2 + (z - a)(z - b)\} - h^2(x^2 + y^2) - aby^2 = 0$

(b.) $2pxy^2\{x^2 + y^2 + (z - a)(z - b)\} - 4p^2x^2(x^2+y^2) - aby^4 = 0$ [1]

(2.) Ein Punkt D beschreibt die Ebene $\frac{x}{a} + \frac{y}{b} + \frac{z}{c} = 1$. Die auf OD in D errichtete senkrechte Ebene trifft die Koordinaten-

1) Die z-Achse ist dreifache Gerade.

achsen in A, B, C. Was ist der Ort des Punktes mit den Koordinaten $\overline{OA}$, $\overline{OB}$, $\overline{OC}$?

$$\frac{1}{x^2} + \frac{1}{y^2} + \frac{1}{z^2} = \frac{1}{ax} + \frac{1}{by} + \frac{1}{cz}$$

(3.) Vom Punkt D der Aufgabe (2.) fällt man die Lote DA, DB, DC auf die Koordinatenebenen und von O das Lot OP auf die Ebene ABC. Was ist der Ort von P?

$$(x^2 + y^2 + z^2)\left(\frac{1}{ax} + \frac{1}{by} + \frac{1}{cz}\right) = 2$$

(Die Ebenen $by + cz = 0$, $cz + ax = 0$, $ax + by = 0$ schneiden die Fläche nach Kreisen)

(4.) Eine Ebene dreht sich um den Punkt $a|b|c$ und trifft die Koordinatenachsen in A, B, C. Was ist der Ort des Mittelpunktes M der dem Tetraeder OABC umbeschriebenen Kugel?

$$\frac{a}{x} + \frac{b}{y} + \frac{c}{z} - 2 = 0$$

(5.) Gegeben der Kreis $z = 0$, $x^2 + y^2 = a^2$ und die Gerade $y = x \tan\alpha$, $z = -x\cos\alpha + a\cos^2\alpha$. Von einem Punkt Q des Kreises fällt man das Lot QD auf die Gerade. Welche Regelfläche beschreibt es?

$$(x^2 + y^2)\left(x + \frac{z}{\cos\alpha}\right)^2 = a^2x^2$$

(6.) Gegeben der Kreis $z = 0$, $x^2 + y^2 = a^2$ und die Geraden $y = 0$, $z = h$; $x = 0$, $z = -h$. Welche Regelfläche beschreibt eine Gerade, die alle drei trifft?

$$\frac{x^2}{(z + h)^2} + \frac{y^2}{(z - h)^2} = \frac{a^2}{h^2}$$

(7.) Der Punkt D beschreibt die Gerade $x = x_0$, $y = y_0$. Seine Projektionen auf die Koordinatenebenen seien P, Q, R. Was ist der Ort des Kreises, der aus der Ebene PQR durch die Kugel ausgeschnitten wird, die dem Tetraeder OPQR umbeschrieben ist?

$$(x^2 + y^2 + z^2 - xx_0 - yy_0)\left(\frac{x}{x_0} + \frac{y}{y_0} - 2\right) + z^2 = 0$$

(Die Ebenen

$$\frac{x}{x_0} + \frac{y}{y_0} - 2 = \lambda z$$

schneiden die Fläche nach Kreisen. Weitere solche Ebenen?)

(8.) Gegeben die Kugel $x^2 + y^2 + z^2 = R^2$ und die Geraden $y = 0$, $z = h$; $x = 0$, $z = -h'$. Eine Gerade trifft diese Geraden und berührt die Kugel. (a.) Welche Fläche beschreibt sie und (b.) was ist der Ort der Berührpunkte?

(a.) $R^2\{x^2(z-h)^2+y^2(z-h')^2+(z-h)^2(z-h')^2\}=$
$=x^2y^2(h-h')^2+h'^2x^2(z-h)^2+h^2y^2(z-h')^2$

(b.) $\left.\begin{aligned}(h'-h)x^2+(z-h')(R^2-hz) &= 0\\ (h'-h)y^2-(z-h)(R^2-h'z) &= 0\end{aligned}\right\}$

(9.) Eine Berührebene der Kugel $x^2 + y^2 + z^2 = a^2$ schneidet die Koordinatenachsen in A, B, C. Über $\overline{OA}$, $\overline{OB}$, $\overline{OC}$ als Durchmesser beschreibt man die Kugeln. ε sei eine gemeinsame Berührebene von ihnen. Was ist der Ort des Fußpunktes des Lotes von O auf ε ? Die Drehfläche

$(x^2 + y^2 + z^2)(x^2 + y^2 + z^2 - 4a^2)^2= 4a^4(x+y+z)^2$

(10.) Ein Punkt D bewegt sich in der Ebene $\frac{x}{a} + \frac{y}{b} + \frac{z}{c} = 1.$
A, B, C sind seine Projektionen auf die Koordinatenebenen. Was ist die Hüllfläche der Ebene ABC? Die Steinersche Fläche

$\sqrt{\frac{x}{2a}} + \sqrt{\frac{y}{2b}} + \sqrt{\frac{z}{2c}} = 1$

(11.) Eine Kugel vom Radius a berührt die Koordinatenebenen. Die Berührebene eines Punktes D der Kugel trifft die Koordinatenachsen in A, B, C. Was ist der Ort der Punkte mit den Koordinaten $\overline{OA}$, $\overline{OB}$, $\overline{OC}$?

$xyz - 2a(yz + zx + xy) + 2a^2(x + y + z) = 0$

(Welche Ebenen schneiden nach Kegelschnitten?)

(12.) Gegeben seien das Drehellipsoid

$\frac{x^2 + y^2}{a^2} + \frac{z^2}{c^2} - 1 = 0$

und die Kugel $x^2 + y^2 + z^2 = c^2$. Eine Berührebene der Kugel schneidet das Ellipsoid in einem Kegelschnitt K. Durch K und den Kreis $z = 0$, $x^2 + y^2 = a^2$ legt man einen Kegel. Was ist der Ort seiner Spitze?

$(\frac{x^2 + y^2}{a^2} - \frac{z^2}{c^2} - 1)^2 = 4z^2(\frac{1}{c^2} - \frac{x^2 + y^2}{a^4})$

(13.) Das Hyperboloid

$\frac{x^2}{a^2} + \frac{y^2}{b^2} - \frac{z^2}{\lambda^2} - 1 = 0$

mit der veränderlichen Halbachse λ werde von der Ebene $\frac{x}{a} + \frac{y}{b} - \frac{z}{\lambda} - 1 = 0$ geschnitten. Was ist der Ort der Achsen des Schnittkegelschnittes der beiden Flächen?

$(\frac{x}{a} - \frac{y}{b})(\frac{x}{a} + \frac{y}{b} - 2)z^2+(x+y-a-b)(x-y-a+b).(\frac{x}{a} + \frac{y}{b} - 1)^2 = 0$

Besonderer Fall $a = b$.

(14.) Bestimme die Fläche, deren Punkte von drei gegebenen Punkten F_i Abstände d_i haben, für die $\pm d_1 \pm d_2 \pm d_3 = 3a = \text{const}$ ist.
Vergleiche darüber die Abhandlung von F. Hohenberg, eine einfache Fläche 8. Ordnung, Monatshefte für Mathematik 54, 1950, Seite 140 - 156.
(15.) Bestimme die Kurve

$$x = a\cos\varphi\ ,\quad y = a\sin\varphi\ ,\quad z = h\sin n\varphi$$

des harmonischen Umschwunges. Vergleiche darüber die Abhandlung Walter Kautny, zur Geometrie des harmonischen Umschwunges, Monatshefte für Mathematik 60, 1956, Seite 66 - 82.
(16.) Untersuche die Kurve

$$x = \frac{a}{\varphi}\cos\varphi\ ,\quad y = \frac{a}{\varphi}\sin\varphi\ ,\quad z = \frac{b}{\varphi}$$

(17.) Desgleichen die Kurve

$$x = e^{\lambda}\ ,\quad y = e^{-\lambda}\ ,\quad z = \lambda\sqrt{2}$$

(Sie ist rektifizierbar).
(18.) Zeige, daß die Fläche 4. Ordnung

$$\lambda(x_1^2x_4^2 + x_2^2x_3^2) + \mu(x_2^2x_4^2 + x_3^2x_1^2) + \nu(x_3^2x_4^2 + x_1^2x_2^2) = 0$$

wobei $\lambda + \mu + \nu = 0$ ist, 12 konische Knoten besitzt (die Koordinatenecken und die 8 Einheitspunkte $\pm 1 | \pm 1 | \pm 1 | 1$)
Diskutiere die Fläche in einem rechtwinkligen Koordinatensystem.
(19.) Zeige, daß die Fläche 4. Ordnung

$$x_1^2x_2^2 + ax_1x_2x_3x_4 + (bx_1 + x_2)x_2x_4^2 = 0$$

drei Doppelgeraden besitzt.
(20.) Zeige, daß die Fläche 4. Ordnung

$$(x_1x_3 - x_2^2)^2 + a(x_1x_3 - x_2^2)x_2x_4 + (bx_1 + cx_2)x_2x_4^2 = 0$$

eine Doppelgerade und einen Doppelkegelschnitt besitzt.

Anhang I.

Literaturverzeichnis

1. Reine Geometrie

H. S. M. Coxeter, Unvergängliche Geometrie, Basel 1963

D. Hilbert-S. Cohn-Vossen, Anschauliche Geometrie, Berlin 1932

R. Sturm, Die Lehre von den geometrischen Verwandtschaften, 4 Bde, Leipzig 1908/09

2. Analytische Geometrie

A. B. Basset, A treatise on the geometry of surfaces, Cambridge 1910

H. Daniel, Vorlesung über spezielle algebraische Flächen, Münster i. W., Sommersemester 1924

G. Darboux, Sur une classe remarquable de courbes et de surfaces algébriques et sur la théorie des imaginairs Paris 1872

G. Darboux, Principes de géométrie analytique, Paris 1917, insbesondere livre V

R. Garnier, Leçons d'algèbre et de géométrie, 3 Bde, Paris 1937

R. W. H. T. Hudson, Kummers quartic surface, Cambridge 1905

C. M. Jessop, A treatise on the line complex, Cambridge 1903

C. M. Jessop, Quartic surfaces with singular points, Cambridge, insbesondere Chapter V bis VII

G. Loria, Curve sghembe algebriche e trascendente 2 Bde., Bologna 1921

E. Pascal, Repertorium der höheren Mathematik, 2. Bd. Geometrie, 3. Abschnitt Raumgeometrie, Leipzig 1921

Salmon-Fiedler, Analytische Geometrie des Raumes, Leipzig, 1880

D. M. Y. Sommerville, Analytic geometry of three dimensions, Cambridge 1939

K. Zindler, Liniengeometrie mit Anwendungen, 2 Bde., Leipzig 1902 und 1908

3. Darstellende Geometrie

F. Hohenberg, Konstruktive Geometrie für Techniker, Wien 1956 ff

Frère Gabriel Marie, exercises de géométrie descriptive, Paris o. J. 6. Auflage. Eine Fundgrube von Stoffen!

E. Müller und L. Krames, Vorlesungen über Darstellende Geometrie 3. Bd. Konstruktive Behandlung der Regelflächen, Wien 1931

E. Müller und E. Kruppa, Lehrbuch der Darstellenden Geometrie, Wien 1961

G. Loria, Vorlesungen über Darstellende Geometrie, 2 Bde., Leipzig 1907 und 1913

K. Rohn und E. Papperitz, Lehrbuch der Darstellenden Geometrie 3 Bde., Leipzig 1906
1. Band 10. Kap. Schraubenflächen
3. Band 3. Kap. Insbesondere Schrauben- und Hüllflächen

G. Scheffers, Lehrbuch der Darstellenden Geometrie, 2 Bde., Berlin 1919 und 1920
2. Band, 5. Kap., insbesondere §6. Verschiedene Flächen

Th. Schmid, Darstellende Geometrie, 2 Bde., Berlin 1922 und 1923
2. Band, insbesondere III. und IV. Abschnitt

K. Strubecker, Vorlesungen über darstellende Geometrie, Göttingen 1958

4. Differentialgeometrie

W. Blaschke, Vorlesungen über Differentialgeometrie, 1. Bd., 3. Aufl., Berlin 1930

W. Blaschke, Einführung in die Differentialgeometrie, 2. Aufl., Berlin 1960

F. Klein, Vorlesungen über höhere Geometrie, Berlin 1926

V. und K. Kommerell, Theorie der Raumkurven und krummen Flächen, 2 Bde., 4. Aufl., Berlin 1931

E. Kreyszig, Differentialgeometrie, Leipzig 1957

E. Kruppa, analytische und konstruktive Differentialgeometrie, Wien 1932

D. Laugwitz, Differentialgeometrie, Stuttgart 1960

R. von Lilienthal, Vorlesungen über Differentialgeometrie, 2 Bde., Leipzig 1908 und 1911

G. Scheffers, Anwendung der Differential- und Integralrechnung auf Geometrie, 2 Bde., Leipzig 1923

D. J. Struik, lectures in classical differential geometry, Cambridge Mass., 1950

Anhang II.

Verzeichnis der wichtigsten behandelten speziellen Flächen, Raumkurven, Komplexe und Kongruenzen in der Reihenfolge ihres Auftretens

Nr. 25 (und 171)	$xz^2 = y^2$	Konoid	2.
Nr. 29 (und 174)	$(x^2 + y^2)z - h(x^2 - y^2) = 0$	Plückersches Konoid oder Zylindroid	
Nr. 43	$p_6 + kp_3 = 0$	Linearer Komplex	(12)
Nr. 50	$x_1 = c_1\lambda,\ x_2 = b_2\lambda^2 + c_2\lambda$ $x_3 = a_3\lambda^3 + b_3\lambda^2 + c_3\lambda$	Kubische Parabel	(I$^{\times}$)
	$x_1 = b_1\lambda,\ x_2 = b_2\lambda + a_2\lambda^2$ $x_3 = b_3\lambda + a_3\lambda^2 + \frac{d_3}{\lambda}$	Kubische, hyper-polische Parabel	(II$^{\times}$)
Nr. 51	$x_1 = \frac{c_1\lambda}{1+\varepsilon\lambda^2},\ x_2 = \frac{c_2\lambda+b_2\lambda^2}{1 + \varepsilon\lambda^2}$ $x_3 = \frac{c_3\lambda + b_3\lambda^2 + a_3\lambda^3}{1 + \varepsilon\lambda^2}$	Kubische Ellipse ($\varepsilon > 0$) und kubische Hyperbel ($\varepsilon < 0$)	(III$^{\times}$)
Nr. 58	$x = \frac{8(\lambda^3-\lambda)}{\lambda^4 + 1},\ y = \frac{8\lambda^2}{\lambda^4+1}$ $z = \frac{12(\lambda^3 + \lambda)}{\lambda^4 + 1}$		2.
	$x = \frac{18\lambda}{\lambda^4+3},\ y = \frac{48\lambda^2}{\lambda^4+3},\ z = \frac{16\lambda^4}{\lambda^4+3}$		3.
Nr. 61	$x^2 + y^2 - ax = 0$, $x^2 + y^2 + z^2 = \frac{a^2}{b^2}x^2$	Kurve des Archytas von Tarent	
	$x^2+y^2+z^2=r^2$ $x^2 +(y - a)^2 = (r - a)^2$	Hyppopede des Eudoxus	
	$x^2 + y^2 + z^2 = r^2$ $x^2 + y^2 - rx = 0$	Vivianisches Fenster	
Nr. 65	$x^2 + y^2 + z^2 = p^2$ und $\frac{x^2}{a^2} \pm \frac{y^2}{b^2} = 1$ oder $y^2 - 2px + p^2 = 0$	Sphärische Kegelschnitte	
Nr. 72 (und 173)	$x = a \cos u,\ y = a \sin u,$ $z = au \cot\beta$	Gemeine Schraubenlinie	

Nr. 91 (und 119)	Drehfläche der Kettenlinie (KB Nr. 275) und der Traktrix (KB Nr. 275)	Katenoid Pseudosphäre
Nr. 119	$x = 3u(1 + v^2) - u^3$, $y = 3v(1 + u^2) - v^3$, $z = 3(u^2 - v^2)$	Ennepersche Minimalfläche
Nr. 119 (und 195)	$(x^2 + y^2 + z^2)(\frac{x^2}{R_1} + \frac{y^2}{R_2}) = 2z(x^2 + y^2)$	Fläche der Krümmungskreise in einem Flächenpunkt
Nr. 119 (und 125)	$x = u \cos v$, $y = u \sin v$, $z = qv$	Wendelfläche
	$z = \ln \frac{\cos y}{\cos x}$	Scherksche Minimalfläche

Nr. 121 Böschungfläche der Ellipse, Parabel und Astroide

Nr. 124 Böschungsfläche des Ellipsoids

Nr. 123 Gemeine Schraubenlinie

	$x = a(\cos\varphi - \sigma\sin\varphi)$, $y = a(\sin\varphi + \sigma\cos\varphi)$, $z = \frac{h}{2\pi}(\varphi + \sigma)$	Abwickelbare Schraubenfläche
Nr. 125	$x = \sigma\cos\alpha\cos\varphi + a\sin\varphi$, $y = \sigma\cos\alpha\sin\varphi + a\cos\varphi$, $z = \sigma\sin\alpha + \frac{h}{2\pi}\varphi$	Allgemeine Schraubenfläche
	$x = \sigma\cos\alpha\cos\varphi$, $y = \sigma\cos\alpha\sin\varphi$, $z = \sigma\sin\alpha + \frac{h}{2\pi}\varphi$	Korkzieher oder scharfgängige Schraubenfläche

Nr. 126 1. und 2. Kreisschraubenfläche

Nr. 127 Schraubenröhrenfläche

Nr. 131 Schraubenlinien auf Flächen 2. Ordnung

Nr. 132 Konische Spirale

$x = a \cos 4\varrho \sin \varrho$, $y = a \sin 4\varrho \sin \varrho$, $z = a \cos \varrho$	Pappussche Spirale

Nr. 133 Loxodromen auf Drehflächen 2. Grades

Nr. 138 $2z = \frac{y^2}{R_2} + \alpha x^3$

Nr. 139 $x^2 + y^2 - \frac{1}{4} z^2 - \frac{1}{18} xz^2 = 0$ (16)

$x^2 - y^2 - \frac{1}{8} z^3 - x^2y^2 = 0$ (18)

$x^2 + y^2 + (z - a)^3 = 0$ (19)

Nr. 141 (151 und 153)	$z^2 - \frac{xy^2}{9} + x^3 = 0$	Die Libelle	(21)
	$z^2 + \frac{4xy^2}{9} + x^3 = 0$		(22)
Nr. 144	$xy - z^3 = 0$		
Nr. 151	$x^2 + y^2 - z^2 + z^3 = 0$		
Nr. 151 und 152 (und 182)	$4y^2 - xyz - 2x^3 = 0$	Cayleysche Fläche	
Nr. 152	$2xy - yz^2 - x^3 = 0$ $36z^2 + 6x^3 + x^2y^2 = 0$		
Nr. 172	$(x^2 - y^2)z - 2hxy = 0$		(I)
Nr. 174 bis 177	$(x^2 + y^2)z - h(x^2 - y^2) = 0$	Plückersche Konoid	(II)
	$z = \frac{2px^2}{y^2}$		(III_1)
Nr. 178	$z - mx = \frac{2mpx^2}{y^2}$		(III_2)
	$(x^2 + y^2)(z - x) + 2ax^2 = 0$	Küppersches Konoid	(IV)
Nr. 179	$2a(y + z)x = y\{x^2 + (y + z)^2\}$		
Nr. 180	$x = (a + u \cos \frac{\varphi}{2})\cos\varphi$, $y = (a + u \cos \frac{\varphi}{2})\sin\varphi$ $z = u \sin \frac{\varphi}{2}$	Möbiussches Band	
Nr. 182	$z^3 - 2axz + 2a^2y = 0$ $4y^2 + xyz - 2x^3 = 0$ $cy(x^2+y^2-2rx) + 2rx^2z = 0$	Cayleysche Fläche	(V) (V') (V'')
Nr. 185	$x^2z^2 - r^2x^2 + a^2y^2 = 0$	Gerades Kreiskonoid oder Kegelkeil	(VI)
Nr. 186	$(z^2+p)y^2+(z^2+p-a^2)x^2 = 0$	Gerades Kugelkonoid	(VII)
Nr. 187	$(x^2+z^2- \frac{a}{b}xy)^2+(a^2-r^2)z^2- - r^2x^2 = 0$	Fläche des schiefen Durchganges	(VIII)
Nr. 188	$(x - a)^2(x^2 - z^2) + x^2y^2 = 0$ $x^2(y^2 + z^2) - a^2y^2 = 0$ $a^2(x^2+y^2-2rx)^2+z^2(a^2y^2- - b^2x^2) = 0$		(1) (2) (7)
Nr. 189	$\frac{y^2}{(a + x)^2} + \frac{z^2}{(a - x)^2} = \frac{c^2}{s^2}$	Reiterfläche	(IX)

Nr. 190 $(x^2+y^2-2ax)^2-z^2(x^2+y^2)=0$ **Die Krinoline** (IX)

$y^2(z-a)^2 = ax^2z$

Nr. 191 $\frac{a^2x^2}{(a^2-hz)^2} + \frac{b^2y^2}{(b^2-hz)^2} = 1$ **Normalenfläche eines elliptischen Kegels**

Nr. 192 $y^2(x^2+y^2-2ax)^2-x^2(x^2+y^2)z^2=0$

Nr. 193 $x = \sqrt{ap}(1+\lambda)\cos\varphi$,

$y = \sqrt{ap}(1-\lambda)\sin\varphi$,

$z = a(\cos^2\varphi + 2\lambda)$

Nr. 194 $(-x^2+y^2+z^2+r^2-a^2)^2=4y^2(r^2-x^2)$ **Verallgemeinerung des böhmischen Gewölbes**

$x^2(x^2+y^2+z^2-a^2)\cos^2\alpha = a^2y^2$

Nr. 195 $(2px - z^2)\{2px(x^2+z^2) + 2a^2z^2\} = 2pxy^2z^2$

Nr. 195 und 119 $(x^2+y^2+z^2)(\frac{x^2}{R_1}+\frac{y^2}{R_2}) - 2z(x^2+y^2) = 0$

Nr. 195 $\{y^2(x^2+y^2+z^2) - 2r^2(x^2+z^2)\}^2 = 4r^2(r^2-y^2)\cdot(x^2-z^2)^2$

Nr. 196 $(x^2-y^2)^2-2a^2(x^2+y^2+2z^2)+a^4=0$

$(x^2+z^2)(y^2+z^2) = a^4$

$\varepsilon\sqrt{x^2+y^2+z^2} + \zeta\sqrt{(x-1)^2+y^2} = r$ **Ort der Punkte gleicher Entfernung von einer Geraden und einer Kugel** (**Fläche von Mietlich**)

$\{x^2+y^2+\frac{b^2-a^2}{a^2}\cot\alpha\, z^2+h^2-b^2\}^2 = 4h^2(x^2+y^2-z^2\cot^2\alpha)$ **Drehfläche einer Ellipse**

Die Heffftersche Isogonalfläche

Nr. 197 $2rz = (x^2-2py)(x^2-2py)$ **Die Peanosche Fläche**

Nr. 198 $\frac{a^2x^2}{a^2-r^2} + \frac{b^2y^2}{b^2-r^2} + \frac{c^2z^2}{c^2-r^2} = 0$ **Fresnelsche Wellenfläche**

wo $r^2 = x^2+y^2+z^2$ ist

Nr. 199 $z = y(ax^2 - by^2)$ **Der Affensattel**

Nr. 202	$(x_1^2+x_2^2+x_3^2+c'^2-b'^2-k^2)^2-$ $-4(c'x_1+kb')^2-4(c'^2-b'^2)x_2^2=0$ $(x_1^2+x_2^2+x_3^2+b'^2-c'^2-k^2)^2$ $-4(b'x_1+kc')^2+4(c'^2-b'^2)x_3^2=0$	Dupinsche Zyklide
Nr. 206	$x_1(x_1^2+x_2^2+x_3^2)-(\alpha_2+\alpha_3-k)x_1^2-$ $-(\alpha_3-k)x_2^2-(\alpha_2-k)x_3^2+(\alpha_2\alpha_3-$ $-k^2)x_1-(\alpha_2-k)(\alpha_3-k)k=0$	Parabolische Zyklide
Nr. 223	$(x_1^2+x_2^2+x_3^2)^2-4(A_1x_1^2+A_2x_2^2+$ $+A_3x_3^2)+(B_1x_1+B_2x_2+B_3x_3)-4C=0$	Allgemeine Zyklide 4. Ordnung
Nr. 230	$-x_3(x_1^2+x_2^2+x_3^2)+A_1x_1^2+A_2x_2^2+2C_1x_1+$ $+2C_2x_2+2C_3x_3+D=0$	Allgemeine Zyklide 3. Ordnung
Nr. 253	$\frac{y^2}{a-x}+\frac{z^2}{a+x}=\frac{2b^2}{a}$	Die Korbfläche
Nr. 254	$y^2z^2+z^2x^2+x^2y^2-2axyz=0$	Die Steinersche Römerfläche: 1. Form
Nr. 269	$\frac{1}{h_1}\sqrt{a_1x_1}+\frac{1}{h_2}\sqrt{a_2x_2}+$ $+\frac{1}{h_3}\sqrt{a_3x_3}+\frac{1}{h_4}\sqrt{a_4x_4}=0$	Die Steinersche Römerfläche: 2. Form

Anhang III.

Ergänzung zum KB

Im KB, Seite 302 und 303 ist auf die Nrn. 38 und 40 verwiesen. Diese Verweise sind falsch und durch die Nrn. 38 bis 40 des folgenden §4. zu ersetzen, der hinter Nr. 42 des KB einzuschalten ist und durch ein Versehen im KB wegblieb.

§4. Die Kegelschnitte in Dreieckskoordinaten

38. Als Anwendung von §3. behandeln wir nochmals die allgemeine Kegelschnittsgleichung, die wir jetzt in Dreieckskoordinaten in der Gestalt

$$\begin{aligned} f(x) \equiv f(x_1|x_2|x_3) &\equiv a_{11}x_1^2 + a_{22}x_2^2 + a_{33}x_3^2 + 2a_{23}x_2x_3 + \\ &+ 2a_{31}x_3x_1 + 2a_{12}x_1x_2 \equiv (a_{11}x_1 + a_{12}x_2 + a_{13}x_3)x_1 + \\ &+ (a_{21}x_1 + a_{22}x_2 + a_{23}x_3)x_2 + (a_{31}x_1 + a_{32}x_2 + a_{33}x_3)x_3 \end{aligned} \tag{1}$$

schreiben, wo die Koeffizienten der Symmetriebedingung $a_{ki} = a_{ik}$ genügen sollen. Man nennt (1) eine ternäre quadratische Form der drei homogenen Veränderlichen $x_1|x_2|x_3$. Neben sie tritt die ternäre bilineare Form oder Polarform in den 2 mal 3 homogenen Veränderlichen $x_1|x_2|x_3$ und $y_1|y_2|y_3$.

$$\begin{aligned} f(x|y) &\equiv f(x_1|x_2|x_3;y_1|y_2|y_3) \\ &\equiv (a_{11}x_1 + a_{12}x_2 + a_{13}x_3)y_1 + (a_{21}x_1 + a_{22}x_2 + a_{23}x_3)y_2 + \\ &+ (a_{31}x_1 + a_{32}x_2 + a_{33}x_3)y_3 \\ &\equiv (a_{11}y_1 + a_{12}y_2 + a_{13}y_3)x_1 + (a_{21}y_1 + a_{22}y_2 + \\ &+ a_{23}y_3)x_2 + (a_{31}y_1 + a_{32}y_2 + a_{33}y_3)x_3 \\ &\equiv f(y_1|y_2|y_3;x_1|x_2|x_3) \equiv f(y|x) \end{aligned} \tag{2_1}$$

Der Name Polarform erklärt sich folgendermaßen. Die Verbindungsgerade der Punkte p und q hat die Parameterdarstellung

$$x = p + \lambda q \quad . \tag{o}$$

Sie trifft die Kurve (1) in zwei Punkten, deren λ Werte λ_1 und λ_2 die quadratische Gleichung

$$\varrho^2 f(x) \equiv f(p) + 2f(p|q)\lambda + f(q)\lambda^2 = 0 \tag{oo}$$

erfüllen. Die beiden Schnittpunkte bilden mit p und q vier harmonische Punkte, wenn $\lambda_1 + \lambda_2 = 0$ ist. p und q müssen also die Bedingung

$$f(p|q) = 0 \tag{ooo}$$

erfüllen. Hält man p fest und nimmt q = x veränderlich, so ist

$$f(p|x) = 0 \tag{3_1}$$

der Ort der Punkte x, die zu p und den beiden Schnittpunkten der Geraden xp mit dem Kegelschnitt harmonisch liegen, die sogenannte Polare von p in bezug auf den Kegelschnitt. Diese hat also die Koordinaten

$$\left.\begin{aligned} \varrho P_1 &= a_{11}p_1 + a_{12}p_2 + a_{13}p_3 = f_1'(p) \\ \varrho P_2 &= a_{21}p_1 + a_{22}p_2 + a_{23}p_3 = f_2'(p) \\ \varrho P_3 &= a_{31}p_1 + a_{32}p_2 + a_{33}p_3 = f_3'(p) \end{aligned}\right\} \qquad (4_1)$$

Umgekehrt ist

$$\left.\begin{aligned} p_1 &= A_{11}P_1 + A_{12}P_2 + A_{13}P_3 = F_1'(P) \\ p_2 &= A_{21}P_1 + A_{22}P_2 + A_{23}P_3 = F_2'(P) \\ p_3 &= A_{31}P_1 + A_{32}P_2 + A_{33}P_3 = F_3'(P) \end{aligned}\right\} \qquad (4_2)$$

Beide Gleichungssysteme schreiben wir kurz

$$\varrho P = f'(p) \qquad (4_1)$$

und

$$\varrho p = F'(P) \qquad (4_2)$$

Dabei sind die Koeffizienten A_{ik} die zu a_{ik} gehörigen Unterdeterminanten in der Determinante

$$a = \begin{vmatrix} a_{11} & a_{12} & a_{13} \\ a_{21} & a_{22} & a_{23} \\ a_{31} & a_{32} & a_{33} \end{vmatrix} \qquad (5)$$

In (4_2) haben wir schon die Bestandteile einer zweiten ternären quadratischen Form

$$\begin{aligned} F(X) &= F(X_1|X_2|X_3) \\ &= A_{11}X_1^2+A_{22}X_2^2+A_{33}X_3^2+2A_{23}X_2X_3+2A_{31}X_3X_1+2A_{12}X_1X_2 \\ &= (A_{11}X_1+A_{12}X_2+A_{13}X_3)X_1+(A_{21}X_1+A_{22}X_2+A_{23}X_3)X_2+ \\ &\quad + (A_{31}X_1+A_{32}X_2+A_{33}X_3)X_3 \end{aligned} \qquad (1_2)$$

Die aus (4_2) folgende Gleichung

$$\varrho(p_1P_1 + p_2P_2 + p_3P_3) = \varrho(p\ P) = F(P) = 0$$

bedeutet, daß p auf einer Polaren P liegt, P also Tangente an den Kegelschnitt ist.

$$F(X) = 0 \qquad (1_2)$$

ist also die durch die Koordinaten X der Kegelschnittangente erfüllte zu (1_1) duale Klassengleichung des Kegelschnittes, während (1_1) seine Ordnungsgleichung ist

39. Wir können hier nicht näher auf die Polarentheorie eingehen, müssen sie vielmehr als bekannt voraussetzen, sondern wollen nur noch die Hauptachsengleichung der Mittelpunktskegelschnitte und die Scheitelgleichung der Parabel in Dreieckskoordinaten bestimmen.

Der Mittelpunkt eines Kegelschnitts ist der Pol der unendlich fernen Geraden. Also sind seine Koordinaten

$$\rho u = F'(U) \tag{6}$$

bei einem Mittelpunktskegelschnitt liegt u nicht auf seiner Polaren, d.h. ist

$$F(U) \neq 0 \quad , \tag{7_1}$$

bei der Parabel dagegen ist

$$F(U) = 0 \quad . \tag{7_2}$$

Wir behandeln zuerst die Mittelpunktskegelschnitte.
Eine Hauptachse der Kurve 2. Ordnung (1_1) ist eine Gerade, die mit der Polaren ihres Normalenzentrums zusammenfällt. Sei

$$(Vx) = 0 \tag{8}$$

die Gleichung einer solchen Hauptachse, dann ist $\omega'(V)$ ihr Normalenzentrum. Die Gleichung der Polaren dieses Zentrums ist

$$\omega_1'(V)\, f_1'(x) + \omega_2'(V)\, f_2'(x) + \omega_3'(V)\, f_3'(x) = 0 \tag{9}$$

Wir bezeichnen nun die aus (V') der Nr. 33 ersichtlichen Koeffizienten der quadratischen Form $\omega(X)$ zur Abkürzung mit $\omega_{ik} = \omega_{ki}$ so daß

$$\left.\begin{array}{lll}
\omega_{11} = \dfrac{1}{e_1^2} & \omega_{12} = \dfrac{\cos\alpha_3}{e_1e_2} & \omega_{13} = \dfrac{\cos\alpha_2}{e_1e_3} \\
\omega_{21} = \dfrac{\cos\alpha_3}{e_2e_1} & \omega_{22} = \dfrac{1}{e_2^2} & \omega_{23} = \dfrac{\cos\alpha_1}{e_2e_3} \\
\omega_{31} = \dfrac{\cos\alpha_2}{e_3e_1} & \omega_{32} = \dfrac{\cos\alpha_1}{e_3e_2} & \omega_{33} = \dfrac{1}{e_3^2}
\end{array}\right\} \tag{10_1}$$

Daraus folgt

$$\begin{vmatrix} \omega_{11} & \omega_{12} & \omega_{13} \\ \omega_{21} & \omega_{22} & \omega_{23} \\ \omega_{31} & \omega_{32} & \omega_{33} \end{vmatrix} = \frac{1}{e_1^2e_2^2e_3^2} \begin{vmatrix} 1 & \cos\alpha_3 & \cos\alpha_2 \\ \cos\alpha_3 & 1 & \cos\alpha_1 \\ \cos\alpha_2 & \cos\alpha_1 & 1 \end{vmatrix} = 0 \tag{11}$$

da $\alpha_1 + \alpha_2 + \alpha_3 = 2\pi$ ist. Für die Unterdeterminanten Ω_{ik} von (11) aber erhält man nach (10_1)

$$\Omega_{11} = \frac{\sin^2\alpha_1}{e_3^2e_2^2} = \frac{h_1^2\sin^2\alpha_1}{e_1^2e_2^2e_3^2}\cdot U_1^2 = \frac{\Delta^2}{R^2e_1^2e_2^2e_3^2}\cdot U_1^2 = \frac{h_1^2h_2^2h_3^2}{4\,\Delta^2e_1^2e_2^2e_3^2}\cdot U_1^2 =$$

$$= \frac{1}{c'^2}\cdot U_1^2$$

$$\Omega_{23} = \frac{\sin\alpha_2\sin\alpha_3}{e_1^2e_2e_3} = \frac{h_2h_3\sin\alpha_2\sin\alpha_3}{e_1^2e_2^2e_3^2}\cdot U_2U_3 = \frac{1}{c'^2}\cdot U_2U_3$$

d.h.

$$\left.\begin{array}{lll} \Omega_{11} = \frac{1}{c'^2}\cdot U_1^2 & \Omega_{12} = \frac{1}{c'^2}\cdot U_1U_2 & \Omega_{13} = \frac{1}{c'^2}\cdot U_1U_3 \\ \Omega_{21} = \frac{1}{c'^2}\cdot U_2U_1 & \Omega_{22} = \frac{1}{c'^2}\cdot U_2^2 & \Omega_{23} = \frac{1}{c'^2}\cdot U_2U_3 \\ \Omega_{31} = \frac{1}{c'^2}\cdot U_3U_1 & \Omega_{32} = \frac{1}{c'^2}\cdot U_2U_3 & \Omega_{33} = \frac{1}{c'^2}\cdot U_3^2 \end{array}\right\} \qquad (10_2)$$

Wir setzen weiter zur Abkürzung

$$\omega_{1i}\, a_{1k} + \omega_{2i} a_{2k} + \omega_{3i} a_{3k} = \alpha_{ik} \qquad (\alpha_{ki} \neq \alpha_{ik}!) \qquad (12)$$

Jetzt geht (9) über in

$$(\alpha_{11}V_1 + \alpha_{21}V_2 + \alpha_{31}V_3)x_1 + (\alpha_{12}V_1 + \alpha_{22}V_2 + \alpha_{32}V_3)x_2 + \\ + (\alpha_{13}V_1 + \alpha_{23}V_2 + \alpha_{33}V_3)x_3 = 0 \qquad (9')$$

Diese Gleichung muß mit (8) identisch sein, d.h. es muß

$$\omega_1'(V)f_1'(x) + \omega_2'(V)f_2'(x) + \omega_3'(V)f_3'(x) = \lambda(Vx) \qquad (13_1)$$

und damit

$$\alpha_{1i}V_1 + \alpha_{2i}V_2 + \alpha_{3i}V_3 = \lambda V_i \qquad (13_2)$$

sein. Damit folgt für λ die Bedingungsgleichung

$$\begin{vmatrix} \alpha_{11} - \lambda & \alpha_{21} & \alpha_{31} \\ \alpha_{12} & \alpha_{22} - \lambda & \alpha_{32} \\ \alpha_{13} & \alpha_{23} & \alpha_{33} - \lambda \end{vmatrix} = 0 \qquad (14)$$

Nun ist aber nach (11)

$$\begin{vmatrix} \alpha_{11} & \alpha_{21} & \alpha_{31} \\ \alpha_{12} & \alpha_{22} & \alpha_{32} \\ \alpha_{13} & \alpha_{23} & \alpha_{33} \end{vmatrix} = a \cdot \begin{vmatrix} \omega_{11} & \omega_{21} & \omega_{31} \\ \omega_{12} & \omega_{22} & \omega_{32} \\ \omega_{13} & \omega_{23} & \omega_{33} \end{vmatrix} = 0$$

Die Gleichung (14) hat also eine bedeutungslose Wurzel $\lambda = 0$. Die beiden andern Wurzeln ergeben sich aus

$$\lambda^2 - (\alpha_{11} + \alpha_{22} + \alpha_{33})\lambda + (\alpha_{22}\alpha_{33} - \alpha_{23}\alpha_{32} + \alpha_{33}\alpha_{11} - \\ - \alpha_{31}\alpha_{13} + \alpha_{11}\alpha_{22} - \alpha_{12}\alpha_{21}) = 0 \qquad (14')$$

Nun ist

$$\alpha_{11} + \alpha_{22} + \alpha_{33} = \frac{a_{11}}{e_1^2} + \frac{a_{22}}{e_2^2} + \frac{a_{33}}{e_3^2} + 2\,\frac{a_{23}}{e_2e_3}\cos\alpha_1 + \\ + 2\,\frac{a_{31}}{e_3e_1}\cos\alpha_2 + 2\,\frac{a_{12}}{e_1e_2}\cos\alpha_3 \qquad (15)$$

und z.B.

$$\alpha_{22}\alpha_{33} - \alpha_{23}\alpha_{32} = \Omega_{11}A_{11} + \Omega_{12}A_{12} + \Omega_{13}A_{13} = \frac{1}{c'^2} U_1 F_1'(U),$$

d.h.

$$\alpha_{22}\alpha_{33} - \alpha_{23}\alpha_{32} + \alpha_{33}\alpha_{11} - \alpha_{31}\alpha_{13} + \alpha_{11}\alpha_{22} - \alpha_{12}\alpha_{21} =$$

$$= \frac{1}{c'^2} F(U) , \qquad (16)$$

so daß (14') die entgültige Gestalt

$$\lambda^2 - \left(\frac{a_{11}}{e_1^2} + \frac{a_{22}}{e_2^2} + \frac{a_{33}}{e_3^2} + 2\frac{a_{23}}{e_2 e_3}\cos\alpha_1 + 2\frac{a_{31}}{e_3 e_1}\cos\alpha_2 + \right. \qquad (14'')$$

$$\left. + 2\frac{a_{12}}{e_1 e_2}\cos\alpha_3\right)\lambda + \frac{1}{c'^2} F(U) = 0$$

bekommt. Die Wurzeln von (14") sind <u>reell</u>, weil es die von (14) sind. Wären sie nämlich komplex-konjugiert, so wären es auch die Werte V_h von (13)

$$V_h = P_h + i\,Q_h \qquad \text{und} \qquad \bar{V}_h = P_h - i\,Q_h \qquad (\times)$$

Multipliziert man (13) mit $\omega_h'(\bar{V})$ und summiert über h, so kommt

$$\sum_{i,h} \alpha_{ih} V_i\, \omega_h'(\bar{V}) = \lambda V_h\, \omega_h'(\bar{V})$$

oder

$$\sum_{i,h} \alpha_{ih}\, \omega_i'(V)\, \omega_h'(\bar{V}) = \lambda V_h\, \omega_h'(\bar{V}) = \lambda\left\{\omega(P) + \omega(Q)\right\} \qquad (\times\times)$$

Nun können $\omega(P)$ und $\omega(Q)$ nie entgegengesetzte Vorzeichen besitzen. Da ferner wegen $a_{ih} = a_{hi}$ die linke Seite von (××) sich nicht ändert, wenn man V und $\bar{V}$, also +i mit -i vertauscht, so würde der den V entsprechende Wert von λ derselbe sein wie der $\bar{V}$ entsprechende Wert. Also muß der imaginäre Koeffizient von λ Null, d.h. λ reell sein.
Seien nun λ' und λ'' die reellen Wurzeln von (14"), die wir zunächst als verschieden und $\neq 0$ voraussetzen, V_i' und V_i'' die ihnen entsprechenden Wertsysteme von V_i in (13), dann folgt aus (13) mit $\lambda'(\lambda'')$ statt λ, $V_i'(V_i'')$ statt V_i und Kombination mit $\omega_i'(V'')$ bzw. $\omega_i'(V')$ ähnlich wie bei (××)

$$\sum a_{ik}\, \omega_i'(V')\, \omega_k'(V'') = \lambda'\, \omega(V'|V'')$$

und

$$\sum a_{ik}\, \omega_i'(V'')\, \omega_k(V') = \lambda''\, \omega(V'|V'')$$

Da aber $a_{ki} = a_{ik}$ ist, so kommt $(\lambda' - \lambda'')\omega(V'/V'') = 0$
und damit wegen $\lambda' \neq \lambda''$

$$\omega(V'|V'') = 0 \quad \text{d.h.} \tag{17}$$

jeder Mittelpunktskegelschnitt hat zwei reelle aufeinander senkrechte Hauptachsen.
Damit ist allerdings vorweggenommen, daß bei den ausgeschlossenen Werten von λ' und λ'' kein solcher vorliegt.

40. Nun wollen wir die Kegelschnittsgleichung auf das von den beiden Achsen V' und V" und der Ferngeraden U gebildete Dreieck als Koordinatendreieck transformieren. Diese 3 Geraden bilden ein Polardreieck des Kegelschnittes, d.h. es ist

$$F(V'|V'') = 0 \quad , \quad F(V'|U) = 0 \quad , \quad F(V''|U) = 0 \tag{18}$$

Da den Geraden V', V", U die Geraden $\bar{x}_1 = 0$, $\bar{x}_2 = 0$, $\bar{x}_3 = 0$ entsprechen sollen, so setzen wir ohne Proportionalitätsfaktor die Transformationsgleichung in die Gestalt

$$\bar{x}_1 = \frac{(V'x)}{\sqrt{\omega(V')}} \quad , \quad \bar{x}_2 = \frac{(V''x)}{\sqrt{\omega(V'')}} \quad , \quad \bar{x}_3 = (Ux) \tag{19$_1$}$$

Dann sind nach Formel (II) der Nr. 37

$$\frac{\bar{x}_1}{\bar{x}_3} \quad \text{und} \quad \frac{\bar{x}_2}{\bar{x}_3}$$

unmittelbar die rechtwinkligen Cartesischen Koordinaten.
Sind $\bar{X}_i$ $i = 1,2,3$ die neuen Geradenkoordinaten, so ist

$$(\bar{x}\,\bar{X}) = \frac{(V'x)}{\sqrt{\omega(V')}}\bar{X}_1 + \frac{(V''x)}{\sqrt{\omega(V'')}}\bar{X}_2 + (Ux)\bar{X}_3 \tag{×}$$

Nun muß $(\bar{x}\,\bar{X}) = 0$ aus $(x\,X)$ hervorgehen, d.h. die rechte Seite von (×) muß identisch $\frac{1}{\varrho}(x\,X)$ sein, wo ϱ ein Proportionalitätsfaktor ist. Damit folgen die Gleichungen

$$\frac{1}{\varrho}X_1 = \frac{V_1'}{\sqrt{\omega(V')}}\bar{X}_1 + \frac{V_1''}{\sqrt{\omega(V'')}}\bar{X}_2 + U_1\bar{X}_3$$

$$\frac{1}{\varrho}X_2 = \frac{V_2'}{\sqrt{\omega(V')}}\bar{X}_1 + \frac{V_2''}{\sqrt{\omega(V'')}}\bar{X}_2 + U_2\bar{X}_3 \tag{19$_2$}$$

$$\frac{1}{\varrho}X_3 = \frac{V_3'}{\sqrt{\omega(V')}}\bar{X}_1 + \frac{V_3''}{\sqrt{\omega(V'')}}\bar{X}_2 + U_3\bar{X}_3 \tag{19$_2'$}$$

Erweitert man sie mit $\omega'(V')$, $\omega'(V'')$ und $F'(U)$, so folgt wegen (17) und (18) und der Gleichung (23) in Nr. 38 alsbald

$$\varrho\bar{X}_1 = \frac{\omega(V'|X)}{\sqrt{\omega(V')}} \quad , \quad \varrho\bar{X}_2 = \frac{\omega(V''|X)}{\sqrt{\omega(V'')}} \quad , \quad \varrho\bar{X}_3 = \frac{F(U|X)}{F(U)} \tag{19$_2$}$$

Aus $(19'_2)$ folgt weiter

$$\frac{1}{\varrho}\,\omega'(X) = \frac{\omega'(V')}{\sqrt{\omega(V')}}\,X_1 + \frac{\omega'(V'')}{\sqrt{\omega(V'')}}\,X_2 \tag{20}$$

Durch Kombination von (20) und $(19'_2)$ erhält man wegen (17) $\omega(V'|V'') = 0$ und $\omega'(U) = 0$ sofort

$$\frac{1}{\varrho^2}\,\omega(X) = X_1^2 + X_2^2 \tag{21}$$

Weiter folgt aus $(19'_2)$

$$\begin{aligned}
\frac{1}{\varrho}\,F'_1(X) &= \frac{F'_1(V')}{\sqrt{\omega(V')}}\,X_1 + \frac{F'_1(V'')}{\sqrt{\omega(V'')}}\,X_2 + F'_1(U)\overline{X}_3 \\
\frac{1}{\varrho}\,F'_2(X) &= \frac{F'_2(V')}{\sqrt{\omega(V')}}\,X_1 + \frac{F'_2(V'')}{\sqrt{\omega(V'')}}\,X_2 + F'_2(U)\overline{X}_3 \\
\frac{1}{\varrho}\,F'_3(X) &= \frac{F'_3(V')}{\sqrt{\omega(V')}}\,X_1 + \frac{F'_3(V'')}{\sqrt{\omega(V'')}}\,X_2 + F'_3(U)\overline{X}_3
\end{aligned} \tag{22}$$

Durch Kombination mit $(19'_2)$ ergibt sich wegen (18)

$$\frac{1}{\varrho^2}\,F(X) = \frac{F(V')}{\omega(V')}\,X_1^2 + \frac{F(V'')}{\omega(V'')}\,X_2^2 + F(U)\overline{X}_3^2 \tag{23}$$

Nun folgt aber aus der Identität (13_1) mit

$$x = \frac{1}{a}\,F'(V) \tag{24}$$

$$\omega'_1(V)V_1 + \omega'_2(V)V_2 + \omega'_3(V)V_3 = \omega'(V) = \frac{\lambda}{a}\,F(V) \tag{25}$$

woraus sofort

$$\frac{F(V')}{\omega(V')} = \frac{a}{\lambda'} \quad , \quad \frac{F(V'')}{\omega(V'')} = \frac{a}{\lambda''} \tag{26}$$

Damit wird (23) zu

$$\frac{1}{\varrho^2}\,F(X) = a\left\{\frac{X_1^2}{\lambda'} + \frac{X_2^2}{\lambda''}\right\} + F(U)\overline{X}_3^2 \tag{27}$$

Die zu dieser Form adjungierte Form ist aber

$$\sigma^2 f(x) = \lambda'\overline{x}_1^2 + \lambda''\overline{x}_2^2 + \frac{a}{F(U)}\,\overline{x}_3^2 = 0 \tag{28}$$

Jetzt ist für die Mittelpunktskegelschnitte alles klar. Man hat eine

Ellipse
Hyperbel } je dachdem $\lambda'\,\lambda'' = \frac{1}{c'^2}\,F(U)$, d.h.

$F(U) \gtrless 0$ ist (vergleiche (14''))

Die Ellipse ist $\begin{Bmatrix} \text{nullteilig} \\ \text{einteilig} \end{Bmatrix}$, je nachdem $a\lambda'$ und $a\lambda''$ beide $\gtrless 0$, d.h.

$$a\left(\frac{a_{11}}{e_1^2} + \frac{a_{22}}{e_2^2} + \frac{a_{33}}{e_3^2} + 2\,\frac{a_{23}}{e_2e_3}\cos\alpha_1 + 2\,\frac{a_{31}}{e_3e_1}\cos\alpha_2 + 2\frac{a_{12}}{e_1e_2}\cos_3\right) =$$

$$= aK \gtrless 0$$

ist. Bis auf die Vorzeichen sind

$$-\frac{a}{\lambda' F(U)} \quad \text{und} \quad -\frac{a}{\lambda'' F(U)}$$

die Halbachsenquadrate.

41. Wir haben $\lambda_1' \neq \lambda_2' \neq 0$ vorausgesetzt. Aus (18) erkennt man, daß die Bedingung $\lambda' = \lambda''$ oder nach (14")

$$4\,F(U) - c'^2K^2 = 0 \tag{29}$$

den Kreis liefert. Da die linke Seite von (29) sich auf unzählige Arten als Summe zweier Quadrate darstellen läßt, worauf wir aber nicht eingehen wollen, so zerfällt (9) in zwei Bedingungen für die a_{ik}, wie es sein muß. In Nr. 39. haben wir als Bedingung dafür, daß der Kegelschnitt eine Parabel ist, die Gleichung

$$F(U) = 0 \qquad (7_2)$$

gefunden. Dann ist eine weitere Wurzel von (14") gleich Null und die einzige nicht verschwindende ist

$$\lambda = K \tag{30}$$

Außer der Achse V und der Ferngeraden U führen wir jetzt noch die Scheiteltangente S als Koordinatenseite ein, d.h. die Tangente im Schnittpunkt s der Achse V mit der Parabel. Dann fällt das Normalenzentrum von S mit dem Pol von U zusammen, es ist also $\omega'(S) = \sigma F'(U)$. Der Proportionalitätsfaktor ergibt sich durch Erweitern mit S, es wird $\omega(S) = \sigma F(U)$, also

$$F(U|S)\,\omega'(S) = \omega(S)F'(U) \tag{31}$$

Weiter gelten die Bedingungsgleichungen

$$F(U) = 0 \quad , \quad F(S) = 0 \quad , \quad F(U|V) = 0 \quad , \quad F(S|V) = 0 \tag{32}$$

Die ebenfalls noch gültige Gleichung $\omega(V|S) = 0$ folgt aus (31) durch Erweitern mit V. Die Transformationsgleichungen lauten

$$\bar{x}_1 = \frac{(Vx)}{\sqrt{\omega(V)}} \quad , \quad \bar{x}_2 = \frac{(Sx)}{\sqrt{\omega(S)}} \quad , \quad \bar{x}_3 = (Ux) \qquad (33_1)$$

Für die Geradenkoordinaten folgt analog wie oben

$$\left.\begin{aligned} \frac{1}{\rho} X_1 &= \frac{V_1}{\sqrt{\omega(V)}} \mathfrak{X}_1 + \frac{S_1}{\sqrt{\omega(S)}} \mathfrak{X}_2 + U_1\mathfrak{X}_3 \\ \frac{1}{\rho} X_2 &= \frac{V_2}{\sqrt{\omega(V)}} \mathfrak{X}_1 + \frac{S_2}{\sqrt{\omega(S)}} \mathfrak{X}_2 + U_2\mathfrak{X}_3 \\ \frac{1}{\rho} X_3 &= \frac{V_3}{\sqrt{\omega(V)}} \mathfrak{X}_1 + \frac{S_3}{\sqrt{\omega(S)}} \mathfrak{X}_2 + U_3\mathfrak{X}_3 \end{aligned}\right\} \qquad (33_2)$$

Erweitern mit $\omega'(V)$, $\omega'(S)$, $F(S)$ gibt

$$\rho\mathfrak{X}_1 = \frac{\omega(V|X)}{\sqrt{\omega(V)}}, \quad \rho\mathfrak{X}_2 = \frac{\omega(S|X)}{\sqrt{\omega(S)}}, \quad \rho\mathfrak{X}_3 = \frac{F(S|X)}{F(U|S)} \qquad (33_2)$$

Weiter folgt aus (33_2) wieder

$$\frac{1}{\rho}\,\omega'(X) = \frac{\omega'(V)}{\sqrt{\omega(V)}} \mathfrak{X}_1 + \frac{\omega'(S)}{\sqrt{\omega(S)}} \mathfrak{X}_2 \qquad (34)$$

Kombination von (33_2^1) und (34) liefert wieder (22).
Weiter folgt aus (33_2^1)

$$\frac{1}{\rho} F'(X) = \frac{F'(V)}{\sqrt{\omega(V)}} \mathfrak{X}_1 + \frac{F'(S)}{\sqrt{\omega(S)}} \mathfrak{X}_2 + F'(U)\mathfrak{X}_3 \qquad (35)$$

Kombination mit (33_2^1) gibt

$$\frac{1}{\rho^2} F(X) = \frac{F(V)}{\omega(V)} \mathfrak{X}_1^2 + 2\,\frac{F(U|S)}{\sqrt{\omega(S)}} \mathfrak{X}_2\mathfrak{X}_3 \qquad (36)$$

Nach (27) ist jetzt $\frac{F(V)}{\omega(V)} = \frac{a}{\lambda} = \frac{a}{K}$, so daß

$$\frac{1}{\rho^2}F(X) = \frac{a\mathfrak{X}_1^2}{K} + \frac{2\,F(U|S)}{\sqrt{\omega(S)}} \mathfrak{X}_2\mathfrak{X}_3 \qquad (37_1)$$

Die zu dieser adjungierte Form ist aber

$$\sigma^2 f(x) = K\bar{x}_1^2 + 2a\,\frac{\sqrt{\omega(S)}}{F(U|S)}\,\bar{x}_2\bar{x}_3 = 0 \qquad (37_2)$$

Dies ist die Gleichung einer Parabel mit dem Parameter oder der Sperrung

$$2p = -\frac{2a\sqrt{\omega(S)}}{K\,F(U|S)}\,, \qquad (38)$$

der freilich noch von der noch nicht bestimmten Scheiteltangente abhängt.

42. Wir können die Sperrung 2p auch durch einen Grenzübergang aus der Sperrung der Ellipse herleiten.

Die Halbachsenquadrate der Ellipse waren, vergleiche Nr. 40.

$$A^2 = -\frac{a}{\lambda'' F(U)} \quad , \quad B^2 = -\frac{a}{\lambda' F(U)}$$

Daraus folgt

$$p^2 = \frac{B^4}{A^2} = -\frac{a\,\lambda''}{F(U)\;\lambda'^2} = -\frac{a\;\lambda'\;\lambda''}{F(U)\;\lambda'^3} =$$

$$= (14'')\text{ in Nr. 39 } -\frac{a}{c'^2\;\lambda'^3}$$

Nun geht mit $F(U) \to 0$ $\lambda'' \to 0$ und $\lambda' = K$, also kommt für die **Parabel**

$$2p = \frac{2}{c'}\sqrt{-\frac{a}{K^3}} \quad .$$

GPSR Compliance

The European Union's (EU) General Product Safety Regulation (GPSR) is a set of rules that requires consumer products to be safe and our obligations to ensure this.

If you have any concerns about our products, you can contact us on ProductSafety@springernature.com

In case Publisher is established outside the EU, the EU authorized representative is:

Springer Nature Customer Service Center GmbH
Europaplatz 3
69115 Heidelberg, Germany

Batch number: 10577878

Printed by Printforce, the Netherlands